Matthias Traub

# Durchgängige Timing-Bewertung von Vernetzungsarchitekturen und Gateway-Systemen im Kraftfahrzeug

# Durchgängige Timing-Bewertung von Vernetzungsarchitekturen und Gateway-Systemen im Kraftfahrzeug

von
Matthias Traub

Dissertation, Karlsruher Institut für Technologie
Fakultät für Elektrotechnik und Informationstechnik, 2010

**Impressum**

Karlsruher Institut für Technologie (KIT)
KIT Scientific Publishing
Straße am Forum 2
D-76131 Karlsruhe
www.ksp.kit.edu

KIT – Universität des Landes Baden-Württemberg und nationales
Forschungszentrum in der Helmholtz-Gemeinschaft

KIT Scientific Publishing 2010
Print on Demand

ISBN 978-3-86644-582-6

# Durchgängige Timing-Bewertung von Vernetzungsarchitekturen und Gateway-Systemen im Kraftfahrzeug

Zur Erlangung des akademischen Grades eines

D O K T O R - I N G E N I E U R S

an der Fakultät für

Elektrotechnik und Informationstechnik

Karlsruher Institut für Technologie (KIT)

genehmigte

D I S S E R T A T I O N

von

Dipl.-Ing. Matthias Alexander Traub

geb. in: Stuttgart

Tag der mündlichen Prüfung: 29.06.2010

Hauptreferent: Prof. Jürgen Becker

Korreferent: Prof. Wolfgang Rosenstiel

Juli 2010

# Danksagung

Diese Arbeit entstand während meiner Tätigkeit als Mitarbeiter im Bereich Forschung und Vorentwicklung bei der Daimler AG. Die wissenschaftliche Betreuung der Arbeit erfolgte an der Fakultät für Elektrotechnik und Informationstechnik am Institut für Technik der Informationsverarbeitung des Karlsruher Instituts für Technologie.

An dieser Stelle möchte ich Allen, die zum Gelingen dieser Dissertation beigetragen haben, meinen persönlichen Dank aussprechen. Mein besonderer Dank gilt meinem Doktorvater Prof. Jürgen Becker für die hervorragende Betreuung und Unterstützung. Die gemeinsamen Besprechungen waren für mich von sehr großem Wert. Seine Anmerkungen und Hinweise haben mich bei der Entwicklung der Ansätze immer weitergebracht. Herrn Prof. Rosenstiel danke ich für die Übernahme des Zweitgutachtens.

Mein weiterer Dank gilt meinen Kolleginnen und Kollegen, die mir jederzeit mit Rat und Tat zur Seite standen. Mein Dank gebührt auch den zahlreichen Praktikanten und Diplomanden, die mich bei der praktischen Umsetzung meiner Ansätze tatkräftig unterstützen. Für die vielen gemeinsamen Diskussionen und Arbeiten möchte ich mich bei Dr. Kai Richter von Symtavision bedanken.

Für den moralischen Beistand bin ich meinen Freunden sehr dankbar, insbesondere Eva und Wolfgang die mir während der Endphase eine große Hilfe waren. Weiterhin möchte ich an dieser Stelle meinen Eltern ganz herzlich danken. Ihr Vertrauen bildete die Grundlage für diese Arbeit.

Mein ganz besonderer Dank gilt meiner geliebten Frau. Ihre stetige Motivation und ihr Verständnis hat mir insbesondere in schwierigen Phasen den Mut gegeben die Arbeit erfolgreich zu Ende zu bringen. Abschließend möchte ich noch meinem Sohn Lorenz danken, der in der letzten Zeit so oft zu kurz kam und mir in den wenigen gemeinsamen Stunden viel Kraft gegeben hat. Meinem im Mai geborenen Sohn Kilian danke ich für den Motivationsschub zur Vollendung dieser Arbeit.

Tübingen, im Juli 2010 *Matthias Traub*

# Kurzfassung

Die steigende Anzahl von Elektrik-/Elektronik-Systemen im Automobil und damit verbunden das zunehmende Kommunikationsaufkommen stellen immer höhere Anforderungen an den Entwicklungsprozess. Bei der Entwicklung von zukunftsfähigen E/E-Architekturen spielt der Entwurf einer robusten Vernetzung eine zentrale Rolle. Die Auslegung und Absicherung einer solchen Vernetzungsarchitektur erfolgte bisher mittels einfacher Metriken, z.B. Berechnung der Buslast von zyklischen Botschaften. Durch die wachsende Komplexität sowie aufgrund gesetzlicher und sicherheitsrelevanter Anforderungen muss das Timing-Verhalten der Systeme zukünftig gezielt betrachtet und bewertet werden. In der vorliegenden Arbeit wird eine Methodik beschrieben, welche eine detaillierte und durchgängige Auslegung und Absicherung von Vernetzungsarchitekturen und Gateway-Systemen hinsichtlich deren Timing-Verhaltens ermöglicht.

In den letzten dreißig Jahren haben sich verschiedene Forschergruppen mit der Frage beschäftigt, wie das Timing-Verhalten von eingebetteten Systemen analytisch bestimmt werden kann. Aus diesen wissenschaftlichen Aktivitäten sind eine Vielzahl von Ansätzen und Verfahren entstanden. Ein Ziel der vorliegenden Arbeit ist es diese Verfahren auf ihre Eignung für Fragestellungen im Automobilbereich zu untersuchen. Ferner wird ein Verfahren zur Extraktion von Timing-Informationen vorgestellt, welches ein detailliertes Bild zum Stand der aktuellen E/E-Systeme im Fahrzeug liefert. Die gewonnen Daten können weiterhin für eine Modellverfeinerung in der Entwurfsphase von E/E-Architekturen verwendet werden. Um eine exakte Abbildung des Timing-Verhaltens in den entsprechenden Bewertungsverfahren zu ermöglichen, erfolgt die Definition von Modellierungsregeln. Für die Integration der Bewertungsverfahren in den existierenden E/E-Entwicklungsprozess wird eine durchgängige Bewertungsmethodik aufgezeigt. Weiterhin wird ein Konzept für die Ableitung von Routing-Testpattern auf der Basis von Timing-Analysen vorgestellt. Dieses ermöglicht eine gezielte Berücksichtigung des Timing-Verhaltens von Steuergeräten mit Gateway-Anteilen bei den Funktionstests am Komponenten-Prüfstand.

Anhand von Fallbeispielen wird die durchgängige Bewertungsmethodik validiert, um die Abdeckung der Eigenschaften und Anforderungen aus dem Vernetzungsbereich nachzuweisen. Die Ergebnisse zeigen die Tauglichkeit der Methodik für den Einsatz im Serienprozess. Der Entwurf und die Entwicklung von E/E-Architekturen werden durch die Methodik signifikant verbessert.

# Summary


The growing number of electric-/electronic-systems in the automobile and therewith the increasing volume of communication are placing even higher demands on the development process. In the development of future electric-/electronic-architectures the design of a robust network-architecture plays a central role. The design and verification of such network-architectures has taken place up to now by means of simple metrics, for example the calculation of the bus loads of cyclic messages. Through the growing complexity and also based on legal requirements, the timing behaviour of these systems must be considered with the future in mind and evaluated accordingly. In this thesis a methodology is described, which enables a detailed design and verification of network-architectures and gateways with regard to their timing behaviour and resource demands.

In the past 30 years various researchers have focused on the question, how the timing behaviour of embedded systems can be analysed in a formal way. Several approaches and methods are created based on these scientific activities. The goal of this dissertation is to investigate the methods regarding the suitability of issues in the automobile field. Furthermore a method for the extraction of timing information will be introduced, which offers a detailed view over the actual state of the art of automotive e/e-systems. The extracted timing data can be used for a refinement of models during the early design phase. Moreover concepts of modeling rules were carried out, which guarantee an exact observation of the timing behaviour of the electric-/electronic-systems. For the integration of timing evaluation methods in the existing e/e-development process a seamless timing-evaluation will be introduced. Finally an concept for a generation of routing test patterns was developed, which allows a significant increase of the test coverage when examining gateway-control units on the hardware-in-the-loop test bench.

Based on case studies (e.g. such as CAN-bus, central gateway-control unit and distributed functions) the concepts were verified for the integrated evaluation methodology in order to prove the coverage of the typical properties and requirements from the area of network-architectures. The results of the investigation have demonstrated the suitability of the approach for the integration into the existing development process. The use of the timing-evaluation methodology for systems in the automotive area was significantly improved and offers a large added value during the design and development of future automotive electric-/electronic-architectures.

# Inhaltsverzeichnis

# 1. Einleitung

## 1.1. Vernetzungsarchitekturen im Kraftfahrzeug

Heutige Fahrzeuge, insbesondere der Ober- und Luxusklasse, sind mit einer großen Anzahl an Funktionen ausgestattet, die dem Fahrer und den Passagieren ein hohes Maß an Komfort und Sicherheit bieten. Beispiele hierfür sind: Die fahrdynamischen Sitze, welche bei starker Querbeschleunigung den Insassen mehr Halt geben, Navigationssysteme mit 3D-Darstellung und dynamischer Routenberechnung sowie sogenannte Assistenzfunktionen wie Abstandsregeltempomat, Fahrspur- und Lichtassistenten, die dem Fahrer Routineaufgaben abnehmen (siehe z.B. [140] und [19]). Die Basis für diese Funktionen sind in zunehmendem Umfang Elektrik-/Elektronik-Systeme. Keine andere Technologie hat das Auto in den vergangenen 30 Jahren so stark verändert wie die Elektronik. Elektrik und Elektronik (E/E) machen heute rund 30 Prozent der Wertschöpfung eines Mittelklassefahrzeugs aus und sind die wesentlichen Treiber für etwa 90 Prozent aller Innovationen im Automobil [30]. In Abbildung 1.1 ist die Zunahme dieser Systeme anhand der Anzahl an vernetzten Komponenten und Bussen am Beispiel zweier Modellreihen der Ober- und Luxusklasse über eine Zeitspanne von 15 Jahren skizziert.

Die steigende Funktionalität und Komplexität von Elektrik-/Elektronik-Architekturen (E/E-Architekturen) und das damit verbundene zunehmende Kommunikationsaufkommen stellen immer höhere Anforderungen an den Entwicklungsprozess. Eine zentrale Rolle bei der Entwicklung spielt die Auslegung robuster und zukunftsfähiger Vernetzungsarchitekturen [131]. In bisherigen Topologien dominierten CAN- und LIN-Busse. Aktuelle und zukünftige Vernetzungsarchitekturen werden durch die notwendige Einführung von neuen Bussystemen wie FlexRay und Ethernet wesentlich heterogener. Eine Folge sind zusätzliche Herausforderungen, die sich bei der Auslegung und Absicherung der Gateway-Steuergeräte ergeben, da diese nun das Routing von Informationen zwischen unterschiedlichen Protokollen durchführen müssen. Eine derzeit typische Vernetzungsarchitektur eines Fahrzeugs der Luxusklasse ist in Abbildung 1.2 am Beispiel

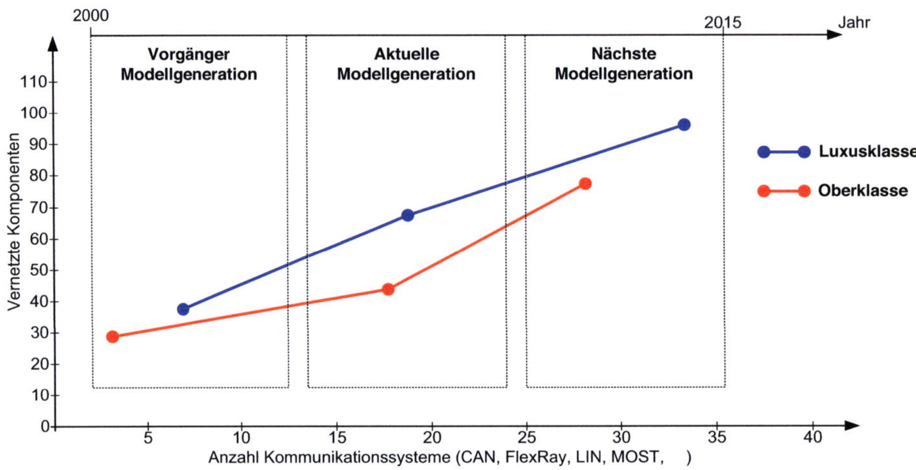



Abb. 1.1.: Anstieg der Anzahl an vernetzten Komponenten und Bussen am Beispiel zweier Modellreihen mit durchschnittlicher Ausstattung

eines aktuellen Fahrzeugs von BMW dargestellt. Die Abbildung zeigt die hohe Anzahl an Steuergeräten und Kommunikationssystemen sowie welche wichtige Rolle das zentrale Gateway-Steuergerät (ZGW) einnimmt.

Zusätzliche Komplexität bringt die funktionale Hochintegration mit sich, welche das Ziel hat die Anzahl der Steuergeräte im Fahrzeug zu reduzieren bzw. konstant zu halten. Insbesondere die Auslegung und die Absicherung des Schedules werden durch die Vielzahl an Funktionen wesentlich aufwändiger. Diese Herausforderungen gilt es im Entwicklungsprozess von E/E-Architekturen zu adressieren. Die funktionalen Anforderungen werden noch durch weitere Anforderungen hinsichtlich Qualität, Testbarkeit, Diagnostizierbarkeit ergänzt [33]. Ziel des Entwurfs von E/E-Architekturen ist ein Höchstmaß an Zuverlässigkeit und dies möglichst kostenoptimal. Die Skalierbarkeit darf dabei nicht vernachlässigt werden. Erstens dient eine E/E-Architektur meist als Plattform für mehrere Baureihen, zweitens erhöht sich das Kommunikationsaufkommen durch die Integration von neuen Funktionen, zum Beispiel bei der Modellpflege, innerhalb eines Produktlebenszyklus einer Baureihe. Hierfür sind bei der initialen Entwicklung einer E/E-Architektur entsprechende Reserven einzuplanen. Die zukünftigen Anforderungen können über die Abfrage der Produktstrategie abgeleitet werden und zeigen welche Funktionalinnovationen in den nächsten Jahren zur Umsetzung anstehen. In diesem Zu-

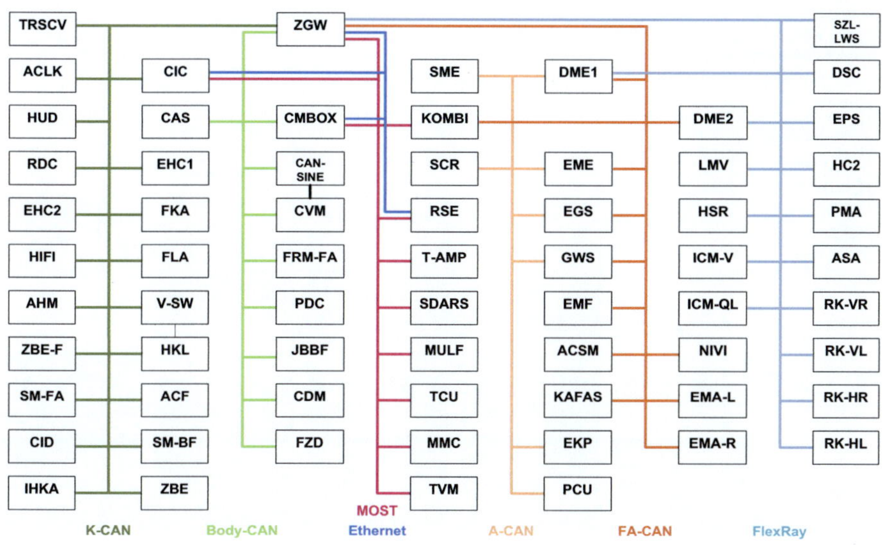


Abb. 1.2.: Vernetzungsarchitektur eines Fahrzeugs der Luxusklasse am Beispiel von BMW [40]

sammenhang spielen der Entwurf und die Auslegung der Vernetzungsarchitektur eine zentrale Rolle. Dabei gilt es die relevanten Anforderungen der Funktionen in der Entwurfsphase zu berücksichtigen und während der Integrationsphase abzusichern.

## 1.2. Zunehmende Anforderungen an die Bewertung von Vernetzungsarchitekturen

Die derzeit eingesetzten Verfahren zur Bewertung von Vernetzungsarchitekturen reichen nicht mehr aus, um eine vollständige Untersuchung der Systeme durchzuführen. Hierfür gibt es mehrere Gründe. Erstens werden die CAN-Busse immer öfter an deren Lastgrenze betrieben, so dass die bisher eingesetzten Metriken zur Buslastberechnung als einzige Absicherung nicht mehr genügen, zweitens treten durch die zunehmende Heterogenität der Vernetzungsarchitekturen Timing-Effekte auf, die es zu berücksichtigen gilt. Diese Effekte spielten in reinen CAN-Topologien keine Rolle. Drittens steigt die Anzahl der verteilten Funktionen kontinuierlich an. Ein Beispiel für den Anstieg der verteilten Funktionen ist in Abbildung 1.3 anhand verschiedener Baureihen der Audi AG dargestellt. Insbesondere im Bereich der Fahrerassistenzfunktionen wird deutlich sichtbar, dass die Verteilung stark zunimmt.

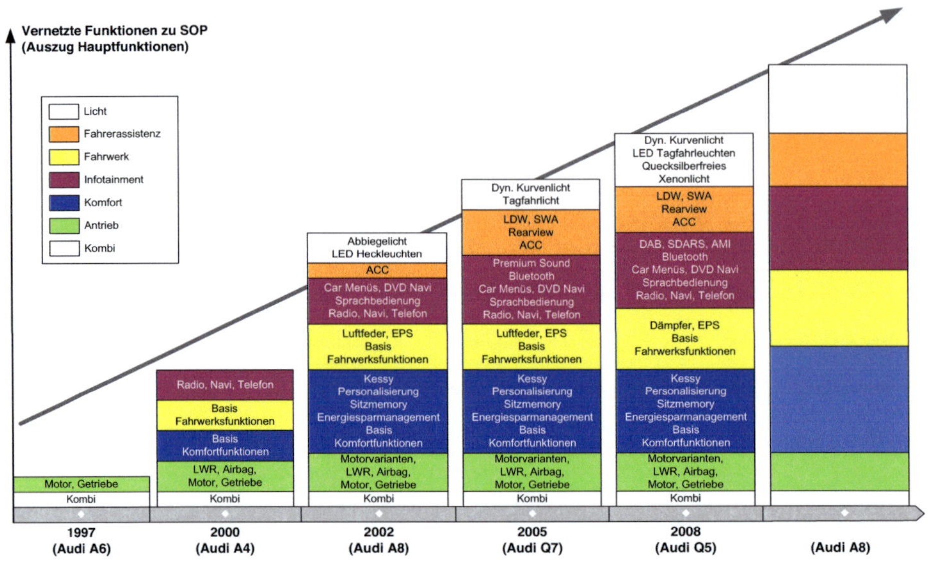



Abb. 1.3.: Steigende Anzahl an vernetzten Funktionen am Beispiel der Produktlinien der Audi AG [33]

Viele dieser verteilten Funktionen sind sicherheitskritisch und müssen daher einer erweiterten Absicherung unterzogen werden. Hinsichtlich des Timing-Verhaltens stehen dabei die Latenzzeiten und Jitter der über das Netzwerk übertragenen Botschaften und Signale im Fokus. Ein exemplarischer Ende-zu-Ende-Pfad von einem Sensor bis zu einem Aktuator ist in Abbildung 1.4 skizziert. Ein solcher Pfad kann mehrere Steuergeräte und Busse enthalten. Um für so einen Pfad eine Timing-Bewertung durchführen zu können, sind die einzelnen Pfadsegmente im Detail zu untersuchen. Es müssen die Latenzzeiten, die bei der Übertragung auf den Bussen entstehen, berücksichtigt werden ebenso die Latenzzeiten, die in beteiligten Steuergeräten selber auftreten.

Ein weiterer wichtiger Punkt für den Einsatz von Timing-Bewertungsverfahren im Entwicklungsprozess sind die gesetzlichen Anforderungen und Richtlinien, welche bei der Entwicklung einer E/E-Architektur zu berücksichtigen sind. Als Beispiele kann hier die Richtlinie für die *On-Board-Diagnose (OBD)* genannt werden sowie die Norm *ISO26262*. Diese Norm ist für sicherheitskritische elektrisch/elektronische Systeme in Kraftfahrzeugen zukünftig von Relevanz.

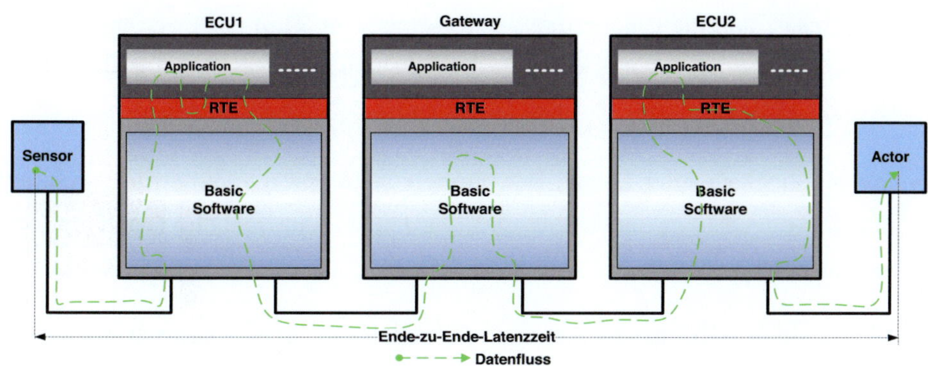


Abb. 1.4.: Beispiel für eine Ende-zu-Ende-Latenzzeit für ein Signal vom Sensor bis zum Aktor

## 1.3. Zielsetzungen der Arbeit

Die vorgestellten Trends und Anforderungen erfordern den Ausbau der Bewertungsmethodik für Vernetzungsarchitekturen, um auch zukünftige Fahrzeuge mit robusten und erweiterbaren E/E-Architekturen entwickeln zu können. Insbesondere bei sicherheitskritischen verteilten Funktionen müssen schon in einer frühen Entwicklungsphase Aussagen bezüglich deren Anforderungen an eine Vernetzungsarchitektur und deren Realisierbarkeit getroffen werden. Ein solches Vorgehen für eine frühzeitige und erweiterte Konzeptabsicherung führt zu einer Qualitätssteigerung und einer Reduzierung von Kosten für die Behebung von Fehlern, die ansonsten erst in einer viel späteren Entwicklungsphase zum Vorschein kämen [106].

Seit mehreren Jahren wird der Einsatz von Timing-Bewertungsverfahren im Entwicklungsprozess von E/E-Architekturen im Kraftfahrzeug vorangetrieben. Aktuell werden in verschiedenen Forschungsprojekten und Gremien die Methoden erarbeitet und die notwendigen Austauschformate spezifiziert, z.B. im *AUTOSAR-Konsortium* und im von der Europäischen Union geförderten *TIMMO-Projekt* ([15], [120]). Auch Fachzeitschriften beschäftigen sich zunehmend mit dem Thema (zum Beispiel in [57] und [58]). Einige Ansätze zur Integration der Verfahren in den Entwicklungsprozess wurden auch schon von OEMs und Zulieferern auf Konferenzen vorgestellt (zum Beispiel in [107], [95], [79] und [29]).

Die folgenden Punkte wurden in diesen Projekten und Arbeiten bisher jedoch nur unvollständig adressiert:

- Der Einsatz und die Einordnung der verschiedenen Timing-Bewertungsverfahren in den automotive E/E-Entwicklungsprozess wurden bisher nicht vollständig untersucht.

- Die Möglichkeiten der Timing-Bewertung von komplexen Vernetzungsarchitekturen, die vom OEM zu entwickeln sind, wurden bis heute nicht im Detail untersucht und aufgezeigt.

- Die detaillierte Timing-Bewertung von Gateway-Steuergeräten mit analytischen Verfahren wurde bislang nicht angegangen.

Diese offenen Punkte werden in der vorliegenden Arbeit adressiert und Lösungen hierfür erarbeitet. Der Hauptfokus dieser Dissertation liegt in der Entwicklung einer Methodik für die durchgängige Bewertung von Timing-Fragestellungen innerhalb des E/E-Entwicklungsprozesses von Vernetzungsarchitekturen und Gateway-Systemen im Kraftfahrzeug. In Abbildung 1.5 sind die wichtigsten Schritte anhand des V-Modells dargestellt. In der Entwurfsphase können erste Timing-Abschätzungen durchgeführt werden, wobei die daraus gewonnen Erkenntnisse dann als Grundlage für die Spezifikation und zur Auslegung der Systeme dienen können. Bei der anschließenden Absicherung kann das spezifizierte Timing-Verhalten verifiziert werden.

Das Ziel der Arbeit ist es, den durchgängigen Einsatz von Timing-Bewertungsverfahren im existierenden Entwicklungsprozess zu ermöglichen und die notwendige Methodik aufzuzeigen. Hierfür werden folgende Punkte in dieser Dissertation adressiert:

1. Darstellung des Stands der Technik im Bereich der Bewertung von automotive Vernetzungsarchitekturen. Einordnung von Timing-Bewertungsverfahren in den existierenden E/E-Entwicklungsprozess für die Beantwortung von Fragestellungen im Bereich der Vernetzungsarchitekturen und Gateway-Systeme.

2. Identifikation der notwendigen Daten, die für eine aussagekräftige Timing-Bewertung notwendig sind. In diesem Zusammenhang wird ein Verfahren zur Extraktion von Timing-Informationen aus Loggingdaten entwickelt.

3. Untersuchung der Wiederverwendung von Timing-Informationen aus existierenden Fahrzeugen für die Modellverfeinerung in der Entwurfsphase von E/E-Architekturen.

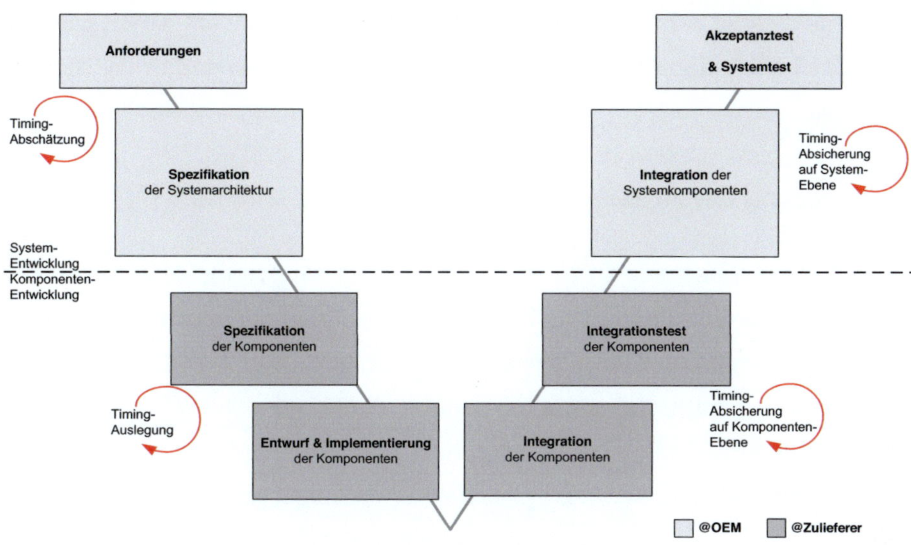


Abb. 1.5.: Timing-Bewertungen in den einzelnen Phasen des Entwicklungsprozesses von Elektrik-/Elektronik-Architekturen

4. Erweiterung und Verfeinerung der Timing-Bewertungsverfahren für automotive Fragestellungen, z.B. Erarbeitung von detaillierten Modellierungsregeln und Bewertungsmöglichkeiten für Vernetzungsarchitekturen und Gateway-Steuergeräten.

5. Aufzeigen einer durchgängigen Bewertungsmethodik für die Timing-Fragestellungen im E/E-Entwicklungsprozess.

6. Entwicklung eines Konzeptes zur Ableitung von Routing-Testpattern auf der Basis von Timing-Analysen, mit dem Ziel eine gezielte Berücksichtigung des Timing-Verhaltens von Steuergeräten mit Gateway-Anteilen am Komponentenprüfstand zu ermöglichen.

Die entwickelten Konzepte und Methoden dieser Arbeit werden anschließend auf deren Tauglichkeit überprüft und anhand von repräsentativen Beispielen aus der Praxis validiert. Die Evaluierung wird mit der entstandenen prototypischen Werkzeugkette durchgeführt, die es ermöglicht eine durchgängige Bewertung des Timing-Verhaltens von Vernetzungsarchitekturen durchzuführen. Bei der Daimler AG wurden in den letzten Jahren die formale Beschreibung sowie der werkzeuggestützte Entwurf von E/E-Architekturen eingeführt und stetig weiterentwickelt (siehe [103]). Die in dieser Arbeit entwickelte Methodik soll zukünftig Anwendung in diesem Prozess finden und in die Serie überführt werden.

## 1.4. Gliederung der Arbeit

Die Arbeit gliedert sich wie folgt: In *diesem Kapitel* wurden die Motivation und die Zielsetzung für die Einführung von Timing-Analyse-Verfahren in den Entwurfsprozess von E/E-Architekturen im Kraftfahrzeug vorgestellt. In *Kapitel 2* wird die Thematik der Timing-Bewertung eingeführt sowie die in dieser Arbeit verwendete Terminologie vorgestellt. Darauf aufbauend erfolgt die Herleitung der Timing-Anforderungen, die sich in diesem Bereich stellen. *Kapitel 3* gibt einen Überblick über den aktuellen Stand von E/E-Architekturen. Weiterhin werden Kenngrößen eingeführt, welche für eine Timing-Bewertung von Bedeutung sind. In *Kapitel 4* werden Verfahren vorgestellt, die eine Timing-Bewertung ermöglichen. Im Anschluss an die Vorstellung der einzelnen Ansätze erfolgt eine Einordnung der Verfahren sowie eine Abgrenzung dieser Dissertation von anderen aktuellen Arbeiten in diesem Themengebiet. Davon ausgehend wird in dieser Arbeit eine Methodik entwickelt, welche eine durchgängige Integration der Timing-Bewertungsverfahren in die existierende Entwicklungskette ermöglicht. Es werden dabei Timing-Fragestellung berücksichtigt, die sich sowohl im Bereich Vernetzung als auch im Umfeld der Gateway-Entwicklung ergeben. In *Kapitel 5* wird ein Verfahren vorgestellt, welches die Möglichkeit bietet, Timing-Informationen aus existierenden Vernetzungsarchitekturen zu extrahieren. Weiterhin werden in *Kapitel 6* Modellierungsregeln definiert, die eine präzise Abbildung des Timing-Verhaltens der Systeme ermöglichen. Basierend auf den Erkenntnissen der vorangegangenen Arbeiten, wird in *Kapitel 7* die Methodik für eine durchgängige Timing-Bewertung anhand einer prototypischen Werkzeugkette aufgezeigt und deren Integration in den existierenden Entwicklungsprozess von E/E-Architekturen beschrieben. Weiterhin wird in *Kapitel 7* ein Konzept für die Generierung von Routing-Testpattern vorgestellt. Die Testpattern ermöglichen eine Absicherung von Steuergeräten mit Gateway-Funktionalität am Komponenten-Prüfstand während der Integrationsphase. In *Kapitel 8* erfolgt die Validierung der entwickelten Methodik anhand von Beispielen aus der Praxis. *Kapitel 9* fasst die erzielten Ergebnisse der Arbeit zusammen und gibt einen Ausblick auf mögliche Erweiterungen.

# 2. Grundlagen der Arbeit

Im vorangegangenen Kapitel wurde das Thema Timing-Bewertung von E/E-Architekturen im Kraftfahrzeug motiviert. Um bei den weiteren Ausführungen auf einer einheitlichen Terminologie aufzusetzen, werden im Folgenden die in dieser Arbeit verwendeten Begriffe eingeführt.

## 2.1. Eingebettete verteilte Echzeitsysteme

Eingebettete verteilte *Echtzeitsysteme (engl. Real-Time Systems)* unterscheiden sich hinsichtlich der Zeitanforderungen grundlegend von den allgemeinen Computersystemen (z.B. Büro-Computer), sogenannten *Nicht-Echtzeitsystemen*. Bei den Nicht-Echtzeitsystemen kommt es ausschließlich auf die Korrektheit der Datenverarbeitung und der Ergebnisse an [143]. Im Gegensatz dazu spielt bei den Echtzeitsystemen neben der Korrektheit der Ergebnisse auch die Einhaltung der Zeitanforderungen eine zentrale Rolle. Zeitbedingungen, deren Nichteinhalten zu einer *Katastrophe* führen können, heißen harte Zeitbedingungen [65]. Alle anderen Zeitbedingungen heißen weiche Zeitbedingungen. Weitere wichtige Anforderungen an Echtzeitsysteme sind: *Rechtzeitigkeit, Gleichzeitigkeit, Verfügbarkeit* (siehe [143]) sowie *Vorhersagbarkeit* und *Zuverlässigkeit* [102]:

- Mit Rechtzeitigkeit ist die Anforderung gemeint, die garantiert, dass eine Ausführung auf einer CPU bzw. eine Übertragung über einen Bus innerhalb der definierten Zeitschranke abgeschlossen wird.

- Ein Echtzeitsystem muss in der Lage sein, mehrere Ereignisse gleichzeitig verarbeiten können, damit die Rechtzeitigkeit für mehrere Aktionen gleichzeitig gewährleistet ist. Zum Beispiel durch (quasi-) parallele Ausführung auf einem Prozessor oder echte parallele Ausführung auf einem Mehrprozessorsystem [114].

- Innerhalb eines spezifizierten Zeitbereichs muss ein Echtzeitsystem immer uneingeschränkt zur Verfügung stehen, d.h. ohne Unterbrechung betriebsbereit sein.

- Die Anforderung der Vorhersagbarkeit ist die Forderung, dass alle von einem System zu verarbeitenden Ereignisse und Funktionen vor der Ausführung bekannt und deterministisch sein müssen [102].

- Die Zuverlässigkeit ist die Fähigkeit eines Systems, während einer vorgegebenen Zeitdauer bei zulässigen Betriebsbedingungen die spezifizierte Funktion zu erbringen [102].

## 2.2. Begriffsdefinitionen

Die folgenden Begriffsdefinitionen basieren zu großen Teilen auf dem Standardwerk von G. Buttazzo *Hard Real-Time Computing Systems* [21]. Generell gilt: Zeitpunkte werden immer mit *Kleinbuchstaben* annotiert, Zeiträume mit *Großbuchstaben*.

**Definition 2.1 (Ausführungszeit/Übertragungszeit)** *Die Ausführungszeit bzw. Übertragungszeit $C_i$ ist die Zeit, welche benötigt wird, um einen Task $w_i$ ohne Unterbrechung auszuführen oder eine Botschaft $m_i$ zu übertragen.*

**Definition 2.2 (Aktivierungszeitpunkt)** *Der Aktivierungszeitpunkt (engl. Release) $a_i$ ist der Zeitpunkt, an dem ein Task $w_i$ bereit ist zur Ausführung bzw. eine Botschaft $m_i$ zur Übertragung ansteht.*

**Definition 2.3 (Startzeitpunkt)** *Der Startzeitpunkt $b_i$ ist der Zeitpunkt, an dem die Ausführung eines Tasks $w_i$ startet bzw. die Übertragung einer Botschaft $m_i$ beginnt.*

**Definition 2.4 (Ende der Ausführung)** *Das Ende der Ausführung (engl. Termination) eines Tasks $w_i$ bzw. der Abschluss der Übertragung einer Botschaft $m_i$ wird mit $c_i$ angegeben.*

**Definition 2.5 (Deadline)** *Die Deadline $d_i$ ist der Zeitpunkt, an dem eine Abarbeitung eines Tasks $w_i$ oder die Übertragung einer Botschaft $m_i$ abgeschlossen sein muss.*

**Definition 2.6 (Antwortzeit)** *Die Antwortzeit (engl. Response Time) $R_i$ gibt die Zeitdauer, an die ein Task $w_i$ bzw. eine Botschaft $m_i$ tatsächlich für die Ausführung benötigt bzw. wieviel Zeit bei deren Übertragung ab dem Zeitpunkt der Aktivierung $a_i$ vergangen ist.*

Abbildung 2.1 zeigt ein Beispiel für ein Prioritätsscheduling. Ein Task $w_i$, wird zum Zeitpunkt $a_i$ aktiviert. Die Ausführung startet erst bei $b_i$, da noch höherpriore Tasks $w_j \in hp(w_i)$ aktiv sind. Nach der Ausführungszeit $C_i$ wird der Task $w_i$ zum Zeitpunkt $c_i$ innerhalb der Deadline $d_i$ beendet. Die Antwortzeit der Task ergibt sich aus der Ausführungszeit $C_i$ und der Zeit, während der Task $w_i$ seit dem Aktivierungszeitpunkt durch höherpriore Tasks verzögert wird. Prinzipiell kann der Task $w_i$ auch während ihrer Ausführung durch höherpriore Tasks $w_j \in hp(w_i)$ unterbrochen und dadurch weiter verzögert werden. Dies ist in Abbildung 2.1 nicht mit aufgezeigt, um eine einfache Darstellung zu gewährleisten.

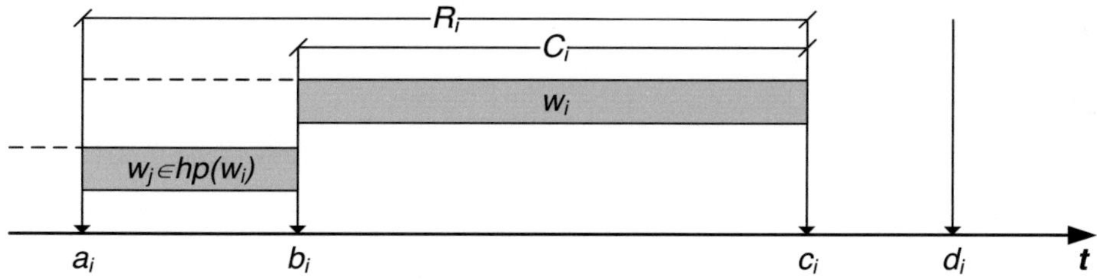


Abb. 2.1.: Timing-Eigenschaften eines Tasks $w_i$, die durch höherpriore Tasks $w_j \in hp(w_i)$ verzögert wird

**Definition 2.7 (Idle-Zeit)** *Die Idle-Zeit $T_{idle}$ definiert die Zeitdauer, während der kein Tasks zur Ausführung oder Botschaften zur Übertragung anstehen. Die CPU bzw. das Übertragungsmedium ist in dieser Zeit nicht belegt.*

**Definition 2.8 (Verspätung)** *Die Verspätung (engl. Lateness) $T_{late,i}$ ist die Zeitdauer, die ein Task $w_i$ oder eine Botschaft $m_i$ in Bezug auf die Deadline $d_i$ zu spät kommt. Wird die Ausführung bzw. Übertragung innerhalb der Deadline beendet, so ist die Verspätung $T_{late,i}$ negativ.*

$$T_{late,i} = c_i - d_i \qquad [2.1]$$

**Definition 2.9 (Überschreitungszeit)** *Die Überschreitungszeit (Exeeding Time) $T_{exe,i}$ definiert die Zeit, welche ein Task $w_i$ oder eine Botschaft $m_i$ nach Überschreitung der Deadline noch aktiv ist.*

$$T_{exe,i} = max(0, T_{late,i}) \qquad [2.2]$$

**Definition 2.10 (Schlupf)** *Der Schlupf (engl. slack) definiert die Zeit, die ein Task $w_i$ oder eine Botschaft $m_i$ nach seiner Aktivierung maximal verzögert werden darf, damit dieser noch vor der Deadline vollständig ausgeführt werden kann.*

$$T_{slack,i} = d_i - a_i - C_i \qquad [2.3]$$

In Abbildung 2.2 sind die weiteren Timing-Eigenschaften am Beispiel eines Tasks $w_i$ dargestellt.

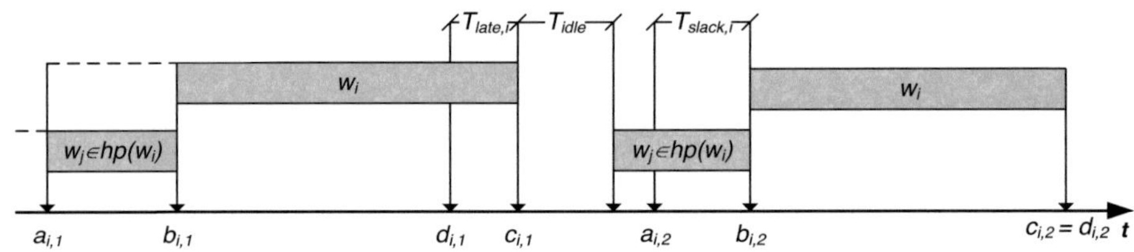


Abb. 2.2.: Weitere Timing-Eigenschaften eines Tasks $w_i$

**Definition 2.11 (Ereignis, Ereignisstrom)** *Ein Ereignis $e$ ist ein Vorkommnis (z.B. ein Statuswechsel), das sich zu einem bestimmten Zeitpunkt $t$ ereignet [65]. Ein Ereignisstrom $E = \{e_1, e_2, e_3, ...\}$ beschreibt die Abfolge von Ereignissen. Ein Ereignisstrom ist definiert über vier charakteristische Funktionen [96]:*

$$\eta^+ : \mathbb{R}^+ \mapsto \mathbb{N}^+, \qquad [2.4]$$

$$\eta^- : \mathbb{R}^+ \mapsto \mathbb{N}^+, \qquad [2.5]$$

$$\delta^+ : \mathbb{N}^+ \backslash \{0,1\} \mapsto \mathbb{R}^+ \; and \qquad [2.6]$$

$$\delta^- : \mathbb{N}^+ \backslash \{0,1\} \mapsto \mathbb{R}^+ \; and \qquad [2.7]$$

*Die Funktion $\eta^+(\Delta t)$ beschreibt die maximale Anzahl an Ereignissen innerhalb eines Zeitintervalls $\Delta t$. Über die Funktion $\eta^-(\Delta t)$ wird die minimale Anzahl an Ereignissen in einem Zeitintervall $\Delta t$ beschrieben. Die Funktionen $\delta^+(n)$ und $\delta^-(n)$ geben den maximalen bzw. minimalen Abstand zwischen n aufeinanderfolgenden Ereignissen an.*

**Definition 2.12 (Minimaler Auftritts-/Sendeabstand)** *Der minimale Auftritts-/Sendeabstand* (engl. Minimum Distance) $T_{min,i}$ *gibt an, welcher Mindestabstand zwischen zwei aufeinanderfolgenden Tasks $w_i$ oder Botschaften $m_i$ eingehalten werden muss.*

**Definition 2.13 (Jitter)** *Der Jitter beschreibt die Abweichung eines Tasks $w_i$ oder einer Botschaft $m_i$ von dem definierten Aktivierungs-/Sendezeitpunkt (Periode). Es wird zwischen Eingangsjitter $J_{in}$ und Ausgangsjitter $J_{out}$ unterschieden.*

In Abbildung 2.3 sind exemplarisch ein Ereignisstrom mit Jitter $J$ und Mindestsendeabstand $T_{min}$ sowie die resultierende Funktion $\eta(\Delta t)$ aufgezeigt.

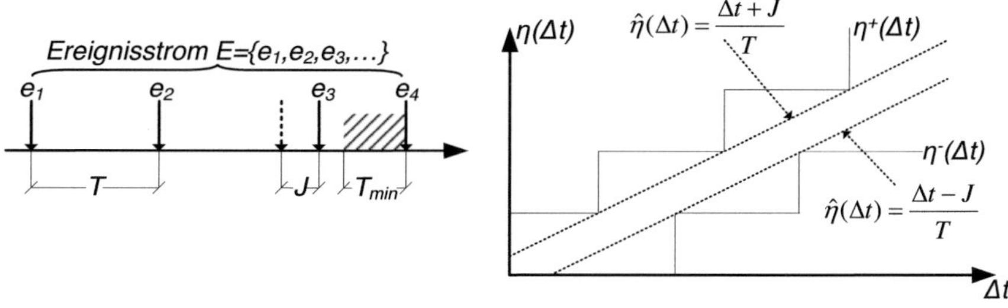


Abb. 2.3.: Exemplarischer Ereignisstrom und die resultierende Funktion $\eta(\Delta t)$

**Definition 2.14 (Absoluter Jitter)** *Der absolute Jitter $J_a$ gibt die maximale Abweichung an, welche über die gesamte Zeit zwischen den Instanzen eines Tasks oder einer Botschaft auftritt. Dabei gilt für den absoluten Eingangsjitter:*

$$J_{a\_in,i} = \max_k \left(b_{i,k} - a_{i,k}\right) - \min_k \left(b_{i,k} - a_{i,k}\right) \qquad [2.8]$$

*Für den relativen Ausgangsjitter gilt:*

$$J_{a\_out,i} = \max_k \left(c_{i,k} - a_{i,k}\right) - \min_k \left(c_{i,k} - a_{i,k}\right) \qquad [2.9]$$

**Definition 2.15 (Relativer Jitter)** *Der relative Jitter $J_r$ gibt die Abweichung von zwei aufeinanderfolgenden Task- oder Botschaftsinstanzen an. Für den relativen Eingangsjitter gilt:*

$$J_{r\_in,i} = \max_k \left| (b_{i,k} - a_{i,k}) - (b_{i,k-1} - a_{i,k-1}) \right| \qquad [2.10]$$

*Für den relativen Ausgangsjitter gilt:*

$$J_{r\_out,i} = \max_k \left| (c_{i,k} - a_{i,k}) - (c_{i,k-1} - a_{i,k-1}) \right| \qquad [2.11]$$

**Definition 2.16 (Latenzzeit)** *Latenzzeit $L$, in unterschiedlichen Zusammenhängen auch Reaktionszeit, Verweilzeit oder Verzögerungszeit genannt, ist der Zeitraum zwischen einer Aktion (bzw. einem Ereignis) und dem Eintreten einer verzögerten Reaktion. Bei einer Latenzzeit ist die Aktion verborgen und wird erst durch die Reaktion deutlich [142].*

In Abbildung 2.4 ist ein gemappter Task $w$ dargestellt sowie ein Eingangsereignisstrom $E_{in}$ und der resultierende Ausgangsereignisstrom $E_{out}$ inklusive der Jitter.

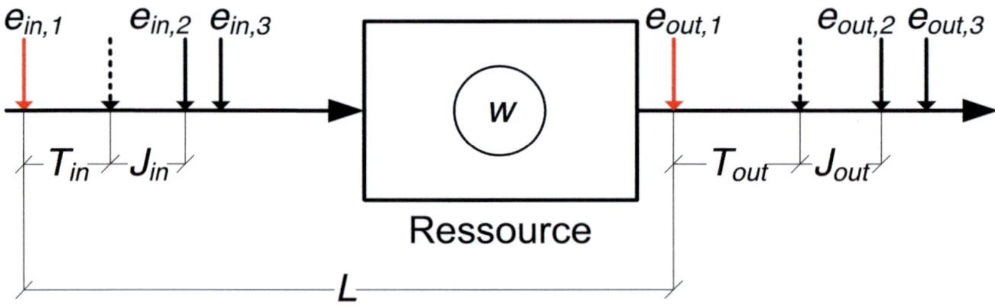


Abb. 2.4.: Beispiel für ein gemappter Task sowie ein Eingangsereignisstrom $E_{in}$ und der resultierende Ausgangsereignisstrom $E_{out}$

**Definition 2.17 (Hyperperiode oder Makroperiode)** *Die Hyperperiode $H$ oder auch Makroperiode genannt, gibt die Periode an, bei der sich der Plan für das Scheduling wiederholt. Sie ist das kleinste gemeinsame Vielfache aller Perioden der im System vertretenen Jobs [117].*

**Definition 2.18 (Offset)** *Der Offset $T_{off}$ beschreibt die Zeit, die nach dem Systemstart gewartet wird, bis ein Task $w_i$ ausgeführt bzw. eine Botschaft $m_i$ verschickt wird.*

**Definition 2.19 (Auslastung)** *Die Auslastung U* engl. Utilization *beschreibt die Belegung einer Ressource. Beispielsweise kann für n unabhängige periodische Tasks $w_i$, für die gilt, dass deren Periode $T_i$ gleich der Deadline $d_i$ ist, wie folgt berechnet werden:*

$$U = \sum_{i=1}^{n} \frac{C_i}{T_i} \qquad [2.12]$$

In der vorliegenden Arbeit wird oft der Begriff Architektur verwendet. Dessen Handhabung ist in der Literatur sehr unterschiedlich. Häufig findet sich eine starke Analogie zwischen den Begriffen Architektur und Topologie [106]. Um für die Arbeit eine einheitliche Terminologie festzulegen, wird für einige wichtige Begriffe eine eindeutige Definition gegeben, diese werden in dieser Arbeit wie folgt verwendet.

**Definition 2.20 (Architektur)** *Eine Architektur ist die grundlegende Organisation eines Systems, verkörpert durch deren Komponenten, ihre Beziehungen zueinander und zur Umgebung sowie den Prinzipien, die das Design und die Evolution leiten [24].*

Bei einer E/E-Architektur im Kraftfahrzeug werden die Komponenten durch die einzelnen Busse und Steuergeräte repräsentiert.

**Definition 2.21 (Topologie)** *Eine Topologie (griech.: Topos = Ort) ist die Beschreibung jeglicher Art von Anordnung von Elementen und deren Verbindungen [106].*

Die Topologie umfasst folglich einen Teil der Architektur. Die Architektur beschreibt nicht nur die Anordnung, sondern zusätzlich auch die verwendeten Elemente und Technologien eines Systems sowie deren Schnittstellen.

**Definition 2.22 (Vernetzungsarchitektur)** *Die Vernetzungsarchitektur enthält die Netzwerktopologie, d.h. die einzelnen Busse sowie die Verbindungen/Schnittstellen der an die Busse angekoppelten Steuergeräte und enthält die verwendeten Kommunikationssysteme (Technologie).*

Weiterhin werden die Begriffe Hardwarearchitektur und Softwarearchitektur für die detaillierte Beschreibung von Steuergeräten verwendet. Die Hardwarearchitektur umfasst die technische Realisierung eines Steuergerätes, z.B. CPU, Speicher, Schnittstellen. Die Softwarearchitektur beschreibt die Applikations- sowie die Basissoftware eines Steuergerätes.

## 2.3. Anforderungen an den Timing-Bewertungsprozess

Zu jedem Zeitpunkt im E/E-Entwicklungsprozess muss eine ausreichende Menge an Timing-Informationen vorliegen, damit eine aussagekräftige Bewertung durchgeführt werden kann. Zu den Timing-Informationen zählen:

- Ausführungszeiten der Tasks und Übertragungszeiten der Botschaften

- Konfiguration des Betriebssystems und der Kommunikationssysteme

- Beschreibung des Timing-Verhaltens der Eingangsereignisse, z.B. der anwenderabhängigen Interaktion, um die entsprechenden Verhaltensmodelle abzuleiten

- Beschreibung des Sendeverhaltens der Botschaften.

- Weitere Timing-Informationen wie z.B. Jitter, Drift und Offsets

Das Ziel ist es, sowohl auf Komponentenebene (Steuergeräte und Busse) als auch auf Systemebene, eine fundierte Aussage über das Timing-Verhalten treffen zu können. Die hierfür notwendigen Timing-Informationen können bisher nur teilweise direkt aus den Spezifikationen entnommen werden. Einige Informationen sind implizit vorhanden und lassen sich über Regeln ableiten, z.B. die Übertragungszeit $C_i$ einer Botschaft $m_i$ kann anhand deren Länge $p_i$ und der Übertragungsgeschwindigkeit $V$ des Kommunikationssystems berechnet werden. Für die Beschreibung der noch fehlenden Informationen besteht meist ein direkter Zusammenhang mit der Interaktion des Fahrers und der Passagiere mit den E/E-basierten Funktionen. Dieses spontane Timing-Verhalten kann über die Beobachtung (Messung) der E/E-Systeme bestimmt werden.

Abbildung 2.5 zeigt diese Schwierigkeit anhand eines Steuergeräts. Aus der Systembeschreibung und über Auswertungen der Code-Laufzeiten können viele Timing-Informationen ermittelt werden. Insbesondere jedoch die Ereignisse, welche von außen ausgelöst werden und direkten Einfluss auf die Ausführungszeiten haben, lassen sich nur schwer spezifizieren.

In gleicher Weise wie bei Steuergeräten verhält es sich bei der Timing-Bewertung von Kommunikationssystemen (siehe Abbildung 2.6). Ohne die Kenntnisse über das dynamische Timing-Verhalten der Busteilnehmer (Steuergeräte) ist eine sinnvolle Bewertung der Buskommunikation nicht möglich. Diese Dynamik, welche in der Versendung von

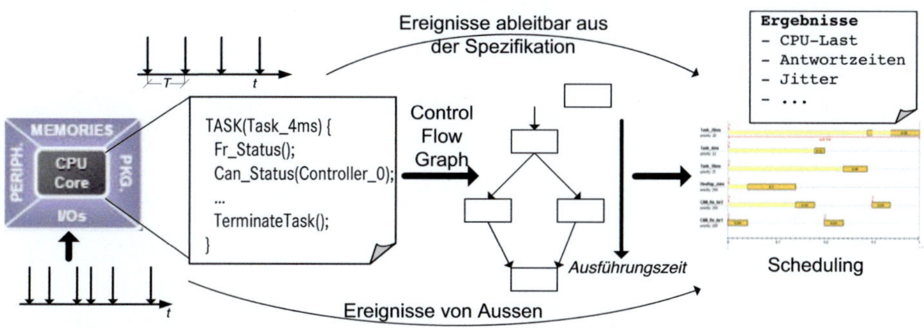


Abb. 2.5.: Einflüsse und Informationen für eine Timing-Bewertung von Steuergeräten

spontanen Botschaften resultiert, hängt in den meisten Fällen direkt mit Interaktionen der Insassen des Fahrzeugs zusammen.

Um das Problem der fehlenden Timing-Informationen zu lösen, wird in der vorliegenden Arbeit eine Methodik vorgestellt, die eine durchgängige und aussagekräftige Timing-Bewertung innerhalb des Entwicklungsprozesses von E/E-Architekturen ermöglicht und Wege aufzeigt, die dafür notwendigen Timing-Informationen bereitzustellen. Ferner können die ermittelten Informationen schrittweise als zusätzliche Attribute (Kriterien oder Anforderungen) in die Spezifikationen der E/E-Systeme einfließen. Auf deren Basis ist dann zukünftig eine genauere Auslegung der Systeme möglich. Ferner sind die ermittelten Timing-Informationen für eine Modellverfeinerung in der Entwurfsphase von E/E-Architekturen verwendbar.

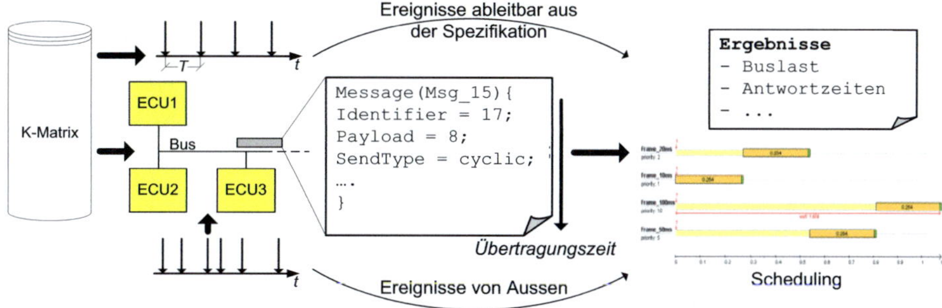


Abb. 2.6.: Einflüsse und Informationen für eine Bewertung von Kommunikationssystemen

# 3. E/E-Architekturen und Entwicklungsprozesse

In diesem Kapitel werden die Grundlagen der E/E-Architekturen im Kraftfahrzeug eingeführt, welche im Kontext der Timing-Bewertungen relevant sind. Weiterhin erfolgt die detaillierte Beschreibung der einzelnen Komponenten. Im Anschluss daran wird auf den aktuellen E/E-Entwicklungsprozess eingegangen und es werden die detaillierten Anforderungen für die Timing-Bewertungen abgeleitet. Abschließend erfolgt die Ableitung der hierfür wesentlichen Kenngrößen.

## 3.1. E/E-Architekturen im Kraftfahrzeug

Die Begriffsdefinitionen für Architektur, Topologie, etc. wurden in Abschnitt 2.2 gegeben. Eine E/E-Architektur im Kraftfahrzeug umfasst das Funktionsnetzwerk, das Netzwerk der Hardwarekomponenten, den Leitungssatz und die physikalische Topologie. Die Unterteilung in die verschiedenen Ebenen ist in Abbildung 3.1 dargestellt. *Top-Down* betrachtet werden die Anforderungen *(Requirements)* formuliert. Diese Anforderungen sind durch ein Netz kooperierender Funktionen realisiert *(Functional Network)*. Die Software-Anteile der Funktionen sind auf den einzelnen Steuergeräten integriert. Die Verbindung der Steuergeräte ist über verschiedene Kommunikationssysteme realisiert. Weiterhin sind Sensoren und Aktoren an die Steuergeräte gekoppelt. Dieser Verbund bildet das Hardwarekomponentennetzwerk *(Hardware Component Network)*. Der sogenannte *Schematic Layer* beinhaltet die Anschlüsse und Leitungen zwischen den einzelnen Komponenten sowie die Energieversorgung. Der Leitungssatz *(Wiring Harness)* ist in der nächsten Ebene zu finden. Die physikalische Topologie *(Physical Topology)* umfasst die Einbauorte und Kabeldurchführungen.

Die oberen drei Ebenen sind bei der Timing-Bewertung relevant. Dazu zählen die Hardware- und Software-Architektur der Steuergeräte sowie die Kommunikationssysteme. Die Topologieaspekte, wie Signallaufzeiten auf physikalischer Ebene und die hierfür notwendige Berücksichtigung der Leitungslängen, spielen bei der Betrachtung des

Timing-Verhaltens auf logischer Ebene keine Rolle und sind nicht Gegenstand dieser Arbeit. Die für die Timing-Bewertung relevanten Eigenschaften der Komponenten werden im Folgenden näher ausgeführt.

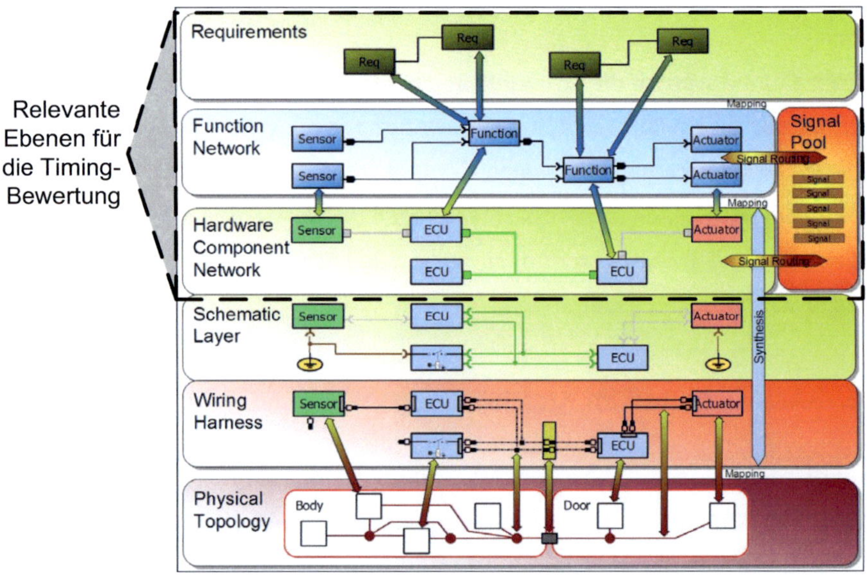


Abb. 3.1.: Die einzelnen Ebenen einer E/E-Architektur und die für die Timing-Bewertung relevanten Abschnitte [131]

### 3.1.1. Hardwarearchitektur von Steuergeräten

Die Hardware-Architektur von Steuergeräten umfasst die Steckerpins, das Gehäuse, die Platine sowie die elektronischen Baugruppen wie Spannungsversorgung, Leistungstreiber für die Ein- und Ausgänge und die Transceiver-Bausteine sowie die Recheneinheit, typischerweise ein Mikrocontroller. Ein Beispiel für einen heute eingesetzten 32-Bit Mikrocontroller ist in Abbildung 3.2 dargestellt. Der Baustein beinhaltet neben dem Rechenkern (hier: *V850E Core*) den flüchtigen und festen Speicher (*RAM* und *Flash*). Weiterhin werden diverse Schnittstellen zur Ankopplung von Sensorik und Aktorik sowie zur Anbindung verschiedener Kommunikationssysteme bereitgestellt.

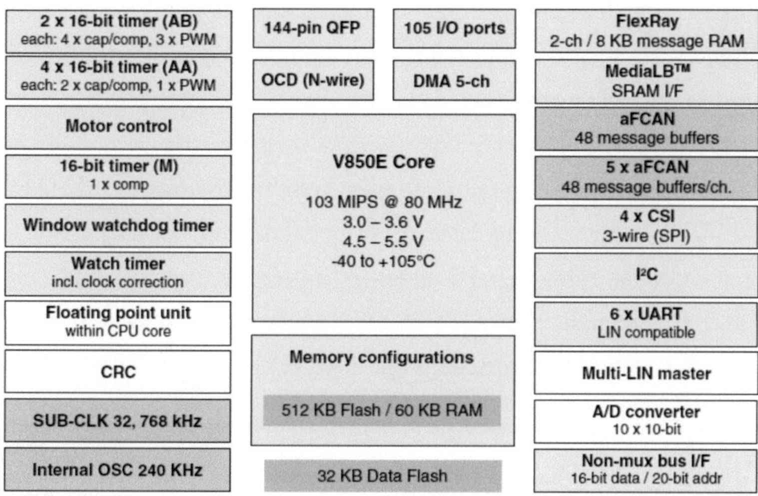


Abb. 3.2.: Blockdiagramm eines aktuellen Microkontrollers *V850/CAG4-M* von NEC [84]

Für das Timing-Verhalten eines Steuergerätes bzw. der Software ist die Auswahl eines für die jeweiligen Aufgaben geeigneten Mikrocontrollers von zentraler Bedeutung. Für ein Gateway-Steuergerät beispielsweise ist eine homogene Ankoppelung der Peripherie an die CPU sehr wichtig, d.h. die Peripherie, z.B. die Buscontroller sollten nicht eine vielfach kleinere Frequenz als die CPU haben, damit möglichst wenig *Wait States* von der CPU bei der Datenübertragung zu dem Controller eingefügt werden müssen.

Ein weiteres wichtiges Thema im Zusammenhang mit der Timing-Bewertung werden zukünftig die Multicore-Architekturen von Mikrocontrollern sein, welche in naher Zukunft vermehrt in Steuergeräten eingesetzt werden. Das Verhalten und die Bewertung solcher Multicore-Systeme ist nicht Bestandteil dieser Arbeit. Die weiteren Ausführungen beziehen sich immer auf Single-Core Architekturen. Viele der entwickelten Konzepte sind jedoch auf Multicore-Architekturen übertragbar.

## 3.1.2. Softwarearchitektur von Steuergeräten

Die Softwarearchitektur eines Steuergerätes umfasst neben der Laufzeitumgebung auch die Applikationssoftware. Die Laufzeitumgebung beinhaltet das Betriebssystem, die Treiber für die Ansteuerung der Peripherie sowie Basisdienste. In der Applikationssoftware sind die kundenerlebbaren Funktionen gekapselt.

Da über den Einsatz einer OEM-eigenen Laufzeitumgebung kein signifikanter Wettbewerbsvorteil erzielt werden kann, wird seit vielen Jahren an herstellerübergreifenden Standards gearbeitet. Die wichtigsten Gremien sind *OSEK/VDX (Offene Systeme für die Elektronik im Kraftfahrzeug/Vehicle Distributed Executive)*, die *Herstellerinitiative Software (HIS)* und *AUTOSAR (Automotitve Open Systems Architecture)* [87],[17]. Mit der Arbeit an OSEK/VDX wurde im Jahre 1995 begonnen und es ist aktuell in fast allen Steuergeräten aktueller Fahrzeuge zu finden. Mit dem Zusammenschluss vieler OEMs, Zulieferer und Toolhersteller im AUTOSAR-Konsortium erfolgte ein weiterer Schritt hin zu einer umfassenden Standardisierung. In AUTOSAR sind große Teile der Konzepte von OSEK eingeflossen.

## OSEK/VDX

Das OSEK/VDX-System besteht aus mehreren Modulen. In Abbildung 3.3 sind die einzelnen Module dargestellt.

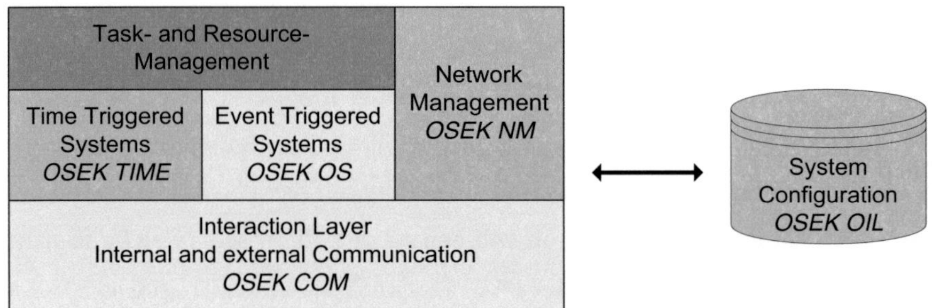


Abb. 3.3.: Grundkomponenten des OSEK/VDX-Systems [144]

1. *OSEK-OS (Operating System)* ist ein ereignisgesteuertes Echtzeit-Multitasking Betriebssystem, welches die Möglichkeit zur Task-Synchronisation und Ressourcenverwaltung bietet [53].

2. *OSEK-TIME* ist die zeitgesteuerte Variante.

3. *OSEK-COM (Communication)* beschreibt die Interaktionsschicht zum internen Datenaustausch zwischen den Tasks eines Steuergerätes und zum externen Datenaustausch mit anderen Steuergeräten über die entsprechenden Schnittstellen.

4. Über das *OSEK-NM (Networkmanagement)* wird die Überwachung und Verwaltung der Kommunikation mit anderen Steuergeräten realisiert, die über ein Kommunikationssystem stattfindet.

5. *OSEK-OIL (OSEK Implementation Language)* ist eine Beschreibungssprache zur Konfiguration der aufgeführten Module.

Die stärksten Einflüsse auf das Timing-Verhalten eines Steuergerätes hat das Betriebssystem und dessen Konfiguration. Aus diesem Grund werden im Folgenden die wichtigsten Eigenschaften des OSEK-OS diskutiert. Das OSEK-OS ist eingeteilt in vier Konformitätsklassen. Diese ermöglichen es je nach Anforderungen einen bestimmten Funktionsumfang des OSEK-OS für ein Steuergerät zu verwenden. Als Ausführungseinheiten für den Programmcode dienen die *Tasks*. Bei OSEK-OS wird zwischen *Basic Tasks* und *Extended Tasks* unterschieden. Basic-Tasks hängen nicht von äußeren Ereignissen ab, während Extended-Tasks auf Ereignisse von außen warten. Abbildung 3.4 zeigt das Zustandsmodell der OSEK-OS-Tasks.

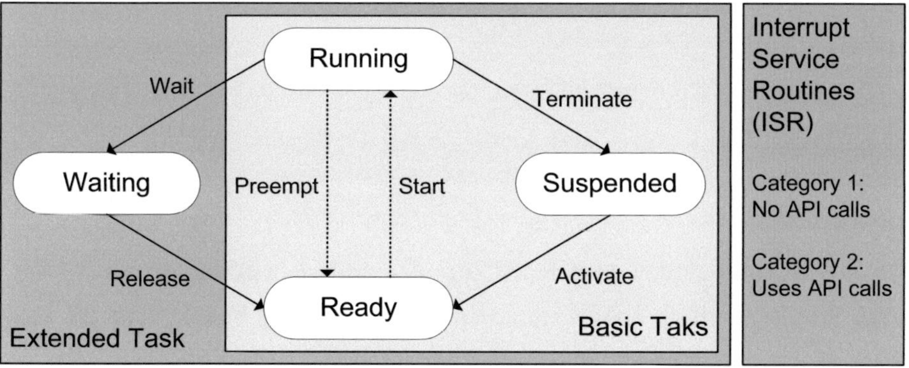


Abb. 3.4.: Betriebssystemezustände für *Basic Tasks* und *Extended Tasks* des OSEK-OS[88]

Nach der Aktivierung einer Task *(Suspended → Ready)* ist diese bereit zur Ausführung. Eine Task kann ausgeführt *(Ready → Running)* werden, falls: 1) Die CPU nicht belegt ist, 2) ein preemptiver Task mit niederer Priorität gerade ausgeführt wird und 3) keine Interrupts ausgelöst wurden.

Beim OSEK-OS wird über den Scheduler die CPU-Zeit den Tasks über statische Prioritäten zugewiesen [61]. Im Gegensatz dazu arbeitet das OSEK-TIME über das TDMA-Verfahren. Alle Tasks beim OSEK-OS können durch Interrupts unterbrochen werden. Preemptive Tasks sind auch von höherprioren Tasks unterbrechbar. Bei gemeinsam genutzten Ressourcen wird der korrekte Zugriff über das *Priority-Ceiling-Protokoll* gesteuert. Ein Beispiel für ein Deadlock-freies Task-Scheduling des OSEK-OS ist in Abbildung 3.5 dargestellt.

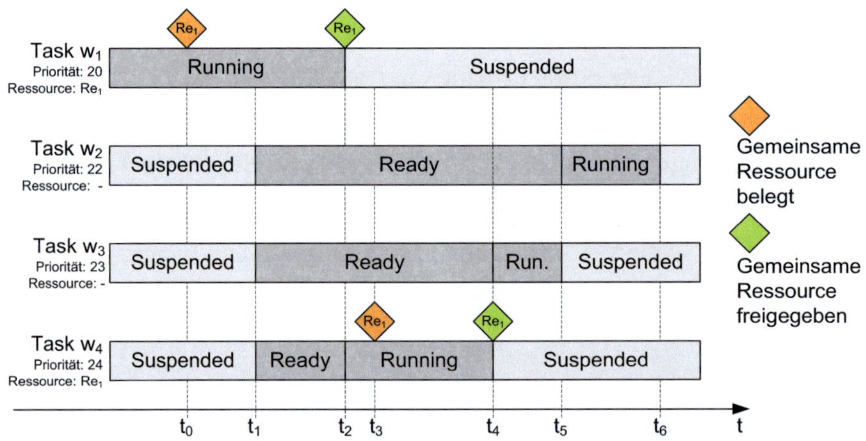


Abb. 3.5.: Beispiel für das Scheduling von Tasks unter Berücksichtigung des Priority-Ceiling-Protokolls

Der Task $w_1$ wird aktuell ausgeführt. Zum Zeitpunkt $t_0$ wird die Ressource $Re_1$ verwendet. Task $w_4$ steht ab dem Zeitpunkt $t_1$ zur Ausführung bereit. Trotz der höheren Priorität wird über das Priority-Ceiling-Protokoll dessen Ausführung erst bei $t_2$ gestartet, nachdem Task $w_1$ die Ressource wieder freigegeben hat (die Priorität von Task $w_1$ wird von 20 auf 24 angehoben).

## AUTOSAR

Die AUTOSAR-Initiative definiert eine Softwarearchitektur für Steuergeräte. Diese entkoppelt die Software von der Hardware eines Gerätes. Weiterhin beinhaltet die Softwarearchitektur Funktionsmodule, die sogenannten Softwarekomponenten. Diese können unabhängig voneinander und durch verschiedene Hersteller entwickelt und dann in einem weitgehend automatisierten Konfigurationsprozess zu einem konkreten Projekt zusammengebunden werden [144]. In Abbildung 3.6 ist die Softwarearchitektur von AUTOSAR mit deren wichtigsten Modulen abgebildet. Die sogenannte Basissoftware enthält die Hardware-Schnittstellen (Treiber), die Services, das Betriebssystem und die Interaktionsschicht. Das Betriebssystem *AUTOSAR-OS* ist aufwärtskompatibel zu OSEK-OS und wurde zusätzlich um Konzepte aus OSEK-TIME erweitert [16]. Über diese Schicht wird eine klare Trennung auf der Basis standardisierter Schnittstellen realisiert. Dadurch ist der Austausch oder die Ergänzung von Applikationen leicht möglich, ohne dass der komplette Software-Stack geändert werden muss.

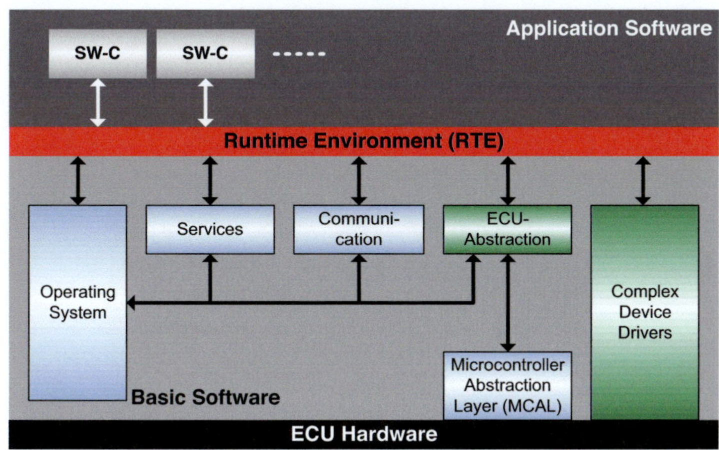


Abb. 3.6.: AUTOSAR Software-Architektur [8]

Innerhalb der Arbeit ist das Timing-Verhalten von Gateway-Steuergeräten ein wichtiger Bestandteil. Diese Komponenten sind die zentralen Elemente einer Vernetzungsarchitektur, deren Timing-Verhalten maßgeblich die Latenzzeiten der zu routenden Signale und Botschaften beeinflusst. Aus diesem Grund werden im Folgenden die Module des AUTOSAR-Software-Stack näher beschrieben, welche für die Gateway-Funktionalität von Bedeutung sind. Abbildung 3.7 zeigt die relevanten Anteile für das Routing. Hierzu zählen die Treiber *(Drivers)*, die sogenannten *Interfaces*, der *PDU-Router*, das *COM-Modul* und das Netzwerkmanagement *(Networkmanagement)*. Der Treiber und das Interface kapseln die busspezifischen Eigenschaften. Im PDU-Router erfolgt das Weiterleiten von ganzen Datenpaketen, der sogenannten *PDUs (Protocol Data Unit)*. Das COM-Modul ist für das Routing einzelner Signale zuständig. Über das Netzwerkmanagement steuert das Gateway-Steuergerät das Schlaf- und Weck-Verhalten des gesamten Netzes.

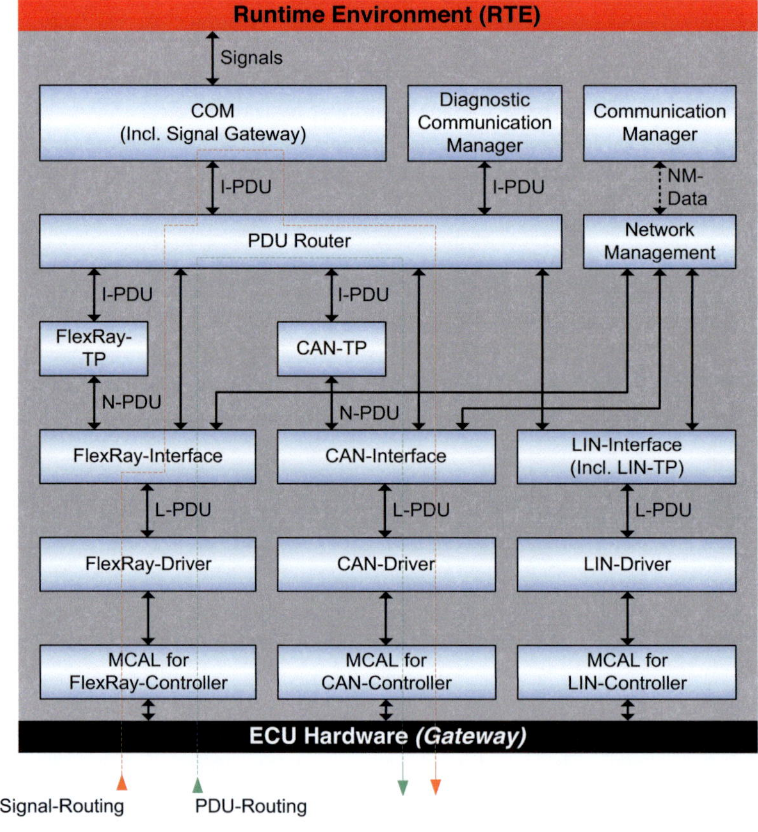


Abb. 3.7.: Detaillierte Sicht auf die einzelnen Module der AUTOSAR-Basis-Software, welche für das Routing relevant sind

Ab der Projektphase für das AUTOSAR-Release 4 wird das Timing-Thema in einer Arbeitsgruppe bearbeitet und in einer eigenen Spezifikation *Specification of Timing-Extensions* beschrieben [15]. Der Hauptfokus richtet sich auf die Bereitstellung einer konsolidierten und konsistenten Timing-Beschreibung. Diese bietet die Möglichkeit in den verschiedenen Schritten des Entwicklungsprozesses Timing-Informationen und deren Anforderungen zu beschreiben sowie eine Bewertung auf Basis dieser Daten durchzuführen. Ein Beispiel für die Beschreibung eines Systems ist in Abbildung 3.8 dargestellt.

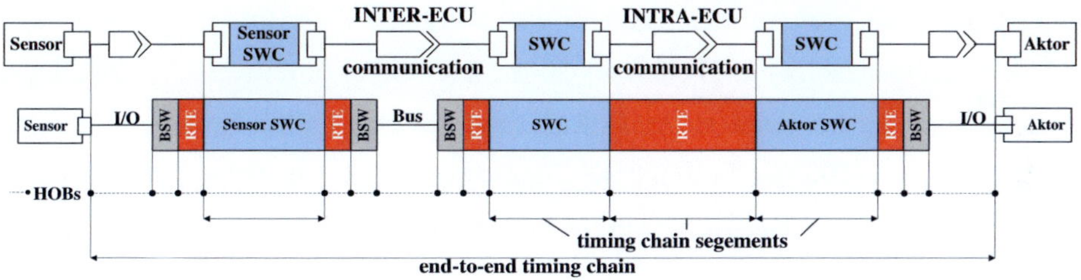


Abb. 3.8.: Beispiel für eine Ende-zu-Ende-Timingkette, von Abfrage des Sensors bis zur Auslösung des Aktors [15]

Über die Notationsmöglichkeiten der AUTOSAR-Timing-Spezifikation kann eine solche sogenannte Timing-Kette *(End-to-end timing-chain)* von der Abfrage eines Sensors bis zum Aktor beschrieben werden. Die Timingkette teilt sich in mehrere Untersegmente auf, die sogenannten *Timing chain segments*. Die Segmentierung ermöglicht eine Timing-Beschreibung auf verschiedenen Abstraktionsebenen. Die hierfür notwendige Deadline kann über die *AUTOSAR Timing-Extensions* beschrieben werden, ebenso die Latenzzeiten und Ausführungszeiten der einzelnen Segmente.

### 3.1.3. Kommunikationssysteme

In einer E/E-Architektur im Kraftfahrzeug kommen unterschiedliche Kommunikationssysteme zum Einsatz. Der Fokus liegt dabei auf den Kommunikationssystemen CAN und FlexRay, da diese in aktuellen und zukünftigen Vernetzungsarchitekturen die zentrale Rolle einnehmen. In den folgenden Abschnitten werden die für die Arbeit relevanten Aspekte erläutert. Für eine umfassende Beschreibung wird auf die wichtigsten Dokumente verwiesen.

## Controller Area Network

Das *Controller Area Network (CAN)* ist das am häufigsten eingesetzte Kommunikationssystem im Kraftfahrzeug. Der CAN-Bus wurde Anfang der 90er Jahre von der Robert Bosch GmbH entwickelt. Die Spezifikation definiert eine maximale Übertragungsgeschwindigkeit $V$ von 1MBit/s. In aktuellen Vernetzungsarchitekturen liegt die Übertragungsgeschwindigkeit auf den CAN-Bussen zwischen 100kBit/s und 500kBit/s. Höhere Übertragungsgeschwindigkeiten als 500kBit/s führen zu teilweise starken Topologieeinschränkungen im Kraftfahrzeug. Aufgrund des steigenden Kommunikationsaufkommens werden mittlerweile mögliche Topologien mit Übertragungsraten bis zu ein 1MBit/s untersucht. Die Busarbitrierung beim CAN-BUS erfolgt mittels des CSMA/CR-Verfahrens *(Carrier Sense Multiple Access/Collision Resolution)*. Über den Identifier wird die Nachrichtenpriorisierung geregelt, d.h. der niedrigste Wert hat die höchste Priorität. Der CAN-Bus arbeitet ereignis-getrieben, d.h. die Spezifikation sieht keine festen Sendezeitpunkte für bestimmte Botschaften vor. Es ist jedem Busteilnehmer erlaubt, zu einer beliebigen Zeit auf den Bus zuzugreifen. Pro Nachricht können maximal acht Byte Nutzdaten übertragen werden. In Abbildung 3.9 ist der Aufbau eines CAN-Datenframes dargestellt. Die Daten werden NRZ-codiert *(Non-Return to Zero)*. Weiterhin wird für einen Teilbereich der Botschaft Bitstuffing angewandt. Dieses wird zur fortlaufenden Synchronisation der CAN-Knoten verwendet.

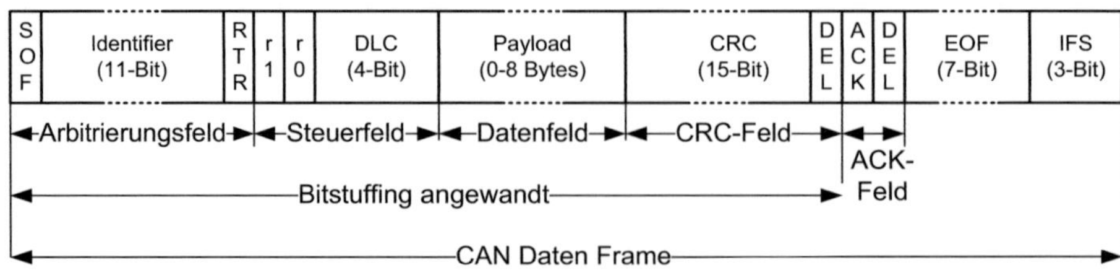



Abb. 3.9.: Aufbau eines Daten- oder Datenanforderungsframes im CAN-Standardformat [45]

Sowohl für die Berechnung der Buslast $U$ als auch für die Ermittlung der Übertragungszeit einer Botschaft $m_k$ müssen deren Stuffbits mit berücksichtigt werden. Die maximalen Stuffbits $n_{stuff,k}$ einer Botschaft $m_k$ berechnen sich wie folgt:

$$n_{stuff,k} = \left\lfloor \frac{34 + 8 \cdot p_k - 1}{4} \right\rfloor \qquad [3.1]$$

Für die Berechnung der Übertragungszeit $C_k$ einer CAN-Botschaft $m_k$ sind alle Steuerbits *(Header und Trailer)* und deren Payload $p_k$ (Anzahl der Nutzdatenbytes) zu berücksichtigen. Für die Berechnung der Busauslastung ist zusätzlich noch noch der *Interframe-Space* $T_{ifs} = 3Bit$ den Steuerbits hinzuzufügen.

$$C_k = \frac{8 \cdot p_k + 44 + n_{stuff}}{B} \qquad [3.2]$$

Da eine schon gestartete Botschaftsübertragung nicht unterbrechbar ist, kann eine weitere Botschaft $m_k$ erst mit dem Buszugriff beginnen, wenn im schlechtesten Fall die längste niederpriore Botschaft vollständig übertragen ist. D.h. beim Sendevorgang findet eine Umkehr der Prioritäten statt. Der Sender, der den Bus belegt, hat bis zum Abschluss seiner Übertragung die höchste Priorität. Weitere wichtige Parameter des CAN-Busses, die eine Auswirkung auf das Zeitverhalten der Botschaften haben, sind:

- Die Offsets der CAN-Botschaften, oft auch als *StartDelayTime* (siehe *Specification of DBKOM-Attributes* [138]) oder *ComTxModeTimeOffsetFactor* (siehe *Specification of Communication* in AUTOSAR [10]) referenziert. Über die Offsets wird das Versenden der zyklischen Botschaften eines Steuergerätes entzerrt, so dass es zu keiner blockweisen Übertragung kommt.

- Die Sendetypen der Botschaften beschreiben, wie eine Botschaft von deren jeweiligem Sender verschickt wird. Die Sendetypen sind OEM-spezifisch. In Tabelle 3.1 sind die Sendetypen der CAN-Botschaften beschrieben, so wie diese bei der Daimler AG zum Einsatz kommen.

Tab. 3.1.: Sendetypen der CAN-Botschaften, so wie diese bei der Daimler AG zum Einsatz kommen [138]

| **Sendetyp** | **Zeitliches Verhalten** |
| --- | --- |
| zyklisch *cyclicX* | immer aktiv mit fester Periode $T_{cycle}$ |
| spontan<br><br>*spontanous* | spontanes Auftreten, relevant für die<br><br>Modellierung ist der Mindestsendeabstand $T_{min}$ |
| bei aktiver Funktion (BAF)<br><br>*cyclicIfActive* | zeitweise aktiv (wenn Funktion aktiviert)<br><br>mit fester Periode |
| zyklisch und spontan (csx)<br><br>*cyclicAndSpontanWithDelay* | immer aktiv mit fester Periode $T_{cycle}$ zusätzlich<br><br>kann die Botschaft auch noch spontan<br><br>innerhalb der Periode unter Berücksichtigung des<br><br>Mindestsendeabstandes $T_{min}$ verschickt werden |
| schnell<br><br>*cyclicIfActiveFast* | immer aktiv mit zwei festen Perioden: Langsame Periode $T_{slow}$ bei nicht aktiver Funktion<br><br>und schnelle Periode $T_{fast}$ bei aktiver Funktion |
| geändert<br><br>*cyclicWithRepeatOnDemand* | werden abhängig von der Anzahl der definierten<br><br>Wiederholungen zyklisch gesendet |
| Keine *none* | Kein Verhalten definiert |

Für weiterführende Literatur zum Thema CAN-Bus wird auf die folgende Literatur verwiesen [34], [104] und [69].

## FlexRay

Das Kommunikationssystem *FlexRay* wurde ab 2001 innerhalb eines Konsortiums verschiedener OEMs, Zulieferer und Halbleiterhersteller entwickelt. In den neuen Fahrzeuggenerationen ist das System mittlerweile auch im Einsatz. Auf physikalischer Ebene erlaubt FlexRay den ein- oder zweikanaligen Betrieb. Es kann eine Umsetzung in Linien- oder Sterntopologie sowie in einer Mischform erfolgen. Die maximale Übertragungsgeschwindigkeit liegt bei $V = 10MBit/s$.

FlexRay ist wie CAN ein nachrichtenorientiertes Kommunikationssystem. Der Zugriff auf den Bus erfolgt jedoch bei FlexRay zeitgesteuert über das sogenannte *Time Division Multiple Access (TMDA)* Verfahren. Jedes Steuergerät erhält zu festgelegten Zeitpunkten den exklusiven Buszugriff. Das TDMA-Verfahren macht es notwendig, dass eine Synchronität zwischen allen Busknoten vorliegt. Hierzu sind verschiedene Verfahren zur Uhrensynchronisation (Raten- und Offsetkorrektur) notwendig. Die Zeit ist bei FlexRay auf der Basis von *Makroticks* und *Microticks* definiert. Ein Makrotick ist global für das gesamte Netz festgelegt. Die Microticks sind knotenspezifisch. Abbildung 3.10 zeigt die Timing-Ebenen von FlexRay. Oberhalb der Makrotick-Ebene befindet sich die *Arbitration Grid* Ebene, hier erfolgt die Abbildung der Makroticks auf die Slots des statischen Segmentes sowie auf die Minislots des dynamischen Segmentes. Auf der obersten Ebene ist der Kommunikationszyklus (Zyklus) definiert. Dieser beinhaltet ein statisches und optional ein dynamisches Segment für die Datenübertragung. Zusätzlich sind die *Network Idle Time* und das optionale *Symbol Window* Bestandteile eines Zyklus.

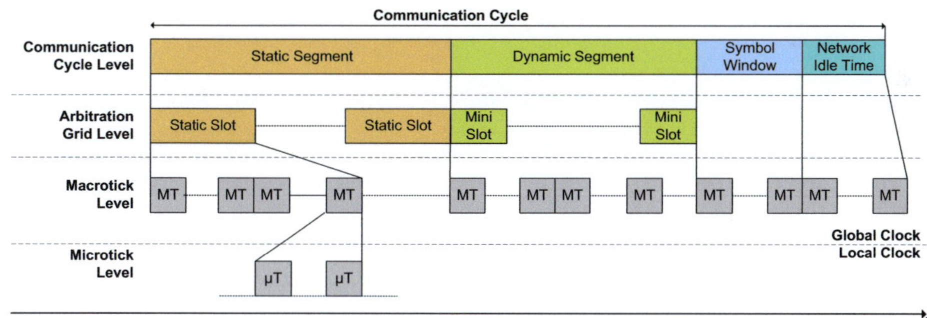


Abb. 3.10.: FlexRay-Timing-Ebenen [37]

Der Aufbau eines FlexRay-Frames (Botschaft) ist in Abbildung 3.11 dargestellt. Diese besteht aus einem Header und einem Trailer sowie einem Datenfeld mit maximal 254Byte.

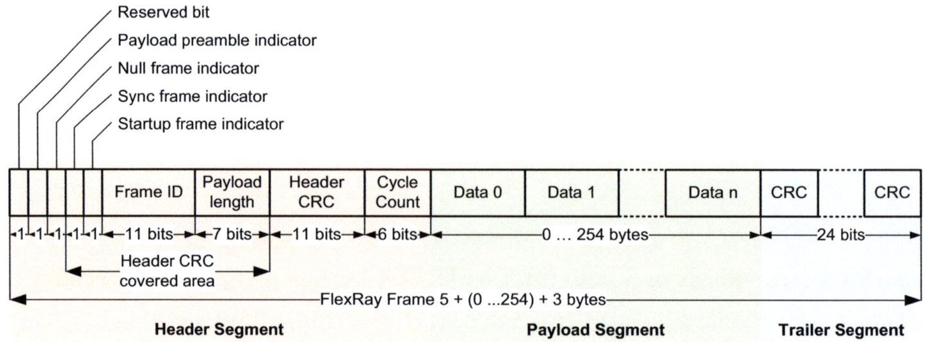


Abb. 3.11.: Aufbau eines FlexRay-Frames [37]

Die Übertragungszeit $C_k$ einer Botschaft $m_k$ hängt von der Übertragungsgeschwindigkeit $V$ und der Länge der Botschaft ab. Im statischen Segment von FlexRay haben alle Botschaften dieselbe Länge. Die Botschafts- bzw. Framelänge *aFrameLenght* in Bit berechnet sich wie folgt (siehe *FlexRay-Specification 3.0* auf Seite 293 [37]:

$$aFrameLength[Bit] = gdTSSTransmitter[Bit] + cdFSS[Bit] + 80Bit +$$
$$aPayloadLength[two-byteword] \qquad [3.3]$$
$$\cdots 20Bit/two-byteword + cdFES[Bit]$$

Dabei ist *gdTSSTransmitter* die sogenannte *Transmission Start Sequence*, diese kann im Wertebereich zwischen $3...5Bit$ liegen. Der Parameter *cdFSS* steht für die Dauer der Startsequenz, diese hat die Länge von $1Bit$. Die Endsequenz *cdFES* hat eine Länge von $2Bit$. Da jedes übertragene Byte auf dem FlexRay $10Bit$ entspricht, kommen noch für den $8Byte$ großen Header $80Bit$ hinzu sowie die entsprechende Payload. Daraus ergibt sich für die Übertragungszeit:

$$C_k = \frac{aFrameLength}{V} \qquad [3.4]$$

Im dynamischen Segment ergibt sich die Übertragungsdauer aus der Botschaftslänge. Die entsprechende Formel ist in der *FlexRay-Specification 3.0* auf Seite 321 zu finden [37]. Ein weiterer wichtiger Punkt bei FlexRay-Steuergeräten ist die korrekte Konfiguration der FlexRay-Jobs (siehe auch [11]). Diese sind in der Art zu definieren, dass das Schreiben eines Frames in den *Message Ram* des FlexRay-Controllers unmittelbar vor dem nächsten Sendezeitpunkt des Frames stattfindet. Gleiches gilt für das Lesen aus dem Message Ram. Dieses Vorgehen ist notwendig, um eine optimale Übermittlung der Daten sicherzustellen und Wartezyklen zu vermeiden. In Abbildung 3.12 ist beispielhaft ein solches Zusammenspiel zwischen FlexRay-Jobs und -Schedule dargestellt. Beispielsweise bedient der FlexRay-Job *Tx2* die Slots $40 - 88$. Um die zeitlich optimale Übergabe der Daten zu gewährleisten, muss der Job vor dessen Deadline mit der Ausführung fertig sein.

Für weiterführende Literatur zum Thema FlexRay wird auf die folgenden Dokumente verwiesen [94], [37] und [38].

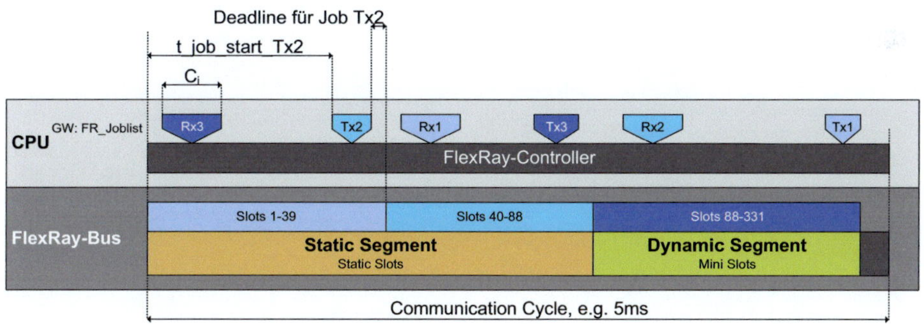


Abb. 3.12.: Zusammenspiel zwischen den FlexRay-Jobs im Steuergerät und dem FlexRay-Schedule

## Weitere Kommunikationssysteme

Weitere Kommunikationssysteme, welche in aktuellen Vernetzungsarchitekturen von Kraftfahrzeugen zum Einsatz kommen, sind in Abbildung 3.13 dargestellt.

- Das *Local Interconnect Network (LIN)*, ein serielles Bussystem, welches nach dem Master/Slave-Prinzip arbeitet. Die maximale Übertragungsgeschwindigkeit des LIN-Bus liegt bei 20kBit/s [71],[72].

- Der *Media Oriented System Transport (MOST)*, dieser ist für Multimedia-Anwendungen konzipiert und hat eine maximale Übertragungsgeschwindigkeit von 150MBit/s. Der MOST-Bus ist in Ringtopologie ausgeführt [82], [83].

- Das *Low Voltage Differential Signaling (LVDS)* wird zur Hochgeschwindigkeitsdatenübertragung verwendet, beispielsweise für die Übertragung von Rohdaten von Kameras.

- Das *Ethernet-IP (Internet Protocol)*, das derzeit als schneller Flash-Zugang eingesetzt wird und bei BMW für die Anbindung des *Rear Seat Entertainments*. Aktuell wird an weiteren Einsatzmöglichkeiten geforscht (z.B. für Kameravernetzung und als Backbone-Bus) [110], [93].

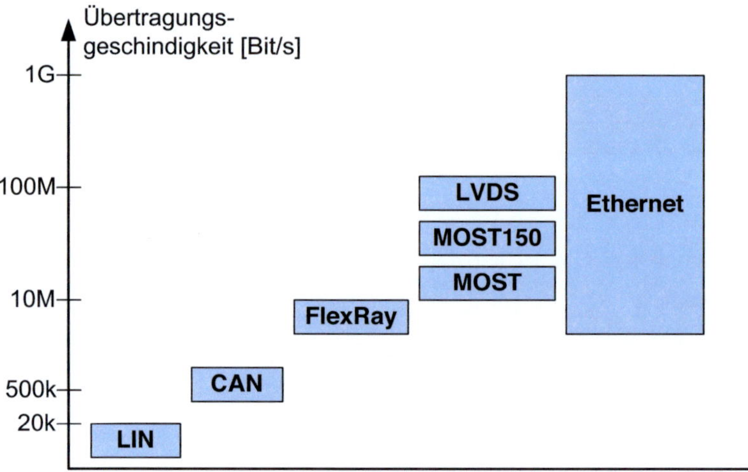


Abb. 3.13.: Gegenüberstellung der Kommunikationssysteme im Kraftfahrzeug anhand deren Übertragungsgeschwindigkeiten

Die folgende Tabelle 3.2 stellt die wichtigsten Eigenschaften der einzelnen Kommunikationssysteme gegenüber.

Tab. 3.2.: Gegenüberstellung der wichtigsten Eigenschaften der Automotive-Kommunikationssysteme

| **Eigenschaften** | **LIN** | **CAN** | **FlexRay** | **MOST** |
| --- | --- | --- | --- | --- |
| Max. Brutto-Übertragungsgeschwindigkeit [MBit/s] | 0.02 | 1.0 | 10.0 | 150.0 |
| Max. Payload [Byte] | 8 | 8 | 254 | 384 |
| Zugriffsverfahren | Token Passing | CSMA/CR | TDMA | Token Passing |
| Topologie | Bus | Bus/Stern | Bus/Stern | Ring |
| Synchronisation | Master Slave | Keine | Verteilte | Master Slave |
| Kanäle | 1 | 1 | 1-2 | 1 |
| Max. Knoten | 60 | keine | 64 | keine |
| Physical Layer | half duplex | half duplex | half duplex | full duplex |

## 3.2. Entwicklungsprozess für E/E-Architekturen

Durch den hohen Anteil an E/E-Systemen im Kraftfahrzeug ist die Existenz eines durchgängigen und konsistenten Entwicklungsprozesses von zentraler Bedeutung für die Qualität der Produkte. Die Entwicklung eines Kraftfahrzeugs lässt sich grob in fünf Phasen einteilen (siehe auch Abbildung 3.14):

- In der *Strategiephase* wird die Entscheidung über die Entwicklung einer neuen Baureihe getroffen. Hierfür werden Marktanalysen durchgeführt und die Eckpunkte für die grobe strategische Ausrichtung festgelegt sowie die Leitplanken (Meilensteine) für die Entwicklung vorgegeben.

- Während der *Konzeptphase* erfolgt die Evaluierung unterschiedlicher Alternativen einer Realisierung des Fahrzeugs. Dabei bilden die vorgegebenen Randbedingungen aus der Strategiephase die Grenzen des Entwurfsraumes. Für die E/E-Architektur wird in dieser Phase ein Gesamtkonzept erarbeitet, welches die Grundlage für die nächste Entwicklungsphase bildet.

- Die Entwicklung des eigentlichen Fahrzeugs wird in der gleichnamigen *Entwicklungsphase* durchgeführt. Die einzelnen Artefakte eines Fahrzeugs werden vom Prototypenstadium bis hin zur Serienreife entwickelt.

- Die *Serienphase* beschreibt den Zeitraum, in dem ein Fahrzeug produziert wird. Während dieser Zeit werden meist noch kleinere Verbesserungen am Fahrzeug vorgenommen. In der Mitte der Serienphase erfolgt fast immer die sogenannte *Modellpflege*, welche teilweise größere Änderung am Fahrzeug zur Folge hat.

- Die *Nach Serienphase* ist der Zeitraum, in dem das Fahrzeug nicht mehr produziert wird, aber noch entsprechende Ersatzteile für die Wartungen und Reparaturen verfügbar sein müssen.

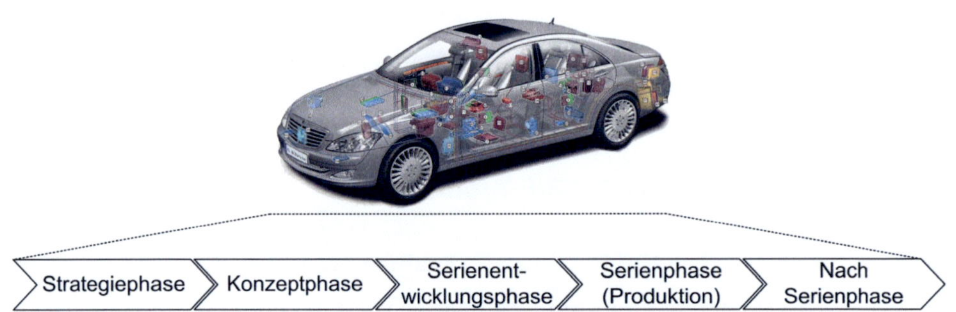


Abb. 3.14.: Phasen innerhalb des Lebenszyklus eines Automobils

Die eigentliche Entwicklung einer E/E-Architektur beginnt in der Konzeptphase. In diesem Zeitraum werden verschiedene Architekturvarianten anhand definierter Kriterien miteinander verglichen. Der Einsatz neuer Technologien wird bewertet und die Innovationen werden integriert. In Abbildung 3.15 ist der grobe Ablauf für die Konzeptphase dargestellt. Über das sogenannte *Frontloading* wird auf der Basis existierender Architekturen ein initiales Modell erstellt. Dieses wird um die Innovationen erweitert. Der

Trend zum Frontloading hat zum Ziel, die Zahl der Änderungen innerhalb einer E/E-Architektur zu reduzieren oder zumindest in eine frühere Phase im Entwicklungsprozess zu verschieben. Frühzeitig wird versucht, Erkenntnisse über die Fahrzeugentwicklung zu gewinnen und die entworfenen Konzepte, z.B. auf digitaler Basis, abzusichern [141].

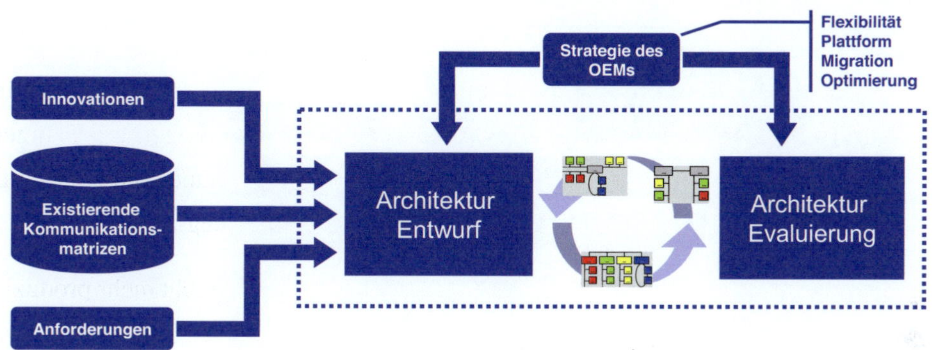


Abb. 3.15.: Vorgehensweise beim Entwurf von E/E-Architekturen während der Konzeptphase [129]

Da sich diese Arbeit auf die Bewertung von Vernetzungsarchitekturen fokussiert, wird im Folgenden auf die hierfür relevanten Prozessschritte eingegangen. Die Entwicklungsschritte der Komponenten sowie des Gesamtsystems einer Vernetzungsarchitektur orientiert sich am sogenannten *V-Modell*. In Abbildung 3.16 sind die einzelnen Schritte aufgezeigt.

Nach der Analyse der Anforderungen erfolgt die Spezifikation der logischen Systemarchitektur, d.h. in diesem Schritt wird das Funktionsnetzwerk festgelegt sowie die Schnittstellen der Funktionen und der Kommunikation zwischen den Funktionen der gesamten logischen Systemarchitektur beschrieben. Anschließend wird die logische Systemarchitektur analysiert und die Spezifikation der technischen Systemarchitektur abgeleitet. In dieser Phase des Entwicklungsprozesses sind erste Timing-Abschätzungen möglich. Nach erfolgreicher Spezifikation der technischen Systemarchitektur erfolgt die Ableitung der Spezifikation für die einzelnen Komponenten (Busse und Steuergeräte). In dieser Phase ist auch die Timing-Auslegung für die Systeme durchzuführen. Im Anschluss daran werden die Komponenten anhand der Spezifikation entworfen, implemen-

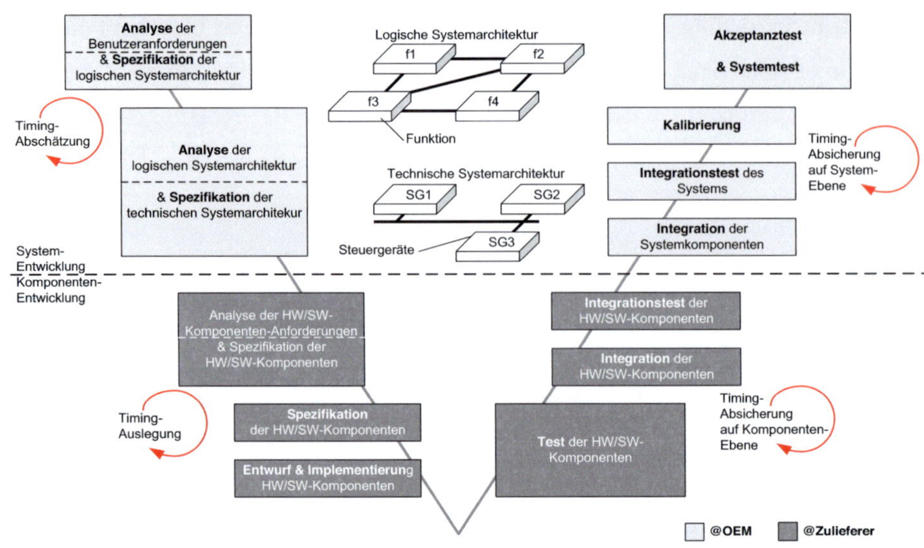


Abb. 3.16.: V-Modell für die Entwicklungsschritte von Vernetzungsarchitekturen im Kraftfahrzeug, ergänzt mit relevanten Timing-Bewertungsschritten (in Anlehnung an *Automotive Software Engineering* [111])

tiert und getestet. Im nächsten Schritt werden die einzelnen Komponenten auf Systemebene integriert und getestet. Im kompletten rechten Arm des V-Modells können in den einzelnen Schritten die Module, Komponenten und Systeme auf deren Timing-Verhalten abgesichert werden.

## 3.3. Bewertung des Stands der Technik

Durch die stetige Zunahme der E/E-Systeme im Kraftfahrzeug sind dementsprechend auch die Anforderungen an den Entwicklungsprozess gestiegen. Weiterhin sind Themen bezüglich Produkthaftung zukünftig mit zu berücksichtigen, z.B. die Norm *ISO26262*. Im aktuellen Entwicklungsprozess ist meist folgende Aufteilung anzutreffen: Der OEM entwirft das Gesamtsystem, spezifiziert die Einzelsysteme, integriert die einzelnen Komponenten und testet den Verbund [39]. Die Zulieferer übernehmen den Entwurf, die Implementierung und den Test der einzelnen Komponenten. Dabei kann der OEM auch einzelne Anteile an den Komponenten mit beisteuern, z.B. wird ein Teil der Applikationen (Software-Komponenten) vom OEM entwickelt. Durch die zunehmende Vernetzung von Funktionen sowie aufgrund der immer höheren Auslastung der Systeme reichen die bisher eingesetzten Verfahren für eine vollständige Absicherung des Timing-Verhaltens nicht aus. Abbildung 3.17 zeigt ein typisches Beispiel für ein verteiltes System.

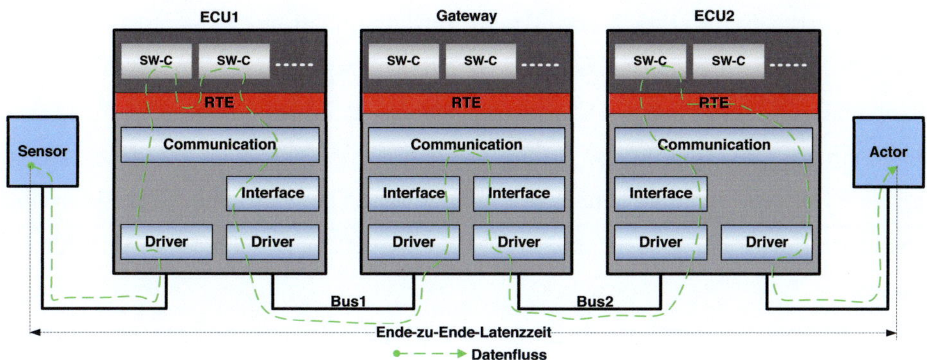


Abb. 3.17.: Beispiel für einen typischen Ende-zu-Ende-Pfad vom Sensor bis zum Aktor

Um einen solchen Ende-zu-Ende Pfad bewerten und absichern zu können, ist das Timing-Verhalten der beteiligten Komponenten im Detail zu berücksichtigen. Insbesondere für die Evaluierung der Kommunikationssysteme wurden bisher rein kapazitive Untersuchungsmethoden verwendet. Um hier zukünftig eine detaillierter Aussage treffen zu können, wird in dieser Arbeit eine durchgängige Methodik für die Timing-Bewertung aufgezeigt. In diesem Zusammenhang sind folgende Fragestellungen von Bedeutung:

1. Wie kann das Timing-Verhalten von Software- und Hardware Systemen und deren Subsysteme im Kraftfahrzeug gezielt vorhergesagt und abgesichert werden?

2. Welche Daten sind für eine aussagekräftige Timing-Bewertung notwendig und stehen zu welchem Entwicklungszeitpunkt zur Verfügung?

3. Inwieweit sind Timing-Aussagen in der frühen Entwurfsphase möglich?

4. Wie ist eine exakte Abbildung des Timing-Verhaltens in den entsprechenden Bewertungsverfahren umzusetzen?

5. Wie lassen sich die Timing-Bewertungsverfahren optimal in den existierenden E/E-Entwicklungsprozess integrieren?

Zu Punkt 1 werden in Kapitel 4 Ansätze und Verfahren beschrieben, welche eine Timing-Bewertung ermöglichen. Zu Punkt 2 erfolgt in Kapitel 5 die Vorstellung eines Verfahrens zur Extraktion von Timing-Informationen aus existierenden Fahrzeugen. Diese Informationen können dann z.B. die Datenqualität des Frontloadings in der Konzeptphase steigern (Punkt 3). Weiterhin werden zu Punkt 4 in Kapitel 6 Regeln abgeleitet, um eine aussagekräftige Timing-Bewertung von Vernetzungsarchitekturen und Gateway-Systemen zu ermöglichen. Die Eingliederung der Bewertungsverfahren (Punkt 5) sowie die Entwicklung einer durchgängigen Bewertungsmethodik wird in Kapitel 7 diskutiert.

Im AUTOSAR-Konsortium wurden in den letzten Jahren Beschreibungsmöglichkeiten und Ansätze für die Bewertung des Timing-Verhaltens erarbeitet. Die für eine Timing-Bewertung notwendigen Attribute können ab dem AUTOSAR Release 4.0 in einem eigenen Template hinterlegt werden [15]. Zusätzlich werden verschiedene Ansätze vorgeschlagen, um Timing-Fragestellungen in den unterschiedlichen Phasen des Entwicklungsprozesses sowie auf verschiedenen Ebenen bewerten zu können. Abbildung 3.18 zeigt die einzelnen Sichtweisen für eine Bewertung auf.

- Über das *SWC-Timing* kann das interne Timing-Verhalten einer Software-Komponente bewertet werden.

- Das *VFB-Timing* berücksichtigt das Timing-Verhalten zwischen den einzelnen miteinander interagierenden Software-Komponenten auf der Ebene des *Virtual Function Bus (VFB)*.

- Das *BSW-Module-Timing* beschreibt das interne Timing-Verhalten der Basis-Software-Module.

- Mit dem *ECU-Timing* kann das Timing-Verhalten des gesamten Software-Stacks eines Steuergerätes beschrieben werden.

- Über das *System-Timing* kann das Timing-Verhalten von mehreren Steuergeräten und Bussen im Verbund untersucht werden.

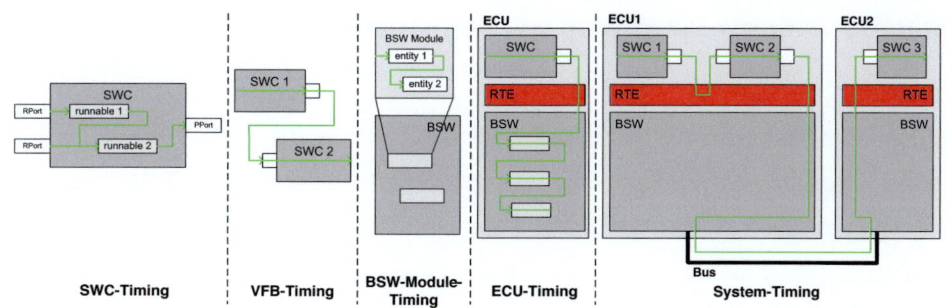


Abb. 3.18.: Timing-Modelle, welche in der Timing-Group für das Release 4.0 der AUTOSAR-
Spezifikation erarbeitet wurden

Die vorliegende Arbeit behandelt im Detail die Timing-Modellierung und -Bewertung
der Kommunikationssysteme sowie der Basis-Software. Die Timing-Bewertung der Software-Komponenten oberhalb der RTE ist nicht Gegenstand der Arbeit. Die Bereitstellung der notwendigen Timing-Informationen für die Bewertung wurde bisher nicht im
Detail von anderen Arbeiten beleuchtet. Hier zeigt diese Dissertation Lösungsmöglich-
keiten auf. Ein weiterer wichtiger Punkt ist die exakte Modellierung des Timing-Verhaltens. In AUTOSAR sind die Timing-Attribute spezifiziert, deren Einsatzmöglichkeiten
und Wechselwirkungen bislang nicht detailliert für die Bewertung von Vernetzungsarchitekturen und Gateway-Systeme untersucht wurden.

## 3.4. Kenngrößen für die Timing-Bewertung

Für die Timing-Bewertung von Vernetzungsarchitekturen und Gateway-Systemen werden im Folgenden die wichtigsten Kenngrößen definiert. Aus Vernetzungssicht lassen
sich diese Kenngrößen in mehrere Bereiche einteilen: Bewertung der Steuergeräte, Bewertung der Busse und Bewertung des Verbundes (Gesamtsystems). Für die einzelnen
Kenngrößen wird im Folgenden eine Beschreibung gegeben, deren Aussagen sich anhand dieser ableiten lassen. Die formale Definition, sofern diese nicht explizit ausgeführt
ist, kann in Abschnitt 2.2 nachgeschlagen werden.

## Kenngrößen für die Bewertung von Steuergeräten

**Grundlast**

Mit der Grundlast wird die Auslastung der CPU auf der Basis der zyklischen Tasks bewertet. Über diesen Wert kann eine Einschätzung für die noch freie CPU-Zeit, welche für die dynamische Last zur Verfügung steht, getroffen werden.

**Dauer von Spitzenlasten**

Über die Dauer der Spitzenlast für eine bestimmte Zeitdauer $\Delta t$ können Rückschlüsse auf das dynamische Verhalten des Systems getroffen werden.

**Ausführungszeiten**

Die Ausführungszeiten $C_k$ der Tasks und Funktionen geben ein detailliertes Bild darüber, welche Funktionalität wie viel an Rechenzeit benötigt. Mit Hilfe dieser Informationen können besser Integrationsentscheidungen getroffen werden. Insbesondere bei bereits existierenden Steuergeräten, auf die weitere Funktionen integriert werden sollen, lassen sich hierüber und in Verbindung mit den Antwortzeiten exakte Aussagen ableiten, inwieweit die zusätzliche Funktionalität das Gesamtsystemverhalten beeinflusst.

**Antwortzeiten**

Über die Antwortzeiten $R_k$ kann die Betriebssystemkonfiguration abgesichert werden. Die Werte können als Information für die Funktionsentwickler dienen, z.B. um die Stabilität von Regelkreisen abzusichern. Weiterhin sind darüber Mehrfachaktivierungen von Tasks sicher bestimmbar.

**Interruptverhalten**

Das Verhalten der Interrupts ist eine wichtige Größe, welche maßgeblichen Einfluss auf das Timing-Verhalten des Gesamtsystems hat. Weiterhin können mögliche Interruptverluste identifiziert und eliminiert werden. In diesem Kontext sind folgende Eigenschaften zu berücksichtigen:

1. Die Interruptsperrzeiten, welche eine direkte Auswirkung auf alle Interrupts des Systems haben.

2. Das dynamische Auftreten der Interrupts ist ein wichtiges Kriterium, d.h. die Frage wie viele Interrupts maximal gleichzeitig auftreten können.

3. Über Punkt 1. und 2. lassen sich die Einflüsse der Interrupts auf die zyklischen Tasks bewerten.

**Jitter**

Wie auch die Antwortzeit können die ermittelten Jitterwerte $J_k$ als zusätzliche Information für die Funktionsentwickler dienen.

**Optimierungspotentiale**

Mögliche Optimierungspotentiale ergeben sich durch die Identifikation von Engpässen über die Bestimmung der Ausführungszeiten. Weiterhin kann auf der Basis der Kenntnis der Latenz- und Ausführungszeiten die Konfiguration des Betriebssystems angepasst werden.

## Kenngrößen für die Bewertung von Kommunikationssystemen

**Periodische Grundlast**

Die periodische Grundlast umfasst alle Botschaften, die laut K-Matrix zyklisch auf dem Bus versendet werden. Botschaften, welche nur bei aktiver Funktion zum Senden anstehen, werden dabei nicht berücksichtigt. Der Wert beschreibt die Grundauslastung eines Busses und stellt somit die untere Schranke dar.

**Periodische Spitzenlast**

Bei der periodischen Spitzenlast werden alle Botschaften berücksichtigt, die ein zyklisches Verhalten haben, d.h. auch die Botschaften, welche nur bei einer aktiven Funktion versendet werden. Mit dem Wert der Spitzenlast kann eine Aussage getroffen werden, wie viel Platz im schlimmsten Fall noch für dynamische Kommunikation verfügbar ist.

**Dauer von Spitzenlasten**

Die Dauer der Spitzenlast $B$, auch *Burst* genannt, auf den Bussen beschreibt kritische Bereiche der Kommunikation, während der ohne Unterbrechung Botschaften gesendet werden. Ursache hierfür ist meist ein hoher Anteil an dynamischer Last (spontane Kommunikation).

**Jitter**

Der Jitter von Botschaften entsteht beim CAN-Bus durch die Arbitrierung und beim FlexRay im dynamischen Segment. Die Priorität einer Botschaft hat direkten Einfluss auf deren Jitter. Insbesondere in der Spezifikationsphase der K-Matrizen und des Flex-Ray-Schedules sollte dieser Einfluss berücksichtigt werden.

**Antwortzeiten**

Die Antwortzeiten $R_k$ geben die Zeiten an, welche für den Zugriff und die Übertragung der Botschaften benötigt werden.

**Relative Antwortzeiten**

Die relativen Antwortzeiten $R_{rel,k}$ sind ein Maß für das zeitliche Verhalten einer Botschaft im Bezug auf deren Deadline $d_k$. Ähnlich wie über den Slack (siehe Abschnitt 2.2 kann damit eine Aussage getroffen werden, wie viel Restzeit noch vorhanden ist. Für die relative Antwortzeit gilt:

$$R_{rel,k} = \frac{R_k}{d_k} \text{ mit}$$

$$R_{rel,k} < 1 : \text{Die Botschaft wird innerhalb der Deadline versendet} \tag{3.5}$$

$$R_{rel,k} \geq 1 : \text{Die Botschaft wird nicht innerhalb der Deadline versendet}$$

**Optimierungspotentiale**

Mögliche Optimierungspotentiale bietet die Änderung der Schedulekonfiguration, z.B. durch geänderte Vergabe der Prioritäten bzw. Slots. Speziell beim CAN-Bus lassen sich durch die gezielte Vergabe der Offsets *(StartDelayTime)*, in der AUTOSAR-Spezifikation als `ComTxModeTimeOffsetFactor` referenziert, die Antwortzeiten minimieren (siehe hierzu auch in [10]: *To avoid bursts in start-up a time offset can be configured per I-PDU.*

## Kenngrößen für die Bewertung von verteilten Systemen

### Datendurchsatz

Der Datendurchsatz *(in Bit/s)* ist für die Ermittlung der Übertragungskapazität sehr wichtig, um Aussagen bezüglich der Übertragungszeiten von Transportprotokollen und hinsichtlich der Flashzeiten einer Architektur zu bekommen.

**Ende-zu-Ende Latenzzeiten**

Bei den Ende-zu-Ende Latenzzeiten kann zwischen reaktiven und regelungstechnischen Systemen unterschieden werden. Bei reaktiven Systemen ist die Reaktionszeit $L_{ft}$ von Interesse, d.h. die längste Zeitdauer, welche für die Übertragung benötigt wird. Bei Regelungssystemen sind der Jitter und das maximale Alter der Daten $L_{ma}$ wichtig. Abbildung 3.19 zeigt die Unterschiede der beiden Ende-zu-Ende-Latenzzeiten auf. Eine exakte mathematische Beschreibung ist in [35] zu finden.

**Ende-zu-Ende Jitter**

Die Kenntnis der Ende-zu-Ende Jitter $J_{end}$ ist für die Auslegung von verteilten Regelungssystemen wichtig, um die Regler entsprechend stabil auslegen zu können.

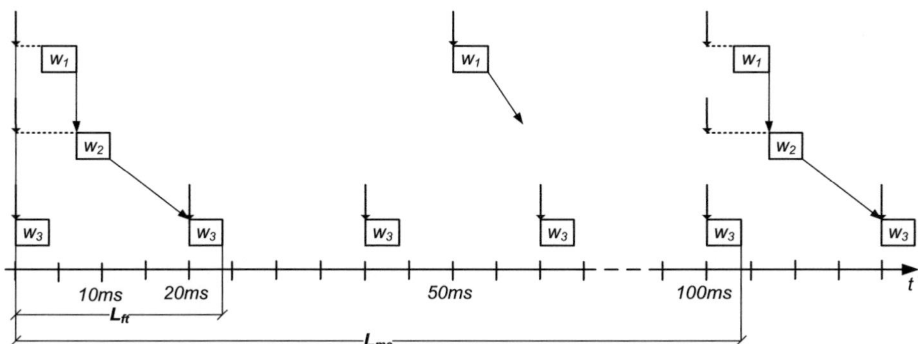

Abb. 3.19.: Beispiel für die beiden Ende-zu-Ende-Latenzzeiten: Reaktionszeit $L_{ft}$ und maximales Alter $L_{ma}$

**Ende-zu-Ende Jitter**

Die Kenntnis der Ende-zu-Ende Jitter $J_{end}$ ist für die Auslegung von verteilten Regelungssystemen wichtig, um die Regler entsprechend stabil auslegen zu können.

**Routingzeiten**

Die Routingzeit $L_{route}$ gibt an, wie lange die maximale Verarbeitungszeit für das Routing einer Botschaft oder eines Signals im Gateway-Steuergerät dauert. Die Information ist für die Bestimmung der Ende-zu-Ende Latenzzeiten von Relevanz.

**Puffergrößen**

Insbesondere bei Gateway-Steuergeräten ist die Auslegung der Puffergrößen von zentraler Bedeutung, um auch bei hoher Routinglast keine Botschaften zu verlieren.

**Optimierungspotentiale**

Eine globale Optimierung von Ende-zu-Ende Pfaden kann durch die in den vorherigen Abschnitten aufgezeigten lokalen Optimierungsschritte erreicht werden. Dabei besteht die Möglichkeit einen oder mehrere Schritte durchzuführen und diese je nach Kritikalität und Änderungsaufwand auszuwählen.

# 4. Ansätze und Verfahren zur Timing-Bewertung

Im vorangegangenen Kapitel wurden Kenngrößen definiert, die eine umfassende Bewertung des Timing-Verhaltens von Vernetzungsarchitekturen ermöglichen. In diesem Kapitel werden Verfahren vorgestellt, die zur Bewertung des Timing-Verhaltens verwendbar sind. Diese lassen sich in zwei Kategorien einteilen (siehe auch Abbildung 4.1):

1. **Experimentelle Verfahren:** Bei diesen Verfahren erfolgt die Timing-Bewertung auf der Basis von Simulationsmodellen oder durch die Verwendung von realer Hardware. Ferner ist eine Kombination der beiden Verfahren möglich.

2. **Analytische Verfahren:** Diese Verfahren bestimmen das Timing-Verhalten auf analytischem Wege anhand von mathematischen Modellen. Die formalen Verfahren lassen sich in zwei Gruppen einteilen. Erstens die sogenannten holistischen Verfahren, diese erweitern die klassischen Analysemethoden der Schedulingtheorie auf verteilte eingebettete Systeme [89]. Das resultierende heterogene Modell, welches die verschiedensten Analysetechniken kombiniert, wird jedoch bei großen Systemen schnell unübersichtlich. Zweitens der modulare Analyseansatz, dieser wird oft auch als *Compositional Analysis* referenziert. Bei diesem Ansatz werden die Komponenten eines verteilten Systems parallel und lokal analysiert. Das resultierende Ausgangsereignismodell wird als Eingangsereignismodell für den nächsten Analyseschritt verwendet. Diese Art der iterativen Analyse stellt ein Fix-Punktproblem dar [100]. Stellt sich nach mehreren Iterationen Konvergenz ein, war die Analyse erfolgreich.

Die experimentellen Verfahren befinden sich schon seit vielen Jahren im breiten Serieneinsatz. Sowohl bei der Auslegung von Vernetzungsarchitekturen im Kraftfahrzeug und deren einzelnen Komponenten als auch bei der Absicherung in der Integrationsphase werden Simulations- sowie Test-Techniken eingesetzt. Mit diesen Verfahren lassen sich anhand von Testfällen verschiedenste Untersuchungen durchführen. Es können Verteilungen ermittelt und obere Schranken bestimmt werden. Je nach Testtiefe und -Umfang

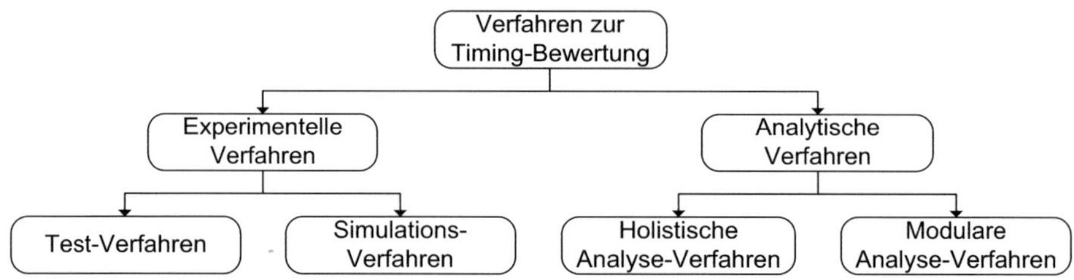


Abb. 4.1.: Übersicht möglicher Verfahren zur Timing-Bewertung

stellen diese jedoch nicht immer die oberen Schranken sicher dar. Für eine sichere Bestimmung ist der Einsatz von formalen Verfahren notwendig

An formalen Analyseverfahren für die Bewertung von Echtzeitsystemen wird schon seit vielen Jahren in der Wissenschaft geforscht. In der Halbleiterindustrie sind formale Verfahren schon seit längerer Zeit in breitem Serieneinsatz, während in Luftfahrt und Automobilindustrie deren Anwendung sich im E/E-Entwicklungsprozess erst allmählich etabliert. Mit formalen Analyseverfahren sind die Systemauslastungen sowie die unteren und oberen Schranken z.B. von Ausführungszeiten oder die maximalen Ressourcenanforderungen auf der Basis von Modellen zuverlässig bestimmbar.

Abbildung 4.2 zeigt einen exemplarischen Vergleich der verschiedenen Verfahren am Beispiel der Bestimmung der maximalen Latenzzeit. Sowohl bei der Messung als auch bei der Simulation wird das Zeitverhalten anhand von Testmustern untersucht. Dabei kann der Fall eintreten, dass das real mögliche Maximum nicht erzeugt wird (siehe Abbildung 4.2 gestrichelte Linie).

Mit formalen Analyseverfahren können die oberen Schranken dagegen sicher bestimmt werden. Mit diesen Verfahren kann es jedoch zu Überschätzungen kommen, die berücksichtigt werden müssen. Je nach Einsatzzweck bietet das eine oder das andere Verfahren gewisse Vorteile. Mit der Simulation und Tests lassen sich beliebige Details eines Systems untersuchen und die Abläufe können exakt nachvollzogen werden. Hierfür ist es jedoch notwendig, dass für alle zu überprüfenden Fälle ein entsprechendes Testpattern vorhanden sein muss. Die analytischen Verfahren abstrahieren dagegen gezielt Details, identifizieren die kritischen Randfälle automatisch und ermitteln zuverlässig die oberen Schranken [128]. Die Bestimmung von Häufigkeitsverteilungen kann

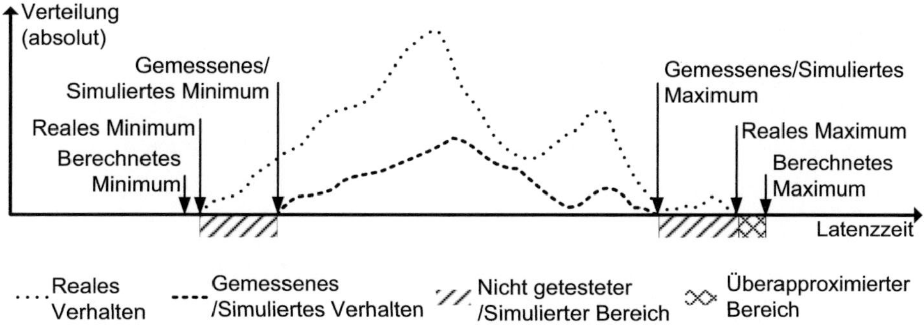


Abb. 4.2.: Vergleich der verschiedenen Timing-Bewertungsverfahren

sowohl mit Simulation und Test als auch mit analytischen Verfahren ermittelt werden (siehe z.B. [116]).

Alle Verfahren bieten die Möglichkeit, Timing-Bewertungen auf Komponentenebene (von Steuergeräten oder Bussen) und auf Systemebene (von gesamten Vernetzungsarchitekturen) durchzuführen. Im Folgenden werden die einzelnen Verfahren anhand der verschiedenen Ebenen vorgestellt.

## 4.1. Timing-Bewertung von Steuergeräten

Die Kriterien, welche für die Timing-Bewertung von Steuergeräten eine Rolle spielen, wurden in Abschnitt 3.4 vorgestellt. Abbildung 4.3 zeigt die einzelnen Schritte, die heute vom Entwurf bis zur Absicherung durchlaufen werden. Mit der Einführung von AUTO-SAR und dem Trend einer zunehmenden modellbasierten Entwicklung von Funktionen ist die virtuelle Integration von Software-Komponenten ein immer wichtigeres Thema. Diese wird sowohl beim OEM als auch beim Zulieferer durchgeführt (linker Teil von Abbildung 4.3). Die vollständige Integration der Software wird in den meisten Fällen vom Zulieferer übernommen. Dieser prüft nach vollständiger Implementierung das Verhalten gegen die Spezifikation. Der Integrationstest des Systems wird beim OEM durchgeführt. Dabei ist das Steuergerät als *Black-Box* im Gesamtverbund integriert.

Für die Timing-Bewertung werden aktuell hauptsächlich Simulations- und Testverfahren eingesetzt. Insbesondere für sicherheitsrelevante Steuergeräte wird aber mittler-

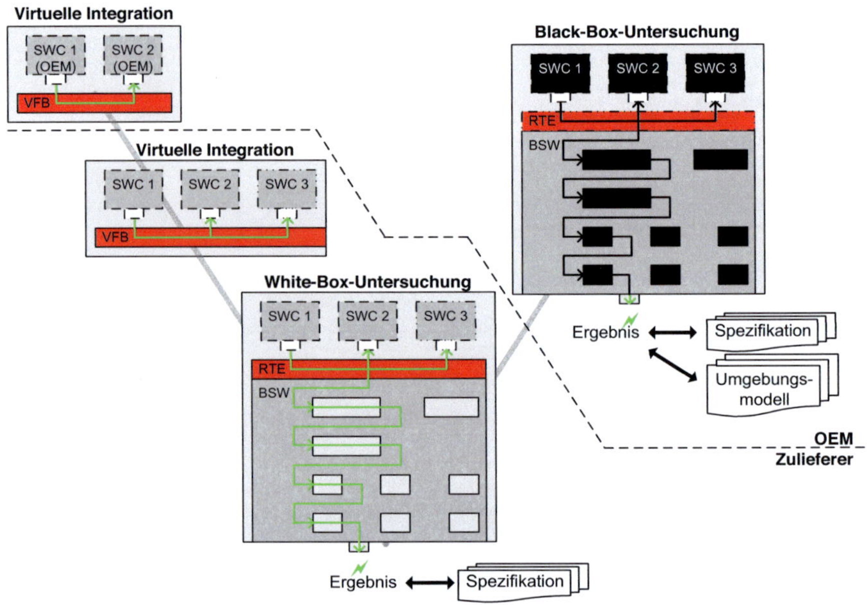


Abb. 4.3.: Die einzelnen Bewertungsmöglichkeiten innerhalb des Entwicklungsprozesses von Steuergeräten

weile auch auf statische Analyseverfahren zurückgegriffen (z.B. bei der Lenkungsentwicklung von BMW und Volkswagen [60] und [57]).

## 4.1.1. Simulation und Test von Steuergeräten

Simulation und Tests von Steuergeräten werden seit ca. 10 Jahren erfolgreich in der Praxis angewandt. Hierzu sind die verschiedensten Werkzeuge und Ansätze im Einsatz. Die Timing-Absicherung wird häufig über die Code-Instrumentierung auf der realen Hardware durchgeführt. Neuere Mikrocontroller bieten erweiterte Debugging-Möglichkeiten, um auch das Timing-Verhalten online zu überprüfen, ohne vorher zusätzliche Annotationen im Code durchführen zu müssen (z.B. über Nexus-Debugging-Schnittstelle [85]).

Für eine Timing-Simulation von Steuergeräten stellen verschiedene Hersteller passende Prozessormodelle zur Verfügung, dadurch ist die virtuelle Integration und anschließende HW/SW-Simulation des kompletten Steuergeräte-Codes möglich (z.B. in [112], [136], [55]). Über eine solche Simulation kann das Timing-Verhalten online überprüft werden oder über die Aufzeichnung einer Loggingdatei nachgelagert ausgewertet werden. Ein Beispiel für eine solche virtuelle HW/SW-Simulation auf der Basis von SystemC ist in Abbildung 4.4 aufgezeigt.

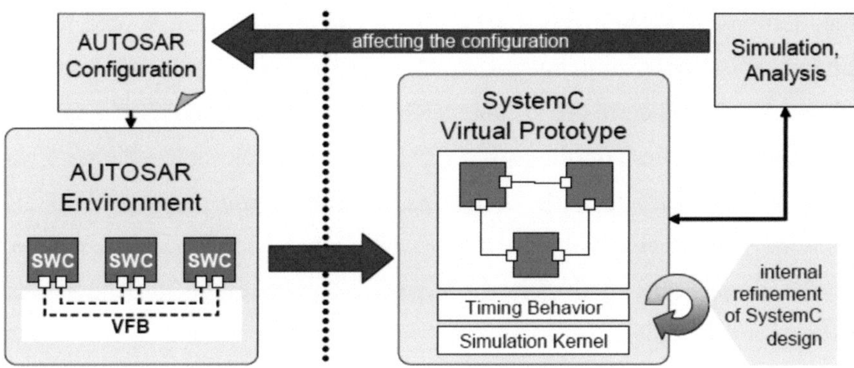


Abb. 4.4.: Abbildung von AUTOSAR-Komponenten auf einen virtuellen Prototyp in SystemC [67]

Durch die Einführung von AUTOSAR ist die virtuelle Integration und Simulation von Software-Komponenten (Funktionen) oberhalb der RTE möglich. Ein solcher Ansatz zur frühzeitigen Validierung von Software-Komponenten, wird in [78] vorgestellt. Unterstützt wird diese Art der virtuellen Integration von verschiedenen Werkzeugen, z.B. Matlab/Simulink von Mathworks [75] in Kombination mit SystemDesk von dSpace [28].

## 4.1.2. Statische Timing-Analysen von Steuergeräten

Die Anfänge der Scheduling-Theorie gehen auf die Arbeiten von C.L. Liu und J.W. Layland zurück, die Anno 1973 einen Scheduling-Algorithmus für harte Echtzeitsysteme vorstellten [73]. Aufbauend auf dieser Theorie haben verschiedene Forschungsgruppen sich mit dem Thema *Scheduling* beschäftigt und die Theorie stetig weiterentwickelt. In [121] und [7] wird ein Verfahren zur Analyse des unterbrechbaren *(preemptive)* Schedulings mit statischen vergebenen Prioritäten beschrieben. Diese Art von

Scheduling-Mechanismen kommen auch bei den automotive Betriebssystemen OSEK-OS und AUTOSAR-OS zum Einsatz (siehe Abschnitt 3.1.2 und 3.1.2).

Um die Antwortzeiten $R_k$ der Tasks und Funktionen sowie die Auslastung $U$ der CPU berechnen zu können, müssen die Ausführungszeiten $C_k$ der relevanten Tasks und Funktionen bekannt sein. Diese können entweder über die in Abschnitt 4.1.1 beschriebene Instrumentierung des Programmcodes bestimmt werden oder aber es wird hierfür auch auf analytische Verfahren zurückgegriffen. Diese sogenannten statischen Verfahren analysieren den Maschinencode der zu untersuchenden Softwarefunktionen auf der Basis mathematischer Modelle. Hierfür ist die CPU sowie alle relevanten Peripheriekomponenten in einem Modell abgebildet und jede Operation ist mit konkreten Ausführungszeiten hinterlegt. Über eine Modellierung des Maschinencodes kann somit die Kostenfunktion des Kontrollflusspfades erstellt werden. Für jede mögliche Kombination von Registerbelegungen, Eingangswerten und Schleifengrenzen kann eine Ausführungszeit für eine Softwareroutine bestimmt werden. Die Maximierung der Kostenfunktion führt dann zu einer global gültigen maximalen Ausführungszeit der Routine. Im Werkzeug *aiT* der Firma AbsInt ist das statische Analyseverfahren umgesetzt. Abbildung 4.5 zeigt die einzelnen Schritte. Im ersten Schritt wird aus dem *Executable* der Kontrollfluss rekonstruiert. Anschließend wird eine Schleifentransformation durchgeführt (Umwandlung der Schleifen in rekursive Funktionen). Innerhalb der statischen Analyse erfolgt die Schleifanalyse, dabei werden die Schleifeniterationen und Rekursionen behandelt. Weiterhin erfolgt die Werte-Analyse, welche die Ziele der Speicherzugriffe berechnet sowie die Cache-Analyse, für die Berechnung der Cache-Treffer, um Speicherzugriffe vorherzusagen. Ferner wird das Pipelineverhalten vorausgesagt. Im nächsten Schritt erfolgt die Pfad-Analyse auf der Basis einer ganzzahligen linearen Funktion (Kostenfunktion). Weiterführende Arbeiten auf diesem Themengebiet wurden unter anderem von *Ringler* und *Montag* durchgeführt. Ringler zeigt einen Weg auf, wie auf der Basis von Funktionsmodellen eine modellbasierte WCET-Analyse möglich ist [102]. In den Arbeiten von Montag wird ein Weg für die Ermittlung von Annotationen für die WCET-Analyse aufgezeigt [81], [80].

Mit den ermittelten Ausführungszeiten lassen sich dann die Prozessorlast $U$ anhand der Formel 2.12 bestimmen. Für die Berechnung der Antwortzeiten $R_k$ kann mittels einer Scheduling-Analyse erfolgen. Diese ermittelt auf der Basis der Ausführungszeiten für jeden Task die Antwortzeit. Für die Berechnung gilt folgende Gleichung:

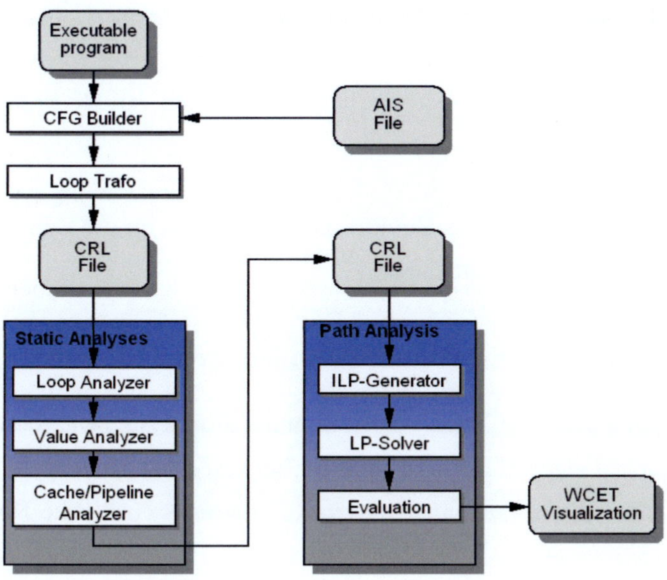


Abb. 4.5.: Beispiel für den Ablauf einer statischen Code-Analyse mit aiT von AbsInt [1]

$$R_k^{n+1} = C_k + T_{block} + \sum_{\forall j \in hp(k)} \left\lceil \frac{R_k^n}{T_j} C_j \right\rceil \quad \text{mit}$$

[4.1]

i) $T_{block}$ :  Blockierzeit einer Task durch *Priority Ceilling* oder Semaphore

ii) $hp(i)$ :  Menge an Tasks mit höherer Priorität als Task $w_i$

Die Gleichung kann iterativ gelöst werden, Start mit $R_k^0 = 0$ und terminiert mit $R_k^{n+1} = R_k^n$. Es wurde nachgewiesen, dass $R_k^{n+1} \geq R_k^n$ gilt und die Gleichung konvergiert, wenn die Prozessorlast $\leq 100\%$ ist [7]. Bei einer Scheduling-Analyse werden sowohl die Scheduling Mechanismen (z.B. prioritätsbasiert wie bei OSEK) als auch die Aktivierungsmodelle (Ereignisse) der Tasks berücksichtigt. Diese notwendigen Modelle werden in Abschnitt 4.3.2 näher erläutert. Eine Scheduling-Analyse kann u.a. mit dem Werkzeug SymTA/S [116] durchgeführt werden, welches die notwendigen automotive Bibliotheken für OSEK und AUTOSAR zur Verfügung stellt.

Eine sehr gute Übersicht über die verschiedenen Scheduling-Mechanismen ist im Lehrbuch von G. Buttazzo zu finden [21].

## 4.2. Timing-Bewertung von Kommunikationssystemen

Eine Vorstellung der relevanten Bewertungskriterien für die Timing-Bewertung der Kommunikationssysteme erfolgte in Abschnitt 3.4. Der folgende Abschnitt stellt die gängigen Verfahren für Simulation und Test kurz vor. Weiterhin erfolgt die Diskussion der prinzipiellen Grundlagen, welche den formalen Methoden für die Bewertung von Kommunikationssystemen zu Grunde liegen.

### 4.2.1. Simulation und Test von Kommunikationssystemen

Für die Simulation und das Testen von Kommunikationssystemen gibt es eine Vielzahl an Werkzeugen auf dem Markt, die eine umfangreiche Auslegung und Absicherung ermöglichen. Über die sogenannten Restbussimulatoren wird das reale Verhalten der Kommunikationssysteme nachgebildet. Dabei besteht die Möglichkeit, dass ein Teil der Knoten eines Busses simuliert und der andere Teil als reale Systeme miteinander gekoppelt wird. Solche Werkzeuge werden unter anderem von den Firmen Vector-Informatik, IXXAT und Elektrobit angeboten [139], [56] und [32].

Weiterhin kann mittlerweile in den Modellierungswerkzeugen für die Funktionsentwicklung das Kommunikationsverhalten der Busse in einfacher Form nachgebildet werden (siehe z.B. in Simulink [75] oder SystemDesk [28]). Auch über entsprechende Modelle in SystemC ist die Simulation der Buskommunikation möglich [67], [68].

### 4.2.2. Statische Timing-Analysen von Kommunikationssystemen

Aufbauend auf den in Abschnitt 4.1.2 vorgestellten Analyseverfahren für Steuergeräte, wurden in den letzten Jahrzehnten auch im Bereich der Kommunikationssysteme die mathematischen Methoden für die Bewertung weiterentwickelt. Im Folgenden werden einige Verfahren für die automotive Kommunikationssysteme CAN und FlexRay vorgestellt.

### Statische Timing-Analysen für CAN

In [123], [124] und [125] werden Verfahren diskutiert, die eine statische Bewertung des CAN-Busses ermöglichen. Diese Ansätze werden in [25] noch verfeinert und an einigen Stellen korrigiert. Für die statische Analyse eines CAN-Busses sind zusätzlich zu der

Übertragungszeit $C_k$ einer Botschaft $m_k$, noch einige weitere Eigenschaften von zentraler Bedeutung (siehe Abschnitt 3.1.3), um eine vollständige und exakte Berechnung der maximalen Antwortzeiten $R_k$ durchführen zu können. Diese setzen sich aus der Arbitrierungsphase, d.h. dem Warten auf den Buszugriff und der eigentlichen Übertragungszeit $C_k$ zusammen (die Berechnung von $C_k$ ist in Abschnitt 3.1.3 beschrieben).

Da eine einmal begonnene Übertragung nicht mehr unterbrochen bzw. abgebrochen werden kann, auch wenn eine höherpriore Botschaft zum Senden ansteht, ist dies bei der Berechnung der maximalen Antwortzeit einer Botschaft mit zu berücksichtigen. Für diese sogenannte *Sperrzeit $T_{block}$* gilt:

$$T_{block} = \max_{\forall j \in lp(m_k)} (C_j + T_{ifs}) \text{ mit } T_{ifs} = \frac{IFS}{V} \qquad [4.2]$$

Dabei ist $lp(m_k)$ die Menge an niederprioren Botschaften im Vergleich zu $m_i$. Mit $T_{ifs}$ wird der Zwischenraum (*Interframe-Space (IFS)* mit $IFS = 3Bit$) zwischen zwei aufeinander folgenden Botschaften bezeichnet. $V$ steht für die Übertragungsgeschwindigkeit des CAN-Busses.

Auf der Basis der Übertragungszeiten $C_k$ und unter Berücksichtigung der Sperrzeit $T_{block}$ lässt sich die maximale Antwortzeit einer Botschaft wie folgt berechnen [45]:

$$R_k = T_{block} + C_k + \sum_{\forall j \in hp(m_k)} (C_j + T_{ifs}) \cdot \left\lceil \frac{R_k}{T_j} \right\rceil \qquad [4.3]$$

Dabei gilt:

- $hp(m_k)$ ist die Menge an höherprioren Botschaften im Vergleich zu $m_i$.

- $C_j + T_{ifs}$ ist die belegte Zeit, welche von Botschaften mit höherer Priorität verursacht wird.

- mit $\left\lceil \frac{R_k}{T_j} \right\rceil$ wird die Anzahl der Wiederholungen angegeben, die in einem Zeitraum $\Delta t$ auftreten können.

In Abbildung 4.6 ist der kritische Fall für die maximale Antwortzeit dargestellt. Die Botschaft *Frame_50ms* mit Priorität 5 kann im schlimmsten Fall durch eine Botschaft mit niederer Priorität (hier *Frame_100ms mit Priorität* 10) und durch die höherprioren

Botschaften *Frame_20ms* mit Priorität 2 und *Frame_10ms* mit Priorität 1 verzögert werden.

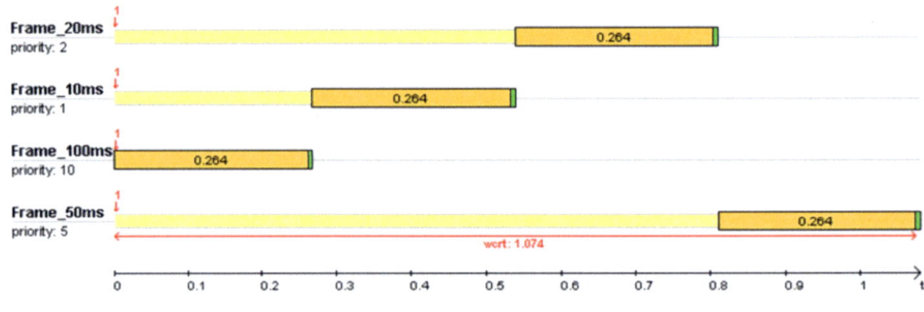


Abb. 4.6.: Beispiel für die Analyse eines CAN-Busses

Bei dem CAN-Bus, so wie dieser im automotive Bereich eingesetzt wird, handelt es sich um ein lokal synchrones und global asynchrones System. D.h. jedes einzelne Steuergerät hat einen festen Schedule, die gemeinsame Kommunikation über den Bus erfolgt jedoch ohne die Verwendung einer gemeinsamen Uhr. Dieses Verhalten ist für eine exakte Analyse des CAN-Busses von zentraler Bedeutung. Hierzu sind die Offsettabellen der Steuergeräte zu berücksichtigen. Diese legen die initiale Verteilung der zyklisch zu sendenden Botschaften eines Steuergerätes fest (siehe [138] und [10]). Über diese lokale Synchronisation zwischen den zyklischen Botschaften eines Steuergerätes können die maximalen Bursts bzw. demzufolge auch die maximalen Antwortzeiten reduziert und optimiert werden. Einen ersten Ansatz für die Berücksichtigung der Offsets bei der Scheduling-Analyse ist in [122] zu finden. Weitere Optimierungsansätze für CAN-Busse stehen in [86] und [43].

## Statische Timing-Analysen für FlexRay

Das Kommunikationssystem FlexRay wurde in Abschnitt 3.1.3 eingeführt. Bei der statischen Timing-Analyse müssen das statische und das dynamische Segment von FlexRay unterschiedlich behandelt werden.

Im statischen Segment erfolgt der Buszugriff über das TDMA-Verfahren, d.h. jede Botschaft (Frame) kann immer nur zu einem bestimmten Zeitpunkt innerhalb des Zyklus gesendet werden. Eine Botschaft muss vor deren Sendeslot bereit zur Übertragung sein und folglich im Botschaftsspeicher (*Message RAM*) des FlexRay-Controllers abgelegt werden. Über den Message RAM wird dann die Botschaft zum Zeitpunkt des Sendeslots auf den Bus gelegt. Der vorherige Eintrag der Botschaft in den Botschaftsspeicher ist notwendig, um die Übertragung von deterministischen Daten sicherzustellen.

Aus diesem Verhalten heraus ergibt sich die Antwortzeit $R_k$ einer Botschaft $m_k$, die im statischen Slot übertragen wird, wie folgt:

$$R_k = n \cdot T_{cycle} + C_k \qquad [4.4]$$

$T_{cycle}$ steht dabei für die Dauer eines FlexRay-Zyklus und $C_k$ für die eigentliche Übertragungszeit der Botschaft $m_k$ (siehe auch Abschnitt 3.1.3). Mit $n$ wird der *Repetition Factor* des *Slot-Multiplexings* berücksichtigt. Beispielsweise wird bei $n = 1$ die Botschaft in jedem Zyklus übertragen.

Die Berechnung der maximalen Antwortzeit für die Botschaften des dynamischen Segments ist aufwendiger. Der Buszugriff im dynamischen Segment findet prioritätsgesteuert über die Minislots statt. Je nach dem, ob nun eine Botschaft innerhalb des für sie reservierten Zeitschlitzes (Botschafts-ID = Minislot-Nummer) zum Senden ansteht, können die Sendezeitpunkte einer Botschaft variieren. Dadurch kann das Senden einer Botschaft mit hohen Minislots innerhalb des dynamischen Segments nach hinten verschoben werden bzw. nicht mehr innerhalb des aktuellen Zyklus versendet werden. Relevant hierfür ist der Parameter *pLatestTx* der den spätesten Zeitpunkt angibt, so dass die Botschaft innerhalb des dynamischen Segments noch vollständig übertragen wird. In [45] wird ein exaktes sowie ein approximatives Verfahren für die Analyse des dynamischen Segments vorgestellt. Ferner wird in [46] ein Ansatz zur Bewertung des dynamischen Segments diskutiert.

## 4.3. Timing-Bewertung auf Systemebene

Bei der Timing-Bewertung auf Systemebene werden nicht mehr einzelne Komponenten wie Steuergeräte oder Busse getrennt voneinander betrachtet, sondern es erfolgt die Untersuchung des Timing-Verhaltens im Verbund. Diese Art der Timing-Bewertungen von

Vernetzungsarchitekturen wird ausschließlich beim OEM durchgeführt. Im Anschluss daran erfolgt eine kurze Darstellung der simulativen Verfahren und der Testverfahren. Weiterhin wird für die statischen Analysen der holistische Ansatz sowie das modulare Bewertungsverfahren vorgestellt.

### 4.3.1. Simulation und Test auf Systemebene

Die Simulations- und Test-Verfahren für die Bewertung auf Systemebene sind schon seit vielen Jahren in der Automobilindustrie erfolgreich im Einsatz. Die Anwendungsszenarien für die Verfahren sind breit gefächert:

- Restbussimulation: Simulation der Kommunikation und abstrahiertem Steuergeräteverhalten

- Komponentenprüfstand: Ein oder mehrere Steuergeräte liegen real vor und der Rest wird simuliert

- Brettaufbau: Alle Steuergeräte werden im Verbund getestet

- E-Fahrzeug: Test der Steuergeräte und der Buskommunikation im realen Fahrzeug

In den letzten Jahren wurden vermehrt Ansätze vorgestellt, welche die Simulation auf Systemebene ohne jede Art von Steuergeräte-Prototypen ermöglichen. Beispielsweise kann mit ChronSim der Firma Inchron der komplette Software-Code auf einem virtuellen Prozessormodell in Kombination mit der Buskommunikation simuliert werden [54].

In [67] beschreibt Krause et. al. einen Ansatz zur Simulation von verteilten Systemen unter der Verwendung von SystemC. Abbildung 4.7 zeigt exemplarisch ein solches SystemC-Modell mit zwei Steuergeräten, die über einen Bus miteinander verbunden sind.

Ein weiterer Ansatz für die Virtualisierung der Steuergeräte-Hardware wird in [26] von Delphi beschrieben. In diesem Beispiel wurde der Prozessorsimulator *Meteor* [136] von VaST mit der Restbussimulation CANoe [139] gekoppelt, um Tests über Systemgrenzen hinweg auf simulativer Basis durchführen zu können. Der prinzipielle Aufbau ist in Abbildung 4.8 aufgezeigt.

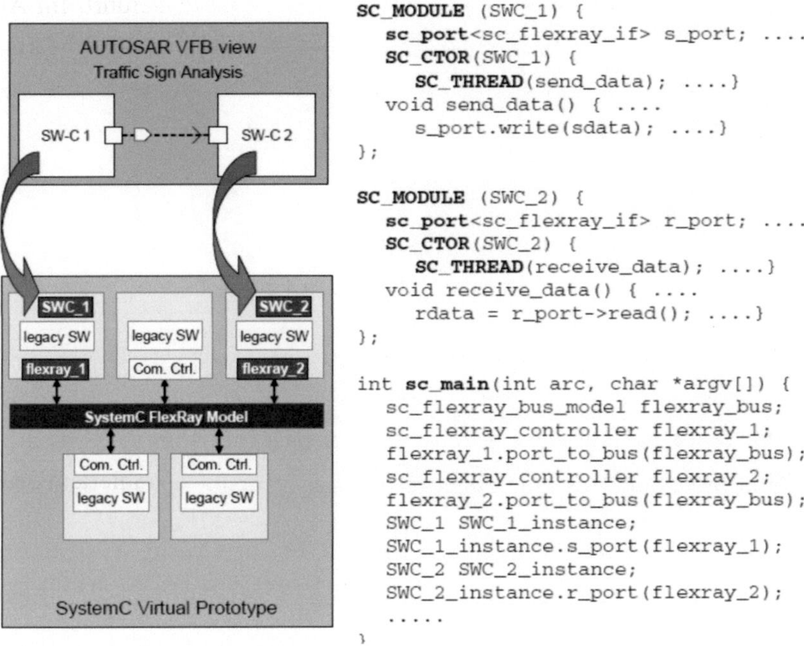


```
SC_MODULE (SWC_1) {
    sc_port<sc_flexray_if> s_port; ....
    SC_CTOR(SWC_1) {
        SC_THREAD(send_data); ....}
    void send_data() { ....
        s_port.write(sdata); ....}
};

SC_MODULE (SWC_2) {
    sc_port<sc_flexray_if> r_port; ....
    SC_CTOR(SWC_2) {
        SC_THREAD(receive_data); ....}
    void receive_data() { ....
        rdata = r_port->read(); ....}
};

int sc_main(int arc, char *argv[]) {
    sc_flexray_bus_model flexray_bus;
    sc_flexray_controller flexray_1;
    flexray_1.port_to_bus(flexray_bus);
    sc_flexray_controller flexray_2;
    flexray_2.port_to_bus(flexray_bus);
    SWC_1 SWC_1_instance;
    SWC_1_instance.s_port(flexray_1);
    SWC_2 SWC_2_instance;
    SWC_2_instance.r_port(flexray_2);
    .....
}
```

Abb. 4.7.: Beispiel für ein Gesamtsystemmodell in SystemC mit zwei Steuergeräten, die über einen Bus miteinander verbunden sind [67]

## 4.3.2. Statische Timing-Analysen auf Systemebene

Die statischen Timing-Analysen auf Systemebene lassen sich in zwei Klassen einteilen. Die holistischen Verfahren und die modularen Verfahren. Eine Beschreibung und Einordnung der beiden Klassen wurde bereits am Anfang dieses Kapitels gegeben. Im Folgenden wird der holistische Ansatz sowie drei Beispiele für die modulare Bewertung vorgestellt.

### Holistische Analyse

Um eine holistische Analyse von verteilten Systemen zur ermöglichen, wurden schon viele Ansätze vorgeschlagen, die eine Erweiterung der klassischen Analysetechniken (siehe 4.1.2 und 4.2.2) auf diese aufzeigen. Die Herausforderung bei dieser Art der Analyse besteht darin, alle Komponenten innerhalb eines mathematischen Modells beschreiben zu können. Eine der Schwierigkeiten ist, dass sich die Modelle meist nicht genera-

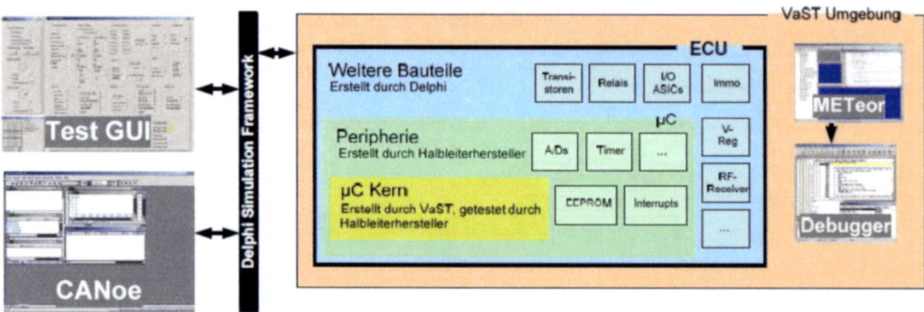


Abb. 4.8.: Prinzipieller Aufbau des kombinierten Simulators von Delphi [26]

lisieren lassen und somit für jedes neue Ereignismodell und Kommunikationsprotokoll eine neue Umsetzung, d.h. ein neues oder erweitertes formales Modell, zu erarbeiten ist. Im Folgenden sind einige Beispiele für holistische Ansätze aufgeführt:

- An an der Universität von Cantabria (Spanien) wurde ein Framework unter dem Namen *Modeling and Analysis Suite for Real-Time Applications (MAST)* entwickelt, welches einige der holistischen Analyse-Verfahren beinhaltet. Der prinzipielle Aufbau von MAST ist in Abbildung 4.9 aufgezeigt. [27]. Über einen graphischen Editor und über eine spezifische Beschreibungssprache können Systeme inklusive deren Echtzeiteigenschaften beschrieben werden.

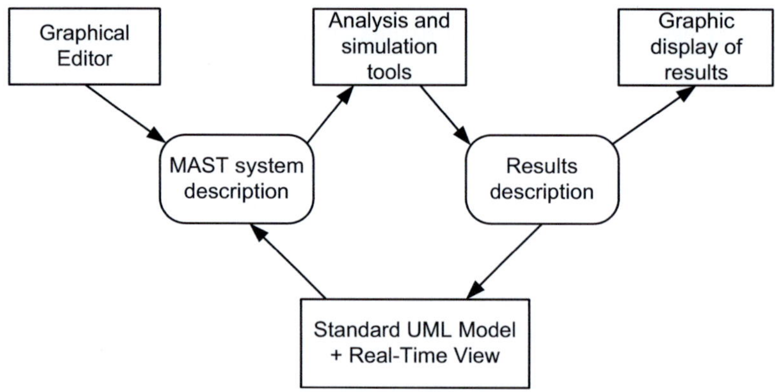


Abb. 4.9.: Aufbau des Frameworks der Modellierung und Analyse Suite MAST [27]

- In [126] beschreiben Tindell et. al. die Kombination des Schedulings mit festen Prioritäten auf einem Prozessor und eines TDMA-basierten Kommunikationssystems. Es werden dabei sowohl die Latenzzeiten des Protokollstacks berücksichtigt als auch die resultierenden Antwortzeiten der zu übertragenden Botschaften. Anhand eines Beispiels (drei Prozessoren an einem Bus) wird die Anwendung der vorgestellten Verfahren diskutiert.

- Ferner existiert ein weiterer Beitrag zur holistischen Timing-Analyse von Pop et. al. [90]. Es erfolgt die Diskussion der Möglichkeiten zur Untersuchung von Systemen mit Kontroll- und Datenabhängigkeiten anhand eines umfangreichen Beispiels. Dabei wird ein Prozessorsystem mit asynchroner (*Ereignis-getriggert*) und synchroner (*Zeit-getriggert*) Eigenschaften untersucht sowie ein daran angekoppeltes Kommunikationssystem.

**Kompositionelle Analyse**

Die kompositionelle Analyse ist ein Analyseverfahren, welches an der Universität Braunschweig unter der Leitung von Prof. Ernst entwickelt wurde. Das Verfahren hat den Namen *Symbolic Timing-Analysis* kurz *SymTA/S*. SymTA/S ist ein modulares Analyse-Verfahren auf System-Ebene für die Bewertung von heterogenen *System on Chips (SoCs)* und verteilten eingebetteten Systemen [50] [96]. Im Gegensatz zu den holistischen Verfahren wird ein Ansatz vorgeschlagen, die klassischen Analyse-Verfahren auf Teilumfänge von verteilten Systemen abzubilden, liegt dem Verfahren von SymTA/S ein modularer Ansatz zu Grunde. Die Kernidee besteht darin, die einzelnen Komponenten eines verteilten Systems mit den klassischen Analysetechniken (siehe Abschnitt 4.1.2 und 4.2.2) zu untersuchen. Die lokal berechneten Ergebnisse werden dann über die definierten Schnittstellen den anderen Komponenten zur Verfügung gestellt. Abbildung 4.10 zeigt die prinzipielle Vorgehensweise des SymTA/S-Ansatzes. Im ersten Schritt werden die Konfigurationsdaten und die Informationen über das Umgebungsmodell (z.B. Ereignisse von Außen) den einzelnen Komponenten übergeben. Auf der Basis dieser Daten erfolgt eine lokale Analyse, um die Timing-Eigenschaften der Komponenten zu erhalten sowie deren Ausgangsereignismodelle zu generieren. Bei einer erfolgreichen lokalen Analyse, d.h. wenn die Konfiguration schedulbar ist, werden die resultierenden Ausgangsereignismodelle im darauffolgenden Schritt auf die Eingangsereignismodelle der

Komponenten abgebildet. Dieser Vorgang wird so lange wiederholt bis die Ereignisse durch das gesamte Systemmodell propagiert wurden und diese konvergieren.

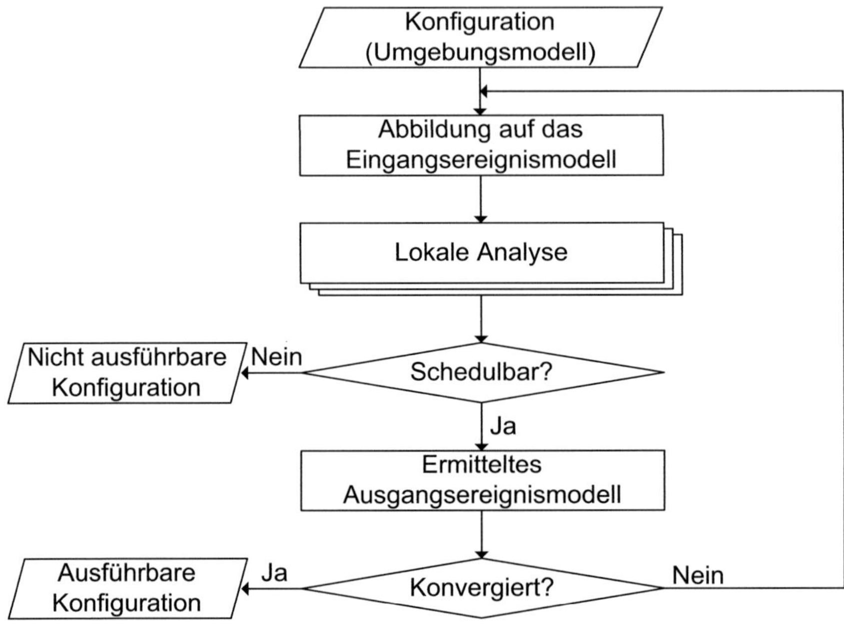


Abb. 4.10.: Prinzipielle Funktionsweise des SymTA/S-Ansatzes

Für die Koppelung der einzelnen Komponenten kommen zwei Schnittstellen zum Einsatz. Die *Event Model Interfaces (EMIFs)* und die *Event Adaption Functions (EAFs)* [99]. Die EMIFs ändern nicht die Timing-Eigenschaften eines resultierenden Ereignisstroms, sondern transformieren nur dessen mathematische Beschreibung. Abbildung 4.11 zeigt die möglichen Transformationen auf.

Die EAFs sind notwendig, wenn keine direkte Transformation im EMIF möglich ist. In einem solchen Falle werden die Eigenschaften des Ereignisstroms so angepasst, dass diese dem geforderten Eingangsmodell entsprechen. Abbildung 4.12 zeigt eine solche Transformation unter der Verwendung einer EAF auf.

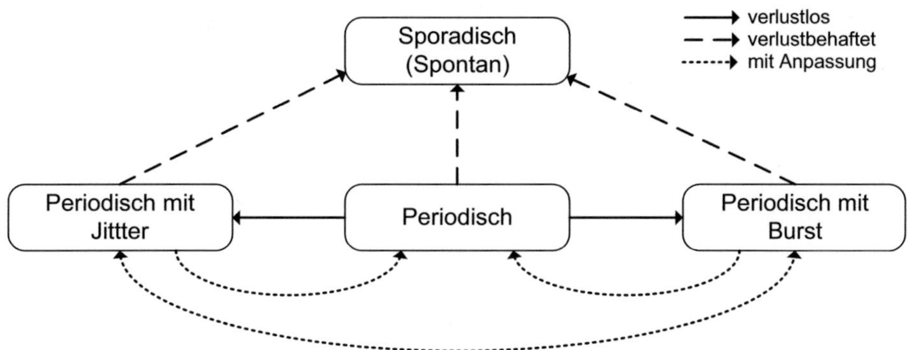


Abb. 4.11.: Ereignismodell Schnittstellen des SymTA/S-Ansatzes

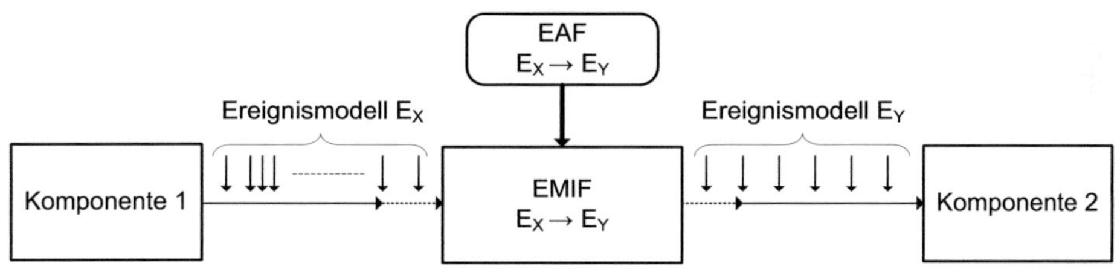


Abb. 4.12.: Beispiel für ein *EMIF* mit dazugehöriger Anpassungsfunktion *EAF*

Die zugrunde liegenden Ereignismodelle des SymTA/S-Ansatzes sind in [96] detailliert beschrieben. Die folgende Tabelle 4.1 zeigt einen Überblick über die Modelle und gibt eine kurze Erklärung über die notwendigen Parameter und Bedingungen.[1].

Weiterführende Arbeiten im Kontext des SymTA/S-Ansatzes beschäftigen sich mit der Hierarchisierung von Ereignisströmen sowie mit Datenabhängigkeiten (Kontext-Sensitivität) [105], [59]. Ferner wird die Timing-Optimierung und die Sensitivitätsanalyse für eingebettete Echtzeitsysteme in [91] und [92] diskutiert. Der SymTA/S-Ansatz wurde mittlerweile in einem Werkzeug gleichen Namens von der Firma Symtavision umgesetzt [116]. Dieses Werkzeug kombiniert dabei die bereits in Abschnitt 4.1.2 und Abschnitt 4.2.2 erwähnten Analysen für OSEK, AUTOSAR OS, CAN und FlexRay.

---

[1]In dieser Arbeit werden *sporadisch*, *aperiodisch* und *spontan* synonym verwendet

Tab. 4.1.: Standard Ereignis Modelle des SymTA/S-Ansatzes

| Modell | Kurzform | Parameter | Bedingungen |
|---|---|---|---|
| Periodisch | $P$ | $<T>$ | keine |
| Periodisch mit Jitter | $P+J$ | $<T,J>$ | $J < T$ |
| Periodisch mit Jitter und Burst | $P+B$ | $<T,J,T_{min}>$ | $J \geq T \vee T_{min} > T - J$ |
| Sporadisch | $A$ | $<T>$ | keine |
| Sporadisch mit Jitter | $A+J$ | $<T,J>$ | $J < T$ |
| Sporadisch mit Jitter und Burst | $A+B$ | $<T,J,T_{min}>$ | $J \geq T \vee T_{min} > T - J$ |

## Realtime Calculus

Der *Real-Time Calculus (RTC)* ist ein Werkzeug für die Timing-Analyse von verteilten, eingebetteten Systemen [119]. Der RTC wurde an der Eidgenössischen-Technischen-Hochschule-Zürich entwickelt und basiert auf dem *Network Calculus* [70], einer Theorie über deterministische Warteschlangen für Kommunikationsnetzwerke und der Max-Plus/Min-Plus-Algebra [18]. Mit dem RTC können Netzwerke und deren Komponenten anhand von Ereignisströmen analysiert werden [89].

Als Beschreibungsmodell für das Verfahren dienen die sogenannten *Ankunfts- und Servicekurven (engl. Arrival- and Service-Curves)*. Die Ankunftskurve beschreibt die Anzahl an Ereignissen, welche z.B. eine Task aktivieren. Ein Ereignisstrom wird dabei von zwei Ankunftskurven repräsentiert: Der minimalen $\alpha^l$ und der maximalen Ankunftskurve $\alpha^u$. Die Ankunftskurven können entweder automatisch generiert werden, sofern die notwendigen Informationen vorliegen, oder aber aus Messungen (via Traces) rekonstruiert werden. In Abbildung 4.13 ist ein Beispiel für einen Ereignisstrom und die entsprechenden Ankunftskurven dargestellt.

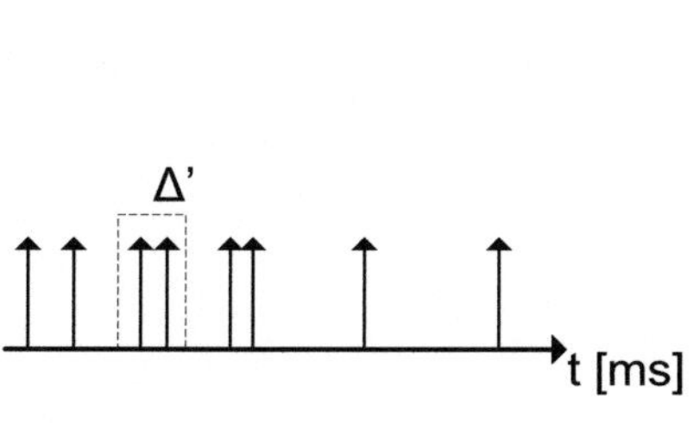
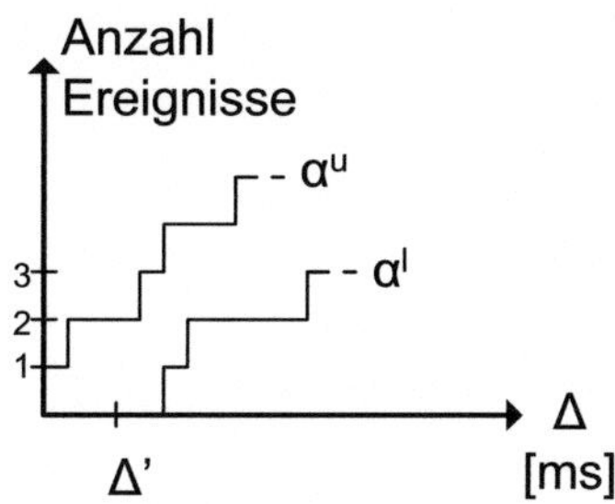



Abb. 4.13.: Beispiel für einen Ereignisstrom und die entsprechenden Ankunftskurven $\alpha^l$ und $\alpha^u$

Die Ankuftskurven für jedes mögliche Zeitintervall $I$ der Länge $\Delta$ sind wie folgt definiert:

$$\alpha^l(t-s) \leq R[s,t) \leq \alpha^u(t-s) \; \forall s < t \text{ mit}$$

i) $R[s,t)$ : Anzahl der Ereignisse im Intervall $[s,t)$         [4.5]

ii) $\alpha^l(t-s), \alpha^u(t-s) \in \mathbb{R}^+$

Mit der Servicekurve wird die Verfügbarkeit einer Ressource beschrieben, d.h. die Rechenzeit, die einer Task in einem gewissen Zeitabschnitt $\Delta$ zur Verfügung steht. Hierbei wird auch die minimale $\beta^l$ und die maximale Verfügbarkeit (Service) $\beta^u$ angegeben. In Abbildung 4.14 ist die Verfügbarkeit einer Ressource und die entsprechenden minimalen und maximalen Servicekurven abgebildet.

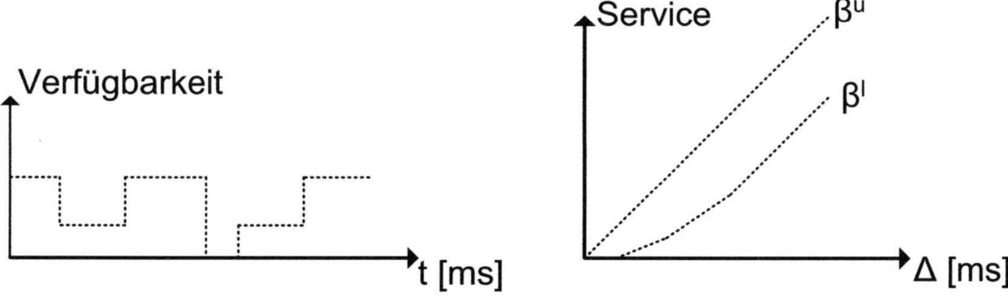



Abb. 4.14.: Beispiel für die Verfügbarkeit einer Ressource und die entsprechenden Servicekurven $\beta^l$ und $\beta^u$

Der Service steht für die entsprechende Einheit, zum Beispiel für die Rechenzeit einer CPU (in Taktzyklen) oder die Anzahl an Bytes, die über einen Bus übertragen werden können. Die Servicekurve ist wie folgt definiert:

$$\beta^l(t-s) \leq C[s,t] \leq \beta^u(t-s) \ \forall s < t \ \text{mit}$$

$$\text{i) } C[s,t] : \text{Anzahl an freien Ressourcen im Intervall } [s,t) \qquad [4.6]$$

$$\text{ii) } \beta^l(t-s), \beta^u(t-s) \in \mathbb{R}^+$$

Über die sogenannte *Greedy Processing Component* werden Ressourcen modelliert, die einen Ereignisstrom verarbeiten. In Abbildung 4.15 ist eine solche Komponente dargestellt. Der Eingangsereignisstrom ist über die Ankuftskurven $\alpha^l$ und $\alpha^u$ modelliert und triggert die Komponente. Diese werden am Eingang der Komponente in einem FIFO-Puffer zwischengespeichert. Die Verarbeitung erfolgt auf die *Greedy*-Art und wird durch die Verfügbarkeit der Ressource begrenzt. Diese ist durch die Servicekurven $\beta^l$ und $\beta^u$ beschrieben. Am Ausgang der Komponente wird der resultierende Ereignisstrom über die Ankuftskurven $\alpha^{l'}$ und $\alpha^{u'}$ ausgegeben. Die restliche Verfügbarkeit der Ressource ist über die Ausgangsservicekurven $\beta^{l'}$ und $\beta^{u'}$ angegeben.

Die Transformation der Ankunfts- und der Servicekurven, vom Eingang zum Ausgang an einer Komponente, sind über die folgenden Gleichungen abgebildet [22], Details dazu sind in [70] und [18] zu finden:

$$\alpha^{l'}(\Delta) = min\{ \inf_{0 \leq \mu \leq \Delta} \{ \sup_{\lambda > 0} \{ \alpha^l(\mu + \lambda) - \beta^u(\lambda) \} + \beta^l(\Delta - \mu) \}, \beta^l(\Delta) \} \qquad [4.7]$$

$$\alpha^{u'}(\Delta) = min\{ \sup_{\lambda > 0} \{ \inf_{0 \leq \mu < \Delta + \lambda} \{ \alpha^u(\mu) + \beta^u(\lambda + \Delta - \mu) \} - \beta^l(\lambda) \}, \beta^u(\Delta) \} \qquad [4.8]$$

$$\beta^{l'}(\Delta) = \sup_{0 \leq \lambda \leq \Delta} \{ \beta^l(\lambda) - \alpha^u(\lambda) \} \qquad [4.9]$$

$$\beta^{u'}(\Delta) = min\{ \inf_{\lambda > \Delta} \{ \beta^u(\lambda) - \alpha^l(\lambda) \}, 0 \} \qquad [4.10]$$

Durch den modularen Ansatz sind mit dem RTC große Systeme analysierbar, dabei wird ein System über die Beschreibung der einzelnen Ressourcen anhand der Greedy-Komponente zu einem Gesamtmodell, zu einem analysierbaren Gesamtmodell zusammengefügt. In Abbildung 4.15 ist noch ein Beispiel für die Verknüpfung von zwei Tasks zu einem Gesamtmodell (hier: *Fixed-Priority Scheduling*) abgebildet.

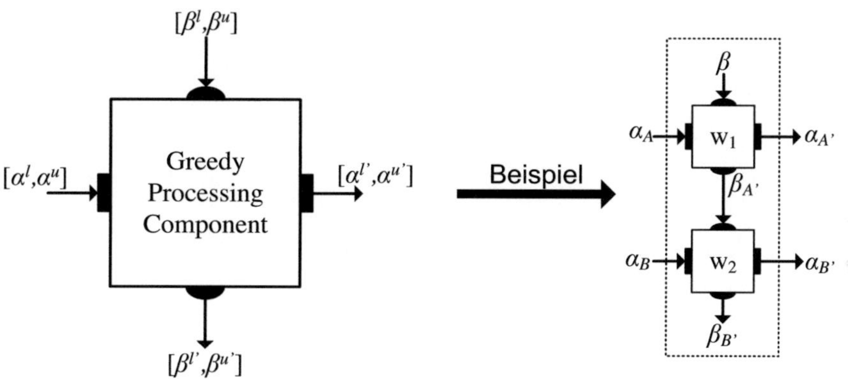


Abb. 4.15.: *Greedy Processing Component* des RTC und ein Beispiel für ein *Fixed Priority* Modell mit zwei Tasks $w_1$ und $w_2$ auf einer Ressource

Erste Modellierungen mit dem RTC von automotive Systemen wurden für die CAN-Kommunikation in [23] aufgezeigt. Ferner erfolgte die Diskussion einer ersten Analyse eines FlexRay-Netzwerks in [46].

## Erweitertes Hierarchisches Ereignisstrommodell

Das *Erweiterte Hierarchische Ereignisstrommodell, engl. Advanced Hierarchical Event-Stream Model* wurde an der Universität Ulm am Lehrstuhl von Professor Slomka entwickelt. Das Verfahren verknüpft das Standard Ereignis Modell aus Abschnitt 4.3.2 und die Ereignisbeschreibung der Ankunftskurven aus Abschnitt 4.3.2. Mittels dieses Ansatzes können sowohl diskrete Ereignisse, als auch kontinuierlich auftretende Ereignisse innerhalb eines Modells beschrieben werden. Weiterhin ist die kontinuierliche Ereignisfunktion des Real-Time Calculus über eine Approximation, mit frei wählbarer Exaktheit, modellierbar.

Als Beschreibungsgrundlage dient das von Gresser eingeführte Ereignisstrommodell [44]. Dieses ermöglicht eine verallgemeinerte Beschreibung von Ereignissen. Ein Ereignisstrom $\Theta$ enthält eine Anzahl an Ereignissen $e = (T, T_{off})$, $T$ ist die Periode und $T_{off}$ der Offset. Anhand einer Begrenzungsfunktion $\Phi$ kann die maximale Anzahl an Ereignissen, die innerhalb eines Intervalls $I$ auftreten können, beschrieben werden (siehe [2] und [5]).

$$\Phi(I, \Theta) = \sum \left\lfloor \frac{\Delta I - T_{off,e}}{T_e} + 1 \right\rfloor \quad \text{mit } \Delta I > T_{off,e} \text{ und } e \in \Theta \qquad [4.11]$$

Weiterhin wird für die Beschreibung eine Anforderungsfunktion $\Psi$ benötigt, welche einer Task $w_i$ einen Ereignisstrom $\Phi$ zuordnet:

$$\Psi(\Delta I, W) = \sum_{\forall w_i \in W} \Phi(\Delta I - d_i, \Theta_i) C_i \text{ mit}$$

$$W : \text{ Menge an Task} \qquad [4.12]$$

$$d_i : \text{ Deadline der Task } w_i$$

Über die Anforderungsfunktion $\Psi$ kann die *Schedulability* überprüft werden. Ein Task $w_i$ ist schedulbar solange die Anforderungsfunktion innerhalb eines jeden Intervalls $\Delta I$ kleiner oder gleich der verfügbaren Kapazität $F(\Delta I)$ des Systems ist [3]. Diese Anforderungsfunktion kann aufgrund deren Linearität wie folgt approximiert werden, dabei sei $\Delta I_{e,k} = d_i + T_{off,e} + kT$:

$$\Psi(\Delta I, e_i, w_i, k) = \begin{cases} \Psi(\Delta I, e) + \dfrac{C_i}{T_e}(\Delta I - \Delta I_{e,k}) & \text{mit } \Delta I > \Delta I_{e,k} \\[2ex] \Psi(\Delta I, e) & \text{mit } \Delta I \leq \Delta I_{e,k} \end{cases} \qquad [4.13]$$

Eine solche Funktion ist in Abbildung 4.16 dargestellt. Für die ersten $k$ Ereignisse erfolgt eine exakte Berechnung. Ab $\Delta I_{e,k}$ werden die Ereignisse approximiert.

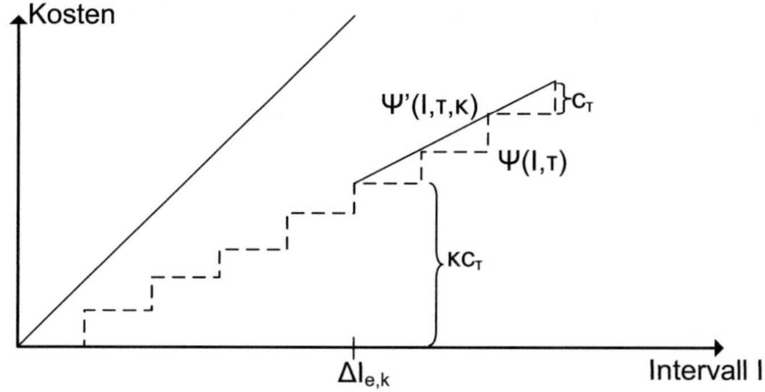


Abb. 4.16.: Beispiel für ein approximiertes Element eines Ereignisstroms [4]

Weiterhin kann das Modell auf hierarchische Ereignisströme erweitert werden. Dabei enthält ein hierarchischer Ereignisstrom $\widehat{\Theta} = \{\widehat{e}\}$ eine Menge an hierarchischen Ereignissen $\widehat{e}$. Jedes dieser Elemente beschreibt eine periodische Abfolge von Ereignissen und ist wie folgt definiert:

$$\widehat{e} = (T, T_{off}, \eta, \Gamma, \widehat{\Theta}) \tag{4.14}$$

Mit $\eta$ wird die maximale Anzahl an Aktivierungen innerhalb einer Periode $T$ annotiert. Der Gradient $\Gamma$ und der hierarchische Ereignisstrom $\widehat{\Theta}$ beschreiben das Muster, in dem die Ereignisse auftreten. Auf ähnliche Weise wird auch die hierarchische Anforderungsfunktion $\widehat{\Psi}$ abgebildet.

Der große Vorteil der Methodik liegt darin begründet, dass sowohl periodische als auch beliebige Ereignisse zusammen in einem Modell exakt beschreibbar sind. Durch die zusätzliche Möglichkeit der Approximation ist eine effiziente Analyse möglich, dabei kann je nach Anforderungen der Grad der Exaktheit für die Berechnung vorgegeben werden. Das Verfahren steht seit kurzem in dem kommerziellen Werkzeug *ChronVal* der Firma Inchron zur Verfügung [55].

Am Lehrstuhl von Prof. Slomka an der Universität Ulm wird aktuell noch ein weiteres Verfahren zur approximativen Timing-Analyse entwickelt. Dieses basiert auch auf dem Ereignisstrommodell von Gresser [44]. Im Vergleich zu dem ersten Verfahren wird beim zweiten Verfahren nicht der Real-Time Calculus verwendet, sondern auf die klassischen Analysetechniken zurückgegriffen (z.B. [127]).

## Weitere Arbeiten

Im Umfeld der Timing-Bewertungen gibt es noch weitere Arbeiten, die im Folgenden kurz vorgestellt werden. Dabei richtet sich der Hauptfokus auf Ansätze, welche für die Bewertung von Fragestellungen im automotive Umfeld von Interesse sind.

An den Universitäten Uppsala (Schweden) und Aalborg (Dänemark) wurde der sogenannte *Uppaal* Ansatz entwickelt, welcher die Möglichkeit der Modellierung, Simulation und Verifikation von Echtzeitsystemen auf der Basis von zeitgesteuerten Automaten (*Timed Automata*) bietet [134], [49]. Die Modellierung der Systeme erfolgt über nicht-deterministische Prozesse mit endlichen Kontrollstrukturen und realen Uhrenwerten. Die Kommunikation wird über Kanäle oder gemeinsame Variablen modelliert. Uppaal besteht aus drei Teilen: Einer Beschreibungssprache, einem Simulator und einem Model-Checker. Durch die Möglichkeit der exakten Abbildung von Datenabhängigkeiten können Systeme in Uppaal korrekt nachmodelliert werden. Der Einsatz von Uppaal für große Systeme ist allerdings kritisch zu bewerten, da die Vielzahl an Systemzuständen, welche in einem automotive System eintreten zu berücksichtigen sind und sehr schnell zu einer *State Space Explosion* führen (siehe hierzu auch [118]).

Im *TIMMO*-Projekt (Timing Model), welches von der Europäischen Union gefördert wird, geht es um die Definition einer Timing-Beschreibungssprache *TADL (Timing Augmented Description Language)* sowie um die Entwicklung einer Bewertungsmethodik für E/E-Systeme im Kraftfahrzeug. In diesem Zusammenhang werden auch das Zusammenspiel und der Austausch von Timing-Informationen zwischen OEM und Zulieferer näher beleuchtet.

In einem weiteren von der Europäischen Union geförderten Projekt mit dem Namen *INTEREST* wird an der Standardisierung der Austauschformate zwischen den Modellierungs- und Bewertungswerkzeugen gearbeitet.

Weiterhin wird das Timing-Thema im Kontext von AUTOSAR stetig vorangetrieben. In der AUTOSAR-Timing-Gruppe wird u.a. der Ausbau der AUTOSAR-Beschreibungen um Timing-Attribute erweitert [15]. Wichtige Arbeiten entstanden unter anderem bei der BMW Car IT. Hier wird beispielsweise an der Entwicklung einer gemeinsamen Entwicklungsplattform *AUTOSAR Tool Platform (ARTOP)* für AUTOSAR-basierte Systeme gearbeitet [48]. Ferner wurden Ansätze für die Berücksichtigung des Timing-Verhaltens von AUTOSAR-basierten Systemen aufgezeigt [108], [107].

Der Beitrag von Reichelt et. al. diskutiert die Anforderungen und Auswirkungen hinsichtlich des Timing-Verhaltens bei der Entwicklung von FlexRay-basierten Systemen [95]. Ferrari et. al. beschreibt in [36] die Einflüsse von AUTOSAR auf das Zeitverhalten und die Speicheranforderungen.

## 4.4. Einordnung und Abgrenzung

In den vorangegangenen Abschnitten wurde der aktuelle Stand der Technik für die Verfahren vorgestellt, welche eine Timing-Bewertung ermöglichen. Viele der Verfahren wurden bisher nur anhand kleinerer Beispiele aus dem Automotive-Umfeld evaluiert (z.B. [46], [50]). Eine vollständige Integration der Verfahren in den Entwicklungsprozess von E/E-Architekturen im Kraftfahrzeug wurde bisher nicht aufgezeigt. Aus diesem Grund ist eines der Ziele dieser Arbeit eine Methodik für die durchgängige Integration der Timing-Bewertungsverfahren in den existierenden Entwicklungsprozess für E/E-Architekturen im Kraftfahrzeug vorzustellen. Mittels der Timing-Bewertungsverfahren können die in Abschnitt 3.4 beschriebenen Kenngrößen untersucht werden.

In allen bisherigen Projekten und Arbeiten stand immer die Beschreibung des Timing-Verhaltens im Vordergrund, die konkrete Modellierung wurde jedoch nur oberflächlich diskutiert. Um die Genauigkeit der Bewertungsverfahren zu steigern und die Überschätzung bei den analytischen Verfahren zu minimieren, werden in dieser Arbeit Regeln abgeleitet, welche eine vollständige Modellierung des Timing-Verhaltens von automotive Vernetzungsarchitekturen und Gateway-Systemen ermöglichen (Kapitel 6). Ferner werden die hierfür notwendigen Timing-Attribute identifiziert (Kapitel 2 und Kapitel 5).

Verschiedene Arbeiten haben sich in den letzten Jahren mit der Optimierung der Offsets für den CAN-Bus beschäftigt. *Grenier et. al.* beschreiben einen Algorithmus zur Offsetoptimierung in [43]. Dieser wurde von *Schillp* noch verfeinert (siehe [109]). Weiterhin bietet die Firma Symtavision ein Optimierungsverfahren für Offsets an [116]. Diese Verfahren führen die Optimierung immer für jeweils einen CAN-Bus aus. Weiterhin werden je nach Verfahren nicht alle notwendigen Parameter bei der Berechnung mit einbezogen, obwohl diese für eine korrekte Berechnung wichtig sind. Ein Beispiel ist die Periode des COM-Tasks der Steuergeräte. Da die Offsets direkt vom ComTask abhängen, können nur Offsets mit einem Vielfachen der Periode des COM-Tasks $T_{com}$ vergeben werden. In der vorliegenden Arbeit wird ein Algorithmus vorgestellt, welcher erstens alle relevanten Parameter bei der Vergabe der Offsets berücksichtigt und zweitens die Offsets global berechnet, d.h. für alle CAN-Busse einer Vernetzungsarchitektur. Dadurch ist es möglich, zusätzlich zur Minimierung der Antwortzeiten der Botschaften auf den einzelnen CAN-Bussen, die Routing-Last der Gateways besser zu verteilen.

Für die automatische Generierung der Annotationen für die WCET-Analyse wurden von *Ringler* und *Montag et. al.* erste Konzepte vorgestellt [102], [80] und [81]. Diese schlagen u.a. vor, mittels formaler Code-Analyse (z.B. Polyspace der Firma Mathworks [75]) die Annotationen zu ermitteln. Durch die Einführung der AUTOSAR-Systembeschreibungen besteht nun die Möglichkeit einen großen Teil der Annotationen aus diesen automatisiert zu extrahieren. Hierfür wird in dieser Arbeit ein Konzept vorgestellt. Weiterhin wird für das SymTA/S-Verfahren ein Konzept für die vollständige Modellierung von AUTOSAR-basierten Gateway-Steuergeräten entwickelt.

Der Fokus für die Integration der Timing-Bewertungsverfahren in den E/E-Entwicklungsprozess liegt dabei auf den formalen Analyseverfahren (Kapitel 7). Diese kamen bisher für die Bewertung von Vernetzungsarchitekturen und Gateway-Systeme nicht zum Einsatz. Bei dem Entwurf und der Entwicklung zukünftiger Vernetzungsarchitekturen und Gateway-Systeme wird die sichere Bestimmung der Zeitanforderungen immer wichtiger. Gründe hierfür sind die Zunahme an verteilten Funktionen und die steigende Anzahl an sicherheitskritischen Systemen. Die meisten der beschriebenen Ansätze und Methoden sind allgemein gültig und können auch bei Simulation und Tests angewendet werden.

# 5. Verfahren zur Extraktion von Timing-Informationen

In Kapitel 2 wurden die notwendigen Informationen beschrieben, die für eine aussage-kräftige Timing-Bewertung notwendig sind. Insbesondere für die Bewertung von CAN-Bussen sowie für die Untersuchung von Ende-zu-Ende-Latenzzeiten über Busgrenzen hinweg sind Informationen über das Timing-Verhalten von Steuergeräten von zentraler Bedeutung. Durch die in Kapitel 3 beschriebenen verteilten Verantwortlichkeiten zwischen OEM und Zulieferern stehen dem OEM nicht immer alle Details über die einzelnen Systeme einer Vernetzungsarchitektur zur Verfügung. Weiterhin müssen bei reaktiven Systemen realistische Szenarien zu Grunde gelegt werden, um eine Über- bzw. Unterschätzung zu vermeiden. Als Abhilfe für die Unvollständigkeit an Timing-Informationen wird im Folgenden ein Verfahren beschrieben, welches die Extraktion dieser Informationen auf der Basis von Messungen, den sogenannten *Loggingdaten*, der Buskommunikation ermöglicht. Die Loggingdaten können z.B. an existierenden Brettaufbauten oder Fahrzeugen aufgezeichnet werden. Die Extraktion von Timing-Informationen bietet mehrere Vorteile:

1. Die Extraktion liefert eine detaillierte Übersicht über das Timing-Verhalten von aktuellen und sich in der Entwicklung befindlichen Vernetzungsarchitekturen.

2. Die gewonnenen Daten können für eine Verfeinerung der bisherigen Annahmen, insbesondere in der frühen Entwicklungsphase, für die Timing-Bewertung verwendet werden.

3. Durch die gewonnenen Erfahrungen sind für zukünftige Vernetzungsarchitekturen verfeinerte Timing-Anforderungen ableitbar, die in die Lastenhefte einfließen können.

4. Weiterhin sind diese Daten als erweiterte Grundlage für eine verbesserte Testabdeckung in der Integrationsphase verwendbar.

Zusätzlich zu den Attributen, die direkt aus den Spezifikationen abgeleitet werden können, sind folgende Informationen für eine aussagekräftige Timing-Bewertung notwendig: Jitter, Drift und Offsettabellen der Steuergeräte, Jitter der einzelnen Botschaften sowie dynamische Aktivierungen von spontanen Botschaften. Weiterhin sind verschiedene Modi, in denen sich die Kommunikation eines Fahrzeuges befinden kann, zu berücksichtigen. Diese Betriebsmodi sind zu großen Teilen aus Spezifikationen ableitbar. Insbesondere während des Fahrbetriebes treten jedoch verschiedenste dynamische Lastsituationen auf, die in bisherigen Spezifikationen nicht oder nur unzureichend beschrieben sind bzw. sich generell nicht formal beschreiben lassen, da zu viele unsichere Faktoren eine Rolle spielen (z.B. durch die Interaktionen des Fahrers und der Passagiere).

Abbildung 5.1 zeigt exemplarisch einige solcher Betriebsmodi und Betriebszustände die während der Entwicklung, im Betrieb oder in der Werkstatt auftreten können. In Abschnitt 5.1.3 wird ein Verfahren beschrieben, welches aus Fahrzeugmessungen typische Lastsituationen der CAN-Busse extrahiert. Für die Umsetzung wurde teilweise auf *Data Mining-Methoden* zurückgegriffen, wie sie z.B. in [74] zu finden sind.

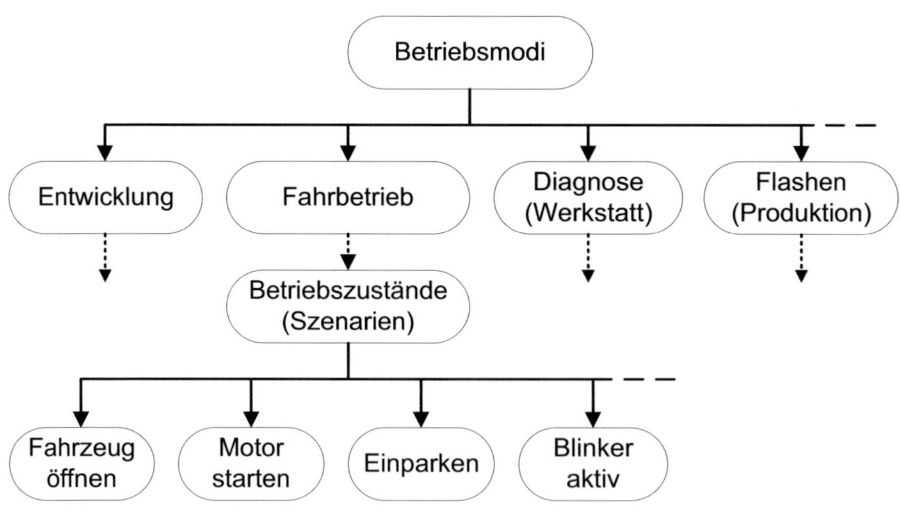


Abb. 5.1.: Verschiedene Betriebsmodi und -zustände eines Fahrzeuges

## 5.1. Extraktionsverfahren

Die Grundlage für die Extraktion von Timing-Informationen ist ein Loggingdatensatz, der über eine Messung am Komponenten-Teststand *(Hardware-in-the-loop, HiL)* oder direkt im Fahrzeug aufgezeichnet werden kann. Ein solcher Loggingdatensatz $Y$ enthält Tupels $y$ von Botschaften $m_k$ und deren Auftrittszeitpunkt $t_y$. $M_Y$ ist dabei die Menge der Botschaften, die in $Y$ auftraten:

$$Y = \{y = (m_k, t_y) | m_k \in M_Y, t_{Y,start} \leq t_y \leq t_{Y,end}\} \qquad [5.1]$$

Der Startzeitpunkt des Loggingdatensatzes wird mit $t_{Y,start}$ und dessen Ende mit $t_{Y,end}$ annotiert. Das Tupel $y = (m_k, t_y)$ beschreibt genau einen bestimmten Auftrittszeitpunkt $t_y$ von $m_k$.

Die einzelnen Schritte für die Datenextraktion sind in Abbildung 5.2 dargestellt. Ein Loggingdatensatz sowie die Kommunikationsmatrizen und weitere Informationen aus der Spezifikation dienen als Eingangsdaten für die Datenextraktion. Über eine Import-schnittstelle werden die Informationen miteinander kombiniert, d.h. die Angaben aus der Spezifikation werden mit den Loggingdaten fusioniert. Über den sogenannten *Calculator* werden die allgemeinen Timing-Attribute extrahiert (z.B. Jitter, Drift, Offset-tabellen). Die Generierung der Szenarien ist im linken Pfad aufgezeigt. Nach einem Filterungsschritt werden die Botschaften des Loggingdatensatzes anhand deren Sende-verhalten in zwei Mengen aufgeteilt: Die $M_{static}$ und $M_{dynamic}$, mit $M_{static}, M_{dynamic} \subseteq M$. Die Menge $M_{static}$ enthält alle Botschaften, die rein zyklisches Auftrittsverhalten haben. Die Menge $_{dynamic}$ umfasst alle Botschaften, die nicht streng periodisch innerhalb des Loggingdatensatzes auftraten. Auf der Basis der dynamischen Botschaften erfolgt die Extraktion der Szenarien über den *Szenario Extraktor*. In der Export Schnittstelle werden die Szenarien mit den Botschaften der Menge $M_{static}$ sowie den allgemeinen Timing-Attributen zusammengefasst und stehen für eine Timing-Bewertung zur Verfü-gung. Die allgemeinen Timing-Attribute können auch separat für die Verfeinerung von Timing-Modellen verwendet werden.

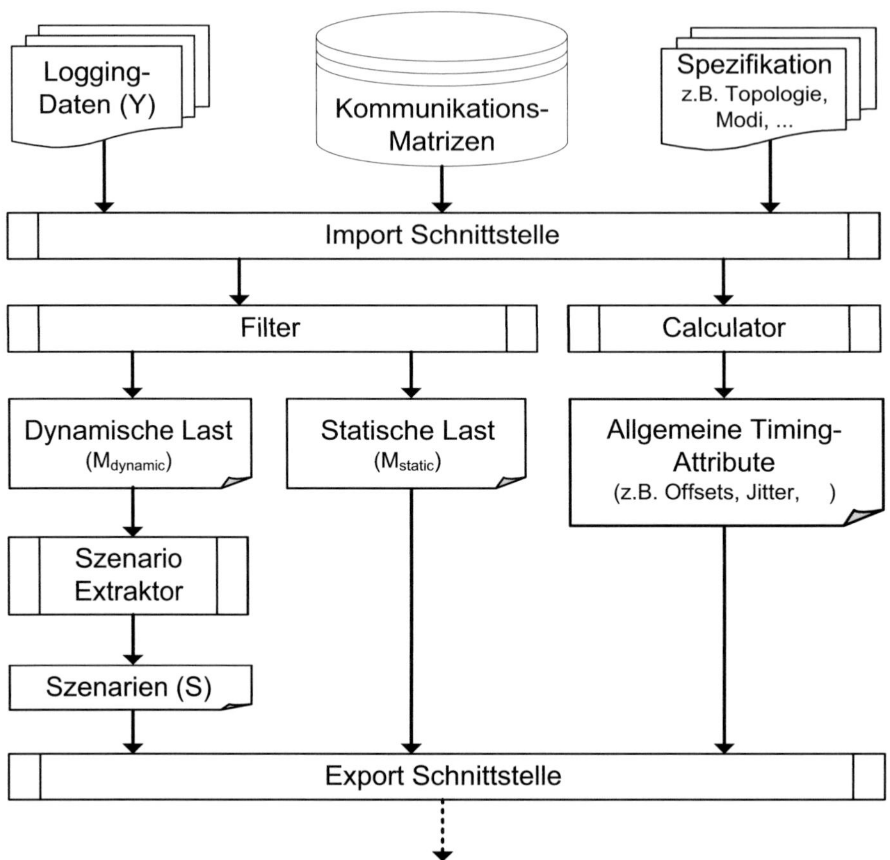


Abb. 5.2.: Übersicht über die einzelnen Schritte, die für die Extraktion von Timing-Informationen notwendig sind [132]

## 5.1.1. Sende- und Übertragungsjitter

Für den Jitter sind zwei verschiedene Werte von Interesse. Erstens der Sendejitter $J_{send}$ eines Steuergerätes, dieser entsteht durch Steuergeräte-interne Schedulingeffekte (siehe Abbildung 5.3). Der Sendejitter wird durch das Jittern des Sendetasks *(COM-Task)* verursacht und ist somit für alle Botschaften eines Steuergerätes gleich. Zweitens der Übertragungsjitter $J_{trans,k}$, der durch die Busarbitrierung entsteht (siehe Abbildung 5.4). Dieser ist bei jeder Botschaft unterschiedlich.

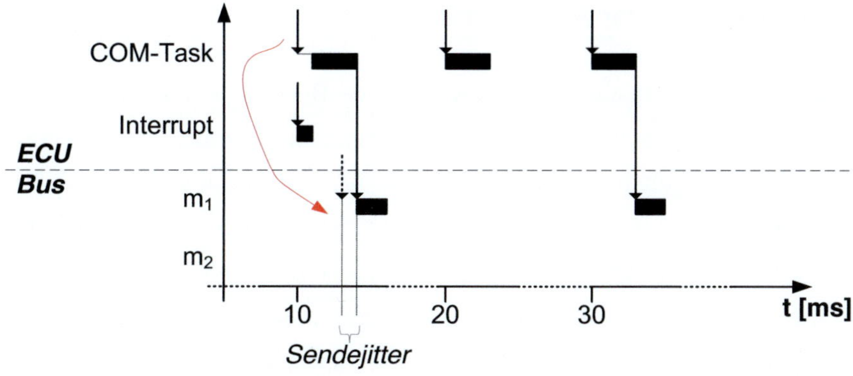



Abb. 5.3.: Beispiel für den Sendejitter $J_{send}$

Der Sendejitter $J_{send}$ ist über die Beobachtung der periodischen Botschaften $m_k \in M_{cyc}$ aus einem Loggingdatensatz $Y$ extrahierbar. $M_{cyc}$ beinhaltet alle Botschaften eines Loggingdatensatzes $Y$. Dabei werden nur die Sendezeitpunkte $t_{send,k}$ einer Botschaft für die Extraktion herangezogen, bei denen keine andere Botschaft mit höherer Priorität den Bus belegt, d.h. bei $t_{send,k} : hp(m_k) = \emptyset$.

Der Übertragungsjitter $J_{trans,k}$ lässt sich über den Empfangszeitpunkt einer Botschaft gewinnen. Der Übertragungsjitter beinhaltet auch den Sendejitter.

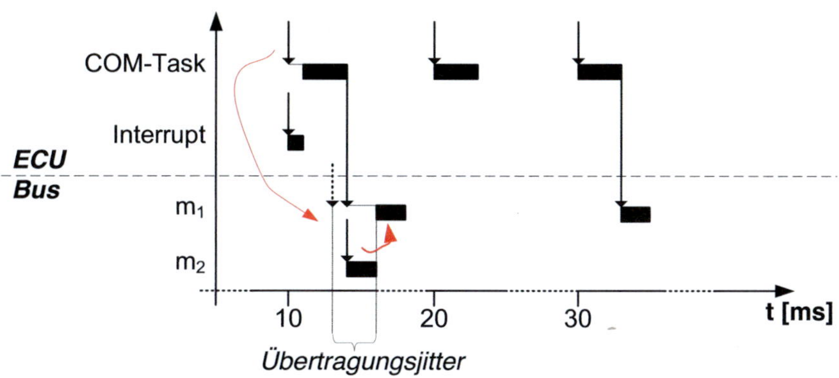



Abb. 5.4.: Beispiel für den Übertragungsjitter $J_{trans,k}$

## 5.1.2. Offsettabellen der Steuergeräte

Die Offsettabellen der Steuergeräte spielen bei der Bewertung von CAN-Bussen eine zentrale Rolle (siehe Abschnitt 4.2). Diese Informationen werden aktuell getrennt für jedes Steuergerät vergeben. Die Vergabe der Offsets wird in den meisten Fällen beim Zulieferer durchgeführt. Dem OEM stehen die Werte oft jedoch nicht zur Verfügung. Um eine exakte Timing-Bewertung aktueller Vernetzungsarchitekturen durchführen zu können, wurde in dieser Arbeit ein Algorithmus entwickelt, welcher aus einem Loggingdatensatz $Y$ die Offsettabellen der Steuergeräte rekonstruiert.

Der Algorithmus (siehe Algorithmus 1) benötigt folgende Eingangsdaten: 1. Einen Loggingdatensatz $Y$, 2. Die Spezifikation $K$ des CAN-Busses (K-Matrix) und 3. Die Anzahl an Samples $NbOfSamples \in \mathbb{N}$, welche für die Extraktion herangezogen werden sollen. Über die Anzahl der Samples wird angegeben, wie oft die Offsetwerte innerhalb des Loggingdatensatzes ermittelt werden. Je höher die Anzahl der Samples desto exakter wird die Berechnung. 4. Die Zykluszeiten $ComTaskCycle$ der $ComTasks$ der Steuergeräte. Als Ausgangsdaten liefert der Algorithmus die Offsets $t_{off,m}$ der einzelnen Botschaften $m$.

Im ersten Schritt des Algorithmus wird über die Funktion `GetEcus` eine Liste $ecuList$ aus der K-Matrix $K$ erzeugt. Im Folgenden wird über alle Elemente der $ecuList$ iteriert. Zu Beginn wird innerhalb der Schleife eine Liste $msgList$ erzeugt. Diese enthält alle Botschaften der aktuellen $ecu$, für die potentiell Offsets vergeben werden können (siehe hierzu [138] und [10]). Über die Funktion `Init` in Zeile X wird Liste $tempOffset$ mit 0 initialisiert. Im nächsten Schritt wird aus der Liste $msgList$ die Botschaft mit der höchsten Priorität ermittelt und der Variablen $hpId$ übergeben (Zeile 8 bis Zeile 13). Anschließend wird mit der Extraktion der Offsets begonnen (Zeile 14 bis Zeile 26) und abhängig von der vorgegebenen Anzahl an Samples $NbOfSamples$ mehrmals durchlaufen. Zuerst wird der Zeitpunkt $sp$ des Auftritts der Botschaft mit der höchsten Priorität im Loggingdatensatz $Y$ abhängig von der aktuellen Samplezahl über die Funktion `GetFirst` ermittelt. Beispielsweise wird bei $NbOfSamples = 2$ im ersten Durchlauf der erste Auftritt der höchstprioren Botschaft verwendet und im zweiten Durchlauf entsprechend der zweite Auftritt. Der Offset der höchstprioren Botschaft wird auf Null gesetzt (Zeile 17). Innerhalb der Schleife (Zeile 19 bis Zeile 25) erfolgt die Berechnung der Offsets für alle Botschaften $m \in msgList$, mit Ausnahme der höchstprioren. Innerhalb der Funktion

`CalcOffset` wird der Auftrittszeitpunkt der aktuell gewählten Botschaft *m* nach dem Startzeitpunkt *sp* im Loggingdatensatz *Y* ermittelt und entsprechend der Offset berechnet. In Zeile 27 bis 32 werden die finalen Offsets berechnet. Hierzu werden für jede Botschaft der Liste *msgList* die aufsummierten Offsetwerte durch die Anzahl der Samples *NbOfSamples* geteilt. Über die Funktion `Correct` werden Jittereffekte eliminiert und auf die vorgegebene Schrittweite *ComTaskCycle* angepasst. Anschließend werden die ermittelten Offsets ausgegeben.

In Abbildung 5.5 ist ein Vergleich zwischen den original vergebenen Offsets (generiert) der Botschaften eines Steuergerätes und den extrahierten Werten auf der Basis eines Loggingdatensatzes. Die Schrittweite beträgt *ComTaskCycle* = 10*ms*. Als Anzahl an Samples wurden *NbOfSamples* = 10 verwendet. Die generierten Offsets sind in *blau* dargestellt. Die extrahierten Werte sind in *gelb* ohne Verwendung der Funktion `Correct` aufgetragen und in *rot* mit den korrigierten Werten. Die Ergebnisse zeigen deutlich, dass der Algorithmus sehr exakt die originalen Offsets rekonstruiert. Nur in einem Fall bei der Botschaft mit dem Identifier 907 wurde der Wert nicht korrekt rekonstruiert und um eine Schrittweite (10*ms*) verfehlt. Eine solche Abweichung entsteht, wenn eine Botschaft innerhalb des Loggingdatensatzes aufgrund von Bursts sehr stark jittert. Durch die Erhöhung der Anzahl an Samples können solche Abweichungen eliminiert werden.

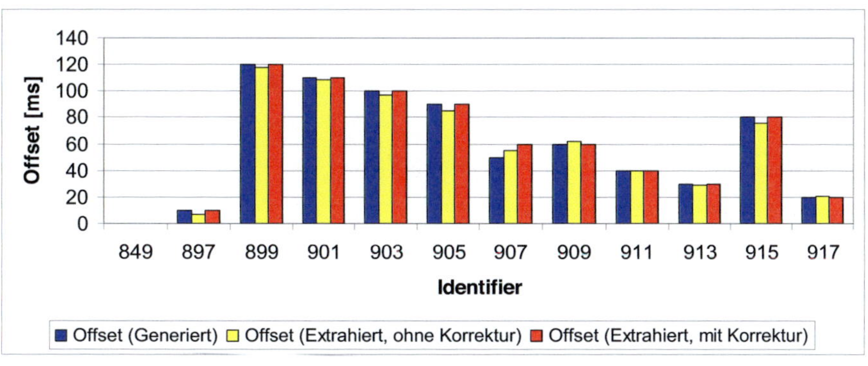


Abb. 5.5.: Vergleich zwischen den generierten Offsets eines Steuergerätes und den extrahierten Offsets (mit und ohne Korrektur)

**Algorithm 5.1:** Extraktion der Offsettabellen von Steuergeräten eines CAN-Busses

**input** : $Y, K, NbOfSamples, ComTaskCycle$

**output**: $t_{off,m}$

1   $ecuList \leftarrow$ GetEcus $(K)$ //*Get all ECUs of the CAN-Bus*;

2   **forall the** $ecu \in ecuList$ **do**

3     $msgList \leftarrow$ GetMsg $(K, ecu)$;

4     Init $(tempOffset, 0)$;

5     //*Search $m \in msgList$ with highest priority*;

6     $hpId \leftarrow 2047$ //*Here lowest priority of Basic CAN*;

7     **forall the** $m \in msgList$ **do**

8       **if** $hpId >$ GetId $(m)$ **then**

9         $hpId \leftarrow$ GetId $(m)$;

10       **end**

11     **end**

12     //*Iterate over all samples*;

13     **for** $t \leftarrow 1$ **to** $NbOfSamples, t++$ **do**

14       //*Search first occurence of hpId in Y and set startpoint sp*;

15       $sp \leftarrow$ GetFirst $(hpId, Y, t)$;

16       $tempOffset[hpId] \leftarrow 0$;

17       //*Calculate offset for all other messages of the ecu*;

18       **forall the** $m \in msgList$ **do**

19         **if** GetId $(m) \neq hpId$ **then**

20           $temp \leftarrow$ CalcOffset $(Y, sp, m)$;

21           $tempOffset($GetId $(m)) \leftarrow tempOffset($GetId $(m)) + temp$;

22         **end**

23       **end**

24     **end**

25     //*Generate final offsets*;

26     **forall the** $m \in msgList$ **do**

27       $temp \leftarrow tempOffset($GetId $(m))/NbOfSamples$;

28       $temp \leftarrow$ Correct $(temp, ComTaskCycle)$;

29       $t_{off,m} \leftarrow temp$;

30     **end**

31 **end**

### 5.1.3. Extraktion von Betriebsszenarien

Für die Extraktion von Betriebsszenarien sind mehrere Schritte notwendig. Ausgehend von dem Import eines Loggingdatensatzes $Y$ und der dazugehörigen Kommunikationsmatrizen sowie weiterer Informationen (z.B. Netzwerkspezifikation, Expertenwissen, etc.) können auf der Basis dieser Daten Betriebsszenarien extrahiert werden. In Abbildung 5.2 sind im linken Teil des Ablaufdiagramms die notwendigen Schritte dargestellt. Die aus dem Import ermittelten Botschaften $m_k \in M_Y$ werden über einen *Filter* in zwei Untermengen aufgeteilt:

1. Die Botschaften, welche streng periodisch innerhalb des Loggingdatensatzes $Y$ auftreten, werden der Menge $M_{static} \subseteq M_Y$ übergeben.

2. Die Menge $M_{dynamic} \subseteq M_Y$ enthält alle Botschaften, die nicht streng periodisch im gesamten Loggingdatensatz $Y$ auftreten.

Auf der Basis der Menge $M_{dynamic}$ extrahiert der *Szenario-Extraktor* die Betriebsszenarien. Die generierten Betriebsszenarien sind Untermengen $M_i \in M_{dynamic}$. Im Anschluss an die Generierung erfolgt die Ergänzung der Betriebsszenarien mit der statischen Grundlast resultierend aus $M_{static}$. Weiterhin werden die allgemeinen Timing-Informationen (siehe die Unterabschnitte 5.1.2 und 5.1.1) übergeben. Basierend auf diesen Daten kann dann eine Timing-Bewertung durchgeführt werden.

### Filterung der Loggingdaten

Die Aufteilung der Botschaften in die beiden Mengen $M_{static}$ und $M_{dynamic}$ erfolgt im Filterungsschritt. Dabei werden die Botschaften anhand des Sendetyps (siehe Abschnitt 3.1.3) und des Auftrittsverhaltens innerhalb eines Loggingdatensatzes klassifiziert. Exemplarisch werden die Daimler-Sendetypen verwendet. Prinzipiell können auch andere Sendetypen, unter Berücksichtigung deren zeitlichen Verhaltens, verwendet werden In Abbildung 5.6 ist die Aufteilung der Botschaften in $M_{dynamic}$ detailliert dargestellt. $M_{dynamic}$ wird in weitere Untermengen $M_{dual}$, $M_{csx}$ und $M_{spontan}$ abhängig vom Sendetyp der Botschaft aufgeteilt ($M_{dynamic} = M_{dual} \cup M_{csx} \cup M_{spontan}$):

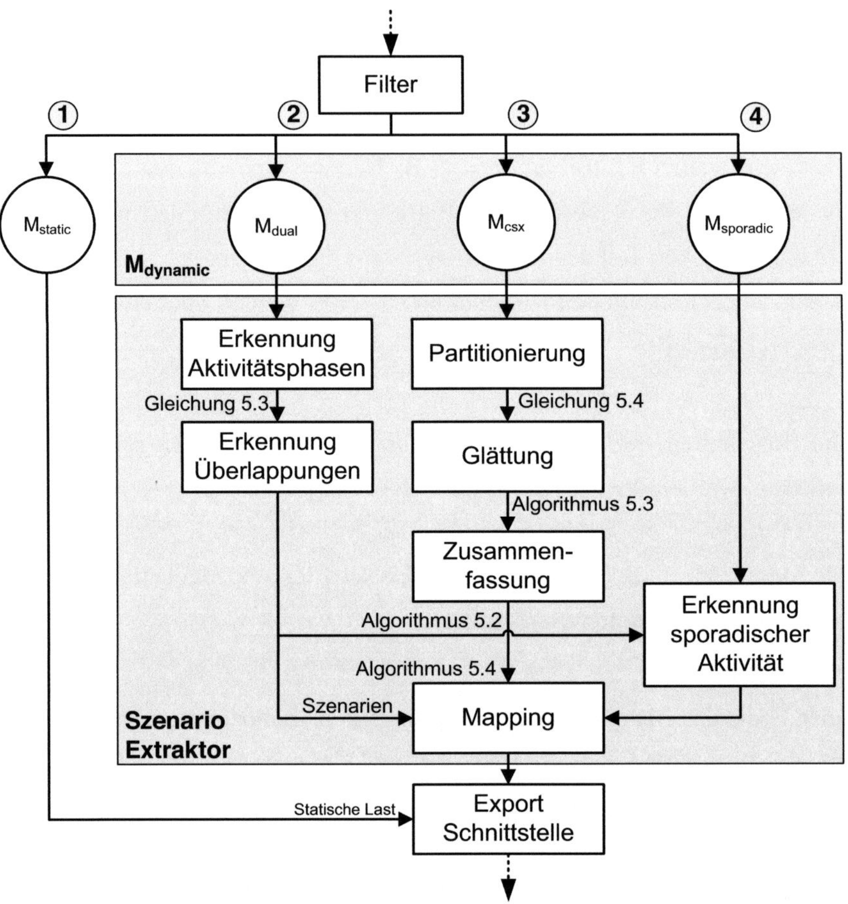


Abb. 5.6.: Die einzelnen Schritte des *Szenario Extraktors*, inklusive der darin eingesetzten Algorithmen

1. *cyclicX:* Eine Botschaft mit diesem Sendetyp wird immer zu $M_{static}$ hinzugefügt.

2. *spontanX:* Botschaften dieses Sendetyps werden der Menge $M_{static}$ übergeben, wenn diese innerhalb des Loggingdatensatzes durchgehend periodisch auftreten, andernfalls fallen sie der Menge $M_{spontan}$ zu.

3. *cyclicIfActiveX:* Ist eine Botschaft von diesem Sendetyp und wird diese im kompletten Loggingdatensatz ausschließlich zyklisch übertragen, erfolgt deren Zuwei-

sung zu der Menge $M_{static}$. Tritt die Botschaft nur teilweise zyklisch auf, wird diese der Menge $M_{dual}$ übergeben.

4. *cyclicAndSpontanWithDelay:* Botschaften dieses Sendetyps werden bei rein zyklischem Auftreten der Menge $M_{static}$ übergeben, andernfalls der Menge $M_{csx}$.

5. *cyclicIfActiveFast:* Wird eine Botschaft des Sendetyps *cyclicIfActiveFast* im kompletten Loggingdatensatz immer nur mit einer Periode übertragen, erfolgt die Übergabe an die Menge $M_{static}$. Ist die zweite (schnelle) Periode auch im Loggingdatensatz vorhanden, wird die Botschaft der Menge $M_{dual}$ übergeben.

6. *cyclicWithRepeatOnDemand:*Botschaften vom Sendetyp *cyclicWithRepeatOnDemand* werden bei rein zyklischem Auftreten $M_{static}$ übergeben, ansonsten der Menge $M_{csx}$.

Wie in Abbildung 5.6 zu sehen ist, existieren insgesamt vier Mengen an Botschaften nach dem Filterungsschritt ($M_{static}$, $M_{dual}$, $M_{csx}$ und $M_{spontan}$). Die Generierung der Betriebsszenarien erfolgt auf der Basis der Menge $M_{dynamic}$. Die Botschaften der Menge $M_{static}$ werden nach der Extraktion den einzelnen Szenarien wieder hinzugefügt.

## Erkennung der Betriebsszenarien

Beginnend mit dem zweiten Pfad von links in Abbildung 5.6, werden auf Basis der Menge $M_{dual}$ die Betriebsszenarien in zwei Schritten angelegt. Die Botschaften der Menge $M_{dual}$ haben bei Aktivität zyklisches Auftrittsverhalten, es kann dabei mehrere sogenannter *Aktivitätsintervalle* innerhalb eines Loggingdatensatzes geben. Jedes dieser Aktivitätsintervalle $i_{k,x}$ hat einen festen Startzeitpunkt $t_{x,start}$ und einen Endzeitpunkt $t_{x,end}$. Beim Durchgehen eines kompletten Loggingdatensatzes ist das Ergebnis eine Menge an Intervallen $I_{dual}$ mit $i_{k,x} \in I_{dual}$:

$$I_{dual} = \{i_{k,x} = [t_{x,start}, t_{x,end}] | t_{Y,start} \leq t_{x,start} < t_{x,end} \leq t_{Y,end}, x \in \mathbb{N}\} \qquad [5.2]$$

Weiterhin gilt:

$$\forall i_{k,x} = [t_{x,start} und t_{x,end}], i_{k,y} = [t_{y,start}, t_{y,end}] : t_{x,end} + \tau_k < t_{y,start} \qquad [5.3]$$

$\tau_k$ ist dabei die Periode der Botschaft $m_k$. Ein Intervall $i_{k,x}$ gilt genau für eine Botschaft $m_k$. Innerhalb des Intervalls wird die Botschaft permanent zyklisch übertragen. Die Intervalle $i_{k,x}$ der einzelnen Botschaften $m_k$ können sich dabei überlappen. Ein Beispiel für eine Überlappung von Intervallen ist in Abbildung 5.8 dargestellt. Die Intervalle der Botschaften $m_1, m_9$ und $m_{17}$ überlappen sich im Bereich $t_0$ bis $t_1$ und bilden somit das Szenario $s_1$. Auf der Basis der sich überlappenden Intervalle $i_{k,x}$, beinhaltet ein Szenario alle Botschaften $m_k \in M_{dual}$, deren Intervalle sich überlappen. Die Bestimmung und Zusammenfassung der zeitlichen Überlappung von Intervallen wird über einen Art *Sweepline-Algorithmus* realisiert [62]. Ausgehend vom Beginn des Loggingdatensatzes $Y$ am Startzeitpunkt $t_{Y,start}$ wird solange ein Zeitfenster aufgezogen bis eine Stelle erkannt wird, während der keine Botschaften der Menge $M_{dual}$ aktiv sind. Sobald wieder eine Botschaft der Menge $M_{dual}$ aktiv ist, wird ein neues Fenster aufgezogen und dauert solange bis wieder eine Phase der Inaktivität festgestellt wird. Dieser Schritt wird so oft wiederholt bis das Ende des Loggingdatensatzes $Y$ erreicht ist. In Abbildung 5.8 sind die Phasen der Inaktivität zwischen $t_1$ und $t_2$, $t_3$ und $t_4$ sowie zwischen $t_5$ und $t_6$.

Im dritten Pfad von Links in Abbildung 5.6 werden die Botschaften $m_k \in M_{csx}$ ausgewertet. Diese Botschaften haben sowohl ein zyklisches als auch ein spontanes Auftrittsverhalten. Um die unterschiedlichen Aktivierungen zu erkennen, wird deren Auftrittsfrequenz ermittelt. Hierfür wird der Loggingdatensatz $Y$ auf alle Botschaften $m_k \in M_{csx}$ analysiert. Im ersten Schritt der Analyse erfolgt die Unterteilung von $Y$ in gleichgroße Intervalle $i_{k,x} \in I_{csx}$. $I_{csx}$ ist dabei die Menge an Intervallen der Botschaften aus $M_{csx}$. Die Intervalle $i_{k,x}$ haben die Größe der Zykluszeit $\tau_k$ der jeweiligen Botschaft $m_k$:

$$I_{csx} = \{i_{k,x} = [t_{x,start}, t_{y,end}] \,|\, t_{Y,start} \leq t_{x,start} < t_{x,end} \leq t_{Y,end}\} :$$
$$\text{i) } t_{x,start} = x \cdot \tau_k \wedge t_{x,end} = (x+1) \cdot \tau_k, x \in \mathbb{N}$$
$$\text{ii) } 0 \leq x \leq \left\lfloor \frac{t_{Y,end} - t_{Y,start}}{\tau_k} \right\rfloor \qquad [5.4]$$
$$\text{iii) } \forall t \text{ mit } t_{x,start} \leq t < t_{x,end} : \exists y = (m_k, t) : m_k \in M_{csx}$$

In jedem Intervall $i_{k,x}$ kann eine Botschaft $m_k \in M_{csx}$ genau einmal auf der Basis deren Periode und mehrmals spontan gesendet werden. D.h. in einem Intervall $i_{k,x}$ einer Botschaft $m_k$ ist die Auftrittshäufigkeit $\chi_{k,x}$ der Botschaft wie folgt definiert:

$$\chi_{k,x}(i_{k,x}) = |\{(m_k,t)|t \in i_{k,x}\}| \qquad [5.5]$$

Im zweiten Schritt werden alle adjazenten Intervalle $i_{k,x}$ und $i_{k,x+1} \in I_{csx}$ zusammengefasst, welche die gleiche Auftrittshäufigkeit $\chi_{k,x} = \chi_{k,x+1}$ haben. Dieser Aggregationsschritt ist in Algorithmus 2 dargestellt. Aufgrund von Jittereffekten können immer nur sehr wenige Intervalle zusammengefasst werden. Diese Jittereffekte sind über einen nicht-linearen Filter eliminierbar. Hierfür kommt ein Verfahren aus der Bildbearbeitung zum Einsatz. Mit diesem sogenannten *Glättungsverfahren* sind die Jittereffekte kompensierbar und es kann dadurch die Zusammenfassung der Intervalle verbessert werden.

---

**Algorithm 5.2:** Zusammenfassung der Intervalle mit gleichem $\chi_{k,x}$

**input** : Botschaften der Menge $M_{csx}$

**output**: Intervalle $I_{csx}$

1 **forall the** $m_k \in M_{csx}$ **do**
2    **for** $x \leftarrow 1, x \leq |I_{csx}|, x++$ **do**
3       **if** $\chi_{k,x} = \chi_{k,x+1}$ **then**
4          $i_{k,x+1} \leftarrow (t_0(i_{k,x}), t_1(i_{k,x+1}))$;
5          $i_{k,x} \leftarrow \emptyset$;
6       **end**
7    **end**
8 **end**

---

In Gleichung 5.5 wird die Auftrittshäufigkeit für eine Botschaft $m_k$ innerhalb eines Intervalls $i_{k,x}$ berechnet. Auf dieser Basis kann eine Sequenz $H_k \in \mathbb{N}$ erzeugt werden, welche die Auftrittshäufigkeiten $\chi_{k,x}(i_{k,x})$ umfasst. Mit dieser Sequenz $H_k$ und einer ungeraden Zahl $w \in \mathbb{N}$, welche die Fenstergröße des Filters angibt, kann der Glättungsalgorithmus (siehe Algorithmus 5.3) ausgeführt werden. Ein Beispiel für die Vorgehensweise des Algorithmus ist in Abbildung 5.7 aufgezeigt. Die Sequenz $H_K$ enthält 14 Elemente. In dem Beispiel wird ein Fenster der Größe $f = 3$ über die Sequenz geschoben, dabei wird immer die größte Zahl innerhalb des Fensters übernommen. Daraus resultiert eine neue Sequenz $Z_k$. Wichtig ist dabei, dass diese Art der Approximation nicht zu einer Unterschätzung bei der nachgelagerten Timing-Bewertung führt. Da immer der größte Wert aus einem Fenster übernommen wird.

---

**Algorithm 5.3:** Glättungsalgorithmus für die Eliminierung von Jittereffekten

---

**input** : Sequenz $H_k$, Fenstergröße $f$

**output**: Geglättete Sequenz $Z_k$

1   $mask \leftarrow \lfloor \frac{w}{2} \rfloor$;

2   **for** $x \leftarrow 1, x \leq (|H_k| - mask), x++$ **do**

3      $z_{k,x} \leftarrow 0$;

4      **for** $y \leftarrow -mask, y \leq mask, y++$ **do**

5         $z_{k,x} \leftarrow \max\{z_{k,x}, h_{k,x+y}\}$;

6      **end**

7 **end**

---

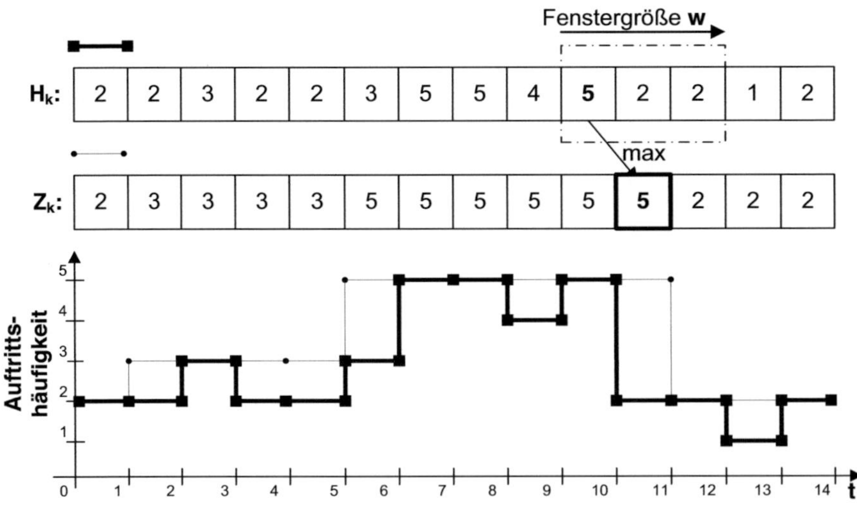


Abb. 5.7.: Beispiel für den Glättungsalgorithmus, um den Einfluss der Jitter-Effekte bei der Zusammenfassung der $I_{csx}$ Intervalle zu reduzieren

Die Auswertung der spontanen Botschaften $m_k \in M_{spontan}$ ist im vierten Pfad von links in Abbildung 5.6 aufgezeigt. Die Menge $D$ enthält die Aktivierungen $d_{k,i} \in D$ einer Botschaft $m_k$ innerhalb eines Betriebsszenarios $s_i \in S$:

$$d_{k,i} = \begin{cases} 1, & \text{if } \exists(m_k,t) : t_{i,start} \leq t \leq t_{i,end} \\ 0, & \text{else} \end{cases} \qquad [5.6]$$

Ist eine Botschaft $m_k \in M_{spontan}$ innerhalb eines Betriebsszenarios $s_i$ aktiv, so wird die Botschaft als aktiv markiert und deren Mindestsendeabstand $t_{min,k}$ wird als Zykluszeit übernommen. In Abbildung 5.8 ist dieser Schritt beispielhaft dargestellt. Die Botschaft $m_{31}$ ist nur in den Betriebsszenarien $s_1$ und $s_2$ aktiv. In den Betriebsszenarien $s_3$ und $s_4$ ist die Botschaft $m_{31}$ nicht enthalten. Weiterhin wird für die spontanen Botschaften für jedes Szenario deren Auftrittshäufigkeit bestimmt. Eine solche Häufigkeitsverteilung ist in Tabelle 5.1 aufgeführt.

| Prioritäten der spontanen Botschaften $m_{spontan}$ | Auftrittsmatrix für $m_{spontan}$ der Szenarien $s_i$ | | | | | | | | | | | |
|---|---|---|---|---|---|---|---|---|---|---|---|---|
| | 1 | 2 | 3 | 4 | 5 | 6 | 7 | 8 | 9 | 10 | 11 | 12 |
| 0x23 | 3 | 4 | - | 3 | - | - | - | 8 | - | 3 | - | - |
| 0xdf | - | - | - | - | - | - | - | - | - | - | - | - |
| 0x34 | - | - | 5 | 20 | 19 | 15 | 16 | 9 | - | - | - | 8 |
| 0x3 | 4 | 6 | 7 | 8 | 9 | 4 | 4 | 4 | - | 7 | - | - |

Tab. 5.1.: Häufigkeiten der spontanen Botschaften innerhalb von Szenarien

Im letzten Schritt (siehe Abbildung 5.6) der Szenario-Extraktion erfolgt die Abbildung der einzelnen Intervalle auf die Betriebsszenarien. Dieses Vorgehen ist in Algorithmus 5.4 aufgezeigt. Dabei werden die Intervalle $I_{csx}$ aus Pfad 3 und die spontanen Botschaften $M_{spontan}$ auf die Betriebsszenarien $s_i \in S$ aus Pfad 2 abgebildet. Das Ergebnis ist eine Menge an Botschaften $M_i$ für jedes Betriebsszenario $s_i$ mit $M_i \subseteq M_{dynamic}$. Dieser Abbildungsschritt ist beispielhaft in Abbildung 5.8 dargestellt. Die Botschaften $m_1$, $m_9$ und $m_{17} \in M_{dual}$, die Botschaften $m_7$, $m_{41} \in M_{csx}$ sowie die spontanen Botschaft

$m_{31} \in M_{spontan}$ sind alle auf Betriebsszenario $s_1$ abgebildet (siehe oberer Abschnitt in Abbildung 5.8).

Vor dem Export werden die Botschaftsmengen $M_i$ der Szenarien $s_i \in S$ mit den Botschaften der statischen Last $M_{static}$ zusammengefasst. Weiterhin werden die allgemeinen Timing-Informationen mit exportiert.

---

**Algorithm 5.4:** Mapping von $i_{k,x} \in I_{csx}$, $i_{k,x} \in I_{dual}$ und $d_{k,i} \in D$ auf $s_i \in S$ sowie Generierung der Menge an Botschaften $M_i$

---

**input** : $I_{csx}, I_{dual}, D, s_i, M$

**output**: $M_i$

1   **forall the** $s_i \in S$ **do**

2     $M_i \leftarrow \emptyset$;

3     **forall the** $i_{k,y} \in I_{Dual}$ **do**

4       **if** $t_{i,start} \leq t_0(i_{k,y})$ *and* $t_{y,end} \leq t_{m-n}(i_{k,y})$ **then**

5        $M_i \leftarrow M_i \cap m_k$;

6       **end**

7     **end**

8     **forall the** $i_{k,y} \in I_{csx}$ **do**

9       **if** $t_{i,start} \leq t_0(i_{k,y}) < t_{i,end}$ *or* $t_{i,start} < t_1(i_{k,y}) \leq t_{i,end}$ **then**

10       $M_i \leftarrow M_i \cap m_k$;

11       **end**

12     **end**

13     **forall the** $d_{k,i} \in D$ **do**

14       **if** $d_{k,i} = 1$ **then**

15        $M_i \leftarrow M_i \cap m_k$;

16       **end**

17     **end**

18     **output** $M_i$;

19 **end**

---

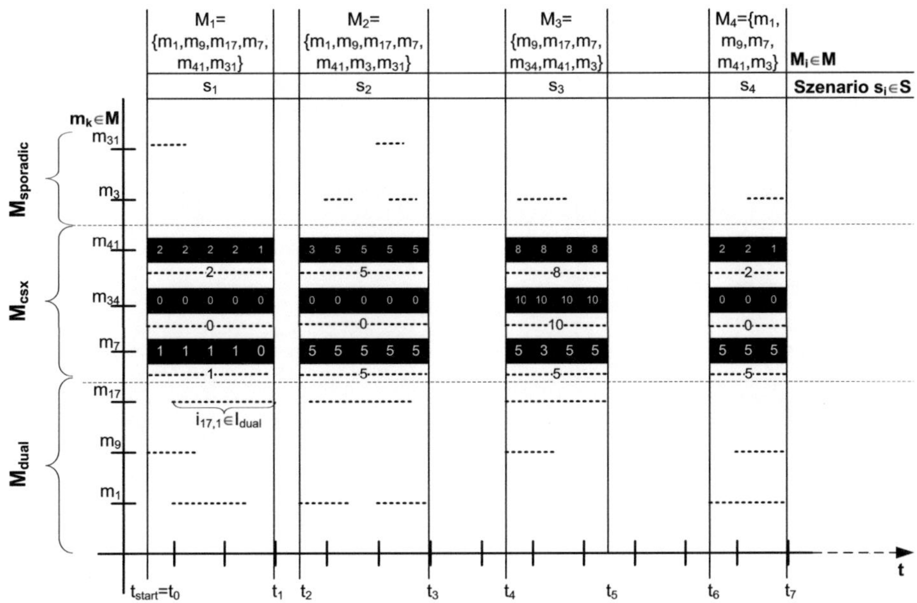


Abb. 5.8.: Mapping von $M_{dual}$, $M_{csx}$ und $M_{spontan}$, die gemeinsam in einem Szenario $s_i \in S$ aktiv sind

## 5.2. Bewertung des Verfahrens

Die beschriebenen Verfahren wurden prototypisch im Rahmen der vorliegenden Arbeit, u.a. durch studentische Arbeiten, in einem Werkzeug, dem sogenannten *CAT - CAN Analyze Toolkit* umgesetzt [20],[66],[51]. Abbildung 5.9 zeigt eine Übersicht über das Werkzeug. Es können Loggingdatensätze, die mehrere *Giga Byte* groß sind, importiert werden. Es besteht die Möglichkeit, die importierten Daten direkt im Werkzeug zu untersuchen. Hierfür stehen verschiedene *Viewer* zur Verfügung. Weiterhin sind die ermittelten Informationen auch exportierbar.

Ein weiteres Einsatzszenario für das Verfahren ist die Auswertung von Messungen während der Integrationstests. Ein Beispiel hierfür ist in Abbildung 5.10 aufgezeigt. Während des gesamten Testlaufes waren bei der Aktivität der Botschaften $m_1$ bis $m_4$, die Botschaften $m_5$ und $m_6$ nicht aktiv. Bei den Messungen wurde für die Botschaft $m_4$ eine maximale Antwortzeit von $R_4 = 0.8ms$ ermittelt. Eine nachträgliche Analyse lieferte

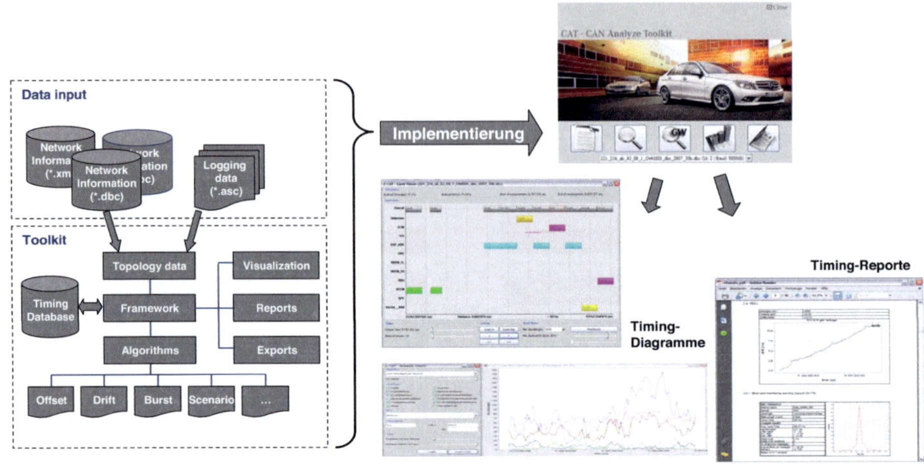


Abb. 5.9.: Realisierung der Verfahren im CAN Analyse Toolkit [20]

eine maximale Antwortzeit von $R_4 = 1.8ms$. Das Beispiel zeigt, dass durch eine Kombination aus Testing und Analyse eine erweiterte Abdeckung des Timing-Verhaltens erreicht werden kann. Es können die in einer Messung möglichen, aber nicht aufgetretenen *Corner Cases* sicher ermittelt werden. Für die sichere Bestimmung der globalen oberen Schranke sind entsprechend alle relevanten Botschaften zu berücksichtigen.

Durch diese Art der Informationsrückgewinnung konnte die Kenntnis über den aktuellen Stand der CAN-Busse signifikant gesteigert werden. Weiterhin wurde die Genauigkeit der Timing-Bewertungsverfahren durch die zusätzlichen Informationen stark erhöht. Dies betrifft zum einen die Modellierung in der frühen Entwicklungsphase einer E/E-Architektur. Hierfür können die gewonnenen Timing-Daten als zusätzliche Information (Erfahrungswerte) verwendet werden. Zum anderen kann das Verfahren zur Timing-Auswertung von langen Loggingdatensätzen zum Einsatz kommen, die bei Testfahrten aufgezeichnet wurden. Die dadurch ermittelten Ergebnisse geben einen sehr guten Aufschluss über die dynamischen Lastzustände auf den CAN-Bussen, während des normalen Fahrbetriebes. In Abschnitt 8.3 wird das Extraktionsverfahren anhand eines Beispiels aus der Praxis evaluiert.

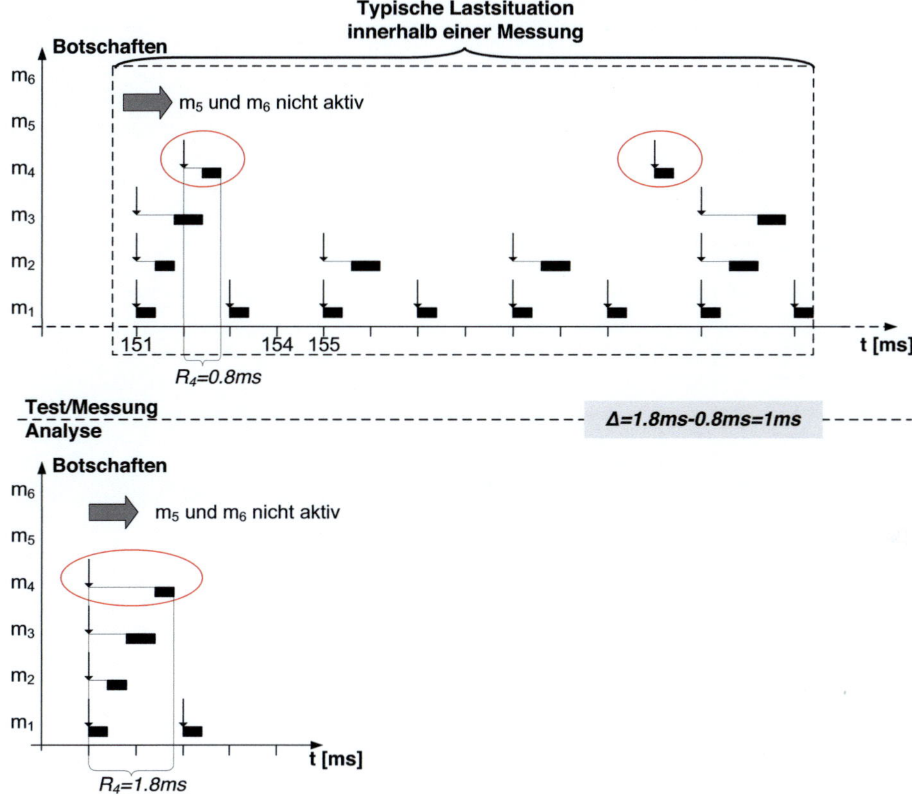


Abb. 5.10.: Beispiel für eine vollständige Testabdeckung auf der Basis eines Loggingdatensatzes

# 6. Modellierungsregeln zur exakten Timing-Bewertung

In Kapitel 3 wurden die Anforderungen sowie die Notwendigkeit für eine Bewertung des Timing-Verhaltens von Vernetzungsarchitekturen verdeutlicht und die hierfür relevanten Kenngrößen vorgestellt. Bei der Betrachtung der existierenden Timing-Bewertungsverfahren in Kapitel 4 konnte keines der existierenden formalen Verfahren direkt eine effiziente und brauchbare Lösung bieten.

Im den folgenden Abschnitten werden Regeln vorgestellt, welche eine exakte Modellierung des Timing-Verhaltens von Vernetzungsarchitekturen und Gateways (CAN u. FlexRay) ermöglichen. Ausgehend von den formulierten Kenngrößen in Kapitel 3 werden Modellierungsregeln und Umsetzungsvorschriften entwickelt, die eine exakte Abbildung des Zeitverhaltens auf die in Kapitel 4 vorgestellten Verfahren möglich machen. Im ersten Abschnitt werden Modellierungsregeln für den CAN-Bus und FlexRay diskutiert. Im Anschluss daran erfolgt die Ableitung von Regeln, die für alle Kommunikationssysteme Gültigkeit haben. Weiterhin wird ein Konzept für ein Analyse-Modell eines Gateway-Steuergerätes entwickelt, welches eine umfassende Timing-Bewertung für Steuergeräte ermöglicht, die sowohl Routing- als auch Applikationsaufgaben ausführen.

## 6.1. Modellierungsregeln für das Timing-Verhalten des CAN-Bus

Der CAN-Bus ist ein ereignis-gesteuertes Kommunikationssystem. In den aktuell verfügbaren Konfigurationsdaten, die in Form von sogenannten Kommunikationsmatrizen vorliegen, sind nicht genug Informationen vorhanden, auf deren Basis eine aussagekräftige Timing-Bewertung durchgeführt werden kann. Um diese Lücke zu schließen, besteht die Möglichkeit ein großer Teil der Informationen über das in Kapitel 5 vorgestellte Verfahren generiert werden. Dies erfordert jedoch, dass bereits erste Prototypen des Systems vorliegen, außerdem besteht die Möglichkeit, die Informationen aus existierenden Systemspezifikationen abzuleiten; teilweise ist das Timing-Verhalten implizit oder explizit darin beschrieben. Auf der Basis dieser Informationen können Regeln abgeleitet werden, die eine exakte Modellierung des Kommunikationsverhaltens ermöglichen. Diese Regeln umfassen die Sendetypen, die Stuffbits und die Modellierung der Offsettabellen der Steuergeräte.

## 6.1.1. Abbildung der Sendetypen

Ein wichtiger Punkt für die exakte Modellierung des Kommunikationsverhaltens ist die korrekte Abbildung der CAN-Sendetypen auf das Ereignismodell. Je nach eingesetztem Software-Stand (OSEK oder AUTOSAR) sind unterschiedliche Sendetypen für die CAN-Botschaften definiert. Weiterhin können sich die Definitionen von OEM zu OEM unterscheiden. In Tabelle 6.1 sind die Sendetypen des bei der Daimler AG verwendeten Kommunikationsstandards für CAN aufgeführt (siehe auch Tabelle 3.1 in Abschnitt 3.1.3) und deren Abbildung auf das Standard Ereignis Modell (siehe Abschnitt 4.3.2). Eine Erweiterung mit anderen oder weiteren Sendetypen sowie die Anpassung auf ein anderes Ereignismodell ist ohne großen Aufwand möglich.

Tab. 6.1.: CAN-Sendetypen, die bei der Daimler AG verwendet werden und deren Abbildung auf das Standard Ereignis Modell

| Sendetyp | Abbildung auf Ereignis Modell |
|---|---|
| zyklisch *(cyclicX)* | *P* oder *P+J* |
| spontan *(spontanous)* | *A* oder *A+J* |
| bei aktiver Funktion (BAF) *(cyclicIfActive)* | *P* oder *P+J* |
| zyklisch und spontan (csx) *(cyclicAndSpontanousWithDelay)* | (*P* oder *P+J*) und (*A* oder *A+J*) |
| schnell *(cyclicIfActiveFast)* | *P* oder *P+J* |
| Keine *(none)* | Inaktiv |

## 6.1.2. Korrekte Berücksichtigung der Stuffbits

Die Stuffbits $n_{stuff,k}$ einer CAN-Botschaft $m_k$ haben großen Einfluss auf deren Übertragungsdauer $C_k$. Die Anzahl der Stuffbits ist abhängig von der Payload $p_k$, dem Header und dem CRC-Feld (siehe Abschnitt 3.1.3). Maximal sind 24 Bits bei einer *Standard* CAN-Botschaft mit einer Payload von $p_k = 8[Byte]$ möglich. In die Timing-Bewertung können die Stuffbits auf unterschiedliche Weise einfließen:

- Die Stuffbits werden nicht berücksichtigt: $n_{stuff,k} = 0$

- Die mittlere Anzahl der Stuffbits wird aus einer Fahrzeugmessung extrahiert

- Auf Basis der *Default-Werte* aus der K-Matrix erfolgt die Bestimmung der Worst-Case Stuffbits einer Botschaft

- Die Stuffbits werden gemittelt berücksichtigt:
$$n_{stuff,k} = \left\lfloor \frac{34 + 8 \cdot p_k}{4 \cdot 2} \right\rfloor$$

- Es wird für jede Botschaft deren Worst-Case Stuffbits laut der Formel 3.1 berechnet

In Abbildung 6.1 ist der Einfluss der Stuffbitvarianten auf die Übertragungszeit einer Botschaft mit $p_k = 8[Byte]$ dargestellt (CAN-Bus mit $B = 500kBit/s$).

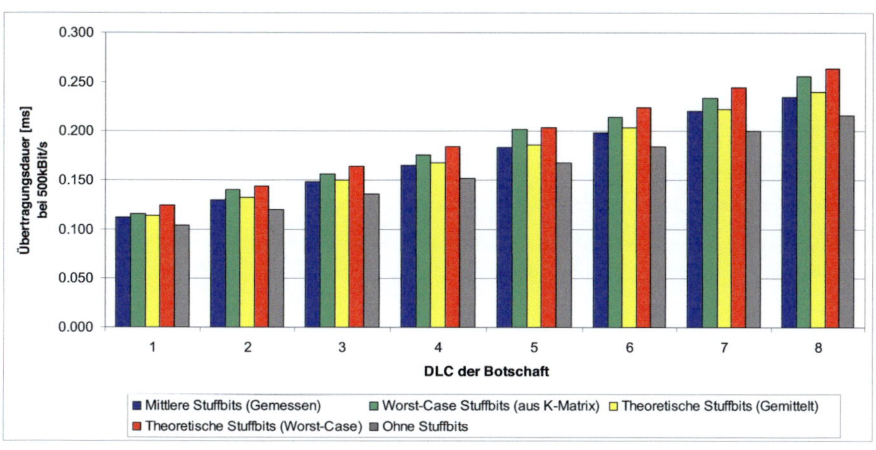


Abb. 6.1.: Einfluss der Stuffbits auf die Übertragungszeit einer CAN-Botschaft

Abbildung 6.2 zeigt die Anzahl von Stuffbits für eine Menge $M$ an Botschaften, die innerhalb eines Loggingdatensatzes $Y$ aufgetreten sind. Die Stuffbits wurden auf vier verschiedenen Varianten ermittelt. Die verwendete Messung hatte eine Länge von 20 Minuten. Die *blauen* Linie zeigt die gemittelten Stuffbits, die über die Auswertung des Loggingdatensatzes gewonnen wurden (Variante 1). Anhand der *grünen* Linie sind die berechneten Stuffbits auf Basis der K-Matrix aufgetragen (Variante 2). Die *gelbe* Linie zeigt die per Formel gemittelten Stuffbits (Variante 3). Die *rote* Linie stellt die theoretischen Worst-Case Stuffbits dar (Variante 4).

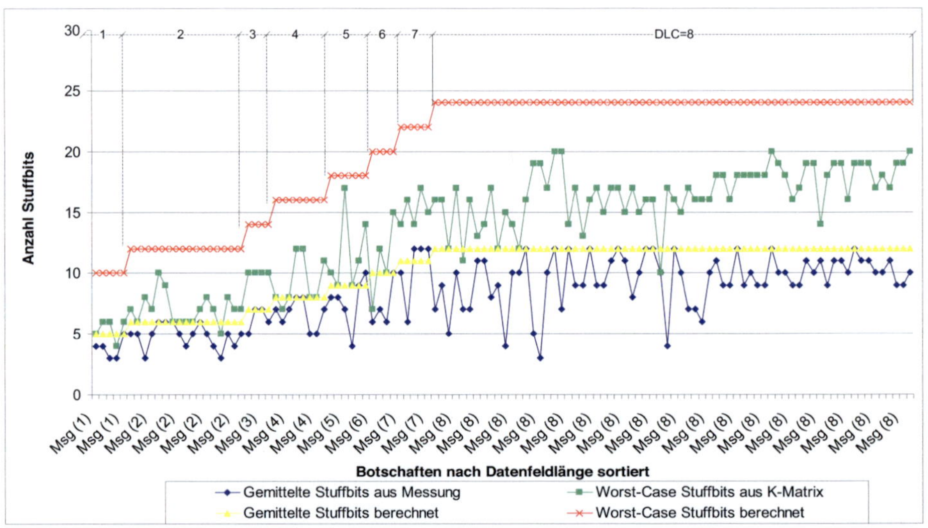


Abb. 6.2.: Vergleich zwischen Stuffbits aus einer Messung ermittelt, berechnet auf Basis K-Matrix und via Formel

Durch die gezielte Auswahl der Varianten kann eine Überschätzung oder Unterschätzung reduziert bzw. vermieden werden. Bei der Untersuchung der Aufstartphase eines Busses sind die Variante 2 oder Variante 4 zu verwenden. Beim Systemstart senden die Steuergeräte ihre Botschaften mit sogenannten *Defaultwerten*, z.B. $0x00$ oder $0xFF$ für eine 1 Byte Botschaft. Durch die gleichen Bitwerte erhöht sich die Anzahl der Stuffbits.

Bei der Analyse des *Normalbetriebes* liefert Variante 1 oder Variante 3 die genauesten Ergebnisse. Wie aus Abbildung 6.2 ersichtlich ist, stellen die gemittelten Stuffbits eine sehr gute Approximation der real aufgetretenen mittleren Stuffbits dar. Nur in drei Fällen werden die gemessenen Stuffbits von der Approximation um ein Bit unterschätzt. Bei einer Übertragungsgeschwindigkeit von $V = 500kBit/s$ ergibt sich ein Fehler von $2\mu$. Dieser wird aber durch die Überschätzung der meisten anderen Botschaften kompensiert.

### 6.1.3. Verfahren zur Vergabe von Offsets

Der CAN-Bus ist ein ereignis-orientiertes Kommunikationssysteme. Das Senden der Botschaften von den einzelnen Steuergeräten auf einem CAN-Bus erfolgt asynchron. Dies führt dazu, dass in einem ungünstigen Fall bei allen Steuergeräten des Busses gleichzeitig mehrere Botschaften zum Senden anstehen. Dies führt zu sogenannten *Botschafts-Bursts*, d.h. der CAN-Bus ist für längere Zeit zu 100% ausgelastet. Um solche Bursts zu reduzieren, besteht die Möglichkeit über die Vergabe von Offsets, für die zyklischen Botschaften der einzelnen Steuergeräte das Versenden zu entzerren. Durch den Offset entstehen zwischen dem Senden der einzelnen Botschaften eines Steuergerätes freie Zwischenräume auf dem Bus. Diese Zwischenräume können von anderen Steuergeräten für den Versand deren Botschaften genutzt werden. Sowohl in der aktuell verwendeten Basis-Software bei Daimler als auch bei der AUTOSAR Basis-Software, können diese Offsets für zyklische Botschaften vergeben werden (siehe hierzu in folgenden Spezifikationen des Kommunikationsverhaltens [138], [10]).

Die bisher verfügbaren Optimierungsverfahren sind, aufgrund der fehlenden Parametrierbarkeit, nicht praxistauglich (siehe Abschnitt 4.4). Aktuell findet die Vergabe der Offsets manuell statt oder wird aus dem verwendeten Konfigurationswerkzeug (z.B. *GENy* von Vector Informatik) für die Basis-Software generiert. Diese Generierung basiert auf einem sehr einfachen inkrementellen Vergabeverfahren. Weiterhin werden die Offsets lokal für jedes Steuergerät von den Zulieferern vergeben.

Bei der Vergabe der Offsets sind einige Parameter zu beachten:

- Die Startzeit $T_{start}$, diese gibt vor nach welcher Zeit ein Steuergerät alle seine zyklischen Botschaften mindestens einmal nach dem Hochfahren des CAN-Busses versendet haben muss.

- Die Zykluszeit $T_{com}$ des COM-Tasks der Steuergeräte, dieser ist für die Schrittweite der Offsets notwendig. Beispielsweise können bei einer Zykluszeit $T_{com} = 10ms$ die Offsetwert nur ein Vielfaches von $10ms$ annehmen.

In dieser Arbeit wurde ein Algorithmus entwickelt, welcher eine optimierte Vergabe der Offsets über Busgrenzen hinweg ermöglicht. Der Vorteil dieses Vorgehens ist eine verbesserte Ausbalancierung der Offsets über die gesamten CAN-Busse einer Vernetzungsarchitektur. Es werden dabei sowohl die Antwortzeiten der Botschaften auf den einzelnen CAN-Bussen reduziert als auch die Routing-Last der Gateways zeitlich besser verteilt. Insbesondere in der Startupphase können so hohe Routinglasten an den Gateways reduziert werden.

Bei dem Algorithmus handelt es sich um eine Heuristik. Diese Art der Optimierung der Offsets aller zyklischer CAN-Botschaften einer Vernetzungsarchitektur liefert nicht in jedem Fall auch ein lokales Optimum, d.h. bei der Optimierung der Offsets für jeden einzelnen Bus getrennt können in manchen Fällen bessere Ergebnisse erzielt werden. Nachteil ist jedoch dann, dass die Routing-Last an den Gateways nicht geglättet ist. Je nach Anforderung entsprechend kann eine Optimierung der Offsets für jeden einzelnen CAN-Bus (lokal) durchgeführt werden oder die Offsets unter Berücksichtigung der gesamten Vernetzungsarchitektur (global) vergeben wenden.

Als Eingangsdaten für den Algorithmus sind folgende Parameter notwendig: Die Periode der COM-Tasks $T_{com}$, die Startzeit $T_{start}$, die K-Matrizen $K$ der relevanten CAN-Busse sowie die Anzahl der Busse *NbOfBusses*. Als Ausgabe liefert der Algorithmus die Offsets für die periodischen Botschaften der Steuergeräte.

Zuerst wird die Anzahl an Intervallen bestimmt. Diese ergibt sich aus der Startzeit $T_{start}$ dividiert durch die ComTask-Periode $T_{Com}$. Weiterhin wird eine *Hash-Liste distr* angelegt. In dieser Liste werden für alle Busse die Offsetverteilung hinterlegt. Die Berechnung der Offsets startet dann im darauffolgenden Schritt. Es wird über alle relevanten CAN-Busse iteriert. Zuerst erfolgt die Bestimmung der Steuergeräteanzahl des aktuellen Busses über die Funktion `getNbOfEcus`. Daraufhin wird über alle Steuergeräte des Busses iteriert und die Anzahl an zyklischen Botschaften *nbOfMsg* bestimmt sowie eine Liste *msgList* dieser Botschaften erstellt. Dies ist über die Funktionen `getNbOfMessages` und `getMessages` umgesetzt.

Im nächsten Schritt erfolgt die Prüfung, ob die aktuelle ECU periodische Botschaften besitzt. Ist dies der Fall wird die Schrittweite *stepSize* berechnet. Diese gibt an in welchen Abständen die Offsets initial für die Botschaften eines Steuergerätes vergeben werden. Dann erfolgt die Iteration über die Liste der Botschaften *msgList*.

Innerhalb der Schleife wird überprüft, ob die aktuelle Botschaft von einem anderen Bus in den aktuell relevanten Bus geroutet wird, d.h. das Quellsteuergerät befindet sich an einem anderen Bus. Ist dies der Fall wird kein Offset vergeben. Dies wird über die Funktion `isInRoute` abgefragt. Liefert die Funktion *False* zurück, d.h. die aktuelle Botschaft ist keine geroutete Botschaft, erfolgt die Berechnung des Offsets. Für die Berechnung wird die initiale Schrittweite *stepSize*, die Anzahl an Intervallen *nbOfIntervals* und die Verteilung *distr* der Funktion `calcOffset` übergeben.

Auf der Basis dieser Werte wird eine optimierte Verteilung der Offsets realisiert. Der Offsetwert wird so gewählt, dass die Offsetverteilung über die Startzeit $T_{start}$ optimal ausbalanciert ist. Anschließend wird der Offset der aktuellen Botschaft ausgegeben und der Verteilung *distr* über die Funktion `updateDistr` übergeben. Im nächsten Schritt wird über die Funktion `isOurRoute` geprüft, ob es sich um einen Botschaft handelt, die in andere CAN-Netze weitergeleitet wird. Ist dies der Fall wird über die Funktion `addOff` der Offset den entsprechenden Sendebotschaften der Gateways übergeben und die Hash-Liste *distr* entsprechend ergänzt.

Bei der Modellierung des CAN-Busses ist die Berücksichtigung der Offsets sehr wichtig. Da diese großen Einfluss auf die ermittelten maximalen Antwortzeiten haben. Bei unbekannten Offsettabellen können diese entweder über den vorgestellten Algorithmus generiert werden oder aber über das in Abschnitt 5.1.2 vorgestellte Extraktionsverfahren aus existierenden CAN-Bussen ermittelt werden. Ein weiterer wichtiger Punkt bei der Modellierung von CAN-Bussen ist die Berücksichtigung der korrekten Offsets der gerouteten Botschaften. Hierzu ist immer der Offset der Botschaft des eigentlichen Quellsteuergerätes zu verwenden. Verfeinernd kann noch die Latenzzeit des Routings $L_{rout}$ hinzu addiert werden. Weiterhin können noch die Aufstartzeiten der Steuergeräte sowohl bei der Vergabe als auch bei der Modellierung mitberücksichtigt werden.

**Algorithm 6.1:** Algorithmus zur Generierung von Offsets

**input** : $T_{start}$, $T_{com}$, $K$, $NbOfBusses$

**output**: $T_{off,k}$

1  *//Calculate number of intervals*;

2  $nbOfInterval \leftarrow T_{start}/T_{Com}$;

3  *//Initialize Hash-List*;

4  `initDistr` $(distr, NbOfBusses)$;

5  *//Start offset calculation for the messages of all busses*;

6  **for** $i \leftarrow 1$ **to** $NbOfBusses$, $i++$ **do**

7     $nbOfEcus \leftarrow$ `getNbOfEcus` $(K[i])$;

8     *//Iterate over each ECU*;

9     **for** $j \leftarrow 1$ **to** $nbOfEcus$, $j++$ **do**

10       $msgList \leftarrow$ `getMessages` $(K[i])$;

11       $nbOfMsg \leftarrow$ `getNbOfMessages` $(K[i])$;

12       *//The actual ECU has periodic messages*;

13       **if** $msgList \neq \emptyset$ **then**

14         $stepSize \leftarrow T_{start}/nbOfMsg - (T_{start}/nbOfMsg) Modulo 10$;

15         *//Iterate over all periodic messages of an ECU*;

16         **for** $k \leftarrow 1$ **to** $nbOfMsg$, $k++$ **do**

17           *//Check if it is a routing message*;

18           **if** `isInRoute` $(msgList[k]) = False$ **then**

19             $t_{off,k} \leftarrow$ `calcOffset` $(stepSize, nbOfInterval, distr)$;

20             `updateDistr` $(t_{off,k}, distr, i)$;

21           *//Add the calculated offset of routing messages to the other busses*;

22           **if** `isOutRoute` $(msgList[k]) = True$ **then**

23             `addOff` $(msgList[k], K, t_{off,k}, distr)$;

24           **end**

25         **end**

26       **end**

27     **end**

28   **end**

29 **end**

## 6.2. Modellierungsregeln für das Timing-Verhalten von FlexRay

Bei der Bewertung der reinen FlexRay-Kommunikation sind wenig Timinig-Effekte zu beobachten. Erst bei der Berücksichtigung des Sendeverhaltens bzw. des Steuergeräteverhaltens in Verbindung mit dem FlexRay-Schedule müssen gezielt die Parameter der beteiligten Systeme berücksichtigt werden. Die möglichen Effekte wurden schon in verschiedenen Publikationen erörtert, u.a. in [47], [79], [98] und [97]. Im Folgenden werden die wichtigsten Faktoren und Effekte im Hinblick auf eine korrekte Timing-Modellierung diskutiert.

Im Gegensatz zum CAN-Bus, bei dem das Steuergerät einfach seine zu sendende Botschaft in den Ausgangspuffer des Buscontrollers legt, sind beim FlexRay für eine schnelle Übertragung der aktuellen Daten einige Abhängigkeiten zu berücksichtigen. Einen solchen *asynchronen Übergang* zwischen Steuergerät und Kommunikationsmedium wie es bei CAN-Netzen der Fall ist, gibt es bei FlexRay nicht. Durch die Abhängigkeiten des Steuergeräte- und des FlexRay-Schedules können die zeitlichen Verzögerungen sehr groß werden und ein Vielfaches der Zykluszeit des FlexRay-Schedules betragen. In Abbildung 6.3 und 6.4 sind die Effekte verdeutlicht.

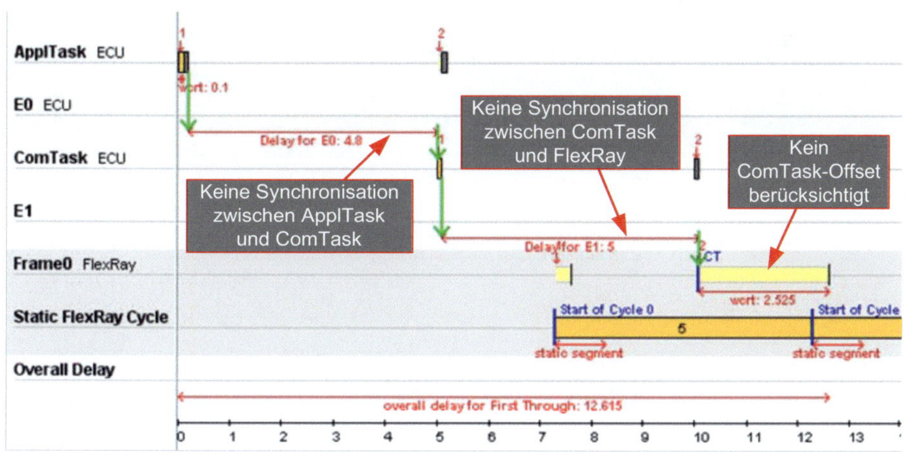


Abb. 6.3.: Beispiel für Timing-Effekte beim Übergang zwischen ECU und dem FlexRay-Bus, ohne Berücksichtigung der Abhängigkeiten und ohne optimierte Offsets

Abbildung 6.3 wurden keine Abhängigkeiten berücksichtigt (keine Synchronisation zwischen den Tasks sowie mit dem FlexRay-Schedule) und die relevanten Attribute (Offsets der Tasks) wurden willkürlich gesetzt. Es resultiert eine maximale Antwortzeit $R = 12.6ms$. Im Modell, welches in Abbildung 6.4 dargestellt ist, wurden sämtliche Abhängigkeiten berücksichtigt und die Offsets optimal gesetzt. Die maximale Antwortzeit beträgt hier $R = 1.3ms$.

Die Beispiele zeigt deutlich, dass für die Modellierung dieser *synchronen* Systeme, die Konfigurationsdaten der Steuergeräte eine zentrale Rolle spielen, um aussagekräftige Ergebnisse zu ermitteln. Aus diesem Grund müssen der *COM-Task-Offset* der Steuergeräte sowie deren interne Task-Struktur (Schedule) möglichst vollständig bekannt sein. Weiterhin sollte insbesondere bei Gateway-Steuergeräten die Konfiguration der *FlexRay-Jobs* zur Verfügung stehen.

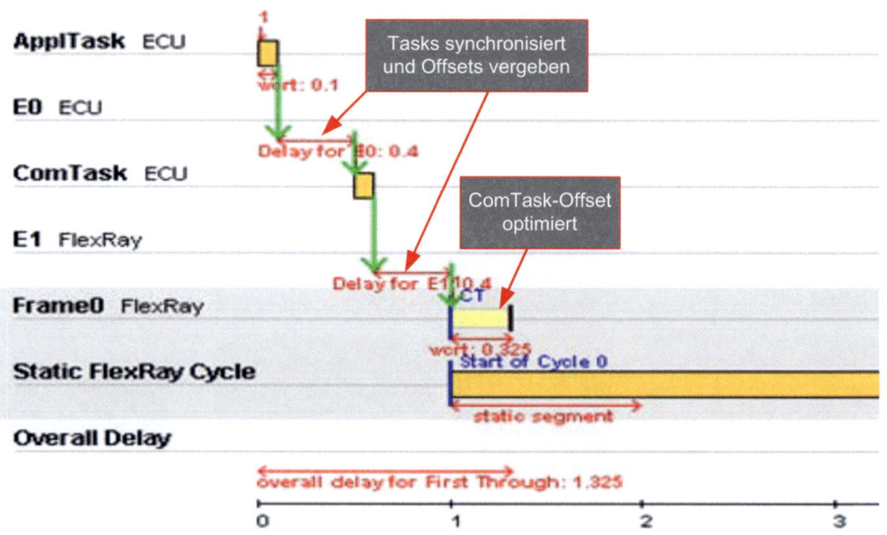


Abb. 6.4.: Beispiel für Timing-Effekte beim Übergang zwischen ECU und dem FlexRay-Bus, mit Berücksichtigung der Abhängigkeiten und optimierten Offsets

Bei der Modellierung der Übergänge zwischen CAN und FlexRay ist es wichtig die Synchronisationseffekte im Gateway-Modell korrekt zu erfassen. Bei einfachen Gateway-Modellen, d.h. das Gateway wird als reines Verzögerungselement im Gesamtmodell berücksichtigt, sind zusätzlich zu den Routinglatenzzeiten noch die entstehenden zeitlichen Verzögerungen am Übergang zwischen CAN und FlexRay zu berücksichtigen. Hierzu ist der Zyklus der FlexRay-Botschaft als zusätzliche Verzögerungszeit im Gateway mit einzupflegen.

## 6.3. Modellierungsregeln für Kommunikationssysteme

In den vorangegangenen Abschnitten wurden Modellierungsregeln beschrieben, die speziell für die Bewertung von CAN-Bussen oder FlexRay gelten. Im Folgenden werden Regeln abgeleitet, die für alle automotive Kommunikationssysteme gültig sind. Die folgenden Regeln umfassen die Modellierung der Transportprotokolle, die Berücksichtigung der dynamischen Kommunikation, die korrekte Modellierung der Kommunikation in der frühen Entwicklungsphase sowie die Ableitung von Bewertungsszenarien für eine detailliertere Bewertung der Kommunikation.

### 6.3.1. Modellierung von Transportprotokollen

*Transportprotokolle (TP)* werden zur Übertragung von Datenblöcken eingesetzt, die größer als die natürliche Größe des *Data Link Layers* sind. Die natürliche Größe bei CAN sind 8 Bytes bei FlexRay 254 Bytes. Das Transportprotokoll ist innerhalb der OSI-Schichten drei und vier realisiert. Zusätzlich zur Seg- und Desegmentierung erlauben Transportprotokolle auch eine Flusskontrolle, d.h. es erfolgt die Steuerung des zeitlichen Abstandes der Datenblöcke, um den Empfänger nicht zu überlasten. Ferner kann darüber die gesamte Kommunikation zeitlich überwacht werden. Eine ausführliche Beschreibung der Transportprotokolle ist u.a. in [144], [9] und [12] zu finden.

Bei der Modellierung von *Transportprotokollbotschaften (TP-Botschaft)* ist zwischen *Single Frame*-Botschaften und *Multi Frame*-Botschaften zu unterscheiden. Single Frames werden spontan versendet. Ein Mindestsendeabstand $T_{min}$ gibt es nicht. Daher kann eine TP-Botschaft dieses Typs als spontan modelliert werden. Da kein Mindestsendeabstand $T_{min}$ spezifiziert ist, muss ein Mindestsendeabstand aus der Funktionsspezifikation abgeleitet werden oder es sind Aktivierungsobergrenzen für die Botschaft zu definieren. Bei Multi Frames ist der Kontrollfluss bei der Modellierung zu berücksichtigen, da sonst unrealistische Lastzustände entstehen können. Abbildung 6.5 zeigt die Ablaufkontrolle.

Je nach gewähltem Analyseverfahren kann der Kontrollfluss direkt modelliert werden (z.B. bei UPPAAL [49]). Ist eine direkte Modellierung des Kontrollflusses nicht möglich (z.B. bei SymTA/S [50]), gilt es über *Work-Arounds* das entsprechende Verhalten abzubilden.

Über die Modellierung von synchronisierten Ereignispattern (siehe Abschnitt 4.3.2) kann der Kontrollfluss implizit berücksichtigt werden. Beim FlexRay-TP ist diese Art der Umsetzung direkt möglich. Beim CAN-TP sind zwei Schritte notwendig, um die obere Schranke (maximale Antwortzeiten der TP-Botschaften) sicher bestimmen zu können. Im ersten Schritt ist die maximale Antwortzeit $R_{rq}$ der *Request*-Botschaft $m_{rq}$ zu bestimmen. Im zweiten Schritt erfolgt dann die Bestimmung des gesamten Pfades. Dabei wird für die *Response*-Botschaften als Offset mindestens die ermittelte Antwortzeit $R_{rq}$ der Request-Botschaft gesetzt. Dadurch wird das gegenseitige Blockieren der Request- und Response-Botschaften ausgeschlossen.

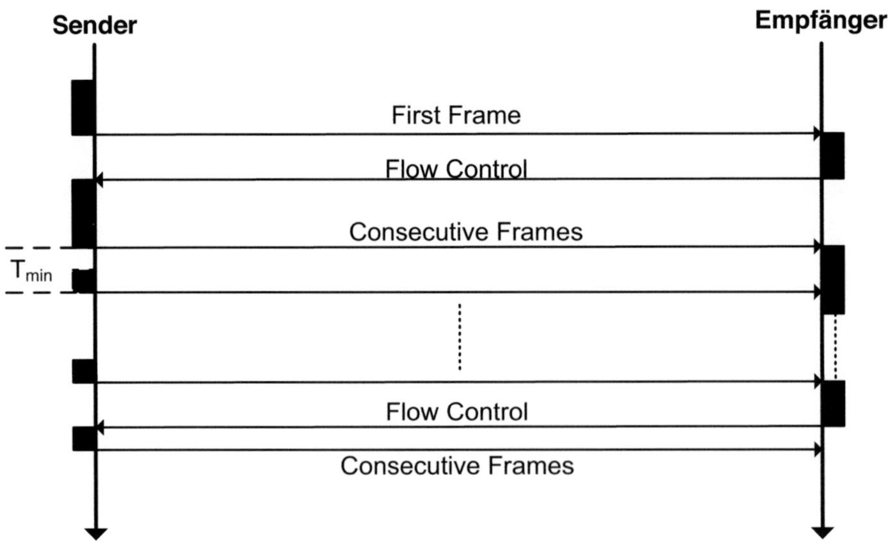


Abb. 6.5.: Flusskontrolle bei Transportprotokollen für *Multi Frame*-Botschaften [144]

## 6.3.2. Modellierung des Netzwerkmanagements

Bei der Modellierung des Timing-Verhaltens des Netzwerkmanagements (NM) gilt es zwischen dem *OSEK NM* und *AUTOSAR NM* zu unterscheiden. Da sich deren logisches Verhalten auch direkt auf das Kommunikationsverhalten auswirkt.

### OSEK NM

Beim OSEK NM wird bei aktivem Bus ein logischer Ring aufgebaut. Dabei senden alle Busteilnehmer eine sogenannte *NM-Botschaft*, welche den Status jedes einzelnen Busteilnehmers enthält. Beim Start des Busses sendet jeder Knoten spontan die NM-Botschaft mit *Alive-Kennung*. Sobald der logische Ring etabliert ist, sendet jeder Knoten zyklisch die NM-Botschaft mit *Ring-Kennung*. Die Zykluszeit $T_{ring}$ hängt von der Größe des Ringes ab. Ein Knoten empfängt die NM-Botschaft seines logischen Vorgängers und wartet dann eine Zeit $T_{typ}$ ab bevor er dann seine NM-Botschaft sendet.

Die Modellierung des OSEK-NM-Verhaltens kann wie folgt umgesetzt werden. Dabei ist zwischen der Startupphase eines Netzwerkes und dem eingeschwungenen Zustand (Ringbetrieb) zu unterscheiden. Für die Analyse der Startupphase eines Netzwerkes sind die NM-Botschaften aller Steuergeräte des Netzwerkes mit deren Mindestsendeabstand $T_{min}$ zu modellieren. Im Ringbetrieb sind zwei Modellierungsvarianten denkbar:

1. Jede NM-Botschaft wird zyklisch mit einer Zykluszeit $T_{ring}$ modelliert. Alle NM-Trigger werden unter Berücksichtigung eines Offsets $T_{off,i}$ miteinander synchronisiert. $n_i$ ist die Nummer des jeweiligen Steuergerätes $ECU_i$. $M_{ecu}$ ist die Menge aller Steuergeräte des Busses. Der Offset $T_{off,i}$ berechnet sich wie folgt:

$$T_{off,i} = \sum_{i=1}^{n_i} T_{typ} \cdot n_i \text{ mit } 0 \leq n_i \leq |M_{ecu}| \qquad [6.1]$$

2. Es wird die NM-Botschaft eines Knotens ausgewählt und zyklisch mit $T_{typ}$ versendet.

Die erste Variante berücksichtigt alle NM-Botschaften eines Netzes, hat jedoch den Nachteil, dass bei einer Antwortzeit $R_i > T_{typ}$ für eine NM-Botschaft $m_k$, schon deren logischer Nachfolger aktiviert wird, was nicht dem realen OSEK-NM-Verhalten entspricht. Bei der zweiten Variante kann diese Ungenauigkeit nicht auftreten.

**AUTOSAR NM**

Im Gegensatz zum OSEK NM wird beim AUTOSAR NM kein logischer Ring aufgebaut, d.h. das Netzwerkmanagement weist ein dezentrales und direktes Verhalten auf. Wird von einem Netzwerkteilnehmer der Bus benötigt, sendet dieser zyklisch mit $T_{typ}$ die NM-Botschaft, andernfalls wird keine NM-Botschaft versendet. Die Modellierung kann wie folgt umgesetzt werden: Jede NM-Botschaft wird zyklisch mit $T_{typ}$ modelliert. Alle NM-Trigger werden miteinander synchronisiert und sofern diese bekannt sind, die Verzögerungszeit als Offset mit berücksichtigt. Sofern die *Bus Load Reduction* (siehe hierzu [13] verwendet wird, darf diese nicht mit berücksichtigt werden, da im schlimmsten Fall davon auszugehen ist, dass sich die Netzteilnehmer noch in der Phase befinden, während die Bus Load Reduction noch nicht wirksam ist und alle Steuergeräte ihre NM-Botschaften versenden.

### 6.3.3. Modellierung der dynamischen Kommunikation

Die korrekte Modellierung der dynamischen (spontanen) Kommunikation, insbesondere für die Timing-Bewertung von CAN-Bussen, ist ein wesentlicher Faktor, der sich direkt auf die Qualität der Ergebnisse auswirkt. In den aktuellen K-Matrizen wird für spontane Botschaften nur ein Mindestsendeabstand $T_{min}$ spezifiziert. Bei der Verwendung dieses Wertes als Untergrenze für die maximale Auftrittsperiode einer spontanen Botschaft, liefern die Bewertungsverfahren bei der Berücksichtigung aller Botschaften als Ergebnis eine Buslast > 100%. Für eine korrekte Abbildung der spontanen Kommunikation sind verschiedene Varianten möglich:

- Gezielte Modellierung der Betriebsmodi soweit diese sich aus den aktuellen Spezifikationen ableiten lassen.

- Berücksichtigung von Betriebszuständen, die mit dem in Kapitel 5 vorgestellten Verfahren ermittelt werden können.

- Ermittlung der Auftrittshäufigkeiten von spontanen Botschaften und Modellierung dieser mittels entsprechender Funktionen (Zufallsverteilung, Gaußverteilung, etc.), siehe hierzu z.B. ChronSim [54].

- Begrenzung der spontanen Aktivierungen über das sogenannte *Aktivierungslimit (Activation Restrictions)*, siehe hierzu z.B. SymTA/S [115]. Das Aktivierungslimit kann über die Auswertung von Traces bestimmt werden. Hierfür ist die maximale Anzahl an quasi gleichzeitig aufgetretenen spontanen Botschaften zu ermitteln.

### 6.3.4. Modellierung des Jitters

Relevant für die Modellierung ist der Sendejitter des Steuergerätes $J_{send}$. Bei bereits existierenden Steuergeräten kann der Wert für den Jitter des Com-Tasks über das in Abschnitt 5.1.1 vorgestellte Verfahren ermittelt werden oder der Wert wird direkt beim Zulieferer des Steuergerätes abgefragt. Liegt das Steuergerät nicht vor, kann dieser auch geschätzt werden. Je nach Mächtigkeit des Steuergerätes liegt der Jitter zwischen $0.5ms$ und $3ms$. Weiterhin besteht die Möglichkeit, bei existierender Konfiguration des Betriebssystems, den Jitter des *ComTasks* über zwei verschiedene Varianten zu ermitteln. In der ersten Variante wird ein komplettes Schedulingmodell des Steuergerätes erstellt und der Jitter $J_{send}$ berechnet. Die Werte der Ausführungszeiten $C_k$ der Tasks $w_k$ sind über das in Abschnitt 4.1 beschriebene Verfahren zu berechnen oder es werden mit Annahmen getroffen bzw. Erfahrungswerte eingesetzt. Die zweite Variante zeigt einen schnellen Weg auf, um einen nicht ganz exakten Wert für den Sendejitter zu ermitteln. Hierfür werden die Ausführungszeiten $C_k$ aller Tasks und Interrupt-Serviceroutinen $w_k \in W_{Ecu}$ des Steuergerätes berücksichtigt, die eine höhere Priorität als der ComTask $w_{com}$ besitzen:

$$J_{send} = \sum_{w_k \in hp(w_{com})} C_k \qquad [6.2]$$

### 6.3.5. Modellierungsregeln für die frühe Entwurfsphase

In der frühen Entwurfsphase von Vernetzungsarchitekturen besteht immer die Herausforderung auf der Basis von wenigen Informationen Aussagen über die Qualität einer Architekturvariante zu treffen. Oftmals wird für die initiale Modellierung auf bereits existierenden Daten aufgesetzt, die dann schrittweise mit neuen Werten ersetzt oder verfeinert werden. Ein solches Vorgehen ist auch für die Timing-Bewertung von Vernetzungsarchitekturen möglich. Ein solcher Weg wurde für die Timing-Bewertung von Steuergeräten schon aufgezeigt [57], [101].

Bei der Timing-Bewertung von Kommunikationssystemen in der frühen Entwurfsphase von E/E-Architekturen sind einige Punkte zu beachten [130]. Die einzelnen Schritte, die für die Definition und die Konfiguration eines Kommunikationssystems notwendig sind, stellt Abbildung 6.6 am Beispiel des Architekturwerkzeuges *PREEvision* dar [6].

Im ersten Schritt weist der E/E-Architekt die Funktionen den entsprechenden Komponenten zu. Der zweite und dritte Schritt kann werkzeuggestützt durchgeführt werden. Dabei erfolgt das Routing der Signale und das Mapping der Signale und PDUs auf die Botschaften. Die Botschaften sind entweder schon vordefiniert oder es werden entsprechend neue erzeugt. Im vierten Schritt sind für die Timing-Bewertung notwendige Konfigurationen zu tätigen. Bei den CAN-Botschaft ist eine passende Priorität zu vergeben. Bei FlexRay gilt es einen sinnvollen Schedule zu erstellen.

## 6.3.6. Definition von Bewertungsszenarien

Um die verschiedenen Betriebszustände eines Fahrzeuges in der Timing-Bewertung zu berücksichtigen sowie obere Grenzwerte für die zyklische Grundlast und die theoretisch mögliche Maximallast ermitteln zu können, ist es notwendig verschiedene Bewertungsszenarien zu definieren. Einige der Szenarien lassen sich direkt aus existierenden Spezifikationen ableiten (siehe Kapitel 5). Für repräsentative Betriebszustände, die während des Fahrbetriebes auftreten, sind die aktuell vorliegenden Informationen in den Spezifikationen nicht ausreichend. Aus diesem Grund kann hier auf das in Kapitel 5 vorgestellte Verfahren zurück gegriffen werden. Tabelle 6.2 zeigt exemplarisch einige mögliche Bewertungsszenarien am Beispiel eines CAN-Busses.

Die ersten beiden Spalten (Grundlast und maximale Last) bieten die Möglichkeit, Aussagen über die zyklische Grundlast des Busses zu erhalten sowie die maximale Obergrenze zu ermitteln. Über die Szenarien können weitere Betriebsmodi, wie Diagnosebetrieb, Flashen in der Fabrik und dynamische Lastzustände berücksichtigt werden. Je nach Anforderung sind dann die Parameter entsprechend zu setzen.

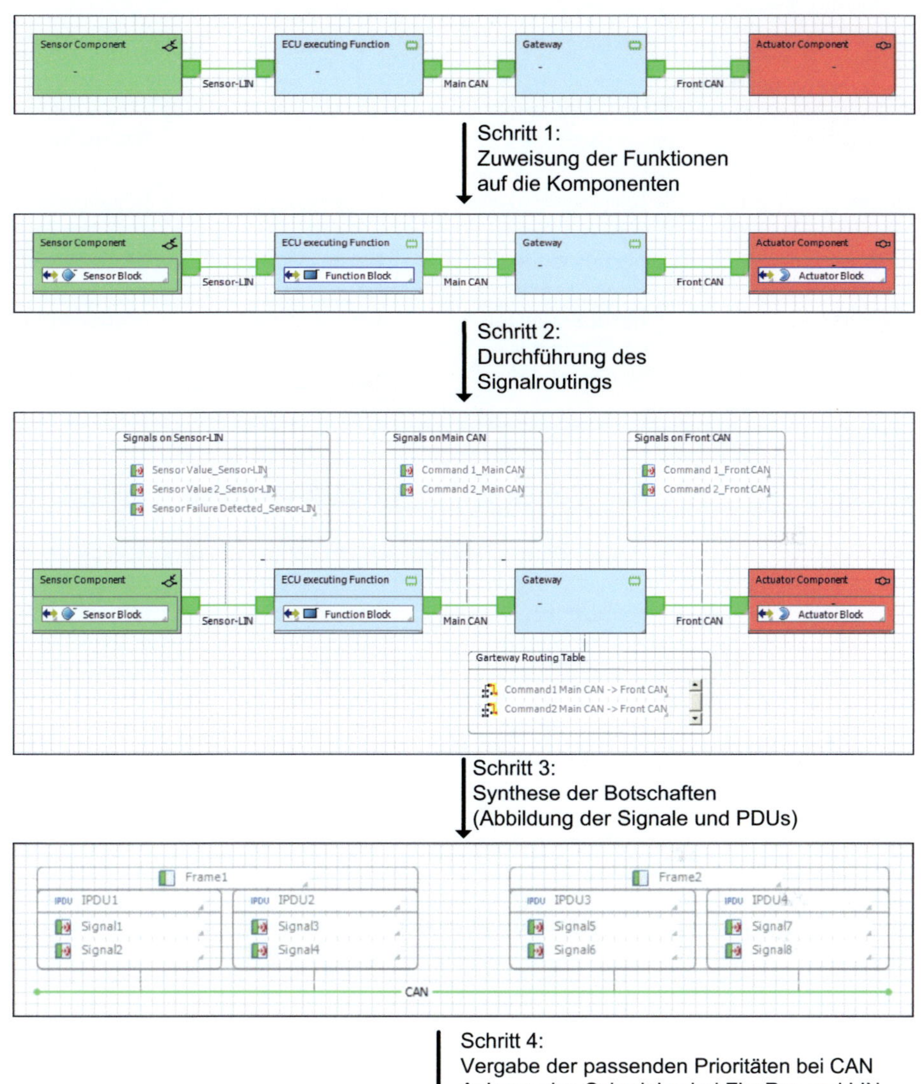


Abb. 6.6.: Schrittweises Vorgehen bei der Definition und Konfiguration eines Kommunikationssystems während der Entwurfsphase von E/E-Architekturen [131]

Tab. 6.2.: Definition von Bewertungsszenarien für eine verfeinerte Timing-Bewertung der Kommunikation

| Eigenschaften | Grundlast | Max. Last | Szenarien |
|---|---|---|---|
| Offsets | berücksichtigt | berücksichtigt | berücksichtigt |
| Jitter | berücksichtigt | berücksichtigt | berücksichtigt |
| Stuffbits | berücksichtigt | berücksichtigt | berücksichtigt |
| Sendetyp: cyclicX | berücksichtigt | berücksichtigt | berücksichtigt |
| Sendetyp: csX | nur zyklischer Anteil berücksichtigt | berücksichtigt mit Aktivierungslimit | abhängig vom Szenario |
| Sendtyp: BAF | nicht berücksichtigt | berücksichtigt | abhängig vom Szenario |
| Sendetyp: schnell | langsame Periode | schnelle Periode | abhängig vom Szenario |
| Sendetyp: csxOnDemand | nicht berücksichtigt | berücksichtigt | abhängig vom Szenario |
| Sendetyp: spontan | nicht berücksichtigt | berücksichtigt mit Aktivierungslimit | abhängig vom Szenario |
| Netzwerkmanagement | berücksichtigt | berücksichtigt | berücksichtigt |
| Diagnosebotschaften | nicht berücksichtigt | nicht berücksichtigt | abhängig vom Szenario |
| Transportprotokolle | nicht berücksichtigt | berücksichtigt | abhängig vom Szenario |

### 6.3.7. Bewertung der Regeln

Durch die Anwendung der Modellierungsregeln für die Bewertung der Timing-Verhaltens von Vernetzungsarchitekturen ist eine signifikante Verbesserung der Ergebnisqualität möglich, dies wird anhand von Evaluierungsbeispielen in Kapitel 8 im Detail aufgezeigt. Mit der Berücksichtigung des Timing-Verhaltens der verschiedenen Dienste, wie Netzwerkmanagement und Transportprotokolle, kann das reale Kommunikationsverhalten genauer nachgebildet werden. Die zusätzliche Beachtung des Überganges zwischen den Steuergeräten und dem FlexRay-Bus liefert ein exaktes Bild des Timing-Verhaltens. Insbesondere bei den CAN-Bussen wird die Bewertungsgenauigkeit durch die Anwendung der Modellierungsregeln wesentlich gesteigert.

Ein Beispiel für die Steigerung der Bewertungsgenauigkeit ist in Abbildung 6.7 anhand eines CAN-Busses aufgezeigt. Ohne die Berücksichtigung der Timing-Attribute (Offset, Jitter, etc.) und den Modellierungsregeln kommt es zu einer großen Überschätzung (blaue Linie). Durch die Anwendung der Modellierungsregeln und der Verwendung der Timing-Attribute ist eine exakte Timing-Bewertung möglich (rote Linie). Zusätzlich sind in dem Diagramm auch noch die gemessenen Worst-Case Werte abgebildet (gelbe Linie).

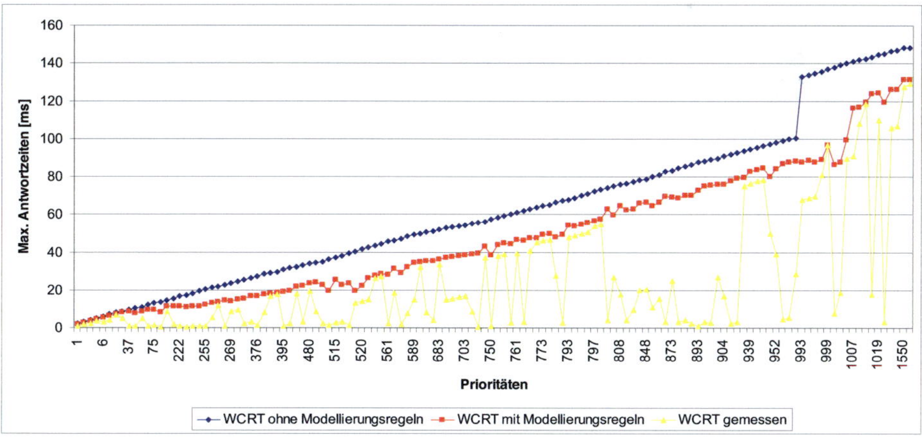


Abb. 6.7.: Vergleich Timing-Bewertung eines CAN-Busses anhand der maximalen Antwortzeiten mit (blau) und ohne (rot) Modellierungsregeln sowie per Messung (gelb) ermittelte Werte

Der Vergleich zwischen roter und gelber Linie zeigt deutlich die erzielte Steigerung der Genauigkeit. Die Ergebnisse, welche unter Berücksichtigung der Modellierungsregeln ermittelt wurden, spiegeln wesentlich exakter den realen Worst-Case wieder. Im Mittel beträgt die Verbesserung der Ergebnisse 15*ms*, im maximalen Fall sind es 52*ms* bei CAN-Priorität 1003.

Den Mehrwert des in Abschnitt 6.1.3 vorgestellten Algorithmus zu optimierten Vergabe von Offsets für CAN-Steuergeräte zeigt Abbildung 6.8. Die Startzeit beträgt $T_{start} = 330ms$ und die Periode des COM-Tasks liegt bei $T_{com} = 10ms$. In *blau* ist eine lokale Vergabe der Offsets dargestellt. Diese wurde über das Genierungswerkzeug *GENy* von Vector-Informatik durchgeführt. In *orange* ist die globale Optimierung der Offsets dargestellt. Bei der lokalen Optimierung ist eine deutliche Anhäufung der Botschaften im Zeitraum zwischen 0*ms* und 100*ms* zu erkennen. Bei der globalen Optimierung sind die Werte dagegen gleichmäßig für über die gesamte Startzeit verteilt. Diese Verteilung bringt den Vorteil, dass in der Aufstartphase die Gateway-Steuergeräte nicht mit langen Bursts auf allen Bussen rechnen müssen.

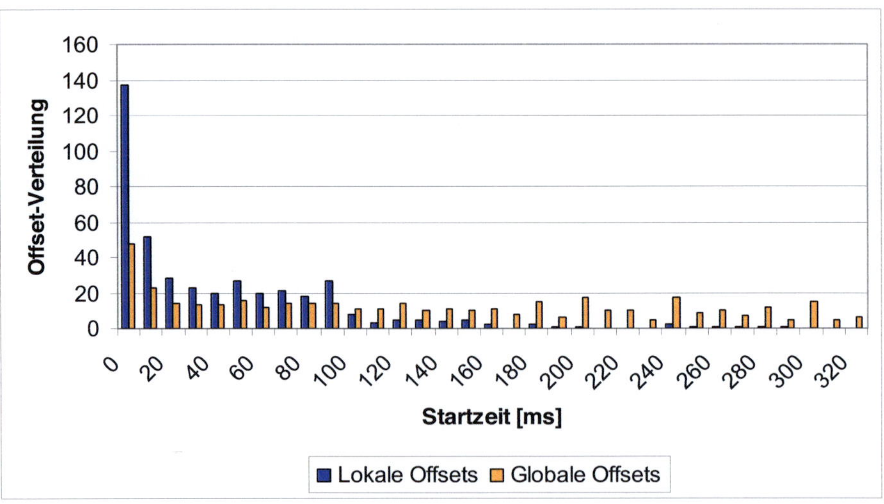



Abb. 6.8.: Vergleich der Offsetwerte anhand der Verteilung über die Startzeit: Lokale Vergabe (blau) und globale Vergabe (orange)

Die resultierenden Antwortzeiten für einen CAN-Bus sind in Abbildung 6.9 aufgezeigt. Die Verbesserung durch die Optimierung ist deutlich zu erkennen. Nur bei zwei Botschaften sind die Antwortzeiten der lokalen Vergabe besser. Da es sich bei dem Optimierungsalgorithmus, um eine Heuristik handelt, können solche Effekte nicht ausgeschlossen werden. Die vielen Auswertungen haben jedoch gezeigt, dass bei allen verwendeten Systemen eine deutliche Verbesserung erzielt werden konnte.

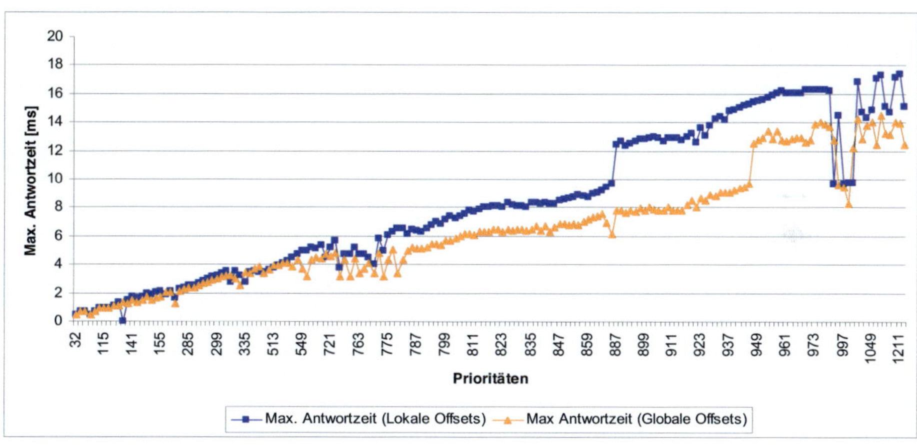


Abb. 6.9.: Vergleich der resultierenden maximalen Antwortzeiten: Lokale Vergabe (blau) und globale Vergabe (orange)

## 6.4. Modellierungsregeln für das Timing-Verhalten von Gateways

Ein Steuergerät mit Routing-Aufgaben (Gateway) stellt einen Spezialfall dar. Je nach Integrationsumfang sind zusätzlich zu den Routing-Aufgaben auch noch Applikationen auf dem Steuergerät integriert. Ein solches System kann in unterschiedlichen Granularitätsstufen in einer Timing-Bewertung berücksichtigt werden. In Abbildung 6.10 sind drei unterschiedliche Modellierungsgranularitäten für das System aufgezeigt. Das linke Modell zeigt ein einfaches Gateway-Modell. Hier wird für die interne Routingzeit ein fester Wert angenommen. Weiterhin kann das Scheduling mit berücksichtigt werden, d.h. bei mehreren angeschlossenen Bussen ist so eine Abschätzung über die Dimensionierung der Eingangs- und Ausgangspuffer möglich und es kann die Verzögerung durch gleichzeitig eintreffende Botschaften mit berücksichtigt werden. Im mittleren Modell erfolgt noch die Unterscheidung zwischen *PDU-* und *Signal*-Routing. Für beide Wege kann eine Routingzeit definiert werden. Über die Routingtabelle wird für jede eingehende Botschaft die entsprechende Funktion ausgewählt, dadurch ist eine genauere Last- und Latenzzeit-Abschätzung möglich als mit dem linken Modell. Im rechten Modell wird der komplette Software-Stack des Gateway-Steuergeräts nachgebildet. Auf diese Weise können einerseits die Routingzeiten sicher bestimmt werden und andererseits sind der Einfluss sowie das Zusammenspiel zwischen Routingtasks und Applikationstasks exakt bewertbar. Je nach Anforderung ist zwischen den drei Modellen auszuwählen. Der Modellierungsaufwand steigt von links nach rechts.

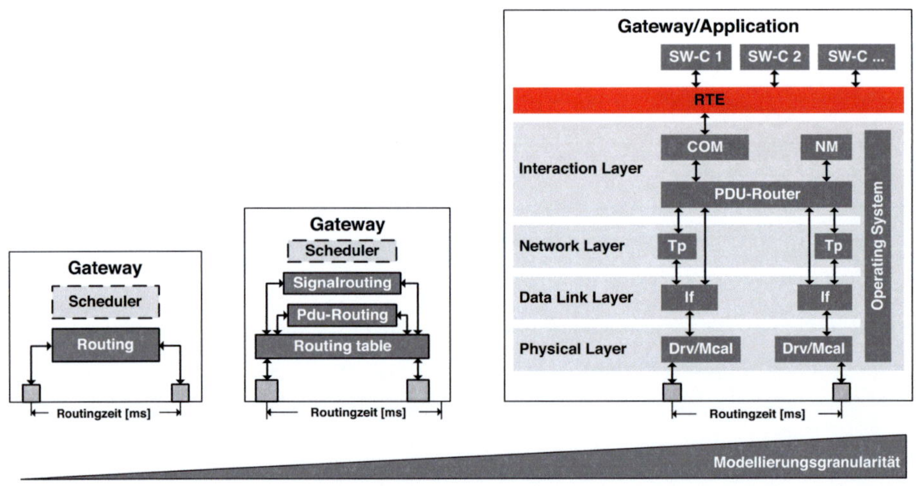


Abb. 6.10.: Granularitäten für die Modellierung von Steuergeräten mit Gateway-Anteilen

Für die vollständige Modellierung eines Gateway-Steuergerätes (rechtes Modell) sind verschiedene Schritte notwendig:

1. Bestimmung der Ausführungszeiten $C_i$ der einzelnen Tasks und Funktionen des Gateway-Steuergeräts.

2. Modellierung des Schedulingmodells (Übernahme der Konfiguration des Betriebssystems) und Annotation der Ausführungszeiten.

3. Modellierung der an das Gateway angeschlossenen Busse.

4. Bewertung des Systems unter der Berücksichtigung des Kommunikationsverhaltens der angeschlossenen Busse.

Für die Ermittlung der Ausführungszeiten sowie für die vollständige Modellierung des Schedulingmodells werden in den nächsten Abschnitten Konzepte und Regeln vorgestellt, welche eine exakte Bewertung eines Gateway-Steuergeräts ermöglichen. Ferner kann damit gezielt die Integration von Gateway- und Applikationsaufgaben auf einem Steuergerät (einer CPU) ausgelegt und abgesichert werden. Weiterhin sind die Anforderungen und Auswirkungen der Konfiguration der Kommunikationssysteme (K-Matrizen, Schedules, etc.) auf ein Gateway-Steuergerät sicher bewertbar.

Ein Großteil der im Folgenden diskutierten Modellierungsregeln und Annotationen sind allgemein gültig und können auch für die Bewertung von reinen Applikationssteuergeräten angewendet werden.

## 6.4.1. Regeln zur Generierung von Annotationen

Die Ausführungszeiten können auf unterschiedliche Weise bestimmt werden (siehe hierzu Abschnitt 4.1). Hierzu gibt es verschiedene Möglichkeiten:

1. Die Messung der Zeiten direkt auf der Hardware

2. Die Bestimmung der Werte mit einem entsprechenden Simulationsmodell

3. Die Berechnung der einzelnen Ausführungszeiten mittels einer statischen Code-Analyse (WCET-Analyse)

Im Folgenden wird für das in Punkt 3 beschriebene Verfahren ein Konzept vorgestellt, der es ermöglicht aus AUTOSAR-Systembeschreibungen, einen Großteil der notwendigen Annotationen für die WCET-Analyse regelbasiert (automatisch) zu generieren.

Abbildung 6.11 zeigt den Ablauf sowie die notwendigen Eingangsdaten, die für eine WCET-Analyse notwendig sind. Nach der Kompilierung des Codes kann das *Binary* dem Analysewerkzeug übergeben werden. Um eine Analyse durchführen zu können, sind noch Annotationen notwendig, welche u.a. die Schleifengrenzen vorgeben und

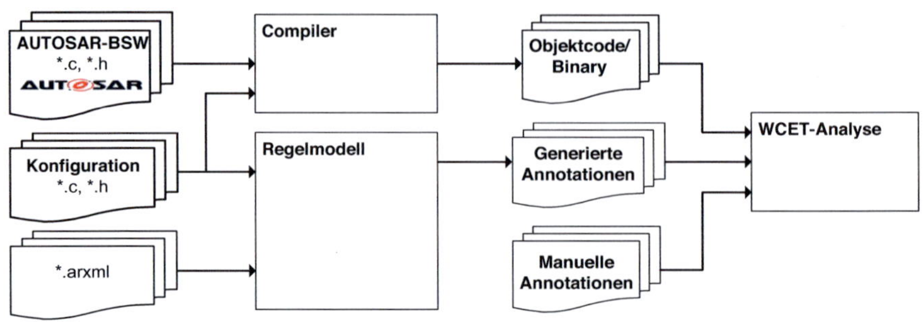


Abb. 6.11.: Daten und Ablauf der Generierung der Annotationen für die statische Code-Analyse

die Zeiger auf die Speicherbereiche setzen (siehe hierzu auch Abschnitt 4.1.2). Diese Informationen können zu großen Teilen über ein Regelmodell aus der AUTOSAR-Systembeschreibung des Steuergerätes abgeleitet werden (*Generierte Annotationen*). Die zusätzlich notwendigen Annotationen sind manuell hinzuzufügen (*Manuelle Annotationen*). Zu den Annotationen im einzelnen zählen:

## Generierte Annotationen

1. Globale Einstellungen, z.B. Taktfrequenz der CPU, verwendeter Compiler, etc.

2. Viele Schleifen sind abhängig von der Systemkonfiguration. Die Werte für die Schleifenbegrenzung lassen sich direkt oder indirekt (regelbasiert) aus dem ECU-Extract ermitteln.

3. Einige Code-Segmente (siehe Punkt 2 bei den manuellen Annotationen), die nicht auf dem WCET-Pfad liegen, lassen sich auch automatisiert ermitteln.

## Manuelle Annotationen

1. Viele Funktionen innerhalb der AUTOSAR-Basissoftware werden nicht direkt über den statischen Funktionsnamen aufgerufen, sondern über Funktionspointer. Kann die Speicheradresse vom WCET-Werkzeug nicht automatisch aufgelöst werden, müssen hierfür die entsprechenden Speicheradressen zugewiesen werden.

2. Abhängig welcher Betriebsmodi zu untersuchen ist, dürfen bestimmte Funktionen nicht im WCET-Pfad berücksichtigt werden. Zum Beispiel bei der Untersuchung

des Normalbetriebes findet kein Runterfahren des Betriebssystems statt. Die entsprechenden Code-Segmente sind bei der Analyse zu deaktivieren *(auszuschneiden)*.

In Tabelle 6.3 sind exemplarisch einige Parameter des AUTOSAR-ECU-Extractes aufgelistet, welche für die Ableitung der Schleifengrenzen des FlexRay-Interfaces (FrIf) notwendig sind

Tab. 6.3.: Exemplarische Auflistung einer AUTOSAR-Parameter

| Funktion | Parameter im ECU-Extract | Beschreibung |
|---|---|---|
| FrCopyWordsInJob | FrIf/FrIfConfig/FrIfCluster/ FrIfController/ /FrIfFrameTriggerings/ FrIfLSduLength | Summe aller PDU Größen in Words (4 Bytes) aller Frames, die im aktuellen Job verschickt werden. |
| ListFramesInJob | FrIf/FrIfConfig/FrIfCluster/ FrIfJobList/FrIfJob/ FrIfStartSlot und FrIfEndSlot | Liste aller Frames, die im aktuellen Job versendet bzw. empfangen werden. |
| MaxPdusToGwInJob | FrIf/FrIfConfig/Name/ FrIfPDUDirection/FRIfRx | Maximale Anzahl der PDUs im aktuellen Job, die an das PDU-Gateway weitergegeben werden. |

Die Umsetzung des Regelmodells ist in Abbildung 6.12 dargestellt. Als Eingangsdaten dienen der AUTOSAR-ECU-Extract des Gateway-Steuergerätes sowie die globalen Systemeinstellung und eine Beschreibung, welche die Struktur der Annotationsdateien festlegt. Da einige Parameter, welche für die Ableitung der Annotationen notwendig sind, erst im Konfigurationsschritt des AUTOSAR-Software-Stacks festgelegt werden, sind diese Angaben aus den Konfigurationsdateien zu extrahieren. Die Eingangsschnittstelle sowie das Eingangsmodell basiert auf dem *Open Source Framework ARTOP*. Durch die Verwendung von ARTOP ist die Eingangsschnittstelle sowie das Datenmodell bei einem neuen AUTOSAR Release nicht manuell anzupassen, sondern es kann das entsprechende Update von ARTOP integriert werden. Für die Bereitstellung der zusätzlichen Konfigurationsdaten ist eine Erweiterung des Datenmodells notwendig. Die Befüllung erfolgt über einen Parser für *C-Dateien*. Über den Generator werden die einzelnen Annotationen auf der Basis der vorliegenden Daten generiert. Der *Annotationsparser* erzeugt die entsprechenden Annotationsdateien.

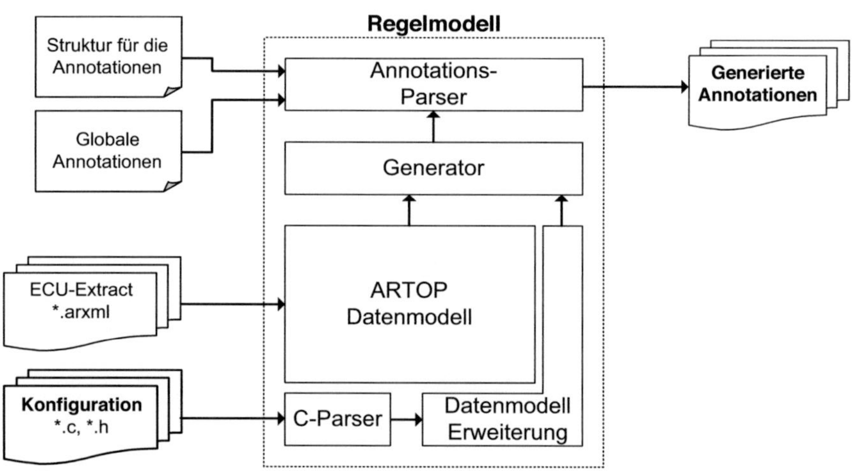


Abb. 6.12.: Umsetzung des Regelmodells für die automatische Generierung der Annotationen

In Abschnitt 8.4 wird das vorgestellte Konzept beispielhaft anhand eines Prototyps für ein Gateway-Steuergerät evaluiert. Dabei werden u.a. die Verbesserungen aufgezeigt, welche durch die einzelnen Annotationsschritte (globale, manuelle und generierte Annotationen) erreicht werden können.

## 6.4.2. Vollständiges Gateway-Modell für die Timing-Analyse

Um das Scheduling-Verhalten von Gateway-Steuergeräten zukünftig im Detail untersuchen zu können, wurde gemeinsam mit der Firma Symtavision ein Konzept für die vollständige Abbildung des Timing-Verhaltens von Gateway-Steuergeräten in einem Timing-Modell erarbeitet. Ziel der verfeinerten Bewertungsmöglichkeiten ist es, folgende Punkte detailliert untersuchen zu können:

- Auswertung der max. Routingzeiten für jede geroutete Botschaft und jedes Signal.

- Bewertung des Einflusses der Routing-Tasks auf die Applikations-Tasks.

- Bestimmung der notwendigen Puffergrößen im Gateway-Steuergerät.

- Vergleichsmöglichkeit zwischen verschiedenen Abarbeitungsoptionen.

- Bewertung der Einflüsse und Anforderungen, welche sich aus der Konfiguration der Kommunikationssysteme ergeben.

Ein wichtiger Punkt sind die möglichen Abarbeitungsoptionen, diese haben direkten Einfluss auf die Systemperformance und die Routingzeiten eines Gateways. Insgesamt gibt es drei Abarbeitungsoptionen: 1) Interrupt-Modus, 2) Task-Modus und 3) Polling-Modus. Für das Routing von und in Richtung FlexRay wird ausschließlich der Task-Modus verwendet. Für das CAN-CAN-Routing kann je nach Anforderung die eine oder die andere Abarbeitungsoption sinnvoller sein. Anhand der Modellierungselemente von SymTA/S [8] und eines CAN-CAN-Routingpfades werden die Abarbeitungsoptionen im Folgenden dargestellt [128].

### Abarbeitungsoption *Interrupt-Modus*

Im Interruptbetrieb (siehe Abbildung 6.13) werden die empfangenen Botschaften (1) direkt innerhalb der Interruptserviceroutine an den entsprechenden Zielbus weitergeleitet (2). Bei dieser Umsetzung kann das Routing nicht durch einen anderen Task oder Interrupt verzögert werden. Bei reinen Gateway-Steuergeräten kann diese Option gut eingesetzt werden. Hat das Steuergerät zusätzlich zum Routing auch noch Applikationsaufgaben abzuarbeiten, kann es bei hoher Routinglast zur großen Verzögerungen der Applikationstasks kommen.

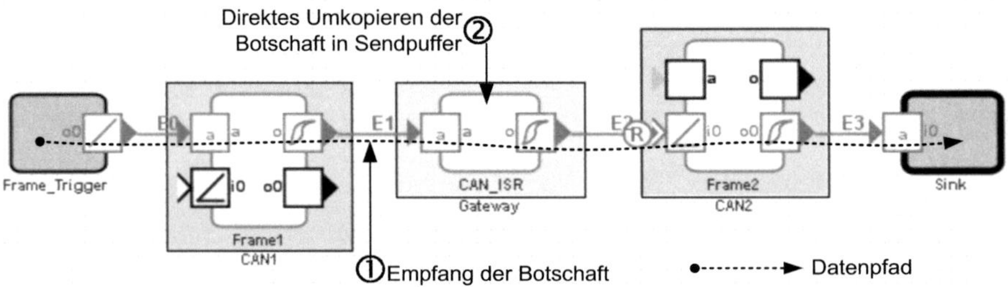


Abb. 6.13.: Beispielmodell für den ISR-Modus

## Abarbeitungsoption *Task-Modus*

Im Task-Modus (siehe Abbildung 6.14) kopiert die Interruptserviceroutine die empfangenen Botschaften nur in den internen Speicher (1). Das eigentliche Routing wird von einem zyklisch aufgerufenen Task durchgeführt (2), der die Botschaft aus dem Zwischenspeicher in den Sendepuffer des Zielbusses schreibt (3). Bei dieser Option können Verzögerungen auftreten, bedingt durch den unterbrechbaren *COM_Task*. Bei gleichzeitig aktiven Applikationstasks erhalten diese bei einer entsprechenden Priorisierung der Tasks mehr CPU-Zeit.

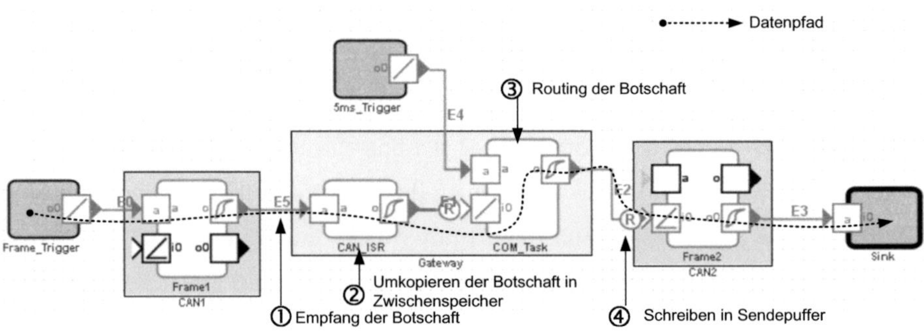


Abb. 6.14.: Beispielmodell für den Task-Modus

## Abarbeitungsoption *Polling-Modus*

Im Polling-Modus (siehe Abbildung 6.15) meldet der Controller den Empfang einer
Botschaft nicht mittels eines Interrupts. Die Empfangsregister des Gateways werden
über einen Pollingtask zyklisch ausgelesen und die empfangenen Botschaften in den
Zwischenspeicher kopiert (1). Das Routing wird zyklisch durchgeführt (3). Die Rou-
tinglatenz ist sehr stabil. Bedingt durch die Zykluszeiten von Polling- und COM-Tasks
sind die Routingzeiten entsprechend länger als beim ISR-Modus.

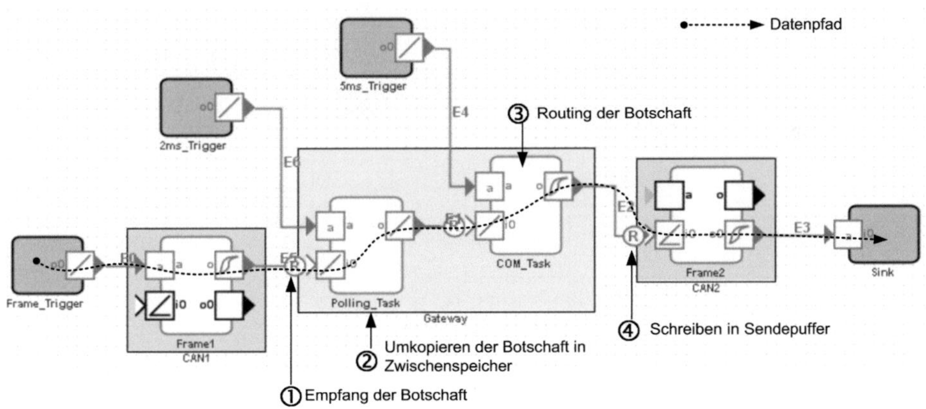


Abb. 6.15.: Beispielmodell für den Polling-Modus

Das zu entwickelnde Analyse-Modell für Gateways soll dabei die Mechanismen von
OSEK und AUTOSAR unterstützen und die Möglichkeit bieten die Abarbeitungsoptionen im Detail modellieren zu können. Abbildung 6.16 zeigt die prinzipielle Umsetzung
des Modells. Die Grundlage für die Realisierung bildet der AUTOSAR-Softwarestack,
wie in Abbildung 3.7 dargestellt. Wichtige Modellierungselemente für das Gateway-
Timing-Modell sind:

- Die Interruptservice-Routinen, z.B. für die Modellierung des Empfangs- und Sendeverhaltens für die CAN-Kommunikation.

- Die FlexRay-Jobs, zur korrekten Abbildung des FlexRay-Interfaces.

- Die Gateway-Tasks, für die Modellierung der Frame- bzw. PDU-Routing und Singal-Routing Funktionen.

- Die Speicher zwischen den Elemente, um die Hardware-seitigen Empfangs- und Sendepuffer sowie die Software-Queues korrekt dimensionieren zu können.

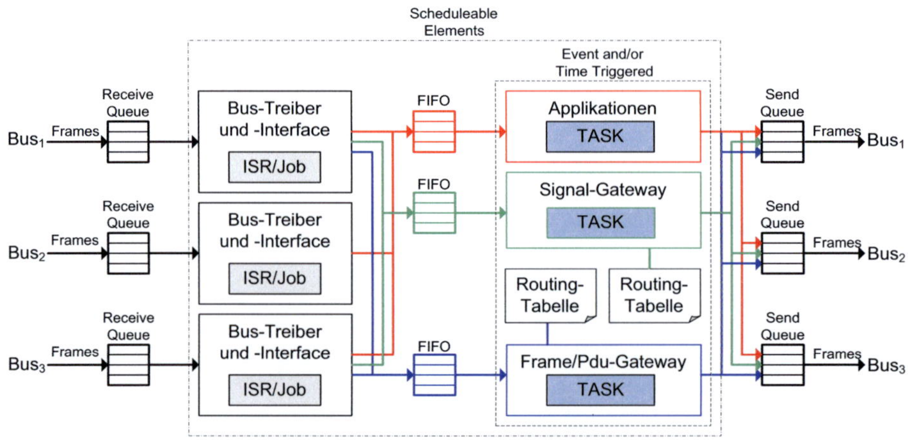


Abb. 6.16.: Konzept für die Umsetzung eines Gateway-Analyse-Modells

Die resultierende Erweiterung des Datenmodells von SymTA/S ist in Abbildung 6.17 aufgezeigt. Für die notwendigen Modellierungselemente sind die entsprechenden Klassen definiert, welche eine vollständige Abbildung eines AUTOSAR-basierten Gateways ermöglichen.

Für die Analyse eines Gateway-Modells wird das Modell über eine Modelltransformation auf das bereits existierende Analysemodell abgebildet. Auf der Basis des transformierten Modells kann dann eine Timing-Analyse erfolgen. Die resultierenden Ergebnisse werden dann den einzelnen Gateway-Modellelementen übergeben und stehen zur Auswertung zur Verfügung.

Für eine weitere Verfeinerung kann in einem nächsten Schritt der Kontrollfluss noch detaillierter in der Analyse berücksichtigt werden. In diesem Kontext laufen aktuell an der Universität Braunschweig einige Arbeiten [105], [59].

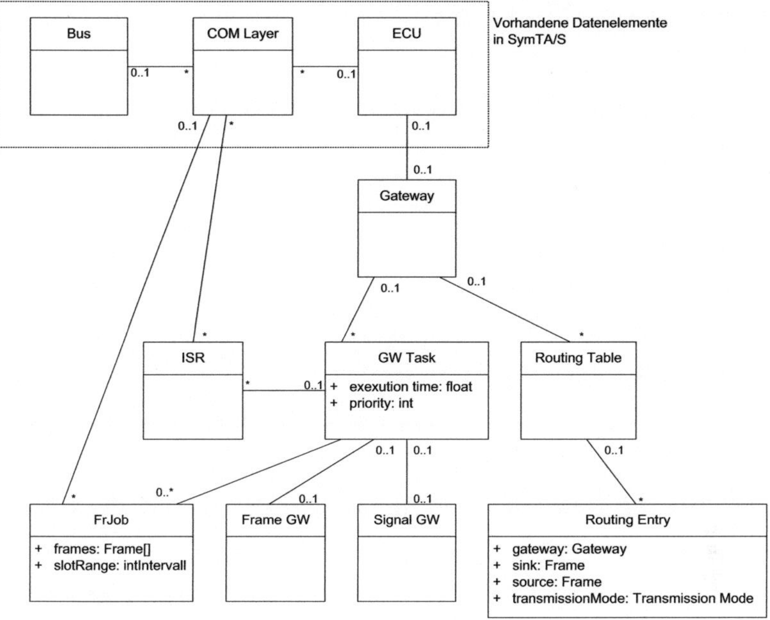


Abb. 6.17.: UML-Diagramm des Gateway-Datenmodells und die Integration in das existierende Datenmodell von SymTA/S [76]

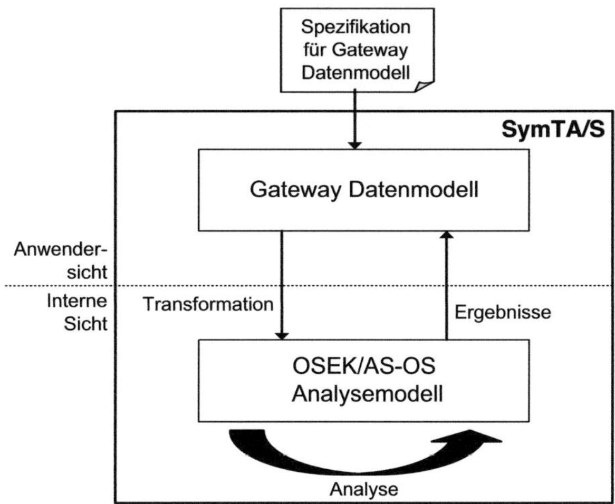


Abb. 6.18.: Konzept für die Umsetzung der Gateway-Analyse innerhalb von SymTA/S [76]

## 6.4.3. Bewertung der Regeln und Konzepte

Im Zuge der zunehmenden Hochintegration von Steuergeräten erfolgt immer öfter die Umsetzung von Gateway- und Applikationsfunktionalität gemeinsam auf einer CPU. Um hierfür die Auslegung eines solchen Systems in der Entwurfsphase zu unterstützen sowie während der Integrationsphase eine vollständige Absicherung durchführen zu können, liefert das vorgestellte Konzept einen großen Mehrwert. Mittels des vollständigen Gateway-Modells und den exakt bestimmbaren Ausführungszeiten sind gezielt die Auswirkungen der Routinglast auf die Applikationstasks bewertbar. Ein Beispiel hierfür ist in Abbildung 6.19 dargestellt. Das Gateway-Steuergerät koppelt vier CAN- und einen FlexRay-Bus. Die eintreffenden Botschaften werden über die entsprechenden ISR-Routinen abgearbeitet. Weiterhin sind vier Tasks für die Abarbeitung von Services und Applikationen aktiv. Die durchschnittliche CPU-Last beträgt 39%. Die Untersuchung zeigt, dass trotz einer akzeptablen CPU-Last es in bestimmten Fällen, z.B. bei kurzzeitigen Bursts auf allen Bussen, zu Deadline Überschreitungen bei bestimmten Tasks kommen kann (hier: *Task_2ms*).

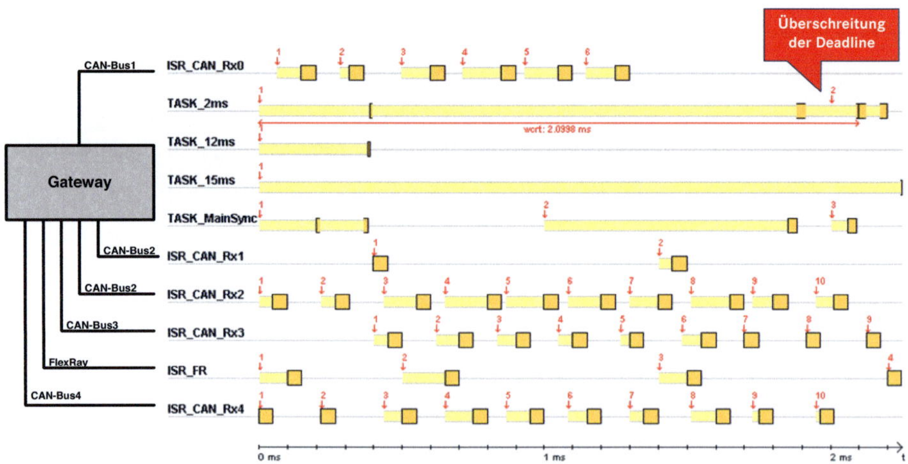


Abb. 6.19.: Beispiel für eine Mehrfachaktivierung, bedingt durch ein hohes Botschaftsaufkommen und eine damit verbundene Interruptlast [128]

An einem weiteren Beispiel soll anhand eines Vergleichs zwischen den verschiedenen Abarbeitungsoptionen (siehe hierzu Abschnitt 6.4.2) auf der Basis eines simulierten Gateway-Modells die Eigenschaften aufgezeigt werden. In Abbildung 6.20 ist das Routingverhalten eines Gateways in Abhängigkeit der drei Abarbeitungsoptionen dargestellt.

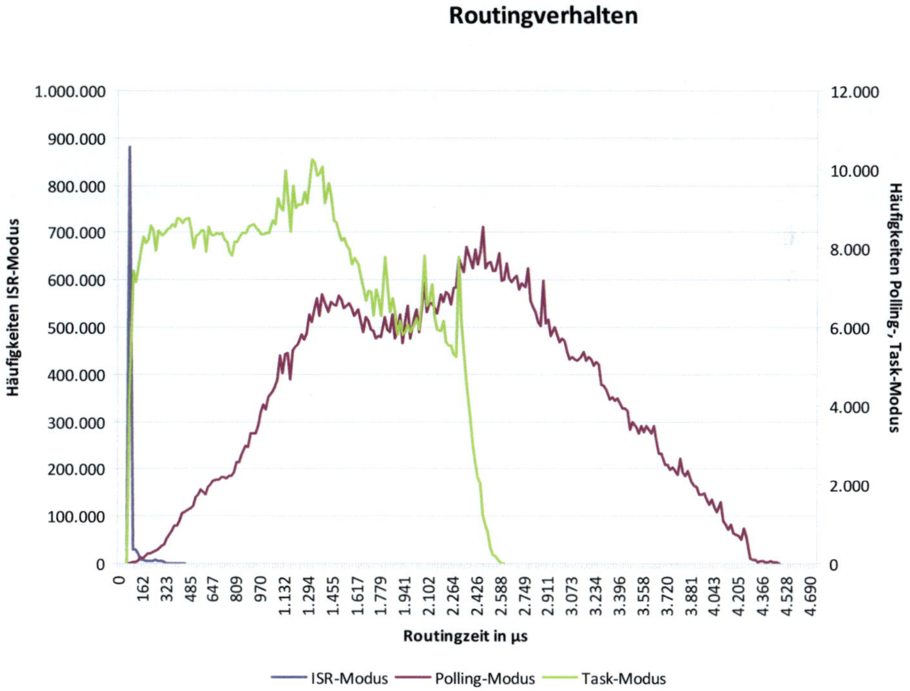

**Routingverhalten**



Abb. 6.20.: Vergleich der verschiedenen Abarbeitungsoptionen (ISR-, Task- und Polling-Modus) anhand einer Simulation [113]

Die Routingzeiten im ISR-Modell sind stabil und bewegen sich im Vergleich zu den anderen Modellen in einem engen Zeitbereich. Diese Option hat die kürzeste mittlere Routingzeit mit $70\mu s$, da die Routingzeit ausschließlich von der Ausführungszeit der Interrupt-Service-Routine abhängt. Die Routingzeit im Polling-Modus hängt von ihrem Auftreten in Relation zu dem Polling- und dem Routing-Task ab. Als maximale Routingzeit wurden $4610\mu s$ ermittelt. Demnach wurde eine geroutete Botschaft im *Worst-Case* kurz nach einem ausgeführten Polling-Task auf den entsprechenden CAN-Bus geschrieben und dann erst nach $2ms$ gepollt. Anschließend wurde diese nach $2,5ms$ verarbeitet und weitergeleitet. Während der Taskausführung ist dieser durch eine Verdrängung, zum Beispiel durch einen FlexRay-Job oder ISR, verlängert worden. Die minimale Routingzeit von $59\mu s$ kann, unter der Annahme dass der Polling-Task mit dem Task des PDU-Routers aktiviert wurde, auftreten.

Der Verlauf der Kurve über die Verteilung der Routingzeiten beim Task-Modell hat Ähnlichkeiten mit dem ISR- und dem Polling-Modell. Als Mischform beider Modelle besitzen die Botschaften im Task-Modell eine kürzere mittlere Routingzeit von $1,2ms$ gegenüber dem Polling-Modell und sind nicht so weit gestreut. Der Maximalwert setzt sich zusammen aus dem maximalen Offset resultierend aus der zyklischen Aktivierung des PDU-Routers, der Routingzeit und der Ausführung der ISR sowie weiteren Verzögerungszeiten verursacht durch Blockierungs- oder Verdrängungseffekten. Für das Task-Modell wurde eine Routingzeit im *Worst-Case* von $2,6ms$ ermittelt [113].

Die beiden Beispiele zeigen deutlich, dass durch die gezielte Timing-Bewertung mithilfe von Gateway-Modellen die kritischen Systemzustände identifiziert, untersucht und abgesichert werden können. Weiterhin liefern die Modelle ein detailliertes Feedback auf die Anforderungen bzw. Auswirkungen der Buskonfigurationen.

# 7. Methodik für eine durchgängige Timing-Bewertung

Um die in Kapitel 4 vorgestellten Verfahren in den existierenden E/E-Entwicklungs-prozess (siehe hierzu Kapitel 3) zu integrieren, müssen die hierfür notwendigen Informationen identifiziert werden. Diese sind über standardisierte Schnittstellen und Datenformate zwischen den einzelnen Entwicklungs- und Bewertungswerkzeugen auszutauschen. Im Folgenden wird eine Methodik vorgestellt, die eine effiziente und durchgängige Timing-Bewertung von Vernetzungsarchitekturen ermöglicht.

Abbildung 7.1 zeigt wie sich die Timing-Bewertung in den existierenden E/E-Entwicklungsprozess eingliedert. Die in Abschnitt 3.4 definierten Kenngrößen bilden dabei die Grundlage für die Timing-Bewertung. Über die folgenden Schritte kann das Timing-Verhalten innerhalb des E/E-Entwicklungsprozesses bewertet werden:

1. In der Entwurfsphase können über Timing-Abschätzungen für verschiedene Architekturvarianten auf der Basis der Kriterien und Randbedingungen durchgeführt werden. Anhand der ermittelten Kenngrößen (siehe Kapitel 3.4) sind erste Aussagen über das Timing-Verhalten möglich.

2. Auf der Basis der gewonnenen Erkenntnisse aus Punkt 1 kann dann in der Spezifikationsphase die Definition der Timing-Anforderungen und -Randbedingungen für die einzelnen Systeme erfolgen. Diese Angaben können als weitere Anforderungen dann in die Lastenhefte einfließen. Hieraus ergeben sich dann die funktionalen Anforderungen an die Einzelkomponenten in einem verteilten System.

3. In der Implementierungsphase kann auf der Basis der Anforderungen eine Timing-Auslegung der Systeme erfolgen.

4. Im rechten Ast des V-Modells erfolgt die Timing-Absicherung. Erst auf Komponentenebene und dann auf Systemebene, anhand der aus Punkt 1 und Punkt 2 abgeleiteten Testfälle und Bewertungskriterien.

5. Über die während der Testphase durchgeführten Messungen können die Bewertungskriterien und Anforderungen weiter verfeinert werden. Zusätzlich können die Informationen als Eingangsdaten (Frontloading) für die Entwurfsphase der nächsten Architekturgeneration dienen.

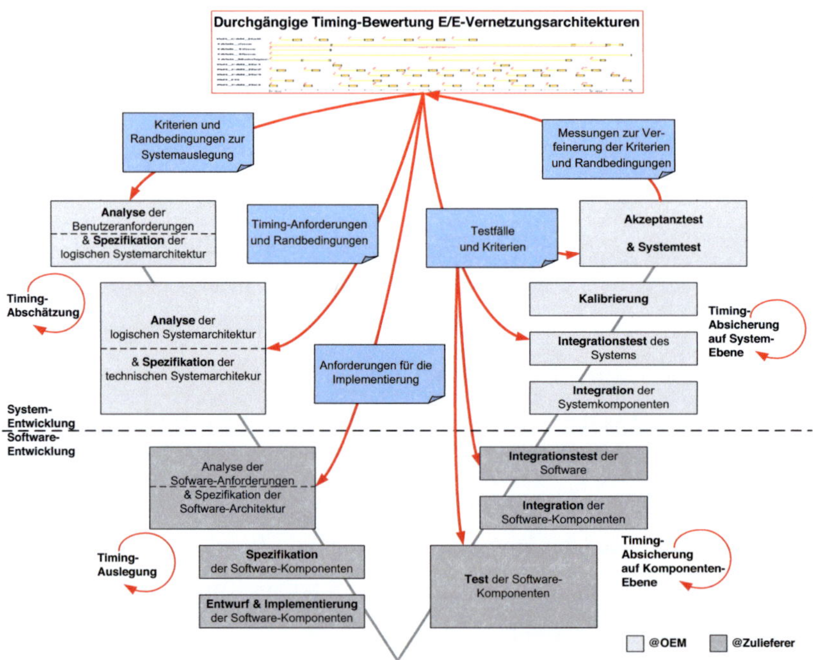


Abb. 7.1.: Durchgängige Timing-Bewertung für den Entwurf, die Auslegung und Absicherung von Vernetzungsarchitekturen im Kraftfahrzeug

Um die in Abbildung 7.1 Timing-Bewertungen durchgängig durchführen zu können wird im Folgenden eine Methodik diskutiert sowie ein Konzept für eine Werkzeugkette vorgestellt, die sich optimal in den existierenden E/E-Entwicklungsprozess eingliedert.

Weiterhin wird ein Konzept vorgestellt, welches die Generierung von sogenannten *Routing-Testpattern* ermöglicht. Dieses Konzept gliedert sich direkt in die vorgestellte Werkzeugkette ein. Den Routing-Testpattern liegt folgender Gedanke zu Grunde: Am Komponenten-HiL des OEMs liegen die Steuergeräte meist als Black-Boxen vor. Bei den Tests der applikativen Umfänge wurde das Routing bisher nur über eine einfache Restbussimulation stimuliert. Hierfür wurden die als zyklisch definierten Botschaften verwendet. Für die dynamischen Anteile erfolgte keine Berücksichtigung. Dieses Vorgehen verursacht jedoch nur eine kleine bis mittlere Routing-Grundlast während eines Tests der Applikation. Die gezielte Erzeugung von Routinglast gleichzeitig zu funktionalen Tests wurde bisher nicht angewendet.

## 7.1. Methodik und Werkzeugkette

Die Werkzeugkette ist in abstrakter Form in Abbildung 7.2 aufgezeigt. Als Datenquellen für die Timing-Informationen kommen im aktuellen Entwicklungsprozess verschiedene Werkzeuge in Frage. In der frühen Phase werden meist Architekturmodellierungswerkzeuge verwendet, während in der Entwicklungsphase meist auf einer Entwicklungsdatenbank gearbeitet wird. Um einen effizienten Datenaustausch zu ermöglichen, wurde auf den Standardaustauschformaten aufgesetzt (z.B. AUTOSAR und FIBEX).

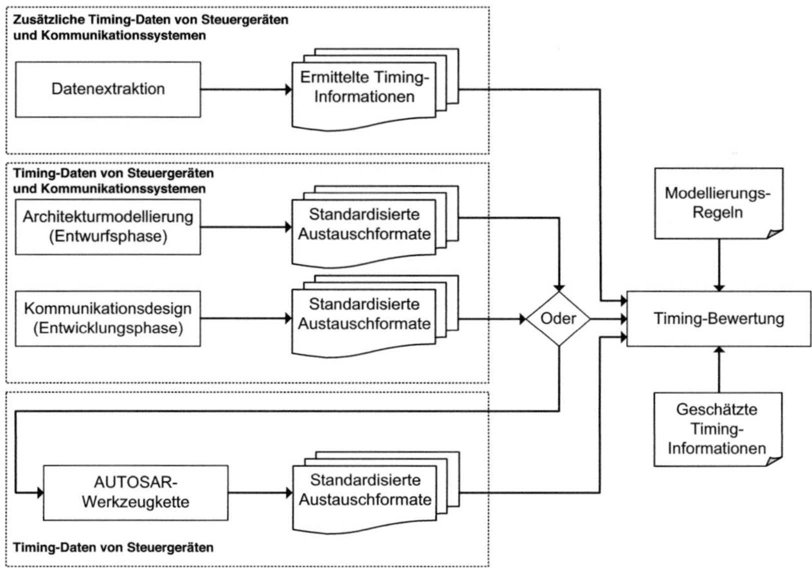


Abb. 7.2.: Konzept der Werkzeugkette für die durchgängige Timing-Bewertung im Entwicklungsprozess von E/E-Architekturen im Kraftfahrzeug

Zusätzlich zu den Daten aus den Architekturwerkzeugen sind noch weitere Informationen für die Timing-Bewertung notwendig. Diese stehen insbesondere in der frühen Entwurfsphase noch nicht zur Verfügung. Über das in Kapitel 5 aufgezeigte Verfahren sind diese Daten, mittels einer Datenextraktion aus bereits existierenden Vernetzungsarchitekturen ermittelbar und können als initiale Werte beim Entwurf von E/E-Architekturen verwendet werden.

Tab. 7.1.: Beispiel für die Umsetzung der Sendetypen *(Transmission Types)* zwischen PREEvision und SymTA/S anhand des FIBEX-Standards [130]

| **PREEvision** | **SymTA/S** | **FIBEX Timing Types** |
|---|---|---|
| zyklisch *(cyclicX)* | periodic | cyclic 1: set<br>cyclic 2: unset<br>final repetition: unset<br>debounce: : unset |
| sofort<br>*cyclicAndSpontanWithDelay* | mixed | cyclic 1: set<br>cyclic 2: unset<br>final repetition: unset<br>debounce: : set |
| BAF *(cyclicIfAcive)* | direct | cyclic 1: set<br>cyclic 2: unset<br>final repetition: set<br>debounce: : unset |
| spontan *(spontan)* | direct | cyclic 1: unset<br>cyclic 2: unset<br>final repetition: unset<br>debounce: : unset |
| schnell<br>*(cyclicIfAcitveFast)* | periodic | cyclic 1: set<br>cyclic 2: set<br>final repetition: unset<br>debounce: : unset |

Weiterhin können die Werte auch geschätzt werden. In einer späteren Entwicklungsphase sind diese Annahmen durch die realen Werte ersetzbar. Ferner sind für eine exakte Bewertung die Modellierungsregeln aus Kapitel 6 anzuwenden.

Durch den Einsatz von standardisierten Schnittstellen ist eine Erweiterung des Datenaustausches zwischen den Werkzeugen ohne großen Aufwand möglich. Ein wichtiger Punkt ist die Transformation der Ereignismodelle. Anhand des FIBEX-Standards ist eine exemplarische Umsetzung zwischen den Werkzeugen PREEvision und SymTA/S in Tabelle 7.1 aufgezeigt. Als Beispiele kommen die Daimler-Sendetypen zum Einsatz (siehe Abschnitt 3.1.3).

Eine weitere Optimierung des Datenaustausches zwischen den beteiligten Werkzeugen kann durch den Einsatz der AUTOSAR-Timing-Beschreibungen [15] erreicht werden. Diese sind seit dem AUTOSAR-Release 4.0 Bestandteil der Austauschformate. Für die Verwendung der Timing-Attribute sind jedoch noch in den Datenmodellen der verwendeten Architekturentwicklungswerkzeugen die entsprechenden Attribute zu integrieren und zu pflegen.

## 7.2. Konzept zur Generierung von Routing-Testpattern

Das im Folgenden vorgestellte Konzept ermöglicht unter Verwendung von statischen Timing-Analyseverfahren und eines *Routing-Pattern-Generators* die Generierung von Routing-Testpattern für den Komponenten-HiL. Diese Testpattern erzeugen gezielt an Steuergeräten mit Gateway-Anteilen eine maximale Routinglast. In Verbindung mit Tests der Applikationen kann so eine genauere Absicherung solcher Systeme durchgeführt werden. Weiterhin kann dabei das korrekte Routingverhalten (z.B. kein Botschaftsverlust, kein signifikanter Anstieg der Routinglatenzzeiten) bei aktiven Applikationen sichergestellt werden. Während einer hohen Belastung des Systems durch Routing ist der Nachweis möglich, dass auch in diesem Fall die applikativen Aufgaben des Steuergerätes korrekt ausgeführt werden. In Abbildung 7.3 ist ein solcher Fall dargestellt.

Über die Routing-Testpattern werden gezielt auf allen CAN-Bussen synchron Bursts von zu routenden Botschaften auf den Bus gelegt, welche die Routinglast an einem Gateway-Steuergerät erhöhen. Ist an das Gateway auch ein FlexRay-Bus gekoppelt, erfolgt die Synchronisation der CAN-Bursts auf den FlexRay-Job, welcher die längste Ausführungszeit besitzt. In einem FlexRay-Job wird das Schreiben und das Lesen der

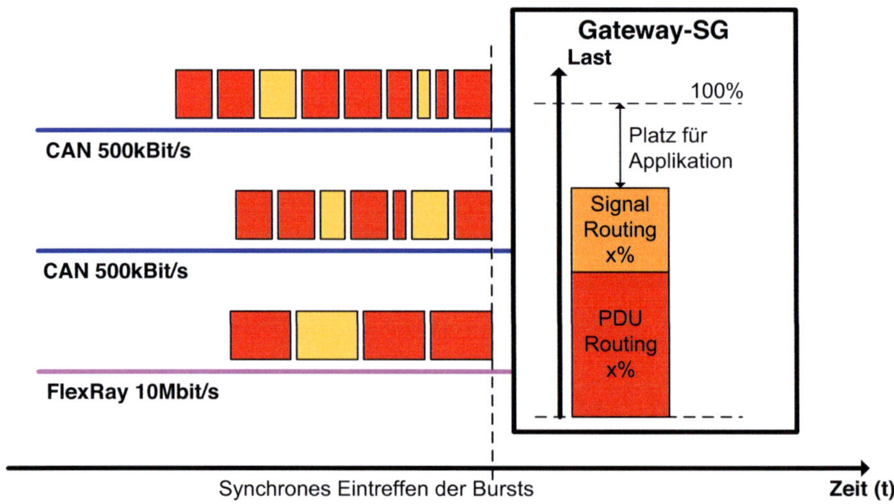


Abb. 7.3.: Synchrones Eintreffen von Bursts auf den CAN-Bussen und Aktivierung des FrJobs mit der längsten Ausführungszeit

Botschaften aus dem *Message RAM* des FlexRay-Controllers realisiert (siehe hierzu die AUTOSAR FlexRay-Schnittstellen-Spezifikation [11]).

Das Konzept für die Generierung ist in Abbildung 7.4 aufgezeigt. Die schlimmsten Bursts auf den CAN-Bussen können über eines der in Kapitel 4 vorgestellten Analyseverfahren berechnet werden. Als Eingangsdaten für die Berechnung werden die K-Matrizen sowie die Offsettabellen und die Jitter der Steuergeräte benötigt. Diese Werte sind entweder vom Zulieferer bereit zu stellen oder es erfolgt die Ermittlung der Werte über das in Kapitel 5 vorgestellte Extraktionsverfahren. Als weitere Information wird die Liste an Botschaften/Signalen benötigt, welche später auf dem Komponenten-HiL für die Prüfung der Applikationen verwendet werden. Diese Botschaften/Signale sind bei der Berechnung der Bursts zu deaktivieren und dürfen nicht mit berücksichtigt werden.

Anschließend wird für jede Botschaft $m_k \in M$ der K-Matrizen die maximale Antwortzeit bestimmt. Die Reihenfolge der Botschaften, die für die Verzögerung einer Botschaft $m_k$ verantwortlich sind, werden als Burst $b_k$ gespeichert. Die Menge $B_M$ enthält alle Bursts der Botschaften einer K-Matrix. Alle ermittelten Bursts $b_k \in B_M$ sowie die Routinginformationen und die K-Matrizen werden im nächsten Schritt an den

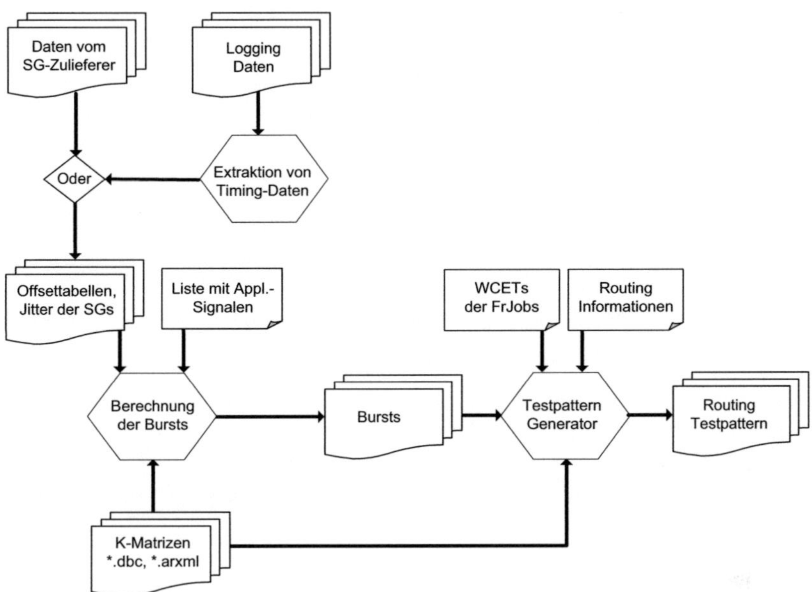


Abb. 7.4.: Werkzeugkette zur Erstellung von Routing-Testpattern für den Komponenten-HiL

*Pattern-Generator* übergeben. Der Pattern-Generator gewichtet die einzelnen Bursts $b_k$ anhand einer Gewichtungsfunktion 7.1 und den Routinginformationen. Dabei wird über die Gewichtungsfaktoren ($n_{pdu}$, $n_{com}$ und $n_{none}$) der Burst $b_{wc}$ ermittelt, welcher für das Gateway die schlimmste Last erzeugt. Die Gewichtungsfaktoren geben an, welcher Routingvorgang am meisten CPU-Zeit belegt. Anschließend werden die schlimmsten Bursts der einzelnen Busse synchronisiert und in einer abspielbaren Loggingdatei gespeichert. Ist auch ein FlexRay-Bus an das Gateway gekoppelt, wird für die Synchronisation der CAN-Bursts der Zeitpunkt ausgewählt, bei dem der längste FrJob zur Ausführung kommt.

$$b_{wc} = \max_{b_k \in B}\left(\#PduR_{b_k} \cdot n_{pdu} + \#ComR_{b_k} \cdot n_{com} + \#NoneR_{b_k} \cdot n_{none}\right) \text{ mit}$$

$n_{pdu}, n_{com}$ und $n_{none} \in \mathbb{N}$

$n_{pdu}$ : Gewichtungsfaktor für PDU-/Botschafts-Routing

$n_{com}$ : Gewichtungsfaktor für COM-/Signal-Routing

$n_{none}$ : Gewichtungsfaktor für Botschaften, die nicht geroutet werden

[7.1]

## 7.3. Bewertung der Methodik und Konzepte

### 7.3.1. Bewertung der Methodik

Die vorgestellte Methodik für eine durchgängige Bewertung des Timing-Verhaltens von Vernetzungsarchitekturen und Gateway-Systemen wurde im Rahmen dieser Dissertation in der Forschung/Vorentwicklung der Daimler AG erarbeitet. Die umgesetzte prototypische Werkzeugkette ist in Abbildung 7.5 dargestellt. In der frühen Entwurfsphase werden die Vernetzungsarchitekturen im E/E-Architektur-Werkzeug *PREEvision* der Firma Aquintos modelliert [6]. Über ein standardisiertes Austauschformat (Fibex oder AUTOSAR) sind die für eine Timing-Bewertung notwendigen Artefakte exportierbar. In der Entwicklungsphase kommt das Daimler-interne *Communication Design Framework XDIS* zum Einsatz. Als Exportformate steht hier neben FIBEX und AUTOSAR auch das DBC-Format zur Verfügung. Für die Bestimmung der Ausführungszeiten der Funktionen und Tasks, der relevanten Gateway-Steuergeräte, wird über eine gängige AUTOSAR-Werkzeugkette (hier: *MICROSAR* von der Firma Vector-Informatik [139]) der Software-Stack konfiguriert und kann dann kompiliert werden (hier: *GHS-Compiler* der Firma Greenhills [42]). Die anschließende WCET-Analyse (hier: *aiT* der Firma Angewandte Informatik AbsInt [1]) erhält als Input das Binary des Steuergeräts sowie die generierten (siehe Abschnitt 6.4.1) und manuell erstellten Annotationen. Für die Verifikation der Ausführungszeiten kann parallel dazu eine direkte Messung auf der Hardware erfolgen. Die ermittelten Ausführungszeiten sowie die exportierten Vernetzungsdaten aus PREEvision oder XDIS dienen als Eingangsdaten für das Timing-Analyse-Werkzeug (hier: *SymTA/S* der Firma Symtavision [116]). Für die exakte Modellierung und Analyse werden noch die Modellierungsregeln angewandt. Weiterhin können fehlende Timing-Informationen als Schätzwerte oder ermittelt aus der Datenextraktion (siehe Kapitel 5) eingefügt werden.

Über die in Abbildung 7.5 beschriebene Werkzeugkette ist eine durchgängige Bewertung des Timing-Verhaltens in den verschiedenen Phasen des Entwicklungsprozesses von Vernetzungsarchitekturen und Gateway-Systemen möglich. Im folgenden Kapitel 8 werden verschiedene Beispielsysteme mithilfe des Regelmodells und der entwickelten Werkzeugkette evaluiert, um die Methodik zu validieren.

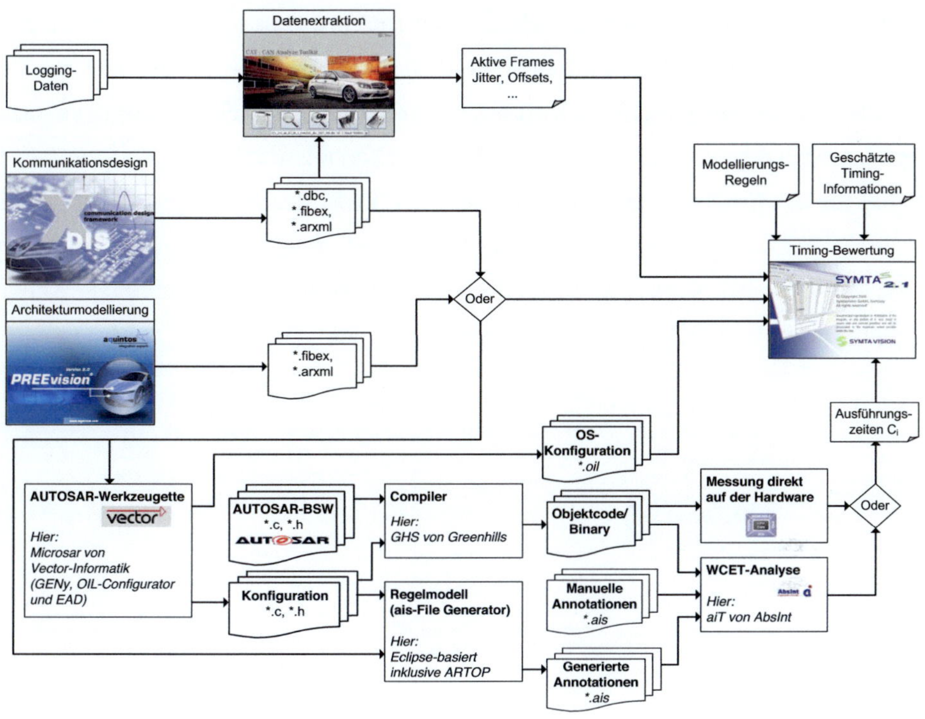


Abb. 7.5.: Umgesetzte Werkzeugkette für die durchgängige Timing-Bewertung im Entwicklungsprozess von E/E-Architekturen [128]

## 7.3.2. Bewertung des Konzeptes für die Routing-Testpattern

Der Mehrwert des Konzeptes liegt in der gezielten Erzeugung von Routinglast am Steuergerät mit Gateway-Anteilen, während der Durchführung von Tests der Applikation am Komponenten-HiL des OEMs. Dabei liegt das Steuergerät meist als Black-Box vor, d.h. das detaillierte interne Verhalten des Systems ist nicht bekannt. Über die aufgezeigte Vorgehensweise kann abgesichert werden, dass auch bei hohen Routinglasten die Applikationen auf dem Steuergerät korrekt ausgeführt werden, ohne dabei eine detaillierte Kenntnis über die interne Systemkonfiguration haben zu müssen. Der vorgestellte Generierungsablauf lässt sich direkt in den aktuellen Entwicklungsprozess eingliedern. In Abbildung 7.6 ist die Umsetzung für den Serienprüfstand des zentralen Gateway-Steuergerätes des PKW-Bereichs bei der Daimler AG aufgezeigt. Die ersten

Tests wurden bereits damit durchgeführt. Durch eine Instrumentierung der Steuergeräte Software konnte der Nachweis erbracht werden, dass sich die Antwortzeiten der Tasks durch die Routing-Testpattern stark erhöhen. Mit der gezielten Herbeiführung eines definierten Lastzustandes sind die Tests und deren Ergebnisse sicher reproduzierbar. Ein Beispiel für die Erhöhung der Antwortzeiten der Tasks des Steuergerätes ist der Task `ComTask`. Bei der Verwendung einer Restbussimulation lag die maximale Antwortzeit bei $T_{com} = 45\mu s$. Mit verwendeten Routing-Testpattern konnte die maximale Antwortzeit reproduzierbar mit $T_{com} = 168\mu s$ gemessen werden.

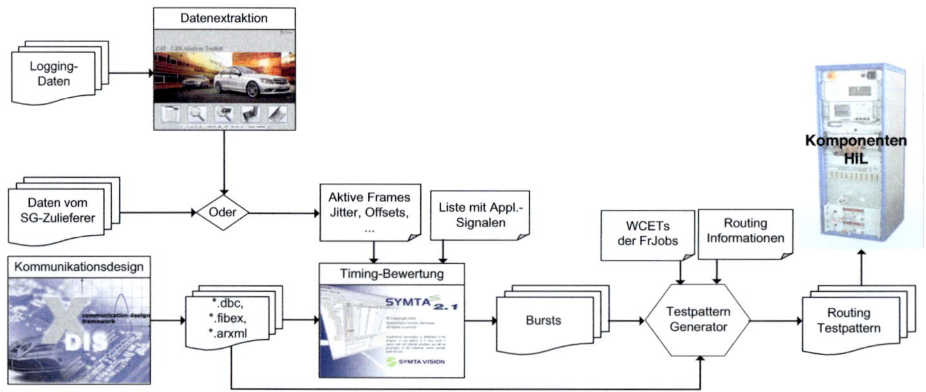


Abb. 7.6.: Realisierte Werkzeugkette zur Erstellung von Routing-Testpattern für den Komponenten-HiL

Durch den Einsatz der Routing-Testpattern am Komponentenprüfstand konnte die Testabdeckung signifikant gesteigert werden. Zukünftig kann bei vorliegenden Konfigurationsdaten (Gateway-Steuergerät als White-Box) sowie den notwendigen Timing-Informationen (Ausführungszeiten) über das in Abschnitt 6.4.2 entwickelte Gateway-Modell, der schlimmste Lastfall exakt bestimmt werden. Dieses kann dann als Grundlage für die Generierung der Routing-Testpattern dienen. Weiterhin gliedert sich das vorgestellte Konzept für die Generierung von Routing-Testpattern direkt in die Werkzeugkette für die Timing-Bewertung ein.

# 8. Evaluierung

In den vorangegangenen Kapiteln wurde ein Verfahren zur Extraktion von Timing-Informationen aus existierenden automotive Vernetzungsarchitekturen vorgestellt sowie Modellierungsregeln für eine verfeinerte Timing-Bewertung beschrieben. Die entwickelten Konzepte und Verfahren werden im Folgenden anhand von Beispielen aus der Praxis evaluiert. Weiterhin wird anhand der Beispiele die Tauglichkeit der entwickelten durchgängigen Timing-Bewertungsmethodik aufgezeigt. Bei den Beispielen handelt es sich um Vernetzungsarchitekturen und Gateways, die sich aktuell bei der Daimler AG für die nächste Fahrzeuggeneration in der Entwicklung befinden. Im Abschnitt 8.1 werden einige Timing-Bewertungsverfahren anhand eines Topologieausschnittes verglichen. Der Abschnitt 8.2 behandelt die Timing-Bewertung eines CAN-Busses. Im Abschnitt 8.4 wird ein Beispiel für die Extraktion von Betriebsszenarien diskutiert. In Abschnitt 8.4 erfolgt die Evaluierung eines AUTOSAR-basierten Gateways. Der Abschnitt 8.5 dieses Kapitels widmet sich der Bewertung einer Vernetzungsarchitektur anhand eines Ende-zu-Ende-Pfad-Beispiels.

Für alle Evaluierungsbeispiele wird zuerst ein kurzer Überblick über das System gegeben und die eingesetzte Werkzeugkette vorgestellt. Im Anschluss werden dann die erzielten Ergebnisse im Detail diskutiert.

## 8.1. Vergleich der Timing-Bewertungsverfahren

Um einen Überblick über den Stand der Technik der aktuellen Timing-Bewertungsverfahren zu bekommen, wurde gemeinsam mit der Universität Ulm eine Studie durchgeführt. Ziel war es, anhand eines realitätsnahen Evaluierungsbeispiels aus dem Automotive-Bereich einige der Verfahren einander gegenüberzustellen. Die folgenden Werkzeuge und Verfahren wurden miteinander verglichen. Ein Simulationswerkzeug: *ChronSim* der Firma Inchron [55] sowie drei Timing-Analyseverfahren: *SymTA/S* der Firma Symtavision [116], *EFIXES* der Universität Ulm [135] und *RTC* der Eidgenössischen

Technischen Hochschule Zürich [31]. Die Beschreibung der Verfahren ist in Kapitel 4 zu finden. Die analytischen Verfahren EFIXES und RTC-MPA sowie das Simulationswerkzeug ChronSim wurden an der Universität Ulm evaluiert. Die Modellierung des Beispiels mit dem Analyse-Werkzeug SymTA/S wurde im Rahmen dieser Arbeit durchgeführt.

### 8.1.1. Übersicht

Als Beispiel für die Evaluierung wurde ein Teilausschnitt einer aktuellen Vernetzungsarchitektur von Mercedes-Benz verwendet. Dieser Ausschnitt umfasste einen CAN-Bus mit 500kBit/s Übertragungsgeschwindigkeit und einen FlexRay-Bus mit 10MBit/s Übertragungsgeschwindigkeit. Am CAN-Bus sind 9 Steuergeräte und ein Gateway gekoppelt. Es werden 85 Botschaften versendet. Der FlexRay hat 6 Steuergeräte und ein Gateway. In Summe werden 28 Botschaften verschickt. Abbildung 8.1 zeigt den Teilausschnitt der Vernetzungsarchitektur. Diese wurde einem aktuellen Fahrzeug von Mercedes-Benz entnommen.

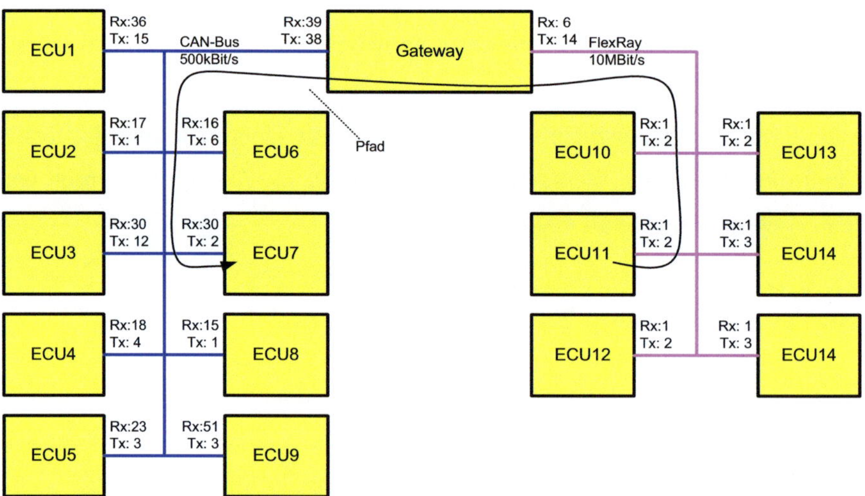


Abb. 8.1.: Ausschnitt der Vernetzungsarchitektur, welcher für den Vergleich der Verfahren verwendet wurde, inklusive der untersuchten Pfade: Pfad1 (*ECU*7 nach *ECU*11 und Pfad2 (*ECU*11 nach *ECU*7)

Im Fokus der Studie standen die Timing-Bewertung des CAN-Busses sowie die Ende-zu-Ende-Latenzzeiten (Reaktionszeiten) ausgewählter Pfade. Pfad1 geht von *ECU*7 nach *ECU*11 und Pfad2 verläuft von *ECU*11 nach *ECU*7. In Abbildung 8.2 ist die interne Taskstruktur von *ECU*7 dargestellt. Abbildung 8.3 zeigt die interne Taskstruktur von *ECU*11. Das *Gateway* ist mit Verzögerungselementen modelliert. Als Routinglatenzzeit wurde $L_{rout} = 1ms$ angenommen. Die Synchronisationseffekte am Übergang zwischen CAN und FlexRay werden bei der Simulation sowie der Analyse mit berücksichtigt.

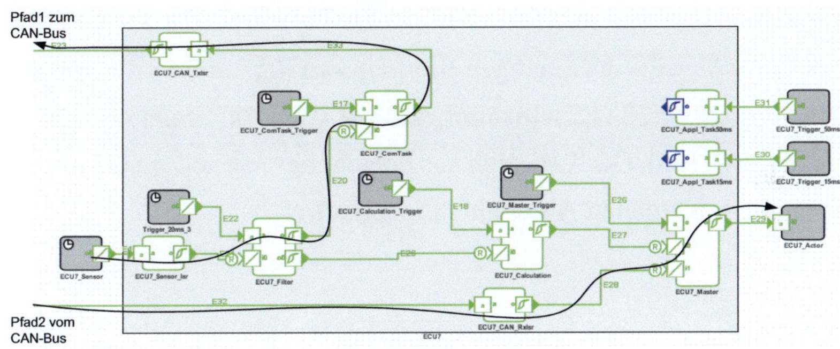

Abb. 8.2.: Modell der *ECU*7 in SymTA/S mit den einzelnen Tasks

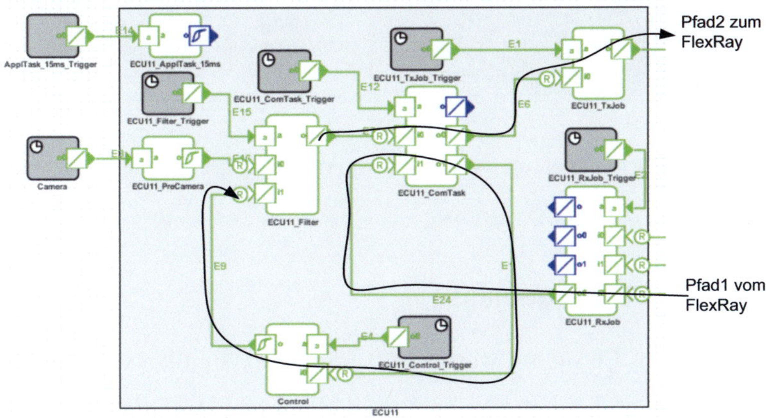

Abb. 8.3.: Modell der *ECU*11 in SymTA/S mit den einzelnen Tasks

## 8.1.2. Verwendete Werkzeugkette

Das verwendete Modell wurde aus dem Architekturwerkzeug *PREEvision* exportiert und in die ausgewählten Timing-Werkzeuge importiert. Je nach Werkzeug stand eine Standardimportschnittstelle zur Verfügung oder es mussten die Daten manuell angelegt bzw. Skript-basiert eingelesen werden. Das Werkzeug *ChronSim* ist ein Echtzeitsimulator für verteilte eingebettete Systeme. Es können damit sowohl einzelne Steuergeräte und Busse als auch komplette Vernetzungsarchitekturen simuliert werden. Hierfür stehen entsprechende Bibliotheken zur Verfügung (z.B. OSEK, FlexRay, CAN). *SymTA/S* ist ein Timing-Analyse-Werkzeug, welches auf den in Abschnitt 4.3.2 Verfahren basiert. Es stellt wie *ChronSim* alle notwendigen Bibliotheken für Automotive Systeme zur Verfügung. Das Werkzeug *EFIXES* wird am Lehrstuhl von Prof. Slomka an der Universität Ulm entwickelt [64], [63]. Der *RTC* ging aus Forschungsarbeiten am Lehrstuhl von Prof. Thiele hervor, diese wurden in Abschnitt 4.3.2 erläutert.

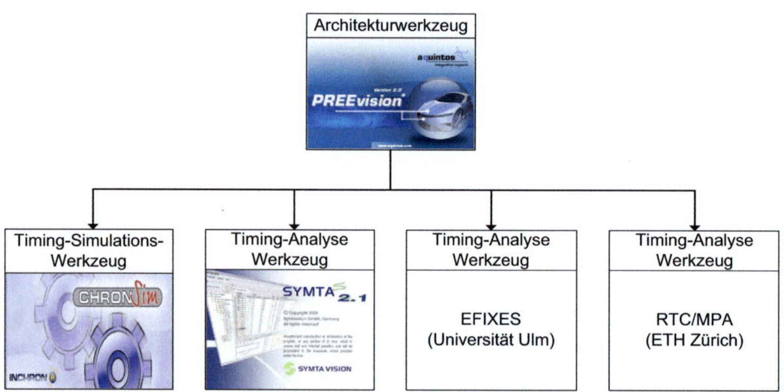


Abb. 8.4.: Vernetzungsarchitektur, welche für den Vergleich der Verfahren verwendet wurde

## 8.1.3. Diskussion der Ergebnisse

Für die Ergebnisse in ChronSim wurde 1*min.* simuliert. In allen vier Verfahren wurde für den CAN-Bus eine Buslast von 43% ermittelt. Die maximalen Antwortzeiten der Botschaften unterscheiden sich dagegen teilweise erheblich. Dies wird in Abbildung 8.5 deutlich.

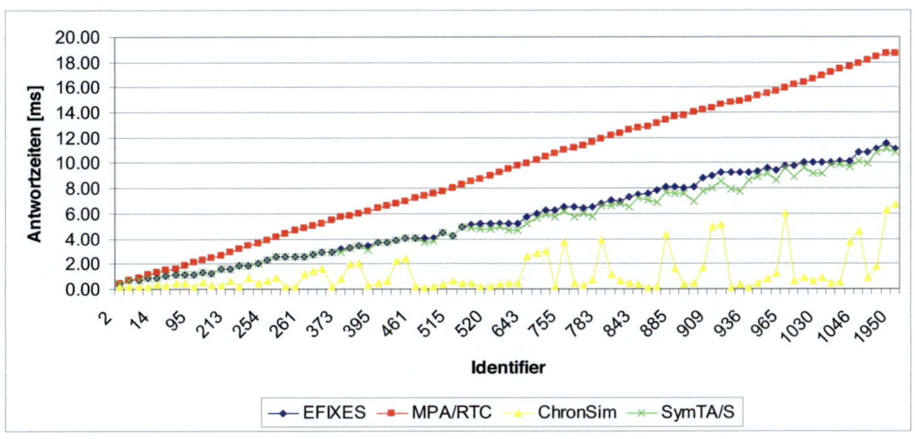


Abb. 8.5.: Vergleich der ermittelten Antwortzeiten des CAN-Busses

Bei den Ergebnissen des RTC-Verfahrens ist die Abweichung am größten. Grund hierfür ist, dass beim RTC die Offsets der Botschaften nicht bei der Berechnung berücksichtigt werden. Die ermittelten Werte von EFIXES und SymTA/S liegen sehr dicht beieinander. An einigen Stellen liegen die Ergebnisse von EFIXES oberhalb von SymTA/S. Der Grund ist das approximative Berechnungsmodell von EFIXES, welches in manchen Fällen überschätzt. SymTA/S dagegen liefert die exakten Werte. Die Ergebnisse der Simulation liegen unterhalb der analysierten Werte und weichen unterschiedlich stark von der Analyse ab. Dieser Effekt liegt darin begründet, dass während der Simulation nicht zwangsläufig der kritische Zustand für jede Botschaft auf dem Bus herbeigeführt wird. Zur Verdeutlichung der Ergebnisse sind in Abbildung 8.6 noch die relativen Antwortzeiten der Botschaften im Verhältnis zu deren Deadline dargestellt.

Die Ergebnisse für die Ende-zu-Ende-Latenzzeiten der Pfade sind in Abbildung 8.7 dargestellt. Als Pfadsemantik wurde die Reaktionszeit gewählt (siehe hierzu Abschnitt 3.4). In SymTA/S werden die Pfadsemantiken in der Analyse automatisch berücksichtigt. In ChronSim kann für die Pfade jeweils eine entsprechende Wirkkette angelegt werden. Bei EFIXES und RTC wurden die Pfade manuell anhand der Einzelergebnisse berechnet. Bei beiden Pfaden liegen die Ergebnisse von EFIXES und SymTA/S sehr dicht beieinander. Die ermittelten Werte von EFIXES sind etwas höher als die von SymTA/S berechneten. Der Grund hierfür ist die Approximation, die der Methodik von EFI-

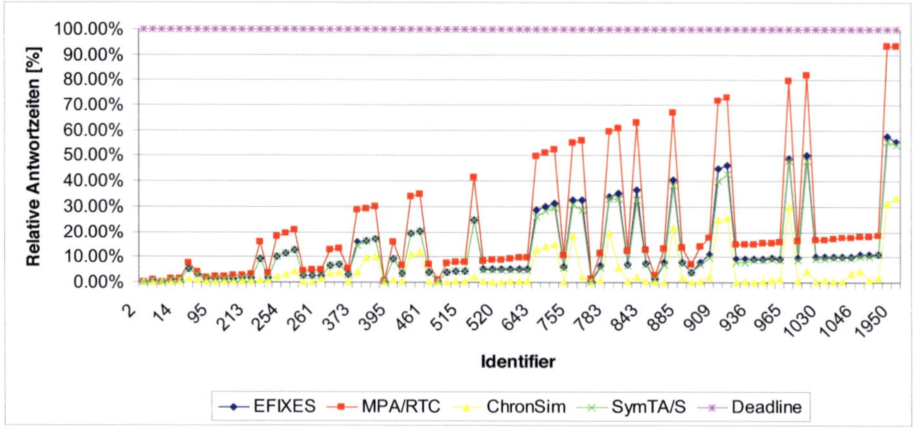

Abb. 8.6.: Vergleich der resultierenden relativen Antwortzeiten in [%] des CAN-Busses

XES zu Grunde liegt. Die Ergebnisse des RTC-Verfahrens liegen oberhalb der ermittelten Werte von EFIXES und SymTA/S. Ursache hierfür sind die höheren Antwortzeiten der CAN-Botschaften, welche mit dem RTC-Verfahren berechnet wurden. Steuergeräteintern liegen die Werte bei allen drei analytischen Verfahren sehr nah beieinander. Bei der Simulation mit ChronSim konnte für Pfad2 der *Worst-Case* fast exakt ermittelt werden. Für den Pfad1 dagegen wurde die maximale Reaktionszeit nicht ermittelt. Der Wert der Simulation für Pfad1 ist $29.433ms$. Der reale *Best-Case* liegt bei $2.311ms$, der *Worst-Case* basierend auf dem Ergebnis von SymTA/S hat den Wert $46.219ms$.

Das Ergebnis macht einen wichtigen Punkt sehr deutlich. Sowohl die analytischen Verfahren als auch bei der Simulation liegt inhärent immer folgende Herausforderung zu Grunde. Bei den analytischen Verfahren ist nicht immer sichergestellt, dass alle relevanten Kontexte bei der Analyse berücksichtigt wurden. Bei der Simulation ist es oftmals schwierig die exakten Eigenschaften und Parameter im Modell zu hinterlegen, welche sicher zum Auftreten des *Worst-Case* innerhalb eines Simulationslaufes führen. Aus diesem Grund ist es hilfreich sowohl Ergebnisse basierend auf analytischen Verfahren als auch von Simulation oder Messung zu ermitteln, um die Qualität der Werte einschätzen zu können.

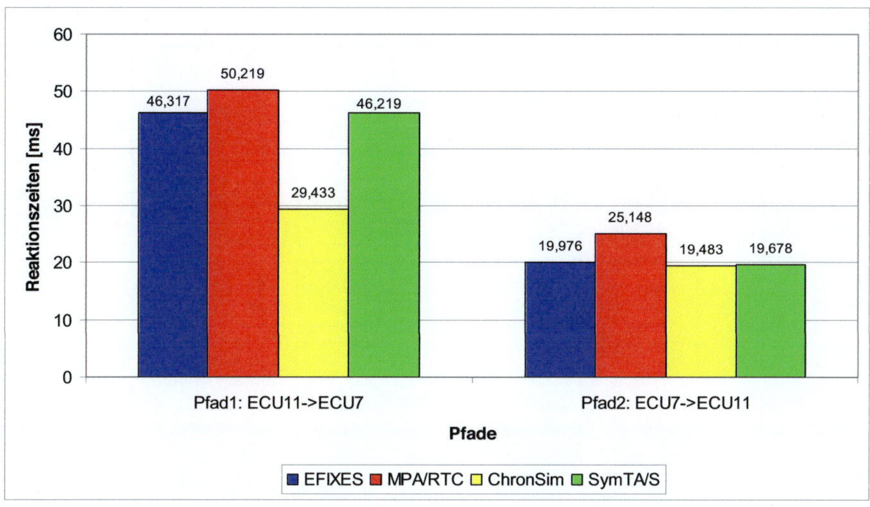


Abb. 8.7.: Vergleich Latenzzeiten der Ende-zu-Ende-Pfade anhand der Reaktionszeiten

## 8.2. Timing-Bewertung eines CAN-Busses

Für die korrekte Abbildung des Timing-Verhaltens von Kommunikationssystemen wurden in Kapitel 6 Modellierungsregeln diskutiert. An einem Praxisbeispiel wird im Folgenden die exakte Modellierung des Timing-Verhaltens eines CAN-Busses evaluiert. Weiterhin erfolgt der Vergleich eines Busses anhand von zwei Baureihengenerationen.

### 8.2.1. Übersicht

Als Beispiel dient ein CAN-Bus zweier Baureihen derselben Fahrzeugklasse. Die eine Variante *Variante 1* basiert auf der aktuellen Baureihe, d.h. alle Daten sind verfügbar und es können Messungen im Fahrzeug vorgenommen werden. Für die zweite Variante *Variante 2* wird eine Baureihe verwendet, die sich aktuell in der Entwicklung befindet. In Abbildung 8.8 ist der relevante Topologie-Ausschnitt dargestellt. Die Variante 1 umfasst 26 Steuergeräte und 1 Gateway sowie 160 Applikationsbotschaften. Die Variante 2 enthält 24 Steuergeräte und 1 Gateway sowie 183 Applikationsbotschaften. In beiden Varianten wird der CAN-Bus mit einer Übertragungsgeschwindigkeit von $125kBit/s$ betrieben.

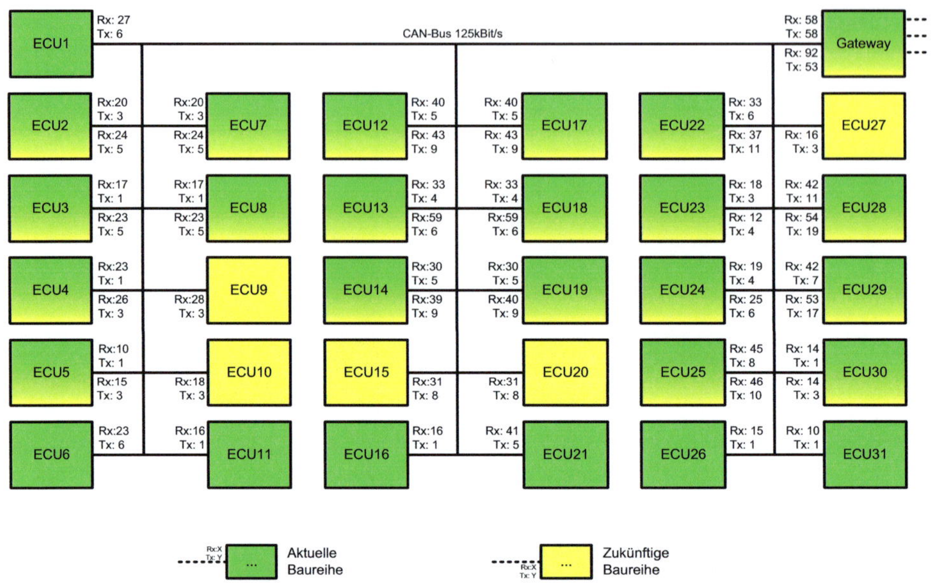



Abb. 8.8.: Topologie-Ausschnitt mit den beiden Konfigurationen des CAN-Busses (125kBit/s), aktuelle Baureihe (grün) und zukünftige Baureihe (gelb)

## 8.2.2. Verwendete Werkzeugkette

In Abbildung 8.9 ist die verwendete Werkzeugkette für die vergleichende Evaluierung des CAN-Busses darstellt. Die Analyse des CAN-Busses der aktuellen Baureihe erfolgte auf Basis der vorhandenen K-Matrizen (Export aus dem Daimler-internen *Communication Design Framework XDIS*). Zusätzlich wurden aus Messungen die Offsettabellen der Steuergeräte sowie die Jitter extrahiert und in das Analysemodell importiert. Für die Analyse der zukünftigen Baureihe wurde die Buskonfiguration wie in Abschnitt 6.3.5 beschrieben und im Architekturwerkzeug *PREEvision* modelliert. Die Generierung der Offsettabellen erfolgte auf zwei verschiedene Arten.

1. Für jedes Steuergerät wurde eine lokale Offsettabelle erzeugt *Variante 2a*.

2. Die Offsettabellen wurden global mit dem in Abschnitt 6.1.3 beschriebenen Algorithmus generiert *Variante 2b*. Als Parameter wurden folgende Werte verwendet: *Startzeit* $T_{Start} = 320ms$, *ComTaskCycle* $T_{Com} = 10ms$ und Anzahl Busse *NbOf-*

*Busses* = 4, diese ergibt sich über die Anzahl der am Gateway angeschlossenen Busse.

Als Jitter wurde für jedes Steuergerät $J = 0.5ms$ angenommen. Die spontanen Aktivierungen wurden auf 5 begrenzt. Weiterhin erfolgte die Anwendung der Modellierungsregeln für alle Analysemodelle.

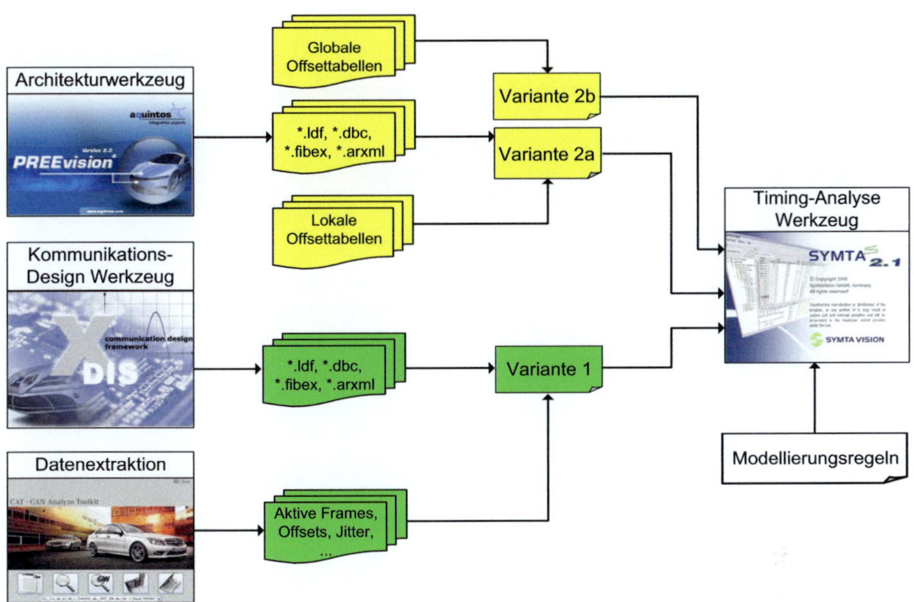


Abb. 8.9.: Verwendete Werkzeugkette für die CAN-Bus-Analyse und den Vergleich des Kommunikationsverhaltens zwischen zwei Baureihengenerationen

## 8.2.3. Diskussion der Ergebnisse

Für die aktuelle Baureihe (Variante 1) wurde eine zyklische Buslast von 38% berechnet. Die zyklische Buslast bei der neuen Baureihe (Variante 2a/2b) liegt bei 42%. Trotz der höheren Anzahl an Applikationsbotschaften in der neuen Baureihe (+23) fällt der Anstieg der Buslast verhälnismäßig gering aus. Dies liegt darin begründet, dass bei vielen bestehenden Botschaften in der neuen Baureihe die Zykluszeit reduziert wurde.

In Abbildung 8.10 sind die resultierenden maximalen Antwortzeiten der Botschaften dargestellt. Das Resultat für die aktuelle Baureihe zeigt die Linie mit *grün*. Die Ergebnisse für die beiden Offset-Varianten der neuen Baureihe stellt die Linie mit *blau* für die Variante 2a und die Linie mit *rot* für die Variante 2b dar.

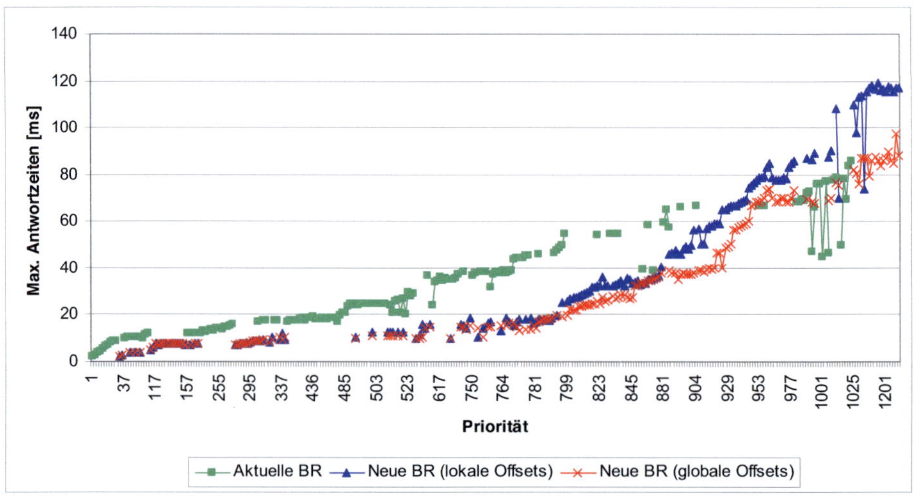


Abb. 8.10.: Vergleich der berechneten maximalen Antwortzeiten für die aktuelle Baureihe (grün) sowie die neue Baureihe mit lokal (blau) und global (rot) vergebenen Offsets

Die maximale Verbesserung der Antwortzeit zwischen der Variante 1 und Variante 2b liegt bei $31ms$ sowie im Mittel bei $15ms$. Durch die globale Optimierung des Offsets konnte eine Verbesserung von $38ms$ maximal und $8ms$ im Mittel erzielt werden. Die Ergebnisse zeigen die deutliche Verbesserung, welche durch die Vergabe von globalen Offsets erreicht werden kann.

Weiterhin werden in Abbildung 8.11 die Antwortzeiten (blau) den Deadlines der Botschaften mit Zykluszeiten bis $50ms$ (Variante 2b) gegenübergestellt. Keine der Botschaften überschreitet deren Deadline und auch der Abstand ist noch hinreichend groß, für spätere Erweiterungen. In Abbildung 8.12 sind noch die relativen Deadlines der Botschaften für die Variante 2b aufgeführt. Der schlimmste Fall liegt bei 56% der Zykluszeit für die Botschaft mit Priorität 501. Im Mittel liegt die relative Antwortzeit bei 13%.

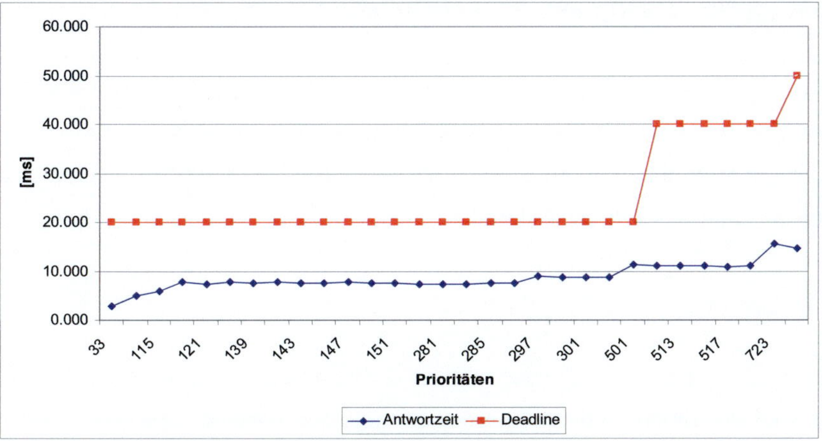

Abb. 8.11.: Gegenüberstellung der Antwortzeiten (blau) der Botschaften und deren Deadlines (rot); neue Baureihe mit globalen Offsets

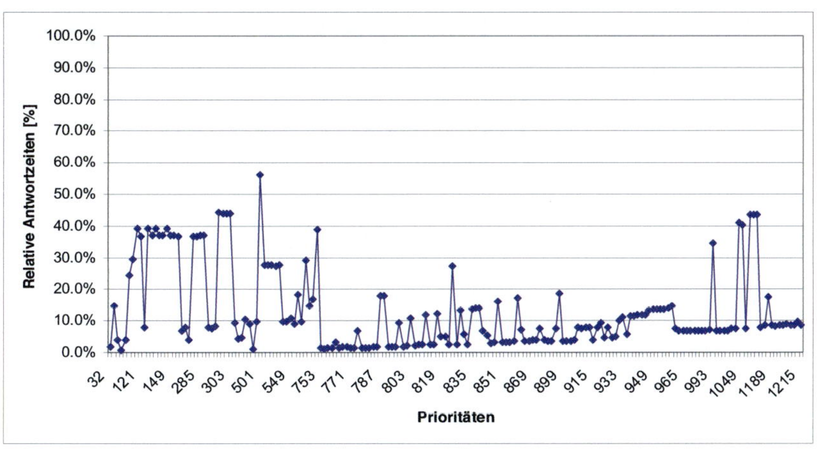

Abb. 8.12.: Relative Antwortzeiten der Botschaften; neue Baureihe mit globalen Offsets

## 8.3. Timing-Bewertung eines CAN-Busses via Szenarien

In Kapitel 5 wurde ein Verfahren vorgestellt, welches u.a. die Möglichkeit bietet, auf Basis von Fahrzeugmessungen (Loggingdaten) Betriebsszenarien zu extrahieren. Eine solche Datenextraktion wird im Folgenden anhand eines aktuellen CAN-Busses einer Baureihe von Mercedes-Benz diskutiert.

### 8.3.1. Übersicht

Als Beispiel dient ein Loggingdatensatz der Messung eines *Innenraum-CANs*. Über diesen Bus sind die Innenraumsteuergeräte miteinander vernetzt. Der Bus wird mit einer Übertragungsrate von $B = 125kBit/s$ betrieben. Es sind 22 Steuergeräte an den Bus gekoppelt. Insgesamt werden 116 Botschaften zwischen den Steuergeräte ausgetauscht.

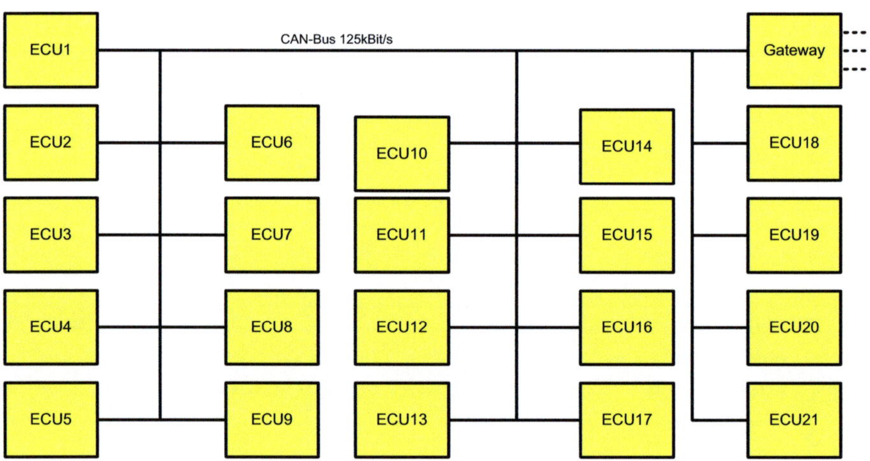


Abb. 8.13.: Topologie-Ausschnitt mit dem analysierten CAN-Bus einer aktuellen Baureihe von Mercedes-Benz Cars

### 8.3.2. Verwendete Werkzeugkette

Die verwendete Werkzeugkette ist in Abbildung 8.14 dargestellt. Der Loggingdatensatz sowie die K-Matrizen aus *XDIS* dienen als Input für das Werkzeug zur Datenextraktion.

Die extrahierten Szenarien und Timing-Attribute werden inklusive der K-Matrizen in das Timing-Analyse-Werkzeug *SymTA/S* importiert und analysiert.

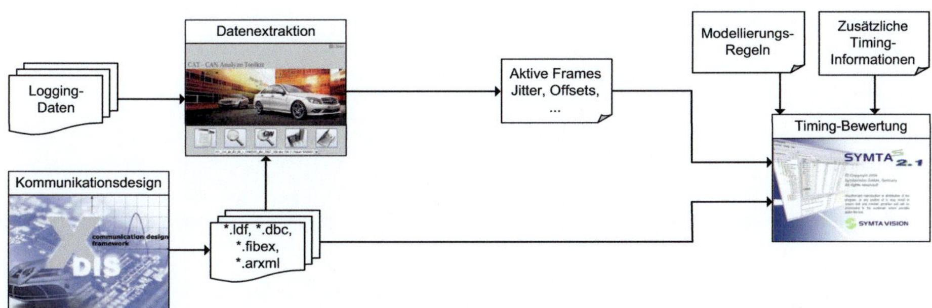


Abb. 8.14.: Verwendete Werkzeugkette für die Szenarien-Extraktion

Den Ablauf der Analyse zeigt Abbildung 8.15. Im ersten Schritt werden die Topologiedaten importiert und die Einstellungen des Busses übernommen. Im zweiten Schritt werden die Offsets und Jitter übergeben und die Einstellungen für Netzwerkmanagement und Diagnose gesetzt. Im dritten Schritt wird die globale Analyse ausgeführt, um die globalen maximalen Antwortzeiten zu ermitteln. In Schritt vier wird die Konfiguration für die Szenarien übergeben und die notwendigen Einstellungen gesetzt. Im letzten Schritt erfolgt die Analyse der einzelnen Szenarien und der Export der Ergebnisse.

## 8.3.3. Diskussion der Ergebnisse

In Abbildung 8.16 ist die ermittelte Buslast aufgeführt. Bei der Analyse des *globalen Worst-Case* ergab sich ein Wert von 54.7%. Dabei wurden alle periodischen Botschaften mit deren schnellsten Zykluszeit berücksichtigt. Aus dem Loggingdatensatz wurden insgesamt vier Betriebsszenarien extrahiert. Die hierfür ermittelten Buslasten liegen zwischen 36.7% bei *Schn3* und 53.4% bei *Scn1*.

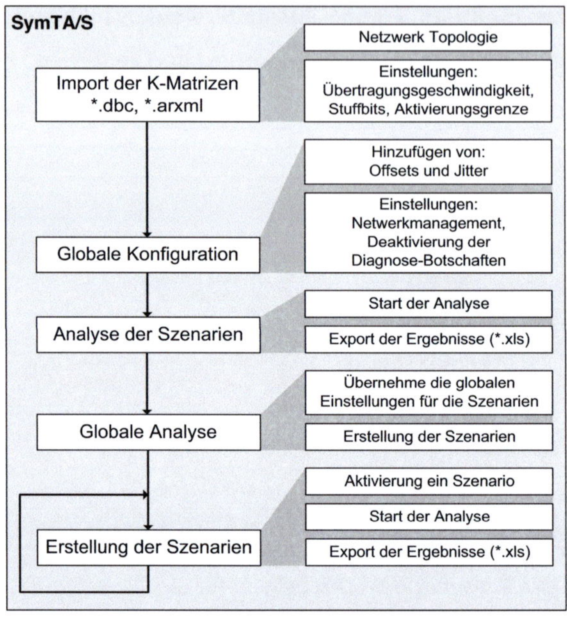



Abb. 8.15.: Ablauf der Analyse der Szenarien mit SymTA/S

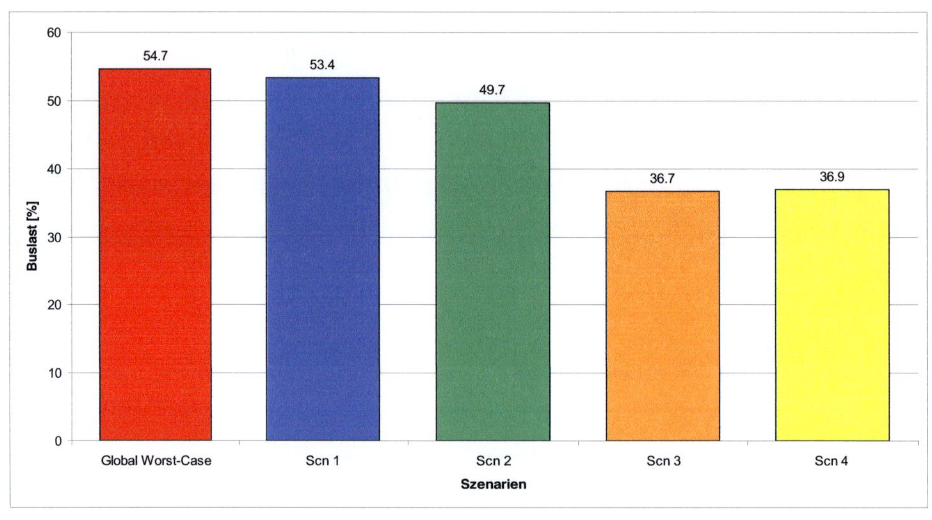



Abb. 8.16.: Buslast auf dem untersuchten CAN-Bus: Globaler Worst-Case (rot) und die berücksichtigten Szenarien *(Scn1 bis Scn4)*

Die Ermittlung der Buslasten für die einzelnen Szenarien ist ein Mehrwert des Verfahrens. Ein weiterer wird bei der Berechnung der maximalen Antwortzeiten der einzelnen Botschaften deutlich deutlich. In Abbildung 8.17 sind die maximalen Antwortzeiten für die Szenarien *(Scn1 bis Scn4)* sowie für den *Globalen Worst-Case* aufgezeigt. Im ersten Drittel (Priorität 1 bis 37) sind noch keine großen Unterschiede erkennbar, aber gerade im niederen Prioritätsbereich weicht der theoretische schlimmste Wert stark von den aus der Messung extrahierten Werten ab.

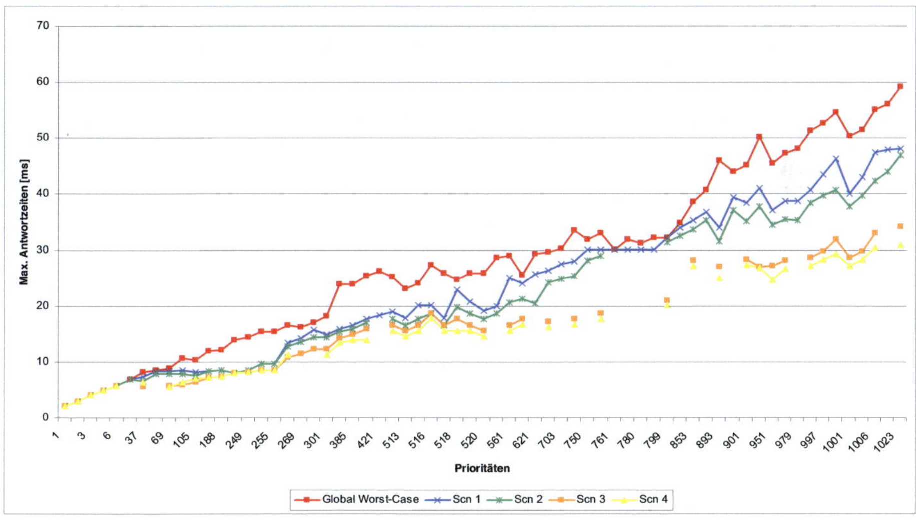



Abb. 8.17.: Maximale Antwortzeiten: Globaler Worst-Case und die Maximalwerte der Szenarien (Scn1 bis Scn4)

In Abbildung 8.18 wird der *Globale Worst-Case* mit den Maximalwerten aller vier Szenarien und den maximalen Antwortzeiten, welche direkt aus der Messung ermittelt wurden, verglichen. Dabei zeigt sich, dass die oberere Schranke der Szenarien die gemessenen Werte umfasst. Weiterhin wird hier der Nachteil einer reinen messbasierten Auswertung deutlich, da für viele Botschaften nicht der schlimmste Fall eingetreten ist. Dieser kann erst sicher über eine Timing-Analyse ermittelt werden.

Die Ergebnisse dieser Evaluierung haben gezeigt, dass die Ermittlung des *Global Worst-Cases* sehr wichtig ist, um die vollständige Absicherung einer Vernetzung auf

Basis von Fahrzeugmessungen zu gewährleisten. Über die Extraktion und Analyse der Szenarien kann ein besseres Bild über das tatsächliche Verhalten eines CAN-Busses gegeben werden. Dadurch lassen sich mögliche Überschätzungen der Analyseverfahren gezielter ermitteln und reduzieren. Bei der Auslegung der Vernetzung besteht so die Möglichkeit eine bessere Einschätzung über den Ist-Zustand zu treffen und gezielter Optimierungen durchführen.

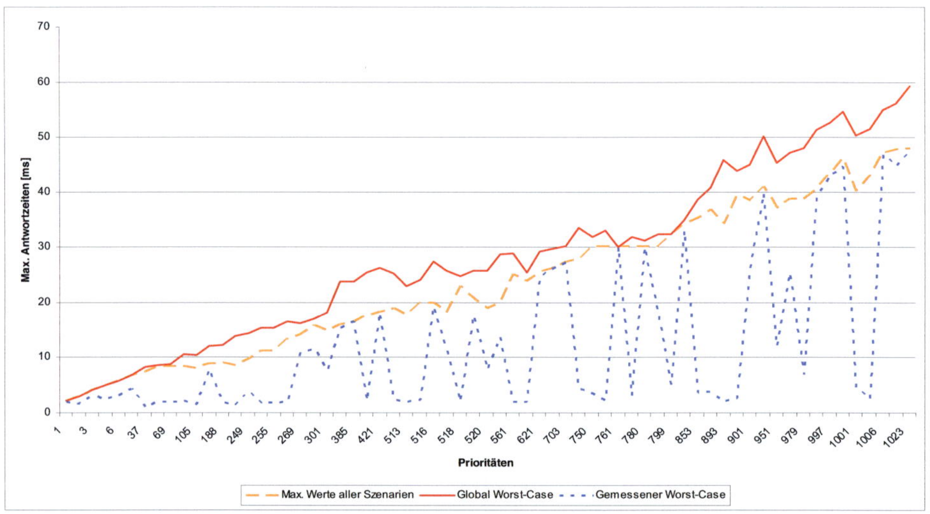


Abb. 8.18.: Vergleich des globalen Worst-Case mit den Maximalwerten der Szenarien (blau) sowie der gemessenen Werte

## 8.4. Timing-Bewertung eines AUTOSAR-basierten Gateways

Das in Abschnitt 6.4.1 eingeführte Regelmodell zur Ableitung von Annotation für eine WCET-Analyse, wird im Folgenden anhand eines konkreten AUTOSAR-basierten Gateways evaluiert. Um die Qualität der Analyseergebnisse bewerten zu können, wurden parallel dazu Vergleichsmessungen auf der realen Hardware durchgeführt. Ziel ist es, zum einen ein Delta bezüglich der gemessene WCET versus berechnete WCET zu erhalten und zum anderen soll der Anteil der automatischen generieren Annotation ins Verhältnis zu den implementierungsabhängigen Annotationen gestellt werden. In den folgenden Abschnitten erfolgt die Vorstellung der Ergebnisse aus Analyse und Messung sowie eine darauf aufsetzende Interpretation der Resultate.

### 8.4.1. Übersicht

Als Beispiel für die Evaluierung dient ein AUTOSAR-Gateway auf Basis eines 32-Bit Microkontrollers der Firma NEC *V850-PHO3*. Details zu dem Mikrocontroller sind in [84] und [85] zu finden. Als Software-Stack kommt die AUTOSAR-Basissoftware *Micorsar* der Firma Vector-Informatik zum Einsatz (siehe [137] und [139]). Die untersuchte Version des Gateway-Prototypen ist mit 80MHz getaktet und verfügt über eine CAN- und eine FlexRay-Schnittstelle. In Abbildung 8.19 ist das AUTOSAR-Gateway dargestellt.

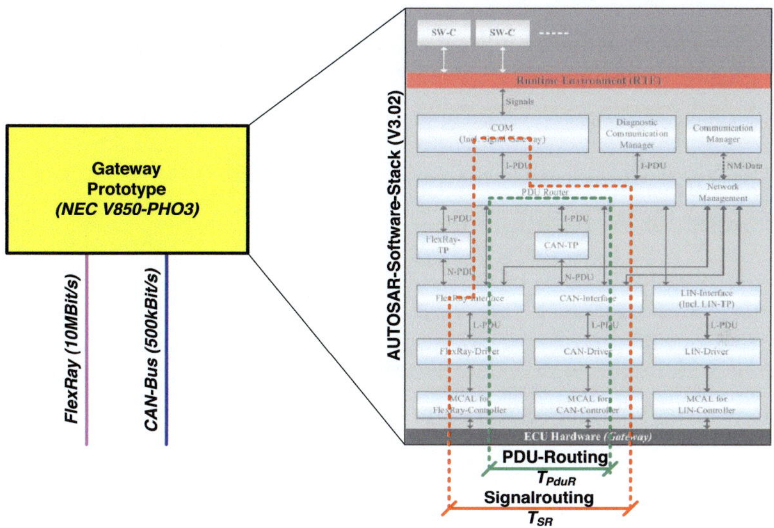


Abb. 8.19.: Gateway-Prototpye auf Basis eines *V850-PHO3* von NEC

In Tabelle 8.1sind die analysierten bzw. vermessenen Funktionen aufgeführt, welche im Folgenden näher diskutiert werden. Weiterhin erfolgte auch die Untersuchung der CAN-Interrupt-Routinen sowie der COM-Funktionen. Auf diese wird jedoch im Folgenden nicht weiter eingegangen.

Tab. 8.1.: Analysierte bzw. vermessene Funktionen des Gateways

| Funktionen | Beschreibung |
|---|---|
| TxJob1 | Sendejob für die Frames der Slots 1-39 im statischen Segment |
| TxJob2 | Sendejob für die Frames der Slots 40-88 im statischen Segment |
| TxJob3 | Sendejob für die Frames der Slots 89-331 im dynamischen Segment |
| RxJob1 | Empfangsjob für die Frames der Slots 1-39 im statischen Segment, inkl. *Tx-Confirmation* |
| RxJob2 | Empfangsjob für die Frames der Slots 40-88 im statischen Segment |
| RxJob3 | Empfangsjob für die Frames der Slots 89-331 im dynamischen Segment, inkl. *Tx-Confirmation* |

## 8.4.2. Verwendete Werkzeugkette

In Abbildung 8.20 ist die verwendete Werkzeugkette dargestellt. Ausgehend von einer AUTOSAR-Gateway-Konfiguration *(ECU-Extract.arxml)* wurde über die AUTOSAR-Werkzeugkette der Konfigurationscode für das Gateway generiert.Die Konfigurationsdateien wurden zusammen mit den AUTOSAR-BSW-Dateien compiliert. Das generierte *Binary* konnte dann zum einen für die Messungen direkt auf den Prototypen geladen werden, zum anderen bildete das Binary auch die Grundlage für die WCET-Analyse. Die Annotationen wurden über das Regelmodell erzeugt sowie manuell vorgegeben. Das *ECU-Extract.arxml* und die Konfigurationsdateien dienten als Eingabe für das Regelmodell. Auf Basis dieser Informationen wurden die Annotationen generiert. Zu Beginn der Messung erfolgte auch die Verifikation der analysierten Ausführungspfade, um sicherzustellen, dass nur die im Normalbetrieb aktiven Codestücke berücksichtigt wurden. Nach erfolgreicher Messung und Analyse konnten die Ergebnisse ausgewertet werden.

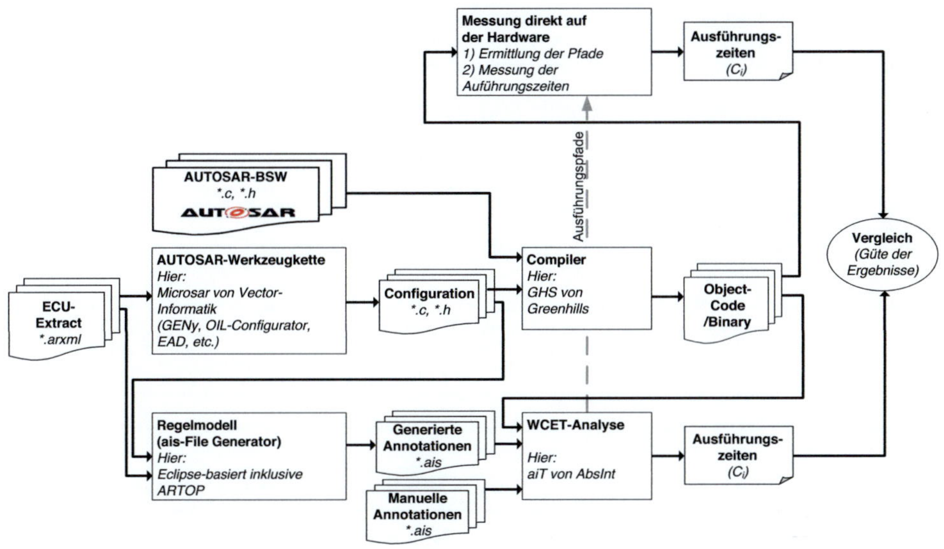


Abb. 8.20.: Für die Evaluierung verwendete Werkzeugekette

## 8.4.3. Analyse der Ausführungszeiten mit aiT

Für die Analyse der Ausführungszeiten kam das statische Analysetool *aiT* der Firma AbsInt zum Einsatz [1]. Die Annotationen, welche für eine korrekte Code-Analyse notwendig sind, wurden über die in Abschnitt 6.4.1 beschriebenen Regeln generiert. Um die Steigerung der Analysegenauigkeit durch die Modellierungsregeln und die manuellen Annotationen zu verdeutlichen, wurden die FlexRay-Jobs in drei Schritten analysiert:

1. Es wurden nur generische Annotationen und Schleifenbegrenzungen verwendet: $WCET_{gen}$.

2. Zusätzlich zu den Annotationen aus Schritt 1, kamen die generierten Annotationen auf der Basis der AUTOSAR-Systembeschreibungen hinzu: $WCET_{not}$.

3. Die Annotationen aus Schritt 1 und Schritt 2 wurden noch durch die manuellen, implementierungsspezifischen Annotationen ergänzt: $WCET_{all}$.

In Tabelle 8.2 sind die ermittelten Ausführungszeiten für die einzelnen FlexRay-Jobs angegeben. Seitens der Firma AbsInt wird eine Überschätzung der Ausführungszeiten von $20 - 35\%$ Prozent für die Modelle angegeben.

Tab. 8.2.: Analysierte Ausführungszeiten der FlexRay-Jobs des Prototypen-Gateways [133]

| Job-Kontext | Anzahl PDUs | $WCET_{gen}[\mu s]$ | $WCET_{not}[\mu s]$ | $WCET_{all}[\mu s]$ |
|---|---|---|---|---|
| TxJob1 | 4 | 196.0 | 116.0 | 94.9 |
| TxJob2 | 2 | 131.0 | 74.1 | 58.8 |
| TxJob3 | 15 | 4381.0 | 462.0 | 378.0 |
| RxJob1 | 7 | 997.0 | 484.0 | 334.0 |
| RxJob2 | 6 | 1077.0 | 305.0 | 231.0 |
| RxJob3 | 10 | 7587.0 | 957.0 | 658.0 |

Die Ergebnisse zeigen deutlich, dass die Überschätzung über die verfeinerten Annotationen deutlich reduziert wird. Am größten ist die Verbesserung durch die generierten Annotationen. Für TxJob3 beträgt die Verbesserung 80% gegenüber der Analyse mit nur den generischen Annotation. Über die implementierungsspezifischen Annotationen ist eine weitere Steigerung der Genauigkeit von maximal 30% gegenüber den generierten Annotationen möglich. Um die Analyseergebnisse zu verifizieren wurden umfangreiche Messungen durchgeführt. Diese werden im Folgenden näher erläutert.

## 8.4.4. Messungen auf der Hardware

Um die Analyseergebnisse bewerten zu können, wurden umfangreiche Messungen auf der realen Hardware durchgeführt. Im ersten Schritt galt es den analysierten Pfad nachzuvollziehen und zu stimulieren, um dann in einem zweiten Schritt die Ausführungszeit messen zu können. Als Messaufbau wurde ein in Abschnitt 8.4.1 vorgestelltes Prototypen-System verwendet. Mittels entsprechender PC-Hardware wurde ein Restbus für CAN und FlexRay simuliert. Für das Versenden der Botschaften wurden Worst-Case

Szenarien für alle untersuchten Softwareroutinen erstellt, die die ermittelten Worst-Case-Pfade der WCET-Analyse stimulieren. Die Messungen der Ausführungszeiten der Softwareroutinen erfolgte über freie *General Purpose I/Os (GPIO)* Pins des Prozessors. Dafür wurde in den relevanten Softwarefunktionen Befehle zur Aktivierung von GPIO-Ausgängen eingefügt. Die Messung an den Ausgängen erfolgte über ein Oszilloskop. Die Verifikation über diese Messmethodik stellt nicht den effizientesten Weg dar. Mit tracing-fähiger Debug-Hardware (siehe z.B. [41]) sind Programmpfade direkt aufzeichenbar und schneller auszuwerten. Eine solche Lösung stand im Rahmen dieser Arbeit jedoch nicht zur Verfügung.

### Pfadverifikation für die Messung

Für die gezielte Stimulation des Worst-Case-Pfades wurden die Schleifengrenzen und Verzweigungen der Softwareroutinen untersucht. Für alle in aiT annotierten Schleifen wurden im Quellcode Steuersignale für die GPIOs eingefügt. Im nächsten Schritt wurden während der Restbussimulation mit einem Speicheroszilloskop die Anzahl der Impulse gezählt. Somit konnte für jede Schleife und Funktion sichergestellt werden, dass die Anzahl der Iterationen bzw. Aufrufe dem ermittelten Worst-Case-Fall der Analyse entsprechen. In Abbildung 8.21 ist beispielhaft die Pfadverifizierung eines Empfangsjobs der FlexRay-Interfaces `FrIf_` dargestellt.

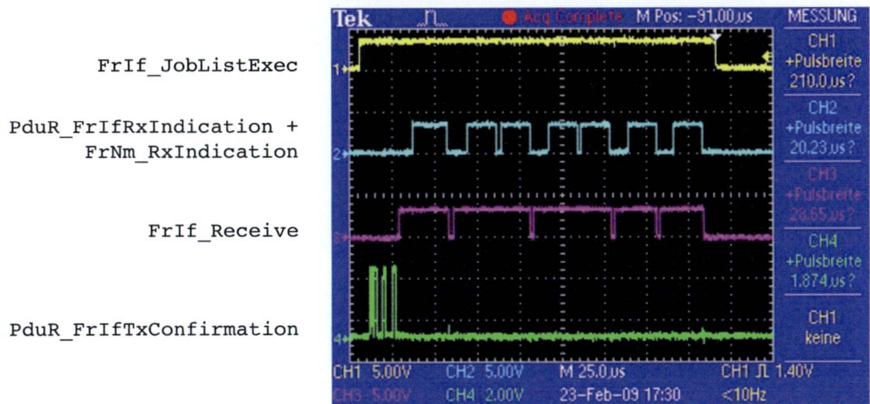


Abb. 8.21.: Verifikation des Ausführungspfades über GPIO-Operatitonen des RxJob1

Über den zweiten Kanal des Oszilloskops *CH2* wurde die Ausführungsanzahl der Benachrichtigungsfunktionen des PDU-Routers `PduR_FrIfRxIndication` und des Netzwerkmanagement-Moduls `FrNm_ RxIndication` gezählt. Dadurch konnte sichergestellt werden, dass der Worst-Case, in diesem Fall das Eintreffen von sieben PDUs, auch eingetreten ist.

## Messung der Ausführungszeiten

Nach der Pfadverifikation erfolgte die Messung der Ausführungszeit der Softwareroutine. Hierzu wurden den Funktionen die Steuerbefehle, welche für die Pfadermittlung notwendig waren, wieder entfernt, um die exakte Ausführungszeit ermitteln zu können. Direkt vor dem Aufruf der zu messenden Sofwareroutine und nach deren Beendigung blieb jeweils ein GPIO-Steuerkommando eingefügt. Im nächsten Schritt wurde nun die Restbussimulation mit den bei der Pfadverifikation ermittelten Einstellungen gestartet und die Ausführungszeit konnte ermittelt werden. In Abbildung 8.22 ist die Messung am Beispiel eines FlexRay-Empfangsjobs RxJob1 dargestellt. Im vorliegenden Fall beträgt die Ausführungszeit $C_i = 193,8\mu s$.

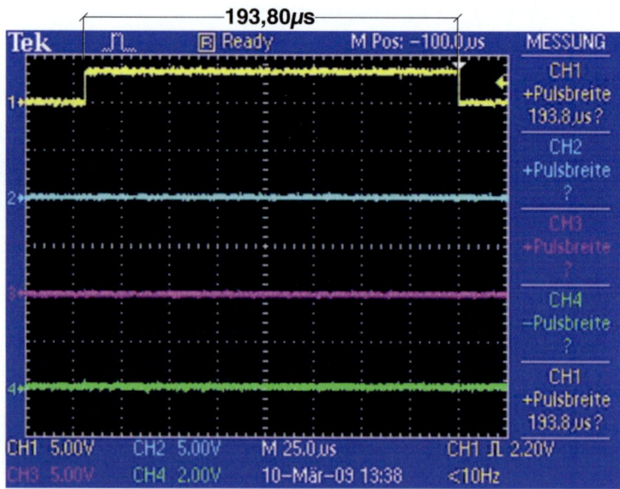



Abb. 8.22.: Beispiel für die Verifikation der Ausführungszeit *WCET*: Impulsmessung des RxJobs1

## 8.4.5. Diskussion der Ergebnisse

In Tabelle 8.3 sind die Ergebnisse der Analyse und die durch Messung ermittelten maximalen Ausführungszeiten gegenübergestellt. Weiterhin ist in der rechten Spalte das prozentuale Verhältnis zwischen Messung und Analyse ablesbar. Ein Verhältnis von 150% entspricht einer Überschätzung von 50% durch die WCET-Analyse gegenüber der Messung. Für die untersuchten Funktionen liegt die Überschätzung zwischen 42% und 70%.

Tab. 8.3.: WCET der FlexRay-Jobs: Vergleich von Messung und Analyse

| Kontext/Funktion | Messung $[\mu s]$ | Analyse $[\mu s]$ | Verhältnis A/M |
|---|---|---|---|
| TxJob1 | 66.00 | 94.95 | 144% |
| TxJob2 | 41.43 | 58.76 | 142% |
| TxJob3 | 256.80 | 378.0 | 147% |
| RxJob1 | 193.40 | 334.0 | 173% |
| RxJob2 | 142.70 | 213.0 | 149% |
| RxJob3 | 388.20 | 658.0 | 170% |

Das Delta zwischen der angegebenen Überschätzung von aiT und den vorliegenden Ergebnissen hat folgenden Grund: Es standen zum Zeitpunkt der Arbeit noch nicht alle Informationen über das zeitliche Verhalten des Prozessors sowie der relevanten Peripherie (RAM, Flash und Bus-Controller) der Firma AbsInt zur Verfügung, so dass an einigen Stellen im Prozessormodell noch konservative Annahmen hinterlegt waren. Diese werden, sobald die Informationen vorliegen, durch die tatsächliche Werte ersetzt. In diesem Zuge ist dann mit einer weiteren Verbesserung der Analyseergebnisse zu rechnen. Die Überschätzung sollte dann nur noch zwischen 25% und 35% liegen.

## 8.5. Timing-Bewertung einer Vernetzungsarchitektur

Aufgrund der zunehmenden Funktionsverteilung, insbesondere im Bereich der Fahrerassistenzfunktionen, wird die Timing-Bewertung von Ende-zu-Ende-Pfaden auf Signal- oder Botschaftsebene immer wichtiger. Im Folgenden werden ein solcher exemplarischer Pfad untersucht und die wichtigsten Eigenschaften, die zu berücksichtigen sind, herausgearbeitet.

### 8.5.1. Übersicht

Abbildung 8.23 zeigt den Architekturausschnitt mit den beteiligten Bussen und Steuergeräten des Ende-zu-Ende-Signalpfades. Vom Steuergerät *ECU1* wird eine Botschaft über den CAN-Bus *CAN1*, dem Gateway-Steuergerät *Central Gateway* und dem Flex-Ray-Bus *FlexRay* an das Steuergerät *ECU2* übertragen. Auf der *ECU2* ist der Funktionsmaster integriert, welcher eine Datenfusion verschiedener Sensorinformationen durchführt. Für die korrekte Funktionsweise des Regelalgorithmus innerhalb des Funktionsmasters ist das maximale Datenalter der einzelnen Sensorwerte wichtig.

Nach abgeschlossener Auswertung der Sensordaten schickt der Funktionsmaster eine Botschaft zum Steuergerät *ECU3*. Dieses aktiviert bei entsprechenden Datenwerten eine Funktion. Für diesen Pfad ist nicht das maximale Datenalter von Bedeutung, sondern die maximale Verzögerung, die auftreten kann (Reaktionszeit).

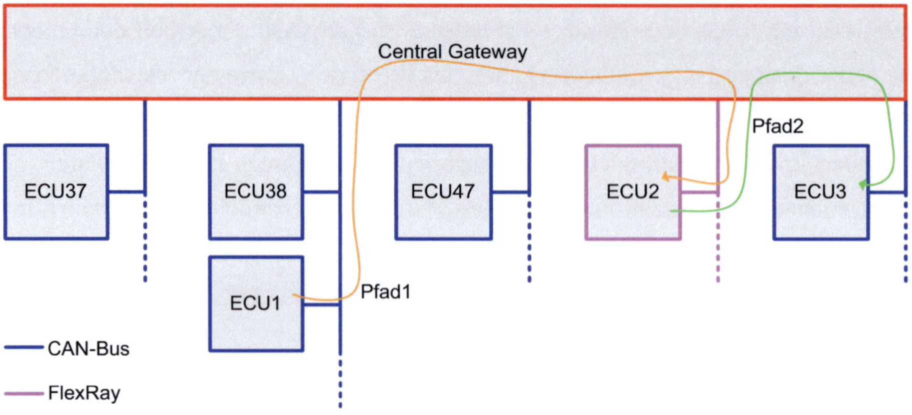


Abb. 8.23.: Architekturausschnitt mit den relevanten Ende-zu-Ende Pfaden

Nach abgeschlossener Auswertung der Sensordaten schickt der Funktionsmaster eine Botschaft zum Steuergerät *ECU3*. Dieses aktiviert bei entsprechenden Datenwerten eine Funktion. Für diesen Pfad ist nicht das maximale Datenalter von Bedeutung, sondern die maximale Verzögerung, die auftreten kann (Reaktionszeit).

## 8.5.2. Verwendete Werkzeugkette

Abbildung 8.24 zeigt die verwendete Werkzeugkette. Für das Evaluierungsbeispiel diente ein Modell aus der frühen Entwurfsphase. Die relevanten Informationen wurden aus dem Architekturwerkzeug *PREEvision* exportiert. Um das korrekte Timing-Verhalten zu berücksichtigen, erfolgt die Analyse der Gateway-Funktionen wie in Abschnitt 8.4 beschrieben (unterer Pfad). Die vollständige Pfadanalyse wurde mit dem Timing-Werkzeug *SymTA/S* durchgeführt.

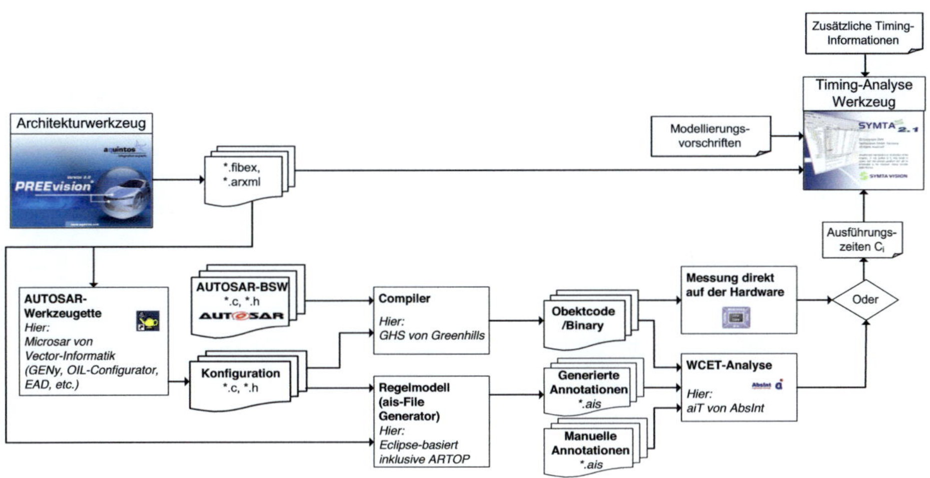


Abb. 8.24.: Werkzeugkette für die Ende-zu-Ende-Pfadanalyse in der frühen Architekturphase

## 8.5.3. Diskussion der Ergebnisse

Ein Ausschnitt des Timing-Modells der einzelnen Funktionsanteile der beteiligten Steuergeräte ist in Abbildung 8.25 dargestellt. Ein Sensorwert wird von *ECU1* eingelesen und innerhalb des `Appl_Task_ECU1` zyklisch alle $20ms$ verarbeitet. Über den Task

`Com_Task_ECU1` werden die Daten zyklisch alle 20*ms* über den *CAN1* an das *Central Gateway geschickt.* Dieses leitet die Daten über den *FlexRay* an die *ECU2* weiter. Der reservierte FlexRay-Slot wird alle 5*ms* übertragen. Es findet also eine Überabtastung statt. In *ECU2* werden die Daten empfangen und im `Appl_Task_ECU2` mit weiteren Informationen fusioniert. Das Ergebniss wird dann zyklisch an die *ECU3*, über den *Flex-Ray*, *das Central Gateway* und den *CAN2*, geschickt. Wird ein entsprechendes Datum übertragen, erfolgt direkt die Ansteuerung des Aktors von *ECU3*.

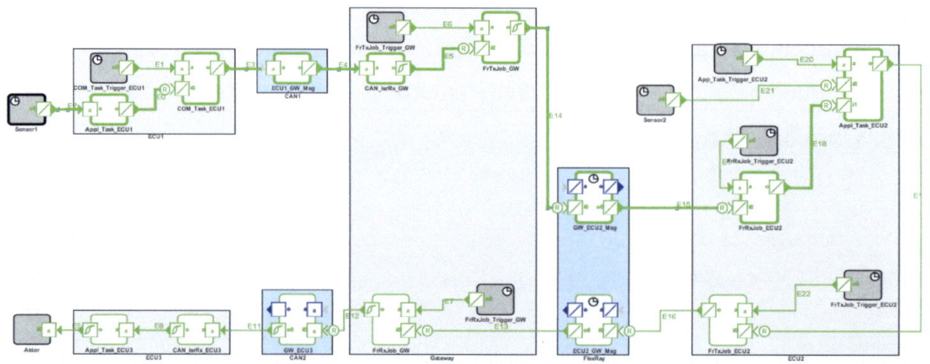

Abb. 8.25.: Modell der beteiligten Steuergeräte mit den einzelnen Tasks

Die zu bewertende Ende-zu-Ende-Pfade *Pfad1: ECU1→ CAN1 → Central Gateway → FlexRay → ECU2* und *Pfad2: ECU2→ FlexRay → Central Gateway → CAN2 → ECU3* sind in Abbildung 8.26 und Abbildung 8.27.

Für Pfad1 ist das maximale Datenalter von Bedeutung, der ermittelte Wert beträgt $L_{ma} = 30.87ms$. Aufgrund der periodischen Abfrage (alle 20*ms*) des Sensors über den `Appl_Task_ECU1` kann im besten Fall alle 20*ms* ein aktualisierter Sensorwert übertragen werden. Zusätzlich kommen die Übertragungszeiten sowie Verzögerungen durch Synchronisationseffekte hinzu.

Für Pfad2 erfolgt die Analyse für die maximale Reaktionszeit, das Ergebnis liegt bei $L_{ft} = 9.53ms$. Die größten Anteile an der Verzögerung kommen durch den ungünstigen Offset zwischen der `Com_Task_ECU2` und dem FlexRay-Schedule und die Verzögerung auf dem *CAN* zustande.

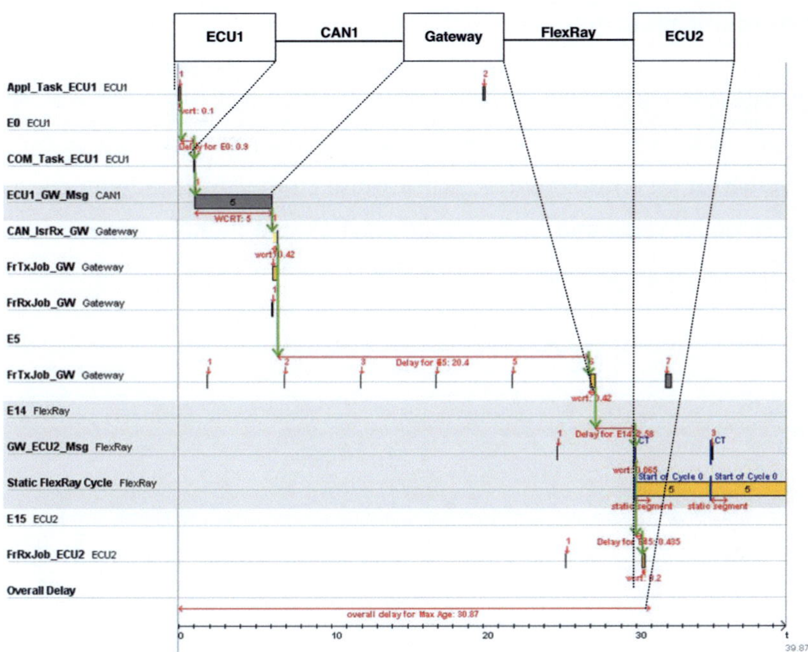

Abb. 8.26.: Analyse des maximalen Datenalters für Pfad1

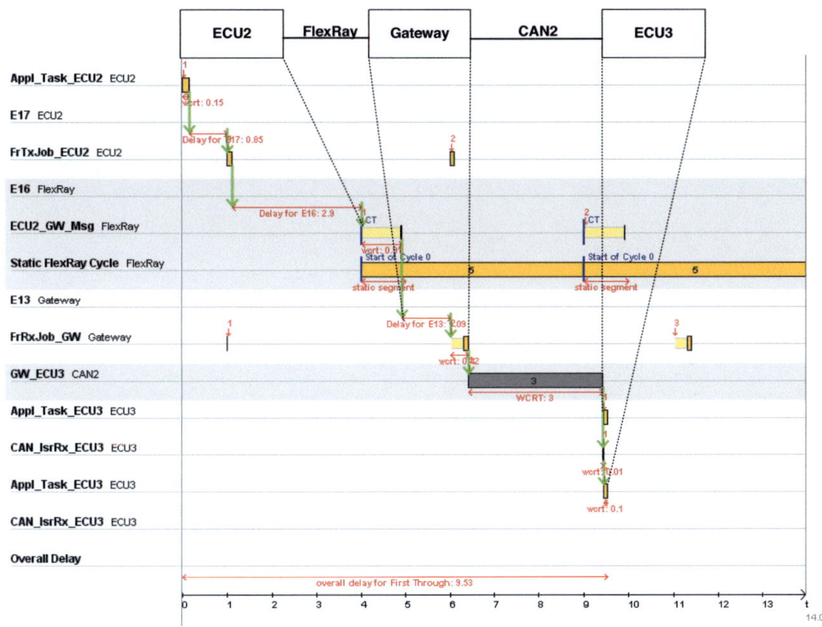

Abb. 8.27.: Analyse der Reaktionszeit für Pfad2

## 8.6. Zusammenfassung

Die vorgestellten Evaluierungsbeispiele zeigen deutlich den Mehrwert des entwickelten Ansatzes zur durchgängigen Timing-Bewertung von Vernetzungsarchitekturen und Gateway-Systemen im Kraftfahrzeug. Schrittweise ist die Untersuchung der einzelnen Komponenten einer Vernetzungsarchitektur möglich und mündet in der vollständigen Bewertung des Gesamtsystems.

# 9. Zusammenfassung und Ausblick

## 9.1. Zusammenfassung

Bei der Auslegung und Absicherung von aktuellen und zukünftigen Vernetzungsarchitekturen und Gateway-Systemen im Kraftfahrzeug sind in allen Phasen des Entwicklungsprozesses Fragestellungen zum Thema Ausführungs- und Latenzzeiten zu beantworten. Bedingt durch die fortschreitende Hochintegration von Steuergeräten und den zunehmenden Betrieb der Busse an deren Lastgrenzen sowie durch die neuen Anforderungen unter anderem an sicherheitskritische Systeme werden zukünftig Timing- und Ressourcenanforderungen als Entwurfskriterien immer wichtiger. Anforderungen an sicherheitskritische Systeme ergeben sich durch die Norm ISO26262, welche ab 2012 bei der Entwicklung dieser Systeme zu berücksichtigen sind.

Mit der vorgestellten Methodik ist die systematische und durchgängige Bewertung von Timing-Fragestellungen möglich, welche sich im Verlauf des Entwicklungsprozesses von Vernetzungsarchitekturen im Kraftfahrzeug ergeben. Die wesentlichen Punkte, welche den Mehrwert dieser Arbeit aufzeigen, sind:

- Die Einordnung der Timing-Bewertungsverfahren in den existierenden E/E-Entwicklungsprozess zeigt die Möglichkeiten und Potentiale auf, welche durch den gezielten Einsatz dieser Verfahren während der Entwicklung von E/E-Architekturen erreichbar sind. Weiterhin werden die offenen Punkte diskutiert, die einer direkten Verwendung der Verfahren entgegen stehen. Innerhalb dieser Arbeit erfolgt die Diskussion der aufgeführten Punkte und es werden entsprechende Lösungen entwickelt.

- Die Datenextraktion von Timing-Informationen aus bereits existierenden Vernetzungsarchitekturen liefert ein exaktes Bild zum Stand der aktuellen E/E-Systeme im Fahrzeug. Über die hierüber gewonnenen Erkenntnisse lassen sich Anforderungen ableiten, welche als Erweiterungen in zukünftige Lastenhefte einfließen können. Dadurch ist in Zukunft eine deutliche Steigerung der Testtiefe der Integrationstests beim OEM zu erreichen. Ferner können die identifizierten Anforderungen als Input für die nächste Phase der Standardisierungsaktivitäten im Rahmen der AUTOSAR-Timing-Gruppe dienen [132].

- Die extrahierten Timing-Informationen können für eine Modellverfeinerung in der Entwurfsphase von E/E-Architekturen verwendet werden. Mittels der Wiederverwendung kann die Aussagekraft von Timing-Bewertungen während der frühen Entwicklungsphase von Vernetzungsarchitekturen signifikant gesteigert werden. Auf dieser Basis können dann die Timing-Anforderungen für die Lastenhefte abgeleitet werden [130], [129].

- Um eine exakte Abbildung des Timing-Verhaltens in den entsprechenden Bewertungsverfahren zu ermöglichen und umzusetzen, ist die Anwendung von Modellierungsregeln notwendig [131], [128]. Dadurch wird eine signifikante Steigerung der Genauigkeit der Bewertungsergebnisse erreicht. Zu den Modellierungsregeln zählen:

  1. Modellierungsregeln für die heute eingesetzten Kommunikationssysteme und Standards, insbesondere für CAN, FlexRay und AUTOSAR.

  2. Regeln zur automatischen Generierung von Annotation für die statische Code-Analyse [52], [133].

  3. Konzept für ein Gateway-Modell für eine exakte und umfassende Timing-Analyse solcher Systeme [77].

- Darstellung einer durchgängigen Bewertungsmethodik anhand der entwickelten Werkzeugkette für die Bewertung von Timing-Fragestellungen innerhalb des E/E-Entwicklungsprozesses [131].

- Konzept für die Ableitung von Routing-Testpattern auf der Basis von Timing-Analysen, um eine gezielte Berücksichtigung des Timing-Verhaltens von Steuergeräten mit Gateway-Anteilen während der Tests am Komponentenprüfstand zu ermöglichen. Die hierfür notwendigen Informationen können direkt über die aufgezeigte Werkzeugkette generiert werden.

Die in der Arbeit vorgestellten Verfahren und Konzepte wurden erfolgreich für die Auslegung der nächsten Generation der Vernetzungsarchitektur der *S-Klasse* von Mercedes-Benz Cars während der Vorentwicklungsphase eingesetzt. Aufbauend auf den Ergebnissen wird nun im nächsten Schritt die Integration der Verfahren in den Vor- und Serienentwicklungsprozess bei Mercedes-Benz Cars angegangen. Der Ausblick geht auf weitere Themen ein, die einen kontinuierlichen Ausbau und eine Verfeinerung der vorgestellten Methodik ermöglichen.

## 9.2. Ausblick

Im Laufe der Arbeiten entstanden noch weitere Ideen im Themengebiet der Timing-Bewertungen. Ferner wurden zusätzliche Verfeinerungsmöglichkeiten identifiziert, welche die Qualität der Methodik weiter steigern. Diese Ideen und Verfeinerungen werden im Folgenden in Anlehnung an die drei Hauptkapitel (Kapitel 5: *Verfahren zur Extraktion von Timing-Informationen*, Kapitel 6: *Modellierungsregeln zur exakten Timing-Bewertung*, Kapitel 7: *Methodik für eine durchgängige Timing-Bewertung*) diskutiert und geben einen Ausblick auf weitere Aufgaben im Themenfeld der Timing-Bewertungen. Im Hauptfokus steht dabei die vollständige Integration der Bewertungsmethodik in den Serienentwicklungsprozess.

### 9.2.1. Erweiterungen für die Extraktion von Timing-Informationen

Das Verfahren zur Extraktion von Timing-Informationen aus existierenden Vernetzungsarchitekturen (siehe Kapitel 5) auf der Basis erster Prototypen oder E-Fahrzeugen lässt sich noch weiter ausbauen. Im Folgenden sind einige mögliche Erweiterungen aufgeführt:

- Erweiterung des Ansatzes auf weitere Kommunikationssysteme, z.B. für FlexRay, Ethernet-IP, LIN, etc.

- Erweiterung der Schnittstellen für einen standardisierten Datenaustausch zwischen den Entwicklungswerkzeugen, z.B. Import von AUTOSAR-(System)-Beschreibungen *(*.arxml )*.

- Weitere Verfeinerung der Extraktion von Betriebsszenarien durch verbesserte Annotationsmöglichkeiten auf der Basis von Angaben aus den Lastenheften oder den Spezifikationen der einzelnen Systeme.

- Erweiterung der Auswertungen durch zusätzliche Algorithmen, z.B. Rekonstruktion der Periode des *COM-Tasks*, semantische Prüfung der Botschaften, Absicherung des Routingverhaltens von Gateways.

Über die gewonnenen Erkenntnisse lassen sich Anforderungen für die verfeinerte Spezifikation von E/E-Systemen ableiten. Weiterhin können die Erfahrungen in die Standardisierungsaktivitäten der AUTOSAR-Timing-Gruppe einfließen. Darüber hinaus besteht die Möglichkeit die existierenden Timing-Modelle zu verfeinern und zu erweitern.

## 9.2.2. Verfeinerung und Entwicklung weiterer Modellierungsregeln

Die Modellierungsregeln und die notwendigen Modelle für eine detaillierte Timing-Bewertung können noch erweitert und ergänzt werden. Weitere Punkte sind hier:

- Ausbau der Annotationsregeln für eine weitere Automatisierung der Timing-Bewertung von Gateway-Systemen, z.B. Berücksichtigung der gesetzten oder nicht-gesetzten *Compiler-Schaltern* des Generierungstools, um die nicht verwendeten Programm-Code-Segmente aus der Analyse ausschließen zu können.

- Umsetzung bzw. Verfeinerung der Timing-Modelle für Ethernet-IP und LIN-Netzwerke.

- Erweiterte Modellierungsmöglichkeiten von höheren Protokollschichten, um eine detaillierte Bewertung der Diagnose- und Flash-Anforderungen zu ermöglichen. Hierzu zählen u.a. Modelle, welche die Layer 3 und 4 des OSI-Schichten-Modells abdecken.

- Umsetzung einer automatisierten Modellextraktion für Gateways in der frühen Entwurfsphase von Vernetzungsarchitekturen, um eine effizientere und präzisere Abschätzung der Routing- und Interruptlast durchzuführen. Weiterhin kann damit die Funktionsintegration auf Gateway-Steuergeräte besser bewertet werden.

- Ableitung von Timing-Anforderungen, die zukünftig Bestandteil der Lastenhefte sind. Ferner sollte in Zukunft ein Weg gefunden werden, der den Austausch von Informationen über das Timing-Verhalten von E/E-Systemen zwischen Zulieferer und OEM regelt. Zu den Informationen zählen z.B. Beschreibung der Betriebssystemkonfiguration (*.oil-Datei) und Ausführungszeiten der einzelnen Tasks. Auf Basis dieser Daten besteht für den OEM dann die Möglichkeit, eine exakte Timing-Absicherung auf Systemebene durchzuführen.

- Für einen standardisierten Austausch der Timing-Informationen zwischen OEM und Zulieferern können die in AUTOSAR ab Rel. 4.0 spezifizierten Annotationsmöglichkeiten umgesetzt werden. Fehlende Attribute oder Verfeinerungen sind in der nächsten Entwicklungsphase für das AUTOSAR Rel. 5.0 einzubringen und zu spezifizieren, z.B. die *Composition of Event-Triggering Constraints* und die erweiterten Annotationsmöglichkeiten von Ausführungszeiten (siehe hierzu [14]).

### 9.2.3. Integration der Werkzeugkette in den Serienentwicklungsprozess

Die in Kapitel 7 aufgezeigte Werkzeugkette kann in einem nächsten Schritt in den Serienentwicklungsprozess integriert werden. Hierfür sind die Schnittstellen zwischen den Entwicklungs- und Bewertungswerkzeugen vollständig abzugleichen. Ferner kann an der weiteren Optimierung der Abläufe gearbeitet werden, um einen möglichst hohen Grad einer automatisierten Timing-Bewertung zu erreichen.

Ferner besteht die Möglichkeit eine weitere Verfeinerung des aktuellen Generierungsprozesses für die Routing-Testpattern erfolgen. Bisher werden die maximalen Bursts auf den einzelnen Bussen, welche mit dem Gateway verbunden sind, für die Generierung der Pattern verwendet. Bedingt durch Scheduling-Annomalien (siehe hierzu z.B. in [21] und [96]) erzeugen die ermittelten Pattern nicht in jedem Fall den kritischsten Lastzustand im Gateway. Durch die Umsetzung des erweiterten Gateway-Analyse-Modells in Abschnitt 6.4.2 ist zukünftig der kritischste Lastzustand bei einem Steuergerät mit Gateway-Aufgaben sicher bestimmbar. Durch eine Koppelung der Timing-Bewertung mit formalen Verifikationsverfahren kann zusätzlich eine vollständige semantische Absicherung des Routingverhaltens anhand der Spezifikation erfolgen.

# Glossar

**Aktivierungszeitpunkt** *(engl. Activation)*:

Der Aktivierungszeitpunkt beschreibt den Zeitpunkt an dem eine Task oder eine Botschaft zur Ausführung bzw. Übertragung ansteht.

**Aktivierungsbegrenzung** *(engl. Activation Restriction)*:

Über die Aktivierungsbegrenzung gibt an wie viele spontane Ereignisse maximale gleichzeitig auftreten können.

**ARTOP (AUTOSAR Tool Platform):**

ARTOP ist die Implementierung eine Plattform, welche die allgemeinen Funktionalitäten für Entwicklungswerkzeuge bereitstellt, um AUTOSAR-konforme Systeme sowie Steuergeräte zu entwickeln und zu konfigurieren.

**Basis Software:**

Die Basis Software (BSW) ist Bestandteil der AUTOSAR-Software-Architektur. Die BSW umfasst sämtliche Basis-Dienste, Treiber und das Betriebsystem. Die BSW ist über eine klar definierte Schnittstelle, die RTE, von den eigentlichen Applikationen (SW-Cs) getrennt.

**Baudrate:**

Die Baudrate ist ein Maß welches die Schrittgeschwindigkeit bei der Datenübertragung beschreibt. Die Baudrate definiert die Anzahl der Signaländerungen die pro Sekunde übertragen werden können. Die Einheit der Baudrate heißt *Baud*. Es ist jedoch nicht so dass die Baudrate immer gleich die Bitrate ist. Je nach Modulation und Leitungscode kann die Bitrate auch ein Vielfaches der Baudrate betragen. Dies ist dann der Fall wenn pro Zeiteinheit mehrere Bits übertragen werden.

**Baureihe:**

Als Baureihe werden in vielen Bereichen der Technik Geräte oder Produkte bezeichnet, die in vielfacher Ausführung in gleichartiger Weise gefertigt wurden. Diese Bezeichnung wird vor allem dann verwendet, wenn das gleiche Produkt vorher oder nachher oder auch gleichzeitig in ebensolchem Umfang, jedoch in deutlich abweichender Weise, gebaut wurde oder wird [142].

**Binary:**

Als Binary oder *Executable* werden Dateien verstanden, welche ausführbare Programme enthalten.

**Blocking:**

Eine Task heißt blockiert, wenn diese an der Ausführung durch einen niederprioreren Task gehindert wird.

**Burst:**

Ein Burst beschreibt das gebündelte Auftreten von mehreren Botschaften auf einem Bus. Die freie Zeit $t$ auf dem Bus (Idle-Phase) zwischen den aufeinanderfolgenden Botschaften ist dabei sehr klein ($t = IFS + \varepsilon$ mit $\varepsilon \to 0$).

**Ceilling:**

Über sogenannte *Priority Ceiling* wird ein niederpriorer Task auf eine höhere Priorität gehoben, falls diese eine gemeinsame Ressource mit einer höherprioren Task besitzt.

**Kritischer Zeitpunkt** *(engl. Critical Instant)***:**

Der kritische Zeitpunkt beschreibt den Moment, wenn die längste Antwortzeit einer Task oder Botschaft entsteht.

**Datenfeldlänge** *(engl. Payload)***:**

Die Datenfeldlänge $p_i$ auch *Payload* genannt, gibt die Anzahl der Datenbits innerhalb einer Botschaft an.

**Dispatching:**

Operation, wenn die zur Ausführung anstehender Task mit der höchsten Priorität, dem Prozessor zur Abarbeitung übergeben wird.

**E-Fahrzeug:**

Ein E-Fahrzeug ist ein Prototyp, welcher zur Absicherung der E/E-Umfänge während der Test- und Integrationsphase zum Einsatz kommt.

**Executable:**

Siehe *Binary*

**Gateway:**

Ein Steuergerät, welches die Aufgabe hat mehrere Busse miteinander zu koppeln und das Routing von Botschaften und Signalen durchzuführen.

**Idle-Zustand:**

Zustand einer Task, wenn diese nicht aktiviert ist.

**Idle Zeit:**

Zeitraum während der Prozessor keine Tasks ausführt (Leerlauf).

**Interrupt:**

Ein externes Signal, welches den Prozessor veranlasst, den aktuell in der Bearbeitung befindlichen Task zu unterbrechen, um einen anderen Prozess zu starten.

**Interruptsperrzeiten:**

Die Interruptsperrzeit gibt die Zeitdauer an, während der kein Interrupt die aktuell ausgeführte Routine (z.B. Interrupt-Serviceroutine oder Task) unterbrechen darf.

**Jitter:**

Die Differenz zwischen den Startzeitpunkten einer periodischen Task.

**K-Matrix:**

Kurzform für Kommunikationsmatrix, diese enthält die Spezifikation und Einstellungen eines Kommunikationssystems (z.B. Anzahl Steuergeräte, Botschaften, Signale, ...).

**Kommunikationscontroller:**

Dieser ist meist Bestandteil eines Mikrocontrollers und regelt den Zugriff auf ein Kommunikationssystem.

**Kontext:**

Eine bestimmte Menge an Daten, welche den Status des Prozessors zu einem bestimmten Zeitpunkt beschreiben, während der Ausführung einer Task. Typischerweise ist der Kontext einer Task die Werte, die bei deren Ausführung in den Registern des Prozessors stehen.

**Kontext-Switch-Overhead:**

Der Kontext-Switch-Overhead $O$ beschreibt die Zeit, die für die Sicherung oder Wiederherstellung eines Systemzustandes benötigt wird, z.B. Sicherung der Register beim Eintreffen eines Interrupts.

**Last** *(engl. Load)***:**

Benötigte Rechenzeit einer Task in einem bestimmten Intervall, geteilt durch die Länge des Intervalls.

**Mehrfachaktivierung:**

Die Mehrfachaktivierung eines Task tritt dann auf, wenn der Task nicht innerhalb seiner Deadline bzw. Periode vollständig ausgeführt wurde. D.h. die Ausführung der vorangegangenen Aktivierung wird erst nach der erneuten Aktivierung des Tasks beendet.

**Mikrocontroller:**

Ein Mikrocontroller ist ein Halbleiterbaustein, der neben der CPU auch noch Peripheriekomponenten (z.B. Bus-Controller, A/D-Wandler, etc.) und Speicher (RAM, Flash, etc.) enthält.

**OSI-Schichtenmodell:**

Das OSI-Schichten- oder Referenzmodell *(engl.Open Systems Interconnection Reference Model)* bildet die Grundlage für die Beschreibung von Kommunikationssystemen. Über insgesamt sieben Schichten wird das Verhalten und die Umsetzung der Kommunikation beschrieben. Von der physikalischen Ebene (Schicht 1) über die Transportorientierten Ebenen (Schicht 2 bis Schicht 4) bis zur Applikationsebene (Schicht 5 bis Schicht 7) wird über die einzelnen Abstraktionsebenen der Kommunikationsstack eines Systems aufgeteilt.

**Overhead:**

Zeitdauer die von einem Prozessor benötigt wird, um alle internen Aufgaben des Betriebssystems abzuarbeiten. Bei Kommunikationssystemen wird damit der Teil einer Botschaft verstanden, der keine Nutzdaten enthält.

**Vorhersagbarkeit** *(engl. Predictability)***:**

Wichtige Eigenschaft eines Echtzeitsystems, welches die Konsequenzen von Scheduling-Entscheidungen voraussagt.

**Prototype:**

Ein Prototyp (altgr. protos = der Erste und typos = Urbild, Vorbild) stellt in der Technik ein für die jeweiligen Zwecke funktionsfähiges, oft aber auch vereinfachtes Versuchsmodell eines geplanten Produktes oder Bauteils dar. Es kann dabei nur rein äußerlich oder auch technisch dem Endprodukt entsprechen. Ein Prototyp dient oft als Vorbereitung einer Serienproduktion, kann aber auch als Einzelstück geplant sein, welches nur ein bestimmtes Konzept illustrieren soll. Entsprechend ist der Prototyp auch ein wesentlicher Entwicklungsschritt im Rahmen des Designs und wird nicht nur in technischen Zusammenhängen genutzt [142].

**Runtime Environment:**

Die Laufzeitumgebung (Runtime Environment, RTE) ist das Kenstück des Architekturkonzeptes von AUTOSAR. Die RTE ist eine Kommunikationsschicht, die auf der Basis einer Middleware die Software-Komponenten (Funktionen) der Steuergeräte von der Topologie und den Kommunikationsbeziehungen abstrahiert.

**Scheduling:**

Das Scheduling beschreibt die Aktivität, bei der die Ausführungsreihenfolge der Tasks auf einem Prozessor festgelegt wird. In diesem Zusammenhang wird auch oft von dem *Schedule (dem Fahrplan)* eines Systems gesprochen.

**Sicherungsschicht** *(engl. Data Link Layer)*:

Aufgabe der Sicherungsschicht ist es, eine zuverlässige, d.h. weitgehend fehlerfreie Übertragung zu gewährleisten und den Zugriff auf das Übertragungsmedium zu regeln.

**Software-Komponenten:**

Der Begriff Software-Komponente *(engl. Software-Component (SW-C))* wird innerhalb der AUTOSAR-Software-Architektur verendet. Eine SW-C kapselt einen Teil der Funktionalität einer Applikation, welche auf einem Steuergerät integriert ist. Eine SW-C ist atomar und kann nicht über mehrere Steuergeräte verteilt werden.

**Synchronisation:**

Mechanismus, welcher die gleichzeitige Ausführung von mehreren Tasks verhindert bzw. den gleichzeitigen Zugriff auf den Bus unterbindet.

**Verfügbarkeit** *(engl. Availability)*:

Umschreibung oder Maß für die korrekte Bereitstellung von Rechen- bzw. Übertragungskapazität zu einem bestimmten Zeitpunkt.

**Virtual Function Bus (VFB):**

Der VFB ist eines der zentralen Elemente von AUTOSAR. Über den VFB werden die Applikationen von der Infrastruktur entkoppelt. Die RTE ist die Realisierung des VFB.

# Abkürzungen

| | |
|---|---|
| API | Application Programming Interface |
| ASIC | Application Specific Integrated Circuit |
| ARTOP | AUTOSAR Tool Platform |
| AUTOSAR | **AUT**omotive **O**pen **S**ystem **AR**chitecture |
| BCET | Best-Case Execution Time |
| BCRT | Best-Case Response Time |
| BR | Baureihe |
| BSW | Basic Software |
| C2C | Car to Car |
| C2I | Car to Infrastructure |
| CAN | Controller Area Network |
| CHI | Controller Host Interface |
| COM | Communication |
| CPU | Central Processing Unit |
| CRC | Cyclic Redundancy Check |
| CSMA | Carrier Sense Multiple Access |
| DLC | Data Length Code |
| EA | Evolutionary Algorithm |
| ECU | Electronic Control Unit |
| EDF | Earliest-Deadline First |
| EMV | Elektromagnetische Verträglichkeit |
| FIBEX | Field Bus Exchange Format |
| FIFO | First Input First Output |
| FPGA | Field Programmable Gate Array |
| GPIO | General Purpose I/O |
| GW | Gateway |

| HAL | Hardware Abstraction Layer |
| HIL | Hardware-in-the-Loop-Simulation |
| HIS | Herstellerinitiative Software |
| HW | Hardware |
| ID | Identifier |
| ILP | Integer Linear Program |
| I/O | Input/Output |
| IP | Intellectual Property |
| LAN | Local Area Network |
| LIN | Local Interconnect Network |
| LLC | Logical Link Control |
| MAC | Media Access Control |
| MCAL | Microcontroller Abstraction Layer |
| MCU | Mikro Controller Unit |
| MOST | Media Oriented Systems Transport |
| NM | Network Management |
| NRZ | Non Return to Zero |
| OBD | On-Board Diagnosis |
| OEM | Original Equipment Manufacturer |
| OIL | OSEK Implementation Language |
| OS | Operating System |
| OSI | Open System for Interconnection |
| PDU | Protocol Data Unit |
| PHY | Physical Bus Connect |
| PLL | Phase Locked Loop |
| RISC | Reduced Instruction Set Computing |
| RTE | Runtime Environment |
| RTC | Real-Time Calculus |
| SG | Steuergerät |
| ST | Sendetyp |
| SW | Software |
| TADL | Timing Augmented Description Language |
| TCP/IP | Transmission Control Protocol/Internet Protocol |

# Symbole

$A$ ............................................... Spontanes Ereignismodell

$a$ ..................................... Aktivierungszeitpunkt einer Task/Botschaft

$B$ ...................................................................... Burst

$b$ ..................................... Startzeitpunkt der Ausführung/Übertragung

$C$ ....... Ausführungszeit oder Übertragungszeit (Computation or transmission time)

$c$ .................................... Endzeitpunkt einer Ausführung/Übertragung

$D$ ....................................................................... Drift

$d$ ...................................... Deadline einer Task/Botschaft

$E$ ............................................................... Ereignisstrom

$e$ ............................................................. Ereignis (Event)

$F$ ................................................................... Kapazität

$f$ ................................................................. Fensterbreite

$G$ ............................. Menge an Aktivierungen einer spontanen Botschaft

$g$ ................................... Aktivierung einer spontan Botschaft

$H$ .................................... Hyperperiode oder Makroperiode

$I$ .......................................................... Menge an Intervallen

$i$ ..................................................................... Intervall

$J$ ...................................................................... Jitter

$J_{abs}$ ............................................................ Absoluter Jitter

$J_{in}$ ............................................................... Eingangsjitter

$J_{out}$ ............................................................. Ausgangsjitter

$J_{rel}$ .............................................................. Relativer Jitter

$K$ ................................................................... K-Matrix

$L$ .................................................................... Latenzzeit

$L_{ft}$ ........................... Ende-zu-Ende Latenzzeit mit *First Through* Semantik

$L_{ma}$ ......................... Ende-zu-Ende Latenzzeit mit *Max. Age* Semantik

$L_{route}$ . . . . . . . . . . . . . . . . . . . . . . . . . . . . . . . . . . . . . . . . . . . . . . . . . . . Routingzeit

$M$ . . . . . . . . . . . . . . . . . . . . . . . . . . . . . . . . . . . . . . . . . . . . . . . . Menge an Botschaften

$M_{csx}$ . . . . . . Menge an Botschaften mit periodischem und spontanem Auftrittsverhalten

$M_{dual}$ . . . . . . . . . . . . . Menge an Botschaften, die zwei verschiedene Zykluszeiten haben

$M_{dynamic}$ . . . . . . . . . . . . . . . . Menge an Botschaften mit dynamischem Auftrittsverhalten

$M_{ecu}$ . . . . . . . . . . . . . . . . . . . . . . . . . . . . . . . . . . . . . . . . . . . . Menge an Steuergeräten

$M_{periodic}$ . . . . . . . . . . . . . . . . Menge an Botschaften mit periodischem Auftrittsverhalten

$M_{spontan}$ . . . . . . . . . . . . . . . . . . . . . . Menge an Botschaften mit spontan Auftrittsverhalten

$M_{static}$ . . . . . . . . . . . . . . . . . . . . . Menge an Botschaften mit statischem Auftrittsverhalten

$MT$ . . . . . . . . . . . . . . . . . . . . . . . . . . . . . . . . . . . . . . . . . . . . . . . . . . . . . . Macrotick

$\mu T$ . . . . . . . . . . . . . . . . . . . . . . . . . . . . . . . . . . . . . . . . . . . . . . . . . . . . . Microtick

$m$ . . . . . . . . . . . . . . . . . . . . . . . . . . . . . . . . . . . . . . . . . . . . Botschaft (Message)

$n$ . . . . . . . . . . . . . . . . . . . . . . . . . . . . . . . . . . . . . . . . . . . . . . . Repetition Factor

$O$ . . . . . . . . . . . . . . . . . . . . . . . . . . . . . . . . . . . . . . . . . . . . . . . . . . . . Overhead

$O_{activ}$ . . . . . . . . . . . . . . . . . . . . . . . . . . . . . Overhead bevor eine Task aktiviert wird

$O_{term}$ . . . . . . . . . . . . . . . . . . . Overhead wenn eine Task unterbrochen oder beendet wird

$P$ . . . . . . . . . . . . . . . . . . . . . . . . . . . . . . . . . . . . . . . . Periodisches Ereignismodell

$p$ . . . . . . . . . . . . . . . . . . . . . . . . . . . . . . Länge des Datenfeldes einer Botschaft in Bit

$R$ . . . . . . . . . . . . . . . . . . . . . . . . . . . . . . . . . . . . . . Antwortzeit (Response Time)

$R_{rel}$ . . . . . . . . . . . . . . . . . . . . . . . . . . . . . . . . . . . . . . . . . . Relative Antwortzeit

$r$ . . . . . . . . . . . . . . . . . . . . . . . . . . . . . . . . . . . . . . . . . Aktivierungsbegrenzung

$S$ . . . . . . . . . . . . . . . . . . . . . . . . . . . . . . . . . . . . . . . Menge an Betriebsszenarien

$s$ . . . . . . . . . . . . . . . . . . . . . . . . . . . . . . . . . . . . . . . . . . . . . . . . . . . . Szenario

$T$ . . . . . . . . . . . . . . . . . . . . . . . . . . . . . . . . . . . . . . . . . . . . . . . . . . . . Periode

$T_{block}$ . . . . . . . . . . . . . . . . . . . . . . . . . . . . . . . . . . . Sperrzeit (Blocking Time)

$T_{com}$ . . . . . . . . . . . . . . . . . . . . . . . . . . . . . . . . . . . . . . Periode des COM-Tasks

$T_{cycle}$ . . . . . . . . . . . . . . . . . . . . . . . . . . . . . . . . Dauer eines kompletten Zykluses

$T_{exe}$ . . . . . . . . . . . . . . . . . . . . . . . . . . . . . . Überschreitungszeit (Exeeding Time)

$T_{idle}$ . . . . . . . . . . . . . . . . . . . . . . . . . . . . . . . . . . . . . . . . . . . . . . . . Idle-Zeit

$T_{ifs}$ . . . . . . . . . . . . . . . . . . . . . . . . . . . . . . . . . . Dauer des Interframe-Space bei CAN

$T_{late}$ . . . . . . . . . . . . . . . . . . . . . . . . . . . . . . . . . . . . . . . . Verspätung (Lateness)

$T_{lax}$ . . . . . . . . . . . . . . . . . . . . . . . . . . . . . . . . . . . . . . . . . . . . . . . . . . . . Laxity

$T_{min}$ . . . . . . . . . . . . Minimaler Auftritts-/Sendeabstand (Minimum distance)

# A. Literaturverzeichnis


[1] AbsInt - Angewandte Informatik GmbH. *www.absint.com*, 2010.

[2] K. Albers, F. Bodmann, and F. Slomka. Hierarchical Event Streams and Event Dependency Graphs: A New Computational Model for Embedded Real-Time Systems. In *IEEE Proceedings of the 18th Euromicro Conference of Real-Time Systems (ECRTS'06) in Dresden, Germany*, 2006.

[3] K. Albers, F. Bodmann, and F. Slomka. Advanced Hierarchical Event-Stream Model. In *Proceedings of the 20th Euromicro Conference on Real-Time Systems (ECRTS'08) in Prague, Czech Republic*, pages 211–220, 2008.

[4] K. Albers, S. Kollmann, F. Bodmann, and F. Slomka. Advanced Hierarchical Event-Stream Model and the Real-Time Calculus. Technical report, University of Ulm, Germany, 2008.

[5] K. Albers and F. Slomka. An Event Stream Driven Approximation for the Analysis of Real-Time Systems. In *Proceedings of the 16th Euromicro Conference (ECRTS'04) in Palma de Mallorca, Spain*, pages 187–195, 2004.

[6] Aquintos GmbH. *www.aquintos.com*, 2010.

[7] N. C. Audsley, A. Burns, M. Richardson, K. Tindell, and A. J. Wellings. Applying New Scheduling Theory to Static Priority Pre-emptive Scheduling. *Software Engineering Journal*, pages 284–292, 1993.

[8] AUTOSAR Consortium. *AUTOSAR Technical Overview (Release 3.1)*, 2008.

[9] AUTOSAR Consortium. *Specification of CAN Transport Layer (Release 3.1)*, 2008.

[10] AUTOSAR Consortium. *Specification of Communication (Release 3.1)*, 2008.

[11] AUTOSAR Consortium. *Specification of FlexRay Interface (Release 3.1)*, 2008.

[12] AUTOSAR Consortium. *Specification of FlexRay Transport Layer (Release 3.1)*, 2008.

[13] AUTOSAR Consortium. *Specification of Networkmanagement (Release 3.1*, 2008.

[14] AUTOSAR Consortium. *AUTOSAR Timing Concepts for Phase III*, 2009.

[15] AUTOSAR Consortium. *Specification of Timing Extensions (Release 4.0)*, 2009.

[16] AUTOSAR Consortium. *Specification of Operating System (Release 3.1)*, 2010.

[17] AUTOSAR Consortium. *www.autosar.org*, 2010.

[18] F. Baccelli, G. Cohen, G. Olsder, and G.-P. Quadrat. *Synchronization and Linearity*. John Wiley & Sons Ltd., 1992.

[19] H.-H. Braess and U. Seiffert, editors. *Handbuch der Kraftfahrzeugtechnik*, volume 4. Vieweg+Teubner Verlag, 2005.

[20] R. Brendle. Umsetzung einer Analyseumgebung zur Auswertung von CAN-Logging-Datensätzen aus realen Fahrzeugen. Master's thesis, Friedrich-Alexander-Universität Erlangen-Nürnberg, Deutschland, 2007.

[21] G. Buttazzo. *Hard Real-Time Computing Systems - Predictable Scheduling Algorithms and Applications*, volume 1. Springer Verlag, 2005.

[22] S. Chakraborty, S. Kuenzeli, and L. Thiele. A General Framework for Analysing System Properties in Platform-Based Embedded System Designs. In *Proceedings of the Design, Automation and Test in Europe Conference (DATE'03): Munich, Germany*, 2003.

[23] D. Chokshi and P. Bhaduri. Modeling Fixed Priority Non-Preemptive Scheduling with Real-Time Calculus. In *Proceedings of the Embedded and Real-Time Computing Systems and Applications Conference (RTCSA'08) in Kaohsiung, Taiwan*, pages 387–392, 2008.

[24] Daimler AG. *Overall Glossary of the Project Large Car Platform Project*, 2007.

[25] R. I. Davis, A. Burns, R. J. Bril, and J. J. Lukkien. *Real-Time Systems*, chapter Controller Area Network (CAN) Schedulability Analysis: Refuted, Revisited and Revised, pages 239–272. Springer Verlag, 2007.

[26] R. Denkelmann and K. Baron. Virtuelle Hardware: Ein zukunfsweisender Ansatz in der Steuergeräte-Enwicklung, 2008.

[27] J. M. Drake, M. G. Harbour, J. J. G. Gutiérrez, and J. C. P. Palencia. Modeling and Analysis Suite for Real Time Applications (MAST), 2002.

[28] dSpace GmbH. *www.dspace.de*, 2010.

[29] M. Däumler. Timing Analysis in Software Development. Master's thesis, Chemnitz University of Technology, Germany, 2008.

[30] E|ENOVA - Innovationsallianz Automoilelektronik. *www.eenova.de*, 2009.

[31] Eidgenössische Technische Hochschule Zürich, Schweiz. *www.ethz.ch*, 2010.

[32] Electrobit GmbH. *www.electrobit.de*, 2010.

[33] S. Esch and B. Lang. Elektronik- und Vernetzungsarchitektur mit gesteigerter Leistungsfähigkeit. *ATZ*, pages 194–198, 2008.

[34] K. Etschberger, editor. *Controller Area Network - Grundlagen, Protokolle, Bausteine, Anwendungen*, volume 2. Hanser Verlag, 2001.

[35] N. Feiertag, K. Richter, and J. Nordlander. A Compositional Framework for End-to-End Path Delay Calculation of Automotive Systems Under Different Path Semantics. In *Proceedings of the IEEE Real-Time System Symposium (RTSS), Workshop on Compositional Theory and Technology for Real-Time Embedded Systems: Barcelona, Spain*, 2008.

[36] A. Ferrari, M. Di Natale, G. Gentile, and P. Gai. Time and Memory Tradeoffs in the Implementation of AUTOSAR Components. In *Proceedings of the Design, Automation and Test in Europe Conference (DATE'09) in Munich, Germany*, 2009.

[37] FlexRay Consortium. *FlexRay Communication System - Protocol Specification (Version 3.0)*, 2010.

[38] FlexRay Consortium. *www.flexray.com*, 2010.

[39] J. Freess. *Modelle zur Beschreibung und Evaluierung von Architekturkonzepten der Elektrik und Elektronik im Kraftfahrzeugen*. PhD thesis, Universität Fridericiana Karlsruhe, 2006.

[40] E. Frickenstein. Die Zukunft der E/E Architektur in der Fahrzeugindustrie. In *Proceedings of the 13. Internationaler Fachkongress - Fortschritte in der Automobilelektronik in Ludwigsburg, Germany*, 2009.

[41] Gliwa GmbH. *T1 - Timing Measurement Tool*, 2009.

[42] Greenhills Ltd. *www.ghs.com*, 2010.

[43] M. Grenier, L. Havet, and N. Navet. Scheduling Messages with Offsets on Controller Area Network - A Major Performance Boost. Technical report, LORIA, Nancy Univerity, 2008.

[44] K. Gresser. *Echtzeitnachweis ereignisgesteuerter Realzeitsysteme*. PhD thesis, Technische Universität München, 1993.

[45] H. Grönninger. Formale Analyse eines automotive Bussystems mit SymTAS auf der Grundlage von K-Matrizen. Master's thesis, Technische Universität Carolo-Wilhelmina zu Braunschweig, Deutschland, 2005.

[46] A. Hagiescu, U. Bordoloi, S. Chakraborty, P. Sampath, V. Ganesan, and S. Ramesh. Performance Analysis of FlexRay-based ECU Networks. In *Proceedings of the 44th Design Automation Conference (DAC'07) in San Diego, USA*, pages 284–289, 2007.

[47] B. Hedenetz. *Entwurf von verteilten, fehlertoleranten Elektronikarchitekturen in chron Kraftfahrzeugen*. PhD thesis, Universität Tübingen, Deutschland, 2001.

[48] H. Heinecke, M. Rudorfer, C. Ainhauser, and O. Scheickl. Enabling of AUTOSAR System Design using Eclipse-based Tooling. In *Proceedings of the Embeded Real Time Software Conference (ERTS): Toulouse, France*, 2008.

[49] M. Hendricks and M. Verhoef. Timed Automata Based Analysis of Embedded System Architectures. In *Proceedings of the Parallel and Distributed Processing Symposium (IPDPS'06) on Rhodes Island, Greece*, 2006.

[50] R. Henia, A. Hamann, M. Jersak, K. Richter, and R. Ernst. System Level Performance Analysis - The SymTA/S Approach. *IEEE Proceedings Computers and Digital Techniques*, 2005.

[51] M. Hoffmann. Praktikumsbericht, 2008.

[52] A. Hogh-Binder. Untersuchung und Bewertung eines AUTOSAR-basierten Gateway-Systems mit Hilfe von Zeitanalyse-Werkzeugen. Master's thesis, Universität Karlsruhe, Deutschland, 2009.

[53] M. Homan. *OSEK, Betriebssystem-Standard für Automotive und Embedded Systems*. Mitp-Verlag, 2005.

[54] Inchron GmbH. *ChronSim - Echtzeitsimulator für eingebettete Systeme und Netzwerke*, 2010.

[55] Inchron GmhH. *www.inchron.de*, 2010.

[56] IXXAT GmbH. *www.ixxat.de*, 2010.

[57] T. Jablonski, C. Busse, D. Brinkema, M. Jersak, and K. Richter. Timing-Analysen als Sicherheitsnachweis. *AUTOMOTIVE*, pages 42–45, November 2008.

[58] M. Jersak. Timing-Modell und Methodik für AUTOSAR. *Elektronik Automotive*, pages 9–10, 2007.

[59] M. Jersak, R. Henia, and R. Ernst. Context-Aware Performance Analysis for Efficient Embedded System Design. In *Proceedings of the Design, Automation and Test Conference (DATE'04) in Munich, Germany*, 2004.

[60] M. Jersak, R. Kai, H. Sarnowski, and P. Gliwa. Laufzeitanalysen zur frühzeitigen Absicherung von Software. *ATZelektronik*, 1(4):52–54, Jan./Feb. 2009.

[61] D. Kerk. OSEK - Echzeitbetriebssystem für Automobile. Master's thesis, Technische Universität Carolo-Wilhelmina zu Braunschweig, Deutschland, 2003.

[62] R. Klein. *Prinzipien des Algorithmenentwurfs*. Spektrum Akademischer Verlag, 1998.

[63] S. Kollmann, K. Albers, and F. Slomka. Limiting Event Streams: A General Model to Describe Dependencies in Distributed Hard Real-Time Systems. Technical report, University of Ulm, Germany, 2010.

[64] S. Kollmann, V. Pollex, F. Slomka, M. Traub, T. Bone, and J. Becker. Comparison of Different Timing-Evaluation Methods based on a Automotive Network Topology. To be published, 2010.

[65] H. Kopetz. *Real-Time Systems - Design Principles for Distributed Embedded Applications*, volume 1. Kluwer Academic Publishers Verlag, 1997.

[66] O. Krasovyskyy. Konzeption und Umsetzung eines Verfahrens zur systematischen Auswertung der statischen und dynamischen Kommunikation zur Erzeugung von Betriebsszenarien. Master's thesis, Friedrich-Alexander-Universität Erlangen-Nürnberg, Detuschland, 2009.

[67] M. Krause, O. Bringmann, A. Hergenhan, G. Tabanoglu, and W. Rosenstiel. Timing Simulation of Interconnected AUTOSAR Software-Components. In *Proceedings of the Design, Automation and Test in Europe Conference (DATE'07) in Munich, Germany*, 2007.

[68] M. Krause, O. Bringmann, and W. Rosenstiel. Target Software Generation: An Approach for Automatic Mapping of SystemC Specifications onto Real-Time Operating Systems. *Design Automation for Embedded Systems*, 2007.

[69] W. Lawrenz. *CAN Controller Area Network - Grundlagen und Praxis*, volume 4. Hüthig Verlag, 2001.

[70] J.-Y. Le Boudec and P. Thiran. *Network Calculus*. Springer Verlag, 2004.

[71] LIN Consortium. *LIN Specification Package*, 2003.

[72] LIN Consortium. *www.lin-subbus.org*, 2010.

[73] C. L. Liu and J. W. Layland. Scheduling Algorithms for Multiprogramming in a Hard-Real-Time Environment, 1973.

[74] H. Mannila, H. Toivonen, and A. I. Verkamo. Discovery of Frequent Episodes in Event Sequences. *Data Mining and Knowledge Discovery*, pages 259–289, 1997.

[75] The MathWorks. *www.mathworks.com*, 2010.

[76] M. Mauritz. Lastenheft zur Gateway-Analyse, 2009.

[77] M. Mauritz. Timing-Analyse von Automotive Gateway-Systemen. Master's thesis, Technische Universität Carolo-Wilhelmina zu Braunschweig, Deutschland, 2010.

[78] A. Michailidis, U. Spieth, T. Ringler, B. Hedenetz, and S. Kowalewski. Test Front Loading in Early Stages of Automotive Software Development Based on AUTO-SAR. In *Proceedings of the Design Automation and Test in Europe Conference (DATE'10) in Dresden, Germany*, 2010.

[79] R. Münzenberger, M. Dörfel, C. Diedrichs, U. Margull, and G. Wirrer. Entwurf echtzeitfähiger Steuergerätesoftware in FlexRay-Netzwerken, 2007.

[80] P. Montag, S. Goerzig, and P. Levi. Applying Static Timing Analysis to Component Architectures. In *Proceedings of the International Workshop of Software Engineering for Automotive Systems (SEAS'06): Shanghai, China*, pages 21–28, 2006.

[81] P. Montag, S. Goerzig, and P. Levi. Challenges of Timing Verification Tools in the Automotive Domain. In *Proceedings of the Second International Symposium on Leveraging Applications of Formal Methods, Verification and Validation (ISoLA'06) in Paphos, Cyprus*, pages 227–232, 2006.

[82] MOST Cooperation. *MOST - Media Oriented System Transport (Rev. 2.4)*, 2005.

[83] MOST Cooperation. *www.mostnet.de*, 2010.

[84] NEC Electronics. *Preliminary User's Manual - V850E/PHO3 - 32-bit Single-Chip Microcontroller*, 2007.

[85] NEC Electronics. *www.necel.com/index.html*, 2010.

[86] T. Nolte, H. Hansson, and C. Nordstroem. Minimizing CAN Response-Time Jitter by Message Manipulation. In *Proceedings of the 8th Real-Time and Embedded Technology and Applications Symposium in San Jose, USA*, pages 197–206, 2002.

[87] OSEK/VDX Consortium. *OSEK/VDX - Operationg System (Version 2.2.3)*, 2005.

[88] OSEK/VDX Consortium. *www.osek-vdx.org*, 2010.

[89] S. Perathoner, E. Wandelder, L. Thiele, A. Hamann, S. Schliecker, R. Henia, R. Racu, R. Ernst, and M. G. Harbour. *Design Auotmation for Embedded Systems*, chapter Influence of Different Abstractions on the Performance Analysis of Distributed Hard Real-Time Systems. Springer Verlag, 2008.

[90] T. Pop, E. Petru, and Z. Peng. Performance Estimation for Embedded Systems with Data and Control Dependencies. In *Proceedings of the eighth international workshop on Hardware/software codesign in San Diego, USA*, 2000.

[91] R. Racu, R. Ernst, M. Jersak, and K. Richter. A Virtual Platform for Architecture Integration and Optimization in Automotive Communication Networks. In *Proceedings of the SAE World Congress and Exhibition: Detroit, USA*, 2007.

[92] R. Racu, A. Hamann, and E. Rolf. *Real-Time Systems*, chapter Sensitivity analysis of complex embedded real-time systems. Springer Verlag, 2007.

[93] M. Rahmanil, J. Hillebrand, W. Hintermairl, R. Bogenberger, and E. Steinbach. A Novel Network Architecture for In-Vehicle Audio and Video Communication. In *Proceedings of the 2nd IEEE/IFIP International Workshop on Broadband Convergence Networks, (BcN '07) in Munich, Germany*, 2007.

[94] M. Rausch. *FlexRay - Grundlagen, Funktionsweise, Anwendung*, volume 1. Hanser Verlag, 2007.

[95] S. Reichelt, O. Scheickl, and G. Tabanoglu. The Influence of Real-time Constraints on the Design of FlexRay-based Systems. In *Proceeding of the Design, Automation and Test in Europe Conference (DATE'09) in Nice, France*, 2009.

[96] K. Richter. *Compositional Scheduling Analysis Using Standard Event Models.* PhD thesis, Technische Universität Carolo-Wilhelmina zu Braunschweig, 2004.

[97] K. Richter. Potential von FlexRay optimal nutzen - Teil2: Analyse und Optimierung der Echtzeit-Fähigkeit von verteilten FlexRay-Systemen. *Elektronik Automotive*, pages 42–45, 2008.

[98] K. Richter. Potential von FlexRay optimal nutzen - Teil1: Echtzeit-Fähigkeit im verteilten Regler-Entwurf. *Elektronik Automotive*, pages 42–45, Jan./Feb. 2009.

[99] K. Richter and R. Ernst. Event Model Interfaces for Heterogeneous System Analysis. In *Proceedings of Design, Automation and Test in Europe Conference (DATE'02) in Munich, Germany*, pages 506–513, 2002.

[100] K. Richter, M. Jersak, and R. Ernst. A Formal Approach to MpSocC Performance Verification. Technical report, IEEE Computer Science, 2003.

[101] K. Richter, M. Jersak, and R. Ernst. Learning Early-Stage Platform Dimensioning From Late-Stage Timing Verification. In *Proceedings of the Design, Automation and Test in Europe Conference (DATE'09) in Munich, Germany*, 2009.

[102] T. Ringler. *Entwicklung und Analyse zeitgesteuerter Systeme.* PhD thesis, Universität Stuttgart, 2002.

[103] T. Ringler, M. Simons, and R. Beck. Ein Ansatz für den werkzeuggestützten Elektrik-/Elektronikarchitekturentwurf. *ATZelektronik*, pages 52–57, 2008.

[104] Robert Bosch GmbH. *Controller Area Network (CAN) Specification - Version 2.0*, 1991.

[105] J. Rox and R. Ernst. Construction and Deconstruction of Hierarchical Event Streams with Multiple Hierarchical Layers. In *Proceedings of the Euromicro Conference of Real-Time Systems (ECRTS'08) in Prague, Czech Republic*, pages 201–210, 2008.

[106] J. Ruh. *Entwurf von fehlertoleranten Steuergeräteapplikationen in Kraftfahrzeugen unter Berücksichtigung moderner Entwicklungsmethodiken.* PhD thesis, Eberhard-Karls-Universität, Tübingen, 2005.

[107] O. Scheickl and M. Rudorfer. Automotive Real Time Development Using a Timing-augmented AUTOSAR Specification. In *Proceedings of the Embedded Real-Time Software Conference (ECRTS'08): Toulouse, France*, 2008.

[108] O. Scheickl, M. Rudorfer, C. Ainhauser, N. Feiertag, and K. Richter. How Timing Interfaces in AUTOSAR can Improve Distributed Development of Real-Time Software. In *Proceedings of the 6th Workshop of Automotive Software Engineering in Munich, Germany*, 2008.

[109] D. Schilpp. Analyse, Simulation und Optimierung der Kommunikationseigenschaften des CAN-Busses. Master's thesis, Reinhold-Würth-Hochschule der Hochschule Heilbronn/Künzelsau, Deutschland, 2008.

[110] B. Schürmann. *Rechnerverbindungsstrukturen - Bussysteme und Netzwerke*, volume 1. Vieweg+Teubner Verlag, 1997.

[111] J. Schäuffele and T. Zurawka. *Automotive Software Engineering - Grundlagen, Prozesse, Methoden und Werkzeuge*. Vieweg+Teubner Verlag, 2005.

[112] U. Seiffert and G. Rainer, editors. *Virtuelle Produktentstehung für Fahrzeug und Antrieb im KFZ*, chapter HW-/SW-Co-Simulation, pages 99–153. Springer Verlag, 2008.

[113] S. Simon. Konzeption, Modellierung und Bewertung des zeitlichen Verhaltens von Gateway-Systemen. Master's thesis, Universität Illmenau, 2010.

[114] A. Swietlik and J. Spale. Vorlesung: Echzeitbetriebssysteme an der Hochschule Furtwangen, 2008.

[115] Symtavision GmbH. *SymTA/S - Intro and Theory Manual (Version 1.4.2)*, 2009.

[116] Symtavision GmbH. *www.symtavision.com*, 2010.

[117] A. S. Tanenbaum. *Moderne Betriebssysteme*, volume 2. Pearson Studium Verlag, 2003.

[118] L. Thiele. Scalable Software for MPSoCPlatforms. In *Proceedings of the ARTIST Summer School in Autrans, France*, 2009.

[119] L. Thiele, S. Chakraborty, and M. Naedele. Real-Time Calculus for Scheduling Hard Real-Time Systems. In *Int. Symposium on Circuits and Systems (ISCAS'00) in Geneva, Switzerland*, pages 101–104, 2000.

[120] TIMING MODEL - Mastering In-Vehicle Timing Constraints. *www.timmo.org*, 2009.

[121] K. Tindell. An Extendible Approach For Analysing Fixed Priority Hard Real-Time Tasks. *Journal of Real-Time Systems*, 6, 1992.

[122] K. Tindell. Adding Time-Offsets to Schedulability Analysis. Technical report, University of York, England, 1994.

[123] K. Tindell. Analysing Real-Time Communications: Controller Area Network (CAN), 1994.

[124] K. Tindell and B. Alan. Guaranteed Message Latencies For Distributed Safety-Critical Hard Real-Time Control Networks, 1994.

[125] K. Tindell, A. Burns, and A. Wellings. Calculating Controller Area Network (CAN) Message Response Times. *Control Engineering Practice*, pages 1163–1169, 1995.

[126] K. Tindell and J. Clark. Holistic Schedulability Analysis for Real-Time Systems, 1994.

[127] K. Tindell and J. Clark. Holistic Schedulability for DISTRIBUTED Hard REAL-TIME SYSTEMS. *Microprocessing & Microprogramming*, 40:117–134, 1994.

[128] M. Traub, V. Lauer, and J. Becker. Verfahren zur Timing-Bewertung von Gateway-Systemen und Vernetzungsarchitekturen in den verschiedenen Phasen des Entwicklungsprozesses. In *Proceedings of the Elektronik im Kraftfahrzeug Konferenz in Dresden, Germany*, 2009.

[129] M. Traub, V. Lauer, B. Hedenetz, M. Conrath, M. Jersak, K. Richter, and C. Reichmann. In Search of the Best Migration Strategy from CAN to FlexRay. *Hanser FlexRay-Special*, 2009.

[130] M. Traub, V. Lauer, M. Jersak, K. Richter, J. Becker, and M. Kühl. Using Timing Analysis for Evaluating Communication Behavior and Network Topologies in an Early Design Phase of Automotive Electric/Electronic Architectures. In *Proceedings of the SAE World Congress in Detroit, USA*, 2009.

[131] M. Traub, V. Lauer, T. Weber, K. Richter, M. Jersak, and J. Becker. Timing-Analysen für die Untersuchung von Vernetzungsarchitekturen. *ATZelektronik*, pages 36–41, 2009.

[132] M. Traub, T. Streichert, O. Krasovyskyy, and J. Becker. Scenario Extraction for a Refined Timing-Analysis of Automotive Network Topologies. In *Proceedings of the Design, Automation and Test in Europe Conference (DATE'10) in Dresden, Germany*, 2010.

[133] D. Unger. Konzeption und Umsetzung eines Verfahrens zur automatischen Konfiguration von Zeitanalyse-Werkzeugen anhand von AUTOSAR-System-Beschreibungen. Master's thesis, Universität Karlsruhe, Deutschland, 2010.

[134] Universität Aalborg (Dänemark) and Universität Uppsala (Schweden). *Tool Environment for Validation and Verification of Real-Time Systems*, 2010.

[135] Universität Ulm. *www.uni-ulm.de*, 2010.

[136] VaST Systems. *www.vastsystems.com*, 2010.

[137] Vector-Informatik. *Daimler Software License Package (SLP10) - Startup Integration Step by Step*, 2009.

[138] Vector Informatik GmbH. *Specification of Daimler-Benz Communications Attributes (DBKOM*, 2003.

[139] Vector Informatik GmbH. *www.vector-informatik.de*, 2010.

[140] H. von Winner, S. Hakuli, and G. Wolf, editors. *Handbuch Fahrerassistenzsysteme Grundlagen, Komponenten und Systeme für aktive Sicherheit und Komfort*. Vieweg+Teubner Verlag, 2009.

[141] G. Weißenberger. Die virtuelle Produktenstehung: Chancen, Grenzen und Risiken. In *Proceedings der 8. Euroforum Jahrestagung Elektronik-Systeme im Automobil in Ludwigsburg, Deutschland*, 2004.

[142] Wikipedia - Freie Enzyklopädie. *www.wikipedia.de*, 2010.

[143] H. Wörn and U. Brinkschulte. *Echtzeitsysteme - Grundlagen, Funktionsweisen, Anwendungen*. Springer Verlag, 2005.

[144] W. Zimmermann and R. Schmidgall. *Bussysteme in der Fahrzeugtechnik - Protokolle und Standards*, volume 3. Vieweg+Teubner Verlag, 2008.

Dirk Klaus Feßler

# Modellbasierte On-Board-Diagnoseverfahren für Drei-Wege-Katalysatoren

Schriften des
Instituts für Regelungs- und Steuerungssysteme
Karlsruher Institut für Technologie

Band 08

# Modellbasierte On-Board-Diagnoseverfahren für Drei-Wege-Katalysatoren

von
Dirk Klaus Feßler

KIT Scientific Publishing

Dissertation, Karlsruher Institut für Technologie
Fakultät für Elektrotechnik und Informationstechnik, 2010

**Impressum**

Karlsruher Institut für Technologie (KIT)
KIT Scientific Publishing
Straße am Forum 2
D-76131 Karlsruhe
www.ksp.kit.edu

KIT – Universität des Landes Baden-Württemberg und nationales
Forschungszentrum in der Helmholtz-Gemeinschaft

KIT Scientific Publishing 2011
Print on Demand

ISSN 1862-6688
ISBN 978-3-86644-593-2

# Modellbasierte On-Board-Diagnoseverfahren für Drei-Wege-Katalysatoren

Zur Erlangung des akademischen Grades eines

DOKTOR-INGENIEURS

von der Fakultät für Elektrotechnik und Informationstechnik
des Karlsruher Instituts für Technologie (KIT)
genehmigte

DISSERTATION

von

Dipl.-Ing. Dirk Klaus Feßler
geboren in Heidelberg

Tag der mündlichen Prüfung:   27. Mai 2010

Hauptreferent:   Prof. Dr.-Ing. Volker Krebs
Korreferent:       Prof. Dr.-Ing. Klaus D. Müller-Glaser

Karlsruhe, den 21. Juni 2010

# Vorwort

Die vorliegende Dissertation entstand während meiner Tätigkeit als wissenschaftlicher Mitarbeiter am Institut für Regelungs- und Steuerungssysteme (IRS) des Karlsruher Instituts für Technologie (KIT) unter Leitung von Herrn Prof. Dr.-Ing. Volker Krebs. Ihm danke ich sehr herzlich für die Anregung zu dieser Arbeit und die Übernahme des Hauptreferats. Mit seiner stetigen Gesprächsbereitschaft schuf er ein hervorragendes Arbeitsklima und gewährte mir dadurch auch die Unterstützung um diese Arbeit anzufertigen. Herrn Prof. Dr.-Ing. Klaus D. Müller-Glaser, dem Leiter des Instituts für Technik der Informationsverarbeitung (ITIV) des KIT, danke ich für sein Interesse an meiner Arbeit und die freundliche Übernahme des Koreferats.

Bei Herrn Florian Wolff bedanke ich mich für die wertvollen wissenschaftlichen Diskussionen. Einen weiteren Beitrag zum gelingen dieser Arbeit leistete Herr Matthias Schwaiger, der mir bei Fragen zu LaTeX stets mit Rat und Tat zur Seite stand. Außerdem danke ich Frau Doris Bickel für die sehr sorgfältige Anfertigung der Zeichnungen und Herrn Dr. Mathias Kluwe für seine beratende Unterstützung.

Besonders bedanken möchte ich mich bei Herrn Dr. Frank Feßler, Herrn Dr. Eberhard Münz, Herrn Dr. Markus Haschka, Herrn Dr. Mathias Kluwe, Herrn Michael Buchholz, Herrn Dr. Lars Niemann und Frau Daniela Wallburg für die sorgfältige Durchsicht dieser Arbeit bzw. Teile davon und ihre konstruktiven Hinweise.

Allen Mitarbeiterinnen und Mitarbeitern des IRS sowie den Studienarbeitern und Diplomanden möchte ich sehr für ihre gezeigte Hilfsbereitschaft und die ausgezeichnete Zusammenarbeit danken.

Das richtige Arbeitsumfeld und die kompetente fachliche Unterstützung alleine reichen allerdings nicht aus, um im Leben erfolgreich und glücklich zu sein. Hierzu gehört auch das private Umfeld und so ist der Abschluss einer solchen Arbeit der richtige Zeitpunkt, all diesen Menschen ganz herzlich zu danken. Meinem Freundeskreis, der immer für mich da ist. Meinen Eltern Irmgard und Werner Feßler sowie meinem Bruder Frank danke ich von ganzem Herzen für ihren großen Rückhalt und die Unterstützung in meinem bisherigen Leben. Ein ganz besonderer Dank gebührt meiner lieben Frau Stefanie, die mir immer beistand und mich unterstützte. Sie verzichtete mit großem Verständnis zusammen mit unserer wunderbaren Tochter Karla Franziska auf viele gemeinsame Stunden.

Karlsruhe, im Dezember 2009
Dirk Klaus Feßler

„ Was wir wissen, ist ein Tropfen;
was wir nicht wissen, ein Ozean. "

*Sir Isaac Newton* (1643 – 1727),
*englischer Naturforscher und Philosoph*

*Für meine Familie*

# Inhaltsverzeichnis

## A  Notation 169

## B  Herleitungen 175



## C  Modellparameter 197

## Literatur 203

# Abbildungen

# Tabellen

# Kapitel 1

# Einleitung und Übersicht

Die Entwicklung von Automobilen mit Verbrennungsmotor als Antrieb wurde im Jahre 1886 durch Carl Benz[1] in Deutschland eingeleitet. Mit der von Henry Ford[2] 1913 in den USA eingeführten Fließbandproduktion von Fahrzeugen wurde eine Massenfertigung der Automobile möglich. Sie konnten fortan zu erschwinglichen Preisen angeboten werden, wodurch die Tür zur individuellen Mobilität geöffnet wurde. Der damit in den Industriestaaten verbundene anwachsende Straßenverkehr hatte allerdings eine starke Zunahme der für Mensch und Umwelt schädlichen Autoabgase zur Folge.

Abbildung 1.1: Carl Benz

Anfang der 70er Jahre sah sich die U.S.-Regierung unter Federführung des Staates Kalifornien erstmalig dazu veranlasst, bundesweit gesetzlich verbindliche maximale Abgasgrenzwerte für Automobile festzusetzen. Kurz nach der Einführung dieses Gesetzes wurde jedoch offenkundig, dass ein einfaches Justieren an den Motoreinstellungen nicht ausreicht, um die festgeschriebenen Emissionsgrenzwerte zu erfüllen. Es wurden daher engagierte und kostenintensive Anstrengungen zur Erforschung geeigneter Abgasnachbehandlungssysteme unternommen. Sie führten im Jahre 1976 in den USA zum Einbau der ersten Katalysatoren in Kraftfahrzeugen. Dies stellte einen Meilenstein zur Verringerung der Abgasemissionen dar. Erst dadurch gelang es, die gesetzlichen Vorgaben einzuhalten. Die positiven Erfahrungen aus den USA veranlassten Europa, Japan und Australien ebenfalls Abgasgesetze zu verabschieden. Relativ zeitnah kamen dann auch in diesen Ländern Katalysatoren zum Einsatz. Heutzutage werden aufgrund der gesetzlichen Verordnungen in nahezu alle Fahrzeuge Katalysatoren eingebaut, bei denen es sich entweder um Oxidationskatalysatoren, bei Automobilen mit Dieselmotor, oder um Drei-Wege-Katalysatoren bei Ottomotoren handelt, wodurch sich für Katalysatoren ein sehr großer Markt ergibt.

---

[1] Carl Friedrich Benz, *25. November 1844 in Mühlburg (Karlsruhe); †4. April 1929 in Ladenburg; Studium des Maschinenbaus an der Polytechnischen Schule Karlsruhe; Pionier des Automobilbaus Quelle: http://www.zeno.org - Zenodot Verlagsgesellschaft mbH

[2] Henry Ford, *30. Juli 1863 in Wayne County, Michigan, USA; †7. April 1947 in Dearborn, Michigan, USA; Begründer der 1903 gegründeten Ford Motor Company

## Problemstellung und Ziel der Arbeit

Bei einer unvollständigen und unvollkommenen Verbrennung im Ottomotor entstehen die für den Menschen schädlichen Stickoxide ($NO_x$), Kohlenwasserstoffe (HC, engl. hydrocarbons) sowie Kohlenstoffmonoxid (CO). Um die Emissionsmengen der drei genannten Schadstoffe gleichzeitig zu verringern, wird in Kraftfahrzeugen mit Benzinmotor, der in dieser Arbeit näher betrachtete Drei-Wege-Katalysator eingesetzt. Der wachsende gesellschaftliche Druck auf die Regierungen, für eine umweltfreundlichere Politik zu sorgen, führte vor allem in Europa und den USA, mit dem Staat Kalifornien an der Spitze, zu einer sukzessiven Verschärfung der maximalen Emissionsgrenzwerte. Somit wird die Automobilindustrie immer wieder dazu gezwungen, nach Innovationen auf dem Gebiet der Drei-Wege-Katalysatoren zu forschen, um die gegenwärtigen und zukünftigen Emissionsgrenzen einhalten zu können.

Das in jüngster Vergangenheit hinsichtlich seiner klimaschädigenden Wirkung ins öffentliche Bewusstsein gelangte Kohlenstoffdioxid ($CO_2$) stellt eine weitere Komponente des Autoabgases dar. Nach einer 15-jährigen Diskussion über $CO_2$-Obergrenzen für Kraftfahrzeuge hat sich die Europäische Union (EU) nun auf eine stufenweise Einführung der geplanten $CO_2$-Obergrenze geeinigt. Demnach soll ab dem Jahr 2012 bei 65% der Neuwagen das Ziel erreicht werden, den $CO_2$-Ausstoß im Mittel auf 120 g/km zu senken. Im Jahr 2013 soll dies bei 75%, 2014 bei 80% und 2015 schließlich bei allen Neuwagen erfüllt sein. Als langfristiges Ziel existiert der Wunsch, 2020 nur noch 95 g/km an $CO_2$ auszustoßen. Das Kohlenstoffdioxid verbunden mit seinem Treibhauseffekt ist einerseits ein unvermeidbares Produkt der Verbrennung kohlenstoffhaltiger fossiler Kraftstoffe. Andererseits werden teilweise auch die für den Menschen schädlichen Stoffe im Katalysator in die chemisch stabile Verbindung Kohlenstoffdioxid umgewandelt. Die $CO_2$-Emission ist somit proportional zur eingesetzten Kraftstoffmenge. Eine Verringerung des Kohlenstoffdioxidausstoßes kann deshalb nur über einen geringeren Kraftstoffverbrauch erzielt werden.

Die heutigen europäischen und amerikanischen Gesetzgebungen fordern für die Einhaltung der gesetzlichen Emissionsgrenzen zusätzlich die Überwachung der Funktionsfähigkeit des Katalysators durch ein On-Board-Diagnosesystem (OBD-System), welches eine auftretende Fehlfunktion während des Fahrbetriebs anzeigt und im Steuergerät speichert. Um diesen hohen Anforderungen gerecht zu werden, wurden in den vergangenen Jahren verschiedene Diagnoseverfahren für Drei-Wege-Katalysatoren entwickelt. Hierbei stehen für die Automobilindustrie und den Nutzer vor allem eine hohe Zuverlässigkeit und geringe Kosten im Vordergrund.

Die zurzeit in Kraftfahrzeugen am häufigsten eingesetzten Diagnoseverfahren für Drei-Wege-Katalysatoren basieren auf der Analyse seiner Sauerstoffspeicherfähigkeit. Bei einem gealterten Katalysator ist diese Fähigkeit kaum noch vorhanden, was zu einem Effizienzverlust führen kann. Um den Sauerstoffgehalt im, den Katalysator durchströmenden Abgas zu messen, sind so genannte Lambda-Sonden vor und hinter dem Katalysator angebracht. Durch einen Vergleich der beiden Signale kann unter stationären Fahrbedingungen und bei einem betriebswarmen Motor die Sauerstoffspeicherfähigkeit bestimmt werden. Es besteht somit die Möglichkeit, indirekt auf den Zustand des Katalysators zu schließen. Die Korrelation zwischen den Messsignalen und der Aktivität des Katalysators wird allerdings durch das komplexe instationäre Verhalten der Lambda-Sonden negativ beeinflusst. Ferner besteht ein weiteres Problem dieses Ansatzes darin, dass die Sauerstoffspeicherfähigkeit nach heutiger Erkenntnis nicht immer als ein geeignetes Maß für die Aktivität des Katalysators angesehen werden kann.

Ziel dieser Arbeit ist es, einen anderen Ansatz zur modellbasierten On-Board-Diagnose zu entwickeln, um die erwähnten Nachteile überwinden zu können. In diesem Zusammenhang spielt die Abgastemperatur eine wesentliche Rolle. Bei der Konvertierung der Schadstoffe im Katalysator handelt es sich überwiegend um stark exotherme chemische Reaktionen. In einem Katalysator im Neuzustand werden alle Schadstoffe nahezu vollständig chemisch umgewandelt. Das hat zur Folge, dass die Temperatur des vom Motor in den Katalysator strömenden Abgases durch die freiwerdende Reaktionswärme im Katalysator zusätzlich stark erhöht wird. Die Konvertierungsrate und damit die Leistungsfähigkeit des Katalysators nimmt allerdings mit fortschreitendem Alter ab, wodurch immer weniger Reaktionswärme zur Erhöhung der Abgastemperatur entsteht. Hieran wird deutlich, dass die direkt hinter dem Katalysator messbare Abgastemperatur offensichtlich wichtige Informationen über den Wirkungsgrad des Katalysators enthält.

Die Idee des in dieser Arbeit vorgestellten neuen Diagnoseansatzes besteht darin, die bisher für die Diagnose verwendete Lambda-Sonde hinter dem Katalysator durch einen Temperatursensor kostenneutral zu ersetzen. Die dadurch messbare Abgastemperatur am Ausgang des Katalysators wird dazu verwendet, seinen aktuellen Zustand mit Hilfe eines nichtlinearen Filters auf der Grundlage eines geeigneten physikalischen und im Hinblick auf die On-Board-Diagnose reduzierten Zustandsmodells zu schätzen. Damit die Verläufe der Zustandsgrößen und der zeitveränderlichen Modellparameter möglichst exakt reproduziert werden können, ist ein in dieser Arbeit entwickeltes nichtlineares Alterungsmodell des Katalysators erforderlich. Lineare stochastische Zustandsschätzer, wie das bekannte Kalman-Filter, sind aufgrund dieser Tatsache ungeeignet und können somit nicht eingesetzt werden. Als Möglichkeiten zur nichtlinearen Schätzung kommen die Moving Horizon Estimation (MHE) Methode und das erweiterte Kalman-Filter (EKF) in Frage. Letzteres verwendet die linearisierten Systemgleichungen, um die ersten beiden Momente, also den Erwartungswert des Zustandsvektors und die Kovarianzmatrix, zu ermitteln. Sowohl bei der MHE als auch beim EKF ist allerdings eine fortlaufende Berechnung von Jakobi-Matrizen erforderlich, was sich in Bezug auf eine On-Board-Diagnose als zu rechenzeitintensiv erweist. Daher wird hier neben der MHE-Methode ein Sigma-Punkt-Kalman-Filter (SPKF) betrachtet, welches explizit die nichtlinearen Systemgleichungen verwendet. Mit diesem werden wenige, speziell ausgewählte deterministische Punkte, die so genannten Sigma-Punkte, abgebildet. Mittels der abgebildeten Punkte lassen sich anschließend die ersten beiden Momente näherungsweise berechnen. Mit diesen kann auf den aktuellen Zustand des Katalysators geschlossen und dieser wiederum zur Diagnose verwendet werden.

**Aufbau der Arbeit**

**Kapitel 2** stellt die wesentlichen Grundlagen für Drei-Wege-Katalysatoren vor. Dabei wird zunächst auf die – bei unvollständiger und unvollkommener Verbrennung im Ottomotor entstehenden – für den Menschen schädlichen Stoffe und deren gesetzliche Emissionsgrenzwerte eingegangen. Im Anschluss daran folgt eine detaillierte Erläuterung des Aufbaus, der Funktionsweise und der Deaktivierung des Katalysators sowie seiner besonderen Eigenschaft der Sauerstoffspeicherfähigkeit.

Einen Überblick über bereits vorhandene Diagnoseverfahren für Drei-Wege-Katalysatoren wird im **Kapitel 3** gegeben. Dabei werden die Eigenschaften und die damit verbundenen Vor- und Nachteile der bisherigen Verfahren genauer erläutert, um die in dieser Arbeit vorgestellten neuen modellbasierten Ansätze einzuordnen.

Das dem neuen Diagnoseansatz zugrunde liegende detaillierte physikalisch-chemische Modell stellt **Kapitel 4** vor. Es repräsentiert eine Erweiterung von in der Literatur bereits existierenden Modellen, die den Katalysator im Neuzustand beschreiben. Dieses erweiterte Modell erlaubt es, auch das Verhalten eines alternden Katalysators vollständig nachzubilden. Darüber hinaus wird auf die Ermittlung der Rohemissionen des Motors eingegangen, die für das Modell notwendige Eingangsgrößen darstellen, messtechnisch jedoch nicht direkt im Fahrzeug erfassbar sind.

Das detaillierte Katalysatormodell ist im Hinblick auf einen direkten Einsatz zur modellbasierten On-Board-Diagnose zu komplex und somit zu rechenzeitaufwändig. Aus diesem Grund wird im **Kapitel 5** ein vereinfachtes Modell abgeleitet, bei dem zur Reduktion der Modellordnung spektrale Verfahren wie die Proper Orthogonal Decomposition (POD) und die Tschebyscheff-Differentiation eingesetzt werden. Das reduzierte Katalysatormodell ist die Basis der modellbasierten On-Board-Diagnose.

Im **Kapitel 6** erfolgt zunächst eine Beschreibung von Optimierungsverfahren, die zur Identifikation der noch unbekannten, in den kinetischen Ausdrücken auftretenden Parameter des Katalysatormodells dienen. Mit dem hier angewandten Vorgehen lässt sich eine – für die Industrie sehr wichtige – automatisierte, computergestützte Identifikation der vorhandenen Modellparameter aus Messdaten eines Motorprüfstands realisieren. Die erzielten Ergebnisse der damit durchgeführten Modellidentifikation werden anschließend vorgestellt und diskutiert.

**Kapitel 7** beschreibt die neuen Verfahren zur On-Board-Katalysatordiagnose, wobei die messbare Abgastemperatur am Ausgang des Katalysators, ein Katalysatormodell und nichtlineare Zustandsschätzer verwendet werden. Zur Zustandsschätzung kommt einerseits die MHE-Methode sowie andererseits ein SPKF auf der Basis des reduzierten Katalysatormodells zum Einsatz. Zunächst werden die Grundlagen der MHE-Methode und anschließend die des Kalman-Filters erläutert, dessen spezielle Form für nichtlineare Systeme das SPKF darstellt. Für dieses wird eine Erweiterung zur Berücksichtigung von Zustandsbeschränkungen vorgestellt. Dabei zeigen sich Vorteile des erweiterten SPKFs gegenüber der MHE-Methode, die anhand von Schätzergebnissen aufzeigbar sind. Das Potential der neuen Diagnoseverfahren zeigen praktische Diagnoseergebnisse, die abschließend erörtert und evaluiert werden.

**Kapitel 8** enthält schließlich eine Zusammenfassung der gesamten Arbeit mit ihren wesentlichen Erkenntnissen und Ergebnissen.

Im **Anhang** werden Notationen, Herleitungen und Parameterwerte angegeben, die zum detaillierteren Verständnis dieser Arbeit dienen.

# Kapitel 2

# Drei-Wege-Katalysatoren

Verbrennungsmotoren stellen derzeit in der Praxis die wichtigste Antriebsmöglichkeit für Kraftfahrzeuge (Kfz) dar. Es ist auch in naher Zukunft nicht zu erwarten, dass sie durch eine andere Technologie wie beispielsweise Brennstoffzellen abgelöst werden können. Das Funktionsprinzip eines Verbrennungsmotors vom Typ des Ottomotors besteht in der Umwandlung der chemischen Energie eines Brennstoffs in mechanisch nutzbare Arbeit. Hierfür wird im Brennraum des Motors ein Luft/Kraftstoff-Gemisch verdichtet und durch einen von einer Zündkerze erzeugten Zündfunken zur Explosion gebracht. Infolge des relativ kleinen Brennraumvolumens entstehen in den Zylindern des Motors verhältnismäßig hohe Temperaturen und Drücke, wodurch Kolben in Bewegung gesetzt werden, die ihrerseits die Kurbelwelle und somit das Fahrzeug antreiben. Läuft die Verbrennung im Motor ideal ab, reagiert Kraftstoff in Form von Kohlenwasserstoffen (HC) chemisch mit molekularem Sauerstoff ($O_2$) und es entstehen Kohlenstoffdioxid ($CO_2$) und Wasserdampf ($H_2O$), wobei Energie ($\Delta H$) freigesetzt wird. Zur optimalen Verbrennung muss der Kraftstoff vollkommen verdampft und jedem Kohlenwasserstoffmolekül genau die zur Verbrennung erforderliche Sauerstoffmenge zugeführt werden. Das bedeutet, es ist ein bestimmtes homogenes Luft/Kraftstoff-Gemisch erforderlich. Bei einer idealen Verbrennung gilt folgende exotherme chemische Reaktionsgleichung:

$$ C_y H_z + \left( y + \frac{1}{4} z \right) O_2 \xrightarrow{\Delta H} y\, CO_2 + \frac{1}{2} z\, H_2O \,. $$

Mit dieser Formel lässt sich berechnen, dass bei der Verbrennung von 1 kg Oktan ($C_8H_{18}$, molare Masse $M_{C_8H_{18}} = 114{,}22\,\text{g/mol}$), dem Hauptbestandteil des Benzins, 3,08 kg Kohlenstoffdioxid ($CO_2$, molare Masse $M_{CO_2} = 44{,}01\,\text{g/mol}$) entsteht (d.h. 1 kg Oktan erzeugt etwa 3 kg $CO_2$), was die $CO_2$-Problematik verdeutlicht. In der Realität tritt allerdings keine solche ideale Verbrennung auf, sondern es findet ein realer Verbrennungsprozess im Motor statt, bei dem Schadstoffe entstehen.

# 2.1  Schadstoffe in Autoabgasen

Der Grund für eine nicht ideale Verbrennung im Ottomotor und die damit verbundene Entstehung von Schadstoffen liegt zum einen in einer *unvollständigen* und zum anderen in einer *unvollkommenen Verbrennung*. Zu einer unvollständigen Verbrennung kommt es infolge eines nicht exakt homogenen Luft/Kraftstoff-Gemischs, wodurch im Optimalfall lediglich eine Verbrennung bis zum chemischen Gleichgewicht stattfinden kann. Bei einer unvollkommenen Verbrennung wird das chemische Gleichgewicht nicht erreicht. Die unvollständige sowie die unvollkommene Verbrennung sorgen daher für eine nicht komplette Umwandlung des Kraftstoffs, weshalb Reste von unverbrannten Kohlenwasserstoffen bei der Reaktion zurückbleiben.

Zusätzlich tritt Kohlenstoffmonoxid (CO) im Zuge der nicht restlosen Oxidation des kohlenstoffhaltigen Kraftstoffs auf. Die Luft besteht zu 21% aus Sauerstoff und – unter Vernachlässigung des einen Prozents der anderen Elemente bzw. Moleküle, wie beispielsweise Argon (Ar) und $CO_2$ – zu 79% aus molekularem Stickstoff ($N_2$). Infolge der hohen Brennraumtemperatur reagiert der im Luft/Kraftstoff-Gemisch bei einer realen Verbrennung noch vorhandene Sauerstoff mit dem Stickstoff, wobei Stickstoffmonoxid (NO), Stickstoffdioxid ($NO_2$) und kleine Mengen von Distickstoffmonoxid ($N_2O$), welches als Lachgas bekannt ist und früher als Narkosemittel verwendet wurde, entstehen. Zu welchen Teilen der Stickstoff in die unterschiedlichen Formen umgewandelt wird, hängt im Wesentlichen von den momentanen Betriebsbedingungen des Motors ab. Den größten Anteil hat mit etwa 90% das NO. Im Folgenden werden diese Stoffe unter dem Begriff Stickoxide ($NO_x$) zusammengefasst.

Weiterhin kann der noch vorhandene Sauerstoff mit den im Kraftstoff und im Motoröl enthaltenen Verunreinigungen Schwefel (S) und Phosphor (P) oxidieren, so dass sich Schwefeloxide ($SO_x$) und Phosphoroxide ($PO_x$) bilden können. Durch die in den vergangenen Jahren verbesserten Benzine und Öle ließen sich Schwefel und Phosphor und die damit verbundenen Schadstoffe nahezu vollständig eliminieren, weshalb diese in der Praxis nur noch eine untergeordnete Rolle spielen. Die Kohlenwasserstoffe, das Kohlenstoffmonoxid sowie die Stickoxide treten aber weiterhin bei einer realen Verbrennung auf und werden deshalb nachfolgend genauer betrachtet [BO02].

- **Kohlenwasserstoffe (HC)**
  Die Gruppe der Kohlenwasserstoffe umfasst alle chemischen Verbindungen bestehend aus den Elementen Kohlenstoff (C) und Wasserstoff (H). Die wichtigsten Untergruppen der Kohlenwasserstoffe stellen die Alkane, Alkene, Alkine und die Aromaten dar. Als Alkane bezeichnet man eine Gruppe von Kohlenwasserstoffen, bei der keine Mehrfachverbindungen zwischen den Kohlenstoffatomen auftreten. Sie gehören daher zu den gesättigten Verbindungen. Bedeutende Vertreter der Alkane sind das Methan ($CH_4$) und das Oktan ($C_8H_{18}$), wobei Letzteres den Hauptbestandteil des Benzins bildet. Im Gegensatz zu

den Alkanen zählen die Alkene, welche an beliebiger Position eine oder mehrere Doppelbindungen zwischen zwei Kohlenstoffatomen besitzen, ebenso wie die
Alkine, welche eine Dreifachbindung zwischen den Kohlenstoffatomen aufweisen, zu den ungesättigten Verbindungen. Wichtigster Vertreter der Aromaten
ist das sehr charakteristisch riechende Benzol ($C_6H_6$), während die Alkane ge-
ruchlos sind. Die Alkene und Alkine riechen leicht süßlich. Viele Kohlenwasserstoffe, wie beispielsweise die Alkene, fördern die Bildung von Ozon ($O_3$), welches Reizungen der Schleimhäute hervorruft und daher bei besonders empfind-
lichen Menschen ab einer bestimmten Konzentration zu Kopfschmerzen, Au-
genreizungen, Atemwegsbeschwerden sowie Herz-Kreislauf-Erkrankungen führen kann. Das Benzol ist darüber hinaus krebserregend.

- **Kohlenstoffmonoxid (CO)**
  Beim Kohlenstoffmonoxid handelt es sich um ein farb- und geruchloses Gas,
  bestehend aus der chemischen Verbindung von Kohlenstoff (C) und Sauerstoff (O). Es verfügt über eine höhere Affinität zur Bindung an die Erythrozy-
  ten (rote Blutkörperchen) als Sauerstoff und hemmt dadurch dessen Transport
  ins Blut. Schon geringe eingeatmete Konzentrationen können zu Müdigkeit,
  Kopfschmerzen, Schwindelanfällen, Halluzinationen und im schlimmsten Fall
  zum Erstickungstod führen.

- **Stickoxide ($NO_x$)**
  Unter dem Begriff Stickoxide subsumiert man alle chemischen Verbindungen
  bestehend aus den Elementen Stickstoff (N) und Sauerstoff (O). Eine bei der
  Verbrennung im Ottomotor häufig auftretende Verbindung stellt das farb- und
  geruchlose Stickstoffmonoxid (NO) dar. Im Vergleich zum ebenfalls entstehenden Stickstoffdioxid ($NO_2$) ist es für den Menschen relativ unbedenklich. Bei
  Letzterem handelt es sich um ein rötlich-braunes Gas mit stechendem Ge-
  ruch, wobei bereits das Einatmen geringer Konzentrationen gesundheitsschädlich ist. Sowohl Stickstoffmonoxid als auch Stickstoffdioxid tragen wesentlich
  zur Bildung von Ozon bei. Beide Stoffe spielen durch weitere Oxidationen in
  Verbindung mit Wasser auch eine maßgebliche Rolle bei der Entstehung von
  Salpetersäure ($HNO_3$). Die wiederum steht im Verdacht für den „sauren Regen"
  und somit für das Waldsterben verantwortlich zu sein.

Durch die für Mensch und Umwelt schädigenden Wirkungen, dieser bei der realen Verbrennung im Benzinmotor entstehenden Stoffe, sahen sich viele Staaten dazu veranlasst, maximale Abgasgrenzwerte gesetzlich festzulegen. Die europäischen
und amerikanischen Gesetzgebungen spielen in diesem Zusammenhang die wichtigste Rolle, da in diesen Regionen einerseits der größte Automobilmarkt existiert, andererseits die strengsten Emissionsgrenzwerte bestehen. Die Abgasvorschriften wurden
in den vergangenen Jahren sowohl in den USA, als auch in Europa sukzessive ver-
schärft, wobei die treibende Kraft in den USA, bedingt durch seine spezielle klimati-

sche sowie geographische Lage und die damit verbundene Smoganfälligkeit, der Staat Kalifornien ist. Die Tabelle 2.1 zeigt den im Jahre 2004 eingeführten kalifornischen Low Emission Vehicle II (LEV II) Emissionsstandard, bei dem drei verschiedene Fahrzeugklassen: 1. Low Emission Vehicle (LEV), 2. Ultra Low Emission Vehicle (ULEV) sowie 3. Super Ultra Low Emission Vehicle (SULEV) mit den dazugehörenden Emissionsgrenzwerten festgelegt wurden [Ber01]. Dieser Standard fordert von jedem Fahrzeughersteller bis 2010 einen von Jahr zu Jahr steigenden Anteil dieser drei Fahrzeugklassen an der gesamten in einem Jahr verkauften Fahrzeugflotte.

| U.S.-Standard | 50000 Meilen / 5 Jahre | | | | 100000 Meilen / 10 Jahre | | | |
| --- | --- | --- | --- | --- | --- | --- | --- | --- |
| | CO | $NO_x$ | NMHC | $CH_2O$ | CO | $NO_x$ | NMHC | $CH_2O$ |
| | | | g/Meile | | | | g/Meile | |
| LEV | 3,4 | 0,05 | 0,075 | 0,015 | 4,2 | 0,07 | 0,090 | 0,018 |
| ULEV | 1,7 | 0,05 | 0,040 | 0,008 | 2,1 | 0,07 | 0,055 | 0,011 |
| SULEV | 1,0 | 0,02 | 0,010 | 0,004 | 1,0 | 0,02 | 0,010 | 0,004 |

Tabelle 2.1: Low Emission Vehicle II (LEV II) Emissionsstandard

In der linken Hälfte der Tabelle 2.1 sind die Grenzwerte angegeben, die ein PKW während der ersten 50000 Meilen bzw. in den ersten 5 Jahren erfüllen muss. Um der Tatsache Rechnung zu tragen, dass die Effizienz der Katalysatoren im Laufe der Zeit aufgrund der Alterung abnimmt, liegen die Grenzwerte – wie in der rechten Hälfte der Tabelle 2.1 zu sehen – für die nächsten 50000 Meilen bzw. die nächsten 5 Jahre etwas höher, wobei diese Unterscheidung bei der Fahrzeugklasse SULEV entfällt.

Die europäische Emissionsnorm, deren Entwicklung für Personenkraftwagen (PKW) mit einem Benzinmotor die Tabelle 2.2 zeigt, geht etwas weiter und fordert die Einhaltung der festgesetzten Grenzwerte während der gesamten Lebensdauer eines Fahrzeugs und nicht nur für die ersten 100000 Meilen bzw. die ersten 10 Jahre [BO02].

| EU-Norm | CO | $NO_x$ + HC | $NO_x$ | HC | NMHC |
| --- | --- | --- | --- | --- | --- |
| | g/km | g/km | g/km | g/km | g/km |
| Euro 1 (1992) | 3,16 | 1,13 | - | - | - |
| Euro 2 (1996) | 2,20 | 0,50 | - | - | - |
| Euro 3 (2000) | 2,30 | - | 0,15 | 0,20 | - |
| Euro 4 (2005) | 1,00 | - | 0,08 | 0,10 | - |
| Euro 5 (2009) | 1,00 | - | 0,06 | 0,10 | 0,068 |

Tabelle 2.2: Europäische Emissionsnorm

Darüber hinaus werden beim amerikanischen Emissionsstandard auch nicht sämtliche Kohlenwasserstoffe gesetzlich begrenzt, sondern lediglich die Nichtmethankohlenwasserstoffe (NMHC). Dies ist ein wesentlicher Unterschied zur europäischen Emissionsnorm, die das Methan ($CH_4$) bei den HC mit berücksichtigt. Im Gegensatz dazu fordert der amerikanische Emissionsstandard wiederum die zusätzliche Begrenzung des krebserregenden Formaldehyds ($CH_2O$), das bei der europäischen Emissionsnorm nicht direkt beschränkt ist. Aus der Tabelle 2.2 wird die schrittweise Absenkung der Emissionsgrenzwerte nach den unter den Bezeichnungen Euro 1 bis Euro 5 bekannten EU-Emissionsnormen deutlich. Während bei den Normen Euro 1 und Euro 2 die Summe bestehend aus Stickoxiden und Kohlenwasserstoffen begrenzt wird, erfolgt seit der Euro 3-Norm eine Beschränkung der beiden Stoffe getrennt voneinander. Ab der Euro 5-Norm wird zusätzlich zu der Gesamtmenge der HC explizit auch die Menge der Nichtmethankohlenwasserstoffe (NMHC) gesetzlich limitiert.

Um die Einhaltung der gesetzlichen Emissionsgrenzwerte sicherzustellen, werden beispielsweise in Deutschland alle Fahrzeuge in regelmäßigen Abständen von zwei Jahren zur Aufrechterhaltung der allgemeinen Betriebserlaubnis einer Abgasuntersuchung (AU) unterzogen. Zur Gewährleistung vergleichbarer und reproduzierbarer Bedingungen bei der Abgasprüfung wurden spezielle Fahrzyklen entwickelt, welche die Beanspruchung der Fahrzeuge und somit auch die Abgasentwicklung realistisch nachbilden sollen. Hierbei sind Geschwindigkeit, Last, Gangwechsel und äußere Bedingungen wie die Umgebungstemperatur, der Umgebungsdruck sowie die Luftfeuchtigkeit fest vorgegeben. Zur Messung der ausgestoßenen Schadstoffmenge eines Fahrzeugs wird ein Fahrzyklus mit festgelegtem Geschwindigkeitsprofil auf einem Rollenprüfstand nachgefahren, die Abgase dabei in gasdichten Beuteln gesammelt, anschließend analysiert und auf die gefahrene Wegstrecke umgerechnet.

In den USA wurde durch die U.S. Environmental Protection Agency (EPA) die in Abbildung 2.1 aufgezeigte Federal Test Procedure 75 (FTP 75) als Fahrzyklus eingeführt [BO02]. Es handelt sich hierbei um ein reales Geschwindigkeitsprofil, welches während des morgendlichen Berufsverkehrs im Jahre 1975 in Los Angeles gemessen wurde. Die Zahl 75 im Namen des ungefähr 30 Minuten dauernden und aus drei Phasen bestehenden Fahrzyklus bezieht sich somit auf die Jahreszahl. Während dem ersten 505 Sekunden umfassenden und als Kaltstartphase bezeichneten Abschnitt beträgt die Durchschnittsgeschwindigkeit 41 km/h. Direkt im Anschluss daran folgt die 864 Sekunden lange so genannte stabilisierte Phase mit einer Durchschnittsgeschwindigkeit von lediglich 26 km/h. Danach wird der Motor für zehn Minuten abgestellt, bevor die so genannte Warmstartphase beginnt, deren Fahrprofil mit dem der Kaltstartphase identisch ist.

In der Europäischen Union kommt seit 1996 bei allen Zulassungsprüfungen der in Abbildung 2.2 dargestellte Neue Europäische Fahrzyklus (NEFZ, Fachbezeichnung MVEG-95) [BO02] zum Einsatz. Heute dient er neben der Erfassung der ausgestoßenen Schadstoffmenge auch zur Ermittlung des Treibstoffverbrauchs eines Fahrzeugs. Der NEFZ setzt sich aus vier aufeinander folgenden Economic Commission for Europe 15 (ECE 15) Zyklen und einem direkt daran anschließenden Extra Urban Driving Cycle (EUDC) Zyklus zusammen. Die Zahl 15 stellt in diesem Zusammenhang eine

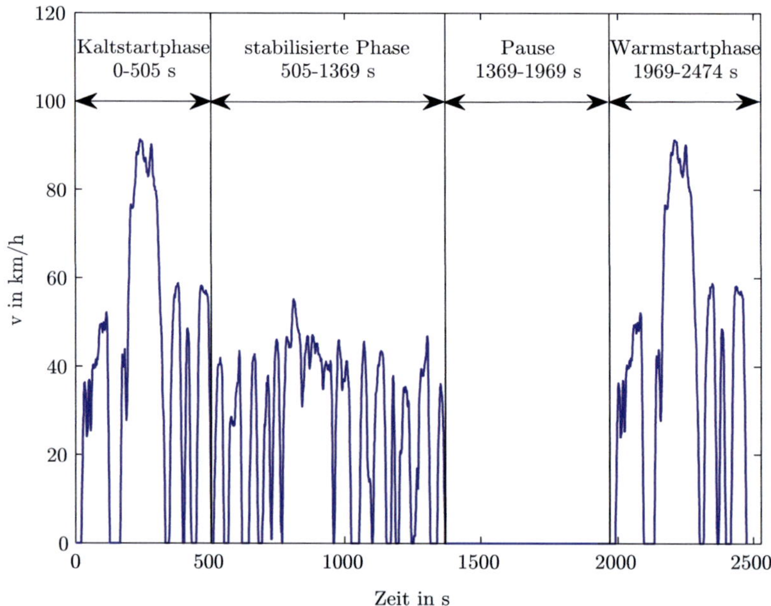


Abbildung 2.1: U.S.-Gesetzesvorgabe: Federal Test Procedure 75 (FTP 75)

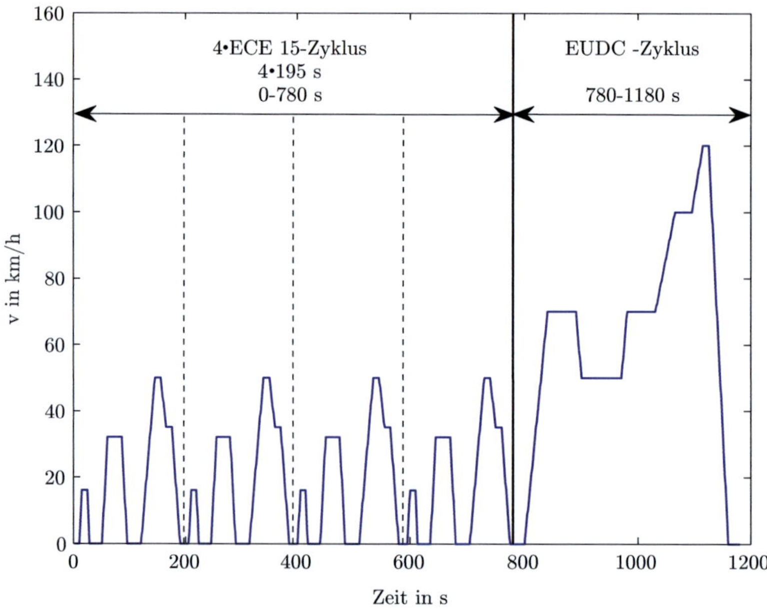


Abbildung 2.2: EU-Gesetzesvorgabe: Neuer Europäischer Fahrzyklus (NEFZ)

Durchnummerierung der verschiedenen Varianten dieses Zyklustyps dar. Beim NEFZ handelt es sich nicht wie bei der FTP 75 um einen real gemessenen, sondern um einen künstlichen Fahrzyklus, wobei der ECE 15 den Stadtverkehr von europäischen Großstädten wie beispielsweise Paris oder Rom mit einer maximalen Geschwindigkeit von 50 km/h nachbilden soll. Der EUDC repräsentiert den Außerortsverkehr mit einer Höchstgeschwindigkeit von 120 km/h. Seit Einführung der Euro 3-Norm entfällt die 40 Sekunden andauernde Aufwärmphase, in der keine Emissionen gemessen werden, sondern die Probeentnahme beginnt sofort mit dem Kaltstart des Motors. Aus diesem Grund wurde, wie in Tabelle 2.2 zu sehen, bei der Euro 3-Norm gegenüber der Euro 2-Norm der zulässige Grenzwert für CO etwas erhöht. Zusätzlich wird seit der Euro 4-Norm die Umgebungstemperatur während der Kaltstartphase von bisher 20 °C auf −7 °C gesenkt, um so Winterbedingungen zu berücksichtigen. Infolge der kalten Brennraumwandung führt diese Maßnahme anfangs zu einer erhöhten Menge der über den Fahrzyklus in den Beuteln gesammelten Schadstoffe.

Ein Vergleich beider Fahrzyklen zeigt, dass der NEFZ zu Beginn eine niedrigere Geschwindigkeit als der FTP 75 zugrunde legt. Folglich erwärmt sich der Motor beim NEFZ langsamer und es entstehen während der Anfangsphase des Fahrzyklus höhere Schadstoffkonzentrationen als bei der FTP 75. Der NEFZ weist gegenüber der FTP 75 kleinere Beschleunigungen und Verzögerungen, aber eine höhere Höchstgeschwindigkeit auf. Beide Zyklen besitzen ungefähr die gleiche Durchschnittsgeschwindigkeit von 34 km/h. Die Tabelle 2.3 zeigt die wichtigsten charakteristischen Größen der genannten Fahrzyklen.

| Fahrzyklus | FTP 75 | NEFZ | ECE 15 | EUDC |
|---|---|---|---|---|
| Gesamtstrecke (km) | 17,77 | 11,00 | 1,01 | 6,96 |
| Zeitdauer (s) | 1874 | 1180 | 195 | 400 |
| Durchschnittsgeschwindigkeit (km/h) | 34,1 | 33,6 | 18,6 | 62,6 |
| Höchstgeschwindigkeit (km/h) | 91,25 | 120 | 50 | 120 |

Tabelle 2.3: Vergleich der Fahrzyklen

War es direkt nach Einführung der ersten gesetzlichen Emissionsgrenzwerte noch möglich diese durch Justieren an den Motoreinstellungen zu erfüllen, reichte dies mit zunehmender Verschärfung der erlaubten Grenzwerte allein nicht mehr aus. Die Industrie unternahm daher fortan intensive Anstrengungen zur Erforschung geeigneter Abgasnachbehandlungssysteme, um so die gesetzlichen Vorgaben einhalten zu können. Die effizienteste und ökonomischste Lösung, die im Motor entstehenden Schadstoffkonzentrationen zu verringern, stellen hierbei nach aktuellem Stand der Technik die Katalysatoren dar. Ihr Aufbau wurde im Laufe der Zeit immer komplexer und aufwändiger. Heutzutage besitzen nahezu alle Fahrzeuge mit Benzinmotor geregelte Drei-Wege-Katalysatoren, deren Aufbau und Funktionsweise im folgenden Abschnitt näher erläutert werden.

## 2.2   Aufbau und Funktionsweise von Drei-Wege-Katalysatoren

Ein Drei-Wege-Katalysator besteht, wie in Abbildung 2.3 dargestellt, aus einem metallischen Gehäuse (Katbox), in dem auf Quell- oder Fasermatten ein keramischer (Monolith) oder metallischer (Metalith) Träger bruchsicher gelagert ist. Der Träger – auch als Substrat bezeichnet – muss sehr hohe Anforderungen bezüglich mechanischer und thermischer Festigkeit erfüllen. Er verfügt im Querschnitt hauptsächlich über eine runde, ovale oder rechteckige Form. Der Träger wird in axialer Richtung von einer großen Anzahl kleiner, dünnwandiger so genannter Wabenkanäle durchzogen, wie in den Abbildungen 2.4(a) und 2.4(b) zu sehen ist, die entweder eine runde, dreieckige, rechteckige oder sechseckige Gestalt aufweisen. Handelsübliche Katalysatoren besitzen eine Wabenkanaldichte von 400 bis 1200 cpsi (cells per square inch). Auf die Trägeroberfläche ist eine poröse Schicht aufgedampft, die aus Aluminiumoxid ($Al_2O_3$) und zu einem geringen Prozentsatz aus Cer (Ce) bzw. Ceroxid besteht. Diese als Washcoat bezeichnete Schicht führt zu einer etwa 7000-fachen Vergrößerung der Oberfläche gegenüber dem unbeschichteten Träger. Dadurch entsteht zwischen dem durch die Wabenkanäle strömenden Abgas und dem Festkörper eine große Kontaktfläche, die für eine hohe Reaktionsrate der Schadstoffe erforderlich ist. Auf die Oberfläche des Washcoats sind Edelmetallpartikel, bestehend aus Rhodium (Rh), Platin (Pt) und/oder Palladium (Pd), dispers verteilt aufgebracht. Sie stellen die eigentliche katalytisch aktive Schicht dar, an der die chemischen Reaktionen letztendlich stattfinden. Die verwendete Menge der einzelnen Werkstoffe und ihre exakte chemische sowie strukturelle Zusammensetzung sind wohl gehütete Geheimnisse der jeweiligen Katalysatorhersteller.

Die Funktionsweise eines Katalysators [GO04] verdeutlicht Abbildung 2.5. Das vom Motor stammende Abgas strömt in die Wabenkanäle des Katalysators, in denen ein Übergang der im Abgas enthaltenen Stoffe in die Poren des Washcoats stattfindet. Hier diffundieren die Schadstoffe in Richtung der vorhandenen Edelmetallpartikel, wo sie schließlich adsorbiert und durch die dort stattfindenden chemischen Reaktionen umgewandelt werden. Da es sich überwiegend um stark exotherme Reaktionen handelt, wird hierbei eine große Menge an Wärmeenergie freigesetzt. Die entstehenden Produkte desorbieren von den Edelmetallpartikeln und diffundieren wieder zurück. Es findet ein Übergang der Produkte von den Poren des Washcoats in den Wabenkanal statt, wo sie schließlich in Richtung der Kanalausgänge strömen.

Als Katalysatoren bezeichnet man in der Chemie Materialien, welche die Aktivierungsenergie senken und somit chemische Reaktionen ermöglichen bzw. beschleunigen, ohne dabei selbst verbraucht zu werden. Somit stellen die Edelmetallpartikel den eigentlichen Katalysator dar. Der Einfachheit wegen werden allerdings umgangssprachlich nicht nur diese, sondern der gesamte Aufbau als Katalysator bezeichnet.

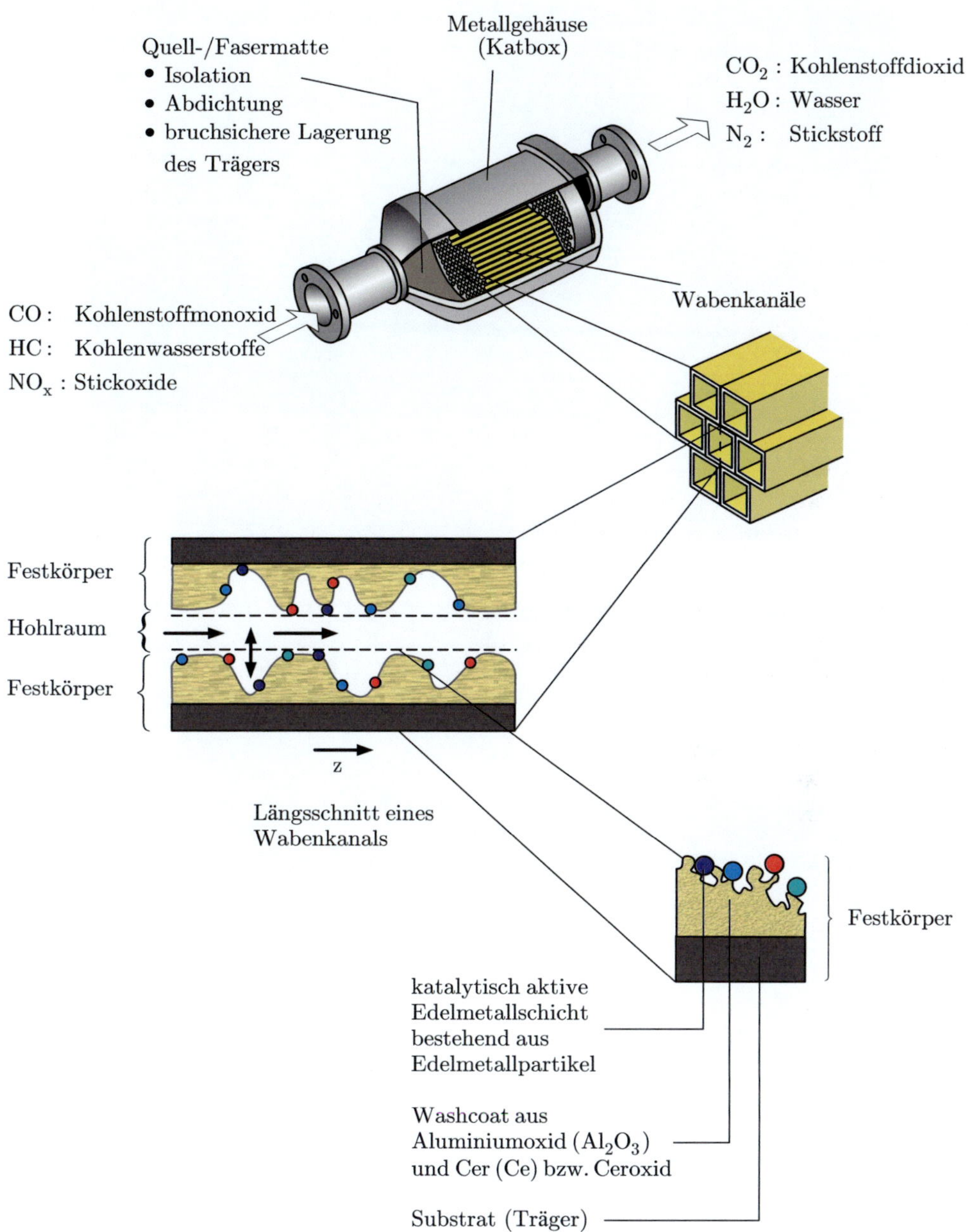


Abbildung 2.3: Aufbau und Struktur eines Drei-Wege-Katalysators

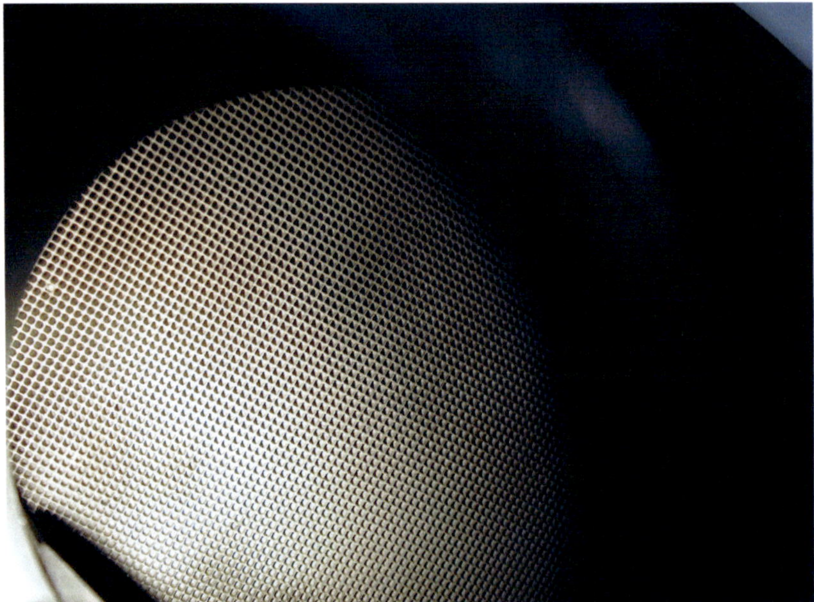

**(a)** Innere Struktur eines Drei-Wege-Katalysators

**(b)** Vergrößerte Darstellung der inneren Struktur

Abbildung 2.4: Blick in das Innere eines Drei-Wege-Katalysators[1]

---

[1] Die Bilder entstanden am Institut für Kolbenmaschinen (IFKM) des Karlsruher Instituts für Technologie (KIT).

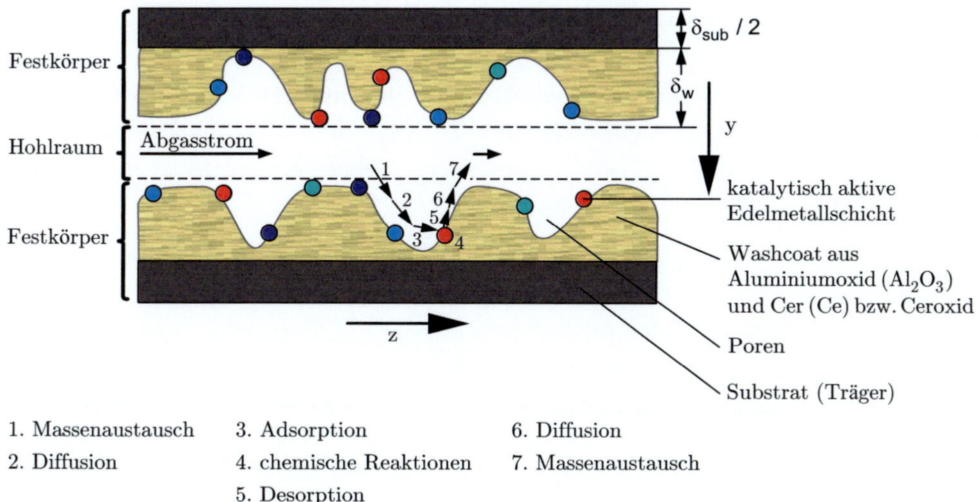


Abbildung 2.5: Funktionsweise eines Drei-Wege-Katalysators

Die heutzutage bei Ottomotoren eingesetzten Katalysatoren nennt man Drei-Wege-Katalysatoren, da sie in der Lage sind, die drei Schadstoffe CO, HC und $NO_x$ gleichzeitig auf den folgenden drei chemischen Reaktionswegen zu verringern:

$$2\,CO + O_2 \quad \longrightarrow \quad 2\,CO_2 \qquad \textbf{(Oxidation)} \qquad (2.1)$$

$$C_y H_z + \left(y + \frac{1}{4}\,z\right) O_2 \quad \longrightarrow \quad y\,CO_2 + \frac{1}{2}\,z\,H_2O \qquad \textbf{(Oxidation)} \qquad (2.2)$$

$$2\,N_w O_x + 2x\,CO \quad \longrightarrow \quad 2x\,CO_2 + w\,N_2 \qquad \textbf{(Reduktion)} \qquad (2.3)$$

Die Aufgabe eines Drei-Wege-Katalysators besteht also darin, die Oxidation des bei der unvollständigen Verbrennung entstandenen Kohlenstoffmonoxids und der unverbrannten Kohlenwasserstoffe zu vollenden. Entsprechend den Reaktionsgleichungen (2.1) bzw. (2.2) reagieren hierzu das Kohlenstoffmonoxid bzw. die Kohlenwasserstoffe in einer Oxidationsreaktion mit Sauerstoff im Katalysator, wobei Kohlenstoffdioxid bzw. Kohlenstoffdioxid und Wasserdampf entstehen. Dem Stickoxid wird gemäß Gleichung (2.3) in einer Reduktionsreaktion mit Kohlenstoffmonoxid Sauerstoff entzogen und es werden Kohlenstoffdioxid und Stickstoff gebildet. Als eigentliche Katalysatoren dienen bei den Oxidationsreaktionen die Edelmetalle Platin (Pt) und/oder Palladium (Pd), während bei der Reduktionsreaktion das Edelmetall Rhodium (Rh) als Katalysator fungiert. In allen drei Gleichungen (2.1) bis (2.3) tritt als Reaktionsprodukt das in jüngster Zeit in die Schlagzeilen geratene Kohlenstoffdioxid ($CO_2$) auf. Es scheint zwar für die Klimaerwärmung verantwortlich zu sein, ist aber im Gegensatz zu den anderen drei Schadstoffen weniger gesundheitsschädlich für den Menschen. Die freiwillige Verpflichtung der europäischen Automobilhersteller, die $CO_2$-Emissionen bei Neuwagen bis Ende 2008 auf 140 g/km zu senken, wurde praktisch von keinem Hersteller eingehalten. Die EU hat sich daher nach langjährigen Diskussionen darauf verständigt, dass bis zum Jahr 2015 alle Neuwagen eine $CO_2$-Obergrenze von 120 g/km einhalten müssen, wobei dies nur durch einen geringeren Kraftstoffverbrauch zu erreichen ist.

Der Ablauf der drei chemischen Reaktionen und folglich die Konvertierung der Schadstofftypen Kohlenstoffmonoxid, Kohlenwasserstoffe und Stickoxide hängt wesentlich vom Luft/Kraftstoff-Verhältnis ab, welches als Luftzahl $\lambda$ bezeichnet wird. Für eine optimale gleichzeitige Verringerung der drei Schadstoffe im Drei-Wege-Katalysator ist theoretisch ein Luft/Kraftstoff-Verhältnis erforderlich, in dem gerade soviel Sauerstoff vorhanden ist, wie zur Oxidation der Kohlenwasserstoffe und des Kohlenstoffmonoxidanteils, der nicht zur Reduktion der Stickoxide verwendet wird, erforderlich ist. Das ist genau dann der Fall, wenn 14,7 g Luft mit 1 g Kraftstoff vermischt und im Motor verbrannt werden. Bei solch einem Luft/Kraftstoff-Verhältnis von 14,7/1 spricht man von einem *stöchiometrischen Gemisch* und bezeichnet es als $\lambda = 1$, so dass gilt:

$$\lambda = \frac{aktuelles\ Luft/Kraftstoff\text{-}Verhältnis}{stöchiometrisches\ Luft/Kraftstoff\text{-}Verhältnis}.$$

Die Berechnung des stöchiometrischen Verhältnisses wird im Anhang B.8 aufgezeigt. Ist der Lambda-Wert größer als eins ($\lambda > 1$), herrscht ein Überschuss an Sauerstoff und man bezeichnet dies als ein „mageres" Luft/Kraftstoff-Gemisch. Hierbei reagieren alle Kohlenwasserstoffe und nahezu das gesamte Kohlenstoffmonoxid mit dem im Überschuss vorhandenen Sauerstoff. Da die Oxidationsreaktion (2.1) gegenüber der Reduktionsreaktion (2.3) bevorzugt wird, fehlt das Kohlenstoffmonoxid den Stickoxiden als Reduktionspartner, so dass die Emission von diesen rapide ansteigt.

Weist Lambda hingegen einen Wert kleiner als eins ($\lambda < 1$) auf, so herrscht ein Mangel an Sauerstoff und man bezeichnet dies als ein „fettes" Luft/Kraftstoff-Gemisch. Unter dieser Bedingung dominiert die Reduktionsreaktion (2.3) und die Stickoxide werden fast vollständig chemisch umgewandelt. Da zur vollständigen Oxidation des Kohlenstoffmonoxids und der Kohlenwasserstoffe jedoch nicht genügend Sauerstoff vorhanden ist, steigen deren Emissionen drastisch an.

Die Abbildung 2.6 zeigt die geschilderten Effekte anhand der Konvertierungsrate von CO, HC und $NO_x$ als Funktion von $\lambda$. Um zu erreichen, dass alle drei Schadstoffe gleichzeitig nahezu vollständig durch den Drei-Wege-Katalysator konvertiert und somit die strengen gesetzlichen Emissionsgrenzwerte eingehalten werden können, ist also ein Luft/Kraftstoff-Gemisch in einem sehr engen als Lambda-Fenster bezeichneten Bereich von $\lambda = 0{,}98 \ldots 1{,}01$ erforderlich.

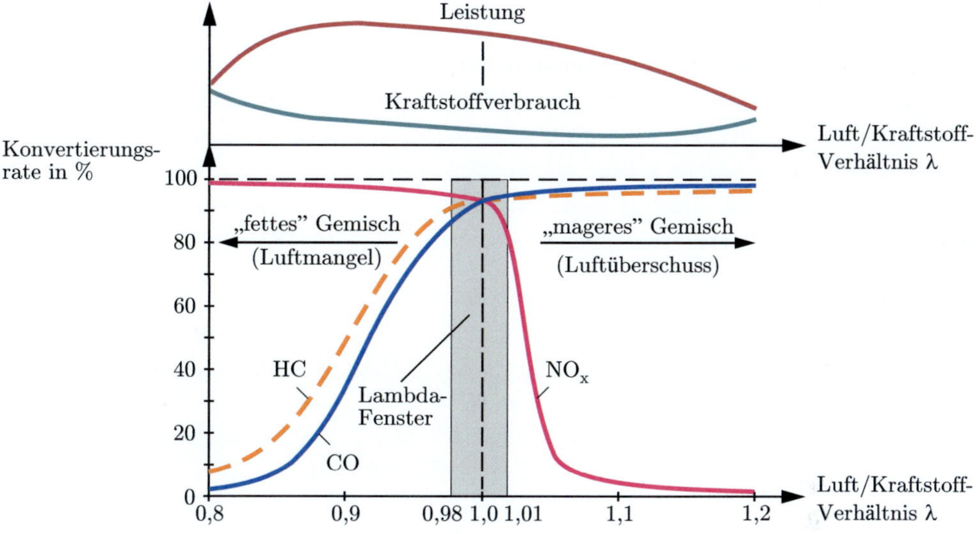


Abbildung 2.6: Konvertierungsrate als Funktion von $\lambda$

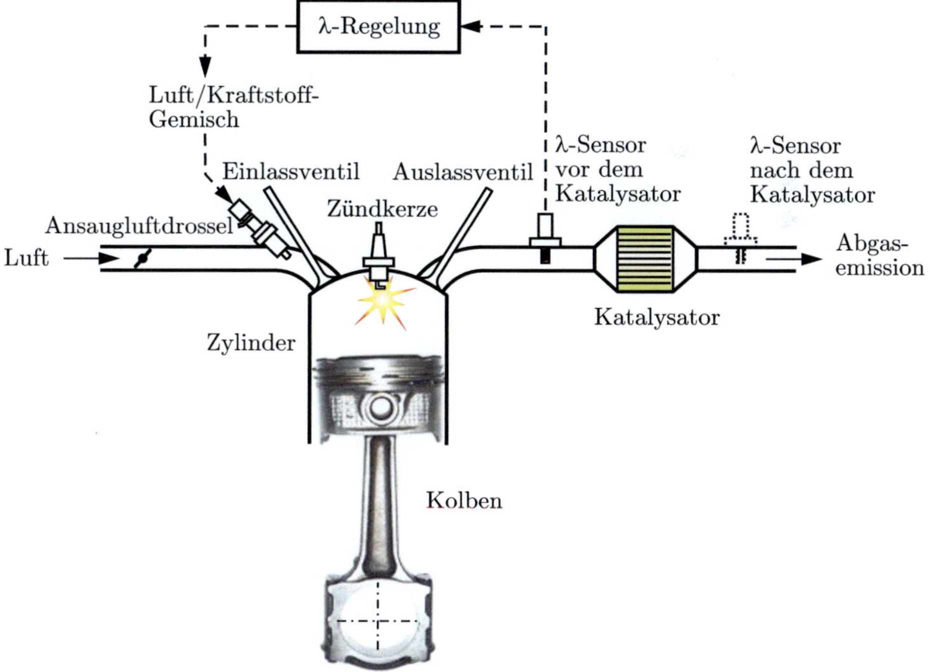


Abbildung 2.7: Aufbau einer $\lambda$-Regelung

Der eigentliche Beginn für den Einsatz von Regelungstechnik in der Motorentechnik war die Einführung der Drei-Wege-Katalysatoren für die Abgasreinigung von Otto-motoren. Dadurch wurde eine elektronische $\lambda$-Regelung notwendig, die sicherstellt, dass das Luft/Kraftstoff-Verhältnis im Mittel in einem engen Bereich um $\lambda = 1$ liegt, womit sie für das richtige Luft/Kraftstoff-Verhältnis sorgt. Die am Motorausgang angebrachte Lambdasonde erfasst hierbei den aktuellen Lambda-Wert, um dann die Luft- bzw. die Kraftstoffmenge in Abhängigkeit der Fahrweise so zu verändern, dass das gewünschte Sollverhältnis eingeregelt wird. Ein typischer Aufbau für solch eine $\lambda$-Regelung ist in Abbildung 2.7 dargestellt.

Modellungenauigkeiten und das aufgrund der Systemdynamik des Fahrzeugs auf-tretende Verzögerungsverhalten können während der Ausregelung von Störungen zeitweise zu gewissen Abweichungen vom Wert $\lambda = 1$ führen. Weiterhin stellt dieser in Bezug auf die Fahrdynamik auch nicht für alle Fahrsituationen den optimalen Wert dar. Für eine schnelle Beschleunigung benötigt man beispielsweise ein großes Motormoment (bzw. Leistung), das sein Maximum allerdings, wie in Abbildung 2.6 zu sehen, bei einem Wert von $\lambda \approx 0{,}9$ hat. Für einen geringen Kraftstoffverbrauch ist es wiederum vorteilhaft, während eines Bremsvorgangs des Fahrzeugs, den Anteil des Kraftstoffs im Luft/Kraftstoff-Gemisch durch Schubabschaltung zu verringern. Das Minimum des Kraftstoffverbrauchs liegt, wie Abbildung 2.6 verdeutlicht, bei Teillast in der Regel beim Wert $\lambda \approx 1{,}1$. Um diese zeitweiligen Abweichungen von $\lambda = 1$ zuzulassen und dennoch eine gleichzeitige nahezu vollständige Verringerung aller drei Schadstoffe zu ermöglichen, besteht bei heutigen Drei-Wege-Katalysatoren der Washcoat zusätzlich zum Aluminiumoxid aus Cer. Wie Cer diese Schwankungen des $\lambda$-Werts ausgleicht und somit für eine optimale Funktionsfähigkeit der Drei-Wege-Katalysatoren sorgt, wird im nächsten Abschnitt näher erläutert.

## 2.3   Cer und dessen Sauerstoffspeicherfähigkeit

Bereits Mitte der 70er Jahre wurde die Verwendung des chemischen Elements Cer in Drei-Wege-Katalysatoren erforscht [GPS$^+$77], aber erst seit Mitte der 80er Jahre kommt es in der Produktion zum Einsatz. Anfänglich betrug der Anteil des Cers am Washcoat lediglich 10 Gew.-% (Gewichtsprozent), heute liegt er zwischen 10 Gew.-% und 40 Gew. – %. Bei der Herstellung des Washcoats wird Cer in Form von Ceroxid zum Aluminiumoxid hinzugefügt. Das Ceroxid ist ein Oxid des Seltenerd-Metalls Cer, das aufgrund seiner Fähigkeit, den Sauerstoff an sich zu binden und dadurch zu speichern – um ihn anschließend wieder abzugeben – zu einer Steigerung der Katalysatoreffizienz führt. Diese Sauerstoffspeicherfähigkeit dient dazu, die während des Fahrbetriebs auftretenden Abweichungen vom Wert $\lambda = 1$ auszugleichen. Liegt ein „mageres" Luft/Kraftstoff-Gemisch ($\lambda > 1$) vor, bindet das so genannte Cer(III)-

oxid ($Ce_2O_3$) gemäß der Reaktionsgleichung (2.4) den überschüssigen Sauerstoff im Abgas an sich, wobei Cer(IV)-oxid ($CeO_2$) entsteht. Dieses verhindert eine rapide Abnahme des Kohlenstoffmonoxids durch die Oxidation (2.1) während einer solchen Fahrsituation und den damit verbundenen starken Emissionsanstieg der Stickoxide. Bei einem „fetten" Luft/Kraftstoff-Gemisch und dem hieraus resultierenden Sauerstoffmangel gibt das $CeO_2$ den gebundenen Sauerstoff wieder an das Abgas ab, wodurch der frei gewordene Sauerstoff gemäß der Reaktionsgleichung (2.5) zur Oxidation des Kohlenstoffmonoxids und der Kohlenwasserstoffe zur Verfügung steht. Dadurch wird in diesem Fall ein extremer Emissionsanstieg dieser beiden Schadstoffe vermieden. Das Cer bzw. Ceroxid hat somit eine Pufferfunktion bei auftretenden Abweichungen des Luft/Kraftstoff-Verhältnisses von $\lambda = 1$.

**Sauerstoffspeicherung:**

$$2\,Ce_2O_3 + O_2 \quad \longrightarrow \quad 4\,CeO_2 \tag{2.4}$$

**Sauerstoffabgabe:**

$$2\,CeO_2 + CO \quad \longrightarrow \quad Ce_2O_3 + CO_2$$
$$2\left(2y + \frac{1}{2}z\right) CeO_2 + C_yH_z \quad \longrightarrow \quad \left(2y + \frac{1}{2}z\right) Ce_2O_3 + y\,CO_2 + \frac{1}{2}z\,H_2O \tag{2.5}$$

Der Einsatz von Ceroxid, mit dessen schneller Aufnahme von Sauerstoff aus dem Abgas und seiner erneuten Abgabe in das Reaktionsgeschehen, führt zu einer deutlichen Glättung des $\lambda$-Signals. Die Abweichungen vom Wert $\lambda = 1$ sollten aber zeitlich so kurz und betragsmäßig so klein sein, dass sie die Fähigkeit des Ceroxids, Sauerstoff an sich zu binden und wieder abzugeben, nicht übersteigen, wozu die $\lambda$-Regelung dient. Ein „lang anhaltender magerer" oder ein „sehr magerer" Fahrbetrieb hätte die Sättigung des Ceroxids zur Folge, wodurch es nicht mehr in der Lage wäre, weiteren Sauerstoff an sich zu binden. Der überschüssige Sauerstoff im Abgas würde die Reduktionsreaktion der Stickoxide hemmen und somit ihre Emission stark ansteigen lassen. Während eines „lang anhaltenden fetten" oder eines „sehr fetten" Fahrbetriebs kann es zu einer vollständigen Sauerstoffabgabe des Ceroxids kommen, wodurch dieses nicht mehr in der Lage wäre, weiteren Sauerstoff zur Konvertierung des Kohlenstoffmonoxids und der Kohlenwasserstoffe zu liefern, was wiederum zu einem rapiden Emissionsanstieg dieser beiden Schadstoffe führen würde.

Die Sauerstoffspeicherfähigkeit sowie die mit ihr verbundene Konvertierungsrate der Schadstoffe hängen neben dem Luft/Kraftstoff-Verhältnis stark von der Temperatur des Drei-Wege-Katalysators ab. Die meisten Emissionen treten direkt nach dem Start des Motors während der Kaltstartphase des Katalysators bei niedrigen Temperaturen auf, da in dieser Zeit die chemischen Reaktionen im Katalysator nur langsam stattfinden. Die Temperatur, bei der genau 50% einer bestimmten Schadstoffkomponente konvertiert werden, definiert man als *Anspringtemperatur* (Light-off Temperatur). Sie liegt für den ottomotorischen Betrieb je nach Schadstoffart bei etwa 250 °C. Erst ab dieser Betriebstemperatur wird ein Katalysator als wirksam bezeichnet. Die während der ersten Minuten des NEFZ – vom Kaltstart bis zum Erreichen der Anspringtemperatur – in Beuteln gesammelten Schadstoffemissionen stellen daher den größten Anteil der gesamten gemessenen Emissionsmenge dar.

Um ein früheres Erreichen der Anspringtemperatur und somit eine schnelle Verringerung der Schadstoffemissionen zu gewährleisten, besitzen moderne Katalysatoren entweder eine elektrische Heizung oder werden nahe hinter dem Motor-Abgaskrümmer montiert. Bei elektrisch beheizten Katalysatoren ist die katalytisch aktive Schicht auf einen metallischen Träger aufgebracht, der sich durch elektrischen Strom sehr schnell aufheizen lässt, wodurch bereits wenige Sekunden nach Anlassen des Fahrzeugs die Anspringtemperatur erreicht wird. Die herkömmliche Position des Katalysators befindet sich, wie Abbildung 2.8(a) zeigt, am Unterboden des Fahrzeugs.

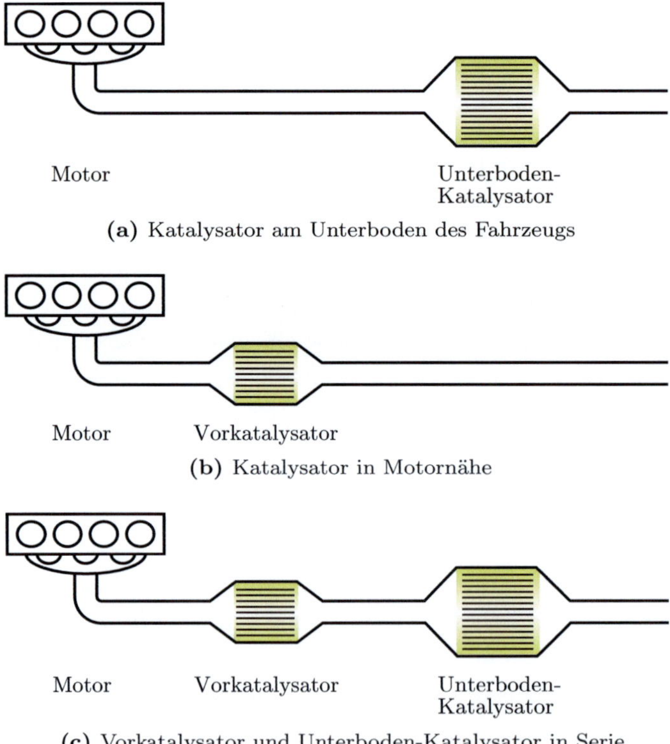


(a) Katalysator am Unterboden des Fahrzeugs



(b) Katalysator in Motornähe



(c) Vorkatalysator und Unterboden-Katalysator in Serie

Abbildung 2.8: Typische Anordnungen von Drei-Wege-Katalysatoren im Fahrzeug

Diese Position hat den Nachteil, dass das vom Motor stammende heiße Abgas, schon stark abgekühlt ist, bevor es zum Katalysator gelangt, da eine Temperaturabnahme von etwa 50 °C pro Meter Rohrstrecke nach dem Krümmer angenommen werden kann. Der Katalysator wird somit nur langsam aufgeheizt und die Anspringtemperatur folglich erst relativ spät erreicht. Zur Beschleunigung des Vorgangs sind die aktuell eingesetzten Katalysatoren nahe am Motor angebracht, wie es in Abbildung 2.8(b) dargestellt ist. In neuen Fahrzeugen werden zur Einhaltung der immer strengeren Abgasemissionen sogar zwei Katalysatoren in Serie eingebaut, wie dies Abbildung 2.8(c) verdeutlicht. Während der erste sich in Motornähe befindet, um ein frühes Erreichen der Anspringtemperatur und damit ein schnelles Sinken der Schadstoffemissionen nach dem Kaltstart zu gewährleisten, ist der zweite Katalysator am Unterboden des Fahrzeugs angebracht, mit dem Ziel, die nach dem ersten Katalysator eventuell noch vorhandenen Schadstoffe zu konvertieren.

Der motornahe Einbau bringt allerdings den Nachteil mit sich, dass die heißen Abgase über den gesamten Fahrbetrieb in den Katalysator strömen und dort sehr hohe Temperaturen – in Abhängigkeit von den Fahrbedingungen Werte bis zu 1000 °C – auftreten. Diese hohen Temperaturen führen zu einer Alterung und damit zu einer Deaktivierung des Katalysators, die nachfolgend näher beschrieben wird.

## 2.4  Deaktivierung von Drei-Wege-Katalysatoren

Essentielle Voraussetzungen der Abgasnachbehandlung sind eine verhältnismäßig große katalytisch aktive Oberfläche sowie ihre optimale Zugänglichkeit für die im Abgas vorhandenen Reaktanten. Hierfür ist eine Dispersion kleiner Edelmetallpartikel auf dem Washcoat erforderlich. Sofern man vom mechanischen Bruch des Trägers aufgrund von Erschütterungen absieht, gibt es hauptsächlich zwei Ursachen für die Deaktivierung von Drei-Wege-Katalysatoren. Hierbei handelt es sich sowohl um chemische als auch um thermische Vorgänge [Las03, Duf03, RCLM⁺01].

- **Chemische Deaktivierung**
  Die Auslöser für eine chemische Deaktivierung sind die im Kraftstoff und im Motoröl enthaltenen Zusatzstoffe wie Schwefel (S) und Blei (Pb), wobei zwischen selektiver und nicht-selektiver Vergiftung unterschieden werden muss.

  Von einer *selektiven Vergiftung* spricht man unter anderem, wenn Cer sowie die Edelmetallpartikel chemische Verbindungen mit Elementen der Verunreinigung eingehen. Als Produkt der chemischen Reaktionen entsteht eine inaktive Legierung, mit der die Schadstoffe nicht mehr reagieren können. Der Katalysator erleidet somit eine irreversible Schädigung. Untersuchungen in der Praxis haben gezeigt, dass ein Katalysator bereits nach zehn Tankfüllungen mit bleihaltigem Kraftstoff seine Effizienz nahezu vollständig verliert [HF96].

Eine weitere Form selektiver Vergiftung ist das Adsorbieren von Elementen der Verunreinigung (z.B. Schwefel) durch Cer und die Edelmetallpartikel. Dadurch entstehen zwar keine inaktiven Legierungen, das Cer und die Edelmetallpartikel stehen aber nicht mehr für die eigentliche Reaktion mit den Schadstoffen zur Verfügung. Wie praktische Versuche gezeigt haben, handelt es sich hierbei aber um einen reversiblen Vorgang, da sich der Katalysator bei hohen Temperaturen ($\geq 1000\,°C$) und in Abhängigkeit der adsorbierten Verunreinigungen wieder regenerieren und somit seine Aktivität zurückgewinnen kann.

Eine *nicht-selektive Vergiftung* wird durch Verunreinigungen verursacht, die irreversible Legierungen mit dem Trägermaterial Aluminiumoxid ($Al_2O_3$) bilden. Durch ein Verschließen der Poren kommt es hierbei zu einer Einschließung von Edelmetallpartikeln, die damit für die Schadstoffe unzugänglich sind.

Seit Einführung der Euro 4-Norm ist der Schwefelanteil im Kraftstoff gesetzlich auf maximal $50\,ppm$ (parts per million) beschränkt. Aufgrund der damit verbundenen Verbesserung der Kraftstoffe und Öle in den vergangenen Jahren, spielt die chemische Deaktivierung nur noch eine untergeordnete Rolle. Eine weitaus größere Bedeutung hat die thermische Deaktivierung.

- **Thermische Deaktivierung**

  Die thermische Deaktivierung, die man auch als thermische Alterung bezeichnet, hat durch den nahen Anbau des Katalysators an den Motor – um ein frühes Erreichen der Anspringtemperatur und somit eine schnelle Verringerung der Schadstoffemissionen nach dem Kaltstart zu gewährleisten – erheblich an Bedeutung gewonnen. Infolge der heißen Motorabgase können im Katalysator Temperaturen von bis zu $1000\,°C$ auftreten, wodurch die Mobilität der Edemetallpartikel steigt. Dies führt zu einem Verschmelzen und damit zum Anwachsen der Partikel, was eine Verringerung der Edelmetall-Dispersion und somit eine Reduzierung der aktiven Oberfläche zur Folge hat, da das Verhältnis von Oberfläche zu Volumen abnimmt. Hierdurch sinkt die Anzahl der den Reaktanten zur Verfügung stehenden aktiven Plätze und damit auch die Katalysatoreffizienz. Man bezeichnet solche Vorgänge als *Sintern*. Hierbei lassen sich die atomare und die kristalline Wanderung unterscheiden [Las03]:

  Bei der *atomaren Wanderung* bewegen sich Edelmetallatome mit dem Gas entlang des Katalysators von einem Edelmetallkristallit zu einem anderen, der dadurch an Volumen gewinnt.

  Im Fall der *kristallinen Wanderung* bewegen sich sogar ganze Edelmetallkristallite entlang der Oberfläche und wachsen zu größeren Edelmetallkristalliten zusammen [FL99, Bar01, Las03]. In Abbildung 2.9 sind die atomare und kristalline Wanderung schematisch dargestellt.

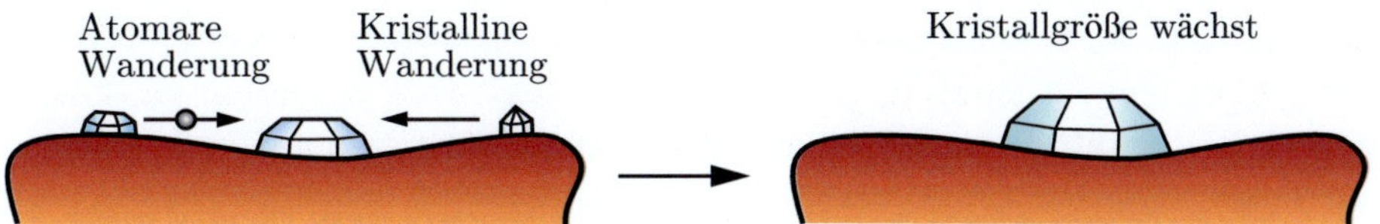



Abbildung 2.9: Atomare und kristalline Wanderung[3]

Zur Berechnung der Temperaturen, ab der die jeweiligen Sintervorgänge einsetzen, wurden von Hüttig und Tamman halb empirische Zusammenhänge mit der Schmelztemperatur[2] $T_{\text{Schmelz}}$ angegeben [MvDK01]. Sobald die so genannte Hüttig-Temperatur ($T_{\text{Hüttig}} = 0{,}3 \cdot T_{\text{Schmelz}}$) erreicht ist, beginnt die atomare und ab der Tamman-Temperatur ($T_{\text{Tamman}} = 0{,}5 \cdot T_{\text{Schmelz}}$) die kristalline Wanderung. Die atomare und kristalline Wanderung sind die Hauptursache für die Deaktivierung des Katalysators.

Eine weitere Form des Sinterns, die lediglich bei sehr hohen Temperaturen auftritt, stellt die Veränderung der Kristallstruktur durch *Phasenumwandlung* des im Washcoat enthalten Aluminiumoxids dar. Anfänglich liegt das Aluminiumoxid in der sehr porösen kubischen Kristallstruktur ($\gamma - Al_2O_3$) vor. Bei sehr hohen Temperaturen verändert sie sich jedoch und man erhält schließlich die unporöse rhomboedrische (trigonale) Kristallstruktur ($\alpha - Al_2O_3$). Diese Strukturveränderung führt durch das Verschließen von Poren zu einer starken Abnahme der Washcoatoberfläche. Es kommt somit, wie Abbildung 2.10 zeigt, zu Einschlüssen von Edelmetallpartikeln, die dann zur Konvertierung der Schadstoffe nicht mehr beitragen können.

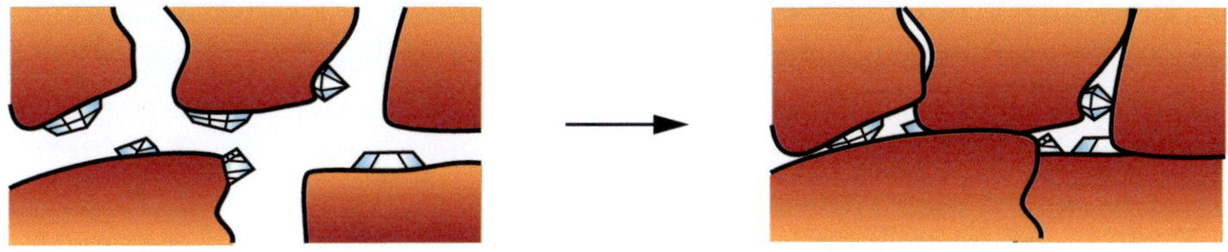

Abbildung 2.10: Einschlüsse von Edelmetallpartikeln[3]

Um die Phasenumwandlung zu verhindern, werden dem Washcoat heutzutage so genannte Stabilisatoren wie Lanthan (La), Barium (Ba), Strontium (Sr) oder Zirconiumoxid ($ZrO_2$) beigemischt [KFH03]. Infolge dieser Maßnahme sowie aufgrund der erforderlichen sehr hohen Temperaturen spielt diese Art des Sinterns nur eine geringe Rolle.

---

[2] Als Schmelztemperatur bezeichnet man die Temperatur, bei der ein Stoff vom festen in den flüssigen Aggregatzustand übergeht.

[3] Quelle: [Las03]

Sowohl die chemische als auch die thermische Deaktivierung führen mit der Zeit zu einer Abnahme der katalytisch aktiven Oberfläche. Dies wiederum hat eine Verringerung der Katalysatoreffizienz und damit einen Anstieg der Schadstoffemissionen zur Folge.

Um die Einhaltung der gesetzlichen Abgasvorschriften während der gesamten Lebensdauer der Fahrzeuge sicherzustellen, fordert der Gesetzgeber deshalb zusätzlich ein On-Board-Diagnosesystem für die fortlaufende Überwachung der Funktionsfähigkeit von Drei-Wege-Katalysatoren während des Fahrbetriebs.

Im nächsten Kapitel wird auf die bereits existierenden Diagnoseverfahren für Drei-Wege-Katalysatoren sowie auf ihre Vorzüge und Nachteile näher eingegangen, bevor der in dieser Arbeit zur Überwindung der bestehenden Nachteile entwickelte Diagnoseansatz vorgestellt wird.

## 2.5 Zusammenfassung

Bei einer realen Verbrennung im Ottomotor entstehen zusätzlich zu Kohlenstoffdioxid und Wasserdampf die Stofftypen Kohlenstoffmonoxid, Kohlenwasserstoffe sowie Stickoxide. In vielen Ländern wurden für die drei letztgenannten Stoffe aufgrund ihrer für Mensch und Umwelt schädlichen Wirkung gesetzliche Emissionsgrenzwerte festgelegt. Der Drei-Wege-Katalysator stellt eine effiziente Möglichkeit dar, diese im Benzinmotor entstehenden Schadstoffe zu vermindern und damit die im Laufe der Zeit immer strenger gewordenen Abgasgrenzwerte einzuhalten. Zur gleichzeitigen optimalen Konvertierung aller drei Schadstoffe im Drei-Wege-Katalysator ist ein bestimmtes Luft/Kraftstoff-Verhältnis von 14,7 g Luft zu 1 g Kraftstoff erforderlich, das mit $\lambda = 1$ bezeichnet wird. Für den Motor stellt dieses Verhältnis im Hinblick auf die Fahrdynamik jedoch nicht in sämtlichen Fahrsituationen den optimalen Wert dar: So verfügt der Motor beispielsweise über ein maximales Moment bei einem Wert von $\lambda \approx 0{,}9$. Um derartige Abweichungen vom Wert $\lambda = 1$ kurzfristig auszugleichen und damit durchgehend eine gleichzeitige nahezu vollständige Konvertierung aller drei Schadstoffe zu gewährleisten, besitzen heutige Drei-Wege-Katalysatoren die Fähigkeit, Sauerstoff zu speichern. Hierfür wird ihnen bei der Herstellung der Stoff Cer in Form von Ceroxid beigemischt. Dieser ist in der Lage, sowohl einen Überschuss von Sauerstoff an sich zu binden, als ihn auch bei einem Mangel wieder abzugeben. Die Katalysatoreffizienz nimmt hauptsächlich aufgrund der thermischen Deaktivierung, die man auch als Alterung bezeichnet, mit der Zeit ab. Verantwortlich hierfür sind die hohen Abgastemperaturen im Katalysator, die zu Sintervorgängen und damit zu einer Abnahme der katalytisch aktiven Oberfläche führen.

# Kapitel 3

# Diagnoseverfahren für Drei-Wege-Katalysatoren

Die amerikanischen und europäischen Gesetze schreiben eine Untersuchung der Abgasanlage in regelmäßigen Abständen vor. Eine Beschädigung des Katalysators, in dem dazwischen liegenden Zeitraum, kann, ohne sofortige Erkennung, zu einem unerlaubten Anstieg der Schadstoffemissionen führen. Im Jahre 1984 wurde von der kalifornischen Umweltschutzbehörde California Air Resources Board (CARB) deshalb ein Gesetz verabschiedet, das für Fahrzeuge ab dem Baujahr 1988 eine On-Board-Diagnose (OBD I) für Katalysatoren vorschreibt. Sie soll die permanente Einhaltung der gesetzlichen Emissionsgrenzwerte gewährleisten, indem sie bei einer auftretenden Fehlfunktion des Katalysators den Fahrer durch eine Signalleuchte (Malfunction Indicator Lamp) frühzeitig warnt. Bereits vier Jahre später veröffentlichte die CARB eine Gesetzeserweiterung, die für Fahrzeuge ab dem Baujahr 1996 wirksam ist. Sie fordert eine On-Board-Diagnose der zweiten Generation (OBD II), die zusätzlich zum Katalysator weitere abgasrelevante Komponenten, wie beispielsweise das Kraftstoffsystem, überwacht. Im Jahre 2001 wurde in Europa eine On-Board-Diagnose unter der Bezeichnung EOBD eingeführt. Sie lehnt sich stark an das umfangreiche technische Konzept der OBD II an. Der Gesetzgeber schreibt aber lediglich vor was die On-Board-Diagnose zu leisten hat, nicht aber wie sie zu realisieren ist, weshalb zahlreiche, je nach Fahrzeughersteller unterschiedliche Ansätze zur Diagnose für Drei-Wege-Katalysatoren existieren. In diesem Kapitel erfolgt eine Diskussion verschiedener Diagnoseverfahren, um den eigenen Ansatz einordnen zu können.

## 3.1 Klassifikation existierender Diagnoseverfahren

Eine in der Literatur [Fra94, BKLS03, Mün06] weit verbreitete allgemeine Einteilung für Diagnoseverfahren, unterscheidet zwischen signalbasierten, modellbasierten und wissensbasierten Methoden.

### 3.1.1 Signalbasierte Verfahren

Zu den ältesten und am häufigsten verwendeten Methoden zählen die so genannten signalbasierten Verfahren. Bei diesen werden aus gemessenen Signalen und den daraus verfügbaren Informationen über zu diagnostizierende Fehler geeignete Merkmale extrahiert, die Rückschlüsse auf den aufgetretenen Fehler zulassen. Als derartige Merkmale dienen Grenzwerte $(y_{min} \leq y(t) \leq y_{max})$, Trends, arithmetische oder quadratische Mittelwerte, Varianzen, Korrelationen sowie spektrale Leistungsdichten. Der Vorteil dieser Verfahren liegt in deren Einfachheit. Nachteilig ist, dass sich ihr Einsatz im Wesentlichen auf Systeme mit stationärem Arbeitspunkt beschränkt. Ferner ist eine präzise Fehlerdiagnose nur dann möglich, wenn die Messung räumlich sehr dicht am Angriffspunkt der Fehlerquelle erfolgt. Die Leistungsfähigkeit dieser Verfahren ist damit begrenzt.

### 3.1.2 Modellbasierte Verfahren

Zu den leistungsfähigsten Diagnosemethoden zählen die modellbasierten Verfahren. Bei ihnen wird dem zu überwachenden Prozess ein quantitatives Modell zur Diagnose parallel geschaltet. Im Gegensatz zu den signalbasierten Verfahren ermöglicht die hieraus resultierende Redundanz eine Berücksichtigung der dynamischen Zusammenhänge zwischen den Ein- und Ausgängen des Prozesses. Das Verfahren erlaubt somit tiefere Einblicke in das Prozessverhalten. Bestünde die Möglichkeit, sowohl das dynamische Verhalten des Prozesses vollständig und fehlerfrei mit Hilfe eines Modells zu beschreiben, als auch alle zur Fehlerdiagnose notwendigen Prozessgrößen präzise und zuverlässig zu messen, dann wäre durch einen Vergleich der Mess- mit den Modelldaten jeder Fehler nahezu sofort diagnostizierbar. Leider ist es praktisch sowohl unmöglich, ein solch exaktes Prozessmodell zu erstellen, als auch alle notwendigen Größen mit der erforderlichen Präzision und Störungsfreiheit zu messen. Folglich können Abweichungen zwischen den Mess- und Modelldaten nicht nur tatsächlich aufgetretene Prozessfehler, sondern auch Modellierungs- oder Messfehler als Ursache haben.

Die modellbasierten Verfahren lassen sich in *Parameterschätzverfahren* und *beobachtergestützte Verfahren* unterteilen. Im ersteren Fall werden die Parameter des Prozessmodells fortlaufend geschätzt, wobei man davon ausgeht, dass sich diese bei einem auftretenden Fehler ändern. Die Diagnose erfolgt durch eine Differenzbildung zwischen den aus Messdaten geschätzten Parametern und jenen eines Referenzmodells. Bei beobachtergestützten Verfahren wird die bei einem Fehler auftretende Differenz der Ausgangsgrößen zwischen Prozess und Modell zur Diagnose verwendet.

### 3.1.3 Wissensbasierte Verfahren

Modelle lassen sich in Abhängigkeit der zugrunde liegenden Informationen über das reale System in quantitative und qualitative Modelle klassifizieren [Sch01].

Als *quantitative* (mathematische) *Modelle* bezeichnet man Modelle, bei denen sämtliche abgebildete Aspekte durch messbare Informationen beschrieben sind. Die Elemente des realen Systems werden durch Parameter und Variablen dargestellt und in Form von Gleichungen oder Ungleichungen miteinander verknüpft. Die quantitativen Modelle werden mit mathematischen Methoden ausgewertet, um bestimmte Kenngrößen des realen Systems zu ermitteln.

Die meisten *qualitativen Modelle* hingegen beinhalten lediglich eine verbale Beschreibung anhand qualitativer Informationen des realen Systems. Sie basieren häufig auf subjektiven Einschätzungen und beschränken sich überwiegend auf die Darstellung grundlegender Zusammenhänge. Lässt sich infolge der Komplexität des betrachteten Prozesses kein hinreichend genaues quantitatives Modell mit vertretbarem Aufwand erstellen, so werden zur Diagnose wissensbasierte Verfahren eingesetzt, bei denen ein qualitatives Modell seine Anwendung findet. Für diese Art der Modellbildung kommen unter anderem Künstliche Neuronale Netze (KNN), Fuzzy-Logic oder Expertensysteme zum Einsatz.

Über diese allgemeine Unterteilung der Diagnoseverfahren hinaus gliedert man, speziell bei der Katalysatordiagnose, die verschiedenen Verfahren zusätzlich nach der für die Messung der Signale verwendeten Sensorik, wobei zwischen einer Diagnose mit *Lambda-Sensoren*, *HC-Sensoren* oder *Temperatur-Sensoren* zu unterscheiden ist. Im nächsten Abschnitt wird spezifisch auf die existierenden Diagnoseverfahren für Drei-Wege-Katalysatoren eingegangen.

## 3.2 Eigenschaften existierender Diagnoseverfahren für Katalysatoren

Trotz der bisher erzielten Fortschritte stellt die Entwicklung verbesserter, zuverlässigerer und kostengünstigerer On-Board-Diagnosesysteme (OBD-Systeme) für die Automobilindustrie weiterhin ein wichtiges Aufgabengebiet dar. Der Grund hierfür liegt in den immer strenger werdenden Abgasgesetzgebungen und den damit verbundenen modernen Niederemissions-Fahrzeugen. Im Folgenden sollen die wichtigsten Konzepte zur Katalysatordiagnose [Sid98, TS07] vorgestellt sowie deren Vor- und Nachteile beleuchtet werden.

### 3.2.1   Katalysatordiagnose mittels Lambda-Sensoren

Die in der Automobilindustrie derzeit am häufigsten eingesetzten Diagnoseverfahren für Drei-Wege-Katalysatoren beruhen auf der Analyse der Sauerstoffspeicherfähigkeit (SSF), da zwischen ihr und der HC-Konvertierungsrate eine Korrelation besteht. Die SSF nimmt mit zunehmendem Alter ab, was wiederum zu einem Effizienzverlust des Katalysators führen kann. Das Diagnoseverfahren verwendet zwei Lambda-Sensoren, die vor und hinter dem Katalysator den Sauerstoffgehalt im Abgas messen. Durch einen Vergleich der beiden Signale lässt sich die SSF bestimmen und es besteht somit die Möglichkeit, indirekt auf die Effizienz des Katalysators zu schließen. Zur Diagnose werden dem Luft/Kraftstoff-Gemisch bei stationären Betriebsbedingungen und betriebswarmem Motor von der Motorsteuerung Anregungssignale in Form von Rechteck-Schwingungen um den Wert $\lambda = 1$ aufgeprägt. Abbildung 3.1 zeigt beispielhafte Messverläufe von Lambda-Signalen vor und hinter dem Katalysator. Das Lambda-Sensorsignal vor dem Katalysator (blau) folgt den Änderungen von einem „fetten" zu einem „mageren" Gemisch und umgekehrt sofort, wohingegen das Lambda-Signal hinter einem neuen Katalysator (schwarz) eine gewisse Zeit auf dem Wert $\lambda = 1$ verharrt. Ursache hierfür ist die SSF.

Beim Übergang von einem „fetten" zu einem „mageren" Gemisch wird dem Abgas der überschüssige Sauerstoff durch chemische Reaktionen mit dem Cer(III)-oxid entzogen und in Form von Cer(IV)-oxid im Katalysator gespeichert. Der Lambda-Wert am Ausgang des Katalysators verbleibt solange auf dem Wert eins, bis die zur Verfügung stehende Speicherkapazität erschöpft ist. Beim Übergang von einem „mageren" zu einem „fetten" Gemisch gleicht der im Cer(IV)-oxid gespeicherte Sauerstoff den Mangel an Sauerstoff im Abgas wieder aus. Der Lambda-Wert behält solange den Wert eins bei, bis sämtlicher gespeicherter Sauerstoff an das Abgas abgegeben wurde. Abbildung 3.1 zeigt die unterschiedliche Zeitdauer für die Speicherung bzw. die Abgabe des Sauerstoffs. Die Ursache für das asymmetrische Katalysatorverhalten liegt u. a. in den unterschiedlichen Reaktionsgeschwindigkeiten der beiden Phänomene.

Mit zunehmender Alterung des Katalysators nimmt die SSF und damit, wie in Abbildung 3.1 zu sehen, die Zeitdauer ab, für die Lambda am Ausgang des Katalysators auf dem Wert $\lambda = 1$ verharrt. Das Ausgangssignal (rot) ähnelt immer mehr dem Eingangssignal. Viele Automobilhersteller verwenden zur Diagnose von Drei-Wege-Katalysatoren ein signalbasiertes Verfahren, bei dem die Zeitverzögerung des Lambda-Signals am Ausgang des Katalysators gemessen und mit einem Referenzwert verglichen wird. Unterschreitet der Messwert den Referenzwert, ist eine zu geringe SSF vorhanden und der Katalysator wird als defekt diagnostiziert. Den prinzipiellen Zusammenhang zwischen der Zeitverzögerung $\Delta t$ und der SSF zeigt Abbildung 3.2.

Der Nachteil dieses signalbasierten Verfahrens resultiert aus einem Tiefpassverhalten des Lambda-Sensors am Ausgang des Katalysators. Dadurch erscheint die er-

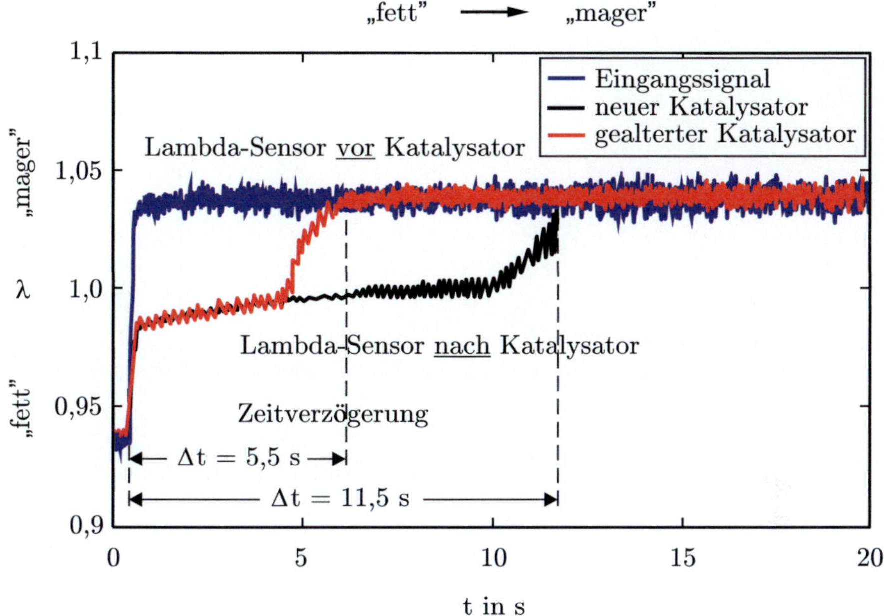


**(a)** 1. Halbschwingung: Sauerstoffspeicherung durch das Cer

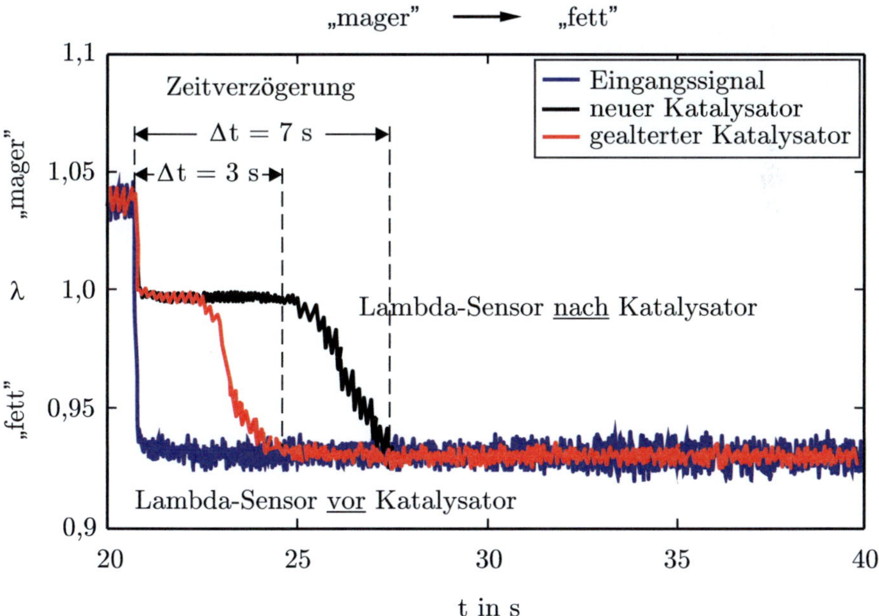


**(b)** 2. Halbschwingung: Sauerstoffabgabe durch das Cer

Abbildung 3.1: Messverläufe der $\lambda$-Signale bei Rechteck-Schwingungen um $\lambda = 1$

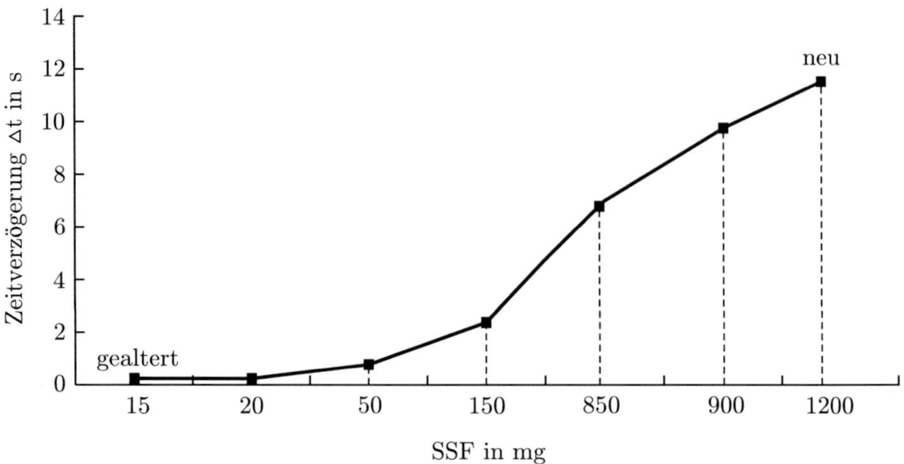


Abbildung 3.2: Zeitverzögerung als Funktion der Sauerstoffspeicherfähigkeit (SSF)

mittelte Zeitdauer, während der Lambda den Wert eins annimmt, etwas größer als die tatsächliche Zeitspanne [Sid98]. Folglich wird die Sauerstoffspeicherkapazität des Katalysators größer angenommen, als sie in Wirklichkeit ist, was sich auch durch den im Folgenden erläuterten mathematischen Zusammenhang leicht zeigen lässt.

Beschreibt $\lambda\,(kT_A)$ den tatsächlichen sowie $\lambda_f\,(kT_A)$ den vom Sensor gemessenen und aufgrund des ermittelten Tiefpassverhaltens der Sensordynamik ($PT_1$-Glied in zeitdiskreter Darstellung)

$$G_z\,(z) = \frac{\alpha\,z}{z - \exp\,(\beta\,T_A)} \quad \text{mit} \quad \beta = \frac{\ln\,(1-\alpha)}{T_A}$$

gefilterten Lambda-Wert zum Zeitpunkt $t = kT_A$, mit $T_A$ als Abtastzeit, so ergibt sich der gefilterte Wert aus dem tatsächlichen Wert zu

$$\lambda_f\,(kT_A) = \lambda_f\,((k-1)\,T_A) - \alpha\left(\lambda_f\,((k-1)\,T_A) - \lambda\,(kT_A)\right),$$

wobei $\alpha \in [0,1]$ einen normierten inversen Filterkoeffizienten darstellt. Nimmt $\alpha$ den Wert eins an, so liegt keine Filterung vor und es gilt $\lambda_f\,(kT_A) = \lambda\,(kT_A)$. Der Wert, um den die SSF infolge des Tiefpassverhaltens zu groß angenommen wird, ist proportional zum Sensorfehler $\lambda_{\text{Fehler}}\,(kT_A)$ mit

$$\lambda_{\text{Fehler}}\,(kT_A) = \lambda\,(kT_A) - \lambda_f\,(kT_A)\,.$$

Setzt man $\lambda_f\,(kT_A)$ aus der oberen Gleichung ein, erhält man nach Umformung:

$$\lambda_{\text{Fehler}}\,(kT_A) = (1-\alpha)\left(\lambda\,(kT_A) - \lambda_f\,((k-1)\,T_A)\right).$$

Hieraus ist ersichtlich, dass nur bei einem idealen Lambda-Sensor, ohne jegliches Tiefpassverhalten ($\alpha = 1$), die Ungenauigkeit ($\lambda_{\text{Fehler}}(kT_A)$) verschwinden würde. Dieser Sachverhalt wird durch Abbildung 3.3 verdeutlicht.

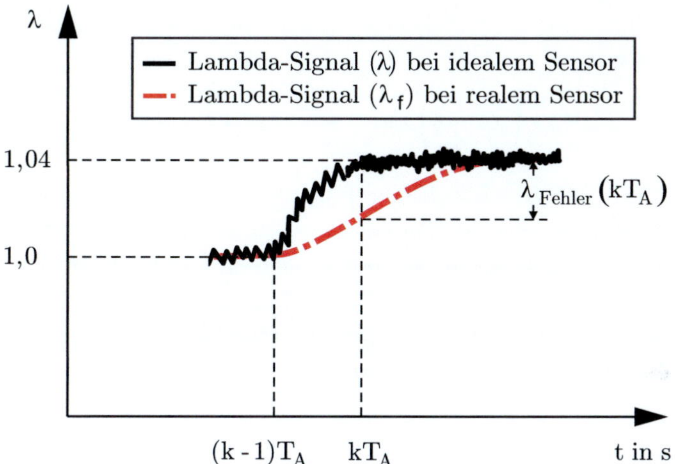


Abbildung 3.3: Messsignal bei idealem und realem $\lambda$-Sensor am Katalysatorausgang

In moderneren Fahrzeugen wird daher ein modellbasiertes Diagnoseverfahren eingesetzt [FGS01], dem ein Referenzmodell der SSF und der Lambda-Sonde zugrunde liegt. Durch einen Vergleich des gemessenen Lambda-Signals am Ausgang des Katalysators mit dem des Referenzmodells einschließlich des Lambda-Sonden-Modells wird auf die SSF und damit auf die Funktionsfähigkeit des Katalysators geschlossen.

Ein Nachteil dieses Verfahrens liegt jedoch darin, dass zur Diagnose stationäre Betriebsbedingungen (z.B. konstante Drehzahl) sowie ein betriebswarmer Motor erforderlich sind. Es liefert daher keine Ergebnisse während der Kaltstartphase, da in dieser Zeit durchgehend ein „fettes" Luft/Kraftstoff-Gemisch benötigt wird, um ein Anspringen des Motors sicherzustellen. Zur Diagnose wären allerdings Schwingungen um $\lambda = 1$, siehe Abbildung 3.1, erforderlich.

Ein weiterer, weitaus gravierenderer Nachteil der Verfahren, die Lambda-Sensoren für die Diagnose verwenden, besteht darüber hinaus in der Tatsache, dass es sich lediglich um indirekte Verfahren handelt. So kann mit den Lambda-Signalen ausschließlich die aktuelle SSF analysiert und damit nur indirekt auf die Katalysatoreffizienz geschlossen werden. Hierbei ist unerheblich, ob es sich um ein signalbasiertes oder ein modellbasiertes Verfahren handelt, wobei das Tiefpassverhalten des Lambda-Sensors die Diagnose mit signalbasierten Verfahren zusätzlich erschwert. Theoretische Arbeiten [FTCM93] sowie praktische Erfahrungen haben gezeigt, dass die SSF nicht immer als ein geeignetes Maß für die Aktivität des Drei-Wege-Katalysators angesehen werden kann. Untersuchungen ergaben in einigen Fällen sogar, dass Katalysatoren, die infolge thermischer Alterung nahezu ihre komplette SSF verloren hatten, dennoch eine Konvertierungsrate von etwa 90% der Kohlenwasserstoffe besaßen [HG92]. Den Grund hierfür gilt es im Folgenden näher zu erläutern, wobei zunächst noch einmal die im Katalysator stattfindende Oxidationsreaktion (2.2) für HC betrachtet wird:

$$C_yH_z + \left(y + \frac{1}{4}z\right) O_2 \quad \longrightarrow \quad y\,CO_2 + \frac{1}{2}z\,H_2O\,.$$

Bei einem „fetten" Luft/Kraftstoff-Gemisch würde es infolge des Mangels an Sauerstoff zu einem Anstieg der HC-Emissionen kommen. Um dies zu verhindern, besitzen moderne Drei-Wege-Katalysatoren zusätzlich Cer in Form von Ceroxid. Der im Cer(IV)-oxid gespeicherte Sauerstoff dient in diesem Fall, entsprechend der Gleichung (2.5), zur Konvertierung der restlichen Kohlenwasserstoffe, die nicht durch die Oxidationsreaktion umgewandelt wurden:

$$2\left(2y + \frac{1}{2}z\right) CeO_2 + C_yH_z \quad \longrightarrow \quad \left(2y + \frac{1}{2}z\right) Ce_2O_3 + y\,CO_2 + \frac{1}{2}z\,H_2O\,.$$

Mit der Alterung des Katalysators und der abnehmenden SSF wäre somit eigentlich ein Anstieg der HC-Emission verbunden. Dieser wird allerdings dadurch verhindert, dass nun weitere, ebenfalls im Katalysator stattfindende Reaktionen, wie z.B. Steam-Reforming, häufiger in Erscheinung treten:

$$C_yH_z + 2y\,H_2O \quad \longrightarrow \quad y\,CO_2 + \left(2y + \frac{1}{2}z\right) H_2\,.$$

Hierbei wird der bei der Oxidationsreaktion (2.2) entstandene Wasserdampf ($H_2O$) zur Konvertierung der noch vorhandenen Kohlenwasserstoffe verwendet, so dass trotz einer geringen SSF noch eine hohe Konvertierungsrate der Kohlenwasserstoffe vorliegen kann. Die Abbildung 3.4 zeigt den prinzipiellen Zusammenhang zwischen der SSF und der HC-Konvertierungsrate eines Katalysators. Man bezeichnet diesen nichtlinearen Verlauf aufgrund seiner charakteristischen Form auch als „Hockey Stick"-Kurve. Schon eine geringe Alterung und damit verbunden ein geringer Effizienzverlust des Katalysators führt zu einer erheblichen Abnahme der SSF. Der im Anschluss relativ flache Verlauf der Kurve erschwert die Katalysatordiagnose. Für die genaue Detektion eines Fehlers wäre ein linearer Zusammenhang der beiden Größen von Vorteil. Dies ist jedoch nicht der Fall, womit nur noch ein geringer Zusammenhang zwischen der Änderung der Katalysatoreffizienz und der SSF besteht. Dadurch kommt es im realen Einsatz häufig zu einem Fehlalarm, was bedeutet, dass ein Fehler gemeldet wird, obwohl in Wirklichkeit keiner vorhanden ist.

Eine Alternative zur Verwendung von Lambda-Sensoren stellt eine Diagnose auf Basis von HC-Sensoren dar, die im nächsten Abschnitt behandelt wird.

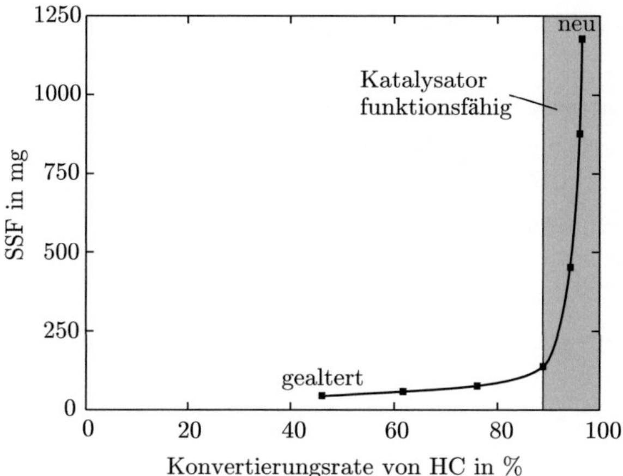


Abbildung 3.4: „Hockey Stick"-Kurve

## 3.2.2 Katalysatordiagnose mittels HC-Sensoren

HC-Sensoren dienen der direkten Messung von HC-Konzentrationen und sind bei betriebswarmem Motor zur Überwachung von Drei-Wege-Katalysatoren einsetzbar. Hierfür ist vor und hinter dem Katalysator jeweils ein Sensor zur Messung der entsprechenden Gaskonzentrationen angebracht. Ein voll funktionsfähiger Katalysator weist an seinem Ausgang nahezu keine HC-Konzentrationen mehr auf. Ist er allerdings schon sehr stark gealtert, finden in ihm kaum noch Reaktionen statt und die HC-Konzentration am Ausgang ist ähnlich hoch wie am Eingang. Bei einem signalbasierten Verfahren lässt sich daher das Verhältnis zwischen den gemessenen HC-Werten vor und hinter dem Katalysator bilden und mit einem Referenzwert vergleichen. Liegt der ermittelte Wert über dem Referenzwert, besitzt der Katalysator keine ausreichende Effizienz mehr und wird als defekt diagnostiziert.

Die Realisierung dieser Technik bringt jedoch einige Schwierigkeiten mit sich, die ihre Anwendung in der Praxis bisher verhindert haben. Ein Problem hierbei ist, dass die HC-Sensoren nicht nur hinsichtlich den HC-Konzentrationen sondern auch für die CO- und $H_2$-Konzentrationen empfindlich sind, wodurch das Messergebnis verfälscht wird. Die Auswertung der nur sehr schwachen elektrischen Signale der HC-Sensoren gestaltet sich äußerst schwierig und bedingt durch die sehr hohen Abgastemperaturen, denen sie ausgesetzt sind, besitzen sie auch nur eine relativ kurze Lebensdauer. Der größte Nachteil dieser Verfahren liegt jedoch in den sehr hohen Herstellungskosten der HC-Sensoren. Ähnlich verhält es sich mit dem Versuch der Diagnose mit $NO_x$-Sensoren.

Die genannten Schwächen von HC-Sensoren motivieren die Diagnose mit Hilfe von Temperatur-Sensoren, die im nächsten Abschnitt behandelt wird.

### 3.2.3   Katalysatordiagnose mittels Temperatur-Sensoren

Bei der Konvertierung der Schadstoffe im Katalysator handelt es sich überwiegend um stark exotherme chemische Reaktionen. Infolgedessen liegt die Temperatur am Ausgang eines funktionsfähigen Katalysators wesentlich über der am Eingang. Die Differenz der beiden Temperaturen nimmt mit zunehmender Alterung des Katalysators ab. Sie enthält somit wichtige Informationen über seinen Wirkungsgrad. Signalbasierte Verfahren verwenden die bei bestimmten Betriebsbedingungen auftretende Temperaturdifferenz und vergleichen sie mit einem Referenzwert. Eine Fehlermeldung erfolgt, sobald dieser unterschritten ist. In diesem Fall werden nicht mehr genügend Schadstoffe durch die exothermen chemischen Reaktionen konvertiert und die gesetzlichen Emissionsgrenzen somit auch nicht mehr eingehalten.

Ein weiteres in der Literatur genanntes signalbasiertes Verfahren [Sid98] überwacht den Katalysator ausschließlich während der Kaltstartphase des Motors und verwendet dafür sowohl die Temperatur als auch den Temperaturanstieg. Beide sind bei einem neuen Katalysator größer als bei einem bereits gealterten. Der Grund hierfür ist, dass in einem neuen Katalysator im Vergleich zu einem älteren mehr Schadstoffe exotherm reagieren und ihn dadurch schneller und stärker aufheizen. Zur Diagnose werden die tatsächlichen Werte mit Referenzwerten verglichen.

Im Rahmen eines weiteren patentierten, signalbasierten Ansatzes [Sid98] wird die Diagnose nur während einer Verzögerungsphase des Fahrzeugs durchgeführt. Während dieser Phase sinkt die vom Motor stammende Abgastemperatur und mit ihr die vor dem Katalysator gemessene Temperatur ab. Liegt nun ein gealterter Katalysator vor, finden in ihm kaum noch exotherme chemische Reaktionen statt und die gemessene Temperatur hinter dem Katalysator sinkt ähnlich stark wie vor dem Katalysator. Bei einem Katalysator im Neuzustand hingegen verhindern die exothermen chemischen Reaktionen nicht nur das Absinken, sondern sorgen stattdessen für einen Temperaturanstieg hinter dem Katalysator. Für die Diagnose wird daher die Differenz zwischen der Ausgangstemperatur $T(t_1)$ zu einem definierten Zeitpunkt $t_1$ nach Beginn der Verzögerungsphase und der Ausgangstemperatur $T(t_0)$ zu Beginn $t_0$ der Verzögerungsphase gebildet. Ist diese Differenz positiv, wird der Katalysator als funktionsfähig angesehen, andernfalls als defekt.

In der Literatur [TK02] findet sich auch ein modellbasiertes Diagnoseverfahren, welches ein vereinfachtes Modell der freiwerdenden Wärmeenergie verwendet. Bei diesem müssen aber konstante Stoffkonzentrationen als Eingangsgrößen vorliegen und somit sind wiederum stationäre Betriebsbedingungen zur Diagnose erforderlich.

Das Problem der bisher existierenden, auf Temperatur-Sensoren beruhenden Verfahren liegt darin, dass es keine universell anwendbare Methode für beliebige instationäre Fahrbedingungen gibt. Allerdings bieten sie, im Gegensatz zu den kostenintensiven Verfahren mit HC-Sensoren, eine relativ kostengünstige und wirksame Alternative zu den Verfahren, die mit Lambda-Sensoren arbeiten.

# 3.3 Neuer modellbasierter On-Board-Diagnoseansatz

Die Tabelle 3.1 fasst die Eigenschaften der *bisher* existierenden On-Board-Diagnoseverfahren für Drei-Wege-Katalysatoren zusammen.

| Verfahren: | Lambda-Sensoren | HC-Sensoren | Temperatur-Sensoren |
|---|---|---|---|
| Sensoren: | HEGO[a], UEGO[b], | Dickschicht, Ionisation | Thermistor, Widerstand |
| Diagnoseprinzip: | Sauerstoff-speicherfähigkeit | HC-Konversion | Ermittlung der Reaktionswärme |
| Betriebsbedingung: | betriebswarm, stationär | betriebswarm | stationär |
| Kosten: | gering | hoch | gering |
| Zuverlässigkeit: | mittel | anfänglich hoch, schnelle Alterung | hoch |

[a]Heated Exhaust Gas Oxygen Sensor
[b]Universal Exhaust Gas Oxygen Sensor

Tabelle 3.1: Überblick über bisher existierende Katalysator-Diagnoseverfahren

Für das aktuell am häufigsten in Kraftfahrzeugen eingesetzte Diagnoseverfahren sind Lambda-Sensoren vor und hinter dem Katalysator angebracht. Es existieren im Wesentlichen zwei unterschiedliche Typen von Lambda-Sensoren, die so genannten Lambda-Breitbandsonden (UEGO, Universal Exhaust Gas Oxygen Sensor) und die Lambda-Sprungsonden (HEGO, Heated Exhaust Gas Oxygen Sensor). Während die Breitbandsonden ein linear mit dem Sauerstoffgehalt des Abgases ansteigendes Signal liefern, kann das der Sprungsonden lediglich zwei Werte annehmen. Das Signal springt bei Über- bzw. Unterschreiten eines bestimmten Schwellwerts der Sauerstoffkonzentration im Abgas von einem Wert auf den anderen. Die Breitbandsonden sind wesentlich teurer als die Sprungsonden und werden deshalb häufig nur vor dem Katalysator eingebaut, da diese Sonde neben der Diagnose auch für die Lambdaregelung zuständig ist. Die Sprungsonde kommt hinter dem Katalysator zum Einsatz, um die SSF für die Diagnose des Katalysators analysieren zu können. Diese ist jedoch nicht immer ein geeignetes Maß für die tatsächliche Katalysatoreffizienz, was oftmals im praktischen Einsatz zu einem Fehlalarm führt. Da die HC-Sensoren aufgrund der hohen Produktionskosten nur geringe Akzeptanz in der Automobilindustrie finden, stellen diese keine geeignete Alternative zur Diagnose dar, weswegen Ansätze mit

Temperatur-Sensoren sehr interessant sind. Bei den existierenden signalbasierten Verfahren werden die gemessenen Temperaturen vor und hinter dem Katalysator miteinander verglichen. Die Differenz der beiden Temperaturen korrespondiert mit der freiwerdenden Reaktionswärme, welche ein Maß für die Güte des Katalysators ist. Sinkt sie unter einen bestimmten Referenzwert, wird der Katalysator als defekt angesehen.

Grundsätzlich erscheinen aus den diskutierten Ansätzen heraus Diagnoseverfahren mit Temperatur-Sensoren als geeigneter Kompromiss zwischen geforderter Genauigkeit und Kosten. Das Problem der bisherigen Temperatur-Sensor basierten Diagnose ist allerdings, dass in Abhängigkeit von der Fahrsituation unterschiedliche Mengen an Schadstoffen entstehen, die anschließend im Katalysator umgewandelt werden. Damit variiert auch die bei den Reaktionen freiwerdende Wärmeenergie. So ist es möglich, dass ein defekter Katalysator in einer Fahrsituation, bei der sehr viele Schadstoffe konvertiert werden müssen, die gleiche Temperaturdifferenz liefert, wie ein voll funktionsfähiger Katalysator in einer Situation mit nur relativ wenigen Schadstoffen. Das bedeutet, der für die Diagnoseaussage herangezogene Referenzwert ist hierbei immer an einen stationären Betriebszustand gebunden. Weiterhin ist bereits heute abzusehen, dass die derzeit zur Diagnose eingesetzten signalbasierten Methoden für die steigenden Anforderungen des Gesetzgebers in naher Zukunft nicht mehr ausreichen werden. Um eine höhere Präzision nicht nur wie bisher in stationären sondern auch in dynamischen Situationen zu erreichen, wurden im Rahmen dieser Arbeit zwei neue modellbasierte Diagnoseverfahren unter Verwendung von Temperatur-Sensoren entwickelt. Das zugrunde liegende Modell muss dabei das Verhalten eines Katalysators unter sämtlichen Betriebsbedingungen vollständig beschreiben. Ein solches physikalisch-chemisches Modell, das auch hinsichtlich der Rechenzeit für die On-Board-Diagnose geeignet ist, wird in den folgenden Kapiteln hergeleitet. Die Abbildung 3.5 zeigt die prinzipielle Struktur des ersten Ansatzes. Als Grundlage dient hierbei das physikalisch-chemische Modell eines „Grenzkatalysators". Darunter wird ein Katalysator verstanden, der gerade noch die gesetzlichen Emissionsgrenzen einhält. Das Modell liefert – bei jedem beliebigen dynamischen Fahrbetrieb – fortlaufend die Abgastemperatur am Ausgang des Katalysators, die mit der gemessenen Abgastemperatur verglichen wird. Sobald diese unterhalb der Modelltemperatur liegt, wird der Katalysator als defekt angenommen.

Abbildung 3.6 zeigt eine zweite hier entwickelte, etwas elegantere, modellbasierte Diagnosemethode. Bei diesem Verfahren kommt ein Zustandsschätzer auf der Basis eines detaillierteren physikalisch-chemischen Katalysatormodells zum Einsatz, welches die Alterung mit berücksichtigt. Aus der Differenz zwischen gemessener Ausgangstemperatur und ermittelter Modelltemperatur des Abgases liefert dieser in jeder Fahrsituation den aktuellen Zustand des Katalysators, womit eine Diagnose möglich ist. Beide modellbasierte Verfahren werden nun näher vorgestellt.

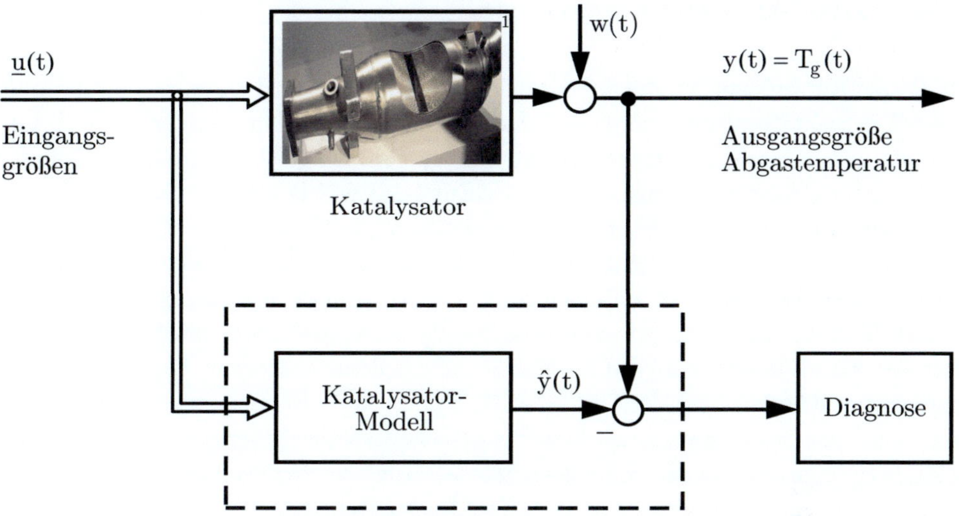


Abbildung 3.5: Neues Diagnoseverfahren mit einem „Grenzkatalysator"-Modell

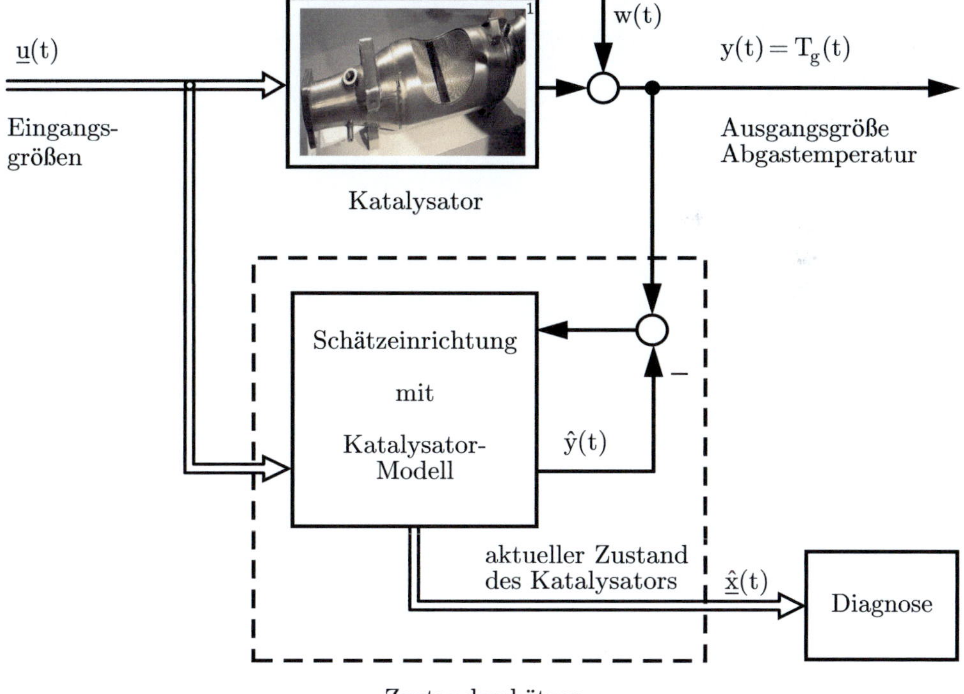


Abbildung 3.6: Neues Diagnoseverfahren mit einem Zustandsschätzer

---

[1] Bild eines aufgeschnittenen Katalysators: Stahlkocher on de.wikipedia

## 3.4   Zusammenfassung

In diesem Kapitel wurden die zurzeit existierenden On-Board-Diagnoseverfahren für Drei-Wege-Katalysatoren aufgezeigt und klassifiziert. Zunächst erfolgte eine Unterteilung in signalbasierte, modellbasierte und wissensbasierte Verfahren, wie sie in der Literatur am weitesten verbreitet ist. Anschließend wurde eine für den Katalysator spezifische Einteilung in Abhängigkeit der verwendeten Sensorik vorgenommen. Dabei wurde zwischen der Katalysatordiagnose mit Lambda-Sensoren, HC-Sensoren oder Temperatur-Sensoren unterschieden. Derzeit dominieren in der Automobilindustrie Verfahren mit Lambda-Sensoren, welche die aktuelle Sauerstoffspeicherfähigkeit des Katalysators analysieren. Hierfür sind jedoch stationäre Fahrbedingungen und ein betriebswarmer Motor erforderlich. Zudem stellt die Sauerstoffspeicherfähigkeit nicht immer ein geeignetes Maß für die Katalysatoreffizienz dar. Die Diagnose mittels HC-Sensoren bietet keine geeignete Alternative, da deren Herstellungskosten relativ hoch sind. Temperatur-Sensoren sind deshalb hierfür besser geeignet. Um eine Diagnose nicht nur in stationären sondern auch bei dynamischen Fahrsituationen durchführen zu können, werden in dieser Arbeit zwei neue modellbasierte On-Board-Diagnoseverfahren mit Temperatur-Sensoren vorgeschlagen. Da beide Methoden ein physikalisch-chemisches Katalysatormodell als Grundlage haben, wird dieses in den folgenden Kapiteln hergeleitet.

# Kapitel 4

# Physikalische Modellierung von Drei-Wege-Katalysatoren

Die sukzessive Verschärfung der gesetzlichen Abgasvorschriften zwingt die Automobilindustrie zu einer fortlaufenden Verbesserung der Leistungsfähigkeit von Drei-Wege-Katalysatoren. Aufgrund des Zeit- und Kostendrucks sind in den vergangenen Jahren zahlreiche physikalisch-chemische Katalysatormodelle erarbeitet worden, die den Entwicklungsprozess unterstützen sollen. Mit ihnen ist es möglich, die Auswirkungen der Veränderungen an Geometrie und Materialzusammensetzung zunächst am Computer zu simulieren, bevor kostenintensive Experimente in der Praxis durchgeführt werden. Zur physikalischen Modellierung von Katalysatoren im Neuzustand finden sich in der Literatur [KKS97] diverse Ansätze unterschiedlicher Komplexität. Hierbei stellen die frühen Arbeiten geometrisch eindimensionale Modelle vor, die dazu dienen, den Zeitpunkt des Erreichens der Anspringtemperatur vorherzusagen. Da bis zu diesem Zeitpunkt nur wenige chemische Reaktionen stattfinden, liegt ihnen lediglich ein einfaches Reaktionsschema zugrunde, bei dem die Sauerstoffspeicherfähigkeit unberücksichtigt bleibt. Eines der ersten Modelle für Drei-Wege-Katalysatoren wurde in [OC82] entwickelt. Es handelt sich um ein eindimensionales Modell, in dem die Strömungsgeschwindigkeit des Abgases im gesamten Querschnitt des Katalysators als gleich groß angesehen wird. In Wirklichkeit verursachen die beim Einströmen des Abgases in den Katalysator auftretenden Verwirbelungen jedoch ein inhomogenes Geschwindigkeitsprofil über die Querschnittsfläche. So besitzt das Abgas in den Wabenkanälen im Inneren des Katalysators eine höhere Strömungsgeschwindigkeit als in jenen am Rand, woraus ein negativer Einfluss auf die Katalysatoreffizienz resultiert. Um diesen Sachverhalt zu berücksichtigen, erfolgte in [BOS96] zunächst eine Erweiterung des eindimensionalen Ansatzes auf ein achsensymmetrisches zweidimensionales Modell, bevor in [BHT$^+$02] schließlich ein dreidimensionales Modell mit sehr komplexem Reaktionsschema hergeleitet wurde. Einen Überblick über die im Laufe der Zeit entwickelten Modelle für Drei-Wege-Katalysatoren findet sich in [KKS97].

Heutige Katalysatoren sind zusätzlich mit Deflektoren ausgestattet, die für ein annähernd homogenes Geschwindigkeitsprofil des Abgases über die Querschnittsfläche sorgen und damit die Katalysatoreffizienz steigern. Der Katalysator kann nunmehr so behandelt werden, als bestehe er aus einem Kanal, weshalb für moderne Katalysatoren eindimensionale Modelle zur Vorhersage der Schadstoffemissionen ähnlich gute Ergebnisse liefern wie dreidimensionale Ansätze. Angesichts dieser Tatsache und der doch relativ hohen Rechenintensität der dreidimensionalen Modelle wird hinsichtlich der On-Board-Diagnose hier ein eindimensionales Modell favorisiert. Die in diesem Kapitel durchgeführte Modellierung stellt eine Verallgemeinerung und Erweiterung des eindimensionalen Modellansatzes aus [PKS04] dar, der die Sauerstoffspeicherfähigkeit mit berücksichtigt. Die im Kapitel 4.2 beschriebene Erweiterung besteht aus einem in dieser Arbeit hergeleiteten Alterungsterm. Mit einem solchen physikalisch-chemischen Modell ist es erstmals möglich nicht nur wie bisher das Verhalten eines neuen Katalysators, sondern auch das eines alternden Katalysators im dynamischen, instationären Fahrbetrieb vollständig zu beschreiben. Im Folgenden soll auf das bereits in [FK08] vorab veröffentlichte Modell detaillierter eingegangen werden.

# 4.1  Physikalisch-chemisches Katalysatormodell

Wie bereits im Kapitel 2.2 erläutert, wird das Substrat des Katalysators von einer großen Anzahl kleiner Wabenkanäle durchzogen. Da diese sich nahezu gleichen [HWK76], genügt es, einen Wabenkanal genauer zu betrachten. Er lässt sich unterteilen, wie in der früheren Abbildung 2.5 zu sehen, in einen Hohlraum, durch den das Abgas ungehindert hindurchströmen kann, und in einen Festkörperanteil. Zu Letzterem zählen der Träger, der Washcoat mit seinen Poren sowie die Edelmetallschicht. Aufgrund der Deflektoren und der mit ca. 13 cm relativ kurzen absoluten Länge eines Katalysators, kann die Strömungsgeschwindigkeit durch ihn als konstant und die Strömung selbst als laminar angesehen werden. Der Durchmesser weist ebenfalls eine geringe absolute Größe auf, weswegen von einem konstanten Verhalten in radialer Richtung und somit von einer Pfropfenströmung (engl. plug flow) ausgegangen wird, bei der das Abgas den Kanal quasi in From eines „Pfropfen" durchströmt. Folglich genügt eine Betrachtung in axialer ($z$-) Richtung, wodurch man zu einem eindimensionalen Katalysatormodell gelangt. Die Länge des Kanals ist im Verhältnis zu seinem Durchmesser wesentlich größer, was eine Modellbildung mit verteilten Parametern erfordert und auf partielle Differentialgleichungen führt. Mit ihnen werden Systeme beschrieben, deren Lösungsvariablen von mehreren Dimensionen, wie beispielsweise der Zeit und einer Ortsrichtung, abhängen. Das nun vorgestellte Modell basiert auf dem Massen- und Wärmeenergieaustausch zwischen dem den Kanalhohlraum durchströmenden Abgas und dem Festkörper. Diese physikalischen Vorgänge werden durch nichtlineare partielle Differentialgleichungen beschrieben.

## 4.1.1 Massenbilanzen

Zur Beschreibung des Verhaltens der einzelnen, im Abgas enthaltenen Stoffmengen betrachtet man unter anderem die Transportvorgänge und stellt die Bilanzgleichungen für die Stoffmassen im Kanalhohlraum und in den Poren des Festkörpers auf.

Die Massenbilanzen für die *chemischen Stoffe im Kanalhohlraum* lassen sich durch die folgende partielle Differentialgleichung beschreiben:

$$\underbrace{\varepsilon_v \, \varrho_g \, \frac{\partial \varsigma_{g,j}}{\partial t}}_{\text{Massenänderung}} = \underbrace{- \, \frac{\dot{m}_g}{A} \, \frac{\partial \varsigma_{g,j}}{\partial z}}_{\text{Konvektion}} + \underbrace{\varepsilon_v \, \varrho_g \, D_{j,g} \, \frac{\partial^2 \varsigma_{g,j}}{\partial z^2}}_{\text{Massendiffusion}} - \underbrace{A_{geo} \, \varrho_g \, k_{m,j} \, (\varsigma_{g,j} - \varsigma_{s,j})}_{\text{Massenaustausch}} \, . \quad (4.1)$$

Hierbei stellen $\varsigma_{g,j}$ sowie $\varsigma_{s,j}$ die Stoffkonzentrationen im Kanalhohlraum (Index $g$, für gas) und im Festkörper (Index $s$, für solid) dar. Durch den Laufindex $j$ mit $j = 1, \ldots, 5$ werden die jeweiligen partiellen Differentialgleichungen der hier berücksichtigten chemischen Stoffe CO, HC, $NO_x$, $H_2$ und $O_2$ unterschieden. Die zeitliche Änderung der Konzentration $\varsigma_{g,j}$ des chemischen Stoffes $j$ und damit seiner Masse ist abhängig von der Konvektion, der Massendiffusion in axialer ($z$-) Richtung infolge der Bewegung des Abgases entlang des Katalysators sowie dem Massenaustausch zwischen dem Abgas im Kanalhohlraum und in den Poren des Festkörpers. Der Konvektionsterm entspricht hierbei dem ersten, der Diffusionsterm dem zweiten und der Austauschterm dem dritten Summanden auf der rechten Seite der Gleichung (4.1). Die Bedeutung der einzelnen Größen in dieser und den folgenden drei Gleichungen ist im Anhang A dargestellt. Deren Berechnungen aus den bekannten Herstellerdaten wird im Kapitel 6.2.1 durchgeführt. Eine ausführliche Herleitung der Differentialgleichungen (4.1) bis (4.4) findet sich im Anhang B.1 bis B.4.

Die Massenbilanzen für die *chemischen Stoffe in den Poren des Festkörpers* lassen sich folgendermaßen formulieren:

$$\underbrace{(1 - \varepsilon_v) \, \varepsilon_p \, \varrho_g \, \frac{\partial \varsigma_{s,j}}{\partial t}}_{\text{Massenänderung}} = \underbrace{A_{geo} \, \varrho_g \, k_{m,j} \, (\varsigma_{g,j} - \varsigma_{s,j})}_{\text{Massenaustausch}} - \underbrace{R_j}_{\text{Stoffrate}} \, . \quad (4.2)$$

Ein Massentransport mittels Konvektion oder Diffusion ist im Festkörper in axialer Richtung nicht möglich. Die Gleichung besitzt folglich keinen Konvektions- und Diffusionsterm. Die zeitliche Änderung der Masse des chemischen Stoffes $j$ ist somit nur vom Massenaustausch mit dem Abgas im Kanal und der so genannten Stoffrate $R_j$ abhängig. Letztere gibt die Menge des Stoffes $j$ an, die durch chemische Reaktionen entsteht oder verbraucht wird. Zusätzlich beschreibt sie den Anteil an Sauerstoff, den das Ceroxid speichert oder abgibt. Der Massenaustausch entspricht dem ersten und die Stoffrate dem zweiten Term auf der rechten Seite von Gleichung (4.2).

Die Massenbilanzen und insbesondere die darin enthaltenen chemischen Reaktionen sind stark temperaturabhängig, des Weiteren stellt die Abgastemperatur eine wesentliche Größe für die in dieser Arbeit vorgestellten Diagnoseverfahren dar, weshalb eine genaue Modellierung des thermischen Verhaltens erforderlich ist. Daher werden als Nächstes – in ähnlicher Art und Weise wie die Massenbilanzen – die Energiebilanzen für das Abgas im Kanalhohlraum und den Festkörper aufgestellt.

## 4.1.2 Energiebilanzen

Die folgende partielle Differentialgleichung beschreibt die *Energiebilanz für das im Kanalhohlraum vorhandene Abgas*:

$$\underbrace{\varepsilon_v \, \varrho_g \, c_{p,g} \, \frac{\partial T_g}{\partial t}}_{\text{Wärmeänderung}} = \underbrace{- \, \frac{\dot{m}_g}{A} \, c_{p,g} \, \frac{\partial T_g}{\partial z}}_{\text{Konvektion}} + \underbrace{\varepsilon_v \, \kappa_g \, \frac{\partial^2 T_g}{\partial z^2}}_{\text{Wärmediffusion}} \underbrace{- \, A_{geo} \, \alpha \, (T_g - T_s)}_{\text{Wärmeaustausch}} . \tag{4.3}$$

Hierbei gibt die Größe $T_g$ die Temperatur des Abgases im Kanalhohlraum, die Variable $T_s$ die Temperatur des Festkörpers an. Die zeitliche Änderung der Temperatur $T_g$ und damit der Wärme des Abgases ist abhängig von der Konvektion infolge der Bewegung des Abgases durch den Katalysator, von der Wärmediffusion aufgrund eines Temperaturunterschieds in axialer ($z$-) Richtung und vom Wärmeaustausch zwischen dem Abgas im Kanalhohlraum und dem Festkörper. Der Konvektionsterm entspricht hierbei dem ersten, der Diffusionsterm dem zweiten und der Austauschterm dem dritten Summanden auf der rechten Seite der Gleichung (4.3).

Die *Energiebilanz für den Festkörper* weist folgende Form auf:

$$\underbrace{(1 - \varepsilon_v) \, \varrho_s \, c_{p,s} \, \frac{\partial T_s}{\partial t}}_{\text{Wärmeänderung}} = \underbrace{(1 - \varepsilon_v) \, \kappa_s \, \frac{\partial^2 T_s}{\partial z^2}}_{\text{Wärmediffusion}} + \underbrace{A_{geo} \, \alpha \, (T_g - T_s)}_{\text{Wärmeaustausch}} + \underbrace{\dot{Q}_R}_{\text{Reaktionswärmerate}}$$

$$+ \underbrace{A_{amb} \, \alpha_{amb} \, (T_{amb} - T_s)}_{\text{Wärmeaustausch}} + \underbrace{A_{amb} \, \varepsilon \, \sigma \, \left( T_{amb}^4 - T_s^4 \right)}_{\text{Wärmestrahlung}} . \tag{4.4}$$

Die zeitliche Änderung der Temperatur $T_s$ und damit der Wärme des Festkörpers ist zunächst einmal abhängig von der Wärmediffusion in $z$-Richtung, beschrieben durch den ersten Summanden auf der rechten Seite der Gleichung (4.4). Eine Konvektion, d.h. ein Wärmetransport durch Teilchen, tritt entlang des Katalysators im Festkörper nicht auf. Der zweite Summand auf der rechten Seite entspricht dem Wärmeaustausch zwischen dem Abgas im Kanalhohlraum und dem Festkörper. Die bei den chemischen Reaktionen an der katalytisch aktiven Oberfläche freiwerdende Wärmeenergie wird durch den dritten Summanden beschrieben. Die Reaktionsgeschwindigkeit nimmt mit steigender Temperatur des Festkörpers zu. Um Wärme- und damit Effizienzverluste zu vermeiden, besitzt der Katalysator daher eine relativ gute Wärmeisolation in Form von Quell- oder Fasermatten. Infolge dessen wird bei einer überwiegenden Anzahl der existierenden Modelle der Katalysator als adiabatisch angenommen und die Wärmekopplung mit der Umgebung vernachlässigt. Im Gegensatz dazu wird sie hier als Störgröße mit berücksichtigt. Dies erfolgt durch die Terme vier und fünf in Gleichung (4.4), die den Wärmeaustausch und die Wärmestrahlung mathematisch beschreiben. Viele moderne Fahrzeuge sind bereits heute mit einem die Umgebungstemperatur $T_{amb}$ (Index $amb$, für ambient) messenden Sensor ausgestattet, um so den Fahrer frühzeitig vor Bodenfrost zu warnen. Ist jedoch aus Kostengründen kein Temperatursensor vorhanden, kann für $T_{amb}$ ein fester Wert, z.B. 20 °C vorgegeben werden. Aufgrund der hohen Betriebstemperaturen des Katalysators, die bei ca. 700 °C liegen, erweist sich der hieraus entstehende prozentuale Fehler als gering.

Im Katalysator finden neben den physikalischen Vorgängen des Massen- und Wärmeenergieaustausches auch chemische Reaktionen statt, die nachfolgend genauer betrachtet werden sollen.


### 4.1.3 Reaktionskinetik

In der Literatur existiert eine Vielzahl an Modellen, die das komplexe Reaktionsschema eines Drei-Wege-Katalysators beschreiben. Einen Überblick über die verschiedenen Reaktionsmodelle liefert [OA04]. Sie unterscheiden sich im Wesentlichen in der Anzahl an chemischen Reaktionen, bei denen es sich überwiegend um heterogene Reaktionen, d.h. mehrphasige Reaktionen handelt. Die Spanne der berücksichtigten Reaktionen reicht von drei bis über 30 Reaktionen. Dies resultiert unter anderem aus der unterschiedlichen Formulierung des Reaktionsmechanismus, der entweder als Elementarreaktionen oder als Gesamtreaktionen aufgefasst wird. Die Elementarreaktionen beschreiben die einzelnen Zwischenreaktionen im Detail, die bei einer heterogenen Reaktion stattfinden. Die Gesamtreaktionen betrachten hingegen eine heterogene Reaktion, ausgehend von den Edukten bis zu den Reaktionsprodukten, als eine einzige Reaktion, wobei die Zwischenreaktionen implizit enthalten sind.

Im Hinblick auf die On-Board-Diagnose und die dafür angestrebte geringe Rechenzeit wird hier ein Reaktionsschema nach [PKS04] gewählt, bei dem die Reaktionen als Gesamtreaktionen betrachtet werden. Es umfasst insgesamt zehn Reaktionen, wie Tabelle 4.1 verdeutlicht, welche in die zwei Hauptkategorien Reduktions/Oxidations-Reaktionen (Redox-Reaktionen) und Sauerstoffspeicherfähigkeit unterteilt sind. Die Zahlenwerte für die bei den Reaktionen auftretenden Enthalpien, Aktivierungsenergien und präexponentiellen Konstanten sind in Tabelle C.10 im Anhang angegeben.

| **Reaktion** | **Reaktionsrate** |
|---|---|
| *Oxidationsreaktionen* | |
| 1. $2\,CO + O_2 \longrightarrow 2\,CO_2$ | $r_1 = \dfrac{B_1\sqrt{T_s}\,e^{-\frac{E_{A,1}}{R_g T_s}}\,\varsigma_{s,CO}\,\varsigma_{s,O_2}}{G}$ |
| 2. $2\,H_2 + O_2 \longrightarrow 2\,H_2O$ | $r_2 = \dfrac{B_2\sqrt{T_s}\,e^{-\frac{E_{A,2}}{R_g T_s}}\,\varsigma_{s,H_2}\,\varsigma_{s,O_2}}{G}$ |
| 3. $2\,C_3H_6 + 9\,O_2 \longrightarrow 6\,CO_2 + 6\,H_2O$ | $r_3 = \dfrac{B_3\sqrt{T_s}\,e^{-\frac{E_{A,3}}{R_g T_s}}\,\varsigma_{s,C_3H_6}\,\varsigma_{s,O_2}}{G}$ |
| 4. $C_3H_8 + 5\,O_2 \longrightarrow 3\,CO_2 + 4\,H_2O$ | $r_4 = \dfrac{B_4\sqrt{T_s}\,e^{-\frac{E_{A,4}}{R_g T_s}}\,\varsigma_{s,C_3H_8}\,\varsigma_{s,O_2}}{G}$ |
| *Reduktionsreaktion* | |
| 5. $2\,NO + 2\,CO \longrightarrow 2\,CO_2 + N_2$ | $r_5 = B_5\sqrt{T_s}\,e^{-\frac{E_{A,5}}{R_g T_s}}\,\varsigma_{s,NO}\,\varsigma_{s,CO}$ |
| *Sauerstoffspeicherfähigkeit* | |
| 6. $O_2 + 2\,Ce_2O_3 \longrightarrow 4\,CeO_2$ | $r_6 = B_6\sqrt{T_s}\,e^{-\frac{E_{A,6}}{R_g T_s}}\,\varsigma_{s,O_2}\left(1-\psi_{O_2}\right)$ |
| 7. $2\,NO + 2\,Ce_2O_3 \longrightarrow 4\,CeO_2 + N_2$ | $r_7 = B_7\sqrt{T_s}\,e^{-\frac{E_{A,7}}{R_g T_s}}\,\varsigma_{s,NO}\left(1-\psi_{O_2}\right)$ |
| 8. $CO + 2\,CeO_2 \longrightarrow Ce_2O_3 + CO_2$ | $r_8 = B_8\sqrt{T_s}\,e^{-\frac{E_{A,8}}{R_g T_s}}\,\varsigma_{s,CO}\,\psi_{O_2}$ |
| 9. $C_3H_6 + 18\,CeO_2 \longrightarrow 9\,Ce_2O_3 + 3\,CO_2 + 3\,H_2O$ | $r_9 = B_9\sqrt{T_s}\,e^{-\frac{E_{A,9}}{R_g T_s}}\,\varsigma_{s,C_3H_6}\,\psi_{O_2}$ |
| 10. $C_3H_8 + 20\,CeO_2 \longrightarrow 10\,Ce_2O_3 + 3\,CO_2 + 4\,H_2O$ | $r_{10} = B_{10}\sqrt{T_s}\,e^{-\frac{E_{A,10}}{R_g T_s}}\,\varsigma_{s,C_3H_8}\,\psi_{O_2}$ |
| *Hemmungsterm* | |

$$G = \frac{T_s}{1\mathrm{K}}\left(1 + k_1\,\varsigma_{s,CO} + k_2\,\varsigma_{s,HC}\right)^2\left(1 + k_3\,\varsigma_{s,CO}^2\,\varsigma_{s,HC}^2\right)\left(1 + k_4\,\varsigma_{s,NO}^{0,7}\right)$$

$$k_i = \widetilde{k}_i\,e^{-\frac{E_i}{R_g T_s}}, \quad i = 1,\ldots,4 \qquad \varsigma_{s,HC} = \varsigma_{s,C_3H_6} + \varsigma_{s,C_3H_8}$$

mit

$$\widetilde{k}_1 = 65{,}5 \qquad E_1 = -7990\,\mathrm{J/mol} \qquad \widetilde{k}_2 = 2080 \qquad E_2 = -3000\,\mathrm{J/mol}$$

$$\widetilde{k}_3 = 3{,}98 \qquad E_3 = -96534\,\mathrm{J/mol} \qquad \widetilde{k}_4 = 4{,}79\cdot 10^5 \qquad E_4 = 31036\,\mathrm{J/mol}$$

Tabelle 4.1: Reaktionsschema und Reaktionsraten

## Redox-Reaktionen

Das Reaktionsschema beinhaltet vier Oxidationsreaktionen, bei denen neben der Reaktion des Schadstoffs Kohlenstoffmonoxid mit Sauerstoff (1.) auch die Oxidation des Wasserstoffs (2.) berücksichtigt wird. Grund hierfür ist die stark exotherme Reaktion, die für eine korrekte Berechnung der Temperatur des Katalysators nicht vernachlässigbar ist. Die Beschreibung der Oxidation der Kohlenwasserstoffe (3. und 4.) gestaltet sich etwas komplexer. Das reale Abgas stellt ein Gemisch aus sehr vielen verschiedenen Kohlenwasserstoff-Verbindungen dar, dessen Zusammensetzung in Abhängigkeit der Fahrbedingungen variiert [TTM⁺01]. Zum Zweck der Modellierung wird die Vielfältigkeit des Kohlenwasserstoff-Gemischs in zwei Kategorien unterteilt: in 86% leicht oxidierende Kohlenwasserstoffe („schnelle" HC), bei denen die Reaktion schon bei relativ niedrigen Temperaturen erfolgt und 14% weniger leicht oxidierende Kohlenwasserstoffe („langsame" HC), die erst bei hohen Temperaturen reagieren. Die „schnellen" HC werden durch das Propen ($C_3H_6$) und die „langsamen" HC durch das Propan ($C_3H_8$) repräsentiert. Das Oktan ($C_8H_{18}$), welches den Hauptbestandteil des Benzins darstellt, spielt im Abgas nur eine untergeordnete Rolle, da es bei der Verbrennung im Motor zum größten Teil chemisch umgewandelt wird.

Die Reaktionskinetik basiert auf dem Langmuir-Hinshelwood Mechanismus (LH), innerhalb dessen zunächst die bei der Reaktion beteiligten Edukte $a$ und $b$ aus der Gasphase auf der aktiven Oberfläche adsorbiert werden und dort zum Produkt $c$ reagieren, bevor dieses schließlich von der Oberfläche in die Gasphase desorbiert. Die Reaktionsrate $r$ lässt sich dabei durch die Gleichung

$$r = k\, \varsigma_{s,a}\, \varsigma_{s,b} \tag{4.5}$$

wiedergeben. Der in ihr enthaltene Faktor $k$ entspricht der Reaktionsgeschwindigkeit. Beschrieben wird er durch die Arrhenius-Gleichung

$$k = A\,e^{-\frac{E_A}{R_g T_s}}, \tag{4.6}$$

wobei in [PKS04] der präexponentielle Faktor oder Frequenzfaktor $A$ als konstant angenommen wurde. Tatsächlich handelt es sich jedoch um einen temperaturabhängigen Faktor. Er wird deshalb in dieser Arbeit, entsprechend seiner physikalischen Gesetzmäßigkeit, durch den Ansatz

$$A = B\sqrt{T_s}$$

(mit $B$ konstant) ersetzt. Die zehn in Tabelle 4.1 auftretenden Konstanten $B_i$ mit $i = 1, \ldots, 10$ stellen somit unbekannte Modellparameter dar, deren Identifikation aus Messdaten im Kapitel 6.2.2 näher beschrieben wird. Die Größe $R_g$ in Gleichung (4.6) repräsentiert die universelle Gaskonstante, $E_A$ die Aktivierungsenergie. Die Werte der Aktivierungsenergien für die verschiedenen chemischen Reaktionen sind bekannt, siehe Tabelle C.10 im Anhang, und variieren für die unterschiedlichen Katalysatortypen nur unwesentlich. An den Edelmetallen finden nicht nur eine, sondern mehrere sich gegenseitig behindernde Reaktionen gleichzeitig statt, so konkurrieren beispielsweise CO und die „schnellen" bzw. „langsamen" HC um $O_2$. Aus diesem Grund besitzen die Reaktionsraten $r_i$ ($i = 1, \ldots, 4$) zusätzlich noch einen Hemmungsterm $G$. Es handelt sich hierbei um eine Funktion, die von der Temperatur sowie einigen Stoffkonzentrationen in den Poren des Festkörpers abhängt. Sie wurde vor über 30 Jahren für einen Oxidationskatalysator angegeben [VMLJ73], der ausschließlich das Edelmetall Platin (Pt) enthielt. Auch bei den heutigen Drei-Wege-Katalysatoren, die aus den Edelmetallen Rhodium (Rh), Platin (Pt) oder/und Palladium (Pd) bestehen, behält der Hemmungsterm für die Oxidationsreaktionen mit geringen Korrekturen, die bereits in Tabelle 4.1 berücksichtigt sind, seine Gültigkeit.

Zur Vereinfachung des Reaktionsschemas wird lediglich die Reduktion von Stickstoffmonoxid (NO) durch Kohlenstoffmonoxid (5.) betrachtet, da NO den größten Anteil der Stickoxide ($NO_x$) im Abgas darstellt. In [SV85] wurde erstmalig ein Hemmungsterm für die am Edelmetall Rhodium stattfindende Reduktionsreaktion der Stickoxide vorgeschlagen. Der in [KW87, CHZ00] angegebene Hemmungsterm hat die Form:

$$G_1 = \left(1 + k_5\, \varsigma_{s,NO}^{0,7}\right)^2 \qquad \text{mit} \tag{4.7}$$

$$k_5 = \widetilde{k}_5\, e^{-\frac{E_5}{R_g\, T_s}} \qquad \text{und} \qquad \widetilde{k}_5 = 5{,}9028 \cdot 10^6, \qquad E_5 = -654{,}5\,\text{J/mol}.$$

Untersuchungen haben allerdings ergeben [PKS04], dass dieser vernachlässigt werden kann, so dass er im hier betrachteten Reaktionsschema ebenfalls nicht verwendet wurde.


**Sauerstoffspeicherfähigkeit**


Neben den fünf beschriebenen Redox-Reaktionen berücksichtigt das Reaktionsschema zusätzlich in insgesamt fünf Reaktionen die Sauerstoffspeicherfähigkeit des Katalysators. Zwei von ihnen (6 und 7) beschreiben die Speicherung, bei der das $Ce_2O_3$ mit $O_2$ bzw. NO zu $CeO_2$ reagiert, während die Sauerstoffabgabe von $CeO_2$ an das CO sowie an die „schnellen" und „langsamen" Kohlenwasserstoffe durch drei Reaktionen (8 bis 10) dargestellt wird. Um den Anteil des bereits mit Sauerstoff belegten Ceroxids zu erfassen, verwendet das Modell eine Hilfsgröße $\psi_{O_2}$. Diese ist durch

$$\psi_{O_2} = \frac{2\,\text{Mol }CeO_2}{2\,\text{Mol }CeO_2 + 1\,\text{Mol }Ce_2O_3}$$

definiert und nimmt Zahlenwerte zwischen null und eins an. Ist $\psi_{O_2}$ gleich eins, so liegt das Ceroxid ausschließlich in Form von $CeO_2$ vor und kann keinen weiteren Sauerstoff mehr speichern. Dies hat zur Folge, dass die Reaktionen 6 und 7 nicht mehr auftreten können und die entsprechenden Reaktionsraten den Wert null annehmen müssen. Ergibt sich für $\psi_{O_2}$ andererseits der Wert null, so liegt das Ceroxid nur in Form von $Ce_2O_3$ vor. Somit ist kein gespeicherter Sauerstoff vorhanden und die Reaktionsraten 8 bis 10 müssen infolge dessen den Wert null besitzen. Die Reaktionsraten der Sauerstoffspeicherung werden daher, wie Tabelle 4.1 verdeutlicht, als proportional zu $(1 - \psi_{O_2})$ und die der Abgabe als proportional zu $\psi_{O_2}$ angenommen. Darüber hinaus existiert ein linearer Zusammenhang zwischen den Reaktionsraten und den Stoffkonzentrationen $\varsigma_{s,i}$ im Festkörper. Ein Hemmungsterm tritt in diesen Reaktionsraten nicht auf, da die gegenseitige Behinderung bereits bei der Berechnung der Hilfsgröße $\psi_{O_2}$ implizit berücksichtigt wird. Der Wert von $\psi_{O_2}$ ändert sich während des instationären Fahrbetriebs ständig und wird durch die Reaktionsraten der Reaktionen 6 bis 10 beeinflusst. Während also bei den Reaktionen der Speicherung der Anteil des mit Sauerstoff belegten Ceroxids und damit auch der Zahlenwert der Hilfsgröße $\psi_{O_2}$ ansteigt, sinkt dieser durch die Reaktionen der Sauerstoffabgabe. Die zeitliche Änderung von $\psi_{O_2}$ ist somit die Differenz zwischen den Reaktionsraten, die zu einer Oxidation von $Ce_2O_3$ beitragen und denen, die zu einer Reduktion von $CeO_2$ führen. Sie lässt sich folglich durch

$$\frac{\partial \psi_{O_2}}{\partial t} = \underbrace{\left(a_{CeO_2,6}\, r_6 + a_{CeO_2,7}\, r_7\right)}_{\text{Sauerstoffspeicherung}} + \underbrace{\left(a_{CeO_2,8}\, r_8 + a_{CeO_2,9}\, r_9 + a_{CeO_2,10}\, r_{10}\right)}_{\text{Sauerstoffabgabe}} \qquad (4.8)$$

berechnen. Die Größen $a_{CeO_2,i}$ mit $i = 6$ bis 10 stellen hierbei die stöchiometrischen Koeffizienten vor $CeO_2$ in den in Tabelle 4.1 aufgeführten Reaktionsgleichungen dar. Sie besitzen für die Reaktionsprodukte ein positives und für die Edukte ein negatives Vorzeichen. Die Differentialgleichungen (4.1) bis (4.4) und (4.8) sowie das Reaktionsschema in Tabelle 4.1 beschreiben insgesamt das Verhalten eines Drei-Wege-Katalysators im Neuzustand.

## Erweiterung des Reaktionsschemas

In dieser Arbeit wird das Reaktionsschema noch um die so genannten Water Gas Shift (WGS) und Steam Reforming (SR) Reaktionen erweitert, da diese, wie bereits im Kapitel 3.2.1 erläutert, bei einem alternden Katalysator eine wichtige Rolle spielen. Im Rahmen der Water Gas Shift Reaktion reagiert das Kohlenstoffmonoxid und bei der Steam Reforming Reaktion die „schnellen" und „langsamen" Kohlenwasserstoffe mit dem als Dampf im Abgas vorhandenen Wasser. Dadurch wird das bestehende Reaktionsschema insgesamt um die drei in Tabelle 4.2 aufgeführten Reaktionen erweitert. Der Hemmungsterm $G$ entspricht hierbei dem aus Tabelle 4.1.

| Reaktion | Reaktionsrate |
|---|---|
| *Water Gas Shift (WGS) Reaktion* | |
| 11. $CO \ + \ H_2O \ \longrightarrow \ CO_2 \ + \ H_2$ | $r_{11} = \dfrac{B_{11}\sqrt{T_s}\, e^{-\frac{E_{A,11}}{R_g T_s}}\, \varsigma_{s,CO}}{G}$ |
| *Steam Reforming (SR) Reaktion* | |
| 12. $C_3H_6 \ + \ 6\,H_2O \ \longrightarrow \ 3\,CO_2 \ + \ 9\,H_2$ | $r_{12} = \dfrac{B_{12}\sqrt{T_s}\, e^{-\frac{E_{A,12}}{R_g T_s}}\, \varsigma_{s,C_3H_6}}{G}$ |
| 13. $C_3H_8 \ + \ 6\,H_2O \ \longrightarrow \ 3\,CO_2 \ + \ 10\,H_2$ | $r_{13} = \dfrac{B_{13}\sqrt{T_s}\, e^{-\frac{E_{A,13}}{R_g T_s}}\, \varsigma_{s,C_3H_8}}{G}$ |

Tabelle 4.2: Erweiterung des Reaktionsschemas

Da die Konzentration des Wassers $\varsigma_{s,H_2O}$ relativ hoch ist, kann sie als konstant angesehen werden. Dadurch ist es möglich, diese den präexponentiellen Faktoren $B_i$ mit $i = 11, 12, 13$ hinzuzurechnen, die aus Messdaten noch zu identifizieren sind. Die Größe $\varsigma_{s,H_2O}$ taucht somit in den Reaktionraten nicht mehr auf. Mit dem hier vorgeschlagenen Vorgehen vermeidet man die sonst zusätzlich notwendigen Massenbilanzen für die Wasserkonzentrationen im Kanal und in den Poren des Festkörpers.

**Stoffraten und volumetrische Wärmestromdichte**

Die Stoffraten $R_j$ in den Massenbilanzen (4.2) und die bei den chemischen Reaktionen freiwerdende volumetrische Wärmestromdichte (Reaktionswärmerate) $\dot{Q}_R$ in der Energiebilanz (4.4) lassen sich nun mit dem vorgestellten erweiterten Reaktionsschema durch die Gleichungen

$$R_j = M_g\, L_{EM}\, A_{EM} \sum_{\substack{i=1 \\ i=11,12,13}}^{5} (-a_{j,i})\, r_i \ + \ M_g\, L_{Ce}\, A_{Ce} \sum_{i=6}^{10} (-a_{j,i})\, r_i \,,$$

$$\dot{Q}_R = L_{EM}\, A_{EM} \sum_{\substack{i=1 \\ i=11,12,13}}^{5} (-\Delta H_i)\, r_i \ + \ L_{Ce}\, A_{Ce} \sum_{i=6}^{10} (-\Delta H_i)\, r_i$$

ausdrücken. Der jeweils erste Term auf der rechten Seite der Gleichungen gibt die bei den Redox-Reaktionen auftretende Mengenänderung der Stoffe bzw. die dabei freiwerdenden Wärmeenergien an. Der jeweils zweite Term beschreibt die Mengenänderung der Stoffe innerhalb der Ceroxid-Reaktionen bzw. die dabei freiwerdenden Wärmeenergien. Die in der Gleichung für $R_j$ auftauchende molare Masse $M_g$ des

Abgases ändert sich zeitlich mit dessen Stoffzusammensetzung. Der Stickstoff stellt jedoch in jeder Fahrsituation den weitaus größten Anteil des Abgases dar. Aus diesem Grund kann zur Vereinfachung die molare Masse des Abgases mit der des Stickstoffs gleichgesetzt und als konstant angenommen werden. Das $a_{j,i}$ symbolisiert den stöchiometrischen Koeffizienten für den Stoff $j$ innerhalb der Reaktion $i$ und $\Delta H_i$ die dazugehörende Reaktionsenthalpie. $A_{EM}$ und $A_{Ce}$ stellen die bei den chemischen Reaktionen aktiven Oberflächen der Edelmetalle bzw. des Ceroxids dar, wobei diese Größen auf das Katalysatorvolumen bezogen sind. Mit $L_{EM}$ bzw. $L_{Ce}$ werden die maximalen Speicherkapazitäten für die adsorbierten Stoffe in mol pro aktiver Oberfläche angegeben. Des Weiteren sind in den Gleichungen für $R_j$ und $\dot{Q}_R$ auch die in Tabelle 4.1 und 4.2 aufgeführten Reaktionsraten $r_i$ enthalten.


**Numerische Simulation**


Zur Simulation des Katalysatorverhaltens auf dem Rechner gilt es, die gekoppelten nichtlinearen Differentialgleichungen (4.1) bis (4.4) sowie (4.8) zu lösen. Zur numerischen Lösung wäre infolge der schnell veränderlichen Hilfsgröße $\psi_{O_2}$ eine relativ kleine zeitliche Schrittweite erforderlich, was den Lösungsprozess der Differentialgleichungen jedoch verlangsamen würde. Um dies zu verhindern, werden in der Praxis zwei Zeitskalen eingeführt: Ein kleinerer Integrationsschritt $\Delta t_1$ für die schnellen und ein größerer $\Delta t_2$ für die langsamen Vorgänge. Für den Integrationsschritt $\Delta t_1$ werden bei der Integration der schnell veränderlichen Hilfsgröße $\psi_{O_2}$ die langsameren Vorgänge der Stoffkonzentrationen sowie der Temperaturen als zeitlich konstant angenommen, weshalb sie nur noch vom Ort $z$ abhängen. Durch diese Überlegung lässt sich die Gleichung (4.8) über die Zeitdauer $\Delta t_1 = (t - t_0)$ an jeder beliebigen Stelle $z$ entlang des Katalysators analytisch berechnen [Pon03]. Hierfür werden zunächst die entsprechenden Reaktionsraten in die Gleichung (4.8) eingesetzt und die Faktoren vor $(1 - \psi_{O_2})$ sowie $\psi_{O_2}$ zu $a_{ox}$ und $a_{red}$ zusammengefasst, so dass

$$\frac{\partial \psi_{O_2}}{\partial t} = a_{ox}\left(1 - \psi_{O_2}\right) + a_{red}\,\psi_{O_2}$$

mit

$$a_{ox} = 4B_6\sqrt{T_s}\,e^{-\frac{E_{A,6}}{R_g T_s}}\,\varsigma_{s,O_2} + 4B_7\sqrt{T_s}\,e^{-\frac{E_{A,7}}{R_g T_s}}\,\varsigma_{s,NO}\,,$$

$$a_{red} = -2B_8\sqrt{T_s}\,e^{-\frac{E_{A,8}}{R_g T_s}}\,\varsigma_{s,CO} - 18B_9\sqrt{T_s}\,e^{-\frac{E_{A,9}}{R_g T_s}}\,\varsigma_{s,C_3H_6} - 20B_{10}\sqrt{T_s}\,e^{-\frac{E_{A,10}}{R_g T_s}}\,\varsigma_{s,C_3H_8}$$

gilt. In den Gleichungen für $a_{ox}$ und $a_{red}$ entsprechen die Zahlenwerte den stöchiometrischen Koeffizienten $a_{CeO_2,i}$. Das sind für $a_{ox}$ die Werte vor $CeO_2$ auf den rechten Seiten der Reaktionsgleichungen 6 und 7 und für $a_{red}$ die auf den linken Seiten der Reaktionsgleichungen 8 bis 10 in Tabelle 4.1. Durch weiteres Umformen erhält man schließlich eine inhomogene lineare Differentialgleichung erster Ordnung der Form

$$\frac{\partial \psi_{O_2}}{\partial t} + \left(a_{ox} - a_{red}\right) \psi_{O_2} = a_{ox}\,.$$

Sie besitzt mit der Anfangsbedingung $\psi_{O_2}\left(t = t_0\right) = \psi_{O_2,0}$ die eindeutige Lösung

$$\psi_{O_2}\left(t\right) = \frac{a_{ox}}{\left(a_{ox} - a_{red}\right)} + \left(\psi_{O_2,0} - \frac{a_{ox}}{\left(a_{ox} - a_{red}\right)}\right) e^{-\left(a_{ox} - a_{red}\right)\left(t - t_0\right)} \qquad (4.9)$$

für den im Ceroxid gespeicherten Sauerstoffanteil.

Mit dem Ergebnis (4.9) müssen nunmehr die Differentialgleichungen (4.1) bis (4.4), für die keine analytischen Lösungen angegeben werden können, numerisch gelöst werden. Eine Übersicht gängiger numerischer Lösungsverfahren ist in [Zwi98] gegeben. Die Reaktionen, an denen das Ceroxid beteiligt ist (6 bis 10 in Tabelle 4.1), stellen dabei die schnellsten Vorgänge in einem Katalysator dar und besitzen somit eine wesentlich schnellere Dynamik als die übrigen Redox-Reaktionen. Um den Integrationsschritt nicht zu klein wählen zu müssen, werden die Reaktionsraten $r_i$ mit $i = 6, \ldots, 10$ noch durch ihre Mittelwerte $\overline{r}_i$ über den Integrationsschritt $\Delta t_1 = \left(t - t_0\right)$ ersetzt. Die Berechnungsvorschrift hierfür lautet:

$$\overline{r}_i = \frac{1}{\left(t - t_0\right)} \int\limits_{\tau = t_0}^{t} r_i\left(\tau\right)\, d\tau\,.$$

Während $\psi_{O_2}$ die einzige Größe darstellt, die bei diesen Integrationen als schnell veränderlich und damit als zeitabhängig angesehen werden muss, lassen sich die Stoffkonzentrationen sowie die Temperatur hinsichtlich der Zeit als konstant annehmen. Setzt man für die Reaktionen von $Ce_2O_3$ die entsprechenden Reaktionsraten 6 und 7 in die Gleichung ein, so ergibt sich

$$\overline{r}_i = B_i \sqrt{T_s}\, e^{-\frac{E_{A,i}}{R_g T_s}}\, \varsigma_{s,\cdot}\, \frac{1}{\left(t - t_0\right)} \int\limits_{\tau = t_0}^{t} \left(1 - \psi_{O_2}\left(\tau\right)\right) d\tau \qquad \text{mit } i = 6, 7\,.$$

Die Mittelwerte der Reaktionsraten 8 bis 10, an denen das $CeO_2$ beteiligt ist, erhält man durch

$$\overline{r}_i = B_i \sqrt{T_s}\, e^{-\frac{E_{A,i}}{R_g T_s}}\, \varsigma_{s,\cdot}\, \frac{1}{\left(t - t_0\right)} \int\limits_{\tau = t_0}^{t} \psi_{O_2}\left(\tau\right) d\tau \qquad \text{mit } i = 8, 9, 10\,.$$

Für $\varsigma_{s,\cdot}$ sind die Konzentrationen der bei den jeweiligen Reaktionen beteiligten Stoffe einzusetzen. Die dabei auftretenden Integrale können unter Verwendung der Größen $a_{ges} = \left(a_{ox} - a_{red}\right)$, $\psi_{O_2,0} = \psi_{O_2}\left(t = t_0\right)$ und der Lösung (4.9) ebenfalls analytisch berechnet werden:

$$\int_{\tau=t_0}^{t} \left(1 - \psi_{O_2}(\tau)\right) d\tau = -\frac{1}{a_{ges}} \left[ a_{red}(t - t_0) + \left(\psi_{O_2,0} - \frac{a_{ox}}{a_{ges}}\right)\left(1 - e^{-a_{ges}(t-t_0)}\right) \right],$$

$$\int_{\tau=t_0}^{t} \psi_{O_2}(\tau) d\tau = \frac{1}{a_{ges}} \left[ a_{ox}(t - t_0) + \left(\psi_{O_2,0} - \frac{a_{ox}}{a_{ges}}\right)\left(1 - e^{-a_{ges}(t-t_0)}\right) \right].$$

Mit diesen Ergebnissen lassen sich die Gleichungen für die Stoffraten $R_j$ und die bei den chemischen Reaktionen freiwerdende volumetrische Wärmestromdichte $\dot{Q}_R$ noch wie folgt modifizieren:

$$R_j = M_g\, L_{EM}\, A_{EM} \sum_{\substack{i=1 \\ i=11,12,13}}^{5} (-a_{j,i})\, r_i + M_g\, L_{Ce}\, A_{Ce} \sum_{i=6}^{10} (-a_{j,i})\, \overline{r}_i\,,$$

$$\dot{Q}_R = L_{EM}\, A_{EM} \sum_{\substack{i=1 \\ i=11,12,13}}^{5} (-\Delta H_i)\, r_i + L_{Ce}\, A_{Ce} \sum_{i=6}^{10} (-\Delta H_i)\, \overline{r}_i\,.$$

### Effektivitätsfaktoren $\mu_i$

Ein in der Literatur [Pon03] beschriebener Vergleich zwischen experimentell ermittelten Mess- und Modelldaten zeigte jedoch, dass das Modell für die Reaktionsraten zu große Werte lieferte. Verantwortlich für diese Diskrepanz ist die eindimensionale Modellierung, bei der sämtliche Reaktionen unmittelbar an der Grenzfläche zwischen Kanal und Festkörper angenommen werden. In Wirklichkeit diffundieren jedoch auch einige der Konzentrationen in die Poren zu den etwas tiefer gelegenen Metallpartikeln. Die in Abbildung 2.5 gezeigten Diffusionsvorgänge senkrecht zur $z$-Achse in $y$-Richtung tauchen bei der eindimensionalen Modellierung nicht auf. Um sie zu berücksichtigen und dennoch kein rechenintensives zweidimensionales Modell verwenden zu müssen, wurden in [Pon03] *Effektivitätsfaktoren* $\mu_i$ vorgeschlagen. Zu deren Bestimmung müssen zunächst einige vereinfachende Annahmen getroffen werden. So wird lediglich ein chemischer Stoff $j$ an einer bestimmten Stelle $z$ betrachtet und vorausgesetzt, dass dieser ausschließlich mit dem Stoff $i$ reagiert. Weiterhin soll für das Verhältnis der beiden beteiligten Konzentrationen $\varsigma_i \gg \varsigma_j$ gelten. Somit lässt sich die Konzentration $\varsigma_i$ bei der Reaktion annähernd als konstant ansehen, eine Reaktion erster Ordnung annehmen und die zeitliche Änderung der Konzentration $\varsigma_j$ durch die Reaktionsrate

$$r_i = k_i\, \varsigma_j \tag{4.10}$$

beschreiben. Der Faktor $k_i$ entspricht hierbei der Reaktionsgeschwindigkeit, welche durch die Arrhenius-Gleichung (4.6) gegeben ist. Der Index $i$ weist auf die Beteiligung des Stoffes $i$ bei der Reaktion hin, wobei die konstante Größe $\varsigma_i$ dem in $k_i$ enthaltenen präexponentiellen Faktor hinzugerechnet ist. Es tritt kein Hemmungsterm $G$ auf, da nur eine Reaktion betrachtet wird. Ist $y$ die Diffusionsrichtung, so lässt sich mit der Bilanzgleichung des Stofftransports

$$\underbrace{D_{\text{eff}}\,\frac{\partial^2 \varsigma_j\,(y)}{\partial y^2}}_{\text{Diffusion}} - \underbrace{\frac{M_g\,L_{EM}\,A_{EM}}{\varrho_g\,A_{geo}\,\delta_w}\,k_i\,\varsigma_j\,(y)}_{\text{Reaktionsterm}} = 0$$

das in den Poren in $y$-Richtung entstehende Konzentrationsprofil berechnen. Hierfür werden die Diffusion und die Stoffumsätze in $y$-Richtung berücksichtigt. Betrachtet man anstelle der an den Edelmetallen stattfindenden Redox-Reaktionen die Speicherung bzw. Abgabe des Sauerstoffs durch das Ceroxid, muss in der obigen Gleichung $A_{EM}$ sowie $L_{EM}$ durch $A_{Ce}$ und $L_{Ce}$ ersetzt werden. Zum Lösen der homogenen linearen Differentialgleichung zweiter Ordnung wird der Ansatz

$$\varsigma_j\,(y) = \beta_1\,e^{\varphi_1 y} + \beta_2\,e^{\varphi_2 y}$$

verwendet. Mit den Randbedingungen $\varsigma_j\,(y = 0) = \varsigma_{s,j}$ und $\partial \varsigma_j / \partial y\,|_{y = \delta_{\text{eff}}} = 0$ erhält man als eindeutige Lösung:

$$\varsigma_j\,(y) = \frac{\cosh\left(\Phi_T\left(1 - \frac{y}{\delta_w}\right)\right)}{\cosh\left(\Phi_T\right)}\,\varsigma_{s,j} \qquad \text{mit} \qquad \Phi_T = \sqrt{\frac{M_g\,L_{EM}\,A_{EM}\,k_i}{\varrho_g\,A_{geo}\,\delta_w\,D_{\text{eff}}}}\,\delta_w\,.$$

Hierbei kennzeichnet $\varsigma_{s,j}$ die unmittelbar an der Grenzfläche des Festkörpers auftretende Stoffkonzentration. Da sich die bei der Randbedingung erforderliche mittlere Porentiefe $\delta_{\text{eff}}$ nur sehr schwer ermitteln lässt, setzt man sie zur Vereinfachung mit der Washcoatdicke $\delta_w$ gleich. Die Größe $\Phi_T$ ist eine dimensionslose Zahl und wird als Thiele-Modul [Thi39] bezeichnet. Er ist dem Verhältnis der Reaktionsgeschwindigkeit ohne Beeinflussung durch Porendiffusion zum diffusiven Stofftransport in der Pore proportional, wenn dabei die Konzentration auf null absinkt. Für das eindimensionale Modell muss der tatsächliche Anteil des Stoffes ermittelt werden, der direkt an der Grenzfläche des Festkörpers durch Reaktion verschwindet. Um ihn zu berechnen, wird die Konzentration in $y$-Richtung abgeleitet und anschließend die Ableitung an der Stelle $y = 0$ ausgewertet. Unter Berücksichtigung des ermittelten Ergebnisses für die Stoffkonzentration $\varsigma_j\,(y)$ ergibt sich

$$\frac{R_{j,i}^{\text{eff}}}{\varrho_g\,A_{geo}} = \frac{M_g\,L_{EM}\,A_{EM}}{\varrho_g\,A_{geo}}\,r_i^{\text{eff}} = -D_{\text{eff}}\,\left.\frac{\partial \varsigma_j}{\partial y}\right|_{y=0} = D_{\text{eff}}\,\frac{\Phi_T}{\delta_w}\,\tanh\left(\Phi_T\right)\,\varsigma_{s,j}$$

als Lösung. Die Größe $R_{j,i}^{\text{eff}}$ beschreibt die unmittelbar an der Grenzfläche in Wirklichkeit auftretende Stoffrate $R_j$, wobei nur eine Reaktion $i$ betrachtet wird. Durch Umformen der Reaktionsgleichung kann der stöchiometrische Koeffizient $a_{j,i}$ den Wert eins annehmen und taucht daher in der Gleichung nicht mehr auf. Die Größe $A_{geo}$ stellt die pro Katalysatorvolumen vorhandene Washcoatoberfläche und $D_{\text{eff}}$ einen konstanten, effektiven Diffusionskoeffizienten dar. Für das ursprünglich eindimensionale Modell ohne Effektivitätsfaktoren liegt die Vorstellung zugrunde, dass sämtliche Edelmetallpartikel direkt an der Grenzfläche zur Verfügung stehen, weshalb $\varsigma_j = \varsigma_{s,j}$ gilt. Die hierdurch entstehende Stoffrate $R_{j,i}$ lässt sich mit (4.10) durch

$$\frac{R_{j,i}}{\varrho_g\,A_{geo}} = \frac{M_g\,L_{EM}\,A_{EM}}{\varrho_g\,A_{geo}}\,r_i = \frac{M_g\,L_{EM}\,A_{EM}}{\varrho_g\,A_{geo}}\,k_i\,\varsigma_{s,j}$$

angeben. Der Effektivitätsfaktor ist durch das Verhältnis der beiden Stoffraten

$$\frac{\dfrac{R_{j,i}^{\text{eff}}}{\varrho_g\,A_{geo}}}{\dfrac{R_{j,i}}{\varrho_g\,A_{geo}}} = \frac{\dfrac{M_g\,L_{EM}\,A_{EM}}{\varrho_g\,A_{geo}}\,r_i^{\text{eff}}}{\dfrac{M_g\,L_{EM}\,A_{EM}}{\varrho_g\,A_{geo}}\,r_i} = \frac{r_i^{\text{eff}}}{r_i} = \frac{\tanh\left(\Phi_T\right)}{\Phi_T} =: \mu_i$$

definiert. Mit seiner Hilfe lässt sich die tatsächliche Reaktionsrate aus der ursprünglichen Reaktionsrate des eindimensionalen Modells mit der Gleichung

$$r_i^{\text{eff}} = \mu_i\,r_i$$

gewinnen.

Die in den Stoffraten $R_j$ und der volumetrischen Wärmestromdichte $\dot{Q}_R$ bisher enthaltenen Reaktionsraten werden daher noch mit den Effektivitätsfaktoren entsprechend

$$R_j = M_g\,L_{EM}\,A_{EM} \sum_{\substack{i=1 \\ i=11,12,13}}^{5} \left(-a_{j,i}\right)\mu_i\,r_i + M_g\,L_{Ce}\,A_{Ce}\sum_{i=6}^{10}\left(-a_{j,i}\right)\mu_i\,\overline{r}_i\,, \qquad (4.11)$$

$$\dot{Q}_R = L_{EM}\,A_{EM} \sum_{\substack{i=1 \\ i=11,12,13}}^{5} \left(-\Delta H_i\right)\mu_i\,r_i + L_{Ce}\,A_{Ce}\sum_{i=6}^{10}\left(-\Delta H_i\right)\mu_i\,\overline{r}_i\,. \qquad (4.12)$$

multipliziert.

Mit den in der Literatur vorhandenen und dem bisher erläuterten Modell lässt sich allerdings nur das Verhalten eines Katalysators im Neuzustand beschreiben. Um zusätzlich die Alterung eines Katalysators berücksichtigen zu können, muss das Modell um einen, in dieser Arbeit hergeleiteten, physikalischen Alterungsterm erweitert werden, auf den nun näher eingegangen wird.

## 4.2   Berücksichtigung der Alterung

Die Deaktivierung von Katalysatoren erfolgt, wie bereits im Kapitel 2.4 ausführlich erläutert, durch chemische und thermische Vorgänge. Beide führen zu einer Abnahme der an den Reaktionen beteiligten aktiven Oberfläche und somit zu einer Verringerung der Katalysatoreffizienz. Hauptursache für die chemische Deaktivierung sind die im Kraftstoff und im Motoröl enthaltenen Additive. Durch die in den vergangenen Jahren verbesserten Kraftstoffe und Öle spielt diese Art der Deaktivierung nur noch eine untergeordnete Rolle. Von weitaus größerer Bedeutung ist die thermische Alterung. Die meisten Emissionen treten unmittelbar nach dem Start des Motors während der Kaltstartphase des Katalysators bei niedrigen Temperaturen auf. In dieser Zeit finden die chemischen Reaktionen im Katalysator nur langsam statt. Daher werden heutzutage Katalysatoren häufig in unmittelbarer Motornähe angebaut, um so ein frühes Erreichen der Anspringtemperatur (Light-off Temperatur) zu gewährleisten. Der Katalysator ist dadurch während des laufenden Betriebs – aufgrund der hohen Abgastemperaturen direkt nach dem Motor – hohen Temperaturen ausgesetzt. Diese führen infolge von Sintervorgängen mit der Zeit zu einem Anwachsen der aktiven Metallpartikel, dadurch zu einer Verringerung der aktiven Oberfläche und somit zu einer fortschreitenden Deaktivierung des Katalysators [SK99].

Die Zunahme des Radius $R$ der Metallpartikel in Abhängigkeit von der Temperatur $T$ und der Zeit $t$ wird in [CPS02] durch die Gleichung

$$\frac{dR}{dt} = \widetilde{a}\,\frac{1}{T}\,\exp\left(-\frac{\widetilde{E}_A}{k_B\,T}\right)\frac{1}{R^2}\left(1 - \frac{R}{R_\infty}\right) \tag{4.13}$$

physikalisch beschrieben, wobei $\widetilde{a}$ einen werkstoffspezifischen Parameter darstellt, der von den im Katalysator verwendeten Edelmetallen abhängig ist. $R_\infty$ entspricht dem Radius, den die Metallpartikel maximal annehmen können.

Untersuchungen haben zusätzlich ergeben [Bir06], dass der Radius $R$ in einer Umgebung mit viel Sauerstoff, d.h. bei einem „mageren" Luft/Kraftstoff-Gemisch ($\lambda > 1$), stärker anwächst als bei einem „fetten" Luft/Kraftstoff-Gemisch ($\lambda < 1$), also in einer Umgebung mit wenig Sauerstoff. Obwohl der mathematische Zusammenhang noch nicht genau erforscht ist, wird in dieser Arbeit die Gleichung (4.13) mit dem Faktor $c_1\,\lambda^q$ erweitert, um diesen Effekt zu berücksichtigen. Hierbei stellt die Größe $c_1$ eine Proportionalitätskonstante und $q$ einen konstanten Parameter im Exponenten von $\lambda$ dar. Hinsichtlich einer vereinheitlichenden Darstellung mit den Exponentialfunktionen in Tabelle 4.1 wird der Bruch im Exponenten mittels der Avogadro-Konstanten $N_A$ erweitert und anschließend das Produkt $N_A \cdot k_B$ durch die universelle Gaskonstante $R_g = N_A \cdot k_B$ ersetzt. Aus $\widetilde{E}_A$ entsteht dabei die auf ein Mol bezogene Aktivierungsenergie $E_A = N_A \cdot \widetilde{E}_A$. Mit diesen Erweiterungen nimmt die Gleichung (4.13) die Form

$$\frac{dR}{dt} = \widetilde{a}\, c_1 \, \lambda^q \, \frac{1}{T} \, \exp\left(-\frac{E_A}{R_g\, T}\right) \frac{1}{R^2} \left(1 - \frac{R}{R_\infty}\right) \tag{4.14}$$

an. Die Radiuszunahme der Metallpartikel hat eine Abnahme der katalytisch aktiven Oberfläche und damit eine progressive Deaktivierung des Katalysators zur Folge. Dieser physikalische Zusammenhang lässt sich anhand des folgenden Beispiels erläutern. Wie in Abbildung 4.1 zu sehen, befinden sich $i_1$ Metallpartikel in Form von Kugeln mit jeweils gleichem Radius $R_1$ auf einer Oberfläche. Die Summe der Ober

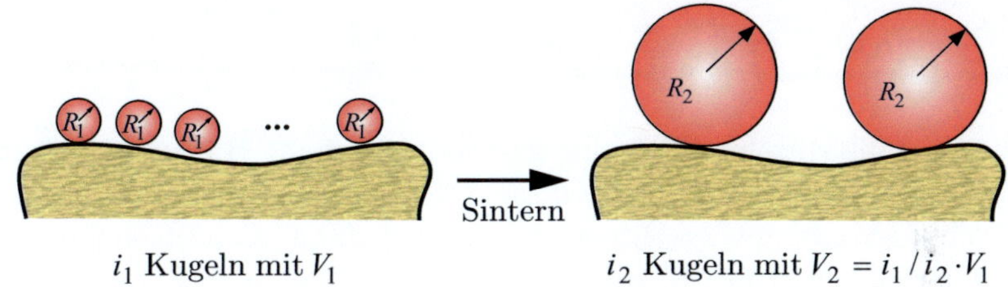


Abbildung 4.1: Sintern der bei den Reaktionen aktiven Metallpartikel

flächen aller $i_1$ Kugeln ergibt $A_{\Sigma_1} = i_1\, 4\,\pi\, R_1^2$. Es wird nun angenommen, dass die $i_1$ Metallkugeln infolge der hohen Temperaturen zu $i_2$ identischen, größeren Metallkugeln mit Radius $R_2$ und Volumen $V_2$ zusammensintern, wobei $i_1 > i_2$ gilt. Da bei diesem Vorgang keine Materie verloren gehen soll, bedeutet dies für das Volumen der großen Kugeln, dass $i_2\, V_2 = i_1\, V_1$ und somit $i_2\, 4/3\,\pi\, R_2^3 = i_1\, 4/3\,\pi\, R_1^3$ ist. Für die Anzahl $i_2$ der großen Kugeln ergibt sich folglich: $i_2 = i_1\, R_1^3/R_2^3$. Berechnet man damit die gesamte Oberfläche der $i_2$ größeren Kugeln, die durch das Sintern der $i_1$ kleinen Kugeln entstanden ist, zu

$$A_{\Sigma_2} = i_2\, 4\,\pi\, R_2^2 = \underbrace{i_1\, 4\,\pi\, R_1^3}_{const.}\, \frac{1}{R_2}\,, \tag{4.15}$$

so zeigt sich, dass diese kleiner als die Summe der Oberflächen der $i_1$ kleineren Kugeln ist und es gilt: $A_{\Sigma_2} = i_1\, 4\,\pi\, R_1^2\, R_1/R_2 < i_1\, 4\,\pi\, R_1^2 = A_{\Sigma_1}$ mit $R_2 > R_1$. Im Rahmen dieser Arbeit wird nun eine Gleichung für die Änderung der aktiven Oberfläche hergeleitet. Wie die Gleichung (4.15) zeigt, verhält sich die Gesamtoberfläche der kugelförmigen Metallpartikel umgekehrt proportional zum Radius. In der Realität handelt es sich jedoch nicht um kugelförmige, sondern vielmehr um halbkugelähnliche Gebilde, weshalb folgender mathematischer Zusammenhang zwischen dem Radius $R$ der Edelmetallpartikel und $A_{akt}$ hergestellt wird [FK07]:

$$A_{akt} \sim \frac{1}{R^{\widetilde{n}}} \qquad \text{bzw.} \qquad A_{akt} = c_2\, \frac{1}{R^{\widetilde{n}}} \tag{4.16}$$

mit einer Proportionalitätskonstanten $c_2$ und dem konstanten Parameter $\tilde{n}$ im Exponenten von $R$. Letzterer würde für kugelförmige Metallpartikel gerade den Wert eins besitzen. $A_{akt}$ stellt hierbei die aktuelle katalytisch aktive Oberfläche der Edelmetalle $A_{EM,akt}$ bezogen auf den Neuzustand $A_{EM}$ dar: ($A_{akt} = A_{EM,akt}/A_{EM}$). Somit ist $A_{akt}$ eine normierte Größe, die nur Werte zwischen null und eins annimmt. Durch das Umstellen der Gleichung (4.16) nach $R$ ergibt sich $R = c_2^{1/\tilde{n}}\, A_{akt}^{-1/\tilde{n}}$. Setzt man diesen Zusammenhang in Gleichung (4.14) ein, so lässt sich durch das Anwenden der Kettenregel sowie die Zusammenfassung einiger Konstanten die Alterungsbeziehung

$$\frac{\partial A_{akt}}{\partial t} = -a\,\lambda^q \frac{1}{T_s}\,\exp\left(-\frac{E_A}{R_g\,T_s}\right) A_{akt}^n \left(1 - \left(\frac{A_{akt\infty}}{A_{akt}}\right)^{\frac{(n-1)}{3}}\right) \quad (n>1) \qquad (4.17)$$

herleiten, wobei die einzelnen Zwischenschritte im Anhang B.5 aufgeführt sind. Die Parameter $a$, $q$ und $n$ bestimmt man durch Identifikation aus Messdaten. Die Gleichung (4.17) beschreibt die gesuchte Abnahme der katalytisch aktiven Oberfläche der Edelmetalle mit der Zeit in Abhängigkeit von der Temperatur und der Luftzahl $\lambda$.

Die Identifikation der drei Parameter konnte aufgrund mangelnder Teststandkapazitäten und somit fehlender Messdaten eines gealterten Katalysators nicht durchgeführt werden. In Abbildung 4.2 ist aber ein beispielhafter Verlauf einer über die Zeit $t$ und die Temperatur $T_s$ abnehmenden aktiven Oberfläche $A_{akt}$ aufgetragen.

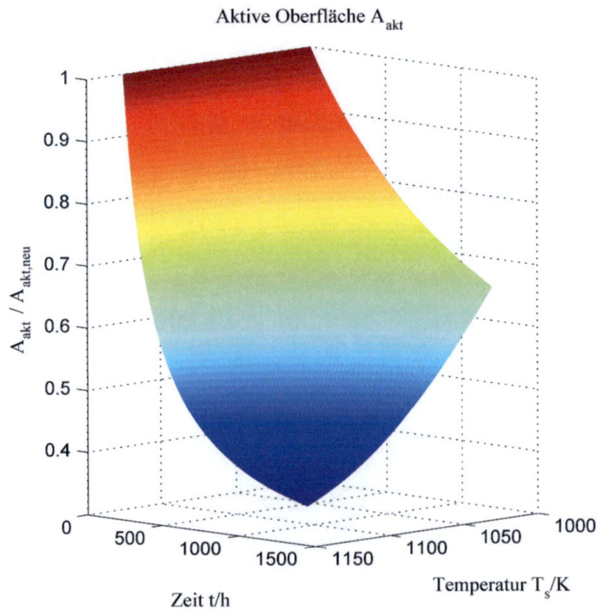


Abbildung 4.2: Zeitlicher Verlauf von $A_{akt}$ bei steigender $T_s$ und konstantem $\lambda = 1$

Hierbei wurden kugelförmige Metallpartikel $n = 4$ und ein linearer Zusammenhang ($q = 1$) mit $\lambda$ angenommen. Der Parameter $a$ wurde zu $a = 5{,}0 \cdot 10^6\,\mathrm{K/s}$ gewählt.

Untersuchungen deuten darauf hin [MYH$^+$98], dass die Oberfläche des Cers $A_{Ce}$ wesentlich schneller und zwar im Quadrat zu der des Edelmetalls $A_{EM}$ abnimmt. Um auch dies im Modell zu berücksichtigen, wird in den Massen- und Energiebilanzen für den Festkörper die Oberfläche des Cers im Neuzustand $A_{Ce}$ nicht mit dem Faktor $A_{akt}$ sondern mit $A_{akt}^2$ erweitert. Es sei abermals darauf hingewiesen, dass $A_{akt}$ eine normierte Größe ist, die nur Werte zwischen null und eins annimmt. Die gesamten Differentialgleichungen des Modells eines alternden Katalysators werden zur Übersichtlichkeit hier nochmals zusammengefasst:

**Massenbilanzen für den Kanal:**

$$\varepsilon_v\, \varrho_g\, \frac{\partial \varsigma_{g,j}}{\partial t} = -\frac{\dot{m}_g}{A}\, \frac{\partial \varsigma_{g,j}}{\partial z} + \varepsilon_v \varrho_g D_{j,g}\, \frac{\partial^2 \varsigma_{g,j}}{\partial z^2} - A_{geo}\varrho_g k_{m,j}\left(\varsigma_{g,j} - \varsigma_{s,j}\right) \quad (4.18)$$

**Massenbilanzen für den Festkörper:**

$$\begin{aligned}
(1 - \varepsilon_v)\, \varepsilon_p\, \varrho_g\, \frac{\partial \varsigma_{s,j}}{\partial t} = {}& A_{geo}\, \varrho_g\, k_{m,j}\left(\varsigma_{g,j} - \varsigma_{s,j}\right) \\
& - M_g\, L_{EM}\, A_{EM}\, A_{akt} \sum_{\substack{i=1 \\ i=11,12,13}}^{5} \left(-a_{j,i}\right)\mu_i\, r_i \\
& - M_g\, L_{Ce}\, A_{Ce}\, A_{akt}^2 \sum_{i=6}^{10}\left(-a_{j,i}\right)\mu_i\, \bar{r}_i\,, \quad (4.19)
\end{aligned}$$

**Energiebilanz für den Kanal:**

$$\varepsilon_v\, \varrho_g\, c_{p,g}\, \frac{\partial T_g}{\partial t} = -\frac{\dot{m}_g}{A}\, c_{p,g}\, \frac{\partial T_g}{\partial z} + \varepsilon_v\, \kappa_g\, \frac{\partial^2 T_g}{\partial z^2} - A_{geo}\, \alpha\left(T_g - T_s\right), \quad (4.20)$$

**Energiebilanz für den Festkörper:**

$$\begin{aligned}
(1 - \varepsilon_v)\, \varrho_s\, c_{p,s}\, \frac{\partial T_s}{\partial t} = {}& (1 - \varepsilon_v)\, \kappa_s\, \frac{\partial^2 T_s}{\partial z^2} + A_{geo}\, \alpha\left(T_g - T_s\right) \\
& + L_{EM}\, A_{EM}\, A_{akt} \sum_{\substack{i=1 \\ i=11,12,13}}^{5}\left(-\Delta H_i\right)\mu_i\, r_i \\
& + L_{Ce}\, A_{Ce}\, A_{akt}^2 \sum_{i=6}^{10}\left(-\Delta H_i\right)\mu_i\, \bar{r}_i \\
& + A_{amb}\, \alpha_{amb}\left(T_{amb} - T_s\right) + A_{amb}\, \varepsilon\, \sigma\left(T_{amb}^4 - T_s^4\right), \quad (4.21)
\end{aligned}$$

**Alterung:**

$$\frac{\partial A_{akt}}{\partial t} = -a\,\frac{\lambda^q}{T_s}\,\exp\left(-\frac{E_A}{R_g\,T_s}\right) A_{akt}^n \left(1 - \left(\frac{A_{akt\infty}}{A_{akt}}\right)^{\frac{(n-1)}{3}}\right). \tag{4.22}$$

Aus Gründen der Übersichtlichkeit ist in den Gleichungen die Abhängigkeit der einzelnen Größen vom Ort $z$ und der Zeit $t$ nicht explizit angegeben. Mit der in dieser Arbeit hergeleiteten Differentialgleichung (4.22) wird die aktive Oberfläche als eine zeitveränderliche Größe behandelt, womit das hier vorgestellte Modell, bestehend aus den Differentialgleichungen (4.18) bis (4.22), das gesamte physikalische und chemische Verhalten eines alternden Katalysators erstmalig vollständig beschreibt.


**Eingangsgrößen**


Als Eingangsgrößen besitzt das Modell die Abgastemperatur, den Abgas-Massenstrom sowie die Stoffkonzentrationen von CO, HC, NO, $H_2$ und $O_2$, die durch

$$T_g\left(z = z_0, t\right) = T_g^{\mathrm{in}}\left(t\right), \tag{4.23}$$

$$\dot{m}_g\left(z = z_0, t\right) = \dot{m}_g^{\mathrm{in}}\left(t\right), \tag{4.24}$$

$$\varsigma_{g,j}\left(z = z_0, t\right) = \varsigma_{g,j}^{\mathrm{in}}\left(t\right) \tag{4.25}$$

gekennzeichnet sind, wobei $z_0$ die Stelle am Eingang ist. Die Struktur des Katalysatormodells mit seinen Eingangsgrößen ist in Abbildung 4.3 schematisch dargestellt. Die Eingangstemperatur des Abgases ist dabei in der Regel messtechnisch erfasst, da heutzutage die meisten Fahrzeuge über einen Temperatursensor verfügen. Er ist hinter dem Motor – unmittelbar vor dem Katalysator – angebracht, um so eine Fehlerdiagnose für den Verbrennungsmotor, z.B. hinsichtlich Fehlzündungen, durchführen zu können. Da das Abgas aus der dem Motor zugeführten Luft und dem Kraftstoff entsteht, lässt sich der Abgas-Massenstrom $\dot{m}_g$ indirekt aus Messungen durch die am Eingang des Katalysators befindliche Lambda-Sonde rechnerisch bestimmen. Bei der nun vorgestellten Herleitung wird vorausgesetzt, dass das Fahrzeug lediglich einen Abgasstrang besitzt. Für den Fall zweier Abgasstränge ist die Ermittlung von $\dot{m}_g$ im Anhang B.6 aufgezeigt. Die Größe $\dot{m}_g$ setzt sich unter dieser Voraussetzung aus dem Massenstrom der Luft $\dot{m}_{Lu}$ und des Kraftstoffs $\dot{m}_{Kr}$ zusammen:

$$\dot{m}_g = \dot{m}_{Lu} + \dot{m}_{Kr}.$$

Die Luftzahl $\lambda$ kann mit Hilfe von $\dot{m}_{Lu}$ und $\dot{m}_{Kr}$ durch

$$\lambda = \frac{\dot{m}_{Lu}}{\dot{m}_{Kr}\,s_v}$$

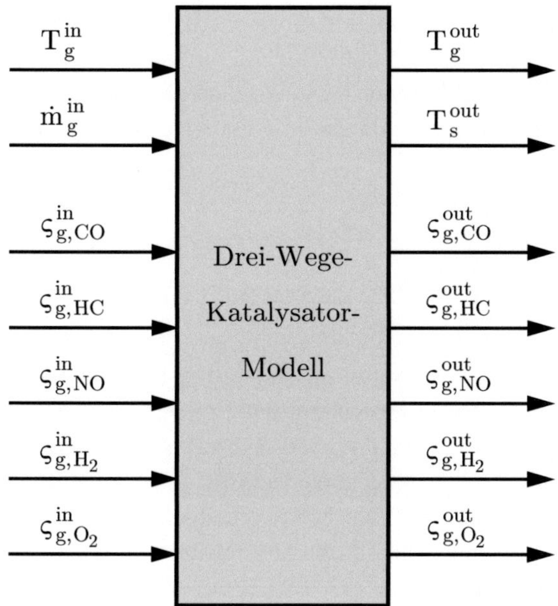


Abbildung 4.3: Struktur des Katalysatormodells mit seinen Ein-/Ausgangsgrößen

ausgedrückt werden, wobei $s_v$ für den Zahlenwert 14,7 steht, der dem stöchiome-trischen Verhältnis des Luft/Kraftstoff-Gemischs entspricht. Durch Umstellen nach $\dot{m}_{Lu}$ und Einsetzen in die Gleichung für $\dot{m}_g$ ergibt sich

$$\dot{m}_g = \left(s_v\,\lambda + 1\right)\dot{m}_{Kr}\,.$$

Da die Luftzahl $\lambda$ als Messgröße im Fahrzeug vorliegt, fehlt nur noch $\dot{m}_{Kr}$, um den er-forderlichen Abgas-Massenstrom zu erhalten. Den Massenstrom des Kraftstoffs $\dot{m}_{Kr}$ gewinnt man mittels

$$\dot{m}_{Kr} = \varrho_{Kr}\,Kr\,,$$

wobei $\varrho_{Kr}$ die bekannte Dichte des Kraftstoffs beschreibt. $Kr$ entspricht dem Kraft-stoffverbrauch, der im Steuergerät eines Fahrzeugs ermittelt wird und dadurch eben-falls zur Verfügung steht. Mit der vorgestellten Berechnungsvorschrift lässt sich die gesuchte Eingangsgröße $\dot{m}_g$ mit der bereits im Fahrzeug zur Verfügung stehenden Größe der Luftzahl $\lambda$ bestimmen. Der Abgas-Massenstrom wird im gesamten Kata-lysator als konstant angenommen, d.h. $\dot{m}_g\left(t\right) = \dot{m}_g^{in}\left(t\right) = \dot{m}_g\left(z,t\right)\ \forall\, z,t$. Der Grund hierfür sind die wesentlich geringeren Konzentrationen der im Katalysator reagie-renden Stoffe im Verhältnis zu den ebenfalls im Abgas vorkommenden Stickstoff, Kohlenstoffdioxid und Wasser.

Als Eingangsgrößen für das Modell fehlen jetzt lediglich noch die fünf Stoffkonzentrationen $\varsigma_{g,CO}^{in}$, $\varsigma_{g,HC}^{in}$, $\varsigma_{g,NO}^{in}$, $\varsigma_{g,H_2}^{in}$ und $\varsigma_{g,O_2}^{in}$, die messtechnisch nicht direkt erfassbar sind und daher indirekt bestimmt werden müssen. Hierfür existieren verschiedene Möglichkeiten, die im nächsten Abschnitt genauer vorgestellt werden.

## 4.3 Ermittlung der Rohemissionen aus Standard-Fahrzeugsensoren

Die bei der Verbrennung im Motor entstehenden Stoffkonzentrationen bezeichnet man als Rohemissionen. Sie entsprechen den Konzentrationen am Eingang des Katalysators, da sich zwischen ihm und dem Motor ein geschlossenes Rohrsystem befindet. Die Rohemissionen werden nicht unmittelbar durch Sensoren im Fahrzeug erfasst, weshalb im Folgenden vier Möglichkeiten (Kennfelder, Neuronale Netze, Regressionsansätze, physikalisches Rohemissionsmodell) zur indirekten Bestimmung aus anderen, bereits im Fahrzeug zur Verfügung stehenden, Messgrößen aufgezeigt werden sollen.

### 4.3.1 Kennfelder

Eine Möglichkeit zur Ermittlung der Rohemissionen stellen die in der Automobilindustrie häufig eingesetzten Kennfelder dar. Hierbei können die erforderlichen Stoffkonzentrationen in Abhängigkeit von den im Fahrzeug gemessenen Größen Motordrehzahl $\omega_m$, Saugrohrdruck $p_m$, Luftzahl $\lambda$ und Zündwinkel $\zeta$ als Kennfelder in Form von „Look-up"-Tabellen auf dem Steuergerät abgelegt werden [GO04]. Wählt man für jede Messgröße nur 20 Stützstellen, so sind allerdings $20^4$ Messungen erforderlich, um das gesamte vierdimensionale Kennfeld für eine Stoffkonzentration zu bestimmen. Dies führt bei der Generierung der Kennfelder zu langen Messzeiten und erfordert ein erhebliches Maß an Speicherplatz auf dem Steuergerät im Fahrzeug. In [GO04] wird daher eine Vereinfachung vorgeschlagen, die anhand der Konzentration des Stickstoffmonoxids $\varsigma_{g,NO}^{in}$ kurz erläutert werden soll. Anstelle eines vierdimensionalen Kennfelds verwendet man lediglich ein zweidimensionales Kennfeld mit den Nominalwerten $\lambda_0$ sowie $\zeta_0$ und approximiert die Konzentration mittels

$$\varsigma_{g,NO}^{in}\left(\omega_m, p_m, \lambda, \zeta\right) \approx \varsigma_{g,NO,0}^{in}\left(\omega_m, p_m, \lambda_0, \zeta_0\right) \cdot \left(1 + \Delta_\lambda\left(\lambda - \lambda_0\right) + \Delta_\zeta\left(\zeta - \zeta_0\right)\right).$$

Die Strukturen der beiden Korrekturfunktionen lassen sich aus der Physik ableiten. Für $\Delta_\lambda\left(\lambda - \lambda_0\right)$ ergibt sich eine parabelförmige Funktion, die ihr Maximum bei einem leicht „mageren" Luft/Kraftstoff-Verhältnis besitzt. Bei $\Delta_\zeta\left(\zeta - \zeta_0\right)$ handelt es sich hingegen um eine Gerade. Für die beiden Korrekturfunktionen können somit die Gleichungen

$$\Delta_\lambda \left(\lambda - \lambda_0\right) = b_{\lambda,1}\left(\lambda - \lambda_0\right) + b_{\lambda,2}\left(\lambda - \lambda_0\right)^2$$
$$\Delta_\zeta \left(\zeta - \zeta_0\right) = b_{\zeta,1}\left(\zeta - \zeta_0\right)$$

angesetzt werden. Die Koeffizienten $b_{\lambda,1}$, $b_{\lambda,2}$ sowie $b_{\zeta,1}$ lassen sich mit Hilfe von Messdaten und der Verwendung der Least-Squares-Methode (Methode der kleinsten Quadrate) [Ise92] ermitteln.

Die in dieser Arbeit verwendeten Messdaten stammen von einem Motorprüfstand eines Industriepartners. Sie beinhalten viele Messgrößen, die im Kapitel 6.3 genauer beschrieben sind. Neben der Gewinnung der Eingangskennfelder stand bei Nutzung der Messdaten die Identifikation der noch unbekannten Parameter des Katalysatormodells im Mittelpunkt. Während der Datengenerierung fielen einige Sensoren aus bzw. wurden Messwerte durch den Rechner nicht richtig erfasst. Darunter befinden sich die Größen des Saugrohrdrucks $p_m$ sowie des Zündwinkels $\zeta$. Eine erneute Aufnahme von Messdaten war infolge einer Beschädigung des Versuchsträgers nicht möglich. Die Erzeugung der Kennfelder für die Eingangskonzentrationen konnte daher nicht durchgeführt werden.

## 4.3.2   Neuronale Netze

Um Speicherplatz auf dem Steuergerät zu sparen, können die Kennfelder der Eingangskonzentrationen durch künstliche Neuronale Netze (KNN) [Nel01] approximiert werden. Ihr Ursprung liegt in der technischen Nachbildung biologischer Nervenzellen. Da im Weiteren eine Verwechslung mit den biologischen neuronalen Netzen ausgeschlossen ist, wird nur noch von Neuronalen Netzen (NN) gesprochen. Diese sind in der Lage ein Ein-/Ausgangsverhalten, wie bei den Kennfeldern gegeben, zu lernen und zu reproduzieren. Zu den wesentlichen Kennzeichen eines Neuronalen Netzes gehören das Neuron, die gewählte Netztopologie und die Lernregeln zur Adaption der Verbindungen zwischen den einzelnen Neuronen. Das in Abbildung 4.4 dargestellte Neuron verhält sich wie eine mathematische Vorschrift zur Berechnung eines Ausgangswerts $o_j$ aus einer Menge von gewichteten Eingangswerten $e_k$.

Der Ausgangswert $o_j$ des Neurons ergibt sich als Funktion $f$ von der so genannten Aktivierung $a_j$, wobei $f$ als Aktivierungsfunktion bezeichnet wird. Die Aktivierung $a_j$ ist eine gewichtete Summe aller $m$ Eingangswerte $e_k$ und des Schwellwerts $\vartheta_j$:

$$o_j = f\left(a_j\right) = f\left(\sum_{k=1}^{m} w_{jk}\, e_k + \vartheta_j\right).$$

Die Größen $w_{jk}$ beschreiben dabei das Gewicht von Eingang $e_k$ zu Neuron $j$.

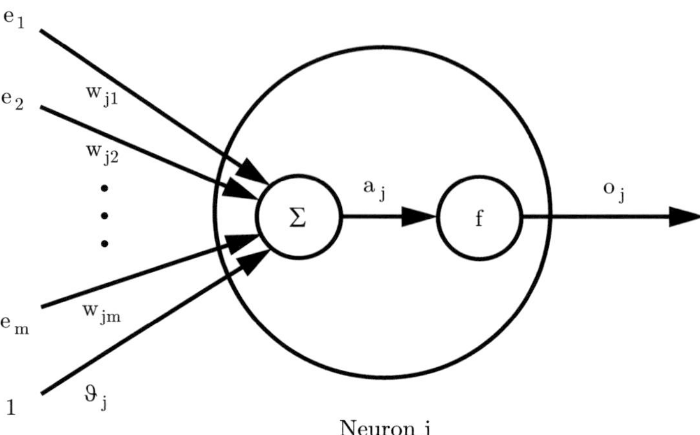


Abbildung 4.4: Realisierung eines künstlichen Neurons

Der Schwellwert $\vartheta_j$ garantiert eine Mindestanregung des Neurons, sofern alle Eingangswerte null sind. Für die Wahl der Aktivierungsfunktion $f$ existieren verschiedene Möglichkeiten [BH94]. Da die zur Gewinnung der Gewichtsfaktoren $w_{jk}$ notwendigen Lernverfahren differenzierbare Funktionen erfordern, werden in der Regel sigmoidale ($s$-förmige) Aktivierungsfunktionen wie die logistische Funktion

$$f\left(a_j\right) = \frac{1}{1 + e^{-a_j}} \qquad \text{(Sigmoid-Funktion)}$$

verwendet. NN besitzen häufig die in Abbildung 4.5 dargestellte Struktur eines Multilayer Perceptrons (MLP, mehrlagiges Perzeptron) [RMG86], welches eine verallgemeinerte Form des zweischichtigen Perceptrons darstellt. Das MLP besteht aus einer Eingangsschicht (Index $i$ für input), deren Zahl an Neuronen in statischen Netzen der Anzahl an Eingängen entspricht. Sie fungieren lediglich als Verteilungspunkte und führen somit selbst keine Verarbeitung der Signale durch. Anschließend folgen üblicherweise ein bis zwei Zwischenschichten, die so genannten verdeckten Schichten (Index $h$ für hidden), deren Neuronenzahl von der Komplexität der zu approximierenden Funktion abhängt. Die letzte Schicht bildet die Ausgangsschicht (Index $o$ für output), die zur Berechnung der Ausgangsgrößen dient, deren Zahl an Neuronen identisch mit der Anzahl an Ausgängen ist. Mit der festgelegten Netzstruktur folgt unter Verwendung von Messdaten die Trainingsphase, während der das Netz „lernt". Es existieren dabei verschiedene Lernverfahren, die dafür Sorge tragen sollen, dass das NN für bestimmte Eingangsmuster gewünschte Ausgangsmuster erzeugt. Hierfür stehen in einem NN verschiedene geeignet zu wählende Parameter zur Verfügung. Für das vorgestellte MLP sind das gerade die Gewichtungsfaktoren $w_{jk}$ und die

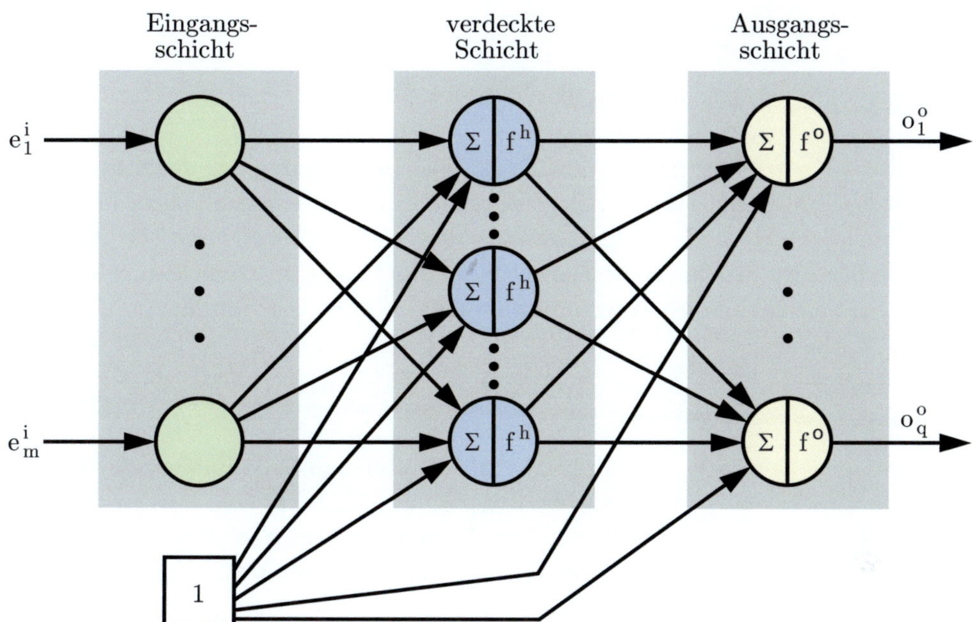

Abbildung 4.5: Multilayer-Perceptron mit einer verdeckten Schicht

Schwellwerte $\vartheta_j$. Die Optimierung dieser zunächst zufällig belegten Parameter mit dem Ziel einer möglichst guten Funktionsapproximation wird als Training bezeichnet und erfolgt mit Algorithmen, die eine automatische Adaption der Parameter ermöglichen. Häufig wird hierfür der so genannte Backpropagation-Algorithmus verwendet, welcher zur Berechnung der Parameter das im Kapitel 6.1.1 erläuterte Gradientenverfahren nutzt. Aufgrund der fehlenden Messdaten und somit auch der fehlenden Kennfelder der Eingangskonzentrationen konnte deren Approximation mit den Neuronalen Netzen jedoch nicht durchgeführt werden.

### 4.3.3  Regressionsansätze

In der Literatur werden zur Bestimmung der Eingangskonzentrationen oftmals Regressionsmodelle verwendet. Die Regression hat zum Ziel, Beziehungen zwischen einer abhängigen und einer oder mehreren unabhängigen Variablen festzustellen. Die Regressionsmodelle dienen in Verbindung mit weiteren Modellen häufig zur Planung von Verkehrsnetzen sowie Ampelsteuerungen, um im Straßenverkehr mögliche Zentren hoher Schadstoffkonzentrationen zu ermitteln bzw. zu verhindern. In [Ahn98] wird ein Regressionsmodell vorgeschlagen, das zur Bestimmung der Motoremissionen ausschließlich die aktuelle Fahrzeuggeschwindigkeit $v$ und die Beschleunigung $a$ als bekannte Größen verwendet. Es handelt sich hierbei um ein Polynom dritten

Grades

$$\varsigma_{g,j}^{\text{in}} = \sum_{i=0}^{3} \sum_{k=0}^{3} b_{i,k}\, v^i\, a^k\,,$$

welches die Kreuzterme mit berücksichtigt. Die Bestimmung der unbekannten Parameter $b_{i,k}$ erfolgt mit Hilfe der Regressionsanalyse. Da lediglich lineare Parameter auftreten, ist die Methode der kleinsten Quadrate anwendbar. Um physikalisch nicht sinnvolle negative Stoffkonzentrationen durch das Modell zu vermeiden, wird zuvor eine eindeutig umkehrbare Transformation entsprechend der Vorschrift

$$\ln\left(\varsigma_{g,j}^{\text{in}}\right) = \sum_{i=0}^{3} \sum_{k=0}^{3} b_{i,k}\, v^i\, a^k \qquad \text{bzw.} \qquad \varsigma_{g,j}^{\text{in}} = \exp\left(\sum_{i=0}^{3} \sum_{k=0}^{3} b_{i,k}\, v^i\, a^k\right)$$

vorgenommen. Zunächst transformiert man die abhängigen Variablen, die Konzentrationen $\varsigma_{g,j}^{\text{in}}$, mittels des natürlichen Logarithmus. Anschließend werden die unbekannten Parameter $b_{i,k}$ identifiziert. Um die gewünschten Stoffkonzentrationen zu erhalten, erfolgt dann die Rücktransformation mit der Exponentialfunktion.

Die in [ARTVA02] durchgeführten Experimente zeigen jedoch, dass das Modell bei stark positiven Beschleunigungen verhältnismäßig schlechte Vorhersagen über die Konzentrationen von CO und HC liefert. Die Ursache hierfür liegt in der signifikanten Empfindlichkeit dieser Konzentrationen gegenüber den Eingangsgrößen bei positiven Beschleunigungen im Vergleich zu der geringen Empfindlichkeit bei negativen Beschleunigungen. Dieses unterschiedliche Verhalten bei positiven und negativen Beschleunigungen lässt sich mit dem Luft/Kraftstoff-Gemisch erklären. Bei einer gleichförmigen Bewegung liegt ein stöchiometrisches Gemisch mit $\lambda = 1$ vor. Aufgrund einer unvollkommenen Verbrennung entstehen geringe Mengen an CO und HC. Bremst man nunmehr das Fahrzeug ab, so liegt eine negative Beschleunigung vor und es wird, um Kraftstoff zu sparen, ein „mageres" Gemisch eingestellt. Hierbei herrscht ein Überschuss an Sauerstoff vor und es treten bei der Verbrennung im Motor nahezu keine CO- sowie HC-Emissionen auf. Obwohl eine Änderung der Eingangsgrößen $v$ und $a$ im Vergleich zur gleichförmigen Bewegung vorliegt, variieren die beiden Konzentrationen nur geringfügig. Bei einer positiven Beschleunigung hingegen entstehen hohe Konzentrationen von CO und HC, da das Gemisch „angefettet" wird und hierdurch ein Mangel an Sauerstoff vorliegt. Auf der Grundlage dieses Wissens wurde ein so genanntes hybrides Regressionsmodell entwickelt [ARTVA02], das für die positive und negative Beschleunigung jeweils ein unterschiedliches Polynom dritten Grades

$$\ln\left(\varsigma_{g,j}^{\text{in}}\right) = \begin{cases} \displaystyle\sum_{i=0}^{3} \sum_{k=0}^{3} b_{i,k}^{p}\, v^i\, a^k & \text{für} \quad a > 0 \\[2em] \displaystyle\sum_{i=0}^{3} \sum_{k=0}^{3} b_{i,k}^{n}\, v^i\, a^k & \text{für} \quad a \le 0 \end{cases}$$

verwendet. Die Beschleunigung $a = 0$ wird im Modell mit negativer Beschleunigung berücksichtigt.

Durch die Nutzung von Geschwindigkeit $v$ und Beschleunigung $a$ in den verschiedenen Termen des Polynoms kann es jedoch zu einer Multikollinearität kommen. Dies ist ein generelles Problem der Regressionsanalyse und tritt immer dann auf, wenn zwischen den unabhängigen Variablen eine starke Korrelation besteht. Außerhalb des Bereichs der Identifikationsdaten führt die Existenz einer Multikollinearität im Modell zu einer unzuverlässigen Vorhersage der Konzentrationen als abhängige Variablen. Durch das Entfernen einiger Polynomterme lässt sich diese Multikollinearität jedoch verringern. In dieser Arbeit wird zur Berechnung der Emissionswerte in Anlehnung an [CCN$^+$02] das folgende hybride Regressionsmodell

$$
\ln\left(\varsigma_{g,j}^{\text{in}}\right) = \begin{cases} b_0^p + b_1^p\, v + b_2^p\, v^2 + b_3^p\, v^3 + b_4^p\, v\, a & \text{für} \quad a > 0 \\[2em] b_0^n + b_1^n\, v + b_2^n\, v^2 + b_3^n\, v^3 + b_4^n\, v\, a & \text{für} \quad a \leq 0 \end{cases}
$$

angesetzt, bei dem lediglich das Produkt aus Geschwindigkeit $v$ und Beschleunigung $a$ als Kreuzterm auftritt.

Auf einem Motorprüfstand eines Industriepartners wurde der Neue Europäische Fahrzyklus (NEFZ) abgefahren und die Geschwindigkeit $v$ messtechnisch erfasst. Die Beschleunigung $a$ konnte dann rechnerisch durch die Ableitung der Geschwindigkeit $v$ mit Hilfe des Differenzenquotienten ermittelt werden. Somit war es möglich die unbekannten Parameter $b_i^p$ und $b_i^n$ mit $i = 0, \ldots, 4$ mittels der vorhandenen Daten zu identifizieren. Abbildung 4.6(a) veranschaulicht beispielhaft das Identifikationsergebnis für die beim NEFZ auftretende HC-Konzentration. Die Vergrößerung in Abbildung 4.6(b) verdeutlicht das vom Modell stammende etwas unbefriedigende Ergebnis. Der Grund hierfür ist die ausschließliche Verwendung von Fahrzeuggeschwindigkeit $v$ und Beschleunigung $a$ als unabhängige Variablen. Sie reichen offensichtlich nicht aus, um das dynamische Verhalten der Stoffkonzentrationen nachzubilden. Dies wird beispielsweise daran ersichtlich, dass die HC-Konzentration in der Zeit zwischen $t = 420\,\text{s}$ und $t = 440\,\text{s}$ eine Dynamik aufweist, obwohl die Geschwindigkeit $v$ und die Beschleunigung $a$ beim NEFZ null sind. Die Ergebnisse für die übrigen Stoffkonzentrationen weisen die gleiche Problematik auf. Um mit dem Regressionsansatz bessere Ergebnisse zu erzielen, müsste man zusätzliche bzw. andere messbare Größen wie z.B. Luftzahl, Zündwinkel, Motordrehzahl oder Saugrohrdruck verwenden.

Es ist offensichtlich, dass die Luftzahl $\lambda$ einen großen Einfluss auf die Entstehung der Schadstoffe bei der Verbrennung im Motor hat. Im nächsten Abschnitt wird daher ein Modell vorgestellt, das zur Ermittlung der Stoffkonzentrationen die Luftzahl $\lambda$ verwendet.

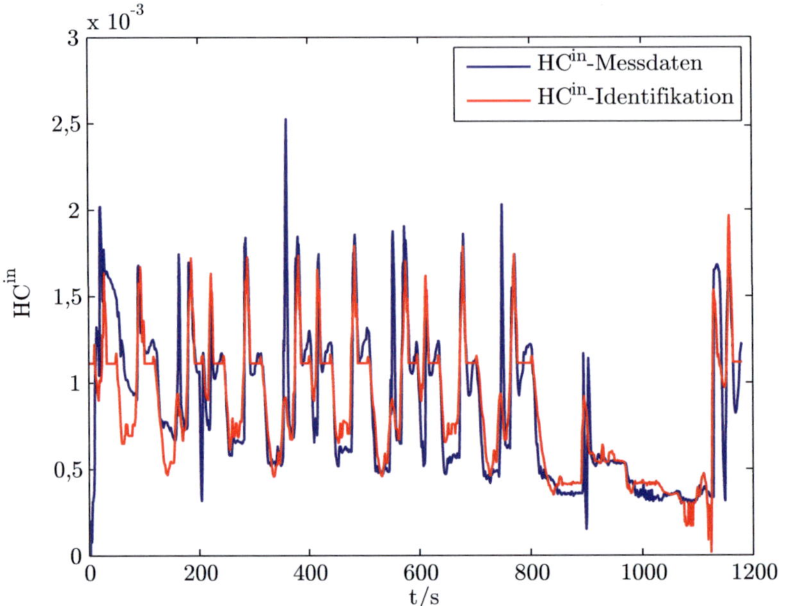

**(a)** Identifikationsergebnis der $HC^{in}$-Emissionen

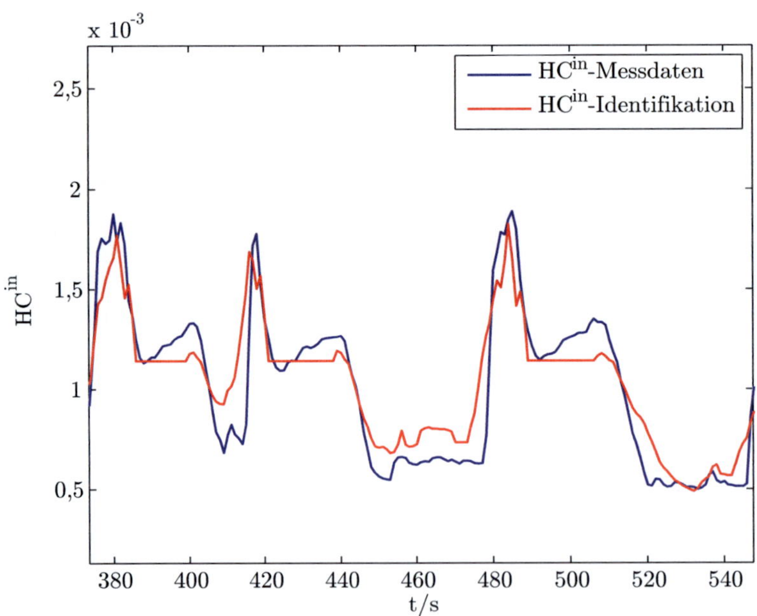

**(b)** Ausschnitt des Identifikationsergebnisses der $HC^{in}$-Emissionen

Abbildung 4.6: Ergebnis der $HC^{in}$-Emissionen mittels Regressionsansatz

### 4.3.4  Physikalisches Modell für die Rohemissionen

In [Auc05] wird ein physikalisches Rohemissionsmodell vorgestellt, das die drei Konzentrationen $\varsigma_{g,CO}^{in}$, $\varsigma_{g,H_2}^{in}$ und $\varsigma_{g,O_2}^{in}$ aus dem Lambda-Signal vor dem Katalysator berechnet. Die Konzentration von HC ist dabei in denen von CO und $H_2$ und die von $NO_x$ in der von $O_2$ implizit enthalten. Es handelt sich um ein einfaches Modell, das ein inverses Modell eines Lambda-Sensors enthält. Das Rohemissionsmodell erfordert relativ wenig Rechenzeit und kann für nahezu alle Ottomotoren verwendet werden. Es soll in dieser Arbeit dazu dienen, die erforderliche Anzahl an Kennfeldern für die Eingangskonzentrationen von CO, HC, $NO_x$, $H_2$ und $O_2$ von bisher fünf auf zwei zu verringern, d.h. die Konzentrationen $\varsigma_{g,HC}^{in}$ sowie $\varsigma_{g,NO_x}^{in}$ stammen weiterhin von Kennfeldern oder Neuronalen Netzen, während die Konzentrationen $\varsigma_{g,CO}^{in}$, $\varsigma_{g,H_2}^{in}$ und $\varsigma_{g,O_2}^{in}$ das Rohemissionsmodell liefert. Um eine höhere Genauigkeit für die Vorhersagen der Konzentrationen von CO, $H_2$ und $O_2$ zu erzielen, wird das Modell [Auc05] in dieser Arbeit noch dahingehend erweitert, dass die dort implizit erhaltenen Konzentrationen $\varsigma_{g,HC}^{in}$ bzw. $\varsigma_{g,NO_x}^{in}$ aus den Konzentrationen $\varsigma_{g,CO}^{in}$ und $\varsigma_{g,H_2}^{in}$ bzw. $\varsigma_{g,O_2}^{in}$ herausgerechnet werden. Die Struktur des Katalysatormodells zusammen mit dem Rohemissionsmodell ist in Abbildung 4.7 schematisch wiedergegeben.

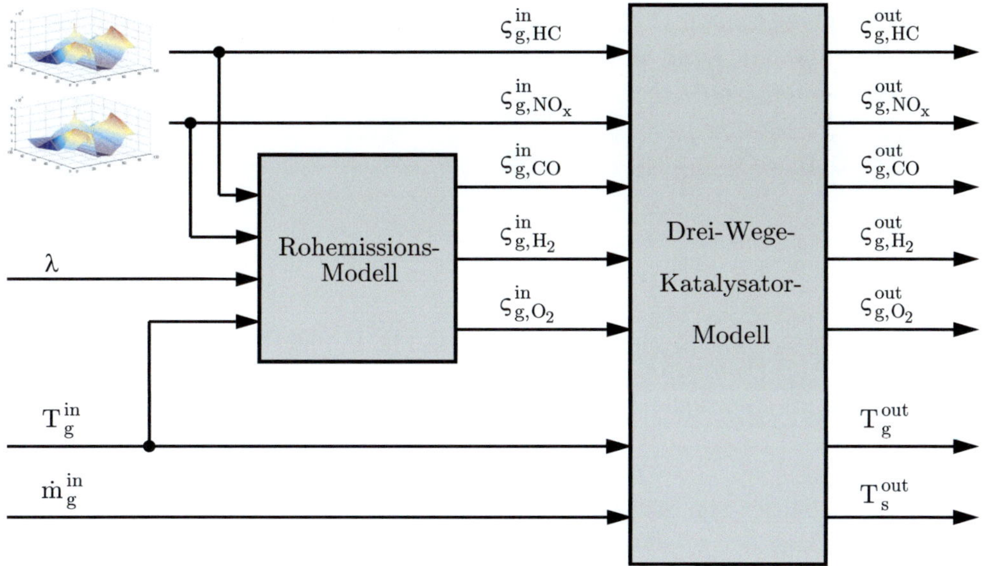


Abbildung 4.7: Struktur des Katalysatormodells mit dem Rohemissionsmodell

Wie bereits zu Beginn im Kapitel 2.1 erläutert, tritt bei einer realen Verbrennung zum einen eine unvollständige und zum anderen eine unvollkommene Verbrennung auf. Die Berechnung der Konzentrationen von $CO$, $H_2$ und $O_2$ durch das Rohemissionsmodell vollzieht sich daher in zwei Schritten:

1. **Schritt:** Im ersten Schritt erfolgt die Ermittlung der bei einer unvollständigen Verbrennung aufgrund eines Mangels oder eines Überschusses an Sauerstoff auftretenden Konzentrationen.

2. **Schritt:** Im zweiten Schritt werden die durch eine unvollkommene Verbrennung auftretenden Stoffmengen bestimmt, die dadurch entstehen, dass die Verbrennung nicht bis zum chemischen Gleichgewicht erfolgt.

Zu unterscheiden sind bei den beiden Schritten jeweils die drei Fälle $\lambda$ kleiner, gleich oder größer eins.

## 1. Schritt bei „fettem" Gemisch

Zunächst wird ein dem Motor zugeführtes „fettes" Gemisch ($\lambda < 1$) betrachtet. Bei der Verbrennung des aus Kohlenwasserstoff $C_yH_z$ und Sauerstoff $O_2$ bestehenden Gemischs bilden sich als Reaktionsprodukte Kohlenstoffdioxid $CO_2$ und Wasserdampf $H_2O$. Zusätzlich treten die Stoffe Kohlenstoffmonoxid $CO$, Wasserstoff $H_2$ und unverbrannte Kohlenwasserstoffe $C_yH_z$ auf, da die Menge an Sauerstoff für eine vollständige Oxidation zu $CO_2$ und $H_2O$ nicht ausreicht. Hierbei besteht zwischen $H_2$ und $CO$ ein annähernd konstantes Verhältnis [PKS02] von $\phi_{H_2/CO} \approx 0{,}3$. Die Reaktionsgleichung lässt sich in Abhängigkeit von $\lambda$ wie folgt schreiben:

$$\frac{1}{\left(y+\frac{z}{4}\right)\lambda} C_yH_z + O_2 + \frac{79}{21}N_2 \rightarrow a_{CO_2}CO_2 + a_{H_2O}H_2O + a_{N_2}N_2 + a_{CO}CO + a_{H_2}H_2$$

mit

$$a_{CO_2} = \frac{\left(2\lambda + \phi_{H_2/CO} - 1\right)y + (\lambda - 1)\frac{z}{2}}{\left(1 + \phi_{H_2/CO}\right)\left(y+\frac{z}{4}\right)\lambda}, \quad a_{N_2} = \frac{79}{21}, \quad a_{CO} = \frac{2\left(\frac{1}{\lambda}-1\right)}{\left(1 + \phi_{H_2/CO}\right)},$$

$$a_{H_2O} = \frac{2\phi_{H_2/CO}(\lambda-1)y + \left(1 + \lambda\phi_{H_2/CO}\right)\frac{z}{2}}{\left(1 + \phi_{H_2/CO}\right)\left(y+\frac{z}{4}\right)\lambda}, \quad a_{H_2} = \frac{2\phi_{H_2/CO}\left(\frac{1}{\lambda}-1\right)}{\left(1 + \phi_{H_2/CO}\right)},$$

wobei das Verhältnis von Stickstoff $N_2$ zu Sauerstoff $O_2$ in der Luft 79/21 beträgt. Die Berechnungen der stöchiometrischen Koeffizienten $a_{CO_2}$, $a_{H_2O}$, $a_{N_2}$, $a_{CO}$ und $a_{H_2}$ finden sich im Anhang B.7. Die unverbrannten Kohlenwasserstoffe tauchen in der Reaktionsgleichung nicht auf. Der Grund hierfür sind die im Vergleich zu $CO$ und $H_2$ nur sehr geringen Mengen, weshalb sie im Modell [Auc05] in diesen entsprechend dem Verhältnis $\phi_{H_2/CO}$ implizit enthalten sind. Aus der Reaktionsgleichung lassen sich für den Fall einer unvollständigen Verbrennung mit $\lambda < 1$ und $\phi_{H_2/CO} \approx 0{,}3$ die Konzentrationen von CO und $H_2$ in Abhängigkeit von $\lambda$ mit

$$\widetilde{\varsigma}_{g,CO}^{\,in} = \frac{a_{CO}}{a_{CO_2} + a_{H_2O} + a_{N_2} + a_{CO} + a_{H_2}} = \frac{\frac{2}{(1+\phi_{H_2/CO})}\left(\frac{1}{\lambda}-1\right)}{\frac{\left(y+\frac{z}{2}\right)}{\left(y+\frac{z}{4}\right)\lambda} + \frac{79}{21}},$$

$$\widetilde{\varsigma}_{g,H_2}^{\,in} = \frac{a_{H_2}}{a_{CO_2} + a_{H_2O} + a_{N_2} + a_{CO} + a_{H_2}} = \frac{\frac{2\,\phi_{H_2/CO}}{(1+\phi_{H_2/CO})}\left(\frac{1}{\lambda}-1\right)}{\frac{\left(y+\frac{z}{2}\right)}{\left(y+\frac{z}{4}\right)\lambda} + \frac{79}{21}}$$

genau berechnen.

## 2. Schritt bei „fettem" Gemisch

Bei der unvollkommenen Verbrennung werden weitere Kohlenwasserstoff $C_yH_z$ mit $O_2$ nicht vollkommen zu $CO_2$ und $H_2O$ chemisch umgewandelt, wodurch zusätzliche Konzentrationen von CO und $H_2$ auftreten. In einem zweiten Schritt addiert man daher zu den erhaltenen Ergebnissen von $\widetilde{\varsigma}_{g,CO}^{\,in}$ und $\widetilde{\varsigma}_{g,H_2}^{\,in}$, die infolge der unvollkommenen Verbrennung entstehenden Konzentrationen. Um das vorhandene Luft/Kraftstoff-Gemisch aber nicht zu verändern, muss die zusätzlich hinzugefügte Menge von CO und $H_2$ in einer stöchiometrischen Balance zu jener von $O_2$ stehen. Das heißt, bei der Verbrennung bleibt auch eine gewisse Menge an unverbrauchtem $O_2$ übrig. Zur Berechnung der zusätzlichen Konzentrationen wurden in [Auc05] folgende heuristische Funktionen angegeben:

$$\begin{aligned}
\Delta\widetilde{\varsigma}_{g,O_2}^{\,in} &= \frac{1}{2}\left(\Delta\widetilde{\varsigma}_{g,CO}^{\,in} + \Delta\widetilde{\varsigma}_{g,H_2}^{\,in}\right) = \frac{\mu_{Verb}}{1 + 10\,|\lambda - 1|}, \\[2mm]
\Delta\widetilde{\varsigma}_{g,CO}^{\,in} &= \frac{2}{\left(1 + \phi_{H_2/CO}\right)}\frac{\mu_{Verb}}{1 + 10\,|\lambda - 1|}, \\[2mm]
\Delta\widetilde{\varsigma}_{g,H_2}^{\,in} &= \frac{2\,\phi_{H_2/CO}}{\left(1 + \phi_{H_2/CO}\right)}\frac{\mu_{Verb}}{1 + 10\,|\lambda - 1|}.
\end{aligned} \tag{4.26}$$

Der Faktor $\mu_{Verb}$ lässt sich als inverse Effizienz der Verbrennung interpretieren, der bei einer vollkommenen Verbrennung den Wert null annimmt. Er ist abhängig von der Temperatur des Abgases und kann durch

$$\mu_{Verb} = a_{Verb} + b_{Verb}\,T_g^{in}$$

berechnet werden. Die beiden Koeffizienten $a_{Verb}$ und $b_{Verb}$ wurden aus Messdaten mit der Methode der kleinsten Quadrate ermittelt. Ihre Zahlenwerte sind in Tabelle C.2 im Anhang angegeben.

Die fünf gesuchten Eingangskonzentrationen lassen sich somit folgendermaßen bestimmen: Die beiden Konzentrationen $\varsigma_{g,\mathrm{HC}}^{\mathrm{in}}$ und $\varsigma_{g,\mathrm{NO}_x}^{\mathrm{in}}$ erhält man aus Kennfeldern oder Neuronalen Netzen. Die weiteren drei Konzentrationen $\varsigma_{g,\mathrm{CO}}^{\mathrm{in}}$, $\varsigma_{g,\mathrm{H}_2}^{\mathrm{in}}$ und $\varsigma_{g,\mathrm{O}_2}^{\mathrm{in}}$ liefert das Rohemissionsmodell entsprechend:

$$
\varsigma_{g,\mathrm{O}_2}^{\mathrm{in}} = \underbrace{\Delta\widetilde{\varsigma}_{g,\mathrm{O}_2}^{\mathrm{in}}}_{\substack{\text{unvollkommene}\\\text{Verbrennung}}} \, ,
$$

$$
\varsigma_{g,\mathrm{CO}}^{\mathrm{in}} = \underbrace{\widetilde{\varsigma}_{g,\mathrm{CO}}^{\mathrm{in}}}_{\substack{\text{unvollständige}\\\text{Verbrennung}}} + \underbrace{\Delta\widetilde{\varsigma}_{g,\mathrm{CO}}^{\mathrm{in}}}_{\substack{\text{unvollkommene}\\\text{Verbrennung}}} \, ,
$$

$$
\varsigma_{g,\mathrm{H}_2}^{\mathrm{in}} = \underbrace{\widetilde{\varsigma}_{g,\mathrm{H}_2}^{\mathrm{in}}}_{\substack{\text{unvollständige}\\\text{Verbrennung}}} + \underbrace{\Delta\widetilde{\varsigma}_{g,\mathrm{H}_2}^{\mathrm{in}}}_{\substack{\text{unvollkommene}\\\text{Verbrennung}}} \, .
$$

Das Modell in [Auc05] berücksichtigt die Konzentrationen der unverbrannten Kohlenwasserstoffe allerdings implizit in jenen von CO und $\mathrm{H}_2$, weshalb im Rahmen dieser Arbeit noch eine Erweiterung bzw. Modifikation des Modells vorgenommen wird, bei der eine Subtraktion der unverbrannten Kohlenwasserstoffe von den CO- und $\mathrm{H}_2$-Konzentrationen erfolgt. Dabei ist jedoch darauf zu achten, dass das konstante Verhältnis $\phi_{\mathrm{H}_2/\mathrm{CO}}$ nach Abzug der unverbrannten Kohlenwasserstoffe beibehalten bleibt und die Summe der vom Kohlenstoffmonoxid und Wasserstoff subtrahierten $\mathrm{C}_y\mathrm{H}_z$-Konzentrationen der Gesamtkonzentration $\varsigma_{g,\mathrm{HC}}^{\mathrm{in}}$ entspricht. Hierdurch treten in den in dieser Arbeit hergeleiteten Korrekturtermen für CO und $\mathrm{H}_2$

$$
\Delta\overline{\varsigma}_{g,\mathrm{CO}}^{\mathrm{in}} = \left(2y + \frac{z}{2}\right) \frac{1}{\left(1 + \phi_{\mathrm{H}_2/\mathrm{CO}}\right)} \varsigma_{g,\mathrm{C}_y\mathrm{H}_z}^{\mathrm{in}} \, ,
$$

$$
\Delta\overline{\varsigma}_{g,\mathrm{H}_2}^{\mathrm{in}} = \left(2y + \frac{z}{2}\right) \frac{\phi_{\mathrm{H}_2/\mathrm{CO}}}{\left(1 + \phi_{\mathrm{H}_2/\mathrm{CO}}\right)} \varsigma_{g,\mathrm{C}_y\mathrm{H}_z}^{\mathrm{in}}
$$

die Faktoren $1/\left(1 + \phi_{\mathrm{H}_2/\mathrm{CO}}\right)$ sowie $\phi_{\mathrm{H}_2/\mathrm{CO}}/\left(1 + \phi_{\mathrm{H}_2/\mathrm{CO}}\right)$ auf. Zusätzlich muss die chemische Balance und damit die Sauerstoffkonzentration erhalten bleiben. Bei der Reaktion von $\mathrm{C}_y\mathrm{H}_z$ mit $\mathrm{O}_2$ kommen für jeden unverbrannten Kohlenwasserstoff $y\,\mathrm{CO}_2$-Moleküle und $\frac{z}{2}\,\mathrm{H}_2\mathrm{O}$-Moleküle weniger zustande, weshalb $\left(2y + \frac{z}{2}\right)$ O-Atome übrig sind. Entstehen bei der Verbrennung anstelle von einem $\mathrm{CO}_2$- bzw. $\mathrm{H}_2\mathrm{O}$-Molekül ein CO- bzw. $\mathrm{H}_2$-Molekül, bleibt jeweils ein O-Atom zurück. Beim Herausrechnen der unverbrannten Kohlenwasserstoffe müssen folglich für ein $\mathrm{C}_y\mathrm{H}_z$-Molekül insgesamt $\left(2y + \frac{z}{2}\right)$ CO- bzw. $\mathrm{H}_2$-Moleküle weniger auftreten, um die Menge des vorhandenen Sauerstoffs nicht zu verändern.

Die durch eine unvollkommene Verbrennung entstehende Sauerstoffkonzentration muss zur Beibehaltung der stöchiometrischen Balance noch um die implizit enthaltenen Stickoxide entsprechend dem Korrekturterm

$$\Delta \bar{\varsigma}_{g,O_2}^{\text{in}} = \frac{x}{2} \varsigma_{g,NO_x}^{\text{in}}$$

verringert werden. Die hier hergeleitete Berichtigung der vom Modell gelieferten Konzentrationen sieht für $\lambda < 1$ somit wie folgt aus:

$$\begin{aligned}
\varsigma_{g,O_2}^{\text{in}} &= \Delta \widetilde{\varsigma}_{g,O_2}^{\text{in}} - \Delta \bar{\varsigma}_{g,O_2}^{\text{in}} , \\
\varsigma_{g,CO}^{\text{in}} &= \widetilde{\varsigma}_{g,CO}^{\text{in}} + \Delta \widetilde{\varsigma}_{g,CO}^{\text{in}} - \Delta \bar{\varsigma}_{g,CO}^{\text{in}} , \\
\varsigma_{g,H_2}^{\text{in}} &= \widetilde{\varsigma}_{g,H_2}^{\text{in}} + \Delta \widetilde{\varsigma}_{g,H_2}^{\text{in}} - \Delta \bar{\varsigma}_{g,H_2}^{\text{in}} .
\end{aligned} \qquad (4.27)$$

Dabei stellt der jeweils letzte Term die in dieser Arbeit entwickelte Korrektur dar.

## 1. Schritt bei „magerem" Gemisch

Als nächstes soll die unvollständige Verbrennung bei einem „mageren" Gemisch mit $\lambda > 1$ betrachtet werden. Neben Kohlenstoffdioxid und Wasserdampf treten hier Stickoxide sowie überschüssiger Sauerstoff auf. Die Menge an $NO_x$ ist im Verhältnis zu der von $O_2$ wesentlich geringer, weshalb sie im Modell in [Auc05] zur Vereinfachung im Sauerstoff enthalten ist. Das $NO_x$ taucht daher in der Reaktionsgleichung

$$\frac{1}{\left(y + \frac{z}{4}\right)\lambda} C_y H_z + O_2 + \frac{79}{21} N_2 \longrightarrow a_{CO_2} CO_2 + a_{H_2O} H_2O + a_{N_2} N_2 + a_{O_2} O_2$$

mit

$$a_{CO_2} = \frac{y}{\left(y + \frac{z}{4}\right)\lambda} , \quad a_{H_2O} = \frac{\frac{z}{2}}{\left(y + \frac{z}{4}\right)\lambda} , \quad a_{N_2} = \frac{79}{21} , \quad a_{O_2} = \left(1 - \frac{1}{\lambda}\right)$$

nicht mehr auf. Somit lässt sich die Konzentration von $O_2$ in Abhängigkeit von $\lambda$ eindeutig ermitteln:

$$\widetilde{\varsigma}_{g,O_2}^{\text{in}} = \frac{a_{O_2}}{a_{CO_2} + a_{H_2O} + a_{N_2} + a_{O_2}} = \frac{\left(1 - \frac{1}{\lambda}\right)}{\frac{\left(y + \frac{z}{2}\right)}{\left(y + \frac{z}{4}\right)\lambda} + \frac{79}{21} + \left(1 - \frac{1}{\lambda}\right)} .$$

## 2. Schritt bei „magerem" Gemisch

Infolge der unvollkommenen Verbrennung entstehen anstelle von $CO_2$ und $H_2O$ zusätzlich CO sowie $H_2$ und weiterer unverbrauchter Sauerstoff. Die Konzentrationen können mittels der Gleichung (4.26) mit unveränderten Koeffizienten $a_{\mathrm{Verb}}$ und $b_{\mathrm{Verb}}$ bestimmt werden.

Das Modell liefert für $\lambda > 1$ wieder die drei Konzentrationen $\varsigma^{\mathrm{in}}_{g,\mathrm{CO}}$, $\varsigma^{\mathrm{in}}_{g,\mathrm{H}_2}$ und $\varsigma^{\mathrm{in}}_{g,\mathrm{O}_2}$, wobei zu berücksichtigen ist, dass in den Konzentrationen von CO und $\mathrm{H}_2$ die der unverbrannten Kohlenwasserstoffe enthalten sind. Die Konzentration von $\mathrm{O}_2$ beinhaltet die der $\mathrm{NO}_x$, weshalb hier wiederum eine Korrektur dieser Größen erfolgt. Die Eingangskonzentrationen des Katalysatormodells lassen sich für den Fall $\lambda > 1$ durch die Gleichungen

$$
\begin{aligned}
\varsigma^{\mathrm{in}}_{g,\mathrm{O}_2} &= \widetilde{\varsigma}^{\,\mathrm{in}}_{g,\mathrm{O}_2} + \Delta\widetilde{\varsigma}^{\,\mathrm{in}}_{g,\mathrm{O}_2} - \Delta\overline{\varsigma}^{\,\mathrm{in}}_{g,\mathrm{O}_2}\,, \\
\varsigma^{\mathrm{in}}_{g,\mathrm{CO}} &= \Delta\widetilde{\varsigma}^{\,\mathrm{in}}_{g,\mathrm{CO}} - \Delta\overline{\varsigma}^{\,\mathrm{in}}_{g,\mathrm{CO}}\,, \\
\varsigma^{\mathrm{in}}_{g,\mathrm{H}_2} &= \Delta\widetilde{\varsigma}^{\,\mathrm{in}}_{g,\mathrm{H}_2} - \Delta\overline{\varsigma}^{\,\mathrm{in}}_{g,\mathrm{H}_2}
\end{aligned}
$$

berechnen.

### 1. Schritt bei „stöchiometrischem" Gemisch

Steht dem Motor als letzte Alternative ein stöchiometrisches Gemisch mit $\lambda = 1$ zur Verfügung, tritt keine unvollständige Verbrennung auf und es entstehen ausschließlich Kohlenstoffdioxid $\mathrm{CO}_2$ und Wasserdampf $\mathrm{H}_2\mathrm{O}$. Die dazugehörige Reaktionsgleichung lautet:

$$
\frac{1}{\left(y + \frac{z}{4}\right)}\,\mathrm{C}_y\mathrm{H}_z + \mathrm{O}_2 + \frac{79}{21}\,\mathrm{N}_2 \quad \longrightarrow \quad \frac{y}{\left(y + \frac{z}{4}\right)}\,\mathrm{CO}_2 + \frac{\frac{z}{2}}{\left(y + \frac{z}{4}\right)}\,\mathrm{H}_2\mathrm{O} + \frac{79}{21}\,\mathrm{N}_2\,.
$$

### 2. Schritt bei „stöchiometrischem" Gemisch

Durch die unvollkommene Verbrennung entstehen zusätzlich Kohlenstoffmonoxid, Wasserstoff, überschüssiger Sauerstoff, unverbrannte Kohlenwasserstoffe und Stickoxide. Die Konzentrationen der beiden letztgenannten Stoffe liefern Kennfelder oder Neuronale Netze. Die anderen drei Eingangskonzentrationen erhält man aus (4.26) mit unveränderten Koeffizienten $a_{\mathrm{Verb}}$ und $b_{\mathrm{Verb}}$, wobei die Konzentrationen für $\lambda = 1$ noch durch die Gleichungen

$$
\begin{aligned}
\varsigma^{\mathrm{in}}_{g,\mathrm{O}_2} &= \Delta\widetilde{\varsigma}^{\,\mathrm{in}}_{g,\mathrm{O}_2} - \Delta\overline{\varsigma}^{\,\mathrm{in}}_{g,\mathrm{O}_2}\,, \\
\varsigma^{\mathrm{in}}_{g,\mathrm{CO}} &= \Delta\widetilde{\varsigma}^{\,\mathrm{in}}_{g,\mathrm{CO}} - \Delta\overline{\varsigma}^{\,\mathrm{in}}_{g,\mathrm{CO}}\,, \\
\varsigma^{\mathrm{in}}_{g,\mathrm{H}_2} &= \Delta\widetilde{\varsigma}^{\,\mathrm{in}}_{g,\mathrm{H}_2} - \Delta\overline{\varsigma}^{\,\mathrm{in}}_{g,\mathrm{H}_2}
\end{aligned}
$$

modifiziert werden müssen.

Die drei Konzentrationen $\varsigma_{g,CO}^{in}$, $\varsigma_{g,H_2}^{in}$ und $\varsigma_{g,O_2}^{in}$ lassen sich demnach mit Hilfe der Lambda-Sonde für jeden beliebigen Wert $\lambda$ kleiner, größer oder gleich eins bestimmen. Mit den Konzentrationen $\varsigma_{g,HC}^{in}$ und $\varsigma_{g,NO_x}^{in}$ aus Kennfeldern oder Neuronalen Netzen stehen dem Katalysatormodell dadurch zu jeder Zeit alle fünf erforderlichen Eingangskonzentrationen zur Verfügung.

## 4.4 Zusammenfassung

In diesem Kapitel wurde das physikalisch-chemische Modell eines Drei-Wege-Katalysators vorgestellt, bei dem Alterungseffekte mit berücksichtigt werden. Es besteht aus gekoppelten nichtlinearen partiellen Differentialgleichungen und basiert auf den Energie- und Massenbilanzen für den Kanalhohlraum sowie für den Festkörper des Katalysators. Das Modell beinhaltet ein chemisches Reaktionsschema, das zunächst zehn Reaktionen mit ihren entsprechenden Reaktionsraten berücksichtigte. In dieser Arbeit wurde es noch um die so genannten Water Gas Shift und Steam Reforming Reaktionen erweitert, die bei einem alternden Katalysator eine wichtige Rolle spielen. Darüber hinaus sind im Reaktionsschema auch fünf Reaktionen enthalten, welche die Sauerstoffspeicherfähigkeit durch das Ceroxid beschreiben. Der gespeicherte Sauerstoffanteil lässt sich mit Hilfe einer inhomogenen Differentialgleichung berechnen, für die eine analytische Lösung angegeben wurde. Die Speicherung und Abgabe von Sauerstoff durch das Ceroxid sind die schnellsten Vorgänge in einem Katalysator. Um den Integrationsschritt beim numerischen Lösen der partiellen Differentialgleichungen nicht allzu klein wählen zu müssen, wurde für diese Reaktionen eine mittlere Reaktionsrate über den Integrationsschritt ermittelt. Hierbei kam die analytische Lösung für den gespeicherten Sauerstoffanteil zum Tragen. Die erzielten Reaktionsraten erwiesen sich anhand von Experimenten jedoch als zu groß. Ursache hierfür ist die der Rechenzeit geschuldete eindimensionale Modellierung entlang des Katalysators in $z$-Richtung, wodurch Diffusionsvorgänge senkrecht zu $z$ in $y$-Richtung nicht erfasst werden. Um diese näherungsweise zu berücksichtigen und dennoch kein zweidimensionales Modell verwenden zu müssen, wurden die Effektivitätsfaktoren für die Reaktionsraten eingeführt.

Insgesamt konnte mit den bisher in der Literatur beschriebenen Modellen lediglich das Verhalten eines Katalysators im Neuzustand erfasst werden. Um die Alterung eines Katalysators im Modell mit zu berücksichtigen, wurde es durch eine in dieser Arbeit hergeleitete Differentialgleichung für die Alterung erweitert. Mit ihr kann das Verhalten eines alternden Katalysators vollständig beschrieben werden. Dieses Katalysatoralterungsmodell benötigt als Eingangsgrößen die Abgastemperatur, den Abgas-Massenstrom und die vom Motor stammenden Rohemissionen von CO, HC, $NO_x$, $H_2$ und $O_2$. Den größten Anteil an $NO_x$ stellt das NO dar, weshalb zur Vereinfachung nur dieses berücksichtigt wird. Die Vielfältigkeit des Kohlenwasserstoff-Gemischs lässt sich in zwei Kategorien unterteilen: in 86% leicht oxidierendes Propen $C_3H_6$ und in 14% weniger leicht oxidierendes Propan $C_3H_8$. Die Eingangstemperatur des Abgases liefert ein im Fahrzeug normalerweise ohnehin vorhandener Temperatursensor. Der Abgas-Massenstrom lässt sich aus Werten ermitteln, welche die Lambda-Sonde zur Verfügung stellt. Die hierfür notwendige Berechnungsvorschrift wurde angegeben. Da für die direkte Messung der fünf Eingangskonzentrationen derzeit keine Sensoren im Fahrzeug existieren, müssen diese aus anderen bereits vorhandenen Sensoren indirekt ermittelt werden. Hierfür wurden vier Möglichkeiten vorgestellt, wovon eine die in der Automobilindustrie häufig eingesetzte Nutzung von Kennfeldern darstellt. Ein anderer in dieser Arbeit präsentierter Ansatz verwendet Neuronale Netze, welche die Kennfelder approximieren. Als weitere Alternativen bieten sich Regressionsansätze oder die Verwendung eines in dieser Arbeit entwickelten erweiterten chemischen Modells an, mit dem die drei Eingangskonzentrationen CO, $H_2$ sowie $O_2$ genau berechnet werden können.

# Kapitel 5

# Modellreduktion zur On-Board-Diagnose

Im vorangegangenen Kapitel wurde ein physikalisch-chemisches Modell vorgestellt, welches das Verhalten eines Katalysators mit dessen Alterungseffekten vollständig beschreibt. Die Implementierung der gekoppelten nichtlinearen partiellen Differentialgleichungen des Modells zur Simulation auf dem Rechner erfolgte mit Hilfe von COMSOL Multiphysics, einem Programm, das unter Verwendung der Finite-Elemente-Methode (FEM) – die oftmals auf ein Differentialgleichungssystem sehr hoher Ordnung führt – zum schnellen numerischen Lösen partieller Differentialgleichungen entwickelt wurde. Das Grundprinzip der FEM [RBD03] besteht in der Aufteilung des Gesamtgebiets in disjunkte endliche Teilgebiete, die man als finite Elemente bezeichnet. Der gesuchte Funktionsverlauf wird auf jedem Teilgebiet durch einfache Ansatzfunktionen approximiert. Hierbei handelt es sich meist um lineare oder quadratische Ansätze. Die gegebene partielle Differentialgleichung kann durch Integralsätze umformuliert werden, deren Integrale sich für einfache Ansatzfunktionen algebraisch berechnen lassen. So entsteht schließlich ein großes lineares Gleichungssystem, das es zu lösen gilt. Die Simulation des ca. 20 Minuten dauernden Neuen Europäischen Fahrzyklus (NEFZ) mit dem Katalysatormodell (4.18) bis (4.22) benötigte auf einem handelsüblichen PC[1] unter Verwendung dieses Programms über 24 Stunden Rechenzeit.

Das bisherige Modell erweist sich, bedingt durch seine Komplexität, im Hinblick auf eine On-Board-Diagnose als zu rechenzeitintensiv. Es ist daher für einen direkten Einsatz auf dem Steuergerät im Fahrzeug ungeeignet. Aus diesem Grund wird im Folgenden eine Reduktion des Modells hergeleitet, bei der unter anderem spektrale Verfahren zum Einsatz kommen.

---

[1] Die Berechnung wurde auf einem PC mit AMD ATHLON 64 3200+ CPU und 1 GB Arbeitsspeicher unter WINDOWS XP (32bit) durchgeführt.

# 5.1　Reduktion der Modellgleichungen

Die erste Vereinfachung des vorliegenden Modells besteht darin, die Diffusionsterme in den Massenbilanzen (4.18) und der Energiebilanz (4.20) für den Kanal zu vernachlässigen. Dies ist möglich, da ihre Werte im Verhältnis zu jenen der Konvektionsterme relativ klein sind. Der eigentliche Grund für die lange Rechenzeit ist darin zu sehen, dass das Katalysatormodell ein so genanntes steifes System darstellt, wodurch kleine Integrationsschritte erforderlich sind. Infolge der hohen Geschwindigkeit der chemischen Reaktionen ändern sich die Stoffkonzentrationen in den Poren zeitlich wesentlich schneller als die Temperaturen. Die Massenbilanzen für den Festkörper (4.19) können daher als quasi-stationär angenähert und die linke Seite der Gleichungen zu null gesetzt werden. Das bedeutet, dass die Menge des Stoffes $j$, die aufgrund des Konzentrationsgefälles vom Kanal in die Poren des Festkörpers wandert, sofort chemisch umgewandelt wird. Zur weiteren Vereinfachung stellt diese Arbeit eine Herleitung vor, bei der die Reaktionen zunächst nicht mit der Langmuir-Hinshelwood Kinetik (4.5) beschrieben werden, sondern als Reaktionen erster Ordnung. Dadurch lassen sich sämtliche Reaktionsraten mittels Gleichung (4.10) darstellen. Die Massenbilanzen für den Festkörper (4.19) vereinfachen sich damit zu

$$k_{m,j}\left(\varsigma_{g,j} - \varsigma_{s,j}\right) = \underbrace{\frac{M_g}{\varrho_g\, A_{geo}} \sum_{i=1}^{13} L_i\, A_i\, A_{akt,i}\, \left(-a_{j,i}\right) \mu_i\, k_i\, \varsigma_{s,j}}_{=:\, k_{r,j}}.$$

Für $L_i$, $A_i$, $A_{akt,i}$ sind in Abhängigkeit vom Material, an dem die Reaktionen stattfinden, entweder $L_{EM}$, $A_{EM}$, $A_{akt}$ oder $L_{Ce}$, $A_{Ce}$, $A_{akt}^2$ einzusetzen. Mit den eingeführten Faktoren $k_{r,j}$, die hier als Reaktionskoeffizienten bezeichnet werden sollen, lässt sich die Gleichung explizit nach $\varsigma_{s,j}$ auflösen:

$$\varsigma_{s,j} = \frac{k_{m,j}}{k_{m,j} + k_{r,j}}\, \varsigma_{g,j}.$$

Damit können die Konzentrationen in den Poren des Festkörpers $\varsigma_{s,j}$ unmittelbar aus den Konzentrationen im Kanal $\varsigma_{g,j}$ berechnet werden. Setzt man dieses Ergebnis in (4.18) ein und vernachlässigt, wie bereits erläutert, jeweils den Diffusionsterm, so erhält man folgende partielle Differentialgleichungen für das Abgas:

$$\varepsilon_v\, \varrho_g\, \frac{\partial \varsigma_{g,j}}{\partial t} = -\frac{\dot{m}_g}{A}\, \frac{\partial \varsigma_{g,j}}{\partial z} - A_{geo}\, \varrho_g\, k_{ges,j}\, \varsigma_{g,j}$$

mit

$$k_{ges,j} := \frac{k_{m,j}\, k_{r,j}}{k_{m,j} + k_{r,j}}$$

als Gesamtkoeffizienten. Hierdurch vermeidet man das explizite Lösen der fünf Massenbilanzgleichungen ($j = 1, \ldots, 5$) für den Festkörper (4.19) und somit viel Rechenzeit. Unter Berücksichtigung der Tatsache, dass aufgrund der Arrhenius-Gleichung $k_{r,j} \sim \exp\left(-1/T_s\right)$ gilt, lassen sich in der Praxis zwei Fälle für $k_{ges,j}$ unterscheiden. Im ersten Fall, der Kaltstartphase, finden infolge der niedrigen Temperaturen verhältnismäßig wenige Reaktionen statt, weshalb $k_{r,j}$ wesentlich kleiner als $k_{m,j}$ ist, woraus $k_{ges,j} \approx k_{r,j}$ resultiert. Somit wird die Konversionseffizienz des Katalysators hauptsächlich durch die Reaktionskoeffizienten $k_{r,j}$ bestimmt. Im Gegensatz dazu ist im zweiten Fall, der Warmphase, $k_{r,j}$ aufgrund der hohen Temperaturen wesentlich größer als $k_{m,j}$, woraus $k_{ges,j} \approx k_{m,j}$ folgt. Die Katalysatoreffizienz hängt unter diesen Bedingungen fast ausschließlich von den Stoffaustauschkoeffizienten $k_{m,j}$ ab.

Im nächsten Schritt sollen die Reaktionen wieder mit der detaillierteren Langmuir-Hinshelwood Kinetik beschrieben werden und nicht wie bisher als Reaktionen erster Ordnung. Dies hat aber zur Folge, dass die Reaktionskoeffizienten $k_{r,j}$ und somit auch die Gesamtkoeffizienten $k_{ges,j}$ von den Stoffkonzentrationen $\varsigma_{s,j}$ abhängig sind. Eine approximierte Lösung erhält man, indem die Konzentrationen $\varsigma_{s,j}$ und damit die Reaktionskoeffizienten $k_{r,j}$ bzw. die Gesamtkoeffizienten $k_{ges,j}$ für jeden Integrationsschritt neu berechnet werden. Das so vereinfachte Katalysatoralterungsmodell besteht nun nur noch aus den folgenden Differentialgleichungen (DGLn):

**Massenbilanzen für den Kanal:**

$$\frac{\partial \varsigma_{g,j}}{\partial t} = -\frac{\dot{m}_g}{\varepsilon_v\, A\, \varrho_g}\, \frac{\partial \varsigma_{g,j}}{\partial z} - \frac{A_{geo}}{\varepsilon_v}\, k_{ges,j}\, \varsigma_{g,j}\,, \tag{5.1}$$

**Energiebilanz für den Kanal:**

$$\frac{\partial T_g}{\partial t} = -\frac{\dot{m}_g}{\varepsilon_v\, A\, \varrho_g}\, \frac{\partial T_g}{\partial z} - \frac{A_{geo}}{\varepsilon_v\, \varrho_g\, c_{p,g}}\, \alpha\left(T_g - T_s\right), \tag{5.2}$$

**Energiebilanz für den Festkörper:**

$$\begin{aligned}
\frac{\partial T_s}{\partial t} = {}& \frac{\kappa_s}{\varrho_s\, c_{p,s}}\, \frac{\partial^2 T_s}{\partial z^2} + \frac{A_{geo}}{(1-\varepsilon_v)\,\varrho_s\, c_{p,s}}\, \alpha\left(T_g - T_s\right) \\[2mm]
& + \frac{L_{EM}\, A_{EM}}{(1-\varepsilon_v)\,\varrho_s\, c_{p,s}}\, A_{akt} \sum_{\substack{i=1 \\ i=11,12,13}}^{5} \left(-\Delta H_i\right) \mu_i\, r_i \\[2mm]
& + \frac{L_{Ce}\, A_{Ce}}{(1-\varepsilon_v)\,\varrho_s\, c_{p,s}}\, A_{akt}^2 \sum_{i=6}^{10} \left(-\Delta H_i\right) \mu_i\, \bar{r}_i \\[2mm]
& + \frac{A_{amb}}{(1-\varepsilon_v)\,\varrho_s\, c_{p,s}}\, \alpha_{amb}\left(T_{amb} - T_s\right) + \frac{A_{amb}}{(1-\varepsilon_v)\,\varrho_s\, c_{p,s}}\, \varepsilon\, \sigma\left(T_{amb}^4 - T_s^4\right), \tag{5.3}
\end{aligned}$$

**Alterung:**

$$\frac{\partial A_{akt}}{\partial t} = -a\,\frac{\lambda^q}{T_s}\,\exp\left(-\frac{E_A}{R_g\,T_s}\right) A_{akt}^n \left(1 - \left(\frac{A_{akt\infty}}{A_{akt}}\right)^{\frac{(n-1)}{3}}\right). \tag{5.4}$$

Die Gleichungen wurden hierbei noch so umgeformt, dass auf der linken Seite ausschließlich die Ableitungen nach der Zeit $t$ auftreten. Aufgrund der Tatsache, dass es sich um partielle Differentialgleichungen handelt, liegt ein Modell unendlich hoher Ordnung vor, da die Ortsachse als eine Menge aus unendlich vielen Punkten aufgefasst werden kann.

Modelle komplexer dynamischer Systeme, wie es der Katalysator darstellt, umfassen häufig eine große Anzahl partieller Differentialgleichungen. Um ein Modell mit niedriger Ordnung und hoher Genauigkeit in Form von gewöhnlichen Differentialgleichungen zu erhalten, werden in dieser Arbeit für das Katalysatormodell spektrale Verfahren eingesetzt. Dies stellt einen wesentlichen Unterschied zu der in der Literatur bislang beschriebenen Ordnungsreduktion mittels der Finite-Differenzen-Methode (FDM) dar, bei der lediglich eine äquidistante Ortsdiskretisierung durchgeführt und anstelle des Differentialquotienten der Differenzenquotient verwendet wird. Der Vorteil einer Ordnungsreduktion mit Hilfe eines spektralen Verfahrens gegenüber der FDM liegt in der höheren Genauigkeit, die bei gleicher Ordnung zu erzielen ist bzw. in der niedrigeren Ordnung bei gleicher Genauigkeit der Ergebnisse.

## 5.2   Spektrale Verfahren zur Ordnungsreduktion

Das Prinzip der spektralen Verfahren [Boy01] beruht auf der Annäherung der exakten Lösung durch einen diskreten Funktionenraum. Hierbei wird die Lösung als eine gewichtete Summe von geeigneten orthogonalen Basisfunktionen dargestellt. Zur Berechnung einer Ableitung nach dem Ort werden nicht nur, wie beim Differenzenquotienten, benachbarte Punkte verwendet, sondern es wird der Funktionsverlauf über die gesamte örtliche Ausdehnung berücksichtigt. Dadurch kann eine hohe Genauigkeit auch bei einer niedrigeren Modellordnung erzielt werden. Grundsätzlich existieren zur Beschreibung des Funktionenraums mehrere Möglichkeiten. Entweder gewinnt man die erforderlichen orthogonalen Basisfunktionen aus einer Transformation von Simulations- bzw. Messdaten, oder man verwendet eine Klasse orthogonaler Basisfunktionen wie beispielsweise die Legendre-Polynome. Während das erste Verfahren Proper Orthogonal Decomposition [HAW03, Nie09] oder auch Karhunen-Loève-Zerlegung genannt wird, soll das zweite hier als Tschebyscheff-Differentiation bezeichnet werden. Beide in dieser Arbeit verwendeten Varianten spektraler Verfahren [Boy01] werden nachfolgend näher vorgestellt.

## 5.2.1 Proper Orthogonal Decomposition

Die Proper Orthogonal Decomposition (POD) soll am Beispiel der partiellen Differentialgleichung für die Abgastemperatur (5.2) erläutert werden, die folgende Gestalt besitzt:

$$\frac{\partial T_g\left(z,t\right)}{\partial t} = -c_1 \frac{\partial T_g\left(z,t\right)}{\partial z} - c_2\left(T_g\left(z,t\right) - T_s\left(z,t\right)\right)$$

mit

$$c_1 = \frac{\dot{m}_g}{\varepsilon_v\,A\,\varrho_g} \qquad \text{und} \qquad c_2 = \frac{A_{geo}\,\alpha}{\varepsilon_v\,\varrho_g\,c_{p,g}}\,.$$

Diese Gleichung lässt sich auch in der Form

$$\frac{\partial T_g\left(z,t\right)}{\partial t} = D\big(T_g\left(z,t\right)\big)$$

angeben, wobei $D\left(\cdot\right)$ einem Operator entspricht, der die rechte Seite der Gleichung beschreibt und somit die Ableitung nach dem Ort $z$ beinhaltet. Beim POD-Verfahren wird die Lösung der partiellen Differentialgleichung $T_g\left(z,t\right)$ in zeitabhängige Koeffizienten $a_i\left(t\right)$ sowie ortsabhängige orthonormale Basisfunktionen $\phi_i\left(z\right)$ zerlegt und als eine unendliche Summe

$$T_g\left(z,t\right) = \sum_{i=1}^{\infty} a_i\left(t\right)\,\phi_i\left(z\right)$$

dargestellt. Das Ziel des Verfahrens besteht nun darin, die Lösung mit einer möglichst geringen Anzahl $N$ von Basisfunktionen zu approximieren:

$$T_g\left(z,t\right) \approx T_{g,N}\left(z,t\right) = \sum_{i=1}^{N} a_i\left(t\right)\,\phi_i\left(z\right)\,. \tag{5.5}$$

Dabei müssen die zeitveränderlichen Koeffizienten $a_i\left(t\right)$, die orthonormalen Basisfunktionen $\phi_i\left(z\right)$ sowie ihre geeignete Anzahl $N$ bestimmt werden. Hierfür definiert man zunächst eine Restfunktion $R\left(z,t\right)$ mit

$$R\big(T_g\left(z,t\right)\big) := \frac{\partial T_g\left(z,t\right)}{\partial t} - D\big(T_g\left(z,t\right)\big) = 0\,. \tag{5.6}$$

Anschließend wird anstelle der Funktion $T_g\left(z,t\right)$ ihre Approximation $T_{g,N}\left(z,t\right)$ in die Restfunktion eingesetzt und gefordert, dass die Projektion dieser Restfunktion $R\big(T_{g,N}\left(z,t\right)\big)$ in den Unterraum, der durch die Basisfunktionen $\phi_i\left(z\right)$ mit $i = 1,\ldots,N$ aufgespannt wird, verschwindet. Bezeichnet wird dies als Galerkin-

Projektion und sie wird genau dann null, wenn das Innenprodukt die Bedingung

$$\left\langle R\big(T_{g,N}\left(z,t\right)\big),\,\phi_i\left(z\right)\right\rangle_z := \int R\big(T_{g,N}\left(z,t\right)\big)\,\phi_i\left(z\right)\,dz = 0 \qquad \text{mit} \quad i = 1,\ldots,N$$

erfüllt. Unter der Voraussetzung einer geeigneten Anzahl bekannter Basisfunktionen erhält man die erforderlichen Koeffizienten $a_i\left(t\right)$ in Form von gewöhnlichen Differentialgleichungen durch Einsetzen von (5.5) und (5.6) in die Gleichung des Innenprodukts. Mit gewissen Umformungen, die im Anhang B.9 nachzulesen sind, gelangt man schließlich zu dem Ergebnis

$$\frac{da_i\left(t\right)}{dt} = \dot{a}_i\left(t\right) = \left\langle D\left(\sum_{j=1}^{N} a_j\left(t\right)\phi_j\left(z\right)\right),\,\phi_i\left(z\right)\right\rangle_z \qquad \text{mit}\quad i = 1,\ldots,N\,. \qquad (5.7)$$

Anstelle einer partiellen Differentialgleichung für $T_g\left(z,t\right)$ müssen $N$ nun nur noch gewöhnliche Differentialgleichungen für die zeitveränderlichen Koeffizienten $a_i\left(t\right)$ mit $i = 1,\ldots,N$ gelöst werden. Für eine eindeutige Lösung sind hierbei die Anfangswerte $a_i\left(t = 0\right)$ erforderlich, die durch die Berechnungsvorschrift

$$a_i\left(t = 0\right) = \left\langle T_g\left(z,t = 0\right),\,\phi_i\left(z\right)\right\rangle_z \qquad \text{mit}\qquad i = 1,\ldots,N\,, \qquad (5.8)$$

wie im Anhang B.9 gezeigt ist, ermittelt werden können.

Da sich die Differentialgleichungen (5.7) in der Regel nicht analytisch lösen lassen, ist zum numerischen Lösen mit dem Rechner zusätzlich eine Ortsdiskretisierung erforderlich, wodurch aus den Basisfunktionen $\phi_i\left(z\right)$ orthonormale Basisvektoren $\underline{\phi}_i = \left[\phi_i\left(z_0\right),\ldots,\phi_i\left(z_k\right),\ldots,\phi_i\left(z_{\widetilde{N}}\right)\right]^{\mathrm{T}}$ werden, die noch zu bestimmen sind. Ausgangspunkt hierfür bilden entweder Messdaten oder Daten, die ein aufwändiges Simulationsverfahren wie beispielsweise die FEM liefern kann. Die Daten werden sowohl in Ortsrichtung als auch in der Zeit auf einem diskreten Gitter ermittelt und in einer Matrix $\underline{T}_{g,S} \in \mathbb{R}^{\widetilde{N}\times M}$ gespeichert. Während die Dimension $\widetilde{N}$ hierbei einer Ortsauflösung von $\widetilde{N}$ Punkten entspricht, beschreibt die Dimension $M$ eine Zeitauflösung von $M$ Schritten.

Als Nächstes erfolgt eine Singulärwertzerlegung (Singular Value Decomposition, abgekürzt SVD), bei der die Matrix $\underline{T}_{g,S}$ in drei Matrizen zerlegt wird, so dass die Gleichung

$$\underline{T}_{g,S} = \underline{U}\,\underline{S}\,\underline{V}^{\mathrm{T}}$$

erfüllt ist. Die Matrizen $\underline{U} \in \mathbb{R}^{\widetilde{N}\times\widetilde{N}}$ und $\underline{V} \in \mathbb{R}^{M\times M}$ sind orthogonal. Die Spalten von $\underline{U}$ sind die orthonormalen Eigenvektoren der symmetrischen Matrix $\underline{T}_{g,S}\cdot\underline{T}_{g,S}^{\mathrm{T}}$ und heißen linke Singulärvektoren, die Spalten von $\underline{V}$ sind die orthonormalen Eigenvektoren von $\underline{T}_{g,S}^{\mathrm{T}}\cdot\underline{T}_{g,S}$ und heißen rechte Singulärvektoren. Bei der Matrix $\underline{S} \in \mathbb{R}^{\widetilde{N}\times M}$

handelt es sich um eine reelle Diagonalmatrix der Form

$$\underline{S} = \begin{bmatrix} s_1 & 0 & \cdots \\ 0 & s_2 & \cdots \\ \vdots & \vdots & \ddots \end{bmatrix}$$

mit den in absteigender Größe angeordneten Diagonalelementen $s_1 \geq s_2 \geq \ldots \geq 0$. Sie heißen Singulärwerte von $\underline{T}_{g,S}$ und sind jeweils gleich den Quadratwurzeln der Eigenwerte $\lambda_i$ dieser Matrix. Die Spaltenvektoren von

$$\underline{U} = \begin{bmatrix} \underline{\phi}_1, & \underline{\phi}_2, & \cdots, & \underline{\phi}_{\widetilde{N}} \end{bmatrix} \tag{5.9}$$

stellen dann die Basisvektoren $\underline{\phi}_i$ dar, wobei diese jeweils dem entsprechenden Singulärwert $s_i$ zugeordnet sind. Die Summe der Singulärwerte $s_i$ ist ein Maß für die gesamte Energie, welche in den Mess- bzw. Simulationsdaten enthalten ist. Eine geeignete Wahl von Basisvektoren ergibt sich somit aus den ersten $N$ Vektoren, wobei $N$ so gewählt werden kann, dass die Summe der zugehörigen Singulärwerte mindestens einen bestimmten Prozentsatz

$$p \leq \frac{\sum\limits_{i=1}^{N} s_i}{\sum\limits_{i=1}^{\widetilde{N}} s_i} \tag{5.10}$$

der Gesamtenergie enthält.

Im Rahmen dieser Arbeit wurde das POD-Verfahren zur Ordnungsreduktion des vereinfachten Katalysatormodells (5.1) bis (5.4) angewendet. Hierfür wurde eine Ortsauflösung von $\widetilde{N} = 7$ gewählt und die Gewinnung der erforderlichen Basisvektoren $\underline{\phi}_i$ erfolgte aus den Simulationsdaten, welche die FEM für das komplexe Katalysatoralterungsmodell (4.18) bis (4.22) aus Kapitel 4 lieferte. Zur Bestimmung der notwendigen Anzahl $N$ an Basisvektoren ist $p$ in Gleichung (5.10) zu 0,9 angenommen worden, woraus sich für $N$ der Wert 4 ergab. Mit der Schreibweise $\langle \underline{x}, \underline{y} \rangle$ für das Innenprodukt zweier Vektoren, lauten die zu lösenden DGLn speziell für die Koeffizienten $a_i(t)$ der Abgastemperatur (5.2)

$$\dot{a}_i(t) = -\sum_{j=1}^{4} a_j(t) \left\langle \left( c_1 \underline{\xi}_j + c_2 \underline{\phi}_j \right), \underline{\phi}_i \right\rangle + \left\langle c_2 \underline{T}_s, \underline{\phi}_i \right\rangle, \tag{5.11}$$

wobei die Elemente des Vektors $\underline{\xi}_j$ gerade die mittels Differenzenquotienten ermittelten diskreten Ableitungen der Elemente des Basisvektors $\underline{\phi}_j$ nach dem Ort $z$ darstellen. Die genaue Herleitung findet sich im Anhang B.9. Die approximierte Lösung der Abgastemperatur an den diskreten Stellen im Katalysator lässt sich dann in Vektorform wie folgt schreiben:

$$\underline{T}_{g,4} = \left[T_{g,4}\left(z_0\right),\ldots,T_{g,4}\left(z_6\right)\right]^{\mathrm{T}} = \sum_{i=1}^{4} a_i\left(t\right)\left[\phi_i\left(z_0\right),\ldots,\phi_i\left(z_6\right)\right]^{\mathrm{T}} = \sum_{i=1}^{4} a_i\left(t\right)\underline{\phi}_i\,.$$

Bei der Berechnung von $\underline{T}_{g,4}$ mittels des POD-Verfahrens traten allerdings Probleme auf, da der Wert der Abgastemperatur am Eingang des Katalysators $T_{g,4}\left(z_0\right)$ divergierte. Der Grund hierfür liegt in der Eingangsgröße $T_g\left(z=z_0,t\right) = T_g^{\mathrm{in}}\left(t\right)$, die beim Lösen der gewöhnlichen Differentialgleichungen (5.11) nicht explizit berücksichtigt werden kann. Sie ist nur implizit in den Basisvektoren enthalten. Im Gegensatz dazu ist eine explizite Berücksichtigung beim Lösen der partiellen Differentialgleichung (5.2) – die in einem durch den Rand $\partial\Omega$ begrenzten Bereich $\Omega$ Gültigkeit besitzt – sehr wohl möglich, denn zur eindeutigen Lösung werden die Anfangsbedingungen und die Randbedingungen vorgegeben. Für die Anfangsbedingungen sind die Startwerte für den gesamten Ortsverlauf zum Zeitpunkt $t=0$ notwendig, die im Falle des Katalysators durch die Funktion $T_g^0\left(z\right) = T_{amb}\left(t=0\right)$ festgelegt sind, womit

$$T_g\left(z,t=0\right) = T_g^0\left(z\right) \tag{5.12}$$

gilt.

Die Randwerte $\partial\Omega$ müssen bei partiellen Differentialgleichungen zu allen Zeitpunkten $t$ definiert sein. Hierfür sind prinzipiell drei unterschiedliche Beschreibungsformen möglich. Von einem Dirichlet-Randwertproblem bzw. einer Randbedingung erster Art spricht man, sofern die Werte an den Rändern $z_a$ und $z_e$ durch Funktionen

$$T_g\left(z=z_a,t\right) = T_g^{\mathrm{in}}\left(t\right) \qquad \text{und} \qquad T_g\left(z=z_e,t\right) = T_g^{\mathrm{out}}\left(t\right) \tag{5.13}$$

vorgegeben sind. Beim Neumann-Randwertproblem bzw. einer Randbedingung zweiter Art werden anstelle von Funktionswerten die Ableitungen an den Rändern

$$\left.\frac{\partial T_g\left(z,t\right)}{\partial z}\right|_{z=z_a} = g_{z_a}\left(t\right) \qquad \text{und} \qquad \left.\frac{\partial T_g\left(z,t\right)}{\partial z}\right|_{z=z_e} = g_{z_e}\left(t\right) \tag{5.14}$$

vorgegeben. Die Kombination beider Randbedingungen, die im Falle des Katalysators auftritt:

$$T_g\left(z=z_a,t\right) = T_g^{\mathrm{in}}\left(t\right) \qquad \text{und} \qquad \left.\frac{\partial T_g\left(z,t\right)}{\partial z}\right|_{z=z_e} = g_{z_e}\left(t\right) = 0\,, \tag{5.15}$$

wird als Cauchy-Randwertproblem bzw. Randbedingung dritter Art bezeichnet.

Beim Lösen der gewöhnlichen Differentialgleichungen (5.11) können die Anfangsbedingungen (5.12) durch die Gleichung (5.8) berücksichtigt werden, nicht aber die

Randwertbedingungen (5.15). Das Divergieren am Eingang des Katalysators ist auf die veränderliche Eingangsgröße $T_g^{\text{in}}(t)$ zurückzuführen, die nicht explizit in den gewöhnlichen Differentialgleichungen (5.11) enthalten ist. Um die Cauchy-Randwerte doch einzubringen, wurde in dieser Arbeit eine Methode entwickelt, die im Anhang B.10 ausführlich erläutert ist. Sie führt für die gewöhnlichen Differentialgleichungen der zeitveränderlichen Koeffizienten zu dem Ergebnis

$$
\dot{a}_i(t) = -\sum_{j=1}^{4} a_j(t)\left\langle\left(c_1\,\underline{\xi}_j + c_2\,\underline{\phi}_j\right),\,\underline{\phi}_i\right\rangle + \left\langle c_2\,\underline{T}_s,\,\underline{\phi}_i\right\rangle
$$

$$
+ \left(c_1\,\xi_i(z_0) + c_2\,\phi_i(z_0)\right)\left(\sum_{j=1}^{4} a_j(t)\,\phi_j(z_0) - T_g^{\text{in}}(t)\right)
$$

$$
+ \left(c_1\,\phi_i(z_6) + c_2\,\phi_i(z_6)\,\frac{\phi_i(z_6)}{\xi_i(z_6)}\right)\left(\sum_{j=1}^{4} a_j(t)\,\xi_j(z_6) - g_{z_e}(t)\right). \tag{5.16}
$$

Durch die beiden zusätzlichen Summanden gelingt es, sowohl den bekannten Wert der Abgastemperatur am Eingang $T_g^{\text{in}}(t)$ als auch die Ableitung am Ausgang des Katalysators $g_{z_e}(t) = g_{z_6}(t)$ unmittelbar in den gewöhnlichen Differentialgleichungen zu berücksichtigen. Die zeitlichen Ableitungen der Koeffizienten $a_i(t)$ werden hierdurch um die Abweichungen zwischen berechneten und tatsächlichen Werten an den jeweiligen Rändern korrigiert. Mit dem so erweiterten POD-Verfahren konnte das Divergieren am Eingang des Katalysators verhindert werden.

Abbildung 5.1 gibt das hierdurch erzielte sehr gute Ergebnis für den Verlauf der Abgastemperatur wieder. Bevor am Eingang des Katalysators ein Abgas mit einer konstanten Temperatur von 873 K bzw. 600°C eingeleitet wird, entspricht die Temperatur an den sieben diskreten Stellen im Katalysator zum Zeitpunkt $t = 0\,\text{s}$ der Umgebungstemperatur von 293 K bzw. 20°C. In Abbildung 5.1 ist zu erkennen, wie die Temperatur des Abgases mit der Zeit in $z$-Richtung durch den Katalysator wandert. Zum Zeitpunkt $t = 150\,\text{s}$ liegt die Abgastemperatur am Ausgang des Katalysators sogar über der am Eingang. Ursache hierfür ist die im Katalysator entstehende Reaktionswärme, welche die Temperatur des in den Katalysator strömenden Abgases zusätzlich erhöht. Da für die spätere Diagnose die Abgastemperatur am Ausgang des Katalysators entscheidend ist, zeigt Abbildung 5.2 einen Vergleich der Abgasausgangstemperatur aus den Rechnungen mit der komplexen FEM und dem POD-Verfahren. Es sind nur geringe Abweichungen zwischen den beiden Verfahren zu erkennen, wobei der Rechenzeitaufwand sowie der Speicherbedarf des POD-Verfahrens aufgrund der niedrigeren Modellordnung wesentlich geringer ist. Das Verfahren der Proper Orthogonal Decomposition lässt sich, mit der in dieser Arbeit hergeleiteten Erweiterung erfolgreich zur Ordnungsreduktion des Katalysatormodells (5.1) bis (5.4) anwenden. Im Folgenden soll dennoch ein weiteres Verfahren zur Ordnungsreduktion vorgestellt werden. Der Grund hierfür ist zum einen der doch

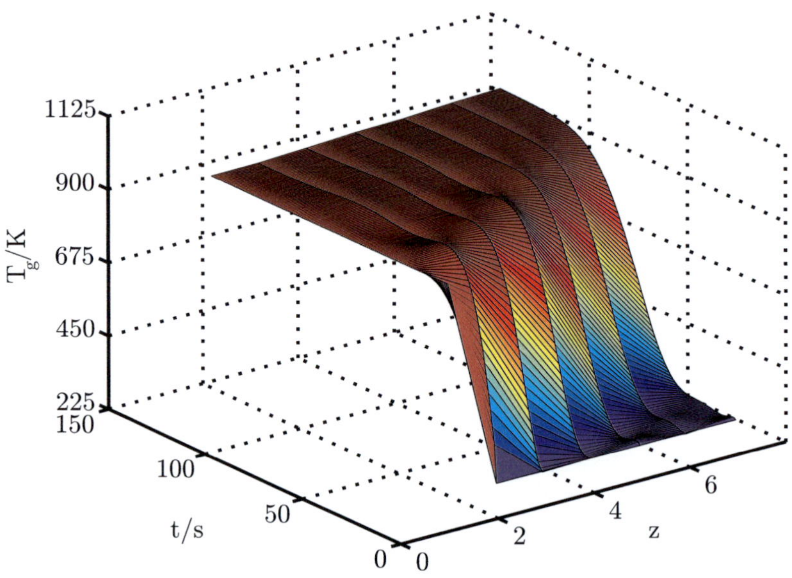

Abbildung 5.1: Lösung der Abgastemperatur mit dem erweiterten POD-Verfahren

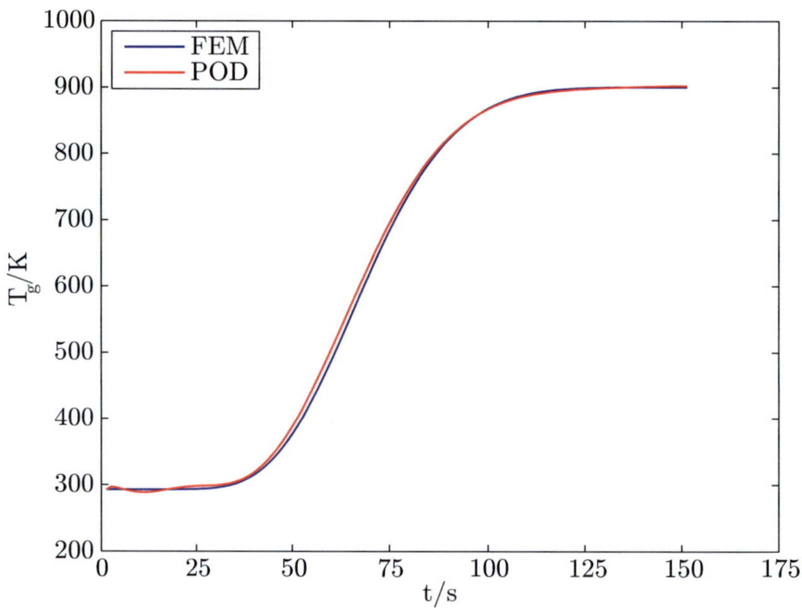



Abbildung 5.2: Zeitlicher Verlauf der Abgastemperatur am Katalysatorausgang

relativ hohe Aufwand, der zur Gewinnung der Mess- bzw. Simulationsdaten für die Basisvektoren des POD-Verfahrens erforderlich ist, weshalb es vermutlich nur eine geringe Akzeptanz in der Industrie finden wird. Zum anderen stellen die zeitveränderlichen Koeffizienten $a_i\,(t)$ die als Zustandsgrößen bezeichneten Lösungsvariablen der gewöhnlichen Differentialgleichungen dar. Somit ermittelt der später zur Diagnose eingesetzte Zustandsschätzer diese Koeffizienten, während sich die eigentlich erforderlichen physikalischen Größen wie Konzentrationen, Temperaturen bzw. aktive Oberfläche mittels (5.5) nur indirekt bestimmen lassen. Dies bedeutet wiederum einen erhöhten Rechenaufwand, weswegen hinsichtlich der On-Board-Diagnose ein Verfahren zur Ordnungsreduktion sinnvoll ist, welches einen geringen Aufwand erfordert und direkt die physikalischen Größen als Zustandsgrößen liefert. Im nächsten Kapitel wird solch ein spektrales Verfahren vorgestellt.

## 5.2.2  Tschebyscheff-Differentiation

Die Tschebyscheff[2]-Differentiation ist eine besonders leistungsfähige und einfach in die Praxis umzusetzende Variante der spektralen Verfahren [Tre00], bei der zunächst eine Ortsdiskretisierung mit den so genannten *Tschebyscheff-Lobatto-Punkten* (auch Gauß-Tschebyscheff-Lobatto-Punkte)

$$z_k = \cos\left(k\,\frac{\pi}{\widetilde{N}}\right) \qquad \text{mit} \quad k = 0,\ldots,\widetilde{N} \tag{5.17}$$

erfolgt. Im Unterschied zu der Finite-Differenzen-Methode handelt es sich hierbei nicht um eine äquidistante, sondern, wie Abbildung 5.3 zeigt, um eine nichtäquidistante Ortsdiskretisierung. Die Diskretisierungspunkte liegen am Rand dichter

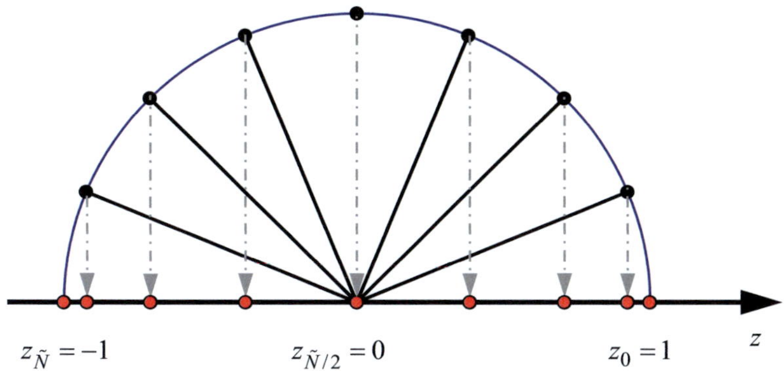


Abbildung 5.3: (Gauß-) Tschebyscheff-Lobatto-Punkte

---

[2]Pafnuti Lwowitsch Tschebyscheff, *16. Mai 1821 im Dorf Okatowo im Kreis Borowsk, heute in der Oblast Kaluga; †8. Dezember 1894 in Sankt Petersburg; Mathematiker; Professor in St. Petersburg

beieinander als in der Mitte. Für den Fall des Katalysators ist dies von Vorteil, da an dessen Eingang die schnellere Dynamik herrscht. Durch Einführung der Ortsdiskretisierung erhält man anstelle einer partiellen Differentialgleichung $\widetilde{N} + 1 =: N$ nunmehr gewöhnliche Differentialgleichungen, wobei $N$ die Anzahl der Diskretisierungspunkte angibt. Für jeden Ortspunkt existiert somit eine gewöhnliche Differentialgleichung.

Weiterhin muss noch die kontinuierliche Ableitung nach dem Ort, wie sie beispielsweise in der Gleichung für die Abgastemperatur (5.2) auftritt, durch eine diskrete Ableitung ersetzt werden. Eine Möglichkeit hierzu bietet die Approximation des Differentialquotienten durch den Differenzenquotienten (Vorwärtsdifferentiation), d.h.:

$$\left. \frac{\partial T_g(z)}{\partial z} \right|_{z=z_k} = T_g'(z = z_k) \approx \frac{T_g(z_{k+1}) - T_g(z_k)}{z_{k+1} - z_k}.$$

Eine höhere Genauigkeit der Approximation lässt sich jedoch erzielen, indem man zunächst zwischen den Diskretisierungspunkten mittels eines Polynoms interpoliert, das in den diskreten Punkten den Funktionswert $T_g(z_k)$ exakt wiedergeben soll. Für das hierbei zu verwendende Polynom $p(z)$ gilt: $p(z_k) = T_g(z_k)$ mit $0 \le k \le \widetilde{N}$, dessen Grad $\{p(z)\}$ ergibt sich als $\{p(z)\} \le \widetilde{N}$. Zur Interpolation eignen sich insbesondere Lagrange-Polynome [Tre00], die folgende Gestalt aufweisen:

$$p(z) = \sum_{k=0}^{\widetilde{N}} T_g(z_k) L_k(z) \qquad \text{mit} \qquad L_k(z) = \prod_{\substack{j=0 \\ j \ne k}}^{\widetilde{N}} \frac{(z - z_j)}{(z_k - z_j)}.$$

Ziel ist es, für den Wert der Ableitung $T_g'(z)$ an der diskreten Stelle $z_k$ eine Approximation mit hoher Genauigkeit zu erhalten. Erreichen lässt sich dies durch das analytische Ableiten des Polynoms und Einsetzen des entsprechenden Ortspunkts

$$\left. \frac{\partial T_g(z)}{\partial z} \right|_{z=z_k} \approx \left. \frac{\partial p(z)}{\partial z} \right|_{z=z_k} = p'(z = z_k).$$

Da es sich bei der Ableitung um eine lineare Operation handelt, kann die Berechnung sämtlicher Werte der Ableitungen an den $N$ Diskretisierungspunkten in Vektor-Matrix-Notation dargestellt werden:

$$\begin{bmatrix} p'(z_0) \\ p'(z_1) \\ \vdots \\ p'(z_{\widetilde{N}}) \end{bmatrix} = \underline{D}_N \cdot \begin{bmatrix} T_g(z_0) \\ T_g(z_1) \\ \vdots \\ T_g(z_{\widetilde{N}}) \end{bmatrix} \qquad \Leftrightarrow \qquad \underline{p}' = \underline{D}_N \cdot \underline{T}_g.$$

Zum Zweck einer übersichtlichen Darstellung wird zunächst die Berechnung der hier auftretenden, so genannten Tschebyscheff-Differentiationsmatrix $\underline{D}_N \in \mathbb{R}^{N \times N}$ am Beispiel der Abgastemperatur $T_g$ aus Gleichung (5.2) mit nur drei Diskretisierungspunkten ($N = 3$) gezeigt. Abschließend wird eine verallgemeinerte Berechnungsvorschrift für eine beliebige Anzahl von Ortspunkten angegeben. Voraussetzung hierfür ist die Ortsdiskretisierung mit den Tschebyscheff-Lobatto-Punkten, die für den Fall $N = 3$ gemäß (5.17) die Werte $z_0 = 1$, $z_1 = 0$ und $z_2 = -1$ annehmen.

Das dazugehörige Lagrange-Polynom hat die Gestalt

$$p(z) = \sum_{k=0}^{2} T_g(z_k) L_k(z)$$

mit

$$L_0(z) = \frac{(z - z_1)(z - z_2)}{(z_0 - z_1)(z_0 - z_2)}, \qquad L_1(z) = \frac{(z - z_0)(z - z_2)}{(z_1 - z_0)(z_1 - z_2)},$$
$$L_2(z) = \frac{(z - z_0)(z - z_1)}{(z_2 - z_0)(z_2 - z_1)}.$$

Setzt man die entsprechenden Zahlenwerte der Ortspunkte ein, so ergibt sich das Lagrange-Polynom zu

$$p(z) = \underbrace{\frac{z(z+1)}{2}}_{= L_0(z)} T_g(1) - \underbrace{(z-1)(z+1)}_{= L_1(z)} T_g(0) + \underbrace{\frac{z(z-1)}{2}}_{= L_2(z)} T_g(-1).$$

Die analytische Ableitung des Polynoms nach dem Ort

$$p'(z) = \left(z + \frac{1}{2}\right) T_g(1) - 2z\, T_g(0) + \left(z - \frac{1}{2}\right) T_g(-1),$$

führt zu einer Approximation der Ableitung $T_g'(z)$ mit hoher Genauigkeit. Schließlich lassen sich die Werte der Ableitungen an den einzelnen diskreten Stellen mittels folgender Vektor-Matrix-Multiplikation berechnen:

$$\underbrace{\begin{bmatrix} T_g'(z=1) \\ T_g'(z=0) \\ T_g'(z=-1) \end{bmatrix}}_{= \underline{T}_g'} \approx \underbrace{\begin{bmatrix} p'(z=1) \\ p'(z=0) \\ p'(z=-1) \end{bmatrix}}_{= \underline{p}'} = \underbrace{\begin{bmatrix} \frac{3}{2} & -2 & \frac{1}{2} \\ \frac{1}{2} & 0 & -\frac{1}{2} \\ -\frac{1}{2} & 2 & -\frac{3}{2} \end{bmatrix}}_{= \underline{D}_3} \cdot \underbrace{\begin{bmatrix} T_g(1) \\ T_g(0) \\ T_g(-1) \end{bmatrix}}_{= \underline{T}_g}.$$

Die approximierten Werte für die örtliche Ableitung der Abgastemperatur an den drei Ortspunkten erhält man somit durch Multiplikation der Tschebyscheff-Differentiationsmatrix $\underline{D}_3$ mit dem drei-dimensionalen Vektor $\underline{T}_g$, der als Elemente die

Abgastemperaturen an den drei diskreten Ortspunkten enthält. Durch Verwendung dieser konstanten Matrix – die offline vorab berechnet werden kann – ist es möglich, eine örtliche Ableitung mit hoher Genauigkeit bei nur wenigen diskreten Punkten, also mit einer niedrigen Modellordnung, zu erhalten. Grund hierfür ist, dass bei der Berechnung der Ableitungen alle Punkte des Gitters berücksichtigt werden und nicht wie bei der Finite-Differenzen-Methode nur benachbarte Gitterpunkte. Die zweite Ableitung nach dem Ort, wie sie beispielsweise in Gleichung (5.3) für die Temperatur des Katalysatorfestkörpers $T_s$ auftritt, erhält man durch Multiplikation des Quadrats der Tschebyscheff-Differentiationsmatrix mit dem Vektor $\underline{T}_s$. Das Cauchy-Randwertproblem in den Punkten $z_a = 1$ und $z_e = -1$ kann durch direkte Vorgabe von $T_g(z_a,t) = T_g^{\mathrm{in}}(t)$ und $\partial T_g(z,t)/\partial z\big|_{z=z_e} = g_{z_e}(t)$ berücksichtigt werden.

Die allgemeine Berechnungsvorschrift [Tre00] der Tschebyscheff-Differentiationsmatrix für eine beliebige Anzahl $N$ von Diskretisierungspunkten lautet:

$$(\underline{D}_N)_{11} = \frac{2\widetilde{N}^2+1}{6}, \qquad\qquad (\underline{D}_N)_{NN} = -\frac{2\widetilde{N}^2+1}{6},$$

$$(\underline{D}_N)_{j+1\,j+1} = \frac{-z_j}{2\left(1-z_j^2\right)} \qquad \text{mit} \quad j = 1,\ldots,\left(\widetilde{N}-1\right),$$

$$(\underline{D}_N)_{i+1\,j+1} = \frac{b_i}{b_j}\frac{(-1)^{i+j}}{(z_i-z_j)} \qquad \text{mit} \quad i \neq j; \quad i,j = 0,\ldots,\widetilde{N}$$

$$\text{und} \quad b_i,\,b_j = \begin{cases} 2 & : \quad i,j = 0 \text{ oder } \widetilde{N} \\ 1 & : \quad \text{sonst}. \end{cases}$$

Die durch dieses Verfahren aus einer nichtlinearen partiellen Differentialgleichung entstehenden $N$ nichtlinearen gewöhnlichen Differentialgleichungen werden exemplarisch für die Abgastemperatur (5.2) in Vektor-Matrix-Notation angegeben:

$$\frac{d\underline{T}_g}{dt} = -\frac{\dot{m}_g}{\varepsilon_v\,A\,\varrho_g}\left(\frac{-2}{\ell}\right)\underline{D}_N\cdot\underline{T}_g - \frac{A_{geo}}{\varepsilon_v\,\varrho_g\,c_{p,g}}\,\alpha\left(\underline{T}_g - \underline{T}_s\right) \qquad \text{mit} \quad \underline{T}_g \in \mathbb{R}^N.$$

Da die verwendeten Tschebyscheff-Lobatto-Punkte entsprechend Gleichung (5.17) nur Werte zwischen 1 und $-1$ annehmen, wurde in der obigen Gleichung der die Länge des Katalysators bezeichnende Faktor $\ell$ vor der Tschebyscheff-Differentiationsmatrix eingeführt, um so diese diskreten Punkte auf die tatsächlichen Werte zwischen 0 und $\ell$ umzurechnen. Die Herleitung des Faktors $-2/\ell$ ist im Anhang B.11 aufgeführt.

Das mit der Tschebyscheff-Differentiation erzielte sehr gute Ergebnis für die Abgastemperatur zeigt Abbildung 5.4. Im Vergleich zur Abbildung 5.1 gibt es keine offenkundigen Unterschiede. In Abbildung 5.5 ist eine Gegenüberstellung der mit der Tschebyscheff-Differentiationsmatrix und aufwändiger FEM berechneten Abgastemperatur zu sehen, wobei ebenfalls so gut wie keine Abweichungen festzustellen sind.

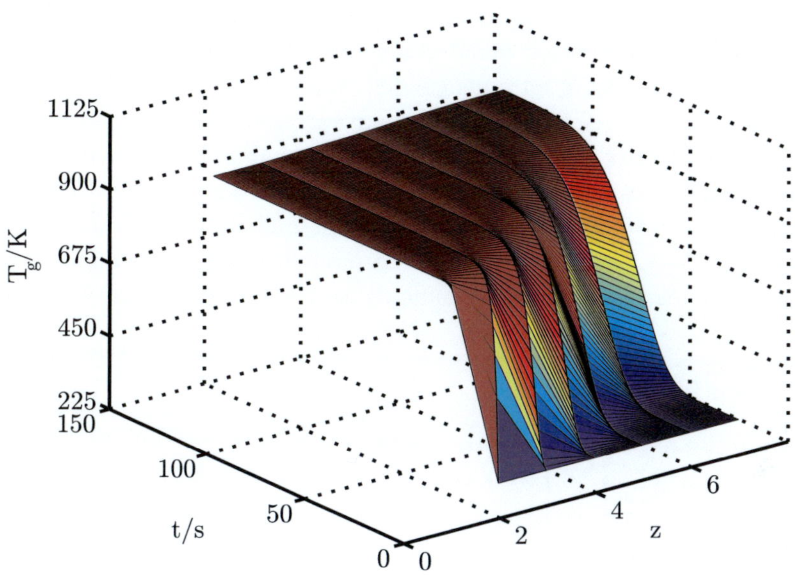

Abbildung 5.4: Lösung der Abgastemperatur mit der Tschebyscheff-Differentiation

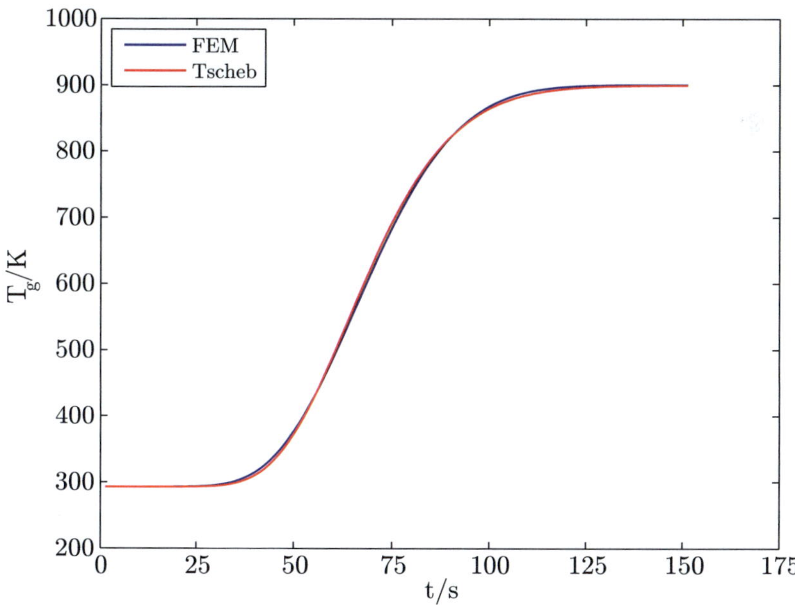


Abbildung 5.5: Zeitlicher Verlauf der Abgastemperatur am Katalysatorausgang

Der Vergleich der Abbildung 5.2 mit Abbildung 5.5 verdeutlicht ein etwas besseres Ergebnis der Tschebyscheff-Differentiation gegenüber dem des erweiterten POD-Verfahrens. Ein deutlicher Vorteil der Tschebyscheff-Differentiation besteht in den nicht erforderlichen aufwändig zu erzeugenden Simulations- bzw. Messdaten. Zusätzlich kann direkt mit den physikalischen Größen gerechnet werden und es ist somit kein Zwischenschritt über die Berechnung der zeitveränderlichen Koeffizienten $a_i\,(t)$ erforderlich, weshalb Rechenzeit gespart und in der weiteren Arbeit dieses Verfahren eingesetzt wird. Das auf diese Weise aus den partiellen Differentialgleichungen (5.1) bis (5.4) gewonnene Katalysatormodell niedriger Ordnung mit ausschließlich gewöhnlichen Differentialgleichungen besitzt dann folgende Form:

**Massenbilanzen für den Kanal:**

$$\frac{d\varsigma_{g,j}\,(z_k)}{dt} = -\frac{\dot{m}_g}{\varepsilon_v\,A\,\varrho_g}\left(\frac{-2}{\ell}\right)\underline{d}^{\mathrm{T}}_{N,k}\,\underline{\varsigma}_{g,j} - \frac{A_{geo}}{\varepsilon_v}\,k_{ges,j}\,(z_k)\,\varsigma_{g,j}\,(z_k)\,,\tag{5.18}$$

**Energiebilanz für den Kanal:**

$$\frac{dT_g\,(z_k)}{dt} = -\frac{\dot{m}_g}{\varepsilon_v\,A\,\varrho_g}\left(\frac{-2}{\ell}\right)\underline{d}^{\mathrm{T}}_{N,k}\,\underline{T}_g - \frac{A_{geo}}{\varepsilon_v\,\varrho_g\,c_{p,g}}\,\alpha\left(T_g\,(z_k) - T_s\,(z_k)\right),\tag{5.19}$$

**Energiebilanz für den Festkörper:**

$$\begin{aligned}
\frac{dT_s\,(z_k)}{dt} =\ & \frac{\kappa_s}{\varrho_s\,c_{p,s}}\left(\frac{-2}{\ell}\right)^2\underline{d}^{\mathrm{T}}_{N^2,k}\,\underline{T}_s + \frac{A_{geo}}{(1-\varepsilon_v)\,\varrho_s\,c_{p,s}}\,\alpha\left(T_g\,(z_k) - T_s\,(z_k)\right)\\
& + \frac{L_{EM}\,A_{EM}}{(1-\varepsilon_v)\,\varrho_s\,c_{p,s}}\,A_{akt}\,(z_k)\sum_{\substack{i=1\\i=11,12,13}}^{5}(-\Delta H_i)\,\mu_i\,(z_k)\,r_i\,(z_k)\\
& + \frac{L_{Ce}\,A_{Ce}}{(1-\varepsilon_v)\,\varrho_s\,c_{p,s}}\,A^2_{akt}\,(z_k)\sum_{i=6}^{10}(-\Delta H_i)\,\mu_i\,(z_k)\,\bar{r}_i\,(z_k)\\
& + \frac{A_{amb}}{(1-\varepsilon_v)\,\varrho_s\,c_{p,s}}\,\alpha_{amb}\left(T_{amb} - T_s\,(z_k)\right)\\
& + \frac{A_{amb}}{(1-\varepsilon_v)\,\varrho_s\,c_{p,s}}\,\varepsilon\,\sigma\left(T^4_{amb} - T^4_s\,(z_k)\right),
\end{aligned}\tag{5.20}$$

**Alterung:**

$$\frac{dA_{akt}\,(z_k)}{dt} = -a\,\frac{\lambda^q}{T_s\,(z_k)}\exp\left(-\frac{E_A}{R_g\,T_s\,(z_k)}\right)A^n_{akt}\,(z_k)\left(1 - \left(\frac{A_{akt\infty}}{A_{akt}\,(z_k)}\right)^{\frac{(n-1)}{3}}\right)\tag{5.21}$$

mit $k = 0, \ldots, \widetilde{N}$, wobei $N := \widetilde{N} + 1$ die Anzahl der diskreten Stellen im Katalysator ist. Der Übersichtlichkeit wegen wurde in den Gleichungen die Abhängigkeit der einzelnen Größen von der Zeit $t$ nicht explizit angegeben. Der Vektor $\underline{d}^{\mathrm{T}}_{N,k}$ stellt den $(k+1)$-ten Zeilenvektor von $\underline{D}_N$ und $\underline{d}^{\mathrm{T}}_{N^2,k}$ den $(k+1)$-ten Zeilenvektor von $\underline{D}^2_N$ dar. Die $N$-dimensionalen Vektoren $\underline{\varsigma}_{g,j}$, $\underline{T}_g$, $\underline{T}_s$ und $\underline{A}_{akt}$ enthalten als Elemente die entsprechenden physikalischen Größen an den diskreten Stellen $z_k$.

In dieser Arbeit wurde $N = 4$ gewählt, wodurch sich mit den fünf Stoffkonzentrationen in (5.18) insgesamt $4 \cdot 8 = 32$ gewöhnliche Differentialgleichungen ergeben, die es zu lösen gilt. Die Simulation des ca. 20 Minuten dauernden NEFZ mittels des Katalysatormodells (5.18) bis (5.21) benötigt etwa eine Stunde. Für eine On-Board-Diagnose ist dieses Modell jedoch immer noch zu komplex und zu rechenzeitintensiv. Da eine weitere Verringerung der diskreten Ortspunkte im Hinblick auf die Genauigkeit nicht sinnvoll ist, werden im folgenden Abschnitt weitere Möglichkeiten der Vereinfachungen und schließlich das zur On-Board-Diagnose geeignete Modell vorgestellt.

## 5.3  Modell für die Katalysator On-Board-Diagnose

Um die Anzahl der gewöhnlichen Differentialgleichungen zu reduzieren und damit das Katalysatormodell noch weiter zu vereinfachen, werden die Gleichungen der Stoffkonzentrationen als quasi-stationär angenommen und die linke Seite von (5.18) zu null gesetzt. Dies ist möglich, da die Dynamik der Stoffkonzentrationen wesentlich schneller ist als die der Temperaturen bzw. der Alterung. Aus den Differentialgleichungen werden dadurch algebraische Gleichungen, die nach den gesuchten Stoffkonzentrationen umgeformt werden können. Verwendet man für die diskreten Ortsableitungen den Vorwärtsgradienten, so gestatten die daraus resultierenden algebraischen Gleichungen

$$\varsigma_{g,j}\left(z_{k+1}\right) = \varsigma_{g,j}\left(z_k\right) - \frac{A\,\varrho_g}{\dot{m}_g}\left(z_{k+1} - z_k\right) A_{geo}\,k_{ges,j}\left(z_k\right)\varsigma_{g,j}\left(z_k\right)$$

folgende anschauliche Interpretation: Die Stoffkonzentrationen $\varsigma_{g,j}$, die durch Konvektion zu der Stelle $z_{k+1}$ gelangen, ergeben sich aus den Stoffkonzentrationen an der Stelle $z_k$, verringert um den Anteil, der dort durch chemische Reaktionen umgewandelt wurde. Als Besonderheit werden hier die Stoffkonzentrationen der drei Schadstoffe CO, HC und NO am Ausgang des Katalysators, d.h. an der diskreten Stelle $z_{\widetilde{N}}$, nicht mit der algebraischen Gleichung, sondern weiterhin mit der Differentialgleichung (5.18) berechnet. Der Grund hierfür ist, dass die Ausgangskonzentrationen dann Zustandsgrößen darstellen, die mit dem in dieser Arbeit vorgestellten Diagnoseverfahren mittels eines Zustandsschätzers rekonstruiert werden können. Dadurch ist es erstmals möglich, insbesondere die an die Umwelt abgegebenen Schadstoffkonzentrationen von CO, HC und NO während der Fahrt direkt zu schätzen.

Eine weitere Reduzierung der Differentialgleichungen lässt sich dadurch erzielen, dass die Änderung der aktiven Oberfläche $A_{akt}$ nicht an jeder diskreten Stelle, sondern lediglich eine über die Temperatur des Festkörpers gemittelte aktive Oberfläche

$$\frac{dA_{akt}}{dt} = -a\,\frac{\lambda^q}{\overline{T}_s}\,\exp\left(-\frac{E_A}{R_g\,\overline{T}_s}\right)A_{akt}^n\left(1-\left(\frac{A_{akt\infty}}{A_{akt}}\right)^{\frac{(n-1)}{3}}\right) \quad \text{mit} \quad \overline{T}_s = \frac{1}{N}\sum_{k=0}^{N-1}T_s\left(z_k\right)$$

bestimmt wird. Durch dieses Vorgehen muss für die aktive Oberfläche anstelle der $N$ Differentialgleichungen nur noch eine gelöst werden, womit sich für das Katalysatormodell zur On-Board-Diagnose letztendlich folgende gewöhnliche Differentialgleichungen ergeben:

**Massenbilanzen für den Kanal:**

$$\frac{d\varsigma_{g,j}\left(z_{\widetilde{N}}\right)}{dt} = -\frac{\dot{m}_g}{\varepsilon_v\,A\,\varrho_g}\left(\frac{-2}{\ell}\right)\underline{d}_{N,\widetilde{N}}^{\mathrm{T}}\,\underline{\varsigma}_{g,j} - \frac{A_{geo}}{\varepsilon_v}\,k_{ges,j}\left(z_{\widetilde{N}}\right)\varsigma_{g,j}\left(z_{\widetilde{N}}\right), \qquad (5.22)$$

**Energiebilanz für den Kanal:**

$$\frac{dT_g\left(z_k\right)}{dt} = -\frac{\dot{m}_g}{\varepsilon_v\,A\,\varrho_g}\left(\frac{-2}{\ell}\right)\underline{d}_{N,k}^{\mathrm{T}}\,\underline{T}_g - \frac{A_{geo}}{\varepsilon_v\,\varrho_g\,c_{p,g}}\,\alpha\left(T_g\left(z_k\right)-T_s\left(z_k\right)\right), \qquad (5.23)$$

**Energiebilanz für den Festkörper:**

$$\begin{aligned}
\frac{dT_s\left(z_k\right)}{dt} &= \frac{\kappa_s}{\varrho_s\,c_{p,s}}\left(\frac{-2}{\ell}\right)^2\underline{d}_{N^2,k}^{\mathrm{T}}\,\underline{T}_s + \frac{A_{geo}}{\left(1-\varepsilon_v\right)\varrho_s\,c_{p,s}}\,\alpha\left(T_g\left(z_k\right)-T_s\left(z_k\right)\right) \\
&\quad + \frac{L_{EM}\,A_{EM}}{\left(1-\varepsilon_v\right)\varrho_s\,c_{p,s}}\,A_{akt}\sum_{\substack{i=1\\i=11,12,13}}^{5}\left(-\Delta H_i\right)\mu_i\left(z_k\right)r_i\left(z_k\right) \\
&\quad + \frac{L_{Ce}\,A_{Ce}}{\left(1-\varepsilon_v\right)\varrho_s\,c_{p,s}}\,A_{akt}^2\sum_{i=6}^{10}\left(-\Delta H_i\right)\mu_i\left(z_k\right)\overline{r}_i\left(z_k\right) \\
&\quad + \frac{A_{amb}}{\left(1-\varepsilon_v\right)\varrho_s\,c_{p,s}}\,\alpha_{amb}\left(T_{amb}-T_s\left(z_k\right)\right) \\
&\quad + \frac{A_{amb}}{\left(1-\varepsilon_v\right)\varrho_s\,c_{p,s}}\,\varepsilon\,\sigma\left(T_{amb}^4-T_s^4\left(z_k\right)\right), \qquad (5.24)
\end{aligned}$$

**Alterung:**

$$\frac{dA_{akt}}{dt} = -a\,\frac{\lambda^q}{\overline{T}_s}\,\exp\left(-\frac{E_A}{R_g\,\overline{T}_s}\right)A_{akt}^n\left(1-\left(\frac{A_{akt\infty}}{A_{akt}}\right)^{\frac{(n-1)}{3}}\right) \qquad (5.25)$$

mit $j \in \{CO, HC, NO\}$ und $k = 0, \ldots, N-1$. Für $N = 4$ besteht das Modell aus insgesamt elf Differentialgleichungen. Drei von ihnen werden zur Berechnung der Schadstoffkonzentrationen von CO, HC und NO am Ausgang des Katalysators verwendet. Für die Abgastemperatur müssen lediglich drei weitere Differentialgleichungen gelöst werden, da die Temperatur des Abgases am Eingang des Katalysators messtechnisch erfasst wird und somit durch $T_g(z_0, t) = T_g^{\text{in}}(t)$ bekannt ist. Darüber hinaus besitzt das Modell vier Differentialgleichungen für die Temperatur des Festkörpers an den vier diskreten Stellen und eine für die aktive Oberfläche.

Eine weitere Reduktion der Modellordnung wäre denkbar, indem man auf das direkte Schätzen der drei Schadstoffkonzentrationen am Ausgang sowie der Abgastemperatur entlang des Katalysators verzichten und die Vorgänge als quasi-stationär annehmen würde. Dies wäre insofern berechtigt, da deren Dynamik wesentlich schneller ist als die der Festkörpertemperatur und der Alterung. Dadurch blieben fünf Differentialgleichungen, man hätte also ein Modell 5. Ordnung. Auf diese Vereinfachungen wurde in dieser Arbeit allerdings verzichtet, da die Simulation des ca. 20 Minuten dauernden NEFZ mittels des Katalysatormodells 11. Ordnung, das in C++ implementiert wurde, gerade einmal noch zwölf Sekunden benötigt und somit als on-board-fähig einzuschätzen ist. Im Vergleich dazu waren für das ursprüngliche, komplexe Modell (4.18) bis (4.22) zur Simulation des NEFZ mit der FEM noch über 24 Stunden Rechenzeit erforderlich.

Fasst man nunmehr die physikalischen Größen $\varsigma_{g,j}(z_3), T_g(z_k), T_s(z_k)$ sowie den Modellparameter $A_{akt}$ zu einem einzigen Zustandsvektor

$$\underline{x} = \left[\varsigma_{g,\text{CO}}(z_3), \varsigma_{g,\text{HC}}(z_3), \varsigma_{g,\text{NO}}(z_3), T_g(z_1), \ldots, T_g(z_3), T_s(z_0), \ldots, T_s(z_3), A_{akt}\right]^{\text{T}}$$

zusammen, so erhält man ein Zustandsraummodell bestehend aus den nichtlinearen gewöhnlichen Differentialgleichungen (5.22) bis (5.25), welches in der allgemeinen Notation der Zustandsraumdarstellung

$$\underline{\dot{x}} = \underline{f}(\underline{x}, \underline{u}) \qquad \text{Zustandsdifferentialgleichung}, \qquad (5.26)$$

$$y = \underline{c}^{\text{T}} \underline{x} \qquad \text{Ausgangsgleichung} \qquad (5.27)$$

geschrieben werden kann. Während der Vektor $\underline{u}$ hierbei die Eingangsgrößen des Katalysators darstellt, wird durch Multiplikation mit dem Vektor $\underline{c}$ die Ausgangsgröße aus dem Zustandsvektor ausgewählt. In dieser Arbeit ist das gerade die Abgastemperatur am Ausgang des Katalysators, so dass $y = T_g(z_3)$ gilt. Dieses Katalysatormodell bildet nun die Grundlage für die modellbasierte On-Board-Diagnose mit Hilfe eines Zustandsschätzers. Es besitzt allerdings noch Parameter, deren Ermittlung im nächsten Kapitel vorgestellt wird.

# 5.4 Zusammenfassung

Das im vorangegangenen Kapitel 4 beschriebene physikalisch-chemische Modell eines alternden Katalysators, bestehend aus gekoppelten nichtlinearen partiellen Differentialgleichungen, erwies sich im Hinblick auf eine On-Board-Diagnose als zu komplex und somit zu rechenzeitintensiv. Daher wurde in diesem Kapitel eine Modellreduktion durchgeführt, die zunächst in der Vernachlässigung der nur geringe Beiträge liefernden Diffusionsterme bestand. Weiterhin ließen sich die Massenbilanzen für den Festkörper als quasi-stationär annähern, weil die Stoffkonzentrationen in den Poren eine wesentlich schnellere Dynamik als die Temperaturen bzw. die Alterung aufweisen. Da folglich die Stoffkonzentrationen in den Poren des Festkörpers $\varsigma_{s,j}$ unmittelbar aus den Stoffkonzentrationen im Kanal $\varsigma_{g,j}$ berechnet werden können, vermeidet man das viel Rechenzeit in Anspruch nehmende Lösen der fünf Massenbilanzgleichungen ($j = 1,\ldots,5$) des Festkörpers.

Aufgrund der Tatsache, dass das Katalysatormodell aus partiellen Differentialgleichungen besteht, besitzt es eine unendlich hohe Ordnung. Um ein Modell mit niedriger Ordnung zu erhalten, wurde eine Ordnungsreduktion mit Hilfe spektraler Verfahren durchgeführt. Dies stellt einen wesentlichen Unterschied zur bislang in der Literatur für Katalysatormodelle beschriebenen Ordnungsreduktion mittels der Finite-Differenzen-Methode dar, bei der eine äquidistante Ortsdiskretisierung durchgeführt wird. Der Vorteil der spektralen Verfahren gegenüber der FDM liegt in einer höheren Genauigkeit, die bei gleicher Modellordnung erzielt werden kann, bzw. bei gleicher Genauigkeit in einer niedrigeren Modellordnung. Das zuerst untersuchte spektrale Verfahren, die Proper Orthogonal Decomposition, lieferte zunächst keine befriedigenden Ergebnisse. Ursache hierfür waren die Cauchy-Randbedingungen der partiellen Differentialgleichungen, die in den gewöhnlichen Differentialgleichungen nicht mehr unmittelbar berücksichtigt werden konnten. Daher wurde in dieser Arbeit eine Methode hergeleitet, mit der sich die Cauchy-Randbedingungen auch in den gewöhnlichen Differentialgleichungen explizit berücksichtigen lassen. Unter Verwendung dieses erweiterten POD-Verfahrens konnten dann sehr gute Ergebnisse erzielt werden. Allerdings benötigt das Verfahren umfangreiche Simulations- bzw. Messdaten und die für die spätere Diagnose wesentlichen physikalischen Größen, wie beispielsweise die aktive Oberfläche, lassen sich nur indirekt über einen Zwischenschritt berechnen. Aus diesem Grund wird hier als spektrales Verfahren zur Ordnungsreduktion die anschließend vorgestellte Tschebyscheff-Differentiation bevorzugt. Anders als bei vielen herkömmlichen Reduktionsverfahren bleibt das reduzierte Modell physikalisch interpretierbar. Die erforderlichen Ableitungen nach dem Ort erhält man bei diesem Verfahren mit Hilfe der vorab offline berechenbaren, konstanten Tschebyscheff-Differentiationsmatrix. Sie erlaubt bei einer niedrigen Modellordnung eine Ableitung nach dem Ort mit hoher Genauigkeit.

Um die Anzahl der jetzt gewöhnlichen Differentialgleichungen noch weiter zu senken, wurden auch die Massenbilanzen für den Kanal als quasi-stationär angenähert, was zu algebraischen Gleichungen führt. Lediglich die Konzentrationen der Schadstoffe CO, HC und NO am Ausgang des Katalysators werden weiterhin durch Differentialgleichungen beschrieben, um sie mit dem in dieser Arbeit vorgestellten Diagnoseverfahren mittels eines Zustandsschätzers rekonstruieren zu können. Somit ist es erstmals möglich, insbesondere die an die Umwelt abgegebenen Schadstoffkonzentrationen CO, HC und NO während der Fahrt zu ermitteln.

Die letzte Vereinfachung bestand darin, die aktive Oberfläche $A_{akt}$ nicht unmittelbar an jedem Ort zu bestimmen, sondern lediglich eine über die Temperatur des Festkörpers gemittelte aktive Oberfläche zu generieren. Untersuchungen zeigten, dass das mit diesen Vereinfachungen in C++ implementierte reduzierte Katalysatoralterungsmodell echtzeitfähig ist, mit einer Reduktion der Rechenzeit um mehr als 24 Stunden gegenüber dem ursprünglichen Modell bei vergleichbaren Ergebnissen.

# Kapitel 6

# Identifikation von Parametern des Katalysatormodells

Mit dem bisherigen Modell ist die grundsätzliche Struktur der mathematischen Beschreibung des dynamischen Katalysatorsystems festgelegt. Darüber hinaus besitzt das Modell aber noch zu bestimmende und als Freiheitsgrade wirkende Parameter. Die überwiegende Mehrheit der Parameterwerte des Katalysatormodells liefert der Katalysatorhersteller bzw. kann aus geometrischen oder thermodynamischen Überlegungen hergeleitet werden. Es gibt jedoch einige unbekannte Parameter, die infolge des im Modell enthaltenen Reaktionsschemas auftreten. Sie resultieren aus der Beschreibung der heterogenen chemischen Reaktionen als Gesamtreaktionen, bei denen im Unterschied zur Darstellung als Elementarreaktionen die Zwischenreaktionen, wie im Kapitel 4.1.3 erläutert, unberücksichtigt bleiben. Der exakte komplexe Reaktionsverlauf wird daher in den präexponentiellen Konstanten der Reaktionsraten gebündelt. Sie stellen somit unbekannte Parameter des Modells dar, die ermittelt werden müssen, was man als *Identifikation*, genauer als *Parameteridentifikation* bezeichnet. Alle nicht im Modell enthaltenen unbekannten Phänomene sowie Modellungenauigkeiten, die aufgrund der Modellreduktion entstehen, lassen sich ebenfalls mit diesen Parametern abbilden. Das Problem der Parameterbestimmung kann dabei üblicherweise als ein Optimierungsproblem aufgefasst werden, wenn man den Fehler zwischen gemessenen Prozess- und berechneten Modellgrößen in Abhängigkeit der Parameter minimiert. Da die Erfassung der Messdaten in der Regel zeitdiskret stattfindet, erfolgen die Betrachtungen an dieser Stelle ebenfalls zu diskreten Zeitpunkten $t_k = k\,\Delta t$. Das Diskretisierungsintervall $\Delta t$ ist gleichbedeutend mit der Abtastzeit $T_A$. Sie entspricht dem Kehrwert der Abtastfrequenz $f_A$, mit welcher die Daten erfasst werden. Der Fehler zu einem bestimmten Zeitpunkt $\underline{e}\,(t_k = k\,\Delta t) = \underline{e}\,(t_k)$ wird im Weiteren durch die Schreibweise $\underline{e}\,(k)$ bzw. $\underline{e}_k$ abgekürzt. Als Fehler wird hierbei der so genannte Ausgangsfehler

$$\underline{e}_k = \underline{y}_k - \underline{y}_k^*$$

verwendet. Er gibt die Abweichungen zwischen den gemessenen Ausgangsgrößen $\underline{y}_k$ des realen Systems und den berechneten Ausgangsgrößen $\underline{y}_k^*$ des Modells an, wobei Prozess und Modell die gleichen Anregungssignale $\underline{u}_k$ zugeführt werden. Zur Identifikation der unbekannten Modellparameter $\underline{\vartheta} = [\vartheta_1, \ldots, \vartheta_{N_R}]^{\mathrm{T}}$ wird als Gütefunktion häufig die zu minimierende Summe der Fehlerquadrate verwendet [Ise92]:

$$J(\underline{\vartheta}) = \sum_{k=1}^{M} \underline{e}_k^{\mathrm{T}} \underline{e}_k \longrightarrow \min,$$

wobei $N_R$ der Anzahl der unbekannten Parameter und $M$ der Anzahl der Messdaten entspricht. Abbildung 6.1 verdeutlicht das prinzipielle Vorgehen bei der Identifikation.

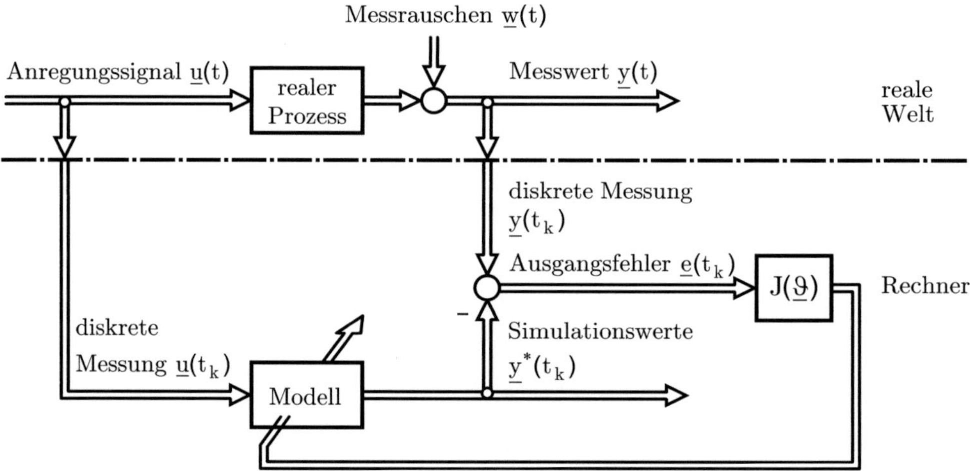


Abbildung 6.1: Strukturbild zur Identifikation

Gehen die unbekannten Parameter linear in die Berechnung des Ausgangsfehlers ein, können sie mit der Least-Squares-Methode (LS-Methode) [Ise92] analytisch bestimmt werden. Sollte dies nicht der Fall sein, so lässt sich keine analytische Lösung zur Minimierung der Fehlerquadrate angeben und die Parameter sind dann durch ein nichtlineares numerisches Optimierungsverfahren zu ermitteln. Da dieser Fall beim Katalysatormodell vorliegt, werden nachfolgend die hier verwendeten nichtlinearen Optimierungsverfahren zur Identifikation der unbekannten Modellparameter näher vorgestellt.

# 6.1 Optimierungsverfahren zur Identifikation

In [Nel01] wird prinzipiell zwischen den beiden Ansätzen der lokalen und der globalen Optimierung unterschieden.

Als *lokale Optimierung* bezeichnet man Verfahren, die – infolge der nichtlinearen Abhängigkeit des Gütemaßes von den Parametern – in der Regel nicht den globalen, sondern lediglich einen lokalen Extremwert finden. Der Wert der Gütefunktion $J(\underline{\vartheta})$ wird dabei, ausgehend von einem Parameterstartvektor $\underline{\vartheta}_0$, durch gezielte Veränderung der Parameter verringert. Aufgrund der lokalen Suche hängt die Qualität der Lösung stark vom Startwert des Parametervektors ab.

Die *globale Optimierung* beinhaltet hingegen ein heuristisches Vorgehen, bei dem die Suche nicht auf die unmittelbare Umgebung des Startwerts beschränkt bleibt. Eine typische Klasse dieser Verfahren stellen die Evolutionären Algorithmen (EA) dar, welche die biologische Evolution als Vorbild besitzen. Die an der Evolution teilnehmenden Individuen werden hierbei durch ihre Eigenschaften in Form von Zahlentupeln beschrieben und müssen sich, um ihre Eigenschaften weiter vererben zu können, hinsichtlich einer Selektionsbedingung gegeneinander behaupten, wodurch sie sich immer näher an das Optimum heranentwickeln.

Zur Identifikation der unbekannten Modellparameter werden in dieser Arbeit das Gradientenverfahren zur lokalen und die Genetischen Algorithmen (GA) sowie die Partikelschwarm-Optimierung (PSO) zur globalen Optimierung eingesetzt und die erhaltenen Ergebnisse miteinander verglichen.

## 6.1.1 Gradientenverfahren

Das Gradientenverfahren [JJT86] ist ein lokales Optimierungsverfahren, bei dem ausgehend von einem Parameterstartvektor der Gradient der Gütefunktion in Abhängigkeit der Parameter numerisch bestimmt wird. Der Parametervektor wird dann in Richtung des negativen Gradienten – der die Richtung des steilsten Abstiegs angibt – verändert, wodurch sich der Wert der Gütefunktion verkleinert. Dies erfolgt iterativ so oft, bis entweder aufgrund eines erreichten Minimums numerisch keine bzw. kaum noch eine Verbesserung erzielt werden kann, oder eine bestimmte Anzahl an Iterationen erfolgt ist. Das Verfahren wird anhand eines einfachen Beispiels einer zweidimensionalen Gütefunktion $J(\underline{\vartheta}) = J(\vartheta_1, \vartheta_2)$ veranschaulicht. In Abbildung 6.2 sind hierzu die Höhenlinien der Funktion dargestellt. Mit *min* wird das Minimum der Funktion und mit $\underline{\vartheta}_{\text{aktuell}}$ der aktuelle Wert des Parametervektors bezeichnet. Durch das Gradientenverfahren gilt es, iterativ das Minimum zu erreichen. Diesem Ziel nähert man sich, wenn der Wert des Parametervektors, ausgehend von

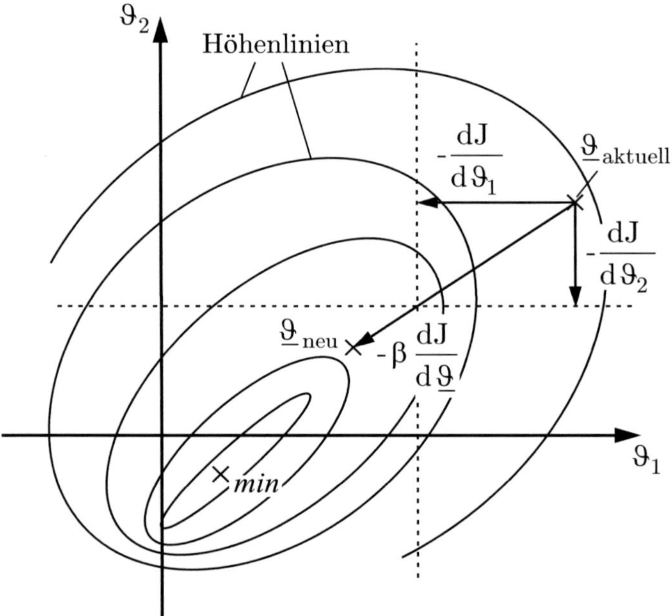


Abbildung 6.2: Gradientenverfahren

$\underline{\vartheta}_{\text{aktuell}}$, in negativer Gradientenrichtung verändert wird:

$$\vartheta_{1,\text{neu}} = \vartheta_{1,\text{aktuell}} + \Delta\vartheta_1 \qquad \text{mit} \quad \Delta\vartheta_1 = -\beta\,\left.\frac{dJ}{d\vartheta_1}\right|_{\underline{\vartheta}_{\text{aktuell}}},$$

$$\vartheta_{2,\text{neu}} = \vartheta_{2,\text{aktuell}} + \Delta\vartheta_2 \qquad \text{mit} \quad \Delta\vartheta_2 = -\beta\,\left.\frac{dJ}{d\vartheta_2}\right|_{\underline{\vartheta}_{\text{aktuell}}}.$$

Mit Hilfe der Größe $\beta$ lässt sich hierbei die Schrittweite und damit die Konvergenzgeschwindigkeit einstellen. Dieser Vorgang wird so lange wiederholt, bis ein definiertes Abbruchkriterium erfüllt ist.

Neben der Tatsache, dass das Verfahren in ein lokales Minimum konvergieren könnte, hat es zusätzlich den Nachteil einer oftmals sehr langsamen Konvergenz. Grund hierfür ist zum einen ein möglicher Zick-Zack-Kurs, auf dem es sich dem Optimum nähert, zum anderen kann der Betrag des Gradienten in der Nähe des Minimums – und damit auch die Länge des Iterationsschritts – sehr kleine Werte annehmen. Weiterhin muss die zu optimierende Gütefunktion zur Anwendung des Gradientenverfahrens stetig und differenzierbar sein. Zur Vermeidung dieser Nachteile wurden heuristische Verfahren wie die Genetischen Algorithmen sowie die Partikelschwarm-Optimierung zur globalen Optimierung entwickelt.

## 6.1.2 Genetische Algorithmen

Genetische Algorithmen [Gol89] stellen heuristische Suchverfahren zur globalen Optimierung dar. Zur Gruppe der Evolutionären Algorithmen gehörend, bilden sie die wesentlichen Elemente der biologischen Evolutionstheorie mathematisch nach und setzen sich hierbei aus den drei so genannten genetischen Operatoren: *Selektion, Rekombination* und *Mutation* zusammen [BL04]. Ihre Vorgehensweise besteht darin, zunächst eine bestimmte Anzahl von Parametervektoren aus dem die Menge aller möglichen Parametervektoren festlegenden Suchraum zufällig auszuwählen. Dabei werden die einzelnen Parametervektoren, deren Werte sich binär kodieren lassen, als Individuen bezeichnet. Im Fall der Kodierung liegt das Individuum als Genotyp, sonst als Phänotyp vor. Die ausgewählte Menge an Individuen wird Population genannt. Aus ihr erfolgt durch Selektion eine Auswahl der Individuen, die sich anschließend fortpflanzen dürfen. Bevorzugt werden hierbei solche, die hinsichtlich der definierten Gütefunktion die besten Werte liefern. So können sich, in der Erwartung schrittweise zu „besseren" Individuen im Sinne der Gütefunktion zu gelangen, die „guten" Individuen reproduzieren, während die „schlechten" eliminiert werden. Die Kombination der ausgewählten Individuen führt zu neuen Individuen, was als Rekombination bezeichnet wird. Eine weitverbreitete Methode hierfür stellt das so genannte Crossover dar. Während der anschließenden Mutation werden die Werte der neuen Individuen noch verändert. Die Stärke der Veränderung wird mittels der so genannten Mutationsrate festgelegt. Somit bleibt die Suche nicht nur auf einen kleinen Bereich des Parameterraums beschränkt, wodurch sich ein zu schnelles Konvergieren in einen lokalen Extremwert verhindern lässt. Durch den beschriebenen Ablauf wird eine neue Generation erzeugt. Dies wird so oft wiederholt, bis entweder eine bestimmte Schranke nahe eines vorab bekannten globalen Maximums erreicht ist, oder eine fest vorgegebene Anzahl an Generationen erzeugt wurde. Ist das Abbruchkriterium erfüllt, so stellt der die Gütefunktion am besten erfüllende Parametervektor die Lösung des Optimierungsproblems dar. Allerdings ist ebenso wie beim Gradientenverfahren auch bei den GA das Erreichen des globalen Optimums nicht garantiert. Ein Vorteil des Verfahrens besteht jedoch darin, dass die Gütefunktion keine einschränkenden Anforderungen wie Stetigkeit erfüllen muss.

## 6.1.3 Partikelschwarm-Optimierung

Die Partikelschwarm-Optimierung [KE95] ist ein Verfahren zur globalen Optimierung. Es gehört ebenfalls der Gruppe der Evolutionären Algorithmen an und stellt eine Alternative zu den Genetischen Algorithmen dar. Dabei lehnt es sich an die Vorgänge in der Natur an und hat das Schwarmverhalten von Tieren zum Vorbild. Der Partikelschwarm-Optimierung liegt das Prinzip zugrunde, dass das Verhalten eines komplexen Organismus weit mehr ist als die Summe seiner Einzelteile. Der Parametervektor $\underline{\vartheta}$, der eine mögliche Kombination aller für das Optimierungsproblem relevanten Parameter darstellt, wird nicht Individuum genannt wie bei den Genetischen Algorithmen, sondern Partikel. Im ersten Schritt legt man eine als Schwarm bezeichnete Anzahl an Partikel zufällig fest, wobei die Wahl ihrer Anzahl von der Komplexität des Problems abhängt. In vielen Fällen reichen bereits zwischen 30 bis 60 Partikel aus. Jedes Partikel nimmt zu einem festen Zeitpunkt eine bestimmte Position $\underline{x}_k$ im mehrdimensionalen Suchraum ein, die durch die Werte der Elemente des Parametervektors bestimmt wird. Des Weiteren besitzt jedes Partikel eine gewisse Geschwindigkeit $\underline{v}_k$, mit der es sich durch den Suchraum bewegt. Zentraler Bestandteil des Algorithmus sind zwei Gleichungen, mit Hilfe derer die Geschwindigkeit und die Position eines Partikels in jedem Iterationsschritt neu berechnet werden:

$$\underline{v}_{k+1} = w\,\underline{v}_k + c_1\,r_1\left(\underline{x}_{\text{p, Best}} - \underline{x}_k\right) + c_2\,r_2\left(\underline{x}_{\text{g, Best}} - \underline{x}_k\right),$$
$$\underline{x}_{k+1} = \underline{x}_k + \underline{v}_{k+1}.$$

$$(6.1)$$

Jedes Partikel wird dabei bezüglich der Gütefunktion ausgewertet. Es merkt sich an welcher Position $\underline{x}_{\text{p, Best}}$ im Suchraum es diese bisher am besten erfüllt hat. Zusätzlich erhalten die Partikel die Information der performantesten jemals erreichten Position $\underline{x}_{\text{g, Best}}$ aller Partikel. Sie richten ihre Bewegung dann auf diese beiden Positionen zugleich aus. Abbildung 6.3 veranschaulicht diesen Zusammenhang.

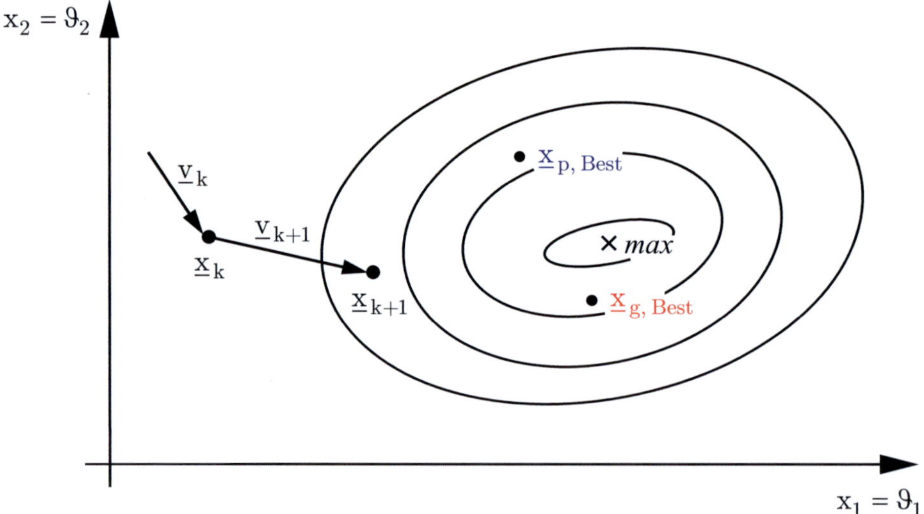


Abbildung 6.3: Partikelschwarm-Optimierung

Ob sich das Partikel stärker in Richtung der eigenen oder der globalen besten Position bewegt, hängt im Wesentlichen von den zwei in (6.1) frei wählbaren Faktoren $c_1$ und $c_2$ ab, die als Erkenntnis-Lernrate ($c_1$) und Sozial-Lernrate ($c_2$) bekannt sind.

Übliche Werte hierfür sind $c_1, c_2 \in [0, 4]$. Aufgabe der Lernraten ist es, eine gewisse Unruhe in das System zu bringen, um so den Suchraum genauer zu erforschen. Die ebenfalls in (6.1) enthaltenen skalaren Werte $r_1$ und $r_2$ stellen darüber hinaus gleichverteilte, in jeder Iteration neu zu initialisierende Zufallszahlen zwischen 0 und 1 dar. Durch sie wird verhindert, dass sich sämtliche Partikel ausschließlich in Richtung der jeweils besten erzielten Position bewegen und somit frühzeitig in einen lokalen Extremwert konvergieren. Für den als Inertialgewicht bezeichneten, frei wählbaren Parameter $w$ werden typischerweise Werte zwischen 0,5 und 1 verwendet. In der Praxis wird das Inertialgewicht häufig mit der Anzahl der Iterationen verringert und die Geschwindigkeit eines Partikels auf einen Maximalwert begrenzt. Auf diese Weise schränken die besten Partikel ihre Suche auf ein immer enger werdendes Gebiet ein, wodurch das Optimum schneller erreicht wird. Als Abbruchkriterium eignet sich entweder das Erreichen einer bestimmten Schranke oder einer festen Anzahl an Iterationen. Es handelt sich um einen sehr leicht zu implementierenden Algorithmus, bei dem, im Gegensatz zu den Genetischen Algorithmen, nur wenige Kenngrößen zur Durchführung vorab gewählt werden müssen. Zur Behandlung von Optimierungsproblemen mit Nebenbedingungen wurde der ursprüngliche PSO-Algorithmus aus [HE02] in [KE95] zwar erweitert, dieser hat jedoch den Nachteil, dass bei der Initialisierung ein Partikel solange mit zufälligen Werten belegt wird, bis alle Nebenbedingungen erfüllt sind. Ist die Menge der gültigen Lösungen im Suchraum verhältnismäßig klein, kann dieser Vorgang sehr viel Zeit in Anspruch nehmen. Um dies zu verhindern wurde in [Wol05] eine Modifikation am PSO-Algorithmus vorgenommen, bei der zur Ermittlung der Startpartikel die Nebenbedingungen in Form von Straffunktionen berücksichtigt werden.

Die drei vorgestellten Optimierungsverfahren werden nun im Weiteren zur Identifikation der unbekannten Parameter des Katalysatormodells eingesetzt.

## 6.2 Ermittlung der Modellparameter

Bevor auf die Identifikation der unbekannten Parameter des Katalysatormodells näher eingegangen wird, sollen zunächst die sich aus den Herstellerangaben ergebenden Modellparameter kurz vorgestellt werden.

### 6.2.1 Verwendung von Herstellerdaten

Das dynamische Verhalten eines Drei-Wege-Katalysators hängt im Wesentlichen von den geometrischen und physikalischen Eigenschaften seines Festkörpers ab. Dies spiegelt sich in den zahlreichen Parametern der Energie- und Massenbilanzen des Festkörpers wider.

## Eigenschaften des Festkörpers

Der in dieser Arbeit verwendete Katalysator besteht aus einem runden keramischen Substrat, das von quadratischen Wabenkanälen durchzogen ist. Abbildung 6.4 stellt den in Abbildung 2.4 gezeigten inneren Aufbau eines Drei-Wege-Katalysators schematisch dar.

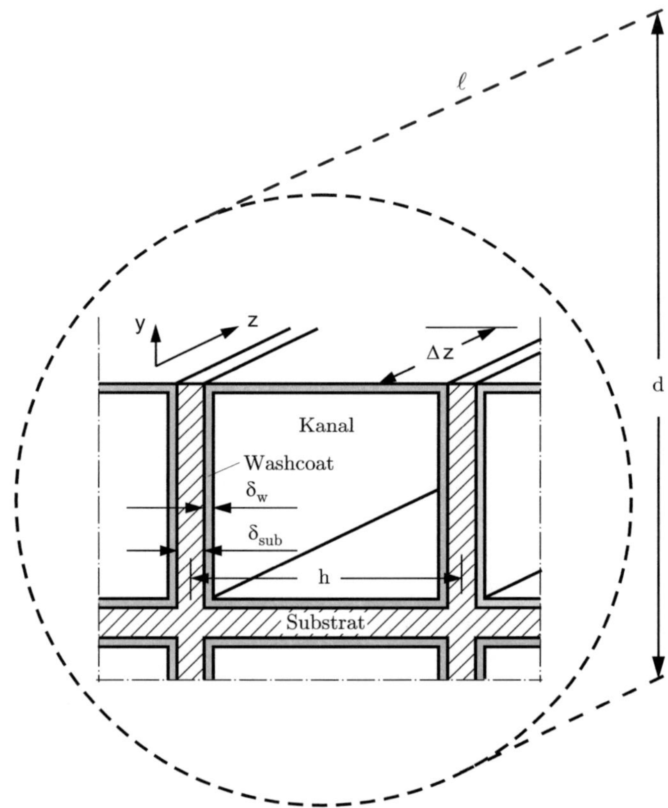


Abbildung 6.4: Innere Aufbau eines Drei-Wege-Katalysators

Mit den darin enthaltenen Größen, deren in Tabelle C.1 im Anhang aufgeführte Spezifikationen der Katalysatorhersteller zur Verfügung stellt, lassen sich das für das Modell erforderliche Katalysatorvolumen $V$, die Katalysator-Querschnittsfläche $A$, die auf das Katalysatorvolumen bezogene Gehäuse-Oberfläche $A_{amb}$, die geometrische Oberfläche $A_{geo}$ und der Hohlraumanteil $\varepsilon_v$ wie folgt berechnen:

$$V = \pi \left(\frac{d}{2}\right)^2 \ell, \qquad A = \pi \left(\frac{d}{2}\right)^2, \qquad A_{amb} = \frac{\pi\, d\, \ell}{V},$$

$$A_{geo} = \frac{4\,(h - \delta_{sub} - 2\,\delta_w)\,\ell}{h^2\,\ell}, \qquad \varepsilon_v = \frac{(h - \delta_{sub} - 2\,\delta_w)^2}{h^2}.$$

Als weitere Parameter enthält das Katalysatormodell die Dichte $\varrho_s$ und die spezifische isobare Wärmekapazität $c_{p,s}$ des Festkörpers, bestehend aus dem Substrat Cordierit ($Mg_2Al_4Si_5O_{18}$) und dem Washcoat. Bei diesem handelt es sich um ein inhomogenes Gemisch, das sich unter Vernachlässigung der anderen Materialien, wie beispielsweise dem Zirconiumoxid ($ZrO_2$), aus ungefähr 70% Aluminiumoxid ($Al_2O_3$) und 30% Cer(IV)-oxid ($CeO_2$) zusammensetzt. Die Dichte $\varrho_s$ sowie die spezifische isobare Wärmekapazität $c_{p,s}$ des Festkörpers können mit den Angaben über die geometrischen und physikalischen Eigenschaften der im Katalysator verwendeten Materialien durch

$$\varrho_s = \frac{V_{sub}\,\varrho_{sub} + V_w\,\varrho_w}{V_{sub} + V_w}$$

und

$$c_{p,s} = \frac{V_{sub}\,\varrho_{sub}}{V_{sub}\,\varrho_{sub} + V_w\,\varrho_w}\,c_{p,\text{ Cordierit}} + \frac{V_w\,\varrho_w}{V_{sub}\,\varrho_{sub} + V_w\,\varrho_w}\left(0{,}7\,c_{p,Al_2O_3} + 0{,}3\,c_{p,CeO_2}\right)$$

mit $\qquad V_{sub} = \delta_{sub}\,(2\,h - \delta_{sub})\,\ell \qquad$ sowie $\qquad V_w = 4\,\delta_w\,(h - \delta_{sub} - \delta_w)\,\ell$

bestimmt werden [Bri06]. Die spezifischen Wärmekapazitäten der einzelnen im Festkörper enthaltenen Stoffe sind temperaturabhängig und lassen sich gemäß

$$c_{p,j} = a_j + b_j\,T_s + c_j\,T_s^{-2} + d_j\,T_s^2 \tag{6.2}$$

ermitteln, wobei $T_s$ die Festkörpertemperatur ist. Die in Tabelle C.5 im Anhang aufgeführten zugehörigen Koeffizienten lassen sich der Literatur [BM02, SCF93] entnehmen. Da die Gleichung (6.2) die spezifischen Wärmekapazitäten in der Einheit $J/(mol\,K)$ liefert, müssen diese, um auf die hier gewünschte Einheit $J/(kg\,K)$ zu gelangen, noch durch die entsprechenden molaren Massen dividiert werden.

Das dynamische Verhalten eines Katalysators erweist sich als relativ unempfindlich gegenüber geringen Änderungen der Wärmeleitfähigkeit $\kappa_s$ des Festkörpers, weshalb für diese ein konstanter, in der Literatur [Bri06] üblicher Wert $\kappa_s = 1{,}675\,W/(m\,K)$ angenommen wird.

Die auf das Katalysatorvolumen bezogenen aktiven Oberflächen der Edelmetallpartikel $A_{EM}$ und des Cers $A_{Ce}$ ergeben sich aus den Angaben ihrer spezifischen Oberflächen $\gamma_{EM}$ und $\gamma_{Ce}$ – man versteht hierunter die aktiven Oberflächen bezogen auf das Washcoatvolumen – durch

$$A_{EM} = A_{geo}\,\delta_w\,\gamma_{EM} \qquad \text{und} \qquad A_{Ce} = A_{geo}\,\delta_w\,\gamma_{Ce}\,.$$

$A_{geo}\,\delta_w$ stellt dabei das auf das Katalysatorvolumen bezogene Washcoatvolumen dar.

Die auf das Katalysatorvolumen bezogene maximale Sauerstoffspeicherkapazität des Cers $\psi_{cap}$ lässt sich mit der Gleichung

$$\psi_{cap} = A_{Ce}\, L_{Ce}$$

berechnen, wobei $L_{Ce}$ die maximale Speicherkapazität pro aktiver Oberfläche repräsentiert. In den Energie- und Massenbilanzen des Kanals treten weitere, die Abgaseigenschaft beschreibende Parameter auf, die im Folgenden näher betrachtet werden sollen.

**Eigenschaften des Abgases**

In den meisten Veröffentlichungen wird das Abgas so behandelt, als bestünde es ausschließlich aus Stickstoff, da dieser den weitaus größten Anteil darstellt. Verwendet werden dann die aus der Literatur [VG06] bekannten Eigenschaften des Stickstoffs, wobei zur weiteren Vereinfachung häufig deren Temperaturabhängigkeit vernachlässigt wird. Um der Realität etwas näher zu kommen und damit exaktere Ergebnisse zu erhalten, soll das Abgas hier als ein Gemisch angesehen werden, das sich aus 77% Stickstoff, 12% Kohlenstoffdioxid und 11% Wasserdampf zusammensetzt [Bri06]. Sie stellen die drei Hauptkomponenten des Abgases dar. Es wird als ein ideales Gas behandelt, so dass sich dessen Dichte $\varrho_g$, molare Masse $M_g$ und spezifische isobare Wärmekapazität $c_{p,g}$ aus den Eigenschaften der einzelnen Komponenten durch die Formeln

$$\varrho_g = \sum_{j=1}^{3} b_j\, \varrho_j \; = 0{,}77\, \varrho_{\mathrm{N_2}} + 0{,}12\, \varrho_{\mathrm{CO_2}} + 0{,}11\, \varrho_{\mathrm{H_2O}}\,,$$

$$M_g = \sum_{j=1}^{3} b_j\, M_j \; = 0{,}77\, M_{\mathrm{N_2}} + 0{,}12\, M_{\mathrm{CO_2}} + 0{,}11\, M_{\mathrm{H_2O}}$$

und

$$c_{p,g} = \sum_{j=1}^{3} b_j\, c_{p,j} \; = 0{,}77\, c_{p,\mathrm{N_2}} + 0{,}12\, c_{p,\mathrm{CO_2}} + 0{,}11\, c_{p,\mathrm{H_2O}}$$

bestimmen lassen [Cer08]. Die Dichten und molaren Massen der einzelnen Stoffe sind in Tabelle C.3 im Anhang aufgelistet. Da die Temperaturabhängigkeit berücksichtigt wird, ergeben sich die spezifischen isobaren Wärmekapazitäten der jeweiligen Abgasstoffe aus Gleichung (6.2), wobei anstelle der Temperatur des Festkörpers $T_s$ die des Abgases $T_g$ eingesetzt werden muss. Die erforderlichen Werte der Koeffizienten sind in Tabelle C.6 enthalten.

Infolge des im Katalysator herrschenden geringen Drucks ist die Wärmeleitfähigkeit $\kappa_g$ des Abgases in der Regel keine Linearkombination der Wärmeleitfähigkeiten der einzelnen Stoffe. Dies führt zu einer etwas aufwändigeren Berechnung mit Hilfe der Wassiljewa-Mason-Saxena-Mischungsformel [PPO00]

$$\kappa_g = \sum_{j=1}^{3} \frac{b_j\,\kappa_j}{\sum\limits_{k=1}^{3} b_k\,F_{j,k}} \qquad \text{mit} \qquad F_{j,k} = \frac{\left(1 + \sqrt{\frac{\kappa_j}{\kappa_k}}\,\sqrt[4]{\frac{M_k}{M_j}}\right)^2}{\sqrt{8\left(1 + \frac{M_j}{M_k}\right)}}.$$

Die Größen $\kappa_j$, $\kappa_k$ entsprechen den Wärmeleitfähigkeiten, $M_j$ und $M_k$ den molaren Massen (in g/mol) der jeweiligen Komponenten $j$ und $k$. Da die Temperaturabhängigkeit hier ebenfalls berücksichtigt werden soll, ist zur Bestimmung der Wärmeleitfähigkeit der einzelnen Stoffe die Gleichung

$$\kappa_j = a_j + b_j\,T_g + c_j\,T_g^2 + d_j\,T_g^3 + e_j\,T_g^4$$

erforderlich, wobei die zugehörigen Koeffizienten in Tabelle C.7 im Anhang zusammengefasst sind.

Ähnlich wie die Wärmeleitfähigkeit ist auch die zur Berechnung des Wärmeübertragungskoeffizienten $\alpha$ benötigte dynamische Viskosität $\eta_g$ des Abgases bei niedrigem Druck keine Linearkombination der Einzelkomponenten und muss daher nach Bromley und Wilke [Bri06] wie folgt ermittelt werden:

$$\eta_g = \sum_{j=1}^{3} \frac{b_j\,\eta_j}{\sum\limits_{k=1}^{3} b_k\,\widetilde{F}_{j,k}} \qquad \text{mit} \qquad \widetilde{F}_{j,k} = \frac{\left(1 + \sqrt{\frac{\eta_j}{\eta_k}}\,\sqrt[4]{\frac{M_k}{M_j}}\right)^2}{\sqrt{8\left(1 + \frac{M_j}{M_k}\right)}}.$$

Die Gestalt der Gleichung entspricht hierbei der Mischungsformel nach Wassiljewa, Mason und Saxena. Da mit steigender Temperatur die mittlere kinetische Energie der Teilchen zunimmt und somit mehr Impuls übertragen werden kann, sind die dynamischen Viskositäten $\eta_j$ der einzelnen Stoffe stark temperaturabhängig. Bestimmen lassen sie sich unter Verwendung der Gleichung

$$\eta_j = a_j + b_j\,T_g + c_j\,T_g^2 + d_j\,T_g^3 + e_j\,T_g^4,$$

wobei die Zahlenwerte der Koeffizienten in Tabelle C.8 angegeben sind.

Der Diffusionskoeffizient $D_{j,g}$ dient zur Berechnung des thermisch bedingten Stofftransports aufgrund der zufälligen Bewegung der Teilchen innerhalb eines Gases. Er stellt somit ein Maß für deren Beweglichkeit dar. Der binäre Diffusionskoeffizient $D_{j,k}$ beschreibt die Diffusion eines Stoffes $j$ in einem Gas, das ausschließlich aus dem Stoff $k$ besteht ($j \neq k$). Er ist nicht nur von der Temperatur, sondern auch vom Druck abhängig. Bei niedrigem Druck erweist er sich als umgekehrt proportional zu diesem und lässt sich mittels der Fuller-Schettler-Giddings-Formel [VG06]

$$D_{j,k} = \frac{1{,}43 \cdot 10^{-7}\,\mathrm{m^2/s}}{\sqrt{2}} \frac{\left[\left(\frac{M_j}{\mathrm{g/mol}}\right)^{-1} + \left(\frac{M_k}{\mathrm{g/mol}}\right)^{-1}\right]^{1/2}}{\left[\left(\frac{\nu_j}{\mathrm{cm^3/mol}}\right)^{1/3} + \left(\frac{\nu_k}{\mathrm{cm^3/mol}}\right)^{1/3}\right]^2} \frac{(T_g/\mathrm{K})^{1{,}75}}{p/\mathrm{bar}}$$

beschreiben, die aus der kinetischen Gastheorie hergeleitet werden kann. Die Größen $\nu_j$ und $\nu_k$ stellen die Diffusionsvolumina der Stoffe $j$ und $k$ dar. Für die verwendeten Stoffe sind die entsprechenden Werte in Tabelle C.3 im Anhang aufgeführt. Das Abgas besteht aber nicht nur aus einem Stoff, sondern wird hier als ein Gemisch aus drei Hauptbestandteilen angesehen. Zur Ermittlung der Diffusionskoeffizienten $D_{j,g}$ für das Gasgemisch ist daher die Blanc-Gleichung [PPO00]

$$D_{j,g} = (1 - b_j) \cdot \left(\sum_{\substack{k=1 \\ k \neq j}}^{3} \frac{b_k}{D_{j,k}}\right)^{-1}$$

anzuwenden, wodurch die Diffusion eines sich im Abgas des Kanalhohlraums befindlichen Stoffes $j$ beschrieben wird. Die Größen $b_k$ geben die darin enthaltenen Stoffanteile an.

Während der Diffusion der Abgasstoffe in die engen Poren des Washcoats kollidieren diese häufig mit den Porenwänden. Somit ist dieser Diffusionskoeffizient, je nach Porendurchmesser, um bis zu zwei Größenordnungen kleiner als im Fall der reinen Gasphase im Kanal. Aufgrund des im Katalysator vorhandenen mittleren Porendurchmessers $d_p$ von 20 nm und dem annähernd konstanten Druck von 1 bar, liegt in den Poren näherungsweise die so genannte Knudsen-Diffusion [Fra02] vor:

$$D_{\mathrm{Kn}} = \frac{4}{3} \sqrt{\frac{R_g T_g}{2\pi M_g}} \, d_p \,.$$

Der effektive Diffusionskoeffizient $D_{\mathrm{eff}}$, der zur Berechnung des im Kapitel 4.1.3 erläuterten Thiele-Moduls erforderlich ist, lässt sich mit Hilfe der Knudsen-Diffusion durch

$$D_{\mathrm{eff}} \approx \frac{\varepsilon_p D_{\mathrm{Kn}}}{\tau}$$

abschätzen. Hierbei bezeichnet $\varepsilon_p$ die Porosität des Washcoats und $\tau$ den Tortuositätsfaktor, welcher den Grad der Komplexität eines Porensystems beschreibt. Für den Katalysator ist dieser $\tau = 3$.

Das in dieser Arbeit vorgestellte Modell soll in der Lage sein, das dynamische Verhalten eines Drei-Wege-Katalysators ab dem Zeitpunkt des Motorstarts nachzubilden.

Es muss somit sowohl die Kaltstartphase als auch die anschließende Warmphase des Katalysators richtig beschreiben. Dies stellt einen wesentlichen Unterschied zu den meisten in der Literatur vorhandenen Modellen dar, bei denen, je nach Zielsetzung, entweder ausschließlich die Kaltstart- oder aber nur die Warmphase betrachtet wird. Da jedoch gerade während der Kaltstartphase die meisten Schadstoffe in die Umwelt gelangen, soll diese hier, zusätzlich zur Warmphase, mit berücksichtigt werden. Im Modell lassen sich die beiden Phasen durch unterschiedliche Wärmeübertragungskoeffizienten $\alpha$ berücksichtigen. Während der Kaltstartphase des Katalysators gelangt das heiße Abgas des Motors mit den kalten Wänden der Wabenkanäle in Kontakt. Folglich kondensiert der im Abgas vorhandene Wasserdampf und es bildet sich an den Wänden eine dünne Wasserfilmschicht, welche für die Wärmeübertragung von Abgas zu Festkörper eine Isolierung darstellt. Sie kann durch einen geringeren Wärmeübertragungskoeffizienten infolge einer kleineren dimensionslosen Nusselt-Zahl berücksichtigt werden [CHZ00]:

$$\alpha = \frac{\kappa_g}{d_K} Nu \qquad \text{mit} \qquad Nu = 0{,}023\, Pr^{0,4}\, Re^{0,8}\,.$$

Die Nusselt-Zahl $Nu$ selbst ist eine Funktion der dimensionslosen Prandtl-Zahl $Pr$ und der dimensionslosen Reynolds-Zahl $Re$, welche durch

$$Pr = \frac{\eta_g\, c_{p,g}}{\kappa_g} \qquad \text{und} \qquad Re = \frac{\dot{m}_g\, d_K}{\eta_g\, A}$$

definiert sind. Da sich die Temperaturabhängigkeiten der dynamischen Viskosität $\eta_g$, der spezifischen isobaren Wärmekapazität $c_{p,g}$ und der Wärmeleitfähigkeit $\kappa_g$ des Abgases gegenseitig nahezu aufheben, kann die Prandtl-Zahl praktisch als temperaturunabhängig und somit als eine Konstante $Pr = 0{,}74$ angesehen werden [Bri06].

Während der anschließenden Erwärmung des Katalysators verdunstet die Wasserschicht, bis schließlich sämtliche Wände der Wabenkanäle wieder vollständig getrocknet sind. Die Nusselt-Zahl und damit auch der Wärmeübertragungskoeffizient sind in der darauffolgenden Warmphase daher größer als in der Kaltstartphase und lauten

$$\alpha = \frac{\kappa_g}{d_K} Nu \qquad \text{mit} \qquad Nu = 0{,}571 \left( Re\, \frac{d_K}{z} \right)^{2/3}\,.$$

Im Modell erfolgt die Umschaltung zwischen den beiden Wärmeübertragungskoeffizienten, sobald die Festkörpertemperatur $T_s$ die Sättigungstemperatur $T_{s\ddot{a}t}$ des Wasserdampfs im Abgas überschreitet. Die in den beiden Gleichungen der Wärmeübertragungskoeffizienten auftretende Größe $d_K$ entspricht einem Wabenkanaldurchmesser, der sich näherungsweise mittels

$$d_K = 2\, h \sqrt{\frac{\varepsilon_v}{\pi}}$$

berechnen lässt. Die Größe $z$ entspricht der Stelle bzw. Position im Katalysator.

In ähnlicher Weise wie der Wärmeübertragungskoeffizient $\alpha$ können auch die Stoff-austauschkoeffizienten $k_{m,j}$ berechnet werden [CHZ00]:

$$k_{m,j} = \frac{D_{j,g}}{d_K} \, Sh \,.$$

Anstelle der Nusselt-Zahl ist die dimensionslose Sherwood-Zahl $Sh$ mit

$$Sh = 0{,}705 \left( Re \, \frac{d_K}{z} \right)^{0,43} Sc_j^{0,56}$$

zu verwenden. Sie selbst wiederum ist eine Funktion von der ebenfalls dimensions-losen Schmidt-Zahl, welche sich gemäß

$$Sc_j = \frac{\eta_g}{\varrho_g \, D_{j,g}}$$

ergibt. Ähnlich der Prandtl-Zahl heben sich die Temperaturabhängigkeiten der darin enthaltenen Größen näherungsweise gegenseitig auf, so dass sie als temperaturun-abhängig und somit als konstant angesehen werden darf [Bri06]. Für die einzelnen Stoffe $j$ sind die Werte der Schmidt-Zahl in Tabelle C.9 im Anhang aufgelistet.

Zusammenfassend sind nunmehr, bis auf die 13 präexponentiellen Konstanten $B_i$ der Reaktionsraten, sämtliche im Katalysatormodell enthaltenen Parameter gegeben. Die noch unbekannten Parameter der präexponentiellen Konstanten sollen nun mit den bereits vorgestellten Optimierungsverfahren aus Messdaten identifiziert werden.

## 6.2.2  Parameteridentifikation

In den Anfängen der Katalysatoranalyse erfolgte die Bestimmung der unbekannten Parameter der Katalysatormodelle manuell, indem sie mittels „trial and error" so lange von Hand verändert wurden, bis die gemessenen Konzentrationsverläufe an-nähernd mit den simulierten übereinstimmten. Dieses Procedere erforderte jedoch viel Erfahrung und nahm außerdem relativ viel Zeit in Anspruch, wobei die erziel-ten Ergebnisse darüber hinaus verhältnismäßig ungenau waren. Um den Einsatz von Katalysatormodellen in der Industrie zu fördern, musste daher die Parameter-identifikation systematisiert und die benötigte Zeit mittels Rechnereinsatz deutlich reduziert werden. Beides gelang durch die Umwandlung der Aufgabe der Parame-terbestimmung in ein Optimierungsproblem, innerhalb dessen eine Gütefunktion in Abhängigkeit der Parameter zu optimieren ist. In [MWA92] wurde mittels Gra-dientenverfahren der erste Versuch unternommen, das dort verwendete stationäre Drei-Wege-Katalysatormodell methodisch zu identifizieren. Anschließend kam dieses Verfahren auch in [PS01] zur Identifikation der Parameter eines instationären Drei-Wege-Katalysatormodells zum Einsatz. In beiden Fällen gestaltete sich dieses Vorgehen allerdings äußerst schwierig, da es sich beim Gradientenverfahren um eine lokale Optimierung handelt und die Gütefunktion im Parameterraum durch die aufgrund der Modelle nichtlineare Abhängigkeit des Ausgangsfehlers von den Parametern viele lokale Optima aufweisen kann. Somit ist die Wahrscheinlichkeit hoch, dass das Verfahren in einem lokalen Optimum endet. Zur Überwindung dieser Schwäche wurde in [GS01] mit dem Genetischen Algorithmus erstmals eine globale Optimierung zur Identifikation eines sehr einfachen Drei-Wege-Katalysatormodells verwendet. Dieses Verfahren führte zu guten Resultaten, weshalb es in [PS04] aufgegriffen und die Parameter eines instationären Drei-Wege-Katalysatormodells damit identifiziert wurden.

Zur Identifikation der unbekannten Modellparameter kommt im Rahmen dieser Arbeit zunächst ein Genetischer Algorithmus zur globalen Optimierung zum Einsatz. Anschließend konnte das hieraus gewonnene Ergebnis als Startwert für eine lokale Optimierung mittels des Gradientenverfahrens benutzt werden, um so weitere mögliche Verbesserungen der Parameterschätzung zu erzielen. Eine Schwierigkeit der Genetischen Algorithmen besteht jedoch in der Vielzahl der Kenngrößen, mit denen der Anwender den Algorithmus auf das spezielle Optimierungsproblem anpassen sollte. Da sie sowohl die Effizienz als auch die Geschwindigkeit beeinflussen, müssen sie geeignet gewählt werden. Um diesen Aufwand zu minimieren und damit die Akzeptanz in der Industrie zu erhöhen, wird in dieser Arbeit anstelle eines Genetischen Algorithmus die Partikelschwarm-Optimierung zur globalen Optimierung vorgeschlagen. Sie ist auf einem Rechner leicht zu implementieren und besitzt nur wenige festzulegende Kenngrößen. Die hieraus erhaltene Lösung dient dann wiederum als Startvektor zur lokalen Optimierung mit dem Gradientenverfahren. Abschließend werden die bei den beiden Vorgehensweisen erzielten Ergebnisse miteinander verglichen.

Allen drei genannten Optimierungsverfahren ist eine geeignet zu optimierende Gütefunktion gemeinsam. Die hier formulierte Gütefunktion nutzt die am Ausgang des Katalysators experimentell ermittelten Messdaten der Konzentrationen von CO, HC, $NO_x$ und $O_2$. Über diese in der Literatur üblichen Größen geht in die Gütefunktion hier auch die für das spätere Diagnoseverfahren entscheidende Messgröße der Abgastemperatur ein. Das Katalysatormodell soll nicht nur die Konzentrationen, sondern auch die Abgastemperatur exakt vorhersagen. Ziel der Optimierung ist es, die Fehler

$$e_j\left(t_k;\underline{\vartheta}\right) = y_j\left(t_k\right) - y_j^*\left(t_k;\underline{\vartheta}\right)$$

zwischen den gemessenen $y_j\left(t_k\right)$ und den durch das Modell berechneten Ausgangsgrößen $y_j^*\left(t_k;\underline{\vartheta}\right)$ durch Variation der unbekannten Parameter $\underline{\vartheta}$ zu minimieren. Der Index $j$ steht für die Ausgangskonzentrationen von CO, HC, $NO_x$, $O_2$ und die Ausgangstemperatur $T_g$ des Abgases. Somit wird der Fehler als Funktion des Parametervektors $\underline{\vartheta}$ und der Zeit $t$ beschrieben, wobei infolge der diskreten Datenerfassung auch hier diskrete Abtastzeitpunkte $t_k$ betrachtet wurden. Der Parametervektor

$$\underline{\vartheta} = \left[ B_1, B_2, \ldots, B_{13} \right]^{\mathrm{T}}$$

beinhaltet für die 13 im Modell berücksichtigten Reaktionen jeweils eine präexponentielle Konstante $B_i$. Aus der Division der gesamten Messdauer $T_D$ durch die Abtastzeit $T_A$ ergibt sich die Anzahl $M$ von Messdaten einer bestimmten Ausgangsgröße. Die Fehler werden über die fünf Ausgangsgrößen und die Anzahl der vorliegenden Messdaten $M$ zu einem Gesamtfehler aufsummiert und gemittelt. Die hier verwendete Gütefunktion weist somit folgende Gestalt auf:

$$J\left(\underline{\vartheta}\right) = \frac{1}{5}\frac{1}{M} \sum_{j=1}^{5} \sum_{k=1}^{M} \delta_j \frac{\left[e_j\left(t_k;\underline{\vartheta}\right)\right]^2}{\left[\widetilde{y}_{j,max}\left(t_k\right)\right]^2} \longrightarrow \quad \min . \tag{6.3}$$

Um zu gewährleisten, dass sich einerseits positive und negative Abweichungen nicht gegenseitig aufheben und andererseits größere Abweichungen stärker bestraft werden, wird anstelle des linearen Fehlers das Fehlerquadrat verwendet. Des Weiteren wird der Fehler noch durch $\widetilde{y}_{j,max}\left(t_k\right)$ mit

$$\widetilde{y}_{j,max}\left(t_k\right) = \max_{t_k}\left[y_j\left(t_k\right), y_j^*\left(t_k,\underline{\vartheta}\right)\right]$$

dividiert, was also jeweils dem größeren Wert von gemessener oder berechneter Ausgangsgröße entspricht. Durch diese Normierung treten nur Werte in den festen Schranken von null und eins auf, was den Vorteil mit sich bringt, dass somit die Abweichungen der Konzentrationen und der Temperatur trotz unterschiedlicher Absolutwerte in der Gütefunktion gleich gewichtet werden. Möchte man dennoch die verschiedenen physikalischen Größen unterschiedlich stark gewichten, so stehen die zusätzlichen Parameter $\delta_j$ zur Verfügung, die nur die Bedingung

$$\sum_{j=1}^{5} \delta_j = 5$$

erfüllen müssen. In dieser Arbeit wurden alle Größen durch die Faktoren $\delta_j = 1$ gleich gewichtet. Für den Genetischen Algorithmus sowie die Partikelschwarm-Optimierung, die, im Gegensatz zum Gradientenverfahren, nicht das Minimum, sondern das Maximum suchen, kann die Gütefunktion (6.3) in

$$\widetilde{J}\left(\underline{\vartheta}\right) = 1 - J\left(\underline{\vartheta}\right) \tag{6.4}$$

umgewandelt werden. Über die Parameteridentifikation hinaus erlauben die beiden Gütefunktionen (6.3) und (6.4) eine objektive Bewertung der Qualität des Katalysatormodells. Ist die Identifizierung der Parameter erfolgreich abgeschlossen, kann das Katalysatormodell auch für Katalysatoren eines anderen Designs bzw. mit anderen geometrischen Maßen verwendet werden, da die physikalischen Parameter im Modell entsprechend Kapitel 6.2.1 leicht angepasst werden können [PS04].

## 6.3 Messdaten zur Identifikation

Zur Identifikation der unbekannten Parameter benötigt man Messdaten, welche das Verhalten eines Katalysators während des typischen Fahrbetriebs beschreiben. Zur Generierung der hier verwendeten Messdaten wurde der NEFZ auf einem Motorprüfstand eines Industriepartners abgefahren. Wie bereits im Kapitel 2.1 näher erläutert, handelt es sich hierbei um einen sehr dynamischen Fahrzyklus, innerhalb dessen sämtliche in einem Katalysator stattfindenden physikalischen und chemischen Vorgänge angeregt werden. Den prinzipiellen Messaufbau des Motorprüfstands veranschaulicht Abbildung 6.5. Die Konzentrationen von CO, HC, $NO_x$ und $O_2$ wurden

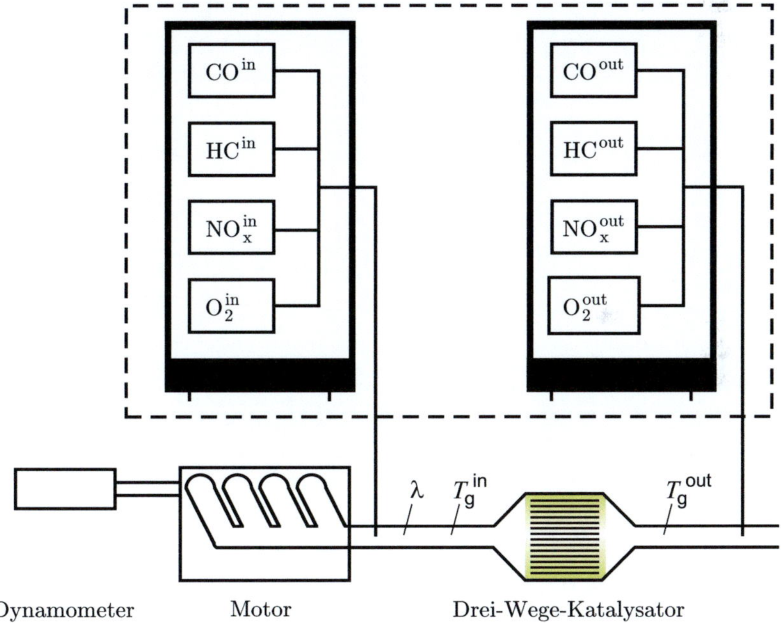


Abbildung 6.5: Messaufbau am Motorprüfstand

mit Gasanalysatoren, die Abgastemperatur mit Temperatursensoren vor und hinter dem Katalysator gemessen. Die Datenerfassung erfolgte mit einer Abtastfrequenz $f_A$ von einem Hertz. Auf Wunsch des Industriepartners wurden die in Abbildung 6.6 gezeigten Messergebnisse noch mit Normierungsfaktoren versehen.

Aus den Abbildungen 6.6(a) bis 6.6(c), welche die höheren Schadstoffeingangskonzentrationen (blau) im Vergleich zu den niedrigeren Ausgangskonzentrationen (rot)

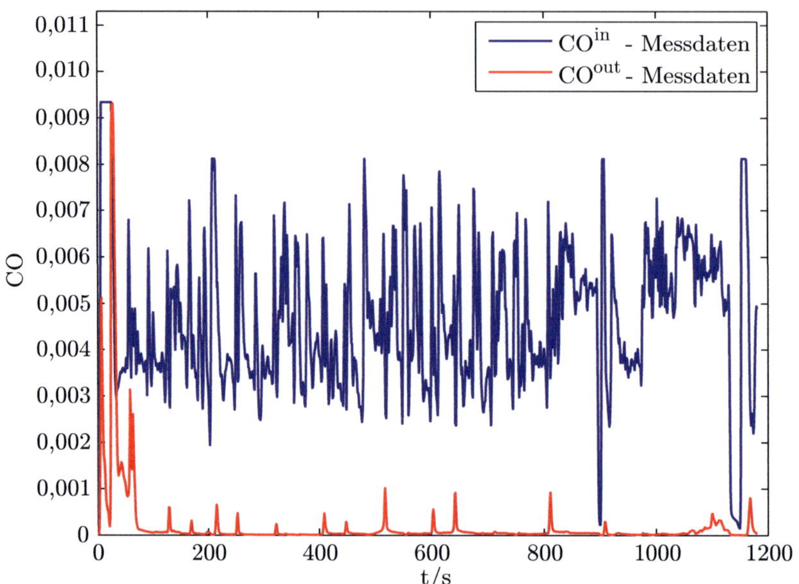

(a) CO-Konzentrationen am Ein- und Ausgang des Katalysators

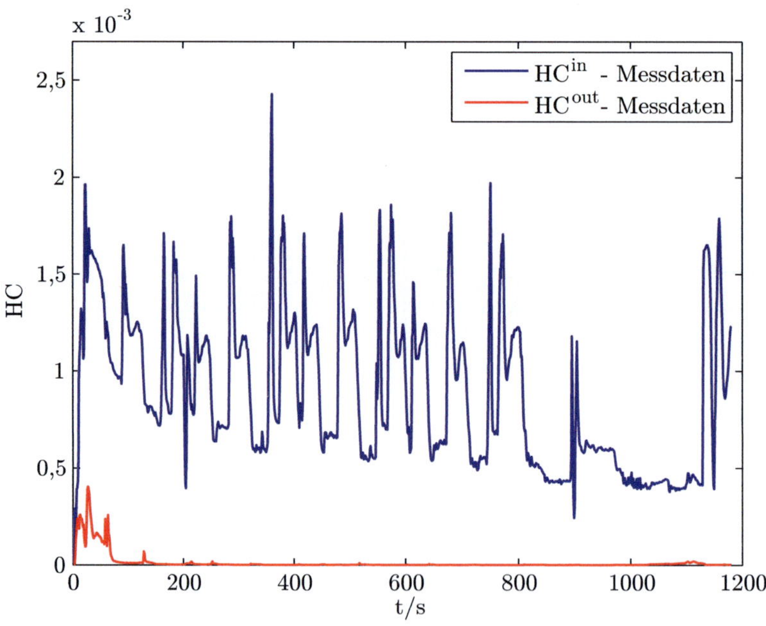

(b) HC-Konzentrationen am Ein- und Ausgang des Katalysators

Abbildung 6.6: Messgrößen zur Identifikation

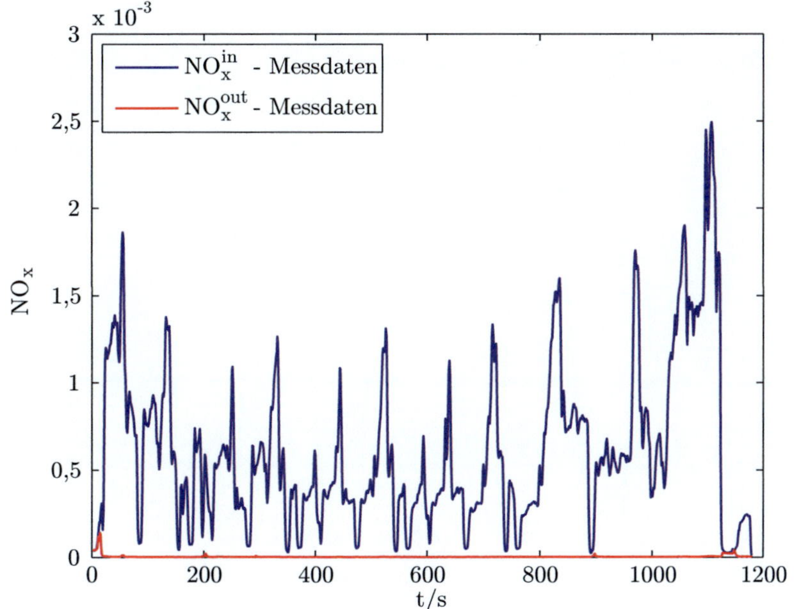


**(c)** NO$_x$-Konzentrationen am Ein- und Ausgang des Katalysators

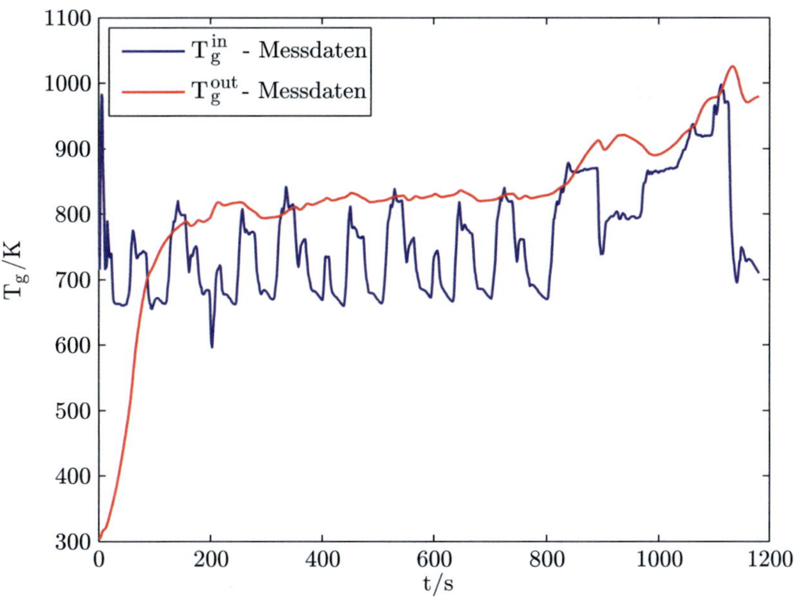


**(d)** Abgastemperatur am Ein- und Ausgang des Katalysators

Abbildung 6.6: Messgrößen zur Identifikation

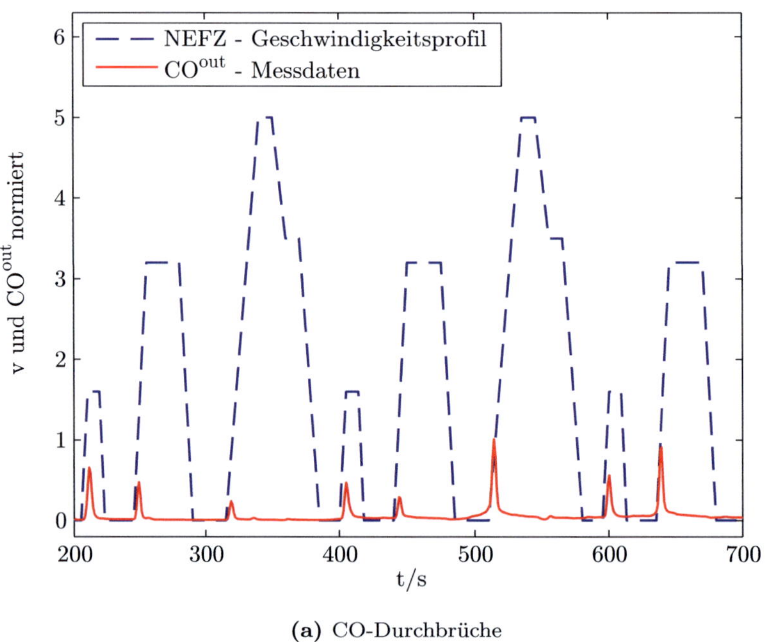

(a) CO-Durchbrüche

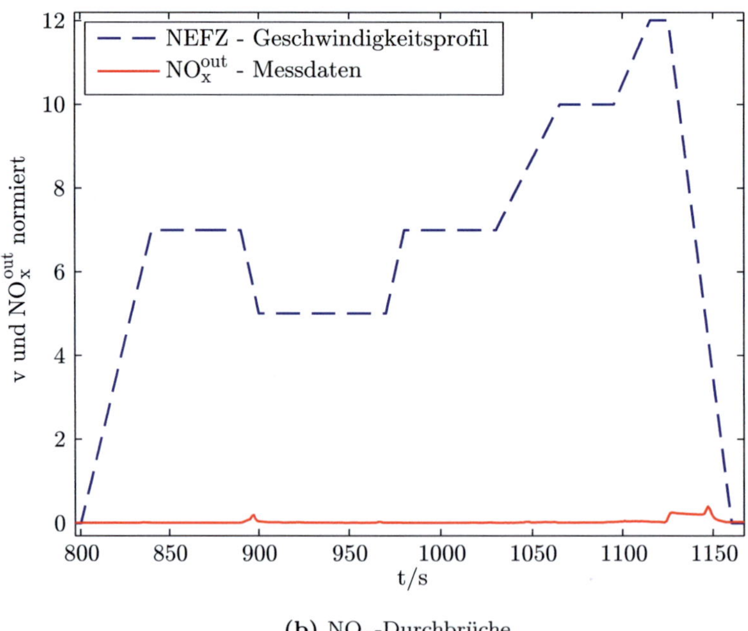

(b) $NO_x$-Durchbrüche

Abbildung 6.7: Durchbrüche der Schadstoffkonzentrationen

wiedergeben, wird die Leistungsfähigkeit eines Katalysators mit einer Konvertierungsrate von über 90% deutlich. Betrachtet man die ersten 780 Sekunden, die den Stadtverkehr des NEFZ beschreiben, so erkennt man das Erreichen der Anspringtemperatur von ca. $T_{Ans} = 525\,K$ nach etwa 60 s. Von diesem Zeitpunkt an bis 780 s nach Start des Motors sinken die Schadstoffkonzentrationen nahezu auf null und es treten lediglich so genannte Schadstoffdurchbrüche auf. Ursache hierfür ist zum einen das beim Beschleunigen des Fahrzeugs „angefettete" Luft/Kraftstoff-Gemisch ($\lambda < 1$), wodurch zur vollständigen Oxidation des Kohlenstoffmonoxids und der Kohlenwasserstoffe nicht genügend Sauerstoff im Katalysator zur Verfügung steht. Zum anderen wird, um Kraftstoff zu sparen, beim Abbremsen des Fahrzeugs dem Gemisch weniger Kraftstoff zugeführt ($\lambda > 1$). In der Folge tritt dann ein Sauerstoffüberschuss auf, weshalb nicht alle Stickoxide ihren gebundenen Sauerstoff abgeben können. In den Abbildungen 6.7(a) und 6.7(b) sind in einem Ausschnitt die Konzentrationen (rot) und das NEFZ-Geschwindigkeitsprofil (blau) als normierte Größen gleichzeitig dargestellt. Sie zeigen das Ansteigen der CO-Konzentrationen beim Beschleunigen und der $NO_x$-Konzentrationen beim Verzögern des Automobils. Während dieser Zeit ist die Sauerstoffspeicherfähigkeit des Ceroxids nicht in der Lage, den großen Sauerstoffmangel bzw. -überschuss auszugleichen. Im Außerortsbereich des NEFZ, zwischen 780 s und 1180 s, steigen die Emissionen aufgrund des hohen Abgas-Massenstroms wieder leicht an. Erkennen lässt sich dies anhand der Abbildungen 6.6(a) bis 6.6(c), etwa zum Zeitpunkt $t = 1100\,s$, wo die Ausgangskonzentrationen nicht nur für einen kurzen Peak, sondern für einen längeren Zeitraum von null verschieden sind. Abbildung 6.6(d) zeigt die Verläufe der Abgastemperaturen am Ein- und Ausgang des Katalysators, wobei die Ausgangstemperatur infolge der exothermen chemischen Reaktionen im Katalysator weitgehend über der am Eingang liegt. Sie ist aufgrund des Wärmeaustauschs mit dem Festkörper zusätzlich geglättet. Ab $t = 780\,s$ ist infolge der durch den NEFZ bedingten Geschwindigkeitszunahme, wodurch der Außerortsverkehr nachgebildet werden soll, eine Anstieg der Abgastemperatur zu erkennen.

## 6.4 Ergebnisse der Modellidentifikation

Die Identifikation der unbekannten Parameter ergab hinsichtlich der Übereinstimmung zwischen Mess- und Modelldaten für das Verfahren der Partikelschwarm-Optimierung mit $J(\vartheta) = 96{,}6\%$ ein leicht besseres Ergebnis als beim Genetischen Algorithmus mit $J(\vartheta) = 96{,}3\%$. Darüber hinaus ist die Partikelschwarm-Optimierung aufgrund der geringeren Anzahl durch den Benutzer zu wählender Kenngrößen in der Praxis einfacher anwendbar. Eine weitere Verbesserung brachte der anschließende Einsatz des Gradientenverfahrens, so dass sich bei Verwendung des Ergebnisses der Partikelschwarm-Optimierung als Startvektor das Gütemaß auf $J(\vartheta) = 97{,}6\%$ und beim Genetischen Algorithmus auf $J(\vartheta) = 97{,}4\%$ erhöhte. In Tabelle C.10 im

Anhang sind die als bestes Ergebnis erzielten Werte der 13 identifizierten präexponentiellen Koeffizienten $B_i$ aufgelistet.

In den Abbildungen 6.8(a) bis 6.8(g) sind Vergleiche zwischen den durch das identifizierte Modell berechneten und den gemessenen Verläufen dargestellt. Es zeigt sich eine große Übereinstimmung zwischen Mess- (rot) und Modelldaten (blau), was auch anhand der Ausschnitte der HC-Emissionen in Abbildung 6.8(c) und Abbildung 6.8(d) deutlich wird. Das Modell gibt sowohl sämtliche Konzentrationen mit ihren Durchbrüchen als auch die Abgastemperatur sehr gut wieder, wobei die Ergebnisse der CO-Konzentrationen etwas besser als die der HC- und $NO_x$-Konzentrationen sind. Erklären lässt sich dies durch die vielen verschiedenen im Abgas enthaltenen Kohlenwasserstoff-Verbindungen, die lediglich durch zwei Komponenten approximiert werden. Propen ($C_3H_6$) repräsentiert hierbei die „schnellen" und Propan ($C_3H_8$) die „langsamen" Kohlenwasserstoffe. Die $NO_x$ werden sogar ausschließlich durch das NO modelliert, wobei hier ein fehlender, im Rahmen der CO- und HC-Reaktionen auftretender Hemmungsterm hinzu kommt. Eine diesbezügliche Verbesserung könnte daher die Berücksichtigung des im Kapitel 4.1.3 vorgestellten Hemmungsterms (4.7) bringen. Hierauf soll in dieser Arbeit jedoch angesichts der späteren On-Board-Diagnose und der damit verbundenen geringen verfügbaren Rechenzeit sowie der bereits auch so erzielten sehr guten Ergebnisse verzichtet werden. Die hohe Genauigkeit, mit der das Modell darüber hinaus das Phänomen der Sauerstoffspeicherfähigkeit eines Katalysators durch die darin enthaltenen Reaktionen der Sauerstoffspeicherung und -abgabe beschreibt, wird durch die nahezu exakte Vorhersage der Schadstoffdurchbrüche bestätigt.

Abbildung 6.8(f) zeigt einen Vergleich der für die Diagnose wichtigen Abgastemperatur am Ausgang des Katalysators. Wie der vergrößerte Ausschnitt in Abbildung 6.8(g) verdeutlicht, sind bis auf die anfängliche Abweichung auch hier die Mess- und Modelldaten nahezu identisch. Die bis zum Zeitpunkt $t = 85\,\mathrm{s}$ auftretenden Abweichungen kommen einerseits dadurch zustande, dass die Messung der Abgastemperatur nicht unmittelbar am Eingang, sondern im Abgasrohr ca. $9\,\mathrm{cm}$ vor dem Katalysator erfolgte. Dadurch ist die für eine eindeutige Lösung der Differentialgleichung erforderliche Eingangstemperatur $T_g^{in}$ zum Zeitpunkt $t = 0\,\mathrm{s}$ infolge der Wärmestrahlung des Rohres nicht exakt bekannt. Andererseits treten zu Beginn des Fahrzyklus im Katalysator Abgasverwirbelungen auf, die in einem eindimensionalen Modell nicht abgebildet werden können. Diese Temperaturabweichung hat aufgrund der starken Kopplung der partiellen Differentialgleichungen auch einen negativen Einfluss auf die Berechnung der Konzentrationen. Folglich treten zu Beginn des NEFZ bei ihnen ebenfalls größere Abweichungen auf als während des restlichen Fahrzyklus. Der Versuch, $T_g^{in}\,(t = 0\,\mathrm{s})$ als eine weitere unbekannte Größe mit zu identifizieren, brachte wegen der Vielzahl an Parametern und somit an Freiheitsgraden keine Verbesserung.

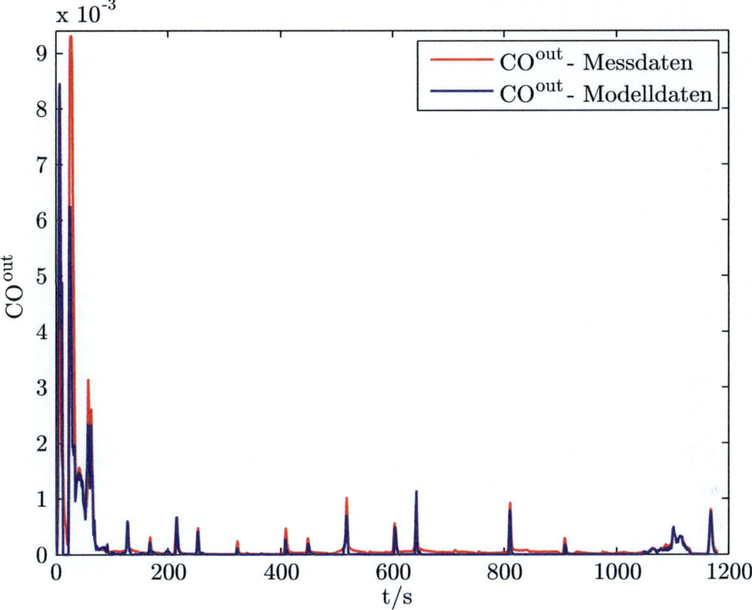

(a) Vergleich von Messung und identifiziertem Modell der CO-Emissionen

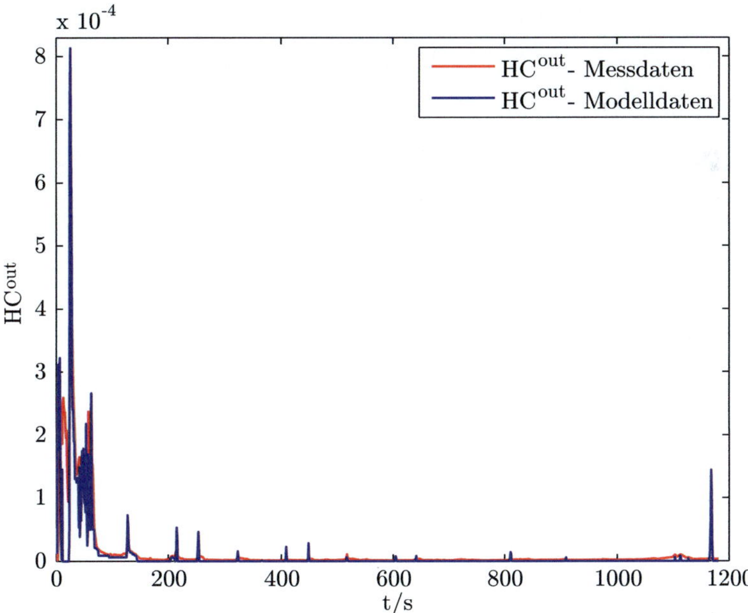

(b) Vergleich von Messung und identifiziertem Modell der HC-Emissionen

Abbildung 6.8: Vergleich der Größen von Messung und identifiziertem Modell

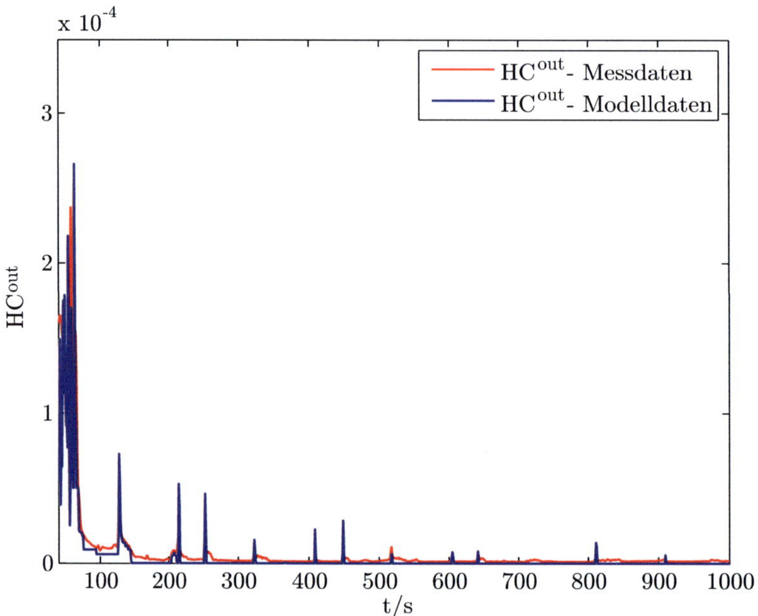

**(c)** Ausschnitt aus dem Vergleich der HC-Emissionen

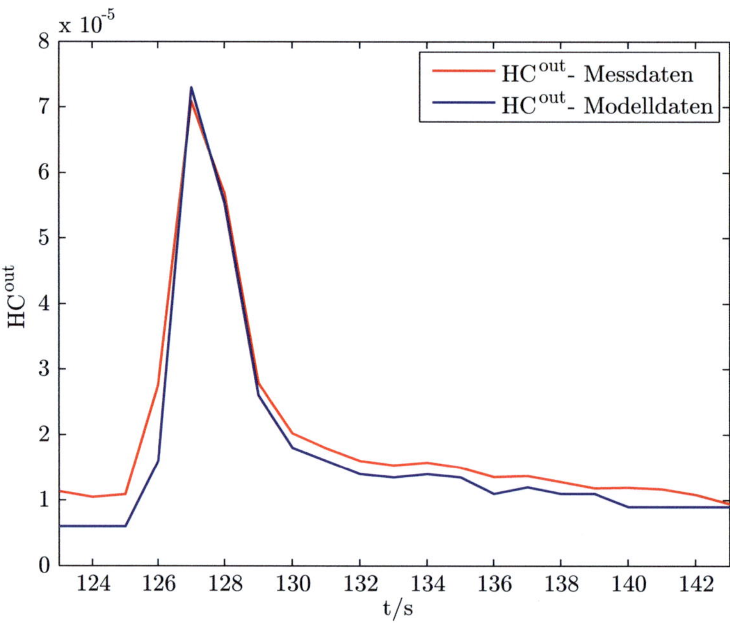

**(d)** Vergrößerter Ausschnitt aus dem Vergleich der HC-Emissionen

Abbildung 6.8: Vergleich der Größen von Messung und identifiziertem Modell

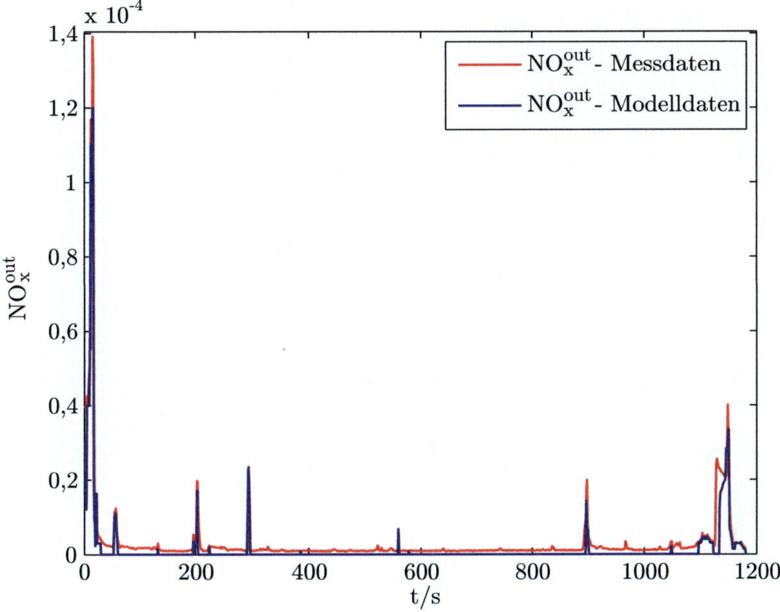

(e) Vergleich von Messung und identifiziertem Modell der $NO_x$-Emissionen

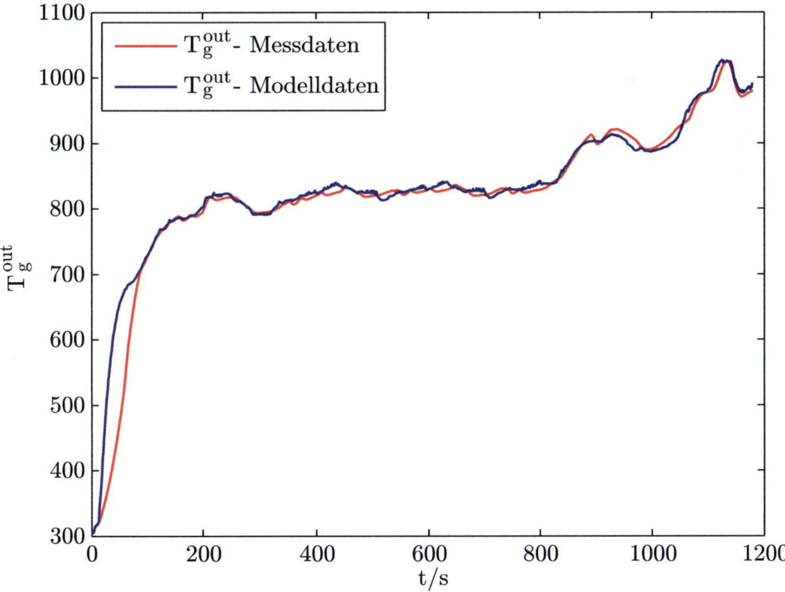

(f) Vergleich von Messung und identifiziertem Modell der Abgastemperaturen

Abbildung 6.8: Vergleich der Größen von Messung und identifiziertem Modell

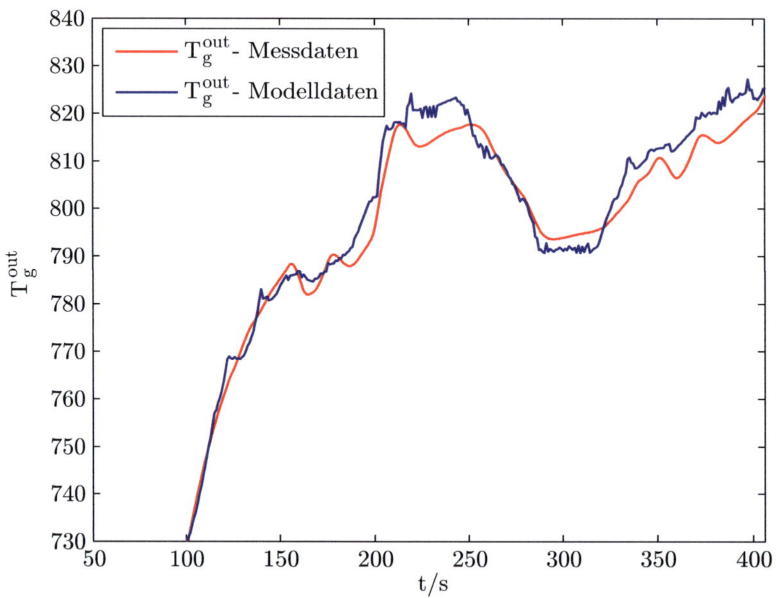



**(g)** Ausschnitt aus dem Vergleich der Abgastemperaturen

Abbildung 6.8: Vergleich der Größen von Messung und identifiziertem Modell

Aufgrund fehlender Angaben der Materialeigenschaften des Abgasrohres konnte die Wärmestrahlung auch nicht im Modell berücksichtigt werden. Betrachtet man allerdings den übrigen Temperaturverlauf nach den ersten 85 Sekunden, so tritt zwischen den Mess- und den Modelldaten nur noch eine maximale Abweichung von 2,4% auf.

Insgesamt lässt sich feststellen, dass das identifizierte Katalysatormodell trotz der stark reduzierten Modellordnung das reale Verhalten mit einer sehr bemerkenswerten Genauigkeit nachbildet. Somit kann es für die im nächsten Kapitel vorgestellte modellbasierte On-Board-Diagnose eingesetzt werden.

# 6.5   Zusammenfassung

Mit dem im Kapitel 5 vorgestellten reduzierten physikalisch-chemischen Katalysatormodell, welches Alterungseffekte mit berücksichtigt, wurde die grundsätzliche Struktur des dynamischen Systems festgelegt. In diesem Kapitel erfolgte nunmehr die Bestimmung der darin enthaltenen Parameter. Ihre überwiegende Mehrheit lässt sich aus den Angaben des Herstellers durch geometrische oder thermodynamische Überlegungen herleiten. Aufgrund der Vereinfachung der chemischen Reaktionen besitzt das Modell darüber hinaus aber auch noch 13 unbekannte, in den Reaktionsraten auftretende Parameter in Form von präexponentiellen Konstanten $B_i$. Sie galt es zu identifizieren, wofür die Aufgabenstellung in ein Optimierungsproblem umgewandelt und adäquate Optimierungsverfahren gewählt wurden. Diese benötigen eine geeignete Gütefunktion, die zunächst bestimmt werden musste. Die hier eingesetzte Gütefunktion ist eine zwischen gemessenen und vom Modell berechneten Ausgangsgrößen auftretende Summe von Fehlerquadraten, wobei sie als Ausgangsgrößen die Konzentrationen von CO, HC, $NO_x$ und $O_2$ sowie die für die spätere Diagnose wichtige Temperatur des Abgases verwendet. Die erforderlichen Messdaten stammen von einem Motorprüfstand eines Industriepartners, mit dem der Neue Europäische Fahrzyklus abgefahren wurde. Da der Suchraum viele lokale Extrema aufweist, kamen in dieser Arbeit als Optimierungsverfahren ein Genetischer Algorithmus und die Partikelschwarm-Optimierung zur globalen Optimierung zum Einsatz. Ihre Ergebnisse dienten anschließend als Startwerte einer lokalen Optimierung mit dem Gradientenverfahren, um weitere Verbesserungen zu erzielen. Die in der Praxis leichter handhabbare Partikelschwarm-Optimierung führte dabei zu leicht besseren Ergebnissen als der verwendete Genetische Algorithmus. Ein Vergleich der durch das identifizierte Modell berechneten und gemessenen Verläufe zeigt eine sehr große Übereinstimmung zwischen Mess- und Modelldaten. Da das Modell sowohl sämtliche Konzentrationen als auch die Abgastemperatur mit einer bemerkenswerten Genauigkeit wiedergibt, ist es für die folgende modellbasierte On-Board-Diagnose geeignet.

# Kapitel 7

# Modellbasierte Katalysatordiagnose

In diesem Kapitel werden zwei neue modellbasierte Diagnoseverfahren für Drei-Wege-Katalysatoren vorgestellt, von denen das eine auf einem Vergleich mit einem „Grenzkatalysator" und das andere auf einer Zustandsschätzung beruht. Grundlage beider Diagnoseverfahren ist das in dieser Arbeit entwickelte und identifizierte Katalysatormodell in Zustandsraumdarstellung (siehe Gleichungen (5.26) und (5.27))

$$\underline{\dot{x}} = \underline{f}(\underline{x}, \underline{u}) \qquad \text{Zustandsdifferentialgleichung}, \qquad (7.1)$$

$$y = \underline{c}^{\mathrm{T}}\, \underline{x} \qquad \text{Ausgangsgleichung}. \qquad (7.2)$$

Der darin auftretende Zustandsvektor $\underline{x}$ setzt sich aus den drei Schadstoffkonzentrationen $\varsigma_{g,\mathrm{CO}}$, $\varsigma_{g,\mathrm{HC}}$ und $\varsigma_{g,\mathrm{NO}}$ am Ausgang des Katalysators, den Temperaturen des Abgases $T_g$ und des Festkörpers $T_s$ entlang des Katalysators sowie der aktiven Oberfläche $A_{akt}$ zusammen und besitzt für vier diskrete Ortspunkte folgende Gestalt:

$$\underline{x} = \left[\varsigma_{g,\mathrm{CO}}\left(z_3\right), \varsigma_{g,\mathrm{HC}}\left(z_3\right), \varsigma_{g,\mathrm{NO}}\left(z_3\right), T_g\left(z_1\right), \ldots, T_g\left(z_3\right), T_s\left(z_0\right), \ldots, T_s\left(z_3\right), A_{akt}\right]^{\mathrm{T}}.$$

Hierbei stellt $z_0$ die diskrete Stelle am Eingang und $z_3$ jene am Ausgang des Katalysators dar. Infolge der $N_z = 11$ Zustände handelt es sich um ein Modell 11. Ordnung. Als messbare bzw. berechenbare Größen beinhaltet der Eingangsvektor $\underline{u}$ die Abgastemperatur und den Abgasmassenstrom. Kennfelder oder ein im Kapitel 4.3 entwickeltes physikalisches Modell ermöglichen die Bestimmung der Konzentrationen am Eingang des Katalysators. Die Zustandsdifferentialgleichung (7.1) lässt sich für beliebige Zeitpunkte mit einem ODE-Solver (Ordinary Differential Equation System Solver) lösen. Aus dem numerischen Lösungsverfahren ergibt sich eine zeitdiskrete Lösung der Zustandsgleichungen in bestimmten Zeitpunkten $t_k$. Als Darstellung der

Zustandsgleichungen in diskreter Zeit erhält man

$$\underline{x}_{k+1} = \underline{f}\left(\underline{x}_k, \underline{u}_k\right) + \underline{H}\,\underline{v}_k\,, \tag{7.3}$$

$$y_k = \underline{c}^{\mathrm{T}}\,\underline{x}_k + w_k\,. \tag{7.4}$$

In den Gleichungen (7.3) und (7.4) treten im Vergleich zu (7.1) und (7.2) zusätzlich die Größen $\underline{v}$ und $w$ auf. Der Vektor $\underline{v}$ entspricht einem additiven, mittelwertfreien, weißen Gaußschen System- bzw. Prozessrauschen mit der positiv definiten Kovarianzmatrix $\underline{P}_{vv} = E\left\{\underline{v}\,\underline{v}^{\mathrm{T}}\right\}$, welches die Gleichung (7.3) anregt und zur Berücksichtigung von eventuellen Modellungenauigkeiten dient. Die Matrix $\underline{H}$ stellt die Eingangsmatrix dieses Systemrauschens dar. Durch die skalare Größe $w$ wird in der Ausgangsgleichung (7.4) ein zusätzlich angenommenes additives mittelwertfreies, weißes Gaußsches Messrauschen mit der Varianz $P_{ww} = E\left\{w^2\right\}$ wiedergegeben. Die Rauschprozesse selbst werden zueinander als unkorreliert angenommen. Trifft dies nicht zu, ist zusätzlich ein Formfilter erforderlich. Der Vektor $\underline{c}^{\mathrm{T}} = [0, \ldots, 0, 1, 0, \ldots, 0]$ wählt das Element des Zustandsvektors aus, welches die Abgastemperatur $T_g\left(z_3\right)$ direkt am Ausgang des Katalysators repräsentiert. Zur Diagnose erfolgt dann ein Vergleich dieser Größe mit der gemessenen Ausgangstemperatur des Abgases. Während das erste Diagnoseverfahren, zur Prüfung der Funktionsfähigkeit des Katalysators, sich an einem so genannten „Grenzkatalysator" orientiert und diesen Vergleich direkt verwendet, werden beim zweiten Diagnoseansatz die restlichen Zustände und insbesondere die Ausgangskonzentrationen sowie die katalytisch aktive Oberfläche $A_{akt}$ – welche ein Maß für die Alterung des Katalysators darstellt – aus dem Vergleich der beiden Ausgangstemperaturen mittels eines Zustandsschätzers geschätzt. Im Folgenden werden zunächst die neuen Diagnoseverfahren näher erläutert und anschließend im Kapitel 7.4 die damit erzielten Ergebnisse präsentiert.

# 7.1   Verwendung eines „Grenzkatalysators"

Abbildung 7.1 zeigt die Idee des Diagnoseverfahrens unter Verwendung des Modells eines „Grenzkatalysators". Unter einem solchen „Grenzkatalysator" versteht man einen Katalysator, welcher die gesetzlichen Emissionsgrenzen gerade noch einhält. Das zugehörige Modell liefert das im Kapitel 5 hergeleitete reduzierte Katalysatoralterungsmodell, in dem die Differentialgleichung (5.25) für die aktive Oberfläche $A_{akt}$ durch den festen Wert $A_{akt} = 0{,}55 \cdot A_{akt,neu}$ ersetzt ist. Letzterer wurde mit Hilfe von Simulationen ermittelt, bei denen in jedem Durchlauf des NEFZ die aktive Oberfläche solange verringert wurde, bis die gesetzlichen Emissionsgrenzen nicht mehr eingehalten werden konnten. Zur Diagnose wird während des dynamischen Fahrbetriebs die Abgastemperatur mittels eines hinter dem Katalysator angebrachten Temperatursensors fortlaufend gemessen und mit der durch das Modell berechneten

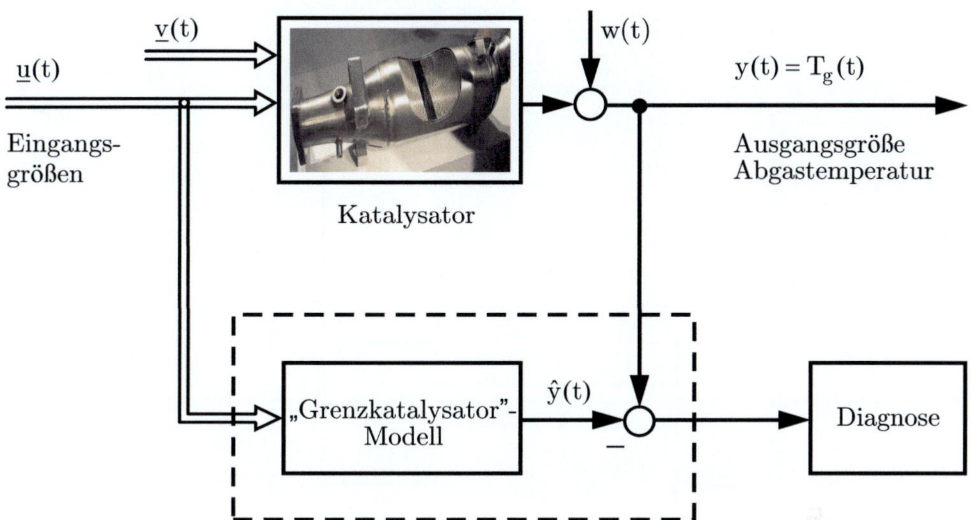



Abbildung 7.1: Diagnoseverfahren mit Hilfe eines „Grenzkatalysator"-Modells

Temperatur verglichen. Der Katalysator gilt solange als funktionsfähig, bis die gemessene Abgastemperatur die Modelltemperatur unterschreitet. In einem realen Katalysator finden dann nicht mehr genügend exotherme chemische Reaktionen statt, um die gesetzlichen Schadstoffgrenzwerte einzuhalten. Aufgrund der Tatsache, dass ein direkter Zusammenhang zwischen der Effizienz des Katalysators und der bei den chemischen Reaktionen entstehenden Wärmeenergie besteht, lässt sich zusätzlich aus der Differenz der beiden Temperaturen qualitativ auf den aktuellen Zustand des Katalysators schließen. Eine bessere Methode hierfür bietet jedoch das einen Zustandsschätzer enthaltende zweite Diagnoseverfahren, das im nächsten Abschnitt vorgestellt wird. Zur Zustandsschätzung kommen dabei in dieser Arbeit einerseits die Moving Horizon Estimation und andererseits ein Sigma-Punkt-Kalman-Filter zum Einsatz.

## 7.2 Zustandsschätzung mittels Moving Horizon Estimation

Den Grundgedanken der modellbasierten Katalysatordiagnose mittels der Moving Horizon Estimation (abgekürzt MHE, Zustandsschätzung mit gleitendem Horizont) veranschaulicht Abbildung 7.2. Die MHE liefert eine Schätzung des aktuellen Zustands, so dass ein Ausgleichsproblem durch Optimierung auf einem sich mitbewegenden, in der Vergangenheit liegenden Zeithorizont gelöst wird.

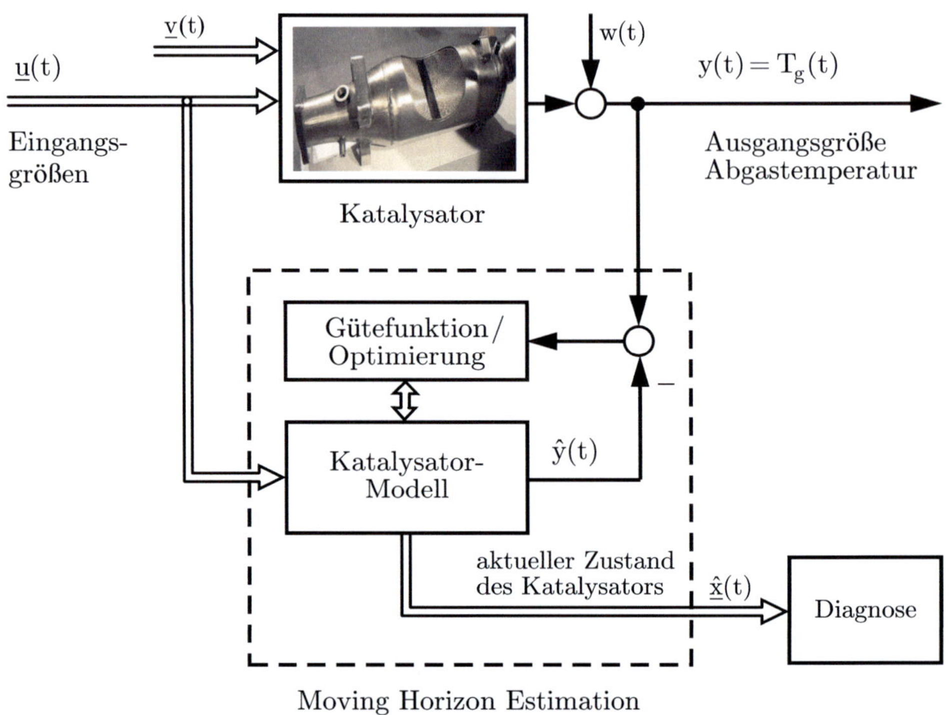


Abbildung 7.2: Diagnoseverfahren mittels Moving Horizon Estimation

Hierfür sind zum momentanen Zeitpunkt $t_k$ der aktuelle Messwert $y(t_k)$ sowie $N$ in der Vergangenheit liegende Messwerte $y(t_{k-N}), \ldots, y(t_{k-1})$ erforderlich. Die Länge des Schätzhorizonts beträgt somit $T_E = t_k - t_L$, wobei $L := k - N$ definiert wurde. Neben den Messwerten der Ausgangsgrößen werden weiterhin die Eingangsgrößen $\underline{u}(t)$ auf dem Schätzhorizont $t \in [t_L, t_k]$ als bekannt angenommen. Unter diesen Voraussetzungen sowie der quadratischen 2-Norm $\|\underline{A}\,\underline{x}\|_2^2 = \underline{x}^T \underline{A}^T \underline{A}\,\underline{x} =: \|\underline{A}\,\underline{x}\|^2$ besitzt das zum aktuellen Zeitpunkt $t_k$ zu lösende Ausgleichsproblem folgende Gütefunktion:

$$\min_{\underline{x}(t)} \left\{ \left\| \underline{M}_L \left( \underline{x}(t_L) - \overline{\underline{x}}_L \right) \right\|^2 + \sum_{i=L}^{k} \left\| W \left( y(t_i) - \underline{c}^T \underline{x}(t_i) \right) \right\|^2 \right\} \tag{7.5}$$

mit den Nebenbedingungen:

$$\underline{\dot{x}}(t) = \underline{f}\left( \underline{x}(t), \underline{u}(t) \right), \qquad t \in [t_L, t_k], \tag{7.6}$$

$$\underline{0} \leq \underline{x}(t). \tag{7.7}$$

Ziel ist es, die Abweichungen zwischen der gemessenen und der durch das Modell berechneten Abgastemperatur mittels Adaption des Zustandsvektors zu minimieren.

Die erste Nebenbedingung (7.6) fordert hierbei, dass das gesuchte $\underline{x}(t)$ die Zustands-differentialgleichung (7.1) des Modells erfüllt. Darüber hinaus lässt die MHE die Berücksichtigung der Ungleichungsnebenbedingungen (7.7) zu, die im vorliegenden Fall dafür Sorge tragen, dass die Konzentrationen, (absoluten) Temperaturen und die aktive Oberfläche nur physikalisch sinnvolle Werte größer oder gleich null annehmen. Die Differenz zwischen gemessener und durch das Modell berechneter Ausgangsgröße wird in (7.5) zusätzlich mit dem Faktor $W = 1/\sqrt{P_{ww}}$ gewichtet, wobei $P_{ww}$ die Varianz des Messrauschens ist. Der erste Summand

$$\left\| \underline{M}_L \left( \underline{x}(t_L) - \overline{\underline{x}}_L \right) \right\|^2 \tag{7.8}$$

stellt ein Anfangsgewicht mit der aus der Cholesky-Zerlegung $\underline{M}_L \underline{M}_L^{\mathrm{T}} = \underline{P}_{\underline{x}\,\underline{x}}^{-1}(t_L)$ resultierenden Gewichtungsmatrix $\underline{M}_L$ dar, wobei $\underline{P}_{\underline{x}\,\underline{x}}(t_L)$ der Kovarianzmatrix und $\overline{\underline{x}}_L$ dem Erwartungswert von $\underline{x}(t_L)$ entspricht. Das Anfangsgewicht (7.8) erfüllt somit den Wunsch nach Berücksichtigung noch weiter in der Vergangenheit liegenden Informationen als $t_L$. Aus theoretischer Sicht wäre die so genannte „arrival cost"-Funktion $\sum_{i=-\infty}^{L-1} \left\| W \left( y(t_i) - \underline{c}^{\mathrm{T}} \underline{x}(t_i) \right) \right\|^2$ hierfür das ideale Anfangsgewicht, die sich jedoch aufgrund des unendlich langen Horizonts nicht berechnen lässt. Zudem sollen die in der Vergangenheit liegenden unendlich vielen Messinformationen auch kein unendlich hohes Gewicht bekommen, weshalb als Anfangsgewicht (7.8) gewählt wurde. Der darin enthaltene Erwartungswert $\overline{\underline{x}}_L$ sowie die Kovarianzmatrix $\underline{P}_{\underline{x}\,\underline{x}}(t_L)$ bzw. $\underline{M}_L$ stellen aber noch unbekannte, zu bestimmende Größen dar. Ein in der Praxis hierfür häufig genutzter Ansatz verwendet die so genannte „geglättete Schätzung" mit $\overline{\underline{x}}_L = \underline{x}^*(t_L)$, bei der der Erwartungswert mit der Lösung des Ausgleichsproblems auf dem Horizont $[t_{L-1}, t_{k-1}]$ gleich gesetzt wird und die Gewichtungsmatrix $\underline{M}_L = \underline{M}_{L-1}$ unverändert bleibt. Da dies jedoch zu einer impliziten Doppelgewichtung der im Intervall $[t_L, t_{k-1}]$ liegenden Messungen im Rahmen des neuen Problems auf dem Horizont $[t_L, t_k]$ führt, wird in [DKBS06] von diesem Vorgehen nachdrücklich abgeraten. Zur Ermittlung von $\overline{\underline{x}}_L$ und $\underline{M}_L$ wird dort ein anderes, auf der Linearisierung eines Teilproblems auf dem Intervall $[t_{L-1}, t_L]$ beruhendes Vorgehen vorgeschlagen, welches nun kurz beschrieben werden soll.

## 7.2.1 Anfangsgewichtsbestimmung

Zur Bestimmung des Anfangsgewichts ist das Problem (7.5) bis (7.7) zunächst auf einem um einen Abtastschritt verlängerten Horizont $[t_{L-1}, t_k]$ zu betrachten. Mit dem Ziel, ein Anwachsen des Schätzhorizonts zu verhindern, wird es in ein äquivalentes Problem für einen neuen, verkürzten Horizont $[t_L, t_k]$ umgewandelt. Das Anfangsgewicht sowie die im Intervall $[t_{L-1}, t_L]$ befindliche Information mit der darin enthaltenen Messung $y(t_{L-1})$ müssen dafür in einem neuen Anfangsgewicht zum

Zeitpunkt $t_L$ zusammengefasst werden. Somit ist das neue Anfangsgewicht die Lösung des nichtlinearen Optimierungsproblems

$$E\big(\underline{x}\,(t_L)\big) = \min_{\underline{x}(t_{L-1})} \left\{ \left\| \underline{M}_{L-1}\,(\underline{x}\,(t_{L-1}) - \overline{\underline{x}}_{L-1}) \right\|^2 + \left\| W\left(y\,(t_{L-1}) - \underline{c}^{\mathrm{T}}\,\underline{x}\,(t_{L-1})\right) \right\|^2 \right\}$$

mit der Nebenbedingung:

$$\underline{0} = \underline{x}\,(t_L) - \underline{x}\,(t_L;\underline{x}\,(t_{L-1}))\,,$$

wobei $\underline{x}\,(t_L;\underline{x}\,(t_{L-1}))$ die Lösung der Zustandsdifferentialgleichung im Zeitintervall $t \in [t_{L-1}, t_L]$ mit dem Anfangswert $\underline{x}\,(t_{L-1})$ bezeichnet. Dieses nichtlineare Problem ist analytisch nicht lösbar, weshalb in [DKBS06] ein etwas modifiziertes Anfangsgewicht der Form

$$E_1\big(\underline{x}\,(t_L)\big) = \min_{\underline{x}(t_{L-1})} \left\{ \left\| \underline{M}_{L-1}\,(\underline{x}\,(t_{L-1}) - \overline{\underline{x}}_{L-1}) \right\|^2 + \left\| W\left(y\,(t_{L-1}) - \underline{c}^{\mathrm{T}}\,\underline{x}\,(t_{L-1})\right) \right\|^2$$
$$+ \left\| \underline{V}\big(\underline{x}\,(t_L) - \underline{x}\,(t_L;\underline{x}\,(t_{L-1}))\big) \right\|^2 \right\}$$

vorgeschlagen wurde, bei dem die Gleichungsnebenbedingung durch einen quadratischen Strafterm ersetzt ist. Die auftretende Gewichtungsmatrix $\underline{V}$ resultiert aus der Cholesky[1]-Zerlegung der inversen Kovarianzmatrix des bereits erwähnten Systemrauschens $\underline{V}\,\underline{V}^{\mathrm{T}} = \underline{P}_{vv}^{-1}$. Da das modifizierte Anfangsgewicht infolge der nichtlinearen Funktion $\underline{x}\,(t_L;\underline{x}\,(t_{L-1}))$ analytisch nicht darstellbar ist, gilt es unter Verwendung der numerisch zu berechnenden Jacobi[2]-Matrix

$$\underline{X}_{L-1} = \left. \frac{\partial \underline{x}\,(t_L;\underline{x}\,(t_{L-1}))}{\partial \underline{x}\,(t_{L-1})} \right|_{\underline{x}(t_{L-1}) = \underline{x}^*(t_{L-1})}\,,$$

eine Linearisierung um die beste verfügbare Schätzung $\underline{x}^*\,(t_{L-1})$ durchzuführen:

$$\underline{x}\,(t_L;\underline{x}\,(t_{L-1})) \approx \underline{x}\,(t_L;\underline{x}^*\,(t_{L-1})) + \underline{X}_{L-1}\big(\underline{x}\,(t_{L-1}) - \underline{x}^*\,(t_{L-1})\big) =: \tilde{\underline{x}}\,(t_L)\,.$$

Hierdurch ist es nunmehr möglich, $E_1\big(\underline{x}\,(t_L)\big)$ in ein analytisch lösbares lineares Ausgleichsproblem der Gestalt

$$E_2\big(\underline{x}\,(t_L)\big) = \min_{\underline{x}(t_{L-1})} \left\| \begin{bmatrix} \underline{M}_{L-1}\,(\underline{x}\,(t_{L-1}) - \overline{\underline{x}}_{L-1}) \\ W\left(y\,(t_{L-1}) - \underline{c}^{\mathrm{T}}\,\underline{x}\,(t_L - 1)\right) \\ \underline{V}\big(\underline{x}\,(t_L) - \tilde{\underline{x}}\,(t_L)\big) \end{bmatrix} \right\|^2$$

---

[1] André-Louis Cholesky, *15. Oktober 1875 in Montguyon; †31. August 1918 in Nordfrankreich; Mathematiker; Vermessungsoffizier

[2] Carl Gustav Jacob Jacobi, *10. Dezember 1804 in Potsdam; †18. Februar 1851 in Berlin; Mathematiker; Ordentliches Mitglied der Preußischen Akademie der Wissenschaften zu Berlin

zu transformieren und wie folgt umzuschreiben:

$$E_2\big(\underline{x}(t_L)\big) = \min_{\underline{x}(t_{L-1})} \left\| \underbrace{\begin{bmatrix} -\underline{M}_{L-1}\,\overline{\underline{x}}_{L-1} \\ \underline{W}\,\underline{y}(t_{L-1}) \\ -\underline{V}\big(\underline{x}(t_L;\underline{x}^*(t_{L-1})) - \underline{X}_{L-1}\,\underline{x}^*(t_{L-1})\big) \end{bmatrix}}_{=:\underline{b}} \right.$$

$$\left. + \underbrace{\begin{bmatrix} \underline{M}_{L-1} & \underline{0} \\ -\underline{W}\,\underline{c}^{\mathrm{T}} & \underline{0}^{\mathrm{T}} \\ -\underline{V}\,\underline{X}_{L-1} & \underline{V} \end{bmatrix}}_{=:\underline{A}} \underbrace{\begin{bmatrix} \underline{x}(t_{L-1}) \\ \underline{x}(t_L) \end{bmatrix}}_{=:\underline{x}} \right\|^2 .$$

Schließlich lässt sich dieses Optimierungsproblem durch eine QR-Zerlegung [GVL96] der Matrix

$$\underline{A} = \underline{Q}\,\underline{R} = \underline{Q} \begin{bmatrix} \underline{R}_{11} & \underline{R}_{12} \\ \underline{0} & \underline{R}_{22} \\ \underline{0} & \underline{0} \end{bmatrix},$$

die im Anhang B.12 näher erläutert ist, in ein äquivalentes Problem der Form

$$E_2\big(\underline{x}(t_L)\big) = \min_{\underline{x}(t_{L-1})} \left\| \begin{bmatrix} \underline{r}_1 \\ \underline{r}_2 \\ \underline{r}_3 \end{bmatrix} + \begin{bmatrix} \underline{R}_{11} & \underline{R}_{12} \\ \underline{0} & \underline{R}_{22} \\ \underline{0} & \underline{0} \end{bmatrix} \begin{bmatrix} \underline{x}(t_{L-1}) \\ \underline{x}(t_L) \end{bmatrix} \right\|^2$$

umwandeln, wobei $\underline{Q}^{\mathrm{T}}\underline{Q} = \underline{I}$ und $\underline{r} = \big[\underline{r}_1^{\mathrm{T}}\ \underline{r}_2^{\mathrm{T}}\ \underline{r}_3^{\mathrm{T}}\big]^{\mathrm{T}} = \underline{Q}^{\mathrm{T}}\underline{b}$ gilt. Dieses Problem besitzt die analytische Lösung

$$\underline{x}(t_{L-1}) = -\underline{R}_{11}^{-1}\big(\underline{r}_1 + \underline{R}_{12}\,\underline{x}(t_L)\big),$$

weshalb sich dann für das Problem

$$E_2\big(\underline{x}(t_L)\big) = \|\underline{r}_3\|^2 + \|\underline{r}_2 + \underline{R}_{22}\,\underline{x}(t_L)\|^2$$

ergibt. Durch die Wahl von

$$\underline{M}_L := \underline{R}_{22} \qquad \text{und} \qquad \overline{\underline{x}}_L := -\underline{R}_{22}^{-1}\underline{r}_2 \tag{7.9}$$

resultiert das gesuchte Anfangsgewicht

$$E_2\big(\underline{x}(t_L)\big) = \|\underline{r}_3\|^2 + \|\underline{M}_L\,(\underline{x}(t_L) - \overline{\underline{x}}_L)\|^2\,.$$

Der konstante Term $\|\underline{r}_3\|^2$ ist für das MHE-Optimierungsergebnis unerheblich, weshalb damit das angestrebte Ziel, die Vorinformation des Intervalls $[t_{L-1}, t_L]$ in einem quadratischen Anfangsgewicht zusammenzufassen, erreicht ist. Das im Ausgleichsproblem (7.5) bis (7.7) auftretende Anfangsgewicht $\|\underline{M}_L\,(\underline{x}(t_L) - \overline{\underline{x}}_L)\|^2$ lässt sich hierdurch zu jedem Zeitpunkt mittels (7.9) berechnen.

Im nächsten Schritt geht es nun darum, das Ausgleichsproblem durch Optimierung zu lösen, wobei der dafür verwendete Algorithmus das im Folgenden vorgestellte Mehrzielverfahren beinhaltet. Für den Sonderfall $N = 0$ – sofern also lediglich die letzte Messung berücksichtigt wird – ist er mit dem erweiterten Kalman-Filter identisch, das etwas später in dieser Arbeit erläutert wird.

## 7.2.2   Mehrzielverfahren

Die Grundidee des Mehrzielverfahrens beruht auf einer Zerlegung des Zeithorizonts $[t_L, t_k]$ in Teilintervalle. Für jedes dieser so genannten Mehrzielintervalle wird dann ein Optimierungsproblem formuliert, welches wiederum durch Stetigkeitsbedingungen an sein Nachbarintervall gekoppelt ist. Zur Unterteilung des Horizonts $[t_L, t_k]$ wählt man der Einfachheit halber $N$ Intervalle $[t_i, t_{i+1}]$ mit $i = L, \ldots, k-1$ und $L = k - N$. Als Anfangswert der Zustandsgröße $\underline{x}$ wird im Intervall $[t_i, t_{i+1}]$ die Variable $\underline{s}_i$ eingeführt, wodurch sich folgende Anforderung formulieren lässt:

$$\dot{\underline{x}}_i(t) = \underline{f}\big(\underline{x}_i(t), \underline{u}(t)\big) \qquad t \in [t_i, t_{i+1}]$$

mit

$$\underline{x}_i(t_i) = \underline{s}_i\,.$$

Zur Verdeutlichung der Abhängigkeit von Intervall und Anfangswert wird die Lösung hierfür mit $\underline{x}_i(t; \underline{s}_i)$ bezeichnet. Die Anwendung des Mehrzielverfahrens führt auf ein dem ursprünglichen Optimierungsproblem (7.5) bis (7.7) fast äquivalentes Problem mit endlich vielen Variablen:

$$\min_{\underline{s}_L, \ldots, \underline{s}_k} \|\underline{M}_L\,(\underline{s}_L - \overline{\underline{x}}_L)\|^2 + \sum_{i=L}^{k} \|W\,(\underline{y}(t_i) - \underline{c}^{\mathrm{T}}\underline{s}_i)\|^2 \tag{7.10}$$

mit den Nebenbedingungen:

$$\underline{0} = \underline{s}_{i+1} - \underline{x}_i(t_{i+1}; \underline{s}_i)\,, \qquad i = L, \ldots, k-1\,, \tag{7.11}$$

$$\underline{0} \le \underline{s}_i\,, \qquad i = L, \ldots, k\,. \tag{7.12}$$

Einen Unterschied im Vergleich zum ursprünglichen Problem (7.5) bis (7.7) stellt die Diskretisierung der Zustandsbeschränkung (7.12) dar. Durch die Zusammenfassung aller Variablen in einem Vektor $\underline{z} = \left[\underline{s}_L^{\mathrm{T}}, \ldots, \underline{s}_k^{\mathrm{T}}\right]^{\mathrm{T}}$ lässt sich dieses Problem noch kompakter in Form von

$$\min_{\underline{z}} \left\| \underline{F}(\underline{z}; \underline{D}) \right\|^2$$

mit den Nebenbedingungen:

$$\underline{0} = \underline{G}(\underline{z}; \underline{D}),$$
$$\underline{0} \leq \underline{U}(\underline{z}; \underline{D})$$

darstellen, wobei das Argument $\underline{D} = \left[\underline{\overline{x}}_L, \underline{M}_L, W, y(t_L), \ldots, y(t_k); \underline{u}(t), t \in [t_L, t_k]\right]$ sämtliche Online-Daten beinhaltet. Zur Lösung dieses Optimierungsproblems kann das verallgemeinerte Gauß[3]-Newton[4]-Verfahren (VGN) angewendet werden, das im folgenden Unterabschnitt kurz erläutert wird.

## 7.2.3 Verallgemeinertes Gauß-Newton-Verfahren

Das VGN-Verfahren arbeitet iterativ und ist eine Erweiterung des Newton-Verfahrens. In jedem Schritt erfolgt eine Linearisierung aller Funktionen um den aktuellen Iterationswert $\underline{z}_j$. Mit den linearisierten Funktionen wird dann ein beschränktes lineares Ausgleichsproblem formuliert:

$$\min_{\Delta \underline{z}_j} \left\| \underline{F}(\underline{z}_j; \underline{D}) + \nabla_{\underline{z}} \underline{F}(\underline{z}_j; \underline{D}) \right\|^2$$

mit den Nebenbedingungen:

$$\underline{0} = \underline{G}(\underline{z}_j; \underline{D}) + \nabla_{\underline{z}} \underline{G}(\underline{z}_j; \underline{D}),$$
$$\underline{0} \leq \underline{U}(\underline{z}_j; \underline{D}) + \nabla_{\underline{z}} \underline{U}(\underline{z}_j; \underline{D}).$$

Der Operator $\nabla_{\underline{z}}$ steht hierbei für die Ableitung nach $\underline{z}$. Als Ergebnis erhält man ein Inkrement $\Delta \underline{z}_j$, mit dem der neue Wert $\underline{z}_{j+1} = \underline{z}_j + \Delta \underline{z}_j$ für den nächsten Iterationsschritt berechnet wird. Die Lösung dieses Optimierungsproblems stellt letztendlich eine Schätzung $\hat{\underline{x}}$ für den gesuchten Zustandsvektor $\underline{x}$ dar.

---

[3]Johann Carl Friedrich Gauß, *30. April 1777 in Braunschweig; †23. Februar 1855 in Göttingen; Mathematiker, Astronom, Geodät und Physiker
[4]Sir Isaac Newton, *4. Januar 1643 in Woolsthorpe-by-Colsterworth in Lincolnshire; †31. März 1727 in Kensington; Physiker, Mathematiker, Astronom, Alchemist, Philosoph und Verwaltungsbeamter; Inhaber des Lukasischen Lehrstuhls für Mathematik an der Universität Cambridge

Eine zur MHE alternative Möglichkeit der Zustandsschätzung bietet die Verwendung eines Sigma-Punkt-Kalman-Filters, dessen Funktionsweise im nächsten Abschnitt vorgestellt wird.

## 7.3 Zustandsschätzung mittels eines Sigma-Punkt-Kalman-Filters

Die Idee der modellbasierten Katalysatordiagnose durch Zustandsschätzung mittels eines Sigma-Punkt-Kalman-Filters [FK09] verdeutlicht die Abbildung 7.3.

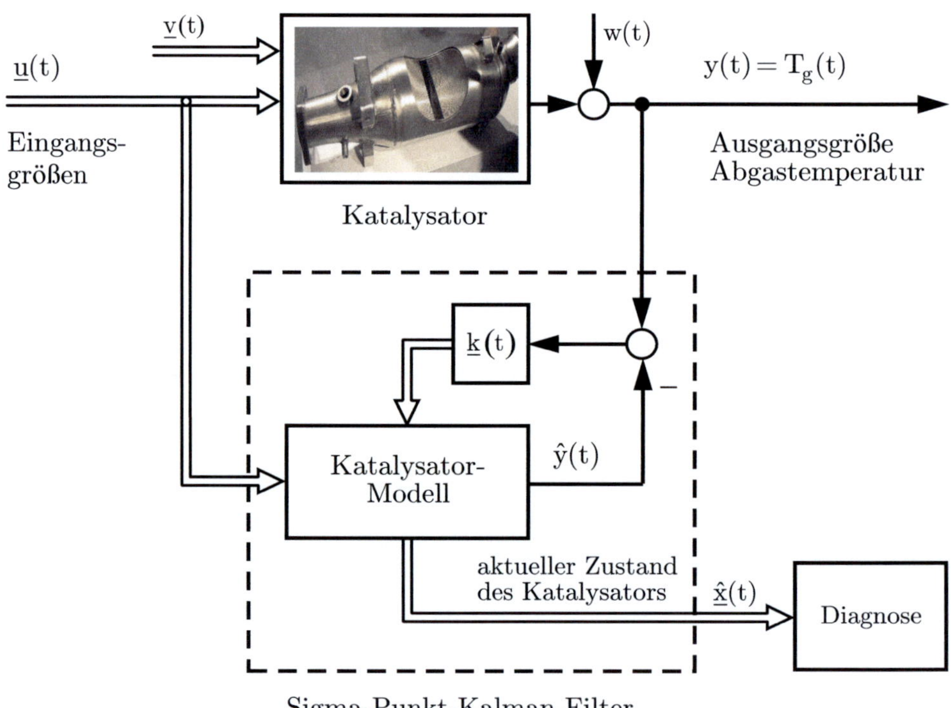


Abbildung 7.3: Diagnoseverfahren mittels eines Sigma-Punkt-Kalman-Filters

Ziel ist es, den Zustand $\underline{x}$ auf der Basis des Modells und bekannter Eingangssignale $\underline{u}$ sowie gemessener, verrauschter Ausgangssignale $\underline{y}$ zu schätzen. Zur Lösung dieses Problems existiert für lineare Systeme seit nunmehr 50 Jahren das so genannte Kalman-Filter (KF) [Kal60]. Da es sich, wie die Zustandsdifferentialgleichung (7.1) verdeutlicht, bei einem Katalysator aber um ein nichtlineares System handelt, ist der Einsatz eines linearen Kalman-Filters zur Zustandsschätzung hier nicht geeignet. Abhilfe würde ein erweitertes Kalman-Filter (EKF) [WB06] schaffen, wobei allerdings eine fortlaufende Berechnung von Jacobi-Matrizen erforderlich wäre. Die dabei wie in dieser Arbeit mitunter auftretende Ungenauigkeit sowie mangelhafte Konvergenz stellen jedoch ein Problem dar. Eine Alternative bietet eine neue Variante des Kalman-Filters, das so genannte Sigma-Punkt-Kalman-Filter (SPKF) [Mer04, Fox07, Has08]. Dieses ist im Allgemeinen leistungsfähiger als das EKF und zeichnet sich durch ein besseres Konvergenzverhalten sowie eine leichtere Implementierbarkeit aus.

Da das Sigma-Punkt-Kalman-Filter auf der Theorie des Kalman-Filters beruht, werden zunächst das lineare Kalman-Filter sowie das erweiterte Kalman-Filter vorgestellt, bevor eine Erläuterung des Sigma-Punkt-Kalman-Filters erfolgt. Das in dieser Arbeit verwendete Constrained Sigma-Punkt-Kalman-Filter (CSPKF) [SJ09], welches eine Erweiterung des SPKFs zur Berücksichtigung von Zustandsbeschränkungen darstellt, wird abschließend beschrieben.

## 7.3.1   Lineares Kalman-Filter

Das lineare Kalman-Filter stellt einen stochastischen Zustandsschätzer für dynamische lineare zeitdiskrete Systeme der Form

$$\underline{x}(k+1) = \underline{\Phi}(k+1,k)\,\underline{x}(k) + \underline{B}(k+1,k)\,\underline{u}(k) + \underline{H}(k+1,k)\,\underline{v}(k),$$

$$\underline{y}(k) = \underline{C}(k)\,\underline{x}(k) + \underline{w}(k)$$

dar, welches das allgemeine Schätzproblem löst und erstmals 1960 von Rudolf E. Kalman[5] in [Kal60] veröffentlicht wurde. Mit Hilfe eines Modells berechnet es unter Kenntnis der deterministischen Eingangsgrößen sowie der vom Rauschen überlagerten Ausgangsmesswerte für jeden Zeitschritt $k$ einen Schätzwert $\hat{\underline{x}}(k)$ des Systemzustands $\underline{x}(k)$. Hierfür wird der Erwartungswert $\mathcal{E}\{\cdot\}$ einer Gütefunktion $Q$ mit dem Schätzfehler $\tilde{\underline{x}}(k) = \underline{x}(k) - \hat{\underline{x}}(k)$ minimiert:

$$\min_{\hat{\underline{x}}(k)}\mathcal{E}\left\{Q\big(\tilde{\underline{x}}(k)\big)\right\} = \min_{\hat{\underline{x}}(k)}\mathcal{E}\left\{\tilde{\underline{x}}^{\mathrm{T}}(k)\,\tilde{\underline{x}}(k)\right\} = \min_{\hat{\underline{x}}(k)}\mathcal{E}\left\{\big(\underline{x}(k) - \hat{\underline{x}}(k)\big)^{\mathrm{T}}\big(\underline{x}(k) - \hat{\underline{x}}(k)\big)\right\}.$$

Wie sich zeigen lässt, ist diese Optimierungsaufgabe durch

$$\hat{\underline{x}}(k) = \mathcal{E}\{\underline{x}(k)\,|\,\underline{Y}_k\} = \int\limits_{\underline{x}(k)=-\infty}^{+\infty} \underline{x}(k)\,p(\underline{x}(k)\,|\,\underline{Y}_k)\,d\underline{x}(k) \tag{7.13}$$

---

[5]Rudolf Emil Kalman (ungarisch Kálmán), *19. Mai 1930 in Budapest, Ungarn; Studium der Elektrotechnik am Massachusetts Institute of Technology (MIT); Professor an der Stanford University, der University of Florida und der Eidgenössischen Technischen Hochschule Zürich

erfüllt, was dem bedingten Erwartungswert der Zustandsgröße unter Kenntnis der Menge aller bisher bekannter Ausgangsmesswerte $\underline{Y}_k = \{\underline{y}(0), \ldots, \underline{y}(k)\}$ entspricht. Dieser Schätzwert ist einerseits erwartungstreu, womit $\mathcal{E}\{\hat{\underline{x}}(k)\} = \mathcal{E}\{\underline{x}(k)\}$ gilt, andererseits besitzt der daraus resultierende Schätzfehler die minimale Varianz, weshalb man ihn auch als Minimal-Varianz-Schätzwert (MVS) bezeichnet.

In der Fachliteratur existieren zahlreiche, teilweise unterschiedliche Herleitungen für das Kalman-Filter. Eine Möglichkeit ist die Verwendung der Bayes[6]-Regel [May79]

$$p(\underline{x}(k)|\underline{Y}_k) = \frac{p(\underline{y}(k)|\underline{x}(k))\, p(\underline{x}(k)|\underline{Y}_{k-1})}{p(\underline{y}(k)|\underline{Y}_{k-1})}, \qquad (7.14)$$

mit der die in (7.13) zu bestimmende bedingte Wahrscheinlichkeitsdichtefunktion umgeformt werden kann. Unter der zusätzlichen Vorraussetzung, dass es sich um Gaußsche Dichtefunktionen handelt, lassen sich diese durch die ersten beiden Momente – den Erwartungswert und die Kovarianzmatrix – eindeutig bestimmen. Den Schätzwert $\hat{\underline{x}}(k)$ erhält man durch die Suche des Maximums der so genannten a-posteriori-Dichte bzw. Filterdichte $p(\underline{x}(k)|\underline{Y}_k)$ in (7.14). Diese resultiert unter anderem aus der so genannten a-priori-Dichte bzw. Prädiktionsdichte $p(\underline{x}(k)|\underline{Y}_{k-1})$, weshalb die Berechnung in zwei Schritten erfolgt:

- **Prädiktionsschritt**
  Auf Basis der zum Zeitpunkt $t = (k-1)\,T_A$ bekannten Eingangsgrößen $\underline{u}(k-1)$, dem letzten vorliegenden Schätzwert $\hat{\underline{x}}(k-1|k-1)$ sowie der Kovarianzmatrix $\underline{P}_{\underline{x}\,\underline{x}}(k-1|k-1)$ wird mit Hilfe des Modells für den Folgezustand zum Zeitpunkt $t = k\,T_A$ eine Prädiktion der a-priori-Werte $\hat{\underline{x}}(k|k-1)$ und $\underline{P}_{\underline{x}\,\underline{x}}(k|k-1)$ berechnet. Die in den Klammern des Schätzwerts $\hat{\underline{x}}(k|k-1)$ und der Kovarianzmatrix $\underline{P}_{\underline{x}\,\underline{x}}(k|k-1)$ auftretenden Variablen sollen dabei zum Ausdruck bringen, dass die Prädiktion für den $k$-ten Zeitschritt auf Grundlage der Messinformationen bis zum $(k-1)$-ten Zeitschritt erfolgt.

- **Filterschritt (Korrekturschritt)**
  Trifft ein neuer Messwert $\underline{y}(k)$ für den Zeitpunkt $t = k\,T_A$ ein, so werden unter dessen Berücksichtigung die a-priori-Werte $\hat{\underline{x}}(k|k-1)$ und $\underline{P}_{\underline{x}\,\underline{x}}(k|k-1)$ korrigiert und man erhält die a-posteriori-Schätzwerte $\hat{\underline{x}}(k|k)$ und $\underline{P}_{\underline{x}\,\underline{x}}(k|k)$.

Bei der Zustandsschätzung mittels eines Kalman-Filters handelt es sich insgesamt um einen rekursiven Algorithmus, der aus den folgenden so genannten Kalman-

---

[6]Thomas Bayes, * um 1702 in London; †17. April 1761 in Tunbridge Wells; Mathematiker und presbyterianischer Pfarrer

Gleichungen besteht:

**Prädiktionsgleichungen:**

$$\hat{\underline{x}}(k\,|\,k-1) = \underline{\Phi}(k,k-1)\,\hat{\underline{x}}(k-1\,|\,k-1) + \underline{B}(k,k-1)\,\underline{u}(k-1)\,,$$

$$\begin{aligned}
\underline{P}_{\underline{x}\,\underline{x}}(k\,|\,k-1) &= \underline{\Phi}(k,k-1)\,\underline{P}_{\underline{x}\,\underline{x}}(k-1\,|\,k-1)\,\underline{\Phi}^{\mathrm{T}}(k,k-1)\\
&\quad + \underline{H}(k,k-1)\,\underline{P}_{\underline{v}\,\underline{v}}(k-1)\,\underline{H}^{\mathrm{T}}(k,k-1)
\end{aligned}$$

**Filtergleichungen:**

$$\hat{\underline{x}}(k\,|\,k) = \hat{\underline{x}}(k\,|\,k-1) + \underline{K}(k)\,\big(\underline{y}(k) - \underline{C}(k)\,\hat{\underline{x}}(k\,|\,k-1)\big)\,,$$

$$\underline{P}_{\underline{x}\,\underline{x}}(k\,|\,k) = \big(\underline{I} - \underline{K}(k)\,\underline{C}(k)\big)\underline{P}_{\underline{x}\,\underline{x}}(k\,|\,k-1)\,.$$

Während diese rekursive Struktur des Kalman-Filters auch Prädiktor-Korrektor-Struktur genannt wird, bezeichnet man die in den Filtergleichungen auftretende Größe $\underline{y}(k) - \underline{C}(k)\,\hat{\underline{x}}(k\,|\,k-1)$ als Innovation und die mit ihr multiplizierte Matrix $\underline{K}(k)$ als Kalman-Verstärkungsmatrix (engl.: Kalman gain matrix), wobei sich letztere durch Optimieren der Gütefunktion

$$J\big(\underline{K}(k)\big) = \mathrm{Spur}\Big(\underline{P}_{\underline{x}\,\underline{x}}(k\,|\,k)\Big) = \sum_{i}\Big(\underline{P}_{\underline{x}\,\underline{x}}(k\,|\,k)\Big)_{ii} \;\longrightarrow\; \min$$

ermitteln lässt. Hierbei wird die Summe der Hauptdiagonalelemente der a-posteriori-Kovarianzmatrix, die ein Maß für die Varianz des Schätzfehlers darstellt, minimiert. Für die Kalman-Verstärkungsmatrix folgt daraus:

$$\underline{K}(k) = \underbrace{\underline{P}_{\underline{x}\,\underline{x}}(k\,|\,k-1)\,\underline{C}^{\mathrm{T}}(k)}_{\underline{P}_{\underline{x}\,\underline{y}}(k\,|\,k-1)}\Big(\underbrace{\underline{C}(k)\,\underline{P}_{\underline{x}\,\underline{x}}(k\,|\,k-1)\,\underline{C}^{\mathrm{T}}(k) + \underline{P}_{\underline{w}\,\underline{w}}(k)}_{\underline{P}_{\underline{y}\,\underline{y}}(k\,|\,k-1)}\Big)^{-1}\,.$$

Diese Matrix beschreibt die Gewichtung der Differenz aus neuer Messinformation und der durch das Modell erzeugten Prädiktion. Die Kovarianzmatrix $\underline{P}_{\underline{w}\,\underline{w}}(k)$ des Messrauschens geht in den zu invertierenden Teil von $\underline{K}(k)$ ein, weshalb ein schwaches Rauschen zu großen Werten von $\underline{K}(k)$ führt. Da dem aktuellen Messwert in diesem Fall starkes Vertrauen geschenkt wird, beeinflusst dieser den a-posteriori-Schätzwert $\hat{\underline{x}}(k\,|\,k)$ in erheblichem Maße. Hingegen werden bei großem Rauschen die Messungen als sehr unsicher angesehen, wodurch die Kalman-Verstärkungsmatrix kleine Werte annimmt und die Berechnung des a-posteriori-Schätzwerts sich im Wesentlichen auf die Prädiktion durch das Systemmodell stützt. Abbildung 7.4 verdeutlicht die Beobachterstruktur des Kalman-Filters, in der neben dem Systemmodell auch die zeitvariante Kalman-Verstärkungsmatrix $\underline{K}(k)$ enthalten ist.

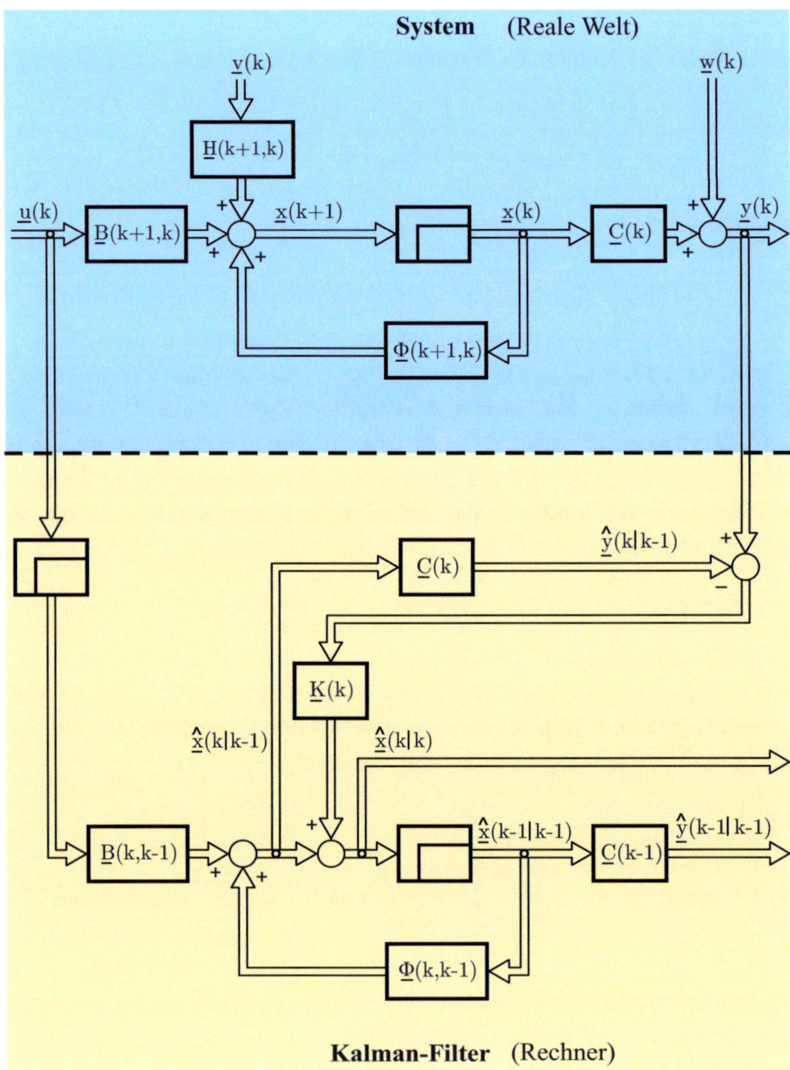


Abbildung 7.4: Struktur der Schätzung mit einem Kalman-Filter

Der geringe Speicheraufwand, mit welchem der Algorithmus auf dem Rechner implementiert werden kann, seine Robustheit und die minimale Schätzfehlerkovarianz sind Gründe für die vielen erfolgreichen praktischen Anwendungen des Kalman-Filters.

Die ursprüngliche Herleitung von Kalman beruht auf dem Orthogonalitätsprinzip für stochastische Prozesse. Dieses besagt, dass der Schätzfehler $\tilde{\underline{x}}\,(k\,|\,k\,) = \underline{x}\,(k) - \hat{\underline{x}}\,(k\,|\,k\,)$ orthogonal zu den Messungen $\underline{y}\,(k)$ sein muss, also $\mathcal{E}\left\{\left(\underline{x}\,(k) - \hat{\underline{x}}\,(k\,|\,k\,)\right)\underline{y}^{\mathrm{T}}\,(k)\right\} = \underline{0}$ und damit die Schätzung $\hat{\underline{x}}\,(k\,|\,k\,)$ der Zufallsvariablen $\underline{x}\,(k)$ basierend auf $\underline{y}\,(k)$ optimal im Sinne des Gütemaßes $Q$ ist. Mit Hilfe der Erwartungstreue des a-posteriori-Schätzwerts $\hat{\underline{x}}\,(k\,|\,k\,)$ lässt sich leicht zeigen, dass das Orthogonalitätsprinzip mittels der durch die Bayes-Regel hergeleiteten Kalman-Gleichungen erfüllt ist:

$$
\begin{aligned}
\mathcal{E}\left\{\left(\underline{x}\,(k) - \hat{\underline{x}}\,(k\,|\,k\,)\right)\underline{y}^{\mathrm{T}}\,(k)\right\} &= \mathcal{E}\left\{\left(\underline{x}\,(k) - \hat{\underline{x}}\,(k\,|\,k-1\,) - \underline{K}\,(k)\left(\underline{y}\,(k) - \hat{\underline{y}}\,(k\,|\,k-1\,)\right)\right)\cdot\right.\\
&\qquad\left.\left(\underline{y}\,(k) - \hat{\underline{y}}\,(k\,|\,k-1\,)\right)^{\mathrm{T}}\right\}\\
&= \underline{P}_{\underline{x}\underline{y}}\,(k\,|\,k-1\,) - \underline{K}\,(k)\,\underline{P}_{\underline{y}\underline{y}}\,(k\,|\,k-1\,)\\
&= \underline{0}\,,
\end{aligned}
$$

da für die Erweiterung

$$
\begin{aligned}
\mathcal{E}\left\{\left(\underline{x}\,(k) - \hat{\underline{x}}\,(k\,|\,k\,)\right)\hat{\underline{y}}^{\mathrm{T}}\,(k\,|\,k-1\,)\right\} &= \mathcal{E}\left\{\left(\underline{x}\,(k) - \hat{\underline{x}}\,(k\,|\,k\,)\right)\hat{\underline{x}}^{\mathrm{T}}\,(k\,|\,k-1\,)\,\underline{C}^{\mathrm{T}}\,(k)\right\}\\
&= \left(\mathcal{E}\left\{\underline{x}\,(k)\right\} - \mathcal{E}\left\{\hat{\underline{x}}\,(k\,|\,k\,)\right\}\right)\hat{\underline{x}}^{\mathrm{T}}\,(k\,|\,k-1\,)\,\underline{C}^{\mathrm{T}}\,(k)\\
&= \underline{0}
\end{aligned}
$$

gilt.

Die im Rahmen der Herleitung mit der Bayes-Regel angegebene Voraussetzung Gaußscher Wahrscheinlichkeitsdichten, welche irrtümlicherweise häufig als Grundlage des Kalman-Filters angesehen wird, ist eigentlich zu restriktiv. Kalman selbst nahm lediglich an, dass der Zustand des Systems durch eine rekursive Berechnung der ersten beiden Momente geschätzt werden kann. Unter der Voraussetzung Gaußscher Wahrscheinlichkeitsdichten lässt sich allerdings zeigen, dass das Kalman-Filter eine strukturoptimale Minimal-Varianz-Schätzung liefert, womit kein anderer Schätzer beliebig wählbarer Struktur existiert, der eine kleinere Varianz des Schätzfehlers besitzt. Zusätzlich stimmen unter der getroffenen Annahme Gaußscher Wahrscheinlichkeitsdichten der Minimal-Varianz-Schätzwert und der Maximum-a-posteriori-Schätzwert, bei dem die a-posteriori-Dichte bzw. Filterdichte ihr Maximum annimmt, überein.

Da die meisten in der Realität auftretenden Systeme allerdings nichtlinear sind und das lineare Kalman-Filter somit für diese nicht geeignet ist, soll im folgenden Abschnitt eine Erweiterung des Filters für nichtlineare Systeme vorgestellt werden.

## 7.3.2　Erweitertes Kalman-Filter

Mit dem erweiterten Kalman-Filter wurde die Methodik des linearen Kalman-Filters auf dynamische nichtlineare zeitdiskrete Systeme der Form

$$\underline{x}(k+1) = \underline{f}\big(\underline{x}(k), \underline{u}(k)\big) + \underline{H}(k+1,k)\,\underline{v}(k),$$

$$\underline{y}(k) = \underline{g}\big(\underline{x}(k)\big) + \underline{w}(k)$$

ausgeweitet. Hierbei werden die auftretenden Nichtlinearitäten in jedem Zeitschritt um den aktuellen Schätzwert in eine Taylor-Reihe entwickelt und diese nach dem linearen Glied abgebrochen:

$$\underline{f}\big(\underline{x}(k), \underline{u}(k)\big) \approx \underline{f}\big(\underline{\hat{x}}(k|k), \underline{u}(k)\big) + \left.\frac{\partial \underline{f}}{\partial \underline{x}}\right|_{\underline{\hat{x}}(k|k)} \big(\underline{x}(k) - \underline{\hat{x}}(k|k)\big), \tag{7.15}$$

$$\underline{g}\big(\underline{x}(k)\big) \approx \underline{g}\big(\underline{\hat{x}}(k|k-1)\big) + \left.\frac{\partial \underline{g}}{\partial \underline{x}}\right|_{\underline{\hat{x}}(k|k-1)} \big(\underline{x}(k) - \underline{\hat{x}}(k|k-1)\big). \tag{7.16}$$

Eine Linearisierung um diese Schätzwerte ist sinnvoll, da sich der tatsächliche Zustand des Systems mit hoher Wahrscheinlichkeit in deren Umgebung befindet. Auf das so linearisierte System lässt sich dann wieder der rekursive Algorithmus des Kalman-Filters für lineare Systeme anwenden, wodurch sich für das EKF eine dem ursprünglichen Kalman-Filter analoge Prädiktor-Korrektor-Struktur ergibt, in der die Matrizen $\underline{\Phi}(k+1,k)$ und $\underline{C}(k)$ durch die Jacobi-Matrizen $\underline{F}(k) := \left.\frac{\partial \underline{f}}{\partial \underline{x}}\right|_{\underline{\hat{x}}(k|k)}$ und $\underline{G}(k) := \left.\frac{\partial \underline{g}}{\partial \underline{x}}\right|_{\underline{\hat{x}}(k|k-1)}$ zu ersetzen sind:

**Prädiktionsgleichungen:**

$$\underline{\hat{x}}(k|k-1) = \underline{f}\big(\underline{\hat{x}}(k-1|k-1), \underline{u}(k-1)\big),$$

$$\underline{P}_{\underline{x}\,\underline{x}}(k|k-1) = \underline{F}(k-1)\,\underline{P}_{\underline{x}\,\underline{x}}(k-1|k-1)\,\underline{F}^{\mathrm{T}}(k-1)$$

$$+ \underline{H}(k,k-1)\,\underline{P}_{\underline{v}\,\underline{v}}(k-1)\,\underline{H}^{\mathrm{T}}(k,k-1)$$

**Filtergleichungen:**

$$\underline{\hat{x}}(k|k) = \underline{\hat{x}}(k|k-1) + \underline{K}(k)\,\big(\underline{y}(k) - \underline{g}(\underline{\hat{x}}(k|k-1))\big),$$

$$\underline{P}_{\underline{x}\,\underline{x}}(k|k) = \big(\underline{I} - \underline{K}(k)\,\underline{G}(k)\big)\underline{P}_{\underline{x}\,\underline{x}}(k|k-1)$$

mit

$$\underline{K}(k) = \underline{P}_{\underline{x}\,\underline{x}}(k|k-1)\,\underline{G}^{\mathrm{T}}(k)\,\Big(\underline{G}(k)\,\underline{P}_{\underline{x}\,\underline{x}}(k|k-1)\,\underline{G}^{\mathrm{T}}(k) + \underline{P}_{\underline{w}\,\underline{w}}(k)\Big)^{-1}.$$

Ein Nachteil des erweiterten Kalman-Filters besteht wie bei der Moving Horizon Estimation jedoch darin, dass die Berechnung der erforderlichen Jacobi-Matrizen in jedem Schritt neu erfolgen muss. Voraussetzung hierfür sind stetig differenzierbare Funktionen. Selbst wenn diese Voraussetzung erfüllt ist, können die Berechnungen der Jacobi-Matrizen insbesondere bei hoher Systemordnung oder komplizierten Systemen nur sehr aufwändig bzw. ausschließlich numerisch mittels Differenzenquotienten durchgeführt werden. Noch gravierender wiegt die Tatsache, dass das EKF bei signifikanten Nichtlinearitäten des Systemmodells mitunter unzureichende Ergebnisse liefert oder sogar divergiert. Ursache hierfür sind die bei der Taylor-Reihen-Entwicklung nicht berücksichtigten, in diesen Fällen aber zum Tragen kommenden Terme höherer Ordnung. Wünschenswert wäre daher ein Verfahren, welches keine Linearisierungen und damit keine Berechnung der Jacobi-Matrizen erfordert. Die im folgenden Abschnitt vorgestellte Gruppe von Filtern, die van der Merwe [Mer04] unter dem Oberbegriff Sigma-Punkt-Kalman-Filter zusammengefasst hat, stellt solch eine Variante dar.

### 7.3.3  Sigma-Punkt-Kalman-Filter

Ähnlich wie beim linearen Kalman-Filter erfolgt die Schätzung mittels eines Sigma-Punkt-Kalman-Filters rekursiv in zwei Schritten: Während im Prädiktionsschritt die a-priori-Schätzwerte für den Zustandsvektor und die Kovarianzmatrix zu berechnen sind, werden diese im Filterschritt dann unter Verwendung der neuen Messinformationen korrigiert. Im Vergleich zum Kalman-Filter für lineare Systeme erschwert aber eine nichtlineare Systemdynamik den Prädiktionsschritt, da sich auch eine nichtlineare Transformation der Dichtefunktion ergibt. Da im Grunde jedoch nur die Momente einer Zufallsvariablen $\underline{x}$ betrachtet werden, stellt sich somit die Frage, in welcher Weise sie sich verändern, sofern sie einer nichtlinearen Transformation $\underline{x}^* = \underline{f}\left(\underline{x}, \underline{u}\right)$ unterzogen werden.

Im Unterschied zum EKF approximiert die Gruppe der SPKF also nicht die nichtlineare Funktion, sondern lediglich die ersten beiden transformierten Momente, bei denen es sich um den Erwartungswert und die Kovarianz handelt. Dazu wird eine relativ kleine repräsentative Menge charakteristischer Punkte $\underline{\chi}_i$ im Zustandsraum deterministisch in Abhängigkeit von $\underline{\hat{x}}\left(k-1\,|\,k-1\right)$ und $\underline{P}_{\underline{x}\,\underline{x}}\left(k-1\,|\,k-1\right)$ gemäß

$$\underline{\chi}_0\left(k-1\,|\,k-1\right) = \underline{\hat{x}}\left(k-1\,|\,k-1\right), \tag{7.17}$$

$$\underline{\chi}_i\left(k-1\,|\,k-1\right) = \underline{\hat{x}}\left(k-1\,|\,k-1\right) + w\left(\sqrt{\underline{P}_{\underline{x}\,\underline{x}}\left(k-1\,|\,k-1\right)}\right)_{\cdot,\,i} \quad i = 1, \dots, N_z,$$

$$\underline{\chi}_i\left(k-1\,|\,k-1\right) = \underline{\hat{x}}\left(k-1\,|\,k-1\right) - w\left(\sqrt{\underline{P}_{\underline{x}\,\underline{x}}\left(k-1\,|\,k-1\right)}\right)_{\cdot,\,i-N_z} \quad i = N_z + 1, \dots, 2N_z$$

ausgewählt. $\left(\sqrt{\underline{P}_{\underline{x}\underline{x}}}\right)_{\cdot,i}$ bezeichnet die $i$-te Spalte der Wurzel der Kovarianzmatrix, wobei die Wurzel einer Matrix $\underline{P}$ über $\underline{P} = \sqrt{\underline{P}}\sqrt{\underline{P}}^{\mathrm{T}}$ definiert ist und beispielsweise mittels einer Cholesky-Zerlegung [GVL96] $\underline{P} = \underline{S}\,\underline{S}^{\mathrm{T}}$ berechnet werden kann. Die selektierten Punkte sind symmetrisch um den Erwartungswert verteilt, weshalb man sie gemäß des Formelzeichens $\sigma$ für die Standardabweichung auch als *Sigma-Punkte* bezeichnet. Mit dem Skalierungsfaktor $w$ lässt sich noch der Abstand dieser Punkte zum Erwartungswert variieren. Jeder Sigma-Punkt kann als ein Zustandsvektor der Dimension $N_z \times 1$ verstanden werden, wobei $N_z$ der Anzahl an Zustandsvariablen entspricht und somit die Modellordnung darstellt. Die insgesamt $2N_z + 1$ Sigma-Punkte sind dann mit der nichtlinearen Systemfunktion zu propagieren:

$$\underline{\chi}_i\left(k\,|\,k-1\right) = \underline{f}\left(\underline{\chi}_i\left(k-1\,|\,k-1\right),\underline{u}\left(k-1\right)\right) \qquad i = 0,\dots,2N_z\,. \tag{7.18}$$

Mittels gewichteter Summen dieser Stichproben werden anschließend der Erwartungswert und die Kovarianzmatrix des Prädiktionsschritts wie folgt approximiert:

$$\hat{\underline{x}}\left(k\,|\,k-1\right) = \sum_{i=0}^{2N_z} w_i^{(m)}\,\underline{\chi}_i\left(k\,|\,k-1\right)\,,$$

$$\underline{P}_{\underline{x}\underline{x}}\left(k\,|\,k-1\right) = \sum_{i=0}^{2N_z}\sum_{j=0}^{2N_z} w_{i,j}^{(c)}\,\underline{\chi}_i\left(k\,|\,k-1\right)\,\underline{\chi}_j^{\mathrm{T}}\left(k\,|\,k-1\right)\,. \tag{7.19}$$

Die verschiedenen Formen der SPKF unterscheiden sich in der Wahl des Skalierungsfaktors $w$ für die Sigma-Punkte sowie der Gewichte $w_i^{(m)}$ und $w_{i,j}^{(c)}$ zur Berechnung der beiden Momente. Die bekanntesten Vertreter der SPKF sind das so genannte Unscented Kalman-Filter (UKF) [JU04] und das Central Difference Kalman-Filter (CDKF) [NPR00, IX00, Sch97]. In dieser Arbeit kommt ein CDKF zum Einsatz, da dessen Gewichtungsfaktoren

$$w = h$$

$$w_0^{(m)} = \frac{h^2 - N_z}{h^2}\,, \qquad\qquad w_i^{(m)} = \frac{1}{2h^2} \qquad\qquad i = 1,\dots,2N_z\,,$$

$$w_{0,0}^{(c)} = \frac{h^2 - 1}{h^4}\,N_z\,, \qquad\quad w_{i,i+N_z}^{(c)} = w_{i+N_z,i}^{(c)} = -\frac{1}{4h^4} \qquad i = 1,\dots,N_z\,, \tag{7.20}$$

$$w_{0,i}^{(c)} = w_{i,0}^{(c)} = \frac{1 - h^2}{2h^4}\,, \qquad\quad w_{i,i}^{(c)} = \frac{2h^2 - 1}{4h^4} \qquad\qquad i = 1,\dots,2N_z\,,$$

$$w_{i,j}^{(c)} = 0 \qquad i,j = 1,\dots,2N_z,\ i \neq j,\ |i - j| \neq N_z$$

lediglich einen frei wählbaren Parameter $h$ enthalten. Im Gegensatz dazu treten beim UKF drei nicht intuitive Parameter $\alpha$, $\beta$ und $\kappa$ auf. Das CDKF ist somit leichter abzustimmen und besitzt darüber hinaus, wie in [Fox07] theoretisch bewiesen wird, eine höhere Approximationsgenauigkeit als das UKF. Die in (7.20) angegebenen Gewichte lassen sich mit der Stirling-Approximation 2. Ordnung herleiten. Dabei werden zunächst die Elemente des Zustandsvektors $\underline{x}$ durch eine lineare Transformation mit dem inversen Cholesky-Faktor

$$\underline{z} = \underline{S}_{xx}^{-1}\,\underline{x}$$

$$\underline{\tilde{f}}(\underline{z}) = \underline{f}\left(\underline{S}_{xx}\,\underline{z}\right) = \underline{f}(\underline{x})$$

stochastisch entkoppelt. Der Übersichtlichkeit wegen wird hier die Abhängigkeit der Systemfunktion $\underline{f}$ vom Eingangsvektor $\underline{u}(k-1)$ vernachlässigt und die Zustandsvektoren $\underline{\hat{x}}(k-1|k-1)$ sowie $\underline{\hat{x}}(k|k-1)$ durch $\underline{\hat{x}}^{+}$ und $\underline{\hat{x}}^{-}$ verkürzt geschrieben. Die von $\underline{z}$ abhängige nichtlineare Funktion $\underline{\tilde{f}}$ ist dann in eine Taylor-Reihe um $\underline{\hat{z}}^{+}$ zu entwickeln und diese nach dem 2-ten Glied abzubrechen:

$$\underline{\tilde{f}}(\underline{z}) = \underline{\tilde{f}}\left(\underline{\hat{z}}^{+} + \Delta\underline{z}\right) \approx \underline{\tilde{f}}\left(\underline{\hat{z}}^{+}\right) + D_{\Delta\underline{z}}\underline{\tilde{f}}\left(\underline{\hat{z}}^{+}\right) + \frac{1}{2}\left(D_{\Delta\underline{z}}^{2}\underline{\tilde{f}}\left(\underline{\hat{z}}^{+}\right)\right)$$

$$\text{mit} \quad \left(D_{\Delta\underline{z}}^{j}\underline{\tilde{f}}\left(\underline{\hat{z}}^{+}\right)\right) = \left(\left(\Delta z_{1}\frac{\partial}{\partial z_{1}} + \ldots + \Delta z_{N_{z}}\frac{\partial}{\partial z_{N_{z}}}\right)^{j}\underline{\tilde{f}}(\underline{z})\Big|_{\underline{z}=\underline{\hat{z}}^{+}}\right).$$

Hieran wird bereits deutlich, dass das CDKF eine höhere Genauigkeit als das EKF besitzt, da bei diesem der Abbruch der Taylor-Reihe (7.15) bereits nach dem linearen Glied erfolgt. Im nächsten Schritt werden gemäß der Stirling-Approximation die analytischen Ableitungen durch Differenzenquotienten ersetzt:

$$\underline{\tilde{f}}(\underline{z}) = \underline{\tilde{f}}\left(\underline{\hat{z}}^{+} + \Delta\underline{z}\right) \approx \underline{\tilde{f}}\left(\underline{\hat{z}}^{+}\right) + \sum_{i=1}^{N_{z}}\left(\frac{\underline{\tilde{f}}\left(\underline{\hat{z}}^{+} + h\,\underline{e}_{i}\right) - \underline{\tilde{f}}\left(\underline{\hat{z}}^{+} - h\,\underline{e}_{i}\right)}{2h}\right)\Delta z_{i}$$

$$+ \frac{1}{2}\sum_{i=1}^{N_{z}}\left(\frac{\underline{\tilde{f}}\left(\underline{\hat{z}}^{+} + h\,\underline{e}_{i}\right) + \underline{\tilde{f}}\left(\underline{\hat{z}}^{+} - h\,\underline{e}_{i}\right) - 2\underline{\tilde{f}}\left(\underline{\hat{z}}^{+}\right)}{h^{2}}\right)\Delta z_{i}^{2}.$$

Da die Punkte, an denen die Funktion $\underline{\tilde{f}}$ ausgewertet wird, in einem Abstand $h$ entlang der Einheitsvektoren $\underline{e}_{i}$ symmetrisch um $\underline{\hat{z}}^{+}$ angeordnet sind, bezeichnet man das darauf basierende Filter als *Central Difference Kalman-Filter*. Unter Verwendung der Stirling-Approximation lassen sich Erwartungswert $\underline{\hat{z}}^{-} = \mathcal{E}\left\{\underline{\tilde{f}}(\underline{z})\right\}$ sowie die Kovarianzmatrix $\underline{P}_{zz}^{-} = \mathcal{E}\left\{\left(\underline{\tilde{f}}(\underline{z}) - \underline{\hat{z}}^{-}\right)\left(\underline{\tilde{f}}(\underline{z}) - \underline{\hat{z}}^{-}\right)^{\mathrm{T}}\right\}$ bilden. Ersetzt man anschließend die Funktion $\underline{\tilde{f}}(\underline{z})$ wieder durch $\underline{f}(\underline{x})$ so ergibt sich:

$$\underline{\hat{x}}^{-} = \frac{h^{2} - N_{z}}{h^{2}}\underline{f}\left(\underline{\hat{x}}^{+}\right) + \frac{1}{2h^{2}}\sum_{i=1}^{N_{z}}\left(\underline{f}\left(\underline{\hat{x}}^{+} + h\left(\underline{S}_{xx}^{+}\right)_{.,i}\right) + \underline{f}\left(\underline{\hat{x}}^{+} - h\left(\underline{S}_{xx}^{+}\right)_{.,i}\right)\right),$$

$$\underline{P}_{xx}^{-} = \frac{1}{4h^{2}}\sum_{i=1}^{N_{z}}\left(\underline{f}\left(\underline{\hat{x}}^{+} + h\left(\underline{S}_{xx}^{+}\right)_{.,i}\right) - \underline{f}\left(\underline{\hat{x}}^{+} - h\left(\underline{S}_{xx}^{+}\right)_{.,i}\right)\right)^{2}$$

$$+ \frac{h^{2} - 1}{4h^{4}}\sum_{i=1}^{N_{z}}\left(\underline{f}\left(\underline{\hat{x}}^{+} + h\left(\underline{S}_{xx}^{+}\right)_{.,i}\right) + \underline{f}\left(\underline{\hat{x}}^{+} - h\left(\underline{S}_{xx}^{+}\right)_{.,i}\right) - 2\underline{f}\left(\underline{\hat{x}}^{+}\right)\right)^{2}.$$

$(\cdot)^2$ ist dabei die Kurzschreibweise für $\underline{f}^2 = \underline{f}\,\underline{f}^{\mathrm{T}}$. Wählt man die darin auftretenden Koeffizienten als Gewichte, wie in (7.20) angegeben, so sind unter Berücksichtigung von (7.17) und (7.18), sowohl der Erwartungswert als auch die Kovarianzmatrix identisch mit (7.19).

Allerdings sind bei Verwendung des bisher beschriebenen Filters in jedem Schritt zunächst die Kovarianzmatrix und anschließend deren Wurzel zu bestimmen. Zur Vermeidung dieser rechenintensiven Vorgehensweise soll daher nun die numerisch effizientere und robustere Square-Root-Implementierung des Central Difference Kalman-Filters vorgestellt werden. Bei ihr basiert der Schätzalgorithmus nicht auf der Kovarianzmatrix $\underline{P}_{xx}$, sondern lediglich auf dem Cholesky-Faktor $\underline{S}_{xx}$. Während folglich die Wurzel der Kovarianzmatrix in (7.17) durch den Cholesky-Faktor zu ersetzen ist, werden die Sigma-Punkte entsprechend (7.18) weiterhin mit Hilfe der nichtlinearen Systemfunktion abgebildet und daraus der a-priori-Schätzwert $\hat{\underline{x}}(k|k-1)$ gemäß (7.19) ermittelt. Anstelle der Kovarianzmatrix $\underline{P}_{xx}(k|k-1)$ wird aber der Cholesky-Faktor $\underline{S}_{xx}(k|k-1)$ berechnet. Hierfür ist ein $qr\{\cdot\}$-Operator erforderlich, der zunächst eine Transposition und anschließend eine reduzierte QR-Zerlegung durchführt, die als Ergebnis lediglich den oberen Teil einer oberen Dreiecksmatrix $\underline{R}$ liefert, so dass eine abschließend zu transponierende quadratische Matrix $\tilde{\underline{R}}$ entsteht.

Nachdem die Berechnungsvorschrift für den Prädiktionsschritt somit fest steht, gilt es nunmehr, den nach Eintreffen neuer Messwerte $\underline{y}(k)$ erforderlichen Filterschritt zu behandeln. Dafür müssten im allgemeinen Fall zunächst neue Sigma-Punkte berechnet und mittels der nichtlinearen Ausgangsfunktion abgebildet werden, um hieraus eine erwartete Messung $\hat{\underline{y}}(k|k-1)$, die Kovarianz und die Kreuzkorrelation zu bestimmen. Diese würden dann die Grundlage zur Ermittlung der Kalman-Verstärkungsmatrix, des a-posteriori-Erwartungswerts sowie der Kovarianzmatrix bzw. des Cholesky-Faktors bilden. Da es sich bei der Ausgangsgleichung des Katalysatormodells (7.4) aber um eine lineare Gleichung handelt, können hier für den Filterschritt die Gleichungen des linearen Kalman-Filters verwendet werden, wodurch sich der Rechenaufwand für die Schätzung in Echtzeit erheblich reduziert. Die erwartete Messung resultiert aus $\hat{y}(k|k-1) = \underline{c}^{\mathrm{T}}\hat{\underline{x}}(k|k-1)$, während sich der Kalman-Verstärkungsfaktor durch

$$\underline{k}(k) = \underline{S}_{xx}(k|k-1)\,\underline{S}_{xx}^{\mathrm{T}}(k|k-1)\,\underline{c}\,P_{yy}^{-1}(k|k-1)$$

mit

$$P_{yy}(k|k-1) = \underline{c}^{\mathrm{T}}\,\underline{S}_{xx}(k|k-1)\,\underline{S}_{xx}^{\mathrm{T}}(k|k-1)\,\underline{c} + P_{ww}(k)$$

berechnet. Da in (7.4) die Ausgangsgröße $y$ sogar lediglich eine skalare Größe darstellt, ist $P_{yy}$ ebenfalls nur ein Skalar. Zur Berechnung von $\underline{k}(k)$, welches dann einen Vektor und keine Matrix repräsentiert, ist aus diesem Grund auch nicht die sonst übliche und rechenintensive Matrixinversion erforderlich. Mit Blick auf die On-Board-Diagnose erspart dies wiederum Rechenaufwand und somit Rechenzeit. Schließlich erhält man den a-posteriori-Erwartungswert und den Cholesky-Faktor der Kovarianzmatrix aus

$$\hat{\underline{x}}(k|k) = \hat{\underline{x}}(k|k-1) + \underline{k}(k)\left(y(k) - \underline{c}^{\mathrm{T}}\hat{\underline{x}}(k|k-1)\right),$$

$$\underline{S}_{\underline{x}\,\underline{x}}(k|k) = \underline{S}_{\underline{x}\,\underline{x}}(k|k-1)\left(\underline{I} - \underline{S}_{\underline{x}\,\underline{x}}^{\mathrm{T}}(k|k-1)\,\underline{c}\,P_{yy}^{-1}(k|k-1)\,\underline{c}^{\mathrm{T}}\,\underline{S}_{\underline{x}\,\underline{x}}(k|k-1)\right)^{\frac{1}{2}},$$

bzw. unter Verwendung des Potter-Updates [Tho76]:

$$\underline{S}_{\underline{x}\,\underline{x}}(k|k) = \left(\underline{I} - \gamma(k)\,\underline{k}(k)\,\underline{c}^{\mathrm{T}}\right)\underline{S}_{\underline{x}\,\underline{x}}(k|k-1)$$

mit

$$\gamma(k) = \left(1 + \left(P_{yy}^{-1}(k|k-1)\,P_{ww}(k)\right)^{\frac{1}{2}}\right)^{-1}.$$

Aus Gründen der Übersichtlichkeit sind im Folgenden nochmals sämtliche in dieser Arbeit notwendigen Gleichungen des CDKFs zur Square-Root-Implementierung zusammengefasst, wobei in der Gleichung zur Berechnung des a-priori-Cholesky-Faktors ein additives Systemrauschen berücksichtigt ist:

**Berechnung der Sigma-Punkte:**

$$\underline{\chi}_0(k-1|k-1) = \hat{\underline{x}}(k-1|k-1)$$

$$\underline{\chi}_i(k-1|k-1) = \hat{\underline{x}}(k-1|k-1) + h\left(\underline{S}_{\underline{x}\,\underline{x}}(k-1|k-1)\right)_{\cdot,i} \qquad i = 1,\dots,N_z$$

$$\underline{\chi}_i(k-1|k-1) = \hat{\underline{x}}(k-1|k-1) - h\left(\underline{S}_{\underline{x}\,\underline{x}}(k-1|k-1)\right)_{\cdot,i-N_z} \qquad i = N_z+1,\dots,2N_z$$

**Prädiktionsgleichungen:**

$$\underline{\chi}_i(k|k-1) = \underline{f}\left(\underline{\chi}_i(k-1|k-1),\underline{u}(k-1)\right) \qquad i = 0,\dots,2N_z$$

$$\hat{\underline{x}}(k|k-1) = \frac{h^2 - N_z}{h^2}\underline{\chi}_0(k|k-1) + \frac{1}{2h^2}\sum_{i=1}^{2N_z}\underline{\chi}_i(k|k-1)$$

$$\underline{S}_{\underline{x}\,\underline{x}}^{(1)}(k|k-1) = \frac{1}{2h}\left[\underline{\chi}_1(k|k-1) - \underline{\chi}_{N_z+1}(k|k-1),\dots,\right.$$

$$\left.\underline{\chi}_{N_z}(k|k-1) - \underline{\chi}_{2N_z}(k|k-1)\right]$$

$$\underline{S}_{\underline{x}\,\underline{x}}^{(2)}(k|k-1) = \frac{\sqrt{h^2-1}}{2h^2}\left[\underline{\chi}_1(k|k-1) + \underline{\chi}_{N_z+1}(k|k-1) - 2\underline{\chi}_0(k|k-1),\dots,\right.$$

$$\left.\underline{\chi}_{N_z}(k|k-1) + \underline{\chi}_{2N_z}(k|k-1) - 2\underline{\chi}_0(k|k-1)\right]$$

$$\underline{S}_{\underline{x}\,\underline{x}}(k|k-1) = qr\left\{\left[\underline{S}_{\underline{x}\,\underline{x}}^{(1)}(k|k-1),\underline{S}_{\underline{x}\,\underline{x}}^{(2)}(k|k-1),\underline{H}(k,k-1)\,\underline{S}_{\underline{v}\,\underline{v}}(k-1)\right]\right\}$$

**Filtergleichungen:**

$$\hat{\underline{x}}(k|k) = \hat{\underline{x}}(k|k-1) + \underline{k}(k)\left(y(k) - \underline{c}^{\mathrm{T}}\hat{\underline{x}}(k|k-1)\right)$$

$$\underline{S}_{\underline{x}\,\underline{x}}(k|k) = \underline{S}_{\underline{x}\,\underline{x}}(k|k-1)\left(\underline{I} - \underline{S}_{\underline{x}\,\underline{x}}^{\mathrm{T}}(k|k-1)\,\underline{c}\,P_{yy}^{-1}(k|k-1)\,\underline{c}^{\mathrm{T}}\,\underline{S}_{\underline{x}\,\underline{x}}(k|k-1)\right)^{\frac{1}{2}}$$

$$\underline{k}(k) = \underline{S}_{\underline{x}\,\underline{x}}(k|k-1)\,\underline{S}_{\underline{x}\,\underline{x}}^{\mathrm{T}}(k|k-1)\,\underline{c}\left(\underline{c}^{\mathrm{T}}\,\underline{S}_{\underline{x}\,\underline{x}}(k|k-1)\right.$$

$$\left.\underline{S}_{\underline{x}\,\underline{x}}^{\mathrm{T}}(k|k-1)\,\underline{c} + P_{ww}(k)\right)^{-1}.$$

Die Abbildung 7.5 zeigt die rekursive Funktionsweise dieses Sigma-Punkt-Kalman-Filters.

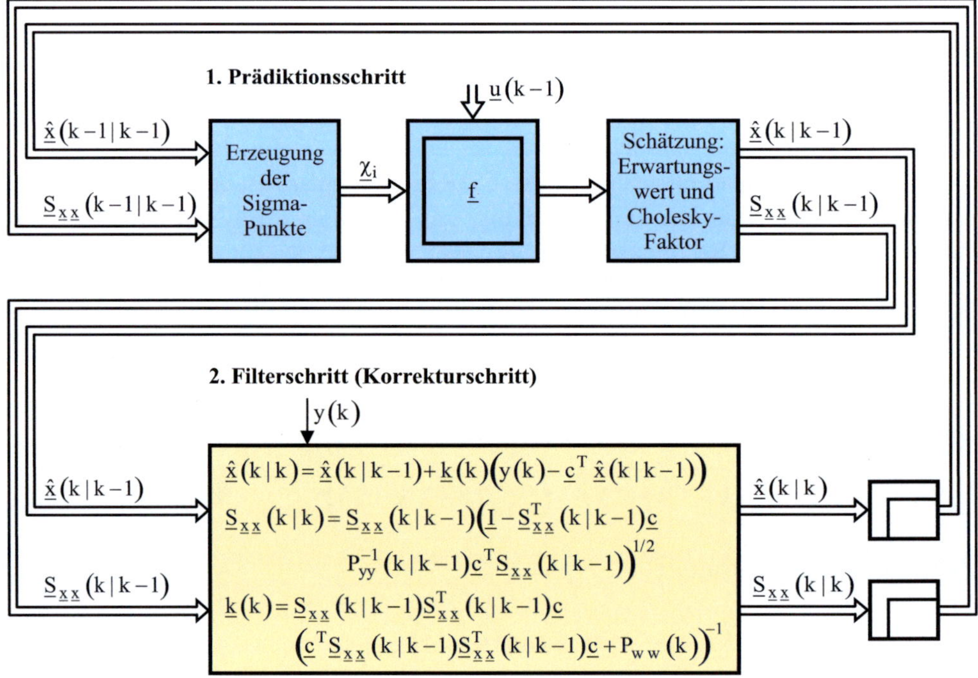


Abbildung 7.5: Funktionsweise des Sigma-Punkt-Kalman-Filters

Für nichtlineare Systeme steht mit dem CDKF somit ein robuster und leistungsfähiger Zustandsschätzer zur Verfügung, der keine Berechnung von Jacobi-Matrizen erfordert und darüber hinaus eine höhere Genauigkeit als das EKF besitzt.

Beschränkungen des Zustandsraums, wie sie beim Katalysatormodell auftreten, lassen sich im Rahmen des bisher beschriebenen SPKF allerdings noch nicht berücksichtigen, weshalb im nächsten Abschnitt eine entsprechende Erweiterung vorgestellt wird.

## 7.3.4 Erweiterung des Sigma-Punkt-Kalman-Filters

Bei den bisher betrachteten Sigma-Punkt-Kalman-Filtern wurde stets ein unbeschränkter Zustandsraum angenommen. In vielen praktischen Anwendungen, wie auch beim Katalysatormodell, treten jedoch Zustandsbeschränkungen auf. So sind die Elemente des Zustandsvektors beim Katalysatormodell physikalische Größen, die gewissen Beschränkungen unterliegen. Beispielsweise dürfen die Schadstoffkonzentrationen und die in Kelvin angegebenen (absoluten) Temperaturen keine negativen Werte annehmen. Weiterhin sind für die normierte aktive Oberfläche nur Werte zwischen null und eins erlaubt. Mathematisch beschreiben lassen sich solche Begrenzungen durch Ungleichungsnebenbedingungen (UNB) der Form

$$\underline{x} = \left\{ \underline{x} \in \mathbb{R}^{N_z} \mid \underline{d}\left(\underline{x}\right) \geq \underline{0} \right\},$$

wobei $\underline{d}\left(\underline{x}\right)$ eine nichtlineare Funktion darstellt. Treten solche Restriktionen auf, so müssen bei Verwendung eines SPKFs zwei Fälle unterschieden werden: Zum einen können sich einige der berechneten Sigma-Punkte außerhalb des zulässigen Bereichs befinden, für welche die nichtlineare Systemfunktion dann nicht ausgewertet werden kann oder darf. Zum anderen besteht die Möglichkeit, dass die a-posteriori-Schätzung außerhalb des definierten Bereichs liegt. Um in beiden Fällen die Beschränkungen einhalten zu können, sollen im Folgenden zwei Verfahren vorgestellt werden [SJ09], wobei das erste auf der Verschiebung der Sigma-Punkte, das zweite auf einer Projektion des Schätzwerts basiert.

**Verschiebung der Sigma-Punkte**

Diesem Verfahren liegt ein heuristischer Ansatz zugrunde, bei dem die sich außerhalb des definierten Bereichs befindenden Sigma-Punkte in den gültigen Bereich oder nach $\infty$ verschoben werden. Hierfür wird der zu diesen Punkten gehörende und in (7.17) auftretende Skalierungsfaktor $w$, welcher beim CDKF der Größe $h$ entspricht, verändert. Der einfachste und in dieser Arbeit verwendete Ansatz für eine geeignete Wahl der entsprechenden $h_i$ besteht darin, die sich außerhalb des Definitionsbereichs befindenden Sigma-Punkte durch $h_i \to \infty$ ins Unendliche zu verschieben. Da laut (7.20) die Gewichte $w_i^{(m)}$ zur Berechnung des a-priori-Schätzwerts $\underline{\hat{x}}\left(k|k-1\right)$ proportional zum Kehrwert von $h^2$ sind, werden die zugehörigen Gewichte zu null gesetzt:

$$w_i^{(m)} = 0 \qquad \forall i = \left\{ i \in \mathbb{N} \wedge i \leq 2N_z \mid \underline{d}\left(\underline{\chi}_i\right) < \underline{0} \right\}.$$

Für eine erwartungstreue Schätzung muss jedoch nach wie vor

$$\sum_{i=0}^{2N_z} w_i^{(m)} = 1$$

gelten, weshalb noch eine Anpassung der restlichen $w_i^{(m)}$ erforderlich ist.

**Projektion des a-posteriori-Schätzwerts**

Dieses Verfahren stellt einen analytischen Ansatz dar, der die mittels eines SPKFs bestimmte und außerhalb des Definitionsbereichs liegende a-posteriori-Schätzung $\hat{\underline{x}}(k\,|k\,)$ in den durch die UNB aufgespannten Unterraum projiziert. Hierfür wird die Projektion als eine Optimierungsaufgabe

$$\min_{\underline{x}} \{J(\underline{x})\} = \min_{\underline{x}} \left\{ \left(\underline{x} - \hat{\underline{x}}(k\,|k\,)\right)^{\mathrm{T}} \underline{W} \left(\underline{x} - \hat{\underline{x}}(k\,|k\,)\right) \right\}$$

$$\text{mit den UNB:} \quad \underline{d}(\underline{x}) \geq \underline{0}$$

formuliert, wobei $\underline{W}$ eine positiv definit zu wählende Gewichtungsmatrix beschreibt. Gesucht ist somit ein $\underline{x}$, das unter Einhaltung der UNB einen möglichst geringen Abstand zum a-posteriori-Schätzwert besitzt. Da zur Lösung dieser Optimierungsaufgabe zwar verschiedene, in der Regel jedoch sehr rechenaufwändige Ansätze existieren, wird die Optimierungsaufgabe hinsichtlich der On-Board-Diagnose noch mit Hilfe des aktiven Mengenverfahrens dahingehend vereinfacht, dass lediglich die nicht erfüllten UNB

$$\underline{d}_g(\underline{x}) = \left\{ \underline{d}(\underline{x}) \,\big|\, \underline{d}(\hat{\underline{x}}(k\,|k\,)) < \underline{0} \right\}$$

betrachtet und diese in Gleichungsnebenbedingungen (GNB) $\underline{d}_g(\underline{x}) = \underline{0}$ umgewandelt werden, wodurch die neue Optimierungsaufgabe

$$\min_{\underline{x}} \{J(\underline{x})\} = \min_{\underline{x}} \left\{ \left(\underline{x} - \hat{\underline{x}}(k\,|k\,)\right)^{\mathrm{T}} \underline{W} \left(\underline{x} - \hat{\underline{x}}(k\,|k\,)\right) \right\}$$

$$\text{mit den GNB:} \quad \underline{d}_g(\underline{x}) = \underline{0}$$

lautet. Im nächsten Schritt gilt es einen Zustand $\hat{\underline{x}}^f(k\,|k\,)$ zu finden, welcher auf der Strecke zwischen $\hat{\underline{x}}(k-1\,|k-1\,)$ und $\hat{\underline{x}}(k\,|k\,)$ liegt und die GNB $\underline{d}_g\left(\hat{\underline{x}}^f(k\,|k\,)\right) = \underline{0}$ erfüllt. Diese Aufgabe der Nullstellenbestimmung lässt sich mittels Newton-Verfahren oder Halbierungsmethode relativ einfach lösen. Zur weiteren Vereinfachung wird danach die nichtlineare Funktion $\underline{d}_g(\underline{x})$ um den gefundenen Zustand $\hat{\underline{x}}^f(k\,|k\,)$ in eine Taylor-Reihe entwickelt und diese nach dem linearen Glied abgebrochen:

$$\underline{d}_g(\underline{x}) \approx \underline{d}_g\left(\hat{\underline{x}}^f(k\,|k\,)\right) + \underline{D}\left(\underline{x} - \hat{\underline{x}}^f(k\,|k\,)\right) = \underline{D}\left(\underline{x} - \hat{\underline{x}}^f(k\,|k\,)\right).$$

Die auftretende Jacobi-Matrix $\underline{D}$ lässt sich beim Katalysatormodell analytisch berechnen und enthält lediglich die Elemente 0, 1 oder $-1$. Die Optimierungsaufgabe besitzt somit nur noch lineare GNB der Form

$$\min_{\underline{x}} \{J(\underline{x})\} = \min_{\underline{x}} \left\{ \left(\underline{x} - \hat{\underline{x}}(k\,|k\,)\right)^{\mathrm{T}} \underline{W} \left(\underline{x} - \hat{\underline{x}}(k\,|k\,)\right) \right\}$$

$$\text{mit den linearen GNB:} \quad \underline{D}\left(\underline{x} - \hat{\underline{x}}^f(k\,|k\,)\right) = \underline{0}.$$

Sie lässt sich mittels der Methode der Lagrange[7]-Multiplikatoren ebenfalls analytisch lösen. Hierbei wird für jede Nebenbedingung eine skalare Variable, der so genannte Lagrange-Multiplikator eingeführt, wodurch eine reine Minimierungsaufgabe ohne Nebenbedingungen entsteht:

$$\min_{\underline{x}}\left\{\tilde{J}\left(\underline{x},\underline{\lambda}\right)\right\} = \min_{\underline{x}}\left\{\left(\underline{x}-\underline{\hat{x}}\left(k|k\right)\right)^{\mathrm{T}}\underline{W}\left(\underline{x}-\underline{\hat{x}}\left(k|k\right)\right) + \underline{\lambda}^{\mathrm{T}}\left(\underline{D}\left(\underline{x}-\underline{\hat{x}}^{f}\left(k|k\right)\right)\right)\right\}.$$

Findet zur Lösung hierfür die gewöhnliche Gradientenmethode

$$\left.\frac{\partial\tilde{J}\left(\underline{x},\underline{\lambda}\right)}{\partial\underline{x}}\right|_{\underline{x}=\underline{\hat{x}}^{c}\left(k|k\right)} = 2\underline{W}\left(\underline{\hat{x}}^{c}\left(k|k\right)-\underline{\hat{x}}\left(k|k\right)\right) + \underline{D}^{\mathrm{T}}\underline{\lambda} = \underline{0},$$

$$\left.\frac{\partial\tilde{J}\left(\underline{x},\underline{\lambda}\right)}{\partial\underline{\lambda}}\right|_{\underline{x}=\underline{\hat{x}}^{c}\left(k|k\right)} = \underline{D}\left(\underline{\hat{x}}^{c}\left(k|k\right)-\underline{\hat{x}}^{f}\left(k|k\right)\right) = \underline{0}$$

Anwendung, so entstehen zwei vektorielle Gleichungen für zwei unbekannte Vektoren und man erhält als eindeutiges Ergebnis für den korrigierten a-posteriori-Schätzwert:

$$\underline{\hat{x}}^{c}\left(k|k\right) = \underline{\hat{x}}\left(k|k\right) - \underline{P}_{N}\left(\underline{\hat{x}}\left(k|k\right)-\underline{\hat{x}}^{f}\left(k|k\right)\right),$$

wobei die Projektionsmatrix die Form

$$\underline{P}_{N} = \underline{W}^{-1}\underline{D}^{\mathrm{T}}\left(\underline{D}\,\underline{W}^{-1}\underline{D}^{\mathrm{T}}\right)^{-1}\underline{D}$$

annimmt. Durch eine QR-Zerlegung [GVL96] von

$$\underline{D}^{\mathrm{T}} = \underline{Q}\,\underline{R} = \left[\underline{Q}_{1},\underline{Q}_{2}\right]\left[\begin{array}{c}\underline{R}_{1}\\\underline{0}\end{array}\right],$$

bei der $\underline{R}$ eine obere Dreiecksmatrix und $\underline{Q}$ eine orthogonale Matrix mit $\underline{Q}\,\underline{Q}^{\mathrm{T}} = \underline{I}$ darstellen, lässt sich die Projektionsmatrix noch in folgender Art und Weise umschreiben:

$$\underline{P}_{N} = \underline{W}^{-1}\underline{Q}_{1}\underline{R}_{1}\left(\underline{R}_{1}^{\mathrm{T}}\underline{Q}_{1}^{\mathrm{T}}\underline{W}^{-1}\underline{Q}_{1}\underline{R}_{1}\right)^{-1}\underline{R}_{1}^{\mathrm{T}}\underline{Q}_{1}^{\mathrm{T}}.$$

Durch die Wahl der Gewichtungsmatrix $\underline{W}$ sind nunmehr unterschiedliche Optimierungsmöglichkeiten erzielbar. So erhielte man für $\underline{W} = \underline{P}_{\underline{x}\underline{x}}^{-1}$ den Schätzwert $\underline{\hat{x}}^{c}\left(k|k\right)$ mit der höchsten bedingten Wahrscheinlichkeit $p\left(\underline{x}|\underline{Y}\right)$. Im Hinblick auf die On-Board-Diagnose wird in dieser Arbeit aber $\underline{W} = \underline{I}$ gewählt, wodurch die Projektionsmatrix auf $\underline{P}_{N} = \underline{Q}_{1}\underline{Q}_{1}^{\mathrm{T}}$ zusammenschrumpft und somit rechenintensive Matrixinversionen vermieden werden. In diesem Fall liefert das Verfahren die Schätzung $\underline{\hat{x}}^{c}\left(k|k\right)$, die das kleinste mittlere Fehlerquadrat aufweist.

---

[7]Joseph-Louis de Lagrange, *25. Januar 1736 in Turin (it. Torino) als *Giuseppe Lodovico Lagrangia*; †10. April 1813 in Paris; Mathematiker und Astronom; Direktor der Preußischen Akademie der Wissenschaften

Als endgültiges Ergebnis erhält man für den a-posteriori-Schätzwert sowie die Kovarianzmatrix bzw. den Cholesky-Faktor unter Berücksichtigung von Nebenbedingungen schließlich

$$\hat{\underline{x}}^{c}(k|k) = \hat{\underline{x}}(k|k) - \underline{P}_{N}\left(\hat{\underline{x}}(k|k) - \hat{\underline{x}}^{f}(k|k)\right),$$

$$\underline{P}^{c}_{\underline{x}\,\underline{x}}(k|k) = \underline{P}_{N}\,\underline{P}_{\underline{x}\,\underline{x}}(k|k)\,\underline{P}^{\mathrm{T}}_{N}$$

bzw.

$$\underline{S}^{c}_{\underline{x}\,\underline{x}}(k|k) = \underline{P}_{N}\,\underline{S}_{\underline{x}\,\underline{x}}(k|k)$$

mit

$$\underline{P}_{N} = \underline{Q}_{1}\,\underline{Q}^{\mathrm{T}}_{1}.$$

Aus dem mathematischen Zusammenhang $\underline{Q}\,\underline{Q}^{\mathrm{T}} = \underline{Q}_{1}\,\underline{Q}^{\mathrm{T}}_{1} + \underline{Q}_{2}\,\underline{Q}^{\mathrm{T}}_{2} = \underline{I}$ wird ersichtlich, dass $\underline{P}^{c}_{\underline{x}\,\underline{x}}(k|k) \leq \underline{P}_{\underline{x}\,\underline{x}}(k|k)$ gilt und folglich aufgrund der zusätzlichen Informationen aus den Nebenbedingungen die Elemente der Kovarianzmatrix kleiner und die Schätzungen dadurch genauer werden.

Dieses so erweiterte SPKF, das man auch als Constrained Sigma-Punkt-Kalman-Filter bezeichnet, wird in dieser Arbeit zur Zustandsschätzung des Katalysators verwendet, mit dem Ziel auftretende Fehler möglichst frühzeitig zu erkennen.

## 7.4 Ergebnisse und Diskussion der neuen Diagnoseverfahren

In diesem Abschnitt werden die Ergebnisse der in dieser Arbeit entwickelten neuen modellbasierten Diagnoseverfahren für Drei-Wege-Katalysatoren vorgestellt und besprochen. Zu Beginn wird die Verwendung des Modells eines „Grenzkatalysators" betrachtet und anschließend das Diagnoseverfahren mittels Zustandsschätzung diskutiert, wobei sowohl die Moving Horizon Estimation als auch das Constrained Sigma-Punkt-Kalman-Filter zum Einsatz kamen. In allen Fällen erfolgt die Diagnose mit während der Fahrt auftretenden Messsignalen, wobei weder spezielle Anregungen noch bestimmte Betriebszustände abgewartet oder berücksichtigt werden müssen.

### 7.4.1 „Grenzkatalysator"

Die Ergebnisse der Katalysatordiagnose mit Hilfe eines „Grenzkatalysators" geben die Abbildungen 7.6 und 7.7 wieder, wobei in Abbildung 7.6 die Ausgangstemperatur des Abgases während des NEFZ für drei unterschiedlich gealterte Katalysatoren aufgetragen ist. Während der Temperaturverlauf bei einer aktiven Oberfläche von

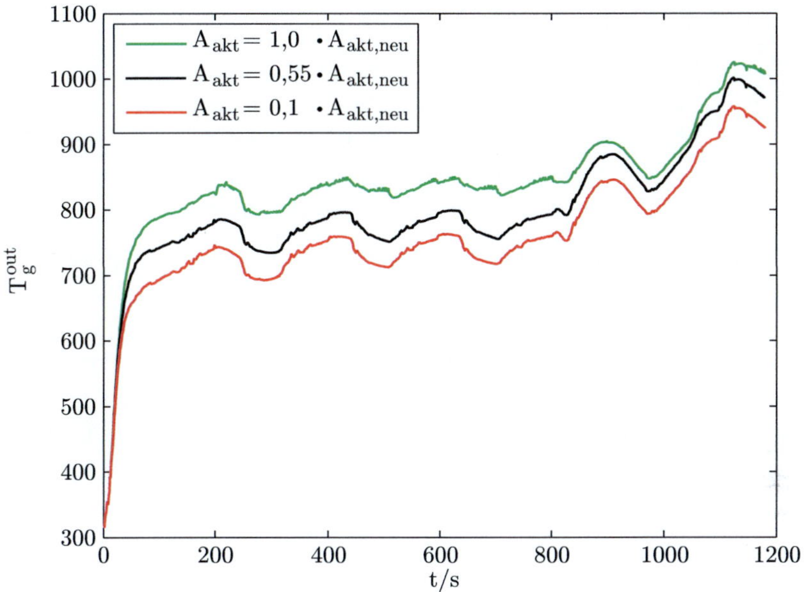


Abbildung 7.6: Katalysatordiagnose mittels eines „Grenzkatalysators"

$A_{akt} = 0{,}55 \cdot A_{akt,neu}$ hierbei dem durch das Katalysatormodell simulierten „Grenzkatalysator" (schwarz) entspricht, spiegelt der Verlauf mit $A_{akt} = A_{akt,neu}$ die gemessene Ausgangstemperatur eines Katalysators im Neuzustand (grün) wider. Da in ihm aufgrund der größeren aktiven Oberfläche wesentlich mehr exotherme chemische Reaktionen als im „Grenzkatalysator" stattfinden, ist die in den Katalysator strömende Abgastemperatur stärker erhöht. Sie liegt daher nach Erreichen der Anspringtemperatur ($t \approx 60\,\mathrm{s}$) während des gesamten NEFZ oberhalb der des „Grenzkatalysators" und der zugehörige Katalysator gilt somit als funktionsfähig.

Ab $t = 780\,\mathrm{s}$ verringert sich die Temperaturdifferenz zwischen neuem und gealtertem Katalysator. Ursache hierfür ist die vom Motor kommende steigende Abgastemperatur, die durch die Geschwindigkeitszunahme im NEFZ bedingt ist. Bei einem Katalysator im Neuzustand werden alle Schadstoffe nahezu vollständig chemisch umgewandelt, während dies bei einem gealterten Katalysator wegen der geringeren aktiven Oberfläche $A_{akt}$ nicht der Fall ist. Die zunehmende Abgastemperatur sorgt jedoch auch bei einem gealterten Katalysator trotz geringerer aktiver Oberfläche für eine höhere Anzahl chemischer Reaktionen infolge der stark ansteigenden Reaktionsgeschwindigkeit. Dadurch kommt es zu der in Abbildung 7.6 zu sehenden Annäherung der Temperaturverläufe unterschiedlich gealterter Katalysatoren. Diese Annäherung erfolgt allerdings nicht linear, da es sich bei der Arrhenius-Gleichung (4.6) um einen nichtlinearen exponentiellen Zusammenhang zwischen Reaktionsgeschwindigkeit und Temperatur handelt.

In einem stark gealterten Katalysator (rot) mit $A_{akt} = 0{,}1 \cdot A_{akt,neu}$, der ebenfalls durch das Katalysatormodell simuliert wurde, finden hingegen kaum noch chemische Reaktionen statt, wodurch die gesetzlichen Emissionsgrenzen nicht mehr eingehalten werden können. Der Katalysator wird folglich als defekt diagnostiziert, da die Ausgangstemperatur unter der des „Grenzkatalysators" liegt.

Abbildung 7.7(a) zeigt die durch das Modell simulierte Ausgangstemperatur (rot) eines Katalysators während des NEFZ, dessen aktive Oberfläche infolge einer starken Schädigung zum Zeitpunkt $t = 280\,\text{s}$ schlagartig vom Wert $A_{akt} = A_{akt,neu}$ auf $A_{akt} = 0{,}1 \cdot A_{akt,neu}$ abnimmt. Zum Zeitpunkt $t = 356\,\text{s}$ unterschreitet die Abgastemperatur die des „Grenzkatalysators" (schwarz), wodurch der Katalysator als defekt detektiert wird. Die geringe zeitliche Verzögerung von 76 Sekunden kommt durch den Wärmeaustausch mit dem Festkörper des Katalysators zustande, welcher die sofortige Abnahme der Abgastemperatur zunächst verhindert.

In Abbildung 7.7(b) ist die durch das Modell simulierte Ausgangstemperatur (rot) eines Katalysators dargestellt, der im Verlauf des NEFZ kontinuierlich, d.h. „schleichend" vom Neuzustand auf $A_{akt} = 0{,}1 \cdot A_{akt,neu}$ altert, wobei die Grenzfläche $A_{akt} = 0{,}55 \cdot A_{akt,neu}$ zum Zeitpunkt $t = 590\,\text{s}$ erreicht wird. Das Unterschreiten der Grenztemperatur (schwarz) und damit verbunden die Diagnose des Katalysatordefekts erfolgt 33 Sekunden später zum Zeitpunkt $t = 623\,\text{s}$.

Zwischen der Effizienz des Katalysators und der bei den chemischen Reaktionen freiwerdenden Wärmeenergie besteht ein direkter Zusammenhang, weshalb aus der Differenz zwischen gemessener und mit dem Modell des „Grenzkatalysators" berechneter Temperatur ungefähr auf den aktuellen Zustand des Katalysators geschlossen werden kann. Betrachtet man einen noch funktionsfähigen Katalysator, so ist dieser umso stärker gealtert, je geringer der Abstand zwischen gemessener und berechneter Temperatur ist.

Das Modell des „Grenzkatalysators" benötigt für die Simulation des ca. 20 Minuten dauernden NEFZ lediglich noch zwölf Sekunden. Folglich beansprucht das vorgestellte modellbasierte Diagnoseverfahren nur wenig Rechenzeit des Steuergeräts und erweist sich somit für eine On-Board-Diagnose als sehr gut geeignet. Eine genauere Methode um auf den aktuellen Zustand des Katalysators zu schließen, bietet das zweite in dieser Arbeit entwickelte modellbasierte Diagnoseverfahren mittels Zustandsschätzung.

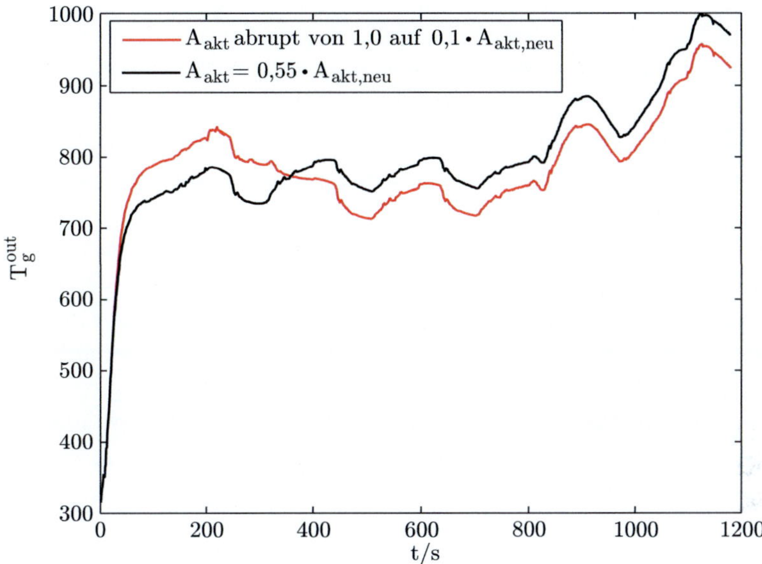


**(a)** Temperaturverlauf bei einer abrupt auf $A_{akt} = 0{,}1 \cdot A_{akt,neu}$ abnehmenden aktiven Oberfläche

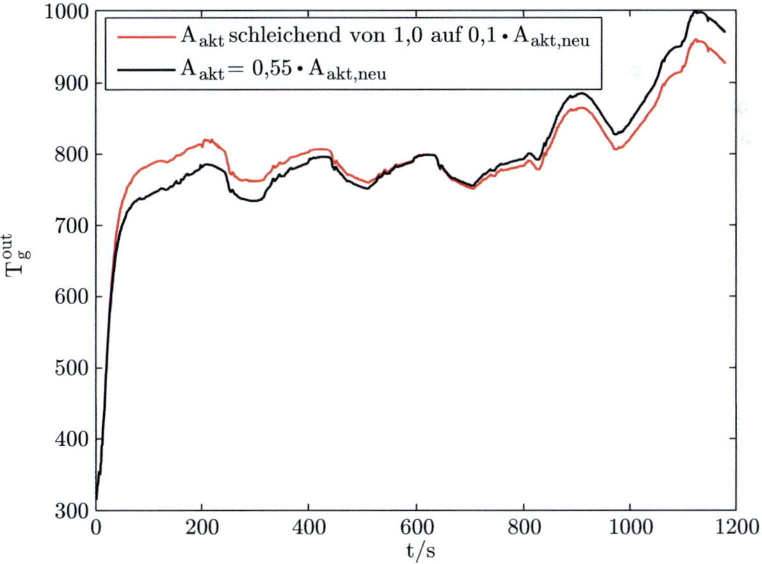


**(b)** Temperaturverlauf bei einer schleichend auf $A_{akt} = 0{,}1 \cdot A_{akt,neu}$ abnehmenden aktiven Oberfläche

Abbildung 7.7: Temperaturverläufe bei einer sich ändernden aktiven Oberfläche

## 7.4.2 Moving Horizon Estimation

Die Ergebnisse der Zustandsschätzung unter Verwendung der Moving Horizon Estimation zeigt die Abbildung 7.8, wobei Abbildung 7.8(a) den Verlauf der Abgastemperatur und Abbildung 7.8(b) den der CO-Konzentration am Ausgang des Katalysators während des NEFZ wiedergibt. Die Abweichungen zu Beginn des NEFZ zwischen gemessener (rot) und geschätzter (blau) Größe treten infolge der am Prüfstand nicht unmittelbar am Eingang des Katalysators gemessenen und damit nur ungefähr bekannten Eingangstemperatur des Abgases auf. Weiterhin wird die Verkopplung der Differentialgleichungen am Anfang des Fahrzyklus deutlich. So verursachen die extremen Änderungen der Konzentrationen starke Schwankungen im Verlauf der Abgastemperatur. Nach etwa 120 Sekunden stimmen die gemessenen und die geschätzten Werte nahezu überein, bis das Verfahren jedoch nach ca. 250 Sekunden abbricht. Ursache hierfür sind die, aus den immer wieder auftretenden CO-Durchbrüchen resultierenden, steilen Anstiege der Konzentrationen und die numerischen Ungenauigkeiten bei der Berechnung der erforderlichen Jacobi-Matrizen mit Hilfe der Finite-Differenzen-Methode. Da die Elemente der Jacobi-Matrix, welche die Ableitungen beschreiben, zum Zeitpunkt eines CO-Durchbruchs generell große Zahlenwerte aufweisen, führt die beim CO-Durchbruch nach rund 250 Sekunden auftretende numerische Ungenauigkeit zur Berechnung einer zu großen Ableitung und damit zu einem zu starken CO-Anstieg. Während die Konzentrationen am Ausgang des Katalysators folglich größer geschätzt werden, als sie in Wirklichkeit sind, müssen im Gegenzug weniger exotherme chemische Reaktionen stattgefunden haben, weshalb der Wert der Abgastemperatur zu niedrig geschätzt wird. Abbildung 7.8 verdeutlicht den steilen Anstieg der CO-Konzentration und den Einbruch der Ausgangstemperatur nach ca. 250 Sekunden. Schließlich haben die numerischen Schwierigkeiten bei der Ermittlung der Jacobi-Matrix den Abbruch des Verfahrens aufgrund von Konvergenzproblemen zur Folge. Zur Lösung des Optimierungsproblems der MHE fand in dieser Arbeit der MATLAB-Algorithmus *lsqnonlin* seine Anwendung. Die erforderlichen Jacobi-Matrizen wurden numerisch durch Auslenkung der Zustandsgrößen und Anwendung der Finite-Differenzen-Methode gewonnen. Bezeichnet wird dieser Ansatz auch als „Externe Numerische Differentiation (END)". Eine Möglichkeit, die auftretenden Konvergenzprobleme zu verhindern, könnte in der Verwendung der „Internen Numerischen Differentiation (IND)" [Boc81] anstelle der END liegen. Bei ihr erfolgt die Ableitungsgenerierung simultan zur Vorwärtslösung. Da das hier vorhandene Ausgleichsproblem hochstrukturiert ist, könnten zusätzlich strukturausnutzende Methoden eingesetzt werden [Boc87]. Im Rahmen der vorliegenden Arbeit wurden diese Alternativen jedoch nicht weiter verfolgt, da die Simulation der 250 Sekunden bereits über fünf Stunden Rechenzeit auf einem handelsüblichen PC benötigte. Somit erwies sich die MHE-Methode zur On-Borad-Diagnose auf einem Steuergerät als zu rechenzeitintensiv und damit als ungeeignet.

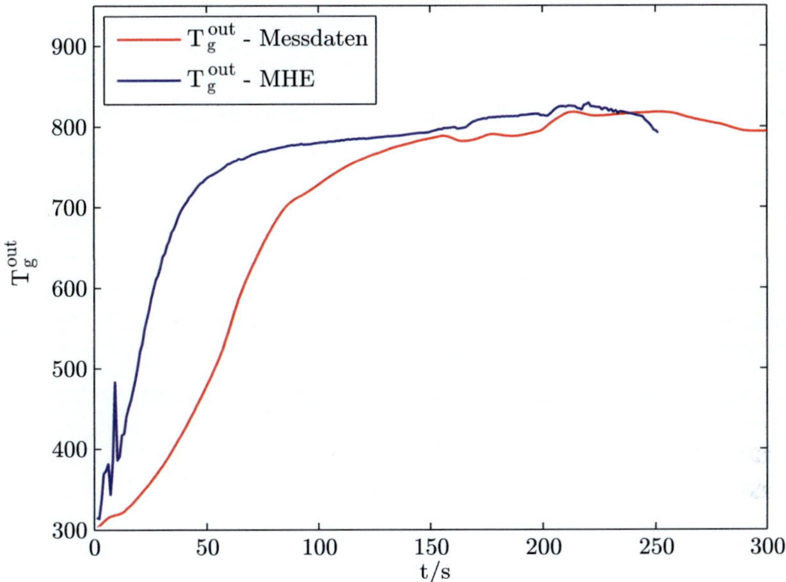

(a) Schätzung der Ausgangstemperatur mittels der MHE

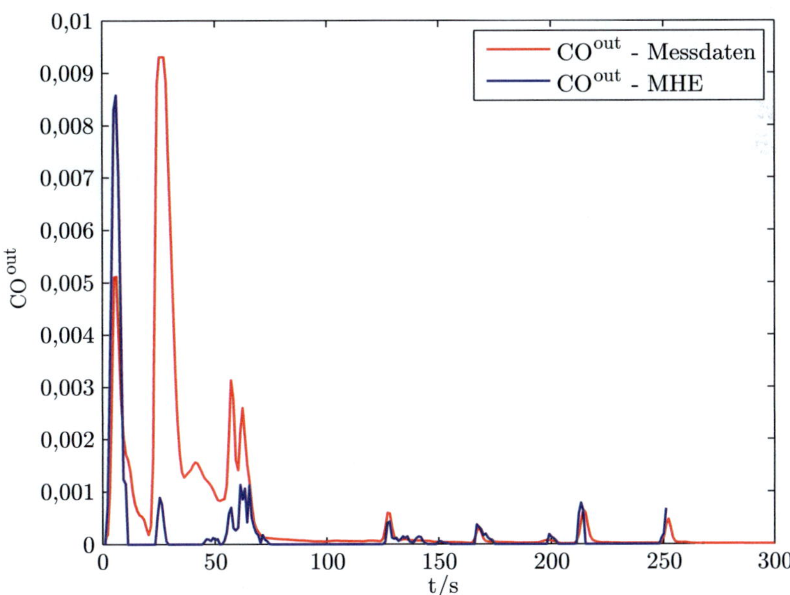

(b) Schätzung der CO-Ausgangskonzentration mittels der MHE

Abbildung 7.8: Zustandsschätzung mittels der MHE

### 7.4.3   Constrained Sigma-Punkt-Kalman-Filter

Das Potential dieses neuen Diagnoseverfahrens durch Zustandsschätzung mit Hilfe eines Constrained Sigma-Punkt-Kalman-Filters wird anhand von Messdaten entsprechend des dynamischen NEFZ verdeutlicht. Über die Kovarianzmatrizen des Systemrauschens ($\underline{P}_{vv}$) und des Messrauschens ($P_{ww}$) lässt sich eine Gewichtung vorgeben, wie stark bei der Zustandsschätzung jeweils die Modellrechnung und die Messinformation eingeht. Die geeignete Wahl der in der Regel unbekannten Matrizen erfordert jedoch häufig zeitaufwändige Rechnersimulationen und stellt somit für die Industrie ein Problem dar. Da im hier vorliegenden Fall der Zustandsvektor $\underline{x}$ jedoch aus physikalischen Größen besteht, können für die Kovarianzmatrizen Diagonalmatrizen angesetzt werden, deren Elemente dem Quadrat der Messgerätetoleranzen entsprechen, mit denen die einzelnen Größen am Prüfstand erfasst wurden.

Die Abbildungen 7.9 und 7.11 zeigen die durch das komplexe Katalysatoralterungsmodell (4.18) bis (4.22) mit Hilfe der FEM simulierten (rot) und die durch das Constrained Sigma-Punkt-Kalman-Filter geschätzten (blau) Verläufe verschiedener aktiver Oberflächen sowie die zugehörigen CO-Ausgangskonzentrationen. Sobald die aktive Oberfläche den Wert $A_{akt} = 0{,}55 \cdot A_{akt,neu}$ unterschreitet, wird der Katalysator als defekt diagnostiziert. In Abbildung 7.9(a) ist die bei einem neuen Katalysator zum Zeitpunkt $t = 280\,\mathrm{s}$ plötzlich auftretende, signifikante Schädigung des Katalysators zu erkennen. Diese stellt eine besonders harte Beanspruchung des Systems dar. Es wird deutlich, wie gut das Constrained Sigma-Punkt-Kalman-Filter den tatsächlichen Zustandsverlauf schätzt. Die zulässige untere Grenze der aktiven Oberfläche mit dem Wert $A_{akt} = 0{,}55 \cdot A_{akt,neu}$ ist durch eine Strich-Punkt-Linie (schwarz) eingezeichnet. Das Unterschreiten dieser Grenzfläche und damit verbunden der Defekt des Katalysators wird bereits 73 Sekunden später zum Zeitpunkt $t = 353\,\mathrm{s}$ erkannt.

Ferner lassen sich mit dem in dieser Arbeit entwickelten Verfahren zusätzlich die momentanen Schadstoffkonzentrationen am Ausgang des Katalysators schätzen. In Abbildung 7.9(b) sind beispielhaft der zum Verlauf der katalytisch aktiven Oberfläche in Abbildung 7.9(a) gehörende simulierte (rot) und geschätzte (blau) Verlauf der CO-Konzentration am Ausgang des Katalysators dargestellt, wodurch dieser Sachverhalt bestätigt wird. Man kann beobachten, wie zum Zeitpunkt $t = 280\,\mathrm{s}$ die CO-Konzentration am Ausgang des Katalysators stark ansteigt. Sie wird beim Übergang der aktiven Oberfläche vom Neuzustand auf $A_{akt} = 0{,}1 \cdot A_{akt,neu}$ zunächst etwas zu klein geschätzt, da aufgrund des Einschwingvorgangs eine Überschätzung der aktiven Oberfläche auftritt. Ähnlich der aktiven Oberfläche stimmen aber tatsächlicher und geschätzter Verlauf der CO-Konzentration im Wesentlichen sehr gut überein.

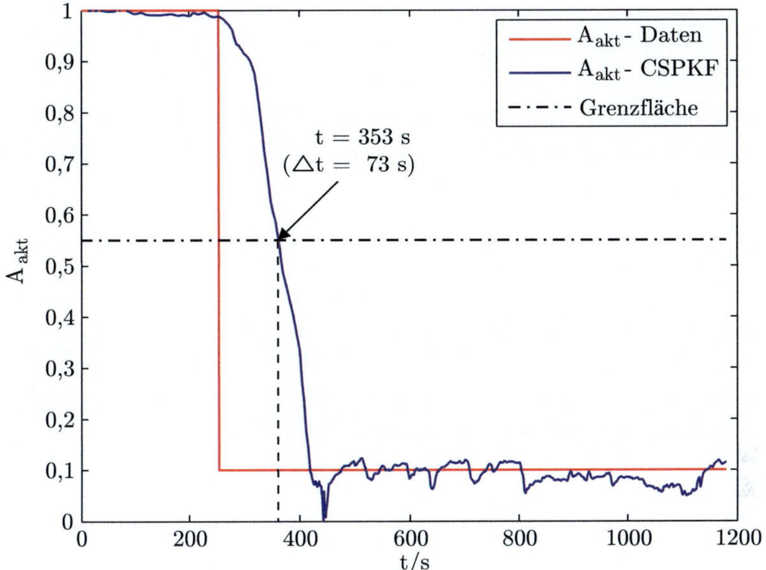



(a) Schätzung der abrupt auf $A_{akt} = 0{,}1 \cdot A_{akt,neu}$ abnehmenden aktiven Oberfläche mittels CSPKF

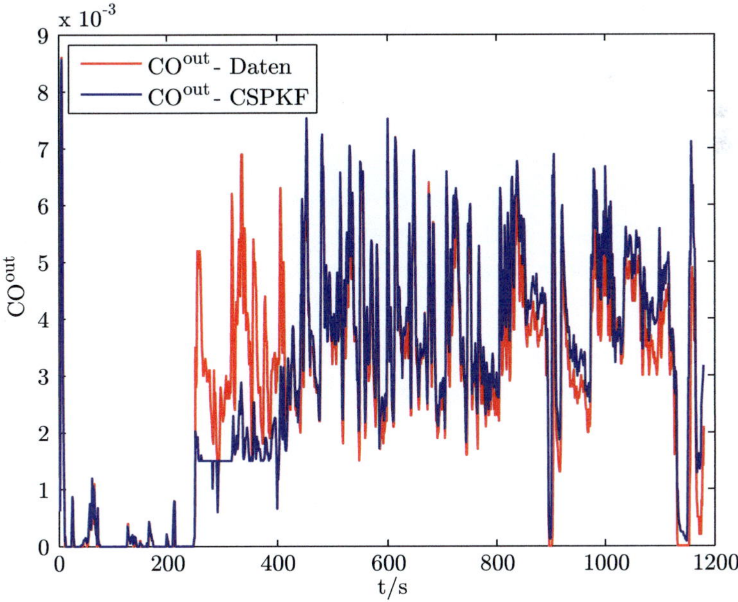



(b) Schätzung der CO-Ausgangskonzentration mittels CSPKF

Abbildung 7.9: Zustandsschätzung mittels CSPKF bei einem abrupten Fehler

Mittels

$$\dot{m}_i = \dot{m}_g \, \varsigma_i \, \frac{\varrho_i}{\varrho_g} \qquad\qquad \text{mit} \quad i = \text{CO, HC, NO}_x$$

lassen sich diese geschätzten Schadstoffkonzentrationen auf die an die Umwelt abgegebenen Massenströme umrechnen und darüber hinaus unter Verwendung der Gleichung

$$\overline{\dot{m}}_i \, (k+1) = \frac{\beta \, k \, \overline{\dot{m}}_i \, (k) + \dot{m}_i \, (k+1)}{k+1} \qquad\qquad \text{mit} \quad 0 < \beta \leq 1$$

über die Zeit mitteln, wobei die Betrachtung wieder zeitdiskret erfolgt. Der Faktor $\beta$, der hier zu $\beta = 0{,}95$ gewählt wurde, dient dazu, die in der Vergangenheit liegenden Werte schwächer zu gewichten als den aktuellen Wert. Ebenso lässt sich die gefahrene Durchschnittsgeschwindigkeit in m/s gemäß

$$\overline{v} \, (k+1) = \frac{\beta \, k \, \overline{v} \, (k) + v \, (k+1)}{k+1}$$

berechnen. Bildet man das Verhältnis dieser beiden Größen und multipliziert es mit dem Faktor $10^6$:

$$\frac{\overline{\dot{m}}_i \, (k+1)}{\overline{v} \, (k+1)} = \frac{\beta \, k \, \overline{\dot{m}}_i \, (k) + \dot{m}_i \, (k+1)}{\beta \, k \, \overline{v} \, (k) + v \, (k+1)} \cdot 10^6 \, ,$$

so erhält man die an die Umwelt abgegebene Schadstoffmenge in g/km. Durch einen Vergleich mit den gesetzlich vorgeschriebenen Emissionsgrenzen ist dadurch nicht nur eine indirekte Diagnose über die Hilfsgrößen der aktiven Oberfläche – oder der Sauerstoffspeicherfähigkeit bei den derzeit eingesetzten Diagnoseverfahren – sondern auch eine direkte Diagnose über die Schadstoffkonzentrationen möglich. Die aktive Oberfläche $A_{akt}$ ist darüber hinaus auch eine weitaus geeignetere Hilfsgröße als die bisher bei den Diagnoseverfahren verwendete Sauerstoffspeicherfähigkeit.

In Abbildung 7.10 ist die zur Abbildung 7.9 gehörende CO-Emissionsmenge in g/km aufgetragen. Die ersten zehn Sekunden des NEFZ dürfen dabei nicht berücksichtigt werden, da der Motor in dieser Zeit im Stand laufend Schadstoffe erzeugt, die gefahrene Geschwindigkeit aber null beträgt, womit sich rechnerisch ein unendlich hoher CO-Ausstoß/km ergeben würde. Zum Zeitpunkt $t = 334\,\mathrm{s}$ wird die gesetzliche Emissionsgrenze erstmalig überschritten. Das anschließende kurzzeitige Unterschreiten der Grenze resultiert aus der Geschwindigkeitszunahme im NEFZ. Hierbei ist der Anstieg der CO-Konzentration im Verhältnis zu jenem der Geschwindigkeit geringer, weshalb die gemittelte Stoffmenge kurzfristig sinkt. Ab dem Zeitpunkt $t = 402\,\mathrm{s}$ liegt die an die Umwelt abgegebene CO-Menge aber durchgehend über dem zugelassenen Wert, wodurch der Katalysator als defekt diagnostiziert wird.

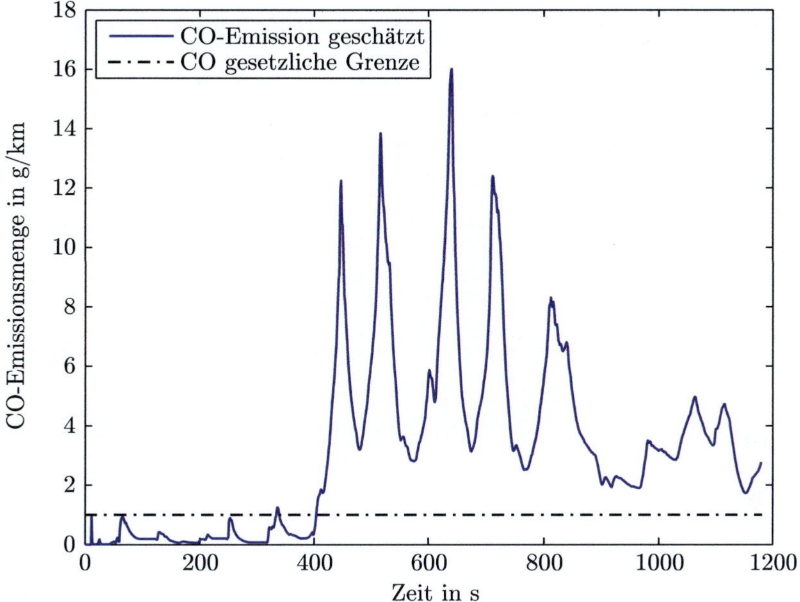



Abbildung 7.10: Berechnung der CO-Menge aus der geschätzten CO-Konzentration

Zur Verdeutlichung der Leistungsfähigkeit des in dieser Arbeit vorgestellten On-Board-Diagnoseverfahrens ist in Abbildung 7.11(a) ein weiterer Verlauf der aktiven Oberfläche dargestellt. In diesem Fall ist zunächst eine lineare Abnahme der aktiven Oberfläche zu sehen. Zum Zeitpunkt $t = 780\,\text{s}$ erfolgt dann eine schlagartige, starke Schädigung des Katalysators. Es ist deutlich zu erkennen, wie nach relativ kurzer Zeit der geschätzte Verlauf (blau) gegen den tatsächlichen Verlauf (rot) der katalytisch aktiven Oberfläche konvergiert, so dass beide Verläufe nahezu übereinstimmen. Auch in dieser Abbildung ist die untere Schranke der erlaubten aktiven Oberfläche $A_{akt} = 0{,}55 \cdot A_{akt,neu}$ in Form einer Strich-Punkt-Linie (schwarz) eingezeichnet. Das Unterschreiten dieser Grenzfläche und damit das Überschreiten der gesetzlich zulässigen Emissionswerte wird im Vergleich zu den tatsächlichen Messwerten ca. 16 Sekunden später zum Zeitpunkt $t = 796\,\text{s}$ diagnostiziert. In Abbildung 7.11(a) ist zusätzlich der $3\,\sigma$-Vertrauensbereich der geschätzten aktiven Oberfläche als gestrichelte Linie (grün) dargestellt. Die Grenzen dieses Bereiches ergeben sich aus der Kovarianzmatrix $\underline{P}_{\underline{x}\,\underline{x}}(k\,|\,k) = \underline{S}_{\underline{x}\,\underline{x}}(k\,|\,k)\,\underline{S}_{\underline{x}\,\underline{x}}^{\mathrm{T}}(k\,|\,k)$, auf deren Hauptdiagonale sich die Varianzen der Schätzfehler der einzelnen Komponenten des Zustandsvektors befinden. Die Standardabweichungen erhält man somit durch $\sigma_i(k) = \sqrt{\left(\underline{P}_{\underline{x}\,\underline{x}}(k\,|\,k)\right)_{ii}}$ $(i = 1, \ldots, N_z)$. Folglich lässt sich auch die Standardabweichung $\sigma_{A_{akt}}(k)$ des Schätzfehlers von $A_{akt}(k)$ auf diese Weise bestimmen.

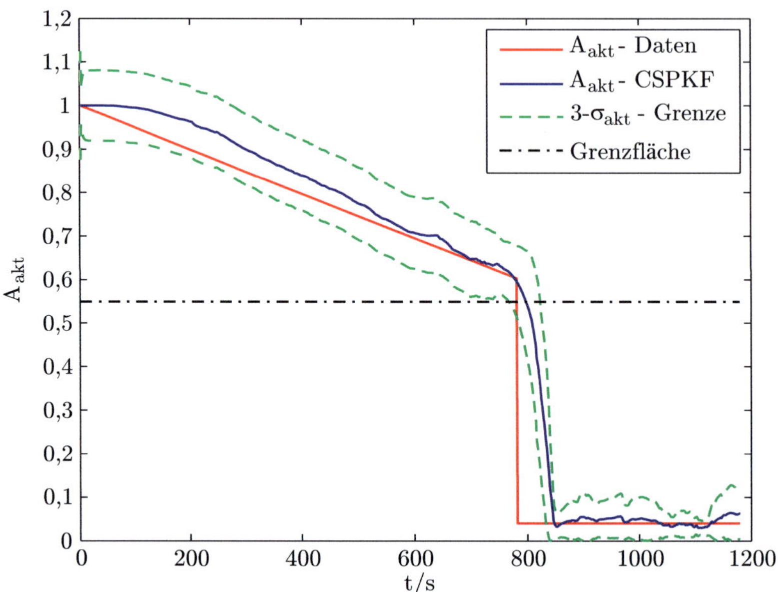



**(a)** Schätzung der schleichend abnehmenden aktiven Oberfläche mittels CSPKF

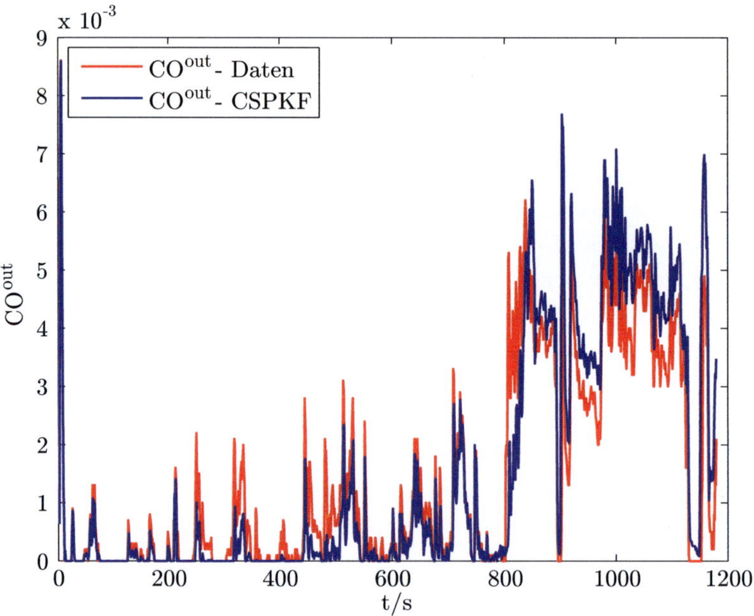



**(b)** Schätzung der CO-Ausgangskonzentration mittels CSPKF

Abbildung 7.11: Zustandsschätzung mittels CSPKF bei einem schleichenden Fehler

Aus den beiden Gleichungen

$$A_{akt,\text{Grenze+}}(k) = A_{akt}(k) + 3\,\sigma_{A_{akt}}(k)$$

und

$$A_{akt,\text{Grenze-}}(k) = A_{akt}(k) - 3\,\sigma_{A_{akt}}(k)$$

ergeben sich dann die in Abbildung 7.11(a) eingezeichneten Grenzen des Vertrauensbereichs (grün). Innerhalb dieser müsste bei einem normalverteilten Schätzfehler der wirkliche Modellparameter $A_{akt}$ mit einer Wahrscheinlichkeit von 99,73% liegen. Dadurch erhält man mit dem Diagnoseverfahren eines Constrained Sigma-Punkt-Kalman-Filters neben dem Schätzwert auch zusätzliche Informationen über die Genauigkeit bzw. Verlässlichkeit der Schätzung.

Der zur aktiven Oberfläche gehörende Verlauf der CO-Ausgangskonzentration kann in Abbildung 7.11(b) nachvollzogen werden. Es ist zu beobachten, dass die CO-Ausgangskonzentration mit der linearen Abnahme der aktiven Oberfläche zunächst sukzessive ansteigt, bevor zum Zeitpunkt $t = 780\,\text{s}$ aufgrund des abrupten starken Verlusts an aktiver Oberfläche eine extreme Zunahme der CO-Ausgangskonzentration auftritt. Erneut wird deutlich, wie gut der geschätzte Verlauf (blau) dem tatsächlichen Verlauf (rot) folgt.

# 7.5 Zusammenfassung

Im Rahmen dieses Kapitels wurden zwei neue modellbasierte Diagnoseverfahren vorgestellt. Beide beruhen auf der Tatsache, dass in einem neuen Katalysator mehr Schadstoffe durch exotherme chemische Reaktionen umgewandelt werden als in einem gealterten, wodurch die Abgastemperatur am Ausgang eines neuen Katalysators oberhalb der eines gealterten liegt.

Das erste Verfahren basiert auf dem Modell eines die gesetzlich zugelassenen Emissionsgrenzen gerade noch einhaltenden „Grenzkatalysators". Zur Diagnose erfolgt ein Vergleich zwischen der mit einem Sensor gemessenen und der durch das Modell berechneten Abgastemperatur am Ausgang des Katalysators. Liegt die gemessene Temperatur oberhalb der berechneten, so gilt der Katalysator als funktionsfähig, ansonsten als defekt. Aus der sich ergebenden Temperaturdifferenz kann darüber hinaus sogar indirekt auf den aktuellen Zustand des Katalysators geschlossen werden.

Eine etwas elegantere Methode hierfür bietet jedoch das zweite in dieser Arbeit entwickelte Diagnoseverfahren mittels eines Zustandsschätzers, dem ein Katalysatormodell zugrunde liegt, welches Alterungseffekte mit berücksichtigt. Zur Zustandsschätzung wurde dabei zunächst die MHE-Methode eingesetzt. Infolge numerischer Ungenauigkeiten bei der Berechnung der erforderlichen Jacobi-Matrizen zeigte diese allerdings eine mangelhafte Konvergenz. Hinzu kam der hohe Rechenaufwand und die damit verbundene lange Rechenzeit, weshalb die MHE-Methode insgesamt für eine On-Board-Diagnose ungeeignet erscheint. Als erfolgreich erwies sich hingegen die Verwendung eines Kalman-Filters als Zustandsschätzer. Ein lineares Kalman-Filter ist allerdings aufgrund der nichtlinearen Systemfunktion des Katalysatormodells ungeeignet und das erweiterte Kalman-Filter erfordert, analog zur MHE-Methode, die Berechnung von zu Konvergenzproblemen führenden Jacobi-Matrizen. Aufgrund der beim Katalysatormodell zusätzlich auftretenden Zustandsbeschränkungen wurde daher in dieser Arbeit ein auf der Basis des Central Difference Kalman-Filters beruhendes Constrained Sigma-Punkt-Kalman-Filter verwendet, welches die Beschränkungen in Form von Ungleichungsnebenbedingungen berücksichtigen kann. Die Implementierung auf dem Rechner erfolgte, im Hinblick auf die On-Board-Diagnose und der damit beschränkten Rechenzeit, in der numerisch robusten Square-Root-Form.

Sowohl das Verfahren mit dem „Grenzkatalysator" als auch mit dem Constrained Sigma-Punkt-Kalman-Filter erwiesen sich als echtzeitfähig, wobei die Diagnose ausschließlich mit während der Fahrt erfassten Messsignalen erfolgt und somit keine speziellen Anregungen oder Betriebszustände erforderlich sind. Die abschließend präsentierten und überzeugenden Ergebnisse zeigen das Potential dieser neuen Diagnoseverfahren.

# Kapitel 8

# Zusammenfassung

In dieser Arbeit wurden zwei neue modellbasierte Diagnoseverfahren für Drei-Wege-Katalysatoren entwickelt. Sie dienen der Überwachung des Katalysators und der frühzeitigen Warnung des Fahrers bei einer auftretenden Fehlfunktion. In vielen Staaten der Welt sind On-Board-Diagnosesysteme in Kraftfahrzeugen bereits gesetzlich vorgeschrieben. Das derzeit am häufigsten eingesetzte Verfahren basiert auf einer Analyse der Sauerstoffspeicherfähigkeit mittels Lambda-Sonden. Diese ist allerdings nicht uneingeschränkt ein geeignetes Maß für die Güte des Katalysators, weshalb des Öfteren Fehlalarme auftreten. Um diese zu vermeiden, beruhen die hier erarbeiteten neuen Diagnoseverfahren nicht auf den Lambda-Signalen, sondern auf der in der Abgastemperatur enthaltenen Information. Grundidee dabei ist, dass diese Temperatur am Ausgang eines neuen Katalysators – infolge der vielen in ihm stattfindenden exothermen chemischen Reaktionen – oberhalb der eines gealterten Katalysators liegt. Durch einen Vergleich zwischen der am Ausgang eines Katalysators gemessenen und der mittels eines Modells berechneten Abgastemperatur kann dann auf den aktuellen Zustand des Katalysators geschlossen werden.

Zunächst wurde, da es sich um modellbasierte Verfahren handelt, ein detailliertes, sich auf Energie- und Massenbilanzen stützendes und aus gekoppelten nichtlinearen partiellen Differentialgleichungen bestehendes physikalisch-chemisches Katalysatormodell hergeleitet. Das Modell beinhaltet zudem 13 chemische Reaktionen, die durch ihre Reaktionsraten beschrieben werden. Zur Berücksichtigung der Alterung eines Katalysators wurde das Modell noch um einen Alterungsterm erweitert. Das gesamte Katalysatormodell beschreibt somit vollständig das dynamische Verhalten eines alternden Katalysators und kann deshalb gegebenenfalls auch zur industriellen Weiterentwicklung von Katalysatoren eingesetzt werden, da es eine Aussage über Auswirkungen von Veränderungen am Design oder den verwendeten Materialien ermöglicht. Als Eingangsgrößen dienen die vom Motor stammenden, im Fahrzeug messtechnisch aber nicht erfassten Rohemissionen, weshalb zusätzlich ein Modell entwickelt wurde, das diese Größen aus im Fahrzeug messbaren Signalen errechnet.

Für eine On-Board-Diagnose erwies sich das hergeleitete Gesamtmodell allerdings noch als zu komplex und somit zu rechenzeitintensiv, weshalb eine Modellreduktion durchgeführt werden musste. Da die Dynamik der Stoffkonzentrationen signifikant schneller ist als die der Temperaturen bzw. der Alterung, besteht die Vereinfachung zunächst in der Annahme quasi-stationärer Massenbilanzen für den Festkörper, wodurch die Anzahl der partiellen Differentialgleichungen deutlich reduziert werden konnte. Da es sich bei den verbleibenden Gleichungen jedoch ebenfalls um partielle Differentialgleichungen handelt, weist das Modell eine unendlich hohe Ordnung auf. Folglich bestand der nächste Schritt in einer Ordnungsreduktion mit Hilfe spektraler Verfahren, was einen wesentlichen Unterschied zu der sonst in der Literatur beschriebenen Ordnungsreduktion mittels der Finite-Differenzen-Methode darstellt. Der Vorteil der spektralen Verfahren gegenüber der FDM liegt in einer niedrigeren Modellordnung bei gleicher Genauigkeit. Das so reduzierte und in Zustandsraumdarstellung präsentierte Katalysatormodell besteht nur noch aus insgesamt elf gewöhnlichen Differentialgleichungen, worin auch die Differentialgleichungen zur Beschreibung des Verhaltens der aktiven Oberfläche sowie der Abgastemperatur und der Schadstoffkonzentrationen am Ausgang des Katalysators enthalten sind.

Die im Modell auftretenden physikalischen Parameter konnten mit Hilfe der Angaben des Katalysatorherstellers durch geometrische oder thermodynamische Überlegungen hergeleitet werden. Durch die vereinfachte Beschreibung der chemischen Reaktionen traten in den Reaktionsraten des Modells 13 unbekannte Parameter in Form von präexponentiellen Konstanten $B_i$ auf. Ihre Identifikation erfolgte mittels zweier Optimierungsverfahren, für die zuerst eine geeignete Gütefunktion entwickelt wurde. Da der Suchraum mehrere lokale Optima aufweist, diente zunächst die Partikelschwarm-Optimierung zur globalen Suche und anschließend deren Ergebnis als Startwert für das Gradientenverfahren zur lokalen Suche. Hinsichtlich der Rechenzeit wurde diese Art der Identifikation in C++ implementiert und ist, da nur wenige Größen vom Benutzer vorgegeben werden müssen, darüber hinaus relativ leicht handhabbar, was zu einer hohen Akzeptanz für den industriellen Einsatz führen müsste. Die Güte des identifizierten Katalysatoralterungsmodells zeigte sich bei einem Vergleich zwischen Mess- und Modelldaten. Sowohl der Verlauf der Abgastemperatur als auch der Schadstoffkonzentrationen konnten mit einer bemerkenswerten Genauigkeit nachgebildet werden. Somit stellt dieses echtzeitfähige reduzierte Modell die Grundlage für die beiden in dieser Arbeit entwickelten Diagnoseverfahren dar.

Das erste Verfahren beruht auf dem so genannten „Grenzkatalysator", der die gesetzlichen Emissionsgrenzen gerade noch einhält. Das dazugehörige Modell gewinnt man aus dem reduzierten Katalysatoralterungsmodell, in dem die darin enthaltene Differentialgleichung der aktiven Oberfläche durch einen, aus Simulationen gewonnenen, konstanten Wert ersetzt wird. Die Diagnose erfolgt dann über einen Vergleich von der am Ausgang eines Katalysators gemessenen mit der durch das Modell vorhergesagten Abgastemperatur. Der Katalysator gilt als funktionsfähig, solange die gemessene Temperatur oberhalb der durch das „Grenzkatalysator"-Modell berechneten liegt. Auf einem im Fahrzeug vorhandenen Steuergerät benötigt dieses Verfahren nur wenig Rechenleistung. Ferner lässt sich aus der Differenz der beiden Temperaturen sogar indirekt auf den aktuellen Zustand des Katalysators schließen. Eine elegantere Methode zur Beurteilung des momentanen Katalysatorzustands bietet allerdings das weitere in dieser Arbeit präsentierte Diagnoseverfahren.

Das zweite Verfahren verwendet – da die auftretenden Messfehler mathematisch als stochastischer Prozess beschreibbar sind – einen nichtlinearen stochastischen Zustandsschätzer, auf Basis des reduzierten Katalysatoralterungsmodells. Zur Zustandsschätzung kam zunächst die MHE-Methode zum Einsatz. Sie erwies sich hinsichtlich einer On-Board-Diagnose jedoch einerseits als zu rechenzeitintensiv, andererseits traten bei der numerischen Berechnung der erforderlichen Jacobi-Matrizen Konvergenzprobleme auf. Aus diesem Grund wurde im nächsten Schritt auch kein erweitertes Kalman-Filter, sondern ein Sigma-Punkt-Kalman-Filter als Zustandsschätzer eingesetzt, welches darüber hinaus eine höhere Genauigkeit als das EKF besitzt. Da beim Katalysatormodell Beschränkungen des Zustandsraums auftreten, wurde in dieser Arbeit ein Constrained Sigma-Punkt-Kalman-Filter verwendet, das diese in Form von Ungleichungsnebenbedingungen zu berücksichtigen vermag. Es lässt sich als rekursives Schätzfilter in numerisch robuster Square-Root-Form implementieren, so dass nur wenig Speicherplatz und Rechenzeit erforderlich sind. Mit Hilfe dieses nichtlinearen Filters können die aktuellen Zustände des Katalysators aus den Messdaten der Abgasausgangstemperatur unter Nutzung des reduzierten Katalysatoralterungsmodells fortlaufend geschätzt werden. Unter ihnen befindet sich auch die als ein Maß für die Güte des Katalysators dienende aktive Oberfläche. Erreicht sie eine untere Schranke, d.h. werden nicht mehr genügend Schadstoffe konvertiert, wird der Katalysator als defekt diagnostiziert. Weiterhin ist es mittels dieses Verfahrens erstmals möglich, die drei Schadstoffkonzentrationen am Ausgang des Katalysators explizit zu schätzen, wodurch die Diagnose nicht nur indirekt über die aktive Oberfläche – oder wie bei den derzeit eingesetzten Verfahren über die Sauerstoffspeicherfähigkeit – sondern auch direkt anhand der gesetzlich vorgeschriebenen Emissionswerte erfolgen kann. Dieses Mehr an Information über den aktuellen Zustand rechtfertigt daher die etwas höhere Anforderung an die benötigte Rechenleistung.

Beide beschriebenen Verfahren sind zur On-Board-Diagnose geeignet und es müssen dabei keine einschränkenden Betriebsbedingungen berücksichtigt werden. Dadurch ist im Gegensatz zu anderen existierenden Methoden eine Diagnose während des dynamischen, instationären Fahrbetriebs ohne spezielle Anregungen möglich. Durch Anpassung der im Modell enthaltenen physikalischen Parameter lassen sich diese Verfahren auch für beliebige andere Katalysatortypen verwenden. Das große Potential dieser neuen Diagnoseverfahren zeigen die abschließend präsentierten Ergebnisse.

# Anhang A

# Notation

**Lateinische Symbole**

| Symbol | Bedeutung | Einheit |
| --- | --- | --- |
| $A$ | Querschnittsfläche des Katalysators | $m^2$ |
| $A_{akt}(t)$ | normierte aktive Oberfläche | – |
| $A_{akt\infty}$ | minimale normierte aktive Oberfläche | – |
| $A_{amb}$ | Gehäuse-Oberfläche pro Katalysatorvolumen | $m^2/m^3$ |
| $A_{Ce}$ | aktive Oberfläche des Ceroxids pro Kat.-Volumen | $m^2/m^3$ |
| $A_{EM}$ | aktive Oberfläche des Edelmetalls pro Kat.-Volumen | $m^2/m^3$ |
| $A_{geo}$ | geometrische Oberfläche | $m^2/m^3$ |
| $B_i$ | präexponentielle Konstante der Reaktionsrate $i$ | $1/\left(K^{\frac{1}{2}}\,s\right)$ |
| $D_{\mathrm{eff}}(z,t)$ | effektiver Diffusionskoeffizient | $m^2/s$ |
| $D_{j,g}(z,t)$ | Diffusionskoeffizient des Stoffes $j$ im Abgas | $m^2/s$ |
| $D_{Kn}(z,t)$ | Knudson-Diffusionskoeffizient | $m^2/s$ |
| $\underline{D}_N$ | Tschebyscheff-Differentiationsmatrix | – |
| $E_{A,i}$ | Aktivierungsenergie | $J/mol$ |
| $G(z,t)$ | Hemmungsterm | – |
| $\Delta H_i$ | Reaktionsenthalpie | $J/mol$ |
| $J$ | Gütefunktion | – |
| $\underline{K}(t)$ | Kalman-Verstärkungsmatrix | – |
| $L_{Ce}$ | maximale Speicherkapazität des Ceroxids | $mol/m^2$ |
| $L_{EM}$ | maximale Speicherkapazität der Edelmetalle | $mol/m^2$ |
| $M_g$ | molare Masse des Abgases | $kg/mol$ |
| $N_A$ | Avogadro-Konstante | $1/mol$ |
| $\underline{P}_{vv}, \underline{P}_{ww}$ | Kovarianzmatrix des System- und Messrauschens | – |
| $\underline{P}_{xx}(t)$ | Kovarianzmatrix des Zustands $\underline{x}$ | – |
| $\dot{Q}_R(z,t)$ | volumetrische Wärmestromdichte | $J/\left(m^3\,s\right)$ |

| | | |
|---|---|---|
| $R(z,t)$ | Radius der Metallpartikel | m |
| $R_g$ | universelle Gaskonstante | $J/(mol\,K)$ |
| $R_\infty$ | maximaler Radius | m |
| $R_j(z,t)$ | Stoffrate | $kg/(m^3\,s)$ |
| $\underline{S}_{\underline{x}\,\underline{x}}(t)$ | Cholesky-Faktor des Zustands $\underline{x}$ | – |
| $T_A$ | Abtastzeit | s |
| $T_{amb}(t)$ | Temperatur der Umgebung | K |
| $T_{\mathrm{Ans}}$ | Anspringtemperatur (Light-off Temperatur) | K |
| $T_g^{\mathrm{in}}(t)$ | Abgastemperatur am Eingang des Katalysators | K |
| $T_g(z,t)$ | Temperatur des Abgases | K |
| $T_s(z,t)$ | Temperatur des Festkörpers | K |
| $T_{s\ddot{a}t}$ | Sättigungstemperatur des Wassers | K |
| $V$ | Katalysatorvolumen | $m^3$ |
| $V_{sub}$ | Wabenvolumen des Substrats | $m^3$ |
| $V_w$ | Wabenvolumen des Washcoats | $m^3$ |
| $a_{j,i}$ | stöchiometrischer Koeffizient des Stoffes $j$ in Reaktion $i$ | – |
| $c_{p,g}(z,t)$ | spezifische isobare Wärmekapazität des Abgases | $J/(kg\,K)$ |
| $c_{p,s}(z,t)$ | spezifische isobare Wärmekapazität des Festkörpers | $J/(kg\,K)$ |
| $d$ | Durchmesser des Katalysators | m |
| $d_K$ | charakteristische Länge (Wabenkanaldurchmesser) | m |
| $d_p$ | mittlerer Porendurchmesser | m |
| $f_A$ | Abtastfrequenz | Hz |
| $k_B$ | Boltzmann-Konstante | $J/K$ |
| $k_{ges,j}(z,t)$ | Gesamtkoeffizient des Stoffes $j$ | m/s |
| $k_{m,j}(z,t)$ | Stoffaustauschkoeffizient des Stoffes $j$ | m/s |
| $k_{r,j}(z,t)$ | Reaktionskoeffizient des Stoffes $j$ | m/s |
| $\ell$ | Länge des Katalysators | m |
| $\dot{m}_g^{\mathrm{in}}(t)$ | Abgas-Massenstrom am Eingang des Katalysators | kg/s |
| $\dot{m}_g(t)$ | Abgas-Massenstrom | kg/s |
| $\dot{m}_{Kr}(t)$ | Kraftstoff-Massenstrom | kg/s |
| $\dot{m}_{Lu}(t)$ | Luft-Massenstrom | kg/s |
| $p_m(t)$ | Saugrohrdruck | $N/m^2$ |
| $r_i(z,t)$ | Reaktionsrate | 1/s |
| $t$ | Zeit | s |
| $\underline{u}(t)$ | Eingangsvektor | – |
| $v(t)$ | Fahrzeuggeschwindigkeit | m/s |
| $w_i$ | Gewichtungsfaktoren | – |
| $\underline{x}(t),\hat{\underline{x}}(t)$ | Zustandsvektor und dessen Schätzwert | – |
| $\underline{y}(t)$ | Ausgangsvektor | – |
| $z$ | Axialrichtung des Katalysators | m |

## Griechische Symbole

| Symbol | Bedeutung | Einheit |
|---|---|---|
| $\Phi_T\left(z,t\right)$ | Thiele-Modul | – |
| $\phi_i\left(z\right)$ | Basisfunktionen | – |
| $\alpha\left(z,t\right)$ | Wärmeübertragungskoeffizient Abgas/Festkörper | $\mathrm{W}/\left(\mathrm{m}^2\,\mathrm{K}\right)$ |
| $\alpha_{amb}$ | Wärmeübertragungskoeffizient Festkörper/Umgebung | $\mathrm{W}/\left(\mathrm{m}^2\,\mathrm{K}\right)$ |
| $\gamma_{Ce}$ | aktive Oberfläche des Cers pro Washcoatvolumen | $\mathrm{m}^2/\mathrm{m}^3$ |
| $\gamma_{EM}$ | aktive Oberfläche des Edelmetalls pro Washcoatvolumen | $\mathrm{m}^2/\mathrm{m}^3$ |
| $\delta_{sub}$ | Dicke des Substrats | m |
| $\delta_w$ | Dicke des Washcoats | m |
| $\varepsilon$ | Emissionsgrad | – |
| $\varepsilon_v$ | Katalysator-Hohlraumanteil | – |
| $\varepsilon_p$ | Porosität des Washcoats | – |
| $\zeta\left(t\right)$ | Zündwinkel | ° |
| $\eta_g\left(z,t\right)$ | dynamische Viskosität des Abgases | Pa s |
| $\vartheta_j$ | Schwellwert des Neurons j | – |
| $\kappa_g\left(z,t\right)$ | Wärmeleitfähigkeit des Abgases | $\mathrm{W}/\left(\mathrm{m}\,\mathrm{K}\right)$ |
| $\kappa_s$ | Wärmeleitfähigkeit des Festkörpers | $\mathrm{W}/\left(\mathrm{m}\,\mathrm{K}\right)$ |
| $\lambda\left(t\right)$ | Luftzahl (Lambda-Wert) | – |
| $\mu_i\left(z,t\right)$ | Effektivitätsfaktor | – |
| $\mu_{\mathrm{Verb}}\left(t\right)$ | inverse Effizienz der Verbrennung | – |
| $\nu_j$ | Diffusionsvolumen des Stoffes $j$ | $\mathrm{cm}^3/\mathrm{mol}$ |
| $\xi_i\left(z\right)$ | Ableitung der Basisfunktion $\phi_i\left(z\right)$ nach dem Ort $z$ | – |
| $\varrho_g$ | Dichte des Abgases | $\mathrm{kg}/\mathrm{m}^3$ |
| $\varrho_{Kr}$ | Dichte des Kraftstoffs | $\mathrm{kg}/\mathrm{m}^3$ |
| $\varrho_s$ | Dichte des Festkörpers | $\mathrm{kg}/\mathrm{m}^3$ |
| $\varrho_{sub}$ | Dichte des Substrats | $\mathrm{kg}/\mathrm{m}^3$ |
| $\varrho_w$ | Dichte des Washcoats | $\mathrm{kg}/\mathrm{m}^3$ |
| $\varsigma_{g,j}^{\mathrm{in}}\left(t\right)$ | Stoffkonzentration $j$ am Eingang des Katalysators | – |
| $\varsigma_{g,j}\left(z,t\right)$ | Stoffkonzentration $j$ im Kanalhohlraum | – |
| $\varsigma_{s,j}\left(z,t\right)$ | Stoffkonzentration $j$ in den Poren des Festkörpers | – |
| $\tau$ | Tortuositätsfaktor | – |
| $\phi_{\mathrm{H_2/CO}}$ | Verhältnis zwischen den $\mathrm{H_2}$- und CO-Rohemissionen | – |
| $\underline{\chi}_i\left(t\right)$ | Sigma-Punkte | – |
| $\psi_{\mathrm{O_2}}\left(z,t\right)$ | gespeicherter Sauerstoffgehalt im Ceroxid | – |
| $\psi_{cap}$ | maximale Sauerstoffspeicherkapazität pro Kat.-Volumen | $\mathrm{mol}/\mathrm{m}^3$ |
| $\omega_m\left(t\right)$ | Motordrehzahl | $1/\mathrm{s}$ |

Tabelle A.1: Nomenklatur

# Abkürzungen

| | |
|---|---|
| AU | Abgasuntersuchung |
| CARB | California Air Resources Board |
| CDKF | Central Difference Kalman-Filter |
| CSPKF | Constrained Sigma-Punkt-Kalman-Filter |
| EA | Evolutionäre Algorithmen |
| ECE | Economic Commission for Europe |
| EKF | Erweitertes Kalman-Filter |
| EPA | Environmental Protection Agency |
| EU | Europäische Union |
| EUDC | Extra Urban Driving Cycle |
| FDM | Finite-Differenzen-Methode |
| FEM | Finite-Elemente-Methode |
| FTP | Federal Test Procedure |
| GA | Genetische Algorithmen |
| HEGO | Heated Exhaust Gas Oxygen Sensor |
| KF | Kalman-Filter |
| Kfz | Kraftfahrzeug |
| KNN | Künstliche Neuronale Netze |
| LEV | Low Emission Vehicle |
| LH | Langmuir-Hinshelwood |
| LS | Least-Squares |
| MHE | Moving Horizon Estimation |
| MLP | Multilayer Perceptron |
| MVS | Minimal-Varianz-Schätzwert |
| NEFZ | Neuer Europäischer Fahrzyklus |
| OBD | On-Board-Diagnose |
| POD | Proper Orthogonal Decomposition |
| PSO | Partikelschwarm-Optimierung |
| SPKF | Sigma-Punkt-Kalman-Filter |
| SR | Steam Reforming |
| SSF | Sauerstoffspeicherfähigkeit |
| SULEV | Super Ultra Low Emission Vehicle |
| SVD | Singular Value Decomposition |
| UEGO | Universal Exhaust Gas Oxygen Sensor |
| UKF | Unscented Kalman-Filter |
| ULEV | Ultra Low Emission Vehicle |
| VGN | Verallgemeinertes Gauß-Newton-Verfahren |
| WGS | Water Gas Shift |

Tabelle A.2: Abkürzungen

# Chemische Summenformeln

| | |
|---|---|
| $Al_2O_3$ | Aluminiumoxid |
| Ba | Barium |
| C | Kohlenstoff |
| $CH_4$ | Methan |
| $C_3H_6$ | Propen |
| $C_3H_8$ | Propan |
| $C_6H_6$ | Benzol |
| $C_8H_{18}$ | Oktan |
| $CH_2O$ | Formaldehyd (Methanal) |
| Ce | Cer |
| $Ce_2O_3$ | Cer(III)-oxid |
| $CeO_2$ | Cer(IV)-oxid |
| CO | Kohlenstoffmonoxid |
| $CO_2$ | Kohlenstoffdioxid |
| H | Wasserstoff |
| $H_2O$ | Wasser |
| HC | Kohlenwasserstoffe (Abkürzung) |
| $HNO_3$ | Salpetersäure |
| La | Lanthan |
| $Mg_2Al_4Si_5O_{18}$ | Cordierit |
| N | Stickstoff |
| NMHC | Nichtmethankohlenwasserstoffe (Abkürzung) |
| $N_2O$ | Distickstoffmonoxid |
| NO | Stickstoffmonoxid |
| $NO_2$ | Stickstoffdioxid |
| $NO_x$ | Stickoxide |
| O | Sauerstoff |
| $O_3$ | Ozon |
| P | Phosphor |
| Pb | Blei |
| Pd | Palladium |
| $PO_x$ | Phosphoroxide |
| Pt | Platin |
| Rh | Rhodium |
| S | Schwefel |
| $SO_x$ | Schwefeloxide |
| Sr | Strontium |
| $ZrO_2$ | Zirconiumoxid |

Tabelle A.3: Chemische Summenformeln

# Anhang B

# Herleitungen

## B.1  Massenbilanzen für den Kanalhohlraum

Wie im Kapitel 2.2 erläutert, setzt sich ein Katalysator aus einer großen Anzahl kleiner Wabenkanäle zusammen. Da diese aber nahezu völlig identisch aufgebaut sind, kann der Katalysator so behandelt werden, als bestünde er aus nur einem Kanal, der sich in einen Kanalhohlraum und in einen Festkörperanteil unterteilen lässt. Zur Herleitung der Massenbilanzen der chemischen Stoffe $j$ dient das in Abbildung B.1 dargestellte Volumenelement eines Katalysators.

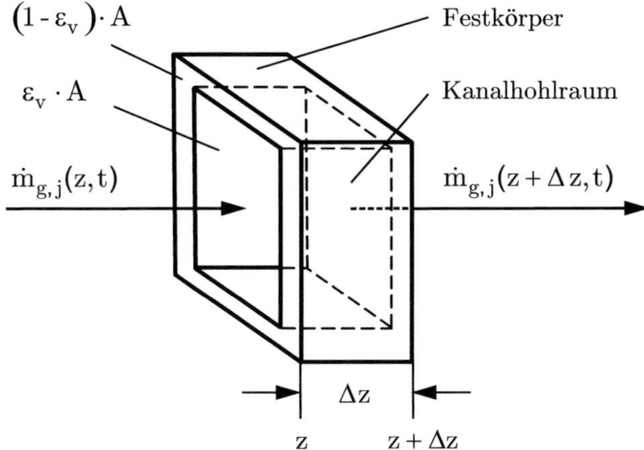


Abbildung B.1: Massenänderung innerhalb eines Volumenelements des Katalysators

Die zeitliche Änderung der Masse $m_{g,j}$ des Stoffes $j$ von dem im Kanal befindlichen Abgas kann für das betrachtete Volumenelement $A\,\Delta z$ durch

$$\frac{dm_{g,j}}{dt} = \dot{m}_{g,j} = \varepsilon_v\,A\,\Delta z\,\varrho_g\,\frac{d\varsigma_{g,j}}{dt}$$

beschrieben werden, wobei $\varepsilon_v$ den Hohlraumanteil des in der Querschnittsfläche $A$ des Katalysators enthaltenen Kanals angibt. Die Bestimmung von $\varepsilon_v$ ist im Kapitel 6.2.1 angegeben. Während die Größe $\Delta z$ die hier betrachtete Ausdehnung des Katalysators in $z$-Richtung bezeichnet, entsprechen $\varrho_g$ der Abgasdichte und $\varsigma_{g,j}$ der im Kanal vorhandenen Konzentration des Stoffes $j$. Die im Volumenelement des Kanals enthaltene gesamte Abgasmasse $m_g$ ist also durch $\varepsilon_v\,A\,\Delta z\,\varrho_g$ gegeben.

Für die auftretende zeitliche Änderung der Stoffmasse $m_{g,j}$ im betrachteten Volumenelement ist einerseits die Differenz zwischen dem an der Stelle $z$ einströmenden und dem an der Stelle $z + \Delta z$ ausströmenden Abgas-Massenstrom verantwortlich. Sie lässt sich mathematisch durch den Term

$$\dot{m}_g\left(\varsigma_{g,j}\left(z\right) - \varsigma_{g,j}\left(z + \Delta z\right)\right)$$

darstellen. Ihm zufolge nimmt die Stoffmasse im Volumenelement zu, sofern die an der Stelle $z$ einströmende Masse größer als die an der Stelle $z + \Delta z$ ausströmende Masse ist und umgekehrt.

Als weitere Ursache für die im Volumenelement auftretende Massenänderung erweist sich andererseits die Differenz zwischen der, infolge des Konzentrationsgefälles, über die Fläche $\varepsilon_v\,A$ an der Stelle $z$ ein- sowie der an der Stelle $z + \Delta z$ ausdiffundierenden Masse. Sie kann mathematisch durch den Ausdruck

$$\varepsilon_v\,A\,\varrho_g\,D_{j,g}\left(\frac{\varsigma_{g,j}\left(z\right) - \varsigma_{g,j}\left(z + \Delta z\right)}{\Delta z} - \frac{\varsigma_{g,j}\left(z + \Delta z\right) - \varsigma_{g,j}\left(z + 2\,\Delta z\right)}{\Delta z}\right)$$

beschrieben werden, wobei $D_{j,g}$ den Diffusionskoeffizienten des Stoffes $j$ im Abgas angibt. Die Berechnung von $D_{j,g}$ findet sich im Kapitel 6.2.1.

Darüber hinaus wird die Masse $m_{g,j}$ im Volumenelement durch den Massenaustausch zwischen dem sich im Kanal und in den Poren des Festkörpers befindlichen Abgas beeinflusst. Der Ausdruck hierfür lautet:

$$A\,\Delta z\,A_{geo}\,\varrho_g\,k_{m,j}\left(\varsigma_{s,j} - \varsigma_{g,j}\right)\,. \tag{B.1}$$

Dabei ist $A_{geo}$ die auf das gesamte Katalysatorvolumen $V$ bezogene Grenzfläche zwischen Kanal und Festkörper und wird als geometrische Oberfläche bezeichnet. Der Austauschkoeffizient des Stoffes $j$ wird durch $k_{m,j}$ und die Konzentration in den Poren durch $\varsigma_{s,j}$ symbolisiert. Kapitel 6.2.1 enthält die Berechnungsvorschriften sowohl für $A_{geo}$ als auch für $k_{m,j}$.

Basierend auf den vorangegangenen Überlegungen lässt sich für das betrachtete Volumenelement eine Gleichung für die zeitliche Änderung der Stoffmasse $m_{g,j}$ des im Kanal befindlichen Abgases wie folgt angeben:

$$\varepsilon_v \, A \, \Delta z \, \varrho_g \, \frac{d\varsigma_{g,j}}{dt} = \dot{m}_g \left( \varsigma_{g,j}\left(z\right) - \varsigma_{g,j}\left(z + \Delta z\right) \right) + \varepsilon_v \, A \, \varrho_g \, D_{j,g} \left( \frac{\varsigma_{g,j}\left(z\right) - \varsigma_{g,j}\left(z + \Delta z\right)}{\Delta z} \right.$$

$$\left. - \frac{\varsigma_{g,j}\left(z + \Delta z\right) - \varsigma_{g,j}\left(z + 2\,\Delta z\right)}{\Delta z} \right)$$

$$+ A \, \Delta z \, A_{geo} \, \varrho_g \, k_{m,j} \left( \varsigma_{s,j} - \varsigma_{g,j} \right) \;.$$

Umformungen und eine beidseitige Division durch $A \, \Delta z$ führen zu

$$\varepsilon_v \, \varrho_g \, \frac{d\varsigma_{g,j}}{dt} = -\frac{\dot{m}_g}{A} \, \frac{\left( \varsigma_{g,j}\left(z + \Delta z\right) - \varsigma_{g,j}\left(z\right) \right)}{\Delta z}$$

$$+ \varepsilon_v \, \varrho_g \, D_{j,g} \left( \frac{\varsigma_{g,j}\left(z + 2\,\Delta z\right) - 2\,\varsigma_{g,j}\left(z + \Delta z\right) + \varsigma_{g,j}\left(z\right)}{\Delta z^2} \right)$$

$$- A_{geo} \, \varrho_g \, k_{m,j} \left( \varsigma_{g,j} - \varsigma_{s,j} \right) \;.$$

Strebt $\Delta z$ schließlich noch gegen null ($\Delta z \to 0$), erhält man die partiellen Differentialgleichungen

$$\varepsilon_v \, \varrho_g \, \underbrace{\frac{\partial \varsigma_{g,j}}{\partial t}}_{\text{Massenänderung}} = \underbrace{-\frac{\dot{m}_g}{A} \, \frac{\partial \varsigma_{g,j}}{\partial z}}_{\text{Konvektion}} + \underbrace{\varepsilon_v \, \varrho_g \, D_{j,g} \, \frac{\partial^2 \varsigma_{g,j}}{\partial z^2}}_{\text{Massendiffusion}} \underbrace{- A_{geo} \, \varrho_g \, k_{m,j} \left( \varsigma_{g,j} - \varsigma_{s,j} \right)}_{\text{Massenaustausch}}$$

für die gesuchten Massenbilanzen (4.1) der chemischen Stoffe CO, HC, $NO_x$, $H_2$ und $O_2$ ($j = 1, \ldots, 5$) des Abgases im Kanal.

# B.2   Massenbilanzen für den Festkörper

Die zeitliche Änderung der Stoffmasse $m_{s,j}$ in den Poren des Festkörpers kann für das betrachtete Volumenelement $A \, \Delta z$ zu

$$\frac{dm_{s,j}}{dt} = \dot{m}_{s,j} = \left( 1 - \varepsilon_v \right) A \, \Delta z \, \varepsilon_p \, \varrho_g \, \frac{d\varsigma_{s,j}}{dt}$$

angegeben werden, wobei $\left( 1 - \varepsilon_v \right)$ dem Festkörperanteil der Querschnittsfläche $A$ des Katalysators entspricht. Die Porosität des Festkörpers spiegelt der Faktor $\varepsilon_p$ wider.

Infolge des Massenaustauschs mit dem Abgas im Kanal ändert sich die Masse $m_{s,j}$ in den Poren gemäß Gleichung (B.1), jedoch mit negativem Vorzeichen. Ein Massentransport in $z$-Richtung findet in den Poren nicht statt. Es treten allerdings chemische Reaktionen auf, die den Massenanteil des Stoffes $j$ mit der Zeit verändern.

Beschreiben lässt sich dieser Vorgang durch den Term

$$A \, \Delta z \, M_g \, L_s \, A_s \sum_{i=1}^{N_R} a_{j,i} \, r_i \, ,$$

in dem $M_g$ die molare Masse des Abgases ausdrückt, $A_s$ ist die auf das Katalysatorvolumen $V$ bezogene, an den Reaktionen beteiligte, katalytisch aktive Oberfläche des Edelmetalls ($A_{EM}$) oder des Cers ($A_{Ce}$). $L_s$ gibt die maximale Speicherkapazität des Edelmetalls ($L_{EM}$) bzw. des Cers ($L_{Ce}$) an. Die Anzahl der berücksichtigten chemischen Reaktionen wird durch $N_R$ spezifiziert. Weiterhin stellt $a_{j,i}$ den stöchiometrischen Koeffizienten und $r_i$ die Reaktionsrate dar, welche die bei der Reaktion $i$ entstehende oder verbrauchte Menge des Stoffes $j$ repräsentiert.

Folglich ergibt sich für das betrachtete Volumenelement die Gleichung der zeitlichen Änderung der Masse $m_{s,j}$ des Stoffes $j$ in den Poren des Festkörpers zu:

$$(1 - \varepsilon_v) \, A\Delta z \, \varepsilon_p \, \varrho_g \, \frac{d\varsigma_{s,j}}{dt} = A\Delta z \, A_{geo} \, \varrho_g \, k_{m,j} \left( \varsigma_{g,j} - \varsigma_{s,j} \right) + A\Delta z \, M_g \, L_s \, A_s \sum_{i=1}^{N_R} a_{j,i} \, r_i \, .$$

Dividiert man beidseitig durch $A \, \Delta z$ und lässt $\Delta z$ gegen null gehen ($\Delta z \to 0$), gelangt man zu den partiellen Differentialgleichungen

$$\underbrace{(1 - \varepsilon_v) \, \varepsilon_p \, \varrho_g \, \frac{\partial \varsigma_{s,j}}{\partial t}}_{\text{Massenänderung}} = \underbrace{A_{geo} \, \varrho_g \, k_{m,j} \left( \varsigma_{g,j} - \varsigma_{s,j} \right)}_{\text{Massenaustausch}} - \underbrace{M_g \, L_s \, A_s \sum_{i=1}^{N_R} \left( -a_{j,i} \right) r_i}_{\text{Stoffrate}}$$

der gesuchten Massenbilanzen (4.2) für die chemischen Stoffe CO, HC, $NO_x$, $H_2$ und $O_2$ ($j = 1, \dots, 5$) in den Poren des Festkörpers.


## B.3    Energiebilanz für den Kanalhohlraum


Die Herleitungen der Energiebilanzen sind mit jenen der Massenbilanzen nahezu identisch. Anstelle der Masse wird jetzt die sich ändernde Wärmeenergie in dem in Abbildung B.1 dargestellten Volumenelement untersucht. Die zeitliche Änderung der Wärmeenergie $Q_g$ des im Kanal befindlichen Abgases im betrachtete Volumenelement $A \, \Delta z$ kann durch

$$\frac{dQ_g}{dt} = \dot{Q}_g = \varepsilon_v \, A \, \Delta z \, \varrho_g \, c_{p,g} \, \frac{dT_g}{dt}$$

angegeben werden. Die Größe $c_{p,g}$ entspricht der spezifischen isobaren Wärmekapazität des Abgases, welche die spezifische Wärmekapazität bei konstantem Druck darstellt. Ihre Berechnung findet sich im Kapitel 6.2.1.

Die Änderung der Wärmeenergie $Q_g$ im betrachteten Volumen ist abhängig von der an der Stelle $z$ hineinströmenden sowie der an der Stelle $z + \Delta z$ austretenden Wärmemenge. Für diesen Sachverhalt gilt der mathematische Zusammenhang:

$$\dot{m}_g\, c_{p,g}\left(T_g\left(z\right) - T_g\left(z + \Delta z\right)\right).$$

Infolge eines Temperaturgefälles kann Wärmeenergie über die Fläche $\varepsilon_v\, A$ an der Stelle $z$ in das Volumen ein- und an der Stelle $z+\Delta z$ ausdiffundieren. Dies verursacht eine Änderung der im Volumen vorhandenen Wärmemenge gemäß

$$\varepsilon_v\, A\,\kappa_g\left(\frac{T_g\left(z\right) - T_g\left(z + \Delta z\right)}{\Delta z} - \frac{T_g\left(z + \Delta z\right) - T_g\left(z + 2\,\Delta z\right)}{\Delta z}\right),$$

wobei $\kappa_g$ die im Kapitel 6.2.1 ermittelte Wärmeleitfähigkeit des Abgases angibt.

Weiterhin sorgt der durch

$$A\,\Delta z\, A_{geo}\,\alpha\left(T_s - T_g\right) \tag{B.2}$$

beschriebene Wärmeaustausch zwischen Festkörper und Abgas im Kanal ebenfalls für eine Temperaturänderung im Volumen. Der Wärmeübertragungskoeffizient zwischen Abgas und Festkörper wird dabei mit $\alpha$ bezeichnet, seine Berechnung ist im Kapitel 6.2.1 aufgezeigt. $T_s$ entspricht der Festkörper- und $T_g$ der Abgastemperatur.

Die Summe der drei Effekte führt auf eine Gesamtänderung der Wärmeenergie im betrachteten Volumenelement, welche durch die Gleichung

$$\varepsilon_v\, A\Delta z\, \varrho_g\, c_{p,g}\frac{dT_g}{dt} = \dot{m}_g c_{p,g}\left(T_g\left(z\right) - T_g\left(z + \Delta z\right)\right) + \varepsilon_v\, A\,\kappa_g\left(\frac{T_g\left(z\right) - T_g\left(z + \Delta z\right)}{\Delta z}\right.$$
$$\left. -\frac{T_g\left(z + \Delta z\right) - T_g\left(z + 2\,\Delta z\right)}{\Delta z}\right) + A\,\Delta z\, A_{geo}\,\alpha\left(T_s - T_g\right)$$

angegeben werden kann. Umformungen und eine beidseitige Division durch $A\,\Delta z$ führen zu

$$\varepsilon_v\, \varrho_g\, c_{p,g}\frac{dT_g}{dt} = -\frac{\dot{m}_g}{A}\, c_{p,g}\frac{\left(T_g\left(z + \Delta z\right) - T_g\left(z\right)\right)}{\Delta z}$$
$$+ \varepsilon_v\,\kappa_g\left(\frac{T_g\left(z + 2\,\Delta z\right) - 2\,T_g\left(z + \Delta z\right) + T_g\left(z\right)}{\Delta z^2}\right)$$
$$- A_{geo}\,\alpha\left(T_g - T_s\right).$$

Lässt man $\Delta z$, wie bereits bei den Massenbilanzen geschehen, gegen null streben $(\Delta z \to 0)$, erhält man die partielle Differentialgleichung

$$\underbrace{\varepsilon_v \, \varrho_g \, c_{p,g} \, \frac{\partial T_g}{\partial t}}_{\text{Wärmeänderung}} = \underbrace{-\, \frac{\dot{m}_g}{A} \, c_{p,g} \, \frac{\partial T_g}{\partial z}}_{\text{Konvektion}} + \underbrace{\varepsilon_v \, \kappa_g \, \frac{\partial^2 T_g}{\partial z^2}}_{\text{Wärmediffusion}} \underbrace{- \, A_{geo} \, \alpha \, (T_g - T_s)}_{\text{Wärmeaustausch}}$$

für die Energiebilanz (4.3) des Abgases im Kanal.

## B.4 Energiebilanz für den Festkörper

Die zeitliche Änderung der Wärmeenergie $Q_s$ des Festkörpers im betrachteten Volumenelement $A \, \Delta z$ kann durch

$$\frac{dQ_s}{dt} = \dot{Q}_s = (1 - \varepsilon_v) \, A \, \Delta z \, \varrho_s \, c_{p,s} \, \frac{dT_s}{dt}$$

angegeben werden, wobei $\varrho_s$ die Dichte und $c_{p,s}$ die spezifische isobare Wärmekapazität des Festkörpers repräsentiert. Die Berechnungsvorschriften für diese Größen finden sich im Kapitel 6.2.1.

Die Änderung der Wärmeenergie $Q_s$ ist abhängig vom Temperaturgefälle im Festkörper gemäß

$$(1 - \varepsilon_v) \, A \, \kappa_s \left( \frac{T_s\,(z) - T_s\,(z + \Delta z)}{\Delta z} - \frac{T_s\,(z + \Delta z) - T_s\,(z + 2\,\Delta z)}{\Delta z} \right),$$

sowie vom durch die Gleichung (B.2) beschriebenen Wärmeaustausch mit dem Abgas im Kanal, allerdings mit negativem Vorzeichen. Die Größe $\kappa_s$ stellt hierbei die im Kapitel 6.2.1 angegebene Wärmeleitfähigkeit des Festkörpers dar.

Weiterhin treten an der katalytisch aktiven Oberfläche überwiegend exotherme chemische Reaktionen auf, welche die Wärmeenergie des Festkörpers ebenfalls verändern. Die freiwerdende Wärmeenergie lässt sich durch den Term

$$A \, \Delta z \, L_s \, A_s \sum_{i=1}^{N_R} (-\Delta H) \, r_i$$

ausdrücken. Setzt die Reaktion Wärme frei, so weist der Wert der Reaktionsenthalpie $\Delta H$ ein negatives Vorzeichen auf.

Zusätzlich wird die Wärmeenergie des Festkörpers durch die Umgebungstemperatur $T_{amb}$ beeinflusst. Einerseits tritt Wärmekonvektion

$$A\,\Delta z\,A_{amb}\,\alpha_{amb}\,(T_{amb}-T_s)\,,$$

andererseits Wärmestrahlung auf. Letztgenannte kann für einen so bezeichneten grauen Körper durch das Stefan-Boltzmann-Gesetz

$$A\,\Delta z\,A_{amb}\,\varepsilon\,\sigma\,\left(T_{amb}^4-T_s^4\right)$$

bestimmt werden. Während $\alpha_{amb}$ dem Wärmeübertragungskoeffizienten zwischen Katalysator und Umgebung entspricht, stellt $A_{amb}$ die auf das Katalysatorvolumen $V$ bezogene Gehäuse-Oberfläche des Katalysators dar, deren Berechnung im Kapitel 6.2.1 angegeben ist. Ferner spiegelt $\sigma$ die Stefan-Boltzmann-Konstante und $\varepsilon$ den Emissionsgrad des Katalysatorgehäuses wider.

Fasst man schließlich die für die zeitliche Änderung der Wärmeenergie $Q_s$ des Festköpers hergeleiteten Terme in einer Gleichung zusammen, so ergibt sich

$$
\begin{aligned}
(1-\varepsilon_v)\,A\Delta z\varrho_s c_{p,s}\frac{dT_s}{dt} = {} & (1-\varepsilon_v)\,A\,\kappa_s\left(\frac{T_s\,(z)-T_s\,(z+\Delta z)}{\Delta z}\right.\\
& \left.-\frac{T_s\,(z+\Delta z)-T_s\,(z+2\,\Delta z)}{\Delta z}\right)+A\Delta z A_{geo}\alpha\,(T_g-T_s)\\
& +A\Delta z\,L_s\,A_s\sum_{i=1}^{N_R}(-\Delta H)\,r_i\\
& +A\Delta z\left(A_{amb}\,\alpha_{amb}\,(T_{amb}-T_s)+A_{amb}\,\varepsilon\sigma\left(T_{amb}^4-T_s^4\right)\right)
\end{aligned}
$$

als Ergebnis für das betrachtete Volumenelement. Eine Division beider Seiten durch $A\,\Delta z$ sowie das Streben von $\Delta z$ gegen null ($\Delta z\to 0$) führt zu der partiellen Differentialgleichung

$$
\underbrace{(1-\varepsilon_v)\,\varrho_s\,c_{p,s}\frac{\partial T_s}{\partial t}}_{\text{Wärmeänderung}} = \underbrace{(1-\varepsilon_v)\,\kappa_s\frac{\partial^2 T_s}{\partial z^2}}_{\text{Wärmediffusion}} + \underbrace{A_{geo}\,\alpha\,(T_g-T_s)}_{\text{Wärmeaustausch}}
$$

$$
+\underbrace{L_s\,A_s\sum_{i=1}^{N_R}(-\Delta H_i)\,r_i}_{\text{Reaktionswärmerate}}
$$

$$
+\underbrace{A_{amb}\,\alpha_{amb}\,(T_{amb}-T_s)}_{\text{Wärmeaustausch}} + \underbrace{A_{amb}\,\varepsilon\,\sigma\left(T_{amb}^4-T_s^4\right)}_{\text{Wärmestrahlung}}
$$

für die Energiebilanz (4.4) des Festkörpers.

# B.5  Alterungsterm für den Katalysator

Infolge von Sinterprozessen nimmt, wie im Kapitel 4.2 erläutert, der Radius $R$ der Edelmetalle in Abhängigkeit von der Temperatur $T$ und der Zeit $t$ zu. Diese Zunahme wurde in [CPS02] durch die Gleichung

$$\frac{dR}{dt} = \widetilde{a}\,\frac{1}{T}\,\exp\left(-\frac{\widetilde{E}_A}{k_B\,T}\right)\frac{1}{R^2}\left(1-\frac{R}{R_\infty}\right)$$

mathematisch beschrieben. Da durchgeführte Experimente zeigten, dass die Änderung des Radius auch von der Luftzahl $\lambda$ abhängt, wurde in dieser Arbeit noch eine Erweiterung um den Faktor $c_1\,\lambda^q$ eingeführt und zusätzlich der Bruch im Exponenten mit der Avogadro-Konstanten $N_A$ erweitert:

$$\frac{dR}{dt} = \widetilde{a}\,c_1\,\lambda^q\,\frac{1}{T}\,\exp\left(-\frac{E_A}{R_g\,T}\right)\frac{1}{R^2}\left(1-\frac{R}{R_\infty}\right). \tag{B.3}$$

Damit kann folgender mathematischer Zusammenhang zwischen dem Radius $R$ der Edelmetallpartikel und der aktuellen katalytisch aktiven Oberfläche $A_{akt}$ hergestellt werden:

$$R = c_2^{1/\widetilde{n}}\,A_{akt}^{-1/\widetilde{n}}. \tag{B.4}$$

Setzt man nun (B.4) in (B.3) ein, so erhält man

$$\frac{d\left(c_2^{1/\widetilde{n}}\,A_{akt}^{-1/\widetilde{n}}\right)}{dt} = \widetilde{a}\,c_1\,\lambda^q\,\frac{1}{T_s}\,\exp\left(-\frac{E_A}{R_g\,T_s}\right)\frac{A_{akt}^{2/\widetilde{n}}}{c_2^{2/\widetilde{n}}}\left(1-\left(\frac{\dfrac{c_2}{A_{akt}}}{\dfrac{c_2}{A_{akt\infty}}}\right)^{1/\widetilde{n}}\right),$$

wobei die Temperatur $T$ in Gleichung (B.3) jener des Katalysatorfestkörpers $T_s$ entspricht. Unter Verwendung der Kettenregel folgt

$$-\frac{c_2^{1/\widetilde{n}}}{\widetilde{n}}\,A_{akt}^{-(1+1/\widetilde{n})}\,\frac{dA_{akt}}{dt} = \widetilde{a}\,c_1\lambda^q\,\frac{1}{T_s}\,\exp\left(-\frac{E_A}{R_g\,T_s}\right)\frac{A_{akt}^{2/\widetilde{n}}}{c_2^{2/\widetilde{n}}}\left(1-\left(\frac{A_{akt\infty}}{A_{akt}}\right)^{1/\widetilde{n}}\right)$$

und daraus

$$\frac{dA_{akt}}{dt} = -\frac{\widetilde{n}}{c_2^{3/\widetilde{n}}}\,\widetilde{a}\,c_1\lambda^q\,\frac{1}{T_s}\,\exp\left(-\frac{E_A}{R_g\,T_s}\right)A_{akt}^{(1+3/\widetilde{n})}\left(1-\left(\frac{A_{akt\infty}}{A_{akt}}\right)^{1/\widetilde{n}}\right).$$

Führt man die Abkürzungen

$$a = \frac{\widetilde{n}}{c_2^{3/\widetilde{n}}}\,\widetilde{a}\,c_1 \quad\text{und}\quad n = 1+\frac{3}{\widetilde{n}} \quad\Leftrightarrow\quad \widetilde{n} = \frac{3}{(n-1)} \quad\text{mit}\quad (n>1)$$

ein, so gelangt man schließlich zum gesuchten Alterungsterm

$$\frac{dA_{akt}}{dt} = -a\,\lambda^q \frac{1}{T_s} \exp\left(-\frac{E_A}{R_g\,T_s}\right) A_{akt}^n \left(1 - \left(\frac{A_{akt\infty}}{A_{akt}}\right)^{\frac{(n-1)}{3}}\right) \quad (n > 1)\,, \qquad (B.5)$$

der die Abnahme der katalytisch aktiven Oberfläche über der Zeit $t$, in Abhängigkeit von der Temperatur $T_s$ und der Luftzahl $\lambda$ beschreibt. Da $A_{akt}$ vom Ort $z$ im Katalysator und von der Zeit $t$ abhängt, gilt für die totale Ableitung

$$\frac{dA_{akt}(z,t)}{dt} = \frac{\partial A_{akt}}{\partial z} \underbrace{\frac{dz}{dt}}_{=0} + \frac{\partial A_{akt}}{\partial t} \underbrace{\frac{dt}{dt}}_{=1} = \frac{\partial A_{akt}}{\partial t}\,.$$

Der Ort $z$ ist unabhängig von der Zeit $t$, daher kann in Gleichung (B.5) anstelle von $\frac{dA_{akt}}{dt}$ auch $\frac{\partial A_{akt}}{\partial t}$ geschrieben werden.

## B.6  Berechnung des Abgas-Massenstroms

Der Abgas-Massenstrom stellt eine Eingangsgröße des Katalysatormodells dar, die mit den derzeit im Fahrzeug verfügbaren Sensoren nicht direkt messtechnisch erfassbar ist. Allerdings besteht die Möglichkeit, diese Größe indirekt aus der Luftzahl $\lambda$ zu berechnen, welche die Lambda-Sonde vor dem Katalysator misst. Im Kapitel 4.2 wurde dies für den Fall eines Abgasstrangs im Automobil vorgestellt. Hier soll nun, wie in Abbildung B.2 schematisch dargestellt, die Berechnungsvorschrift für den Fall von zwei Abgassträngen im Fahrzeug hergeleitet werden.

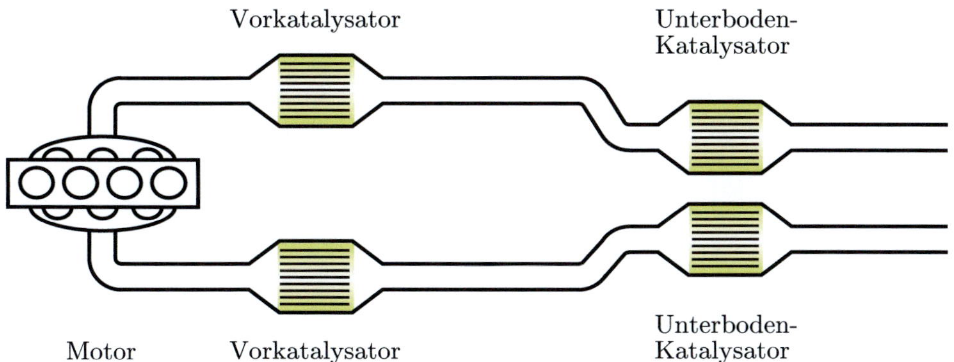


Abbildung B.2: Fahrzeug mit zwei Abgassträngen

Im rechten und linken Abgasstrang sind individuell leicht unterschiedliche Massenströme möglich. Der Luftstrom teilt sich zwar jeweils hälftig auf, doch kann die Kraftstoffmenge aufgrund der individuellen Regelung verschieden sein. Dies drückt sich in dynamisch leicht unterschiedlichen Lambda-Werten im rechten und linken Abgasstrang aus. Berechnen lassen sich die beiden Abgasmassenströme wie folgt:

$$\dot{m}_{g,r} = \frac{1}{2}\,\dot{m}_{Lu} + \dot{m}_{Kr,r} \qquad \text{und} \qquad \dot{m}_{g,l} = \frac{1}{2}\,\dot{m}_{Lu} + \dot{m}_{Kr,l}\,. \qquad (B.6)$$

Die beiden Lambda-Werte können mit Hilfe der Massenströme der Luft $\dot{m}_{Lu}$ und der Kraftstoffe $\dot{m}_{Kr,r}$ sowie $\dot{m}_{Kr,l}$ durch

$$\lambda_r = \frac{\frac{1}{2}\,\dot{m}_{Lu}}{\dot{m}_{Kr,r}\,s_v} \qquad \text{und} \qquad \lambda_l = \frac{\frac{1}{2}\,\dot{m}_{Lu}}{\dot{m}_{Kr,l}\,s_v}$$

beschrieben werden, wobei $s_v$ das stöchiometrische Verhältnis des Luft/Kraftstoff-Gemischs von 14,7 darstellt. Das Umstellen der Gleichungen liefert

$$\frac{1}{2}\,\dot{m}_{Lu} = s_v\,\lambda_r\,\dot{m}_{Kr,r} \qquad \text{und} \qquad \frac{1}{2}\,\dot{m}_{Lu} = s_v\,\lambda_l\,\dot{m}_{Kr,l}\,, \qquad (B.7)$$

woraus

$$s_v\,\lambda_r\,\dot{m}_{Kr,r} = s_v\,\lambda_l\,\dot{m}_{Kr,l}$$

folgt. Hieraus lassen sich die beiden Gleichungen

$$\dot{m}_{Kr,r} = \frac{\lambda_l}{\lambda_r}\,\dot{m}_{Kr,l} \qquad \text{und} \qquad \dot{m}_{Kr,l} = \frac{\lambda_r}{\lambda_l}\,\dot{m}_{Kr,r}$$

ableiten. Da für den gesamten Kraftstoff-Massenstrom nunmehr

$$\dot{m}_{Kr} = \dot{m}_{Kr,r} + \dot{m}_{Kr,l}$$

gilt, ergibt sich beim Einsetzen von $\dot{m}_{Kr,r}$ bzw. $\dot{m}_{Kr,l}$ in diese Gleichung

$$\dot{m}_{Kr} = \dot{m}_{Kr,r} + \frac{\lambda_r}{\lambda_l}\,\dot{m}_{Kr,r} \qquad \text{und} \qquad \dot{m}_{Kr} = \frac{\lambda_l}{\lambda_r}\,\dot{m}_{Kr,l} + \dot{m}_{Kr,l}\,,$$

$$\dot{m}_{Kr} = \left(1 + \frac{\lambda_r}{\lambda_l}\right)\dot{m}_{Kr,r} \qquad \text{und} \qquad \dot{m}_{Kr} = \left(1 + \frac{\lambda_l}{\lambda_r}\right)\dot{m}_{Kr,l}\,.$$

Hieraus folgt wiederum

$$\dot{m}_{Kr,r} = \frac{\dot{m}_{Kr}}{\left(1 + \frac{\lambda_r}{\lambda_l}\right)} \qquad \text{und} \qquad \dot{m}_{Kr,l} = \frac{\dot{m}_{Kr}}{\left(1 + \frac{\lambda_l}{\lambda_r}\right)}\,. \qquad (B.8)$$

Setzt man (B.7) in (B.6) ein, so ist der Abgas-Massenstrom folgendermaßen darstellbar:

$$\dot{m}_{g,r} = s_v\,\lambda_r\,\dot{m}_{Kr,r} + \dot{m}_{Kr,r} \qquad \text{und} \qquad \dot{m}_{g,l} = s_v\,\lambda_l\,\dot{m}_{Kr,l} + \dot{m}_{Kr,l}\,,$$

$$\dot{m}_{g,r} = (s_v\,\lambda_r + 1)\,\dot{m}_{Kr,r} \qquad \text{und} \qquad \dot{m}_{g,l} = (s_v\,\lambda_l + 1)\,\dot{m}_{Kr,l}\,. \tag{B.9}$$

Abschließend lässt sich noch (B.8) in (B.9) einsetzen und man gelangt zu den gesuchten Berechnungsvorschriften

$$\dot{m}_{g,r} = \frac{(1 + s_v\lambda_r)}{\left(1 + \frac{\lambda_r}{\lambda_l}\right)}\,\dot{m}_{Kr} \qquad \text{und} \qquad \dot{m}_{g,l} = \frac{(1 + s_v\lambda_l)}{\left(1 + \frac{\lambda_l}{\lambda_r}\right)}\,\dot{m}_{Kr}$$

für den Abgas-Massenstrom des rechten ($\dot{m}_{g,r}$) und linken ($\dot{m}_{g,l}$) Abgasstrangs. Wie bereits im Kapitel 4.2 erläutert, ergibt sich der Massenstrom des Kraftstoffs aus

$$\dot{m}_{Kr} = \varrho_{Kr}\,Kr\,,$$

wobei $\varrho_{Kr}$ die bekannte Dichte des Kraftstoffs ist. Der Kraftstoffverbrauch $Kr$ wird im Steuergerät eines Fahrzeugs ermittelt und steht daher zur Verfügung.

# B.7 Berechnung der stöchiometrischen Koeffizienten

Zur Bestimmung der Rohemissionen, die Eingangsgrößen des Katalysators darstellen, ist im Kapitel 4.3.4 ein physikalisches Modell entwickelt worden. Die Berechnungen der darin enthaltenen stöchiometrischen Koeffizienten sollen am Beispiel der dabei auftretenden Reaktionsgleichung

$$\frac{1}{\left(y + \frac{z}{4}\right)\lambda}\mathrm{C}_y\mathrm{H}_z + \mathrm{O}_2 + \frac{79}{21}\mathrm{N}_2 \rightarrow a_{\mathrm{CO}_2}\mathrm{CO}_2 + a_{\mathrm{H}_2\mathrm{O}}\mathrm{H}_2\mathrm{O} + a_{\mathrm{N}_2}\mathrm{N}_2 + a_{\mathrm{CO}}\mathrm{CO} + a_{\mathrm{H}_2}\mathrm{H}_2$$

für eine unvollständige Verbrennung bei einem „fetten" Luft/Kraftstoff-Gemisch mit $\lambda < 1$ gezeigt werden. Es geht folglich darum, die während der Reaktion entstehende Menge an Produkten bei bekannter Menge der eingesetzten Edukte zu bestimmen. Die Anzahl der Atome jedes Elements muss dabei auf beiden Seiten des Reaktionspfeils gleich sein. Für die angegebene Reaktionsgleichung ergibt sich für den Stickstoff damit offensichtlich sofort $a_{\mathrm{N}_2} = 79/21$. Betrachtet man nun den Sauerstoff, so steht er auf der linken Seite mit zwei O-Atomen als Molekül, während er auf der rechten Seite im $\mathrm{CO}_2$, $\mathrm{H}_2\mathrm{O}$ und im $\mathrm{CO}$ gebunden ist. Führt man diese Untersuchung auch für den Kohlenstoff (C) sowie den Wasserstoff (H) durch, kann das Gleichungssystem

$$2\,a_{CO_2} \quad + \quad a_{H_2O} \quad + \quad a_{CO} \qquad\qquad = \quad 2 \tag{B.10}$$

$$a_{CO_2} \qquad\qquad + \quad a_{CO} \qquad\qquad = \quad \frac{y}{\left(y + \frac{z}{4}\right)\lambda} \tag{B.11}$$

$$2\,a_{H_2O} \qquad\qquad + \quad 2\,a_{H_2} \quad = \quad \frac{z}{\left(y + \frac{z}{4}\right)\lambda} \tag{B.12}$$

aufgestellt und die stöchiometrischen Koeffizienten hieraus algebraisch berechnet werden. Mit dem annähernd konstanten Verhältnis $\phi_{H_2/CO} \approx 0{,}3$ von $H_2$ zu $CO$ und der beidseitigen Division durch zwei lässt sich (B.12) noch folgendermaßen umformen:

$$a_{H_2O} + \phi_{H_2/CO}\,a_{CO} = \frac{\frac{z}{2}}{\left(y + \frac{z}{4}\right)\lambda}\,. \tag{B.13}$$

Daraus resultiert ein Gleichungssystem mit drei Gleichungen für drei Unbekannte, das eindeutig lösbar ist. Unter Verwendung der Gleichungen (B.11) und (B.13) ergeben sich

$$a_{CO_2} = \frac{y}{\left(y + \frac{z}{4}\right)\lambda} - a_{CO} \tag{B.14}$$

und

$$a_{H_2O} = \frac{\frac{z}{2}}{\left(y + \frac{z}{4}\right)\lambda} - \phi_{H_2/CO}\,a_{CO}\,. \tag{B.15}$$

Durch Einsetzen der Ergebnisse (B.14) und (B.15) in (B.10) resultiert

$$\frac{2\,y}{\left(y + \frac{z}{4}\right)\lambda} - 2\,a_{CO} + \frac{\frac{z}{2}}{\left(y + \frac{z}{4}\right)\lambda} - \phi_{H_2/CO}\,a_{CO} + a_{CO} = 2$$

und der stöchiometrische Koeffizient $a_{CO}$ sowie über das Verhältnis $\phi_{H_2/CO}$ auch der stöchiometrische Koeffizient $a_{H_2}$ können in Abhängigkeit von $\lambda$ berechnet werden:

$$a_{CO} = \frac{2\left(\frac{1}{\lambda} - 1\right)}{\left(1 + \phi_{H_2/CO}\right)}\,, \tag{B.16}$$

$$a_{H_2} = \frac{2\,\phi_{H_2/CO}\left(\frac{1}{\lambda} - 1\right)}{\left(1 + \phi_{H_2/CO}\right)}\,. \tag{B.17}$$

Setzt man abschließend (B.16) in (B.14) und (B.15) ein und bringt die Gleichungen auf einen gemeinsamen Nenner, so erhält man für die gesuchten Koeffizienten $a_{CO_2}$

sowie $a_{H_2O}$ die Ergebnisse:

$$a_{CO_2} = \frac{\left(2\lambda + \phi_{H_2/CO} - 1\right)y + (\lambda - 1)\frac{z}{2}}{\left(1 + \phi_{H_2/CO}\right)\left(y + \frac{z}{4}\right)\lambda}$$

und

$$a_{H_2O} = \frac{2\,\phi_{H_2/CO}\,(\lambda - 1)\,y + \left(1 + \lambda\,\phi_{H_2/CO}\right)\frac{z}{2}}{\left(1 + \phi_{H_2/CO}\right)\left(y + \frac{z}{4}\right)\lambda}\,.$$

Damit sind nunmehr alle stöchiometrischen Koeffizienten der Reaktionsgleichung bestimmt.

# B.8  Stöchiometrisches Luft/Kraftstoff-Verhältnis

Ein Gemisch aus 14,7 g Luft und 1 g Kraftstoff besitzt ein so genanntes stöchiometrisches Luft/Kraftstoff-Verhältnis. Wie dieses Verhältnis zustande kommt, soll nun hergeleitet werden. Da Benzin ein komplexes Gemisch aus vielen verschiedenen Kohlenwasserstoffen ist, Oktan allerdings den Hauptbestandteil darstellt, soll die Berechnung des stöchiometrischen Luft/Kraftstoff-Verhältnisses der Einfachheit wegen am Beispiel eines Kraftstoffs gezeigt werden, von dem man annimmt, dass er ausschließlich aus Oktan $C_8H_{18}$ besteht. Die Reaktionsgleichung für eine ideale Verbrennung von Oktan mit Sauerstoff lautet

$$2\,C_8H_{18} + 25\,O_2 \quad \xrightarrow{\Delta H} \quad 16\,CO_2 + 18\,H_2O\,,$$

wobei also für je zwei Oktanmoleküle 25 Sauerstoffmoleküle benötigt werden. Entsprechend der „idealen Gasgleichung"

$$pV = N\,k_B\,T$$

gilt der Satz von Avogadro, nach dem gleiche Volumina $V$ idealer Gase, bei gleichem Druck $p$ und gleicher Temperatur $T$ die gleiche Anzahl an Teilchen $N$ enthalten. Die Größe $k_B$ stellt hierbei die Boltzmann-Konstante dar. Das Teilchenverhältnis entspricht somit auch dem Volumenverhältnis, weshalb sich für das Luft/Kraftstoff-Gemisch folgendes ableiten lässt:

Volumenverhältnis des Gemischs:  $\quad r_{VG} = \dfrac{V_{O_2}}{V_{C_8H_{18}}} = \dfrac{25}{2} = 12{,}5\,,$

Massenverhältnis des Gemischs:  $\quad r_{mG} = \dfrac{25 \cdot M_{O_2}}{2 \cdot M_{C_8H_{18}}} = \dfrac{25 \cdot 31{,}9988\,\text{g/mol}}{2 \cdot 114{,}22\,\text{g/mol}} \approx 3{,}5\,.$

Die Stoffmenge als Maß für die Anzahl der Teilchen (Atome oder Moleküle) wird in der internationalen Einheit Mol angegeben, wobei $1\,\text{mol} = 6{,}02214179 \cdot 10^{23}$ Teilchen entspricht. Die Luft setzt sich aus verschiedenen chemischen Elementen zusammen. Sie besteht, unter Vernachlässigung des einen Prozents der anderen Elemente, wie beispielsweise der Edelgase und $CO_2$, aus 79% Stickstoff und 21% Sauerstoff. Für die Luft gilt daher:

Volumenverhältnis der Luft: $\quad r_{VL} = \dfrac{V_{N_2}}{V_{O_2}} = \dfrac{79}{21} \approx 3{,}76\,,$

Massenverhältnis der Luft: $\quad r_{mL} = \dfrac{79 \cdot M_{N_2}}{21 \cdot M_{O_2}} = \dfrac{79 \cdot 28{,}0134\,\text{g/mol}}{21 \cdot 31{,}9988\,\text{g/mol}} \approx 3{,}29\,.$

Der Literatur kann die Oktandichte $\varrho_{C_8H_{18}} = 0{,}7\,\text{kg/l}$ entnommen werden, woraus sich die verbrauchte Masse an Oktan durch $m_{C_8H_{18}} = V_{C_8H_{18}} \cdot \varrho_{C_8H_{18}}$ berechnen lässt. Die Größe $V_{C_8H_{18}}$ entspricht dem Volumen von Oktan. Die für die Verbrennung dieses Kraftstoffs benötigte Luft ist folgendermaßen bestimmbar:

$$
\begin{aligned}
\text{Gesamtsauerstoffverbrauch:} \quad m_{V,O_2} &= m_{C_8H_{18}} \cdot r_{mG} \\
&= V_{C_8H_{18}} \cdot 0{,}7\,\text{kg/l} \cdot 3{,}5 = V_{C_8H_{18}} \cdot 2{,}45\,\text{kg/l}\,, \\
\text{Gesamtstickstoffverbrauch:} \quad m_{V,N_2} &= m_{V,O_2} \cdot r_{mL} \\
&= V_{C_8H_{18}} \cdot 2{,}45\,\text{kg/l} \cdot 3{,}29 \approx V_{C_8H_{18}} \cdot 8{,}06\,\text{kg/l}\,, \\
\text{Gesamtluftverbrauch:} \quad m_{V,L} &= m_{V,O_2} + m_{V,N_2} \\
&= V_{C_8H_{18}} \cdot 2{,}45\,\text{kg/l} + V_{C_8H_{18}} \cdot 8{,}06\,\text{kg/l} \\
&= V_{C_8H_{18}} \cdot 10{,}51\,\text{kg/l}\,.
\end{aligned}
$$

Hieraus lässt sich schließlich das gesuchte stöchiometrische Luft/Kraftstoff-Verhältnis $r_{st}$ zu

$$
r_{st} = \frac{m_{V,L}}{m_{C_8H_{18}}} = \frac{V_{C_8H_{18}} \cdot 10{,}51\,\text{kg/l}}{V_{C_8H_{18}} \cdot 0{,}7\,\text{kg/l}} \approx 15{,}01
$$

ermitteln. Um 1 g Oktan vollständig zu verbrennen benötigt man also 15,01 g Luft. Da es sich bei dem Kraftstoff Benzin allerdings um ein Gemisch aus verschiedenen Kohlenwasserstoffen handelt, erfordert dies ein Luft/Kraftstoff-Verhältnis von 14,7 g Luft zu 1 g Benzin, das allgemein als $\lambda = 1$ bezeichnet wird.

# B.9 Herleitung der Proper Orthogonal Decomposition

Im Rahmen des POD-Verfahrens im Kapitel 5.2.1 wird die Lösung $T_g(z,t)$ einer partiellen Differentialgleichung

$$\frac{\partial T_g(z,t)}{\partial t} = D\big(T_g(z,t)\big)$$

mit $D(\cdot)$ als Operator, der die rechte Seite der Gleichung beschreibt, in zeitabhängige Koeffizienten $a_i(t)$ sowie ortsabhängige orthonormale Basisfunktionen $\phi_i(z)$ zerlegt und durch eine endliche Summe

$$T_g(z,t) \approx \sum_{i=1}^{N} a_i(t)\,\phi_i(z)$$

approximiert. Im Folgenden gilt es die zur Gewinnung der gesuchten Koeffizienten $a_i(t)$ erforderlichen gewöhnlichen Differentialgleichungen herzuleiten. Ausgangspunkt hierfür ist die Forderung des POD-Verfahrens, dass das Innenprodukt

$$\int \left[ \left( \frac{\partial}{\partial t} \sum_{j=1}^{N} a_j(t)\,\phi_j(z) \right) - D\left( \sum_{j=1}^{N} a_j(t)\,\phi_j(z) \right) \right] \phi_i(z)\,dz \qquad \text{mit} \quad i = 1,\ldots,N$$

verschwindet. Führt man die Ableitung nach der Zeit explizit durch und vertauscht Summation und Integration, was wegen der absoluten Konvergenz erlaubt ist, so ergibt sich

$$\sum_{j=1}^{N} \dot{a}_j(t) \int \phi_i(z)\,\phi_j(z)\,dz = \int D\left( \sum_{j=1}^{N} a_j(t)\,\phi_j(z) \right) \phi_i(z)\,dz.$$

Aufgrund der Orthonormalität der Basisfunktionen gilt allgemein

$$\left\langle \phi_i(z), \phi_j(z) \right\rangle_z = \int \phi_i(z)\,\phi_j(z)\,dz = \delta_{ij} = \begin{cases} 1 & : \quad i = j \\ 0 & : \quad i \neq j \end{cases}, \tag{B.18}$$

woraus sich die gesuchten Differentialgleichungen (5.7) ($i = 1,\ldots,N$) für die zeitabhängigen Koeffizienten $a_i(t)$ ergeben:

$$\dot{a}_i(t) = \int D\left( \sum_{j=1}^{N} a_j(t)\,\phi_j(z) \right) \phi_i(z)\,dz = \left\langle D\left( \sum_{j=1}^{N} a_j(t)\,\phi_j(z) \right), \phi_i(z) \right\rangle_z.$$

Um die Differentialgleichungen eindeutig lösen zu können, ist die Kenntnis der Anfangswerte $a_i(t=0)$ notwendig.

Unter Annahme der Bedingung

$$T_g\left(z, t = 0\right) = \sum_{j=1}^{\infty} a_j\left(t = 0\right) \phi_j\left(z\right)$$

lassen sich diese jedoch aus der bekannten physikalischen Größe $T_g\left(z, t = 0\right)$ bestimmen, indem man auf beiden Seiten der Gleichung das Innenprodukt mit $\phi_i\left(z\right)$ entsprechend

$$\left\langle T_g\left(z, t = 0\right), \phi_i\left(z\right) \right\rangle_z = \left\langle \sum_{j=1}^{\infty} a_j\left(t = 0\right) \phi_j\left(z\right), \phi_i\left(z\right) \right\rangle_z$$

bildet. Unter Berücksichtigung von (B.18) erhält man dann die gesuchten Anfangswerte durch

$$a_i\left(t = 0\right) = \left\langle T_g\left(z, t = 0\right), \phi_i\left(z\right) \right\rangle_z .$$

Die Anwendung dieses Verfahrens auf die partielle Differentialgleichung (5.2) im Kapitel 5.1

$$\frac{\partial T_g\left(z, t\right)}{\partial t} = \underbrace{- c_1 \frac{\partial T_g\left(z, t\right)}{\partial z} - c_2 \left(T_g\left(z, t\right) - T_s\left(z, t\right)\right)}_{= D\left(T_g\left(z, t\right)\right)}, \quad c_1 = \frac{\dot{m}_g}{\varepsilon_v A \varrho_g}, c_2 = \frac{A_{geo}\, \alpha}{\varepsilon_v \varrho_g c_{p,g}}$$

führt zu

$$\dot{a}_i\left(t\right) = \left\langle - c_1 \frac{\partial}{\partial z} \sum_{j=1}^{N} a_j\left(t\right) \phi_j\left(z\right) - c_2 \left(\sum_{j=1}^{N} a_j\left(t\right) \phi_j\left(z\right) - T_s\left(z, t\right)\right), \phi_i\left(z\right) \right\rangle_z ,$$

woraus

$$\dot{a}_i\left(t\right) = \left\langle - \sum_{j=1}^{N} a_j\left(t\right) \left(c_1 \underbrace{\frac{\partial \phi_j\left(z\right)}{\partial z}}_{= \xi_j\left(z\right)} + c_2\, \phi_j\left(z\right)\right) + c_2\, T_s\left(z, t\right), \phi_i\left(z\right) \right\rangle_z$$

folgt und schließlich

$$\dot{a}_i\left(t\right) = - \sum_{j=1}^{N} a_j\left(t\right) \left\langle \left(c_1 \xi_j\left(z\right) + c_2 \phi_j\left(z\right)\right), \phi_i\left(z\right) \right\rangle_z + \left\langle c_2 T_s\left(z, t\right), \phi_i\left(z\right) \right\rangle_z$$

gilt. Weiterhin bedarf das numerische Lösen dieser Differentialgleichungen mittels Rechners einer Ortsdiskretisierung, wodurch aus den Basisfunktionen orthonormale

Basisvektoren werden. Die Differentialgleichungen lauten dann:

$$\dot{a}_i(t) = -\sum_{j=1}^{N} a_j(t) \left\langle \left(c_1 \underline{\xi}_j + c_2 \underline{\phi}_j\right), \underline{\phi}_i \right\rangle + \left\langle c_2 \underline{T}_s, \underline{\phi}_i \right\rangle . \tag{B.19}$$

Setzt man schließlich noch $N = 4$, erhält man die Gleichung (5.11) im Kapitel 5.2.1.

# B.10 Herleitung der erweiterten Proper Orthogonal Decomposition

Die Anwendung des POD-Verfahrens auf das Katalysatormodell (5.1) bis (5.4) im Kapitel 5.1 führte aufgrund der bekannten zeitveränderlichen Eingangsgrößen des Modells, die sich in den gewöhnlichen Differentialgleichungen des Verfahrens nicht explizit berücksichtigen lassen, zu unbefriedigenden Ergebnissen. In [EOe03] wurde daher eine Modifikation des POD-Verfahrens vorgestellt, das speziell die Dirichlet-Randwerte berücksichtigt. Im Rahmen dieser Arbeit galt es, eine Erweiterung des POD-Verfahrens zu entwickeln, um darüber hinaus auch die Neumann-Randwerte bzw. die für das Katalysatormodell erforderlichen Cauchy-Randwerte in die gewöhnlichen Differentialgleichungen (B.19) einbringen zu können. Hierfür stellt man die Forderungen auf, dass die berechneten Werte an den Rändern $z_a$ und $z_e$ den tatsächlichen Werten gemäß

$$T_g^{\text{in}}(t) \stackrel{!}{=} T_{g,N}(z = z_a, t) = \sum_{j=1}^{N} a_j(t)\,\phi_j(z_a) = a_i(t)\,\phi_i(z_a) + \sum_{\substack{j=1 \\ j \neq i}}^{N} a_j(t)\,\phi_j(z_a)$$

und

$$g_{z_e}(t) \stackrel{!}{=} \left. \frac{\partial T_{g,N}(z,t)}{\partial z} \right|_{z=z_e} = \sum_{j=1}^{N} a_j(t)\,\xi_j(z_e) = a_i(t)\,\xi_i(z_e) + \sum_{\substack{j=1 \\ j \neq i}}^{N} a_j(t)\,\xi_j(z_e)$$

entsprechen. Die Stelle $z_a$ beschreibt den Eingang und die Stelle $z_e$ den Ausgang des Katalysators, während die Größe $\xi_j(z_e)$ die mittels Differenzenquotient ermittelte diskrete Ableitung von $\phi_j(z)$ nach dem Ort $z$ an der Stelle $z_e$ darstellt. Durch Umformen der beiden obigen Gleichungen erhält man

$$-a_i(t)\,\phi_i(z_a) = \sum_{\substack{j=1 \\ j \neq i}}^{N} a_j(t)\,\phi_j(z_a) - T_g^{\text{in}}(t) ,$$

$$-a_i(t)\,\xi_i(z_e) = \sum_{\substack{j=1 \\ j \neq i}}^{N} a_j(t)\,\xi_j(z_e) - g_{z_e}(t) .$$

Um Übereinstimmungen mit zwei Termen in den Differentialgleichungen (B.19) zu erzielen, gilt es die Gleichungen auf beiden Seiten mit entsprechenden Faktoren zu erweitern:

$$-a_i(t)\left(c_1\,\xi_i(z_a) + c_2\,\phi_i(z_a)\right)\phi_i(z_a) = \left(c_1\,\xi_i(z_a) + c_2\,\phi_i(z_a)\right)$$
$$\cdot\left(\sum_{\substack{j=1\\j\neq i}}^{N} a_j(t)\,\phi_j(z_a) - T_g^{\mathrm{in}}(t)\right)$$

und

$$-a_i(t)\left(c_1\,\phi_i(z_e) + c_2\,\phi_i(z_e)\,\frac{\phi_i(z_e)}{\xi_i(z_e)}\right)\xi_i(z_e) = \left(c_1\,\phi_i(z_e) + c_2\,\phi_i(z_e)\,\frac{\phi_i(z_e)}{\xi_i(z_e)}\right)$$
$$\cdot\left(\sum_{\substack{j=1\\j\neq i}}^{N} a_j(t)\,\xi_j(z_e) - g_{z_e}(t)\right).$$

Die Terme auf der linken Seite der beiden Gleichungen sind in den Summen der Differentialgleichungen (B.19) bereits enthalten. Sie werden zunächst durch Erweiterung mit positivem Vorzeichen eliminiert und anschließend durch die Terme auf der rechten Seite der obigen Gleichungen ersetzt, woraus sich

$$\dot{a}_i(t) = -\sum_{j=1}^{N} a_j(t)\left\langle\left(c_1\,\underline{\xi}_j + c_2\,\underline{\phi}_j\right),\underline{\phi}_i\right\rangle + \left\langle c_2\,\underline{T}_s,\underline{\phi}_i\right\rangle$$
$$+ \underbrace{a_i(t)\left(c_1\,\xi_i(z_a) + c_2\,\phi_i(z_a)\right)\phi_i(z_a)}_{(*)}$$
$$+ \left(c_1\,\xi_i(z_a) + c_2\,\phi_i(z_a)\right)\left(\sum_{\substack{j=1\\j\neq i}}^{N} a_j(t)\,\phi_j(z_a) - T_g^{\mathrm{in}}(t)\right)$$
$$+ \underbrace{a_i(t)\left(c_1\,\phi_i(z_e) + c_2\,\phi_i(z_e)\,\frac{\phi_i(z_e)}{\xi_i(z_e)}\right)\xi_i(z_e)}_{(**)}$$
$$+ \left(c_1\,\phi_i(z_e) + c_2\,\phi_i(z_e)\,\frac{\phi_i(z_e)}{\xi_i(z_e)}\right)\left(\sum_{\substack{j=1\\j\neq i}}^{N} a_j(t)\,\xi_j(z_e) - g_{z_e}(t)\right)$$

ergibt. Im abschließenden Schritt kann man die Summanden $(*)$ und $(**)$ noch in die jeweiligen Summen ziehen, wodurch die folgenden Differentialgleichungen als Ergebnisse resultieren:

$$\dot{a}_i\,(t) = -\sum_{j=1}^{N} a_j\,(t) \left\langle \left( c_1\,\underline{\xi}_j + c_2\,\underline{\phi}_j \right),\,\underline{\phi}_i \right\rangle + \left\langle c_2\,\underline{T}_s,\,\underline{\phi}_i \right\rangle$$

$$+ \left( c_1\,\xi_i\,(z_a) + c_2\,\phi_i\,(z_a) \right) \left( \underbrace{\sum_{j=1}^{N} a_j\,(t)\,\phi_j\,(z_a) - T_g^{\mathrm{in}}\,(t)}_{=\,T_{g,N}(z_a,t)} \right)$$

$$+ \left( c_1\,\phi_i\,(z_e) + c_2\,\phi_i\,(z_e)\,\frac{\phi_i\,(z_e)}{\xi_i\,(z_e)} \right) \left( \underbrace{\sum_{j=1}^{N} a_j\,(t)\,\xi_j\,(z_e) - g_{z_e}\,(t)}_{=\,\left.\frac{\partial T_{g,N}(z,t)}{\partial z}\right|_{z=z_e}} \right).$$

Mit diesem Vorgehen können die Randwerte also unmittelbar in den gewöhnlichen Differentialgleichungen berücksichtigt werden, wodurch die zeitlichen Ableitungen von $a_i\,(t)$ um die Abweichungen zwischen berechneten und tatsächlichen Werten an den jeweiligen Rändern korrigiert werden. Setzt man $N = 4$ sowie $z_a = z_0$ und $z_e = z_6$, so folgt die Gleichung (5.16) im Kapitel 5.2.1.

# B.11  Herleitung des Umrechnungsfaktors (-2/$\ell$)

In diesem Abschnitt soll der in den Gleichungen (5.18) und (5.19) im Kapitel 5.2.2 auftretende Faktor $-2/\ell$ motiviert werden. Hierfür ist in Abbildung B.3 ein Katalysator der Länge $\ell$ geometrisch eindimensional dargestellt. Bei der Ortsdiskretisierung

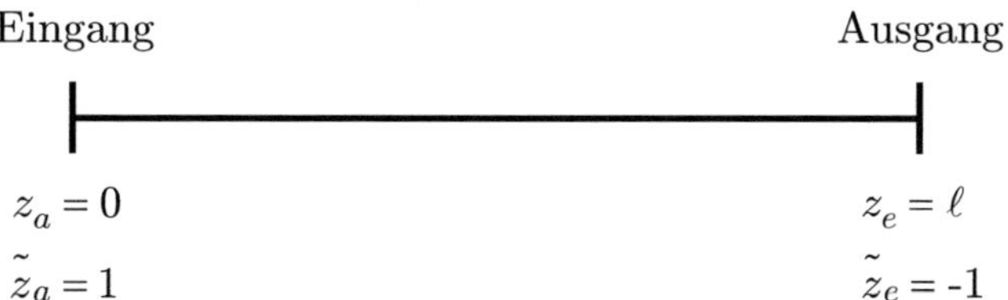


Abbildung B.3: Unterschiedliche Katalysatorlängen

mit Hilfe der (Gauß-) Tschebyscheff-Lobatto-Punkte entsprechend (5.17) wird die Stelle $z = z_a = 0$ am Eingang des Katalysators auf den Punkt $\tilde{z} = \tilde{z}_a = 1$ und die Stelle $z = z_e = \ell$ am Ausgang auf den Punkt $\tilde{z} = \tilde{z}_e = -1$ abgebildet. Zur Umrechnung der unterschiedlichen Längenskalen ineinander gilt dann folgende Berechnungsvorschrift:

$$z = -\frac{\ell}{2}\left(\tilde{z} - 1\right) \qquad \Longleftrightarrow \qquad \tilde{z} = 1 - \frac{2}{\ell}z$$

und für die Funktion:

$$f\left(z\right) = \tilde{f}\left(\tilde{z}\right).$$

Die Ableitung der Funktion erhält man nun mittels der Kettenregel

$$f'\left(z\right) = \frac{df\left(z\right)}{dz} = \underbrace{\frac{df\left(z\right)}{d\tilde{f}\left(\tilde{z}\right)}}_{=1} \cdot \underbrace{\frac{d\tilde{f}\left(\tilde{z}\right)}{d\tilde{z}}}_{=\tilde{f}'\left(\tilde{z}\right)} \cdot \underbrace{\frac{d\tilde{z}}{dz}}_{=-2/\ell} = -\frac{2}{\ell}\tilde{f}'\left(\tilde{z}\right),$$

wodurch der Faktor $\left(-2/\ell\right)$ auftritt. Auf den Faktor $\left(-2/\ell\right)^2$ in Gleichung (5.20) im Kapitel 5.2.2 gelangt man durch

$$f''\left(z\right) = \frac{d^2 f\left(z\right)}{dz^2} = \frac{df'\left(z\right)}{dz} = \underbrace{\frac{df'\left(z\right)}{d\tilde{f}'\left(\tilde{z}\right)}}_{=-2/\ell} \cdot \underbrace{\frac{d\tilde{f}'\left(\tilde{z}\right)}{d\tilde{z}}}_{=\tilde{f}''\left(\tilde{z}\right)} \cdot \underbrace{\frac{d\tilde{z}}{dz}}_{=-2/\ell} = \left(-\frac{2}{\ell}\right)^2 \tilde{f}''\left(\tilde{z}\right).$$

## B.12   QR-Zerlegung

Die QR-Zerlegung (oder QR-Faktorisierung) [GVL96, Wol10] zerlegt eine Matrix $\underline{A} \in \mathbb{R}^{m \times n}$ in das Produkt

$$\underline{A} = \underline{Q}\,\underline{R}$$

zweier Matrizen, wobei $\underline{Q} \in \mathbb{R}^{m \times m}$ eine orthogonale Matrix ($\underline{Q}^{\mathrm{T}}\underline{Q} = \underline{Q}\,\underline{Q}^{\mathrm{T}} = \underline{I}$) und $\underline{R} \in \mathbb{R}^{m \times n}$ eine obere Dreiecksmatrix ist. Eine solche Zerlegung existiert stets, zu ihrer Berechnung gibt es verschiedene Verfahren wie das *Gram-Schmidtsche Orthogonalisierungsverfahren*, die *Givens-Rotation* und die *Householder-Transformation*, welche in [GVL96] detailliert beschrieben sind. Die Householder-Transformation wird nun etwas näher erläutert.

Eine $(j \times j)$ Householder-Transformation beschreibt die Spiegelung eines Vektors an einer Hyperebene durch den Nullpunkt im euklidischen Raum und erfolgt durch die symmetrische und orthogonale Householder-Matrix

$$\underline{\widetilde{H}}_j = \underline{I}_j - \frac{2}{\underline{v}^{\mathrm{T}}\underline{v}}\underline{v}\,\underline{v}^{\mathrm{T}}$$

mit dem so genannten Householder-Vektor $\underline{v} \in \mathbb{R}^j$

$$\underline{v} = \underline{x} - \|\underline{x}\| \left[1,0,\ldots,0\right]^{\mathrm{T}} ,$$

der orthogonal auf der Spiegel-Hyperebene steht und diese dadurch eindeutig definiert. Die Größe $\underline{x}$ ist dabei der Vektor, der auf ein Vielfaches des Einheitsvektors $\underline{e} = \left[1,0,\ldots,0\right]^{\mathrm{T}}$ gespiegelt werden soll:

$$\begin{aligned}
\widetilde{\underline{H}}_j \, \underline{x} &= \underline{x} - \frac{2}{\underline{v}^{\mathrm{T}} \underline{v}} \, \underline{v}\,\underline{v}^{\mathrm{T}} \, \underline{x} = \left( \underline{x} - \frac{\underline{v}^{\mathrm{T}} \underline{x}}{\underline{v}^{\mathrm{T}} \underline{v}} \, \underline{v} \right) - \frac{\underline{v}^{\mathrm{T}} \underline{x}}{\underline{v}^{\mathrm{T}} \underline{v}} \, \underline{v} \\[2mm]
&= \underline{x} - \frac{2 \left( \|\underline{x}\|^2 - \|\underline{x}\| \, \underline{e}^{\mathrm{T}} \underline{x} \right)}{\|\underline{x}\|^2 - 2 \, \|\underline{x}\| \, \underline{e}^{\mathrm{T}} \underline{x} + \|\underline{x}\|^2} \, \left( \underline{x} - \|\underline{x}\| \, \underline{e} \right) \\[2mm]
&= \|\underline{x}\| \, \underline{e} = \|\underline{x}\| \left[1,0,\ldots,0\right]^{\mathrm{T}} .
\end{aligned}$$

Der Term $\underline{v}^{\mathrm{T}} \underline{x}$ gibt dabei den Abstand des Punktes $\underline{x}$ zur Spiegel-Hyperebene an. Der Vektor $\underline{x}$ wird also in zwei orthogonale Anteile zerlegt: einen, der in der Hyperebene liegt und einen, der ein Vielfaches des Vektors $\underline{v}$ ist. Zur Berechnung der QR-Zerlegung werden iterativ $k = \min\{m,n\}$ solcher Householder-Transformationen ausgeführt. In jedem Iterationsschritt wird nur der noch nicht behandelte Rest der Matrix $\underline{A} = [\underline{a}_1,\ldots,\underline{a}_n]$ mit $\underline{a}_i \in \mathbb{R}^m \, (i = 1,\ldots,n)$ durch sukzessiv verkleinerte Householder-Matrizen behandelt, wobei diese in eine Matrix eingebettet werden, die im $i$-ten Schritt folgende Gestalt aufweist:

$$\underline{H}_i = \left[ \begin{array}{cc} \underline{I}_{i-1} & \underline{0} \\ \underline{0} & \widetilde{\underline{H}}_{n-i+1} \end{array} \right] .$$

Zunächst wird der erste Spaltenvektor $\underline{a}_1$ der Matrix $\underline{A}$ mit der Matrix $\underline{H}_1$ auf ein Vielfaches des Einheitsvektors $\underline{e}$ gespiegelt:

$$\underline{R}^{(1)} = \underline{H}_1 \underline{A} = \left[ \underline{r}_1^{(1)}, \underline{r}_2^{(1)}, \ldots, \underline{r}_n^{(1)} \right] = \left[ \begin{array}{cccc} r_{11}^{(1)} & r_{12}^{(1)} & \cdots & r_{1n}^{(1)} \\ 0 & r_{22}^{(1)} & \cdots & r_{2n}^{(1)} \\ \vdots & \vdots & \ddots & \vdots \\ 0 & r_{m2}^{(1)} & \cdots & r_{mn}^{(1)} \end{array} \right] ,$$

wobei sich

$$r_{11}^{(1)} = \|\underline{a}_1\|$$

aufgrund von

$$\left\| \underline{H}_1 \underline{a}_1 \right\|^2 = \left( \underline{H}_1 \underline{a}_1 \right)^{\mathrm{T}} \underline{H}_1 \underline{a}_1 = \underline{a}_1^{\mathrm{T}} \underline{H}_1^{\mathrm{T}} \underline{H}_1 \underline{a}_1 = \underline{a}_1^{\mathrm{T}} \underline{a}_1 = \left\| \underline{a}_1 \right\|^2$$

ergibt.

Danach werden die unterhalb der Hauptdiagonale stehenden Elemente von $\underline{r}\,_2^{(1)}$ mit Hilfe der Matrix $\underline{H}_2$ nach null überführt, wobei der erste bereits bearbeitete Vektor $\underline{r}\,_1^{(1)}$ unverändert bleibt. Schließlich erhält man nach $k$ dieser Schritte die gewünschte Dreiecksmatrix $\underline{R} = \underline{R}^{(k)} = \underline{H}_k\,\underline{H}_{k-1}\cdots\underline{H}_1\,\underline{A} =: \underline{Q}^{\mathrm{T}}\,\underline{A}$, womit $\underline{Q} = \underline{H}_1\cdots\underline{H}_{k-1}\,\underline{H}_k$ ist.

## B.13   Cholesky-Zerlegung

Zur Berechnung der im Kapitel 7 bereits erwähnten Cholesky-Zerlegung [GVL96] wird $\underline{P} = \underline{S}\,\underline{S}^{\mathrm{T}}$ gesetzt, wodurch für die Elemente von $\underline{P}$

$$p_{ij} = \sum_{k=1}^{j} s_{ik}\,s_{jk}\,, \qquad i \geq j$$

gilt.

Dieser Zusammenhang führt dann auf die zur Berechnung der gesuchten Elemente von $\underline{S}$ erforderliche Formel:

$$s_{ij} = \begin{cases} 0 & : i < j \\[2ex] \sqrt{p_{ii} - \sum\limits_{k=1}^{i-1} s_{ik}^2} & : i = j \\[2ex] \dfrac{1}{s_{jj}}\left(p_{ij} - \sum\limits_{k=1}^{j-1} s_{ik}\,s_{jk}\right) & : i > j \end{cases} \quad .$$

# Anhang C

# Modellparameter

Die vom Hersteller gelieferten physikalischen Parameter, wie Geometrie- und Materialeigenschaften, des in dieser Arbeit verwendeten Katalysators sind in Tabelle C.1 enthalten. Auf Wunsch des Herstellers handelt es sich aus Geheimhaltungsgründen lediglich um ungefähre bzw. mit einem Faktor versehene Zahlenwerte.

| Parameter | Bedeutung | Einheit | Zahlenwert |
|---|---|---|---|
| $d$ | Durchmesser des Katalysators | m | 0,119 |
| $\ell$ | Länge des Katalysators | m | 0,132 |
| $h$ | Wabenbreite | m | $1{,}037 \cdot 10^{-3}$ |
| $\delta_{sub}$ | Dicke des Substrats | m | $90 \cdot 10^{-6}$ |
| $\delta_w$ | Dicke des Washcoats | m | $40 \cdot 10^{-6}$ |
| $\varrho_{sub}$ | Dichte des Substrats | kg/m$^3$ | 1700 |
| $\varrho_w$ | Dichte des Washcoats | kg/m$^3$ | 1275 |
| $\kappa_s$ | Wärmeleitfähigkeit des Festkörpers | W/(m K) | 1,675 |
| $\gamma_{EM}$ | spezifische Oberfläche des Edelmetalls | m$^2$/m$^3$ | $2{,}0 \cdot 10^{5}$ |
| $\gamma_{Ce}$ | spezifische Oberfläche des Cers | m$^2$/m$^3$ | $2{,}2 \cdot 10^{5}$ |
| $L_{EM}$ | Speicherkapazität des Edelmetalls | mol/m$^2$ | $2{,}0 \cdot 10^{-4}$ |
| $L_{Ce}$ | Speicherkapazität des Cers | mol/m$^2$ | $2{,}0 \cdot 10^{-3}$ |
| $\alpha_{amb}$ | Wärmeübertragungskoeffizient | W/(m$^2$ K) | 25 |
| $\varepsilon$ | Emissionsgrad | – | 0,3 |
| $\varepsilon_p$ | Porosität des Washcoats | – | 0,35 |
| $d_p$ | mittlerer Porendurchmesser | m | $20 \cdot 10^{-9}$ |

Tabelle C.1: Katalysatordaten vom Hersteller

In den Tabellen C.2 und C.3 finden sich Angaben über konstante Größen, die der Literatur [GM06, Auc05, VG06] entnommen wurden.

| Parameter | Bedeutung | Einheit | Zahlenwert |
|---|---|---|---|
| $\sigma$ | Stefan-Boltzmann-Konstante | $W/\left(m^2\,K^4\right)$ | $5{,}670 \cdot 10^{-8}$ |
| $k_B$ | Boltzmann-Konstante | $J/K$ | $1{,}381 \cdot 10^{-23}$ |
| $N_A$ | Avogadro-Konstante | $1/mol$ | $6{,}022 \cdot 10^{23}$ |
| $R_g$ | universelle Gaskonstante | $J/\left(mol\,K\right)$ | $8{,}314$ |
| $\varrho_{KR}$ | Dichte des Kraftstoffs | $kg/m^3$ | $753$ |
| $\varrho_{C_8H_{18}}$ | Dichte des Oktans | $kg/m^3$ | $700$ |
| $M_{C_8H_{18}}$ | molare Masse des Oktans | $kg/mol$ | $0{,}114$ |
| $\varrho_{\text{Cordierit}}$ | Dichte des Cordierits | $kg/m^3$ | $2560$ |
| $M_{\text{Cordierit}}$ | molare Masse des Cordierits | $kg/mol$ | $0{,}585$ |
| $\varrho_{Al_2O_3}$ | Dichte des Aluminiumoxids | $kg/m^3$ | $3940$ |
| $M_{Al_2O_3}$ | molare Masse des Aluminiumoxids | $kg/mol$ | $0{,}102$ |
| $\varrho_{CeO_2}$ | Dichte des Cer(IV)-oxids | $kg/m^3$ | $7300$ |
| $M_{CeO_2}$ | molare Masse des Cer(IV)-oxids | $kg/mol$ | $0{,}172$ |
| $T_{s\ddot{a}t}$ | Sättigungstemperatur des Wassers | $K$ | $373{,}15$ |
| $a_{\text{Verb}}$ | Koeffizient des Rohemissionsmodells | $-$ | $1{,}765 \cdot 10^{-2}$ |
| $b_{\text{Verb}}$ | Koeffizient des Rohemissionsmodells | $1/K$ | $1{,}260 \cdot 10^{-5}$ |

Tabelle C.2: Zahlenwerte konstanter Größen

| Stoffe | Dichte $\varrho_j$ $kg/m^3$ | molare Masse $M_j$ $kg/mol$ | Diffusionsvolumen $\nu_j$ $cm^3/mol$ |
|---|---|---|---|
| $N_2$ | $1{,}251$ | $28{,}013 \cdot 10^{-3}$ | $17{,}90$ |
| $CO_2$ | $1{,}977$ | $44{,}010 \cdot 10^{-3}$ | $26{,}90$ |
| $H_2O$ (Dampf) | $0{,}598$ | $18{,}015 \cdot 10^{-3}$ | $12{,}70$ |
| $H_2$ | $0{,}090$ | $2{,}016 \cdot 10^{-3}$ | $7{,}07$ |
| $O_2$ | $1{,}429$ | $31{,}999 \cdot 10^{-3}$ | $16{,}60$ |
| $CO$ | $1{,}250$ | $28{,}010 \cdot 10^{-3}$ | $18{,}90$ |
| $C_3H_6$ | $1{,}915$ | $42{,}080 \cdot 10^{-3}$ | $61{,}40$ |
| $C_3H_8$ | $2{,}019$ | $44{,}090 \cdot 10^{-3}$ | $65{,}34$ |
| $NO$ | $1{,}340$ | $30{,}006 \cdot 10^{-3}$ | $11{,}20$ |

Tabelle C.3: Dichten, molare Massen und Diffusionsvolumina der Abgasstoffe

Die aus den Angaben der Tabellen C.1, C.2 und C.3 berechneten Parameter des Katalysatormodells sind in Tabelle C.4 aufgelistet.

| Parameter | Bedeutung | Einheit | Zahlenwert |
|---|---|---|---|
| $V$ | Katalysatorvolumen | $m^3$ | $1{,}50 \cdot 10^{-3}$ |
| $A$ | Querschnittsfläche des Katalysators | $m^2$ | $1{,}10 \cdot 10^{-2}$ |
| $A_{amb}$ | Gehäuse-Oberfläche/Kat.-Volumen | $m^2/m^3$ | $33{,}78$ |
| $A_{geo}$ | geometrische Oberfläche | $m^2/m^3$ | $3214$ |
| $\varepsilon_v$ | Katalysator-Hohlraumanteil | – | $0{,}69$ |
| $\varrho_s$ | Dichte des Festkörpers | $kg/m^3$ | $1500$ |
| $V_{sub}$ | Wabenvolumen des Substrats | $m^3$ | $2{,}36 \cdot 10^{-8}$ |
| $V_w$ | Wabenvolumen des Washcoats | $m^3$ | $1{,}92 \cdot 10^{-8}$ |
| $A_{EM}$ | aktive Oberfläche des Edelmetalls | $m^2/m^3$ | $27 \cdot 10^3$ |
| $A_{Ce}$ | aktive Oberfläche des Cers | $m^2/m^3$ | $30 \cdot 10^3$ |
| $\psi_{cap}$ | maximale Sauerstoffspeicherkapazität | $mol/m^3$ | $60$ |
| $\varrho_g$ | Dichte des Abgases | $kg/m^3$ | $1{,}266$ |
| $M_g$ | molare Masse des Abgases | $kg/mol$ | $28{,}833 \cdot 10^{-3}$ |
| $d_K$ | Wabenkanaldurchmesser | $m$ | $0{,}972 \cdot 10^{-3}$ |

Tabelle C.4: Aus bekannten Daten berechnete konstante Größen des Katalysators

Die zur Berechnung der spezifischen isobaren Wärmekapazitäten notwendigen Koeffizienten sind in den Tabellen C.5 und C.6 aufgeführt.

| Stoffe | $a_j$ $\mathrm{J/(mol\,K)}$ | $b_j$ $\mathrm{J/(mol\,K^2)}$ | $c_j$ $\mathrm{(J\,K)/mol}$ | $d_j$ $\mathrm{J/(mol\,K^3)}$ |
|---|---|---|---|---|
| $Mg_2Al_4Si_5O_{18}$ | 602,92 | $95{,}74\cdot 10^{-3}$ | $-10{,}99\cdot 10^{6}$ | $-26{,}81\cdot 10^{-6}$ |
| $Al_2O_3$ | 117,49 | $10{,}38\cdot 10^{-3}$ | $-\,3{,}71\cdot 10^{6}$ | $-$ |
| $CeO_2$ | 64,81 | $17{,}70\cdot 10^{-3}$ | $-\,0{,}76\cdot 10^{6}$ | $-$ |

Tabelle C.5: Spezifische Wärmekapazitätskoeffizienten der Festkörperstoffe

| Stoffe | $a_j$ $\mathrm{J/(mol\,K)}$ | $b_j$ $\mathrm{J/(mol\,K^2)}$ | $c_j$ $\mathrm{(J\,K)/mol}$ | $d_j$ $\mathrm{J/(mol\,K^3)}$ |
|---|---|---|---|---|
| $N_2$ | 30,42 | $2{,}54\cdot 10^{-3}$ | $-0{,}24\cdot 10^{6}$ | $-$ |
| $CO_2$ | 51,13 | $4{,}37\cdot 10^{-3}$ | $-1{,}47\cdot 10^{6}$ | $-$ |
| $H_2O$ | 34,38 | $7{,}84\cdot 10^{-3}$ | $-0{,}42\cdot 10^{6}$ | $-$ |

Tabelle C.6: Spezifische Wärmekapazitätskoeffizienten der Abgasstoffe

In der Tabelle C.7 sind die zur Bestimmung der Wärmeleitfähigkeiten und in der Tabelle C.8 die zur Berechnung der dynamischen Viskositäten erforderlichen Koeffizienten enthalten.

| Stoffe | $a_j$ $\mathrm{W/(m\,K)}$ | $b_j$ $\mathrm{W/(m\,K^2)}$ | $c_j$ $\mathrm{W/(m\,K^3)}$ | $d_j$ $\mathrm{W/(m\,K^4)}$ | $e_j$ $\mathrm{W/(m\,K^5)}$ |
|---|---|---|---|---|---|
| $N_2$ | $-0{,}13\cdot 10^{-3}$ | $1{,}01\cdot 10^{-4}$ | $-0{,}61\cdot 10^{-7}$ | $0{,}34\cdot 10^{-10}$ | $-0{,}07\cdot 10^{-13}$ |
| $CO_2$ | $-3{,}88\cdot 10^{-3}$ | $0{,}53\cdot 10^{-4}$ | $0{,}71\cdot 10^{-7}$ | $-0{,}70\cdot 10^{-10}$ | $0{,}18\cdot 10^{-13}$ |
| $H_2O$ | $0{,}46\cdot 10^{-3}$ | $0{,}46\cdot 10^{-4}$ | $0{,}51\cdot 10^{-7}$ | $-$ | $-$ |

Tabelle C.7: Wärmeleitfähigkeitskoeffizienten der Abgaskomponenten

| Stoffe | $a_j$ $\mathrm{Pa\,s}$ | $b_j$ $\mathrm{(Pa\,s)/K}$ | $c_j$ $\mathrm{(Pa\,s)/K^2}$ | $d_j$ $\mathrm{(Pa\,s)/K^3}$ | $e_j$ $\mathrm{(Pa\,s)/K^4}$ |
|---|---|---|---|---|---|
| $N_2$ | $-0{,}10\cdot 10^{-6}$ | $7{,}48\cdot 10^{-8}$ | $-5{,}90\cdot 10^{-11}$ | $3{,}23\cdot 10^{-14}$ | $-6{,}73\cdot 10^{-18}$ |
| $CO_2$ | $-1{,}80\cdot 10^{-6}$ | $6{,}60\cdot 10^{-8}$ | $-3{,}71\cdot 10^{-11}$ | $1{,}59\cdot 10^{-14}$ | $-3{,}00\cdot 10^{-18}$ |
| $H_2O$ | $-1{,}07\cdot 10^{-6}$ | $3{,}52\cdot 10^{-8}$ | $0{,}36\cdot 10^{-11}$ | $-$ | $-$ |

Tabelle C.8: Viskositätskoeffizienten der Abgaskomponenten

Die Tabelle C.9 zeigt die Werte der Schmidt-Zahl für verschiedene Stoffe.

| $H_2$ | $O_2$ | CO | $C_3H_6$ | $C_3H_8$ | NO |
|---|---|---|---|---|---|
| 0,185 | 0,68 | 0,69 | 1,17 | 1,24 | 0,59 |

Tabelle C.9: Schmidt-Zahlen verschiedener Stoffe

Die Tabelle C.10 beinhaltet die reaktionskinetischen Parameter, wozu auch die präexponentiellen Konstanten gehören, deren Identifikation im Kapitel 6.2.2 beschrieben ist.

| Reaktionen | $\Delta H$ | $E_A$ | $B$ |
|---|---|---|---|
| | J/mol | J/mol | $1/\left(K^{\frac{1}{2}} s\right)$ |
| 1. $2\,CO + O_2 \longrightarrow 2\,CO_2$ | $-283153$ | 90000 | $5{,}20 \cdot 10^{14}$ |
| 2. $2\,H_2 + O_2 \longrightarrow 2\,H_2O$ | $-241800$ | 90000 | $5{,}20 \cdot 10^{14}$ |
| 3. $2\,C_3H_6 + 9\,O_2 \longrightarrow 6\,CO_2 + 6\,H_2O$ | $-1926300$ | 95000 | $3{,}37 \cdot 10^{15}$ |
| 4. $C_3H_8 + 5\,O_2 \longrightarrow 3\,CO_2 + 4\,H_2O$ | $-2043900$ | 120000 | $3{,}39 \cdot 10^{16}$ |
| 5. $2\,NO + 2\,CO \longrightarrow 2\,CO_2 + N_2$ | $-373300$ | 90000 | $1{,}89 \cdot 10^{14}$ |
| 6. $O_2 + 2\,Ce_2O_3 \longrightarrow 4\,CeO_2$ | $-377700$ | 90000 | $8{,}03 \cdot 10^{05}$ |
| 7. $2\,NO + 2\,Ce_2O_3 \longrightarrow 4\,CeO_2 + N_2$ | $-468000$ | 90000 | $8{,}62 \cdot 10^{05}$ |
| 8. $CO + 2\,CeO_2 \longrightarrow Ce_2O_3 + CO_2$ | $94700$ | 85000 | $2{,}49 \cdot 10^{06}$ |
| 9. $C_3H_6 + 18\,CeO_2 \longrightarrow 9\,Ce_2O_3 + 3\,CO_2 + 3\,H_2O$ | $1711000$ | 85000 | $1{,}29 \cdot 10^{06}$ |
| 10. $C_3H_8 + 20\,CeO_2 \longrightarrow 10\,Ce_2O_3 + 3\,CO_2 + 4\,H_2O$ | $1733100$ | 85000 | $1{,}79 \cdot 10^{06}$ |
| 11. $CO + H_2O \longrightarrow CO_2 + H_2$ | $-41200$ | 105000 | $6{,}02 \cdot 10^{07}$ |
| 12. $C_3H_6 + 6\,H_2O \longrightarrow 3\,CO_2 + 9\,H_2$ | $251000$ | 75000 | $3{,}48 \cdot 10^{07}$ |
| 13. $C_3H_8 + 6\,H_2O \longrightarrow 3\,CO_2 + 10\,H_2$ | $375000$ | 90000 | $3{,}74 \cdot 10^{07}$ |

Tabelle C.10: Parameter der chemischen Reaktionen

# Literatur


[Ahn98]     Ahn, K.: *Microscopic Fuel Consumption and Emission Modeling*. Master Thesis, Faculty of the Virginia Polytechnic Institute and State University, November 1998.

[ARTVA02]   Ahn, K., H. Rakha, A. Trani und M. Van Aerde: *Estimating Vehicle Fuel Consumption and Emissions based on Instantaneous Speed and Acceleration Levels*. Transportation Engineering, 128(2):182–190, March/April 2002.

[Auc05]     Auckenthaler, T. S.: *Modelling and Control of Three-Way Catalytic Converters*. Dissertation, Swiss Federal Institute of Technology Zurich, 2005.

[Bar01]     Bartholomew, C. H.: *Mechanisms of catalyst deactivation*. Applied Catalysis A: General, 212(1–2):17–60, April 2001.

[Ber01]     Bertelsen, B. I.: *The U.S. Motor Vehicle Emission Control Programme*. In: *Platinum Metals Review*, Band 45, Seiten 50–59. Johnson Matthey, 2001.

[BH94]      Brown, M. und C. J. Harris: *Neurofuzzy Adaptive Modelling and Control*. Prentice Hall, New York, 1994.

[BHT⁺02]    Braun, J., T. Hauber, H. Többen, J. Windmann, P. Zacke, N. D. Chatterjee, C. Correa, O. Deutschmann, L. Maier, S. Tischer und J. Warnatz: *Three-Dimensional Simulation of the Transient Behavior of a Three-Way Catalytic Converter*. Technischer Bericht 2002-01-0065, SAE, Pages 507–517, March 2002.

[Bir06]     Birgersson, H.: *Development and Assessment of Regeneration Methods for Commercial Automotive Three-Way Catalysts*. Dissertation, Department of Chemical Engineering and Technology, KTH - Royal Institute of Technology, Chemical Technology, SE-100 44 Stockholm, Sweden, 2006.

[BKLS03]    Blanke, M., M. Kinnaert, J. Lunze und M. Staroswiecki: *Diagnosis and Fault-Tolerant Control*. Springer-Verlag, 2003.

[BL04]     Buttelmann, M. und B. Lohmann: *Optimierung mit Genetischen Algorithmen und eine Anwendung zur Modellreduktion*. at - Automatisierungstechnik, 52(4):151–163, April 2004.

[BM02]     Binnewies, M. und E. Milke: *Thermochemical Data of Elements and Compounds*. Wiley-VCH, 2. Auflage, Oktober 2002.

[BO02]     Bauer, H. und R. Ortmann: *Abgastechnik für Ottomotoren*. Robert Bosch GmbH, 2002.

[Boc81]    Bock, H. G.: *Numerical treatment of inverse problems in chemical reaction kinetics*. In: Ebert, K. H., P. Deuflhard und W. Jäger (Herausgeber): *Modelling of chemical reaction systems*, Band 18 der Reihe *Springer Series in Chemical Physics*, Seiten 102–125. Springer, September 1981.

[Boc87]    Bock, H. G.: *Randwertproblemmethoden zur Parameteridentifizierung in Systemen nichtlinearer Differentialgleichungen*. In: *Bonner Mathematische Schriften*, Band 183, Bonn, 1987. Universität Bonn.

[BOS96]    Baba, N., K. Ohsawa und S. Sugiura: *Numerical Approach for Improving the Conversion Characteristics of Exhaust Catalysts under Warming-Up Condition*. Technischer Bericht 962076, SAE, October 1996.

[Boy01]    Boyd, J. P.: *Chebyshev and Fourier Spectral Methods*. Dover Publications Inc., 31 East 2nd Street, Mineola, New York, 2d. edition, 2001.

[Bri06]    Brinkmeier, C.: *Automotive Three-Way Exhaust Aftertreatment under Transient Condition - Measurements, Modeling and Simulation*. Dissertation, Fakultät Maschinenbau, Universität Stuttgart, Februar 2006.

[CCN$^+$02]  Cappiello, A., I. Chabini, E. K. Nam, A. Luè und M. A. Zeid: *A Statistical Model of Vehicle Emissions and Fuel Consumption*. Technischer Bericht, Ford-MIT Alliance, September 2002.

[Cer08]    Cerbe, G.: *Grundlagen der Gastechnik*. Hanser-Verlag, 7. Auflage, 2008.

[CHZ00]    Chan, S. H., D. L. Hoang und P. L. Zhou: *Heat transfer and chemical kinetics in the exhaust system of a cold-start engine fitted with a three-way catalytic converter*. Proceedings of the Institution of Mechanical Engineers, Part D: Journal of Automobile Engineering, 214(7):765–777, 2000.

[CPS02]    Campbell, C. T., S. C. Parker und D. E. Starr: *The Effect of Size-Dependent Nanoparticle Energetics on Catalyst Sintering*. Science, 298(5594):811–814, October 2002.

[DKBS06]   Diehl, M., P. Kühl, H. G. Bock und J. P. Schlöder: *Schnelle Algorithmen für die Zustands- und Parameterschätzung auf bewegten Horizonten*. at - Automatisierungstechnik, 54(12):602–613, Dezember 2006.

[Duf03]    Dufour, D.: *Quantifizierung der alterungsbestimmenden Randbedingungen bei modernen Dreiwege-Katalysatoren*. Diplomarbeit, Westsächsische Hochschule Zwickau (FH), Fachbereich Maschinenbau und Kraftfahrzeugtechnik, Februar 2003.

[EOe03]    Efe, M. Ö. und H. Özbay: *Proper Orthogonal Decomposition for Reduced Order Modeling: 2D Heat Flow*. In: *IEEE International Conference on Control Applications (CCA'2003)*, Seiten 1273–1278, Turkey, June 2003.

[FGS01]    Fiengo, G., L. Glielmo und S. Santini: *On-board diagnosis for three-way catalytic converters*. In: *International Journal of Robust and Nonlinear Control*, Band 11, Seiten 1073–1094, 2001.

[FK07]    Feßler, D. K. und V. Krebs: *A Physical Model for the Ageing of Three-Way Catalytic Converters*. Technischer Bericht, VDI Verlag, GMA-Kongress, Seiten 905–914, Juni 2007.

[FK08]    Feßler, D. K. und V. Krebs: *An On-Board Diagnosis Method for Three-Way Catalytic Converters*. Technischer Bericht, VDI Verlag, AUTO-REG 2008, S. 723–734, Februar 2008.

[FK09]    Feßler, D. K. und V. Krebs: *Ein Verfahren zur modellbasierten On-Board Diagnose von Drei-Wege-Katalysatoren*. at - Automatisierungstechnik, 57(1):32–39, Januar 2009.

[FL99]    Forzatti, P. und L. Lietti: *Catalyst deactivation*. Catalysis Today, 52:165–181, 1999.

[Fox07]    Fox, J.: *Robotergestützte Parameterschätzung für inertiale Messsysteme*. Dissertation, Lehrstuhl für Prozessautomatisierung, Universität des Saarlandes, 2007.

[Fra94]    Frank, P. M.: *Diagnoseverfahren in der Automatisierungstechnik*. at - Automatisierungstechnik, 42(2):47–63, Februar 1994.

[Fra02]    Frank, E.: *Modellierung und Simulation der katalysierten Reduktion von $NO_x$ mittels Propen in sauerstoffreichen Abgasen an Wabenkatalysatoren*. Dissertation, Fakultät für Chemie, Universität Karlsruhe (TH), Juli 2002.

[FTCM93]    Fisher, G. B., J. R. Theis, M. V. Casarella und S. T. Mahan: *The Role of Ceria in Automotive Exhaust Catalysis and OBD-II Catalyst Monitoring*. Technischer Bericht 931034, SAE, Seiten 745–751, March 1993.

[GM06]    Gerthsen, C. und D. Meschede: *Gerthsen Physik*. Springer-Lehrbuch. Springer-Verlag, 23. Auflage, 2006.

[GO04]    Guzzella, L. und C. H. Onder: *Introduction to Modeling and Control of Internal Combustion Engine Systems*. Springer-Verlag, 2004.

[Gol89]    Goldberg, D. E.: *Genetic Algorithms in Search, Optimization and Machine Learning.* Addison-Wesley, 1. Auflage, Januar 1989.

[GPS⁺77]    Gandhi, H. S., A. G. Piken, H. K. Stepien, M. Shelef, R. G. Delosh und M. E. Heyde: *Evaluation of Three-Way Catalysts.* Technischer Bericht 770196, SAE, February 1977.

[GS01]    Glielmo, L. und S. Santini: *A Two-Time-Scale Infinite-Adsorption Model of Three Way Catalytic Converters During the Warm-Up Phase.* Transactions of the ASME, Journal of Dynamic Systems, Measurement, and Control, 123(1):62–70, March 2001.

[GVL96]    Golub, G. H. und C. F. Van Loan: *Matrix Computations.* The Johns Hopkins University Press, Baltimore, Maryland, 3. Auflage, 1996.

[Has08]    Haschka, M. S.: *Online-Identifikation fraktionaler Impedanzmodelle für die Hochtemperaturbrennstoffzelle SOFC.* Dissertation, Band 04 der Reihe Schriften des Instituts für Regelungs- und Steuerungssysteme, Universität Karlsruhe (TH). Universitätsverlag Karlsruhe, Karlsruhe, Juni 2008.

[HAW03]    Hazenberg, M., P. Astrid und S. Weiland: *Low Order Modeling and Optimal Control Design of a Heated Plate.* In: *European Control Conference*, 2003.

[HE02]    Hu, X. und R. Eberhart: *Solving Constrained Nonlinear Optimization Problems with Particle Swarm Optimization.* In: *Proceedings of the Sixth World Multiconference on Systematics, Cybernetics and Informatics (SCI 2002)*, 2002.

[HF96]    Heck, R. und R. Farrauto: *Automotive catalysts.* Automotive Engineering, 104(2):93–96, February 1996.

[HG92]    Hepburn, J. S. und H. S. Gandhi: *The Relationship between Catalyst Hydrocarbon Conversion Efficiency and Oxygen Storage Capacity.* Technischer Bericht 920831, SAE, February 1992.

[HWK76]    Heck, R. H., J. Wei und J. R. Katzer: *Mathematical modeling of monolithic catalysts.* American Institute of Chemical Engineers Journal, 22(4):477–484, January 1976.

[Ise92]    Isermann, R.: *Identifikation dynamischer Systeme 1.* Springer-Verlag, Berlin, 2. Auflage, 1992.

[IX00]    Ito, K. und K. Xiong: *Gaussian Filters for Nonlinear Filtering Problems.* IEEE Transactions on Automatic Control, 45(5):910–927, May 2000.

[JJT86]    Jongen, H. Th., P. Jonker und F. Twilt: *Nonlinear Optimization in $\mathbb{R}^n$ – II. Transversality, Flows, Parametric Aspects.* Lang (Peter), Dezember 1986.

[JU04]      Julier, S. J. und J. K. Uhlmann: *Unscented Filtering and Nonlinear Estimation*. In: *Proceedings of the IEEE*, Band 92, Seiten 401–421, March 2004.

[Kal60]     Kalman, R. E.: *A New Approach to Linear Filtering and Prediction Problems*. Transactions of the ASME-Journal of Basic Engineering, 82(Series D):34–45, March 1960.

[KE95]      Kennedy, J. und R. Eberhart: *Particle Swarm Optimization*. Proceedings of the IEEE International Conference on Neural Networks, IV:1942–1948, 1995.

[KFH03]     Kašpar, J., P. Fornasiero und N. Hickey: *Automotive catalytic converters: current status and some perspectives*. Catalysis Today, 77(4):419–449, January 2003.

[KKS97]     Koltsakis, G. C., P. A. Konstantinidis und A. M. Stamatelos: *Development and Application Range of Mathematical Models for 3-Way Catalytic Converters*. Applied Catalysis B: Environmental, 12(2–3):161–191, March 1997.

[KW87]      Koberstein, E. und G. Wannemacher: *The A/F window with three-way catalysts. Kinetic and surface investigations*. In: Elsevier (Herausgeber): *Catalysis and Automotive Pollution Control*, Seiten 155–172, Amsterdam, 1987.

[Las03]     Lassi, U.: *Deactivation Correlations of Pd/Rh Three-Way Catalysts Designed for Euro IV Emission Limits*. Dissertation, University of Oulu, Faculty of Technology, February 2003.

[May79]     Maybeck, P. S.: *Stochastic Models, Estimation and Control*, Band 1. Academic Press, 1979.

[Mer04]     van der Merwe, R.: *Sigma-Point Kalman-Filters for Probabilistic Inference in Dynamic State-Space Models*. Dissertation, Oregon Health & Science University, 2004.

[Mün06]     Münz, E.: *Identifikation und Diagnose hybrider dynamischer Systeme*. Dissertation, Band 01 der Reihe Schriften des Instituts für Regelungs- und Steuerungssysteme, Universität Karlsruhe (TH). Universitätsverlag Karlsruhe, Karlsruhe, Juni 2006.

[MvDK01]    Moulijn, J. A., A. E. van Diepen und F. Kapteijn: *Catalyst deactivation: is it predictable? What to do?* Applied Catalysis A: General, 212(1–2):3–16, April 2001.

[MWA92]     Montreuil, C. N., S. C. Williams und A. A. Adamczyk: *Modeling Current Generation Catalytic Converters: Laboratory Experiments and Kinetic Parameter Optimization–Steady State Kinetics*. Technischer Bericht 920096, SAE, February 1992.

[MYH+98]  Matsunaga, S., K. Yokota, S. Hyodo, T. Suzuki und H. Sobukawa: *Thermal Deterioration Mechanism of Pt/Rh Three-Way Catalysts*. Technischer Bericht 982706, SAE, October 1998.

[Nel01]   Nelles, O.: *Nonlinear System Identification*. Springer-Verlag, Berlin, 2001.

[Nie09]   Niemeyer, J.: *Modellprädiktive Regelung eines PEM-Brennstoffzellensystems*. Dissertation, Band 05 der Reihe Schriften des Instituts für Regelungs- und Steuerungssysteme, Universität Karlsruhe (TH). Universitätsverlag Karlsruhe, Karlsruhe, Februar 2009.

[NPR00]   Nørgaard, M., N. K. Poulsen und O. Ravn: *New Developments in State Estimation for Nonlinear Systems*. Automatica, 36(11):1627–1638(12), November 2000.

[OA04]    Olsson, L. und B. Andersson: *Kinetic Modelling in Automotive Catalysis*. Topics in Catalysis, 28(1–4):89–98, April 2004.

[OC82]    Oh, S. H. und J. C. Cavendish: *Transients of Monolithic Catalytic Converters: Response to Step Changes in Feedstream Temperature as Related to Controlling Automobile Emissions*. Industrial and Engineering Chemistry, Product Research and Development, 21:29–37, 1982.

[PKS02]   Pischinger, R., M. Klell und T. Sams: *Thermodynamik der Verbrennungskraftmaschine*, Band 5 der Reihe *Die Verbrennungskraftmaschine*. Springer-Verlag/Wien, 2. Auflage, 2002.

[PKS04]   Pontikakis, G. N., G. S. Konstantas und A. M. Stamatelos: *Three-Way Catalytic Converter Modeling as a Modern Engineering Design Tool*. Journal of Engineering for Gas Turbines and Power, 126(4):906–923, October 2004.

[Pon03]   Pontikakis, G. N.: *Modeling, Reaction Schemes and Kinetic Parameter Estimation in Automotive Catalytic Converters and Diesel Particulate Filters*. Dissertation, Department of Mechanical and Industrial Engineering, Aristotle University Thessaloniki, June 2003.

[PPO00]   Poling, B. E., J. M. Prausnitz und J. P. O'Connell: *The Properties of Gases & Liquids*. McGraw-Hill Professional, 5. Auflage, 2000.

[PS01]    Pontikakis, G. N. und A. M. Stamatelos: *Mathematical modelling of catalytic exhaust systems for EURO-3 and EURO-4 emissions standards*. Proceedings of the Institution of Mechanical Engineers, Part D: Journal of Automobile Engineering, 215(9):1005–1015, 2001.

[PS04]    Pontikakis, G. N. und A. M. Stamatelos: *Identification of Catalytic Converter Kinetic Model Using a Genetic Algorithm Approach*. Proceedings of the Institution of Mechanical Engineers. Part D, Journal of Automobile Engineering, 218(12):1455–1472, 2004.

[RBD03]   Rappaz, M., M. Bellet und M. Deville: *Numerical Modeling in Materials Science and Engineering*, Band 32 der Reihe *Springer Series in Computational Mathematics*. Springer-Verlag, 2003.

[RCLM+01]   Rokosz, M. J., A. E. Chen, C. K. Lowe-Ma, A. V. Kucherov, D. Benson, M. C. Paputa Beck und R. W. McCabe: *Characterization of phosphorus-poisoned automotive exhaust catalysts*. Applied Catalysis B: Environmental, 33(3):205–215, October 2001.

[RMG86]   Rumelhart, D. E., J. L. McClelland und The PDP Research Group: *Parallel Distributed Processing: Explorations in the Microstructure of Cognition*, Band 1. MIT Press, San Diego, 1986.

[SCF93]   Saxena, S. K., N. D. Chatterjee und Y. Fei: *Thermodynamic Data on Oxides and Silicates - An Assessed Data Set Based on Thermochemistry and High Pressure Phase Equilibrium*. Springer-Verlag, 1993.

[Sch97]   Schei, T. S.: *A Finite-Difference Method for Linearization in Nonlinear Estimation Algorithms*. Automatica (Journal of IFAC), 33(11):2053–2058, November 1997.

[Sch01]   Scholl, A.: *Robuste Planung und Optimierung. Grundlagen - Konzepte und Methoden - Experimentelle Untersuchungen*. Physica-Verlag, Heidelberg, 1. Auflage, September 2001.

[Sid98]   Sideris, M.: *Methods for Monitoring and Diagnosing the Efficiency of Catalytic Converters: A Patent-Oriented Survey*, Band 115. Elsevier Science B. V., June 1998.

[SJ09]   Schneider, P. und H. Janocha: *Sigma-Punkt-Kalman-Filter mit Zustandsnebenbedingungen*. at - Automatisierungstechnik, 57(4):169–176, April 2009.

[SK99]   Stakheev, A. Y. und L. M. Kustov: *Effects of the Support on the Morphology and Electronic Properties of Supported Metal Clusters: Modern Concepts and Progress in 1990s*. Applied catalysis A: General, 188(1):3–35, November 1999.

[SV85]   Subramaniam, B. und A. Varma: *Reaction Kinetics on a Commercial Three-Way Catalyst: The $CO$–$NO$–$O_2$–$H_2O$ System*. Industrial & Engineering Chemistry – Product Research and Development, 24(4):512–516, December 1985.

[Thi39]   Thiele, E. W.: *Relation between catalytic activity and size of particle*. Industrial & Engineering Chemistry, 31(7):916–920, July 1939.

[Tho76]   Thornton, C. L.: *Triangular Covariance Factorizations for Kalman Filtering*. Technischer Bericht 33-798, Jet Propulsion Laboratory, California Institute of Technology, 4800 Oak Grove Drive, Pasadena, California 91103, October 1976.

[TK02]     Tsinoglou, D. N. und G. C. Koltsakis: *Potential of thermal methods for catalyst on-board diagnosis.* Proceedings of the Institution of Mechanical Engineers. Part D, Journal of Automobile Engineering, 216(7):565–579, July 2002.

[Tre00]    Trefethen, L. N.: *Spectral Methods in MATLAB.* SIAM-Publications, Philadelphia, 2000.

[TS07]     Tsinoglou, D. und Z. Samaras: *Evaluation of the impact of OBD systems and assessment of options for Euro 5 OBD.* Technischer Bericht 0704, Laboratory of applied Thermodynamics, Mechanical Engineering Department, Aristotle University Thessaloniki, June 2007.

[TTM$^+$01]  Tanaka, M., Y. Tsujimoto, T. Miyazaki, M. Warashina und S. Wakamatsu: *Peculiarities of volatile hydrocarbon emissions from several types of vehicles in Japan.* Chemosphere - Global Change Science, 3(2):185–197, April 2001.

[VG06]     VDI-Gesellschaft: *VDI-Wärmeatlas.* Springer-Verlag, 10. Auflage, 2006.

[VMLJ73]   Voltz, S. E., C. R. Morgan, D. Liederman und S. M. Jacob: *Kinetic Study of Carbon Monoxide and Propylene Oxidation on Platinum Catalysts.* Industrial & Engineering Chemistry – Product Research and Development, 12(4):294–301, 1973.

[WB06]     Welch, G. und G. Bishop: *An Introduction to the Kalman Filter.* Technischer Bericht TR 95-041, Department of Computer Science, University of North Carolina at Chapel Hill, July 2006.

[Wol05]    Wolff, F.: *Lokale Regelstrategien zur zeitdiskreten Prozessführung stückweise affiner hybrider Systeme.* Diplomarbeit 777, Institut für Regelungs- und Steuerungssysteme, Universität Karlsruhe (TH), September 2005.

[Wol10]    Wolff, F.: *Konsistenzbasierte Fehlerdiagnose nichtlinearer Systeme mittels Zustandsmengenbeobachtung.* Dissertation, Band 09 der Reihe Schriften des Instituts für Regelungs- und Steuerungssysteme, Karlsruher Institut für Technologie (KIT). KIT Scientific Publishing, Karlsruhe, 2010.

[Zwi98]    Zwillinger, D.: *Handbook of Differential Equations.* Academic Press, 3. Auflage, 1998.

# Index

# Lebenslauf

## Persönliche Daten:

| | |
|---|---|
| Name: | Dirk Klaus Feßler |
| Geburtsdatum: | 09. März 1973 |
| Geburtsort: | Heidelberg |
| Staatsangehörigkeit: | deutsch |

## Schul- & Ausbildung:

| | |
|---|---|
| 1979 - 1983 | Besuch der Grundschule in Bad Schönborn |
| 1983 - 1985 | Besuch des Leibniz-Gymnasiums in Östringen |
| 1985 - 1989 | Besuch der Realschule in Bad Schönborn |
| 1989 - 1993 | Ausbildung zum Kommunikationselektroniker, Fachrichtung Informationstechnik im Kernforschungszentrum Karlsruhe (KfK) |
| 1993 - 1996 | Besuch des Technischen Gymnasiums an der Balthasar-Neumann-Schule I in Bruchsal |

## Studium:

| | |
|---|---|
| 1997 - 2004 | Studium der Elektrotechnik und Informationstechnik an der Universität Karlsruhe (TH) |
| 2004 | Diplomarbeit am Institut für Regelungs- und Steuerungssysteme (IRS) der Universität Karlsruhe (TH) Thema: „Entwurf und Aufbau eines Ventilprüfstands zur Verifikation von Diagnoseverfahren". |

## Berufliche Tätigkeiten:

| | |
|---|---|
| 2004 - 2009 | Wissenschaftlicher Angestellter bzw. Mitarbeiter am Institut für Regelungs- und Steuerungssysteme (IRS) der Universität Karlsruhe (TH) |